畜牧业发展

实用技术指南

XUMUYE FAZHAN
SHIYONG JISHU
ZHINAN

甘肃省畜牧技术推广总站　编

U0209495

甘肃科学技术出版社

图书在版编目（ＣＩＰ）数据

畜牧业发展实用技术指南 / 甘肃省畜牧技术推广总
站编. —— 兰州：甘肃科学技术出版社，2022.12
　　ISBN 978-7-5424-3023-6

　　Ⅰ．①畜…　Ⅱ．①甘…　Ⅲ．①畜牧业－农业技术－指
南　Ⅳ．①S8-62

　　中国版本图书馆CIP数据核字（2022）第250056号

畜牧业发展实用技术指南

甘肃省畜牧技术推广总站　编

责任编辑　史文娟　陈槟
封面设计　史春燕

出　版　甘肃科学技术出版社
社　址　兰州市城关区曹家巷1号　　730030
电　话　0931-2131570（编辑部）　0931-8773237（发行部）

发　行　甘肃科学技术出版社　　印　刷　甘肃新华印刷厂
开　本　787毫米×1092毫米　1/16　印　张　37.25　插　页　8　字　数　750千
版　次　2023年7月第1版
印　次　2023年7月第1次印刷
印　数　2000册
书　号　ISBN 978-7-5424-3023-6　　　　定　价　158.00元

编　委　会

前　言

近年来，甘肃省畜牧技术推广总站以习近平新时代中国特色社会主义思想为指引，全面贯彻落实党的二十大和甘肃省第十四次党代会精神，按照省委省政府的安排部署，坚持用工业思维发展现代畜牧业，以养殖业为牵引带动农业产业结构优化升级，以农产品加工业为牵引带动特色产业价值链提升，加快农村一二三产业融合发展，紧紧围绕以保障畜产品的有效供给和发展安全为底线，以科技和机制创新为动力，以设施和装备升级为重点，以发展高附加值特色畜牧业和现代寒旱特色产业为主线，坚持种养循环和草畜配套，突出龙头带动、新型经营主体培育和产销衔接，加快构建现代畜禽养殖、动物防疫和畜产品加工流通体系，全力开发绿色有机"甘味"畜产品，突出全产业链建设，实现三产融合，不断增强了畜牧业质量效益和竞争力，形成产出高效、产品安全、资源节约、环境友好、调控有效的高质量发展新格局。推动畜牧业发展由追求速度规模向注重质量效益竞争力转变，由依靠传统要素驱动向注重科技创新和提高劳动者素质转变，由产业链相对单一向集聚融合发展转变，加快建成供给保障有力、绿色高质高效、产业链条完备、竞争优势明显的支柱产业。

我们组织编写了《畜牧业发展实用技术指南》，本着科学性、先进性、通俗性、适用性、可操作性的原则，分三个篇章对畜禽养殖实用技术、粮改饲实用技术和畜禽粪污处理与资源化利用技术进行了详细介绍。畜禽养殖技术篇以问答形式直观地介绍了关于肉牛、牦牛、奶牛、绵羊、生猪、蛋鸡、肉鸡、兔等养殖方面的实用技术，以及在养殖过程中需要注意的问题，对生产一线有很好的指导作用。粮改饲实用技术篇详细介绍了近年来国家和省级层面出台的粮改饲政策，如何在饲草料体系建设发挥服务功能和主推的饲草贮存加工技术模式，进一步说明粮改饲是一项符合畜牧业现代化发展方向，顺应市场规律，受到农民普遍欢迎的好政策。畜禽粪污处理与资源化利用技术篇主要从畜禽粪污基础知识和关键技术入手，重点介绍了猪场、牛场、鸡场、羊场的粪污处理技术，并在全省范围内遴选了较为典型的畜禽粪污资源化利用技术模式予以重点推广和介绍。

第一篇畜禽养殖实用技术问答包括8个章节，第一章肉牛养殖技术问答由车陇杰主笔，魏立明、石红梅、薛瑞林、李玉、胡刚等参与编写；第二章牦牛养殖技术问答由石红梅主笔，魏立明、车陇杰、薛瑞林、李玉等参与编写；第三章奶牛养殖技术问答由袁勇主笔，潘晓荣、顾慧慧参与编写；第四章绵羊养殖技术问答由薛瑞林主笔，车陇杰、梁国荣、胡刚、李玉、魏立明、石红梅等参与编写；第五章生猪养殖技术问答由刘兴俊主笔，魏志胜参与编写；第六章蛋鸡养殖技术问答由田贵丰主笔，许向莉参与编写；第七章肉鸡养殖技术问答由刘兴俊编写；第八章兔养殖技术问答由杨楠编写。第二篇粮改饲实用技术包括5个章节，由田贵丰主笔，赵真、李润桦参与编写。第三篇畜禽粪污处理与资源化利用技术包括7个章节，由秦红林、兰菁、冯芳兰、曹江虹、毛正军、张恩宇、朱万斌、周国乔、卢国鹏、王永珍、杜学建等编写。附录由梁国荣编写。全书由王自科统稿，韩芙蓉、黄耀华、武文莉、顾慧慧等同志参与校稿及其他有关工作。

本书资料比较系统、完整，内容理论联系实际，可供畜牧行业工作者、科技人员、养殖场经营管理者及技术人员学习、借鉴和参考，是今后开展畜牧实用技术示范推广的指南，将为助推畜牧业高质量发展提供参考，对提升畜牧业生产水平发挥应有的作用。由于编者水平有限，书中难免有疏漏之处，敬请批评指正。

甘肃省畜牧技术推广总站

目　　录

第一篇　畜禽养殖技术问答

第二篇　粮改饲实用技术

第三篇 畜禽粪污处理与资源化利用技术

第一篇
畜禽养殖技术问答

第一章　肉牛养殖技术

一、肉牛品种介绍

1. 中国地方肉牛品种主要有哪些?

（1）秦川牛

秦川牛是中国优良的地方黄牛品种，因产于八百里秦川的陕西关中地区而得名，被誉为"国之瑰宝"。秦川牛属大型役肉兼用品种，毛色以紫红色和红色居多，黄色较少，鼻镜多呈肉红色。体格大，各部位发育匀称，骨骼粗壮，肌肉丰满，体质健壮，头部方正，肩长而斜，胸部宽深，肋长而开张，背腰平直宽广，长短适中，荐骨部稍隆起，后躯发育稍差，四肢粗壮结实，两前肢间距较宽，有外弧现象，蹄叉紧。

秦川牛公犊初生重约26.7千克，母犊约26.3千克。成年公牛体重620千克左右，成年母牛体重416千克左右。在中等饲养水平下，饲养325天，平均日增重为公牛约700克，母牛约550克，阉牛约590克。18月龄平均屠宰率为58.3%，净肉率为50.5%，胴体产肉率为86.3%，骨肉比为1:6，眼肌面积97.0平方厘米。秦川牛的肉质细嫩，柔软多汁，大理石状纹理明显。

（2）鲁西牛

鲁西牛是中国著名的役肉兼用品种，主产于山东省西南部的菏泽、济宁地区。鲁西牛体型高大，体躯结构匀称，细致紧凑，具有较好的肉役兼用体型。公牛多为平角或龙门角，母牛角形多样，以龙门角较多。垂皮较发达，后躯发育较差。被毛从浅黄到棕红色都有，一般牛前躯毛色较后躯深，多数牛有完全或不完全的"三粉"特征，即眼圈、口轮、腹下到四肢内侧色淡，鼻镜与皮肤多呈淡肉红色。

鲁西牛公犊初生重22~35千克，母犊18~30千克，成年公牛体重约644.4千克，成年母牛约366千克。该品种皮薄骨细，产肉率较高，肌纤维细，脂肪分布均匀，呈明显的大理石状花纹。在每天加少量麦秸并补喂2千克精料（豆饼40%，麸皮60%）的条件下，对1.0~1.5岁牛进行肥育，平均日增重约610克。一般屠宰率为53%~55%，净肉率为47%。

2. 中国引进肉牛品种主要有哪些？

（1）西门塔尔牛

西门塔尔牛是分布最广的乳肉兼用牛品种之一，毛色为黄白花或红白花，身躯常有白色胸带，腹部、尾梢、四肢在飞节和膝关节以下为白色。西门塔尔牛头较长，面宽。角较细而向外上方弯曲，尖端稍向上。颈长中等，体躯长，呈圆筒状，肌肉丰满。胸深，尻短平，四肢结实，大腿肌肉发达，肉用品种体型粗壮。乳房发育好，泌乳力强。

西门塔尔牛公犊初生重约为 45 千克，母犊约为 44 千克。成年公牛体重 1000~1300 千克，成年母牛 650~750 千克。引入中国后，公犊初生重约为 40 千克，母犊约为 37 千克。西门塔尔牛乳、肉性能均较好，年平均产奶量约 4070 千克，乳脂率 3.9%。产肉性能较高，胴体瘦肉多，是杂交利用和改良地方品种的优良父本，平均日增重 1.35 千克以上，12 月龄体重可在 450 千克以上。公牛育肥后屠宰率 65% 左右，净肉率 50% 以上。

（2）夏洛来牛

夏洛来牛原产于法国，是经过长期本品种选育而成的专门化大型肉用品种，被毛为白色或乳白色，皮肤常有色斑。全身肌肉发达，骨骼结实，四肢强壮。夏洛来牛头小而宽，颈粗短，胸宽深，肋骨方圆，背宽肉厚，体躯呈圆筒状，后躯、背腰和肩胛部的肌肉发达。

夏洛来牛的最大特点是生长快，在中国的饲养条件下，公犊初生重约为 48.2 千克，母犊约为 46.0 千克，出生到 6 月龄平均日增重约 1.2 千克，18 月龄公犊平均体重约为734.7 千克。该品种不但增重快，瘦肉也多，平均屠宰率 65%~68%，肉质好，无过多的脂肪。

（3）利木赞牛

利木赞牛又称利木辛牛，是大型肉用品种，其毛色多为一致的黄褐色，角和蹄为白色，被毛浓厚而粗硬。利木赞牛全身肌肉发达，骨骼比夏洛来牛略细。公犊初生重约为39 千克，母犊约为 37 千克，成年公牛活重 900~1100 千克，母牛 700~800 千克。

利木赞牛最引人注目的特点是产肉性能高，胴体质量好，眼肌面积大，前后肢肌肉丰满，出肉率高，在肉牛市场上具有很强竞争力。在集约饲养条件下，犊牛断奶后生长很快，10 月龄时体重达 408 千克左右，12 月龄时 480 千克左右。肥育牛屠宰率为 65% 左右，胴体瘦肉率为 80%~85%，胴体中脂肪少（约 10.5%），骨量也较小（12%~13%）。该牛肉风味好，市场上售价高，8 月龄牛肉就具有良好的大理石纹。

（4）安格斯牛

安格斯牛是世界著名的小型早熟肉牛品种，外貌显著特点是全身被毛黑色而无角，体躯低矮呈圆筒状，体质结实，具有现代肉牛的体型，四肢短而直，前后裆宽，全身肌肉丰满，皮肤松软而富弹性。红色安格斯牛新品种与黑色安格斯牛在体躯结构和生产性能上没有多大差异，国外以黑色为主。

安格斯牛犊牛平均初生重 25~32 千克，成年公牛活重 700~900 千克、母牛 500~600 千克。安格斯牛肉用性能好，被认为是世界上专门化肉牛品种中的典型品种之一，表现为早熟、胴体品质高、出肉多，大理石花纹明显。屠宰率一般为 60%~65%，哺乳期日增重 900~1000 克，肥育期日增重（1.5 岁以内）0.7~0.9 千克，适应性强，耐寒抗病。

3. 中国自主培育肉牛品种主要有哪些?

（1）中国西门塔尔牛

中国西门塔尔牛是 20 世纪中后期引进的德系、苏系和澳系西门塔尔牛在国内的生态条件下与本地牛进行杂交后，对改良牛的优秀后代进行选种选配培育而成，属乳肉兼用品种。它的适应范围广，适宜于舍饲和半放牧条件，该品种产奶性能稳定、乳脂率和干物质含量高、生长快，胴体品质优异，遗传性稳定，并有良好的役用性能。

中国西门塔尔种公牛体重 1100~1200 千克，种母牛为 550~600 千克，犊牛在舍饲条件下日增重可达 1 千克以上，1.5 岁时平均体重 440~480 千克。在短期育肥后，18 月龄以上的公牛净肉率达到 44%~46%，成年公牛和强度肥育牛净肉率在 50% 以上。6~18 月龄平均日增重为公牛 1000~1100 克，母牛 700~800 克。西门塔尔牛对黄牛改良效果非常明显，其改良后代品种特征明显，生产能力表现良好、适应性强，杂交后代的生产性能显著提高。

（2）新疆褐牛

新疆褐牛，以新疆当地黄牛为母本，引用瑞士褐牛、阿拉托乌牛以及少量科斯特罗姆牛与之杂交改良，经长期选育而成，1983 年通过鉴定，批准为乳肉兼用新品种，主产于新疆伊犁和塔城地区。头清秀，角中等大小、向侧前上方弯曲，呈半椭圆形。被毛为深浅不一的褐色，额顶、角基、口轮周围及背线为灰白色或黄白色，眼睑、鼻镜、尾帚、蹄呈深褐色。

成年公牛体重约为 951 千克，母牛约为 431 千克，犊牛初生重 28~30 千克。在自然放牧条件下，中上等膘情 1.5 岁的阉牛，宰前体重 235 千克，屠宰率 47.4%。在一般放牧条件下，6 月龄左右有性行为表现，但一般母牛在 1 岁且体重 250 千克左右时初配，公牛在 1.5~2 岁且体重 330 千克以上时初配。母牛发情周期 21.4 天，发情持续期 1~2.5 天。

二、肉牛育种与繁育

4. 如何鉴定母牛发情?

(1) 试情法

试情法主要依据母牛是否接受试情牛或其他母牛的爬跨、相互追寻爬跨及公牛与母牛靠近时公牛的表现和母牛的反应等来鉴定母牛发情情况。

(2) 外部观察法

发情母牛的外部行为主要表现为站立不安、频繁走动、哞叫、张望、弓腰举尾、尿频、敏感性增强、食欲减退、泌乳量下降、体温升高。外阴部湿润、肿胀、有透明黏液流出、阴道黏膜潮红等,可根据母牛发情的表现,判断母牛是否发情,掌握发情规律。

(3) 直肠检查法

直肠检查法主要是用手通过直肠壁触摸母牛卵巢上卵泡的大小、形状、质地等卵泡的发育情况来判断母牛的发情进程,由此确定母牛的排卵时间和适宜的输精时间。发情初期卵泡直径 1~1.5 厘米,呈小球形,部分突出于卵巢表面,波动明显;发情中期(高潮期)泡液增多,泡壁变薄,紧张而有弹性,有一触即破的感觉;发情后期卵泡液流出,形成一个小的凹陷。

5. 母牛配种最佳时间是什么时候?

约 80% 的母牛发情盛期会持续 15~18 小时,发情结束后 10~17 小时排卵,所以一般认为母牛的正确配种时间应该是在发情结束或即将结束时,在实际工作中的经验是早上发情的牛在当天下午配种,下午发情的牛在第 2 天早上配种。年龄小的牛配种要早一点,老龄牛要晚一点。

6. 如何进行输精操作?

(1) 精液解冻

方法是自然解冻、手搓解冻和温水解冻。温水解冻效果最佳,水温控制在 40±2℃,将冻精从液氮内取出快速放入温水,左右轻轻摇动 10~15 次取出擦干即可,要求在显微镜下检查活力为 0.35 以上时方可使用。

(2) 精液装枪

将细管冻精解冻后用毛巾擦干水渍,用锋利的剪刀剪掉封口部,输精推杆拉回 10 厘米,将细管棉塞端插入输精推杆深约 0.5 厘米,套上外套管。

(3) 输精方法

①输精者左手戴好长臂手套,涂以润滑剂,手指并拢呈锥形,缓缓插入母牛肛门并

伸入直肠，掏尽宿粪，触摸卵泡发育状况及子宫角、子宫颈状况。

②用右手或请助手用 1/5000 的新洁尔灭溶液清洗、消毒母牛外阴部。

③伸在直肠内的左臂用力向下压或向左侧牵动，使阴门开张，也可以让助手将外阴部向一侧拉开。

④右手持吸有精液的输精器插入阴道内，注意不要触及外阴皮肤。

⑤输精器自阴门先向上斜插 5~10 厘米越过尿道口，再向前插入到子宫颈外口处。

⑥左手隔着直肠将子宫颈半握，使子宫颈下部固定在骨盆底上，右手抬高输精器尾部，轻轻向前推进，两手相互配合，边活动边向前插，不可用力过猛，以免损伤阴道壁和子宫颈，当感到穿过数个障碍物时，就已插入子宫颈或子宫体。

⑦将精液注入子宫颈后缓缓取出输精器，用左手轻轻揉捏子宫颈数次，防止精液倒流，然后拉出左手。如用凯苏枪输精，还应检查套嘴中是否有过多的残留精液，以判定输精是否成功。

7. 肉牛杂交改良技术有哪些？

不同种群（品种或品系）个体杂交的后代往往在生活力、生长势和生产性能等方面优于其亲本纯繁群体平均值，主要体现在体型结构增大、生长速度和出栏率提高、经济效益增加等方面，这种现象称为杂种优势。杂种优势是在不增加生产成本的情况下额外取得的收益。因此，在肉牛生产中应充分利用杂种优势，常见的肉牛杂交改良方式有简单杂交、三品种杂交、引入杂交和级进杂交 4 种。

8. 什么是简单杂交（两品种杂交）？

（1）肉用品种与本地黄牛杂交

两个品种牛（两个类型或专门化品系间）之间的杂交，其后代不留作种用，全部以商品牛出售。生产中常见的两品种杂交类型如夏洛来或安格斯作为杂交父本与本地黄牛杂交，所生杂种一代生长快，成熟早，体格大，适应性强，饲料利用能力和育肥性能好，对饲养管理条件要求较低。目前，中国商品牛生产主要采取这种形式。

（2）兼用品种与本地黄牛杂交

选用肉乳或乳肉兼用品种，如德系西门塔尔等作父本，与本地黄牛杂交，利用其杂交优势，提高生长速度、饲料报酬和肉牛品质。同时，杂交后代公牛用作育肥，母牛用作乳用后备牛，做到了乳肉并重。

9. 什么是三品种杂交？

三品种杂交指先利用两个品种进行杂交，然后选用 F_1 代杂种母牛与第三个品种公牛进行第二次杂交，最后将三元杂种作为商品牛。其优点是可以更大限度地利用多个品种的遗传互补、缩短世代间隔、加快改良进度。三元杂交后代具有很高的杂交优势，并能有机结合 3 个品种的优点，在肉牛杂交生产中效果十分显著，是肉牛集约化生产的核心技术。

10. 什么是引入杂交（导入杂交）？

在保留地方品种主要优良特性的同时，针对地方品种的某种缺陷或待提高的生产性能，引入相应的外来优良品种，与当地品种杂交一次，杂交后代公母畜分别与本地品种母畜、公畜进行回交。

引入杂交适用范围：一是在保留本地品种全部优良性能的基础上，改正某些缺点。二是需要加强或改善一个品种的生产力，而不需要改变其生产方向。

引入杂交注意事项：一是慎重选择引入品种。引入品种应具有针对本地品种缺点的显著优点，且其他生产方向基本与本地品种相似；二是严格选择引入公畜，引入外血比例控制在 1/8~1/4，最好经过后裔测定；三是加强原来品种的选育，杂交只是提高措施之一，本品种选育才是主体。

11. 什么是级进杂交？

级进杂交也称吸收杂交或改造杂交，这种杂交方法是以引入品种为主、原有品种为辅的一种改良性杂交，当原有的品种需要做较大改造或生产方向需要产生根本改变时使用。具体方法是杂种后代公畜不参加育种，母畜反复与引入品种杂交，使引入品种基因成分不断增加，原有品种基因成分逐渐减少。级进杂交是提高本地品种生产力的一种最普遍、最有效的方法。当某一品种的生产性能不符合人们的生产、生活要求，需要彻底改变其生产性能时，需采用级进杂交。不少地方用级进杂交已获得成功，如把役用牛改造成为乳用牛或肉用牛等。

12. 级进杂交有哪些注意事项？

引入品种的选择，除了考虑生产性能高、能满足畜牧业发展需要外，还要特别注意其对当地气候、饲管条件的适应性，因为随着级进代数的提高，外来品种基因成分不断增加，适应性的问题会越来越突出。

级进到几代好，没有固定的模式，总的来说要改正代数越高越好的想法，事实上，只要体型外貌、生产性能基本接近目标就可以了。原有品种基因成分应占有一定的比例，这可有效保留原有品种适应性、抗病力、耐粗性等优点。

级进杂交中，随着杂交代数增加，生产性能不断提高，要求饲养管理水平也要相应提高。

三、营养需要

13. 肉牛常见饲料分为哪些?

能量饲料、蛋白质饲料、粗饲料、青饲料、青贮饲料、酒糟饲料、粉渣饲料、矿物质饲料、维生素饲料和添加剂饲料等多种。

14. 常用于肥育牛的能量饲料有哪些?

（1）玉米

玉米是肥育牛最好的能量饲料，它富含淀粉、糖类，是一种高能量、低蛋白质饲料，利用方法有以下几种。

①玉米粉。玉米粉碎粗细不同，饲喂肥育牛得到的效果有较大的差异。粉碎过细，由于饲料的适口性下降，会造成肥育牛采食饲料量的下降，因此，喂牛的玉米粉碎细度（粉状料的直径）以 2 毫米为好。

②压片玉米。压片玉米可分为干燥压片玉米（含水量 12%~14%）和蒸汽压片玉米（含水量 20%~22%），其中以蒸汽压片玉米饲喂效果最好，压片玉米的厚度普遍认为以0.79~1 毫米较好。

（2）大麦

大麦籽是生产高档牛肉的极优能量饲料，在肥育期结束前 120~150 天，每头每天饲喂 1.5~2 千克会获得很好的效果。喂前最好压扁或粉碎，但不要细磨。大麦的加工方法有蒸汽压片法、切割法、粉碎法和蒸煮法多种，以蒸汽压片法、切割法能够获得更好的饲养效果。

（3）高粱

高粱用来喂牛时必须进行加工，不能整粒饲喂。加工方法有碾碎、裂化、粉碎、挤压与蒸汽压片（扁）。不能单一用高粱喂牛，必须与其他能量饲料搭配，才会获得较好的效果。

15. 常用于肥育牛的蛋白质饲料有哪些?

在肥育牛的蛋白质饲料中，常选用的有饼类（棉籽饼、棉仁饼、菜籽饼、葵花籽饼、花生饼、亚麻仁饼、大豆饼）和豆科籽实类（蚕豆、豌豆、大豆）。

（1）棉籽饼

棉籽饼（粕）是以棉花籽实为原料取油后的副产品，虽含有一定量的游离棉酚，一般来说不会构成反刍动物的中毒，但不与其他饲料配合，长时间饲喂，也会引起中毒。牛如果摄取过量（日喂 8 千克以上）或食用时间过长，会导致中毒，犊牛日粮中一般不超过总饲料重量的 20%。

（2）菜籽饼

菜籽饼是用菜籽榨油后的残留物，菜籽饼最有效的利用办法是与青贮饲料混贮。在制作青贮饲料时，将菜籽饼按一定比例加到青贮原料中，入窖发酵脱毒后饲喂。

（3）胡麻饼

胡麻饼是胡麻的籽实榨取油脂后的副产品，味香，牛喜欢采食，饲料中胡麻饼的配比不宜太高，以总饲料重量的 10% 较好，因为饲喂量太多会使肥育牛的脂肪变软，降低胴体品质。

16. 常用于肥育牛的糠麸饲料主要有哪些？

（1）麦麸皮

麦麸饲料具有含磷多、轻泻性的特点。架子牛经过较长时间的运输到达肥育场时，在清水中加麦麸（5%~7%），供牛饮用，连续 3 天，对恢复架子牛的运输疲劳很有作用。运输后的 5~7 天，在牛的饲料中加 30% 麦麸，有利于架子牛轻泻去火，排除因运输应激反应产生的污物，并对尽快恢复正常采食量有积极作用。但是麦麸饲料在架子牛的肥育后期饲喂量不能过大，否则会导致肥育牛尿道结石症。

（2）玉米皮

玉米皮是玉米制造淀粉、酒精时的副产品，具有较高的能量，价格便宜，但是在使用时注意去除铁钉等尖锐杂物。

17. 肥育牛常见的粗饲料有哪些？

（1）玉米秸秆

收获玉米穗后的玉米秸秆，经风干后粉碎，是架子牛较好的粗饲料，加工粉碎成 0.5~1 厘米长为宜。

（2）小麦秸秆

在小麦产区，小麦秸秆是肥育牛的主要粗饲料资源。收集小麦秸秆时最好用打捆机打捆（长 600~1200 毫米，宽 460 毫米，厚 360 毫米），既省事又效率高，便于搬运贮藏。小麦秸秆用粉碎机粉碎成 0.2~0.7 厘米长，可和其他饲料混合均匀喂牛，有的农户还用辊（碾）压法将小麦秸秆压扁压软或用揉搓机将已铡短的麦秸用揉搓等方法加工。

（3）苜蓿干草

苜蓿干草富含蛋白质（20% 左右），是肥育牛的优质粗饲料，但是苜蓿干草品质的优劣很大程度上取决于收割后的烘干条件。优质苜蓿干草颜色青绿，叶茎完好，有芳香味，含水量 14%~16%。苜蓿干草含钙量较高，在配合肥育牛的日粮时要注意磷的补充。

18. 肥育牛的玉米芯如何加工利用？

（1）加工利用方法

①物理处理法。先用粉碎机粉碎成直径 0.3 厘米左右的颗粒，饲喂前用水浸泡 12 小时左右（含水量 55%~65%）使之软化。

②发酵处理法。将粉碎的玉米芯浸泡处理，使其含水量达到 65%~70%（即用手紧握后指缝有液体渗出但不滴下为宜），然后装入发酵池逐层压实。制作过程中，每吨玉米芯添加 1.5 千克纤维素酶（用玉米面 20 千克或麸皮 30 千克混合）和 2~5 千克食盐。装满发酵池后，覆盖塑料薄膜，用轮胎或土镇压密封。一般夏天发酵 2~3 天，冬天发酵 7 天后，即可开窖饲喂。

（2）饲喂方法

①饲喂物理处理的玉米芯。按比例与其他饲料合理搭配、混合均匀，添加量为粗饲料总量的 16%~25%。此方法节省饲料，且对填充家畜胃容积、促进排粪等均有良好的效果。

②饲喂发酵处理的玉米芯。应由少到多与其他饲草料混合饲喂，如果酸度大，应控制饲喂量。育肥牛每头每天 8~12 千克，犊牛每头每天 3~5 千克。

19. 肥育牛青贮饲料如何加工制作？

青贮是将新鲜的青饲料铡碎装入青贮窖或青贮塔内，通过封埋措施，造成缺氧条件，利用微生物的发酵作用，达到长期保存青饲料的一种方法。

（1）制作青贮的条件

在最佳成熟阶段收割，收割时水分含量约 60%~67%；铡的长度要合适，玉米青贮一般铡成 1~1.5 厘米，这样不仅利于装窖时压实，排出空气，而且使汁液渗出，润湿原料表面，有利于乳酸菌的发酵；适宜的水分含量为 60%~67%，如果水分超过 67%，可以与粉碎的干草或秸秆混合青贮。用秸秆制作青贮时，应加水使含水量达到 60%~65%，青贮原料含水量的控制是决定青贮品质的重要因素。

（2）判断水分含量的方法

①手挤法。抓一把铡碎的青贮原料，用力挤 30 秒钟，然后慢慢伸开手。伸开手后有水流出或手指间有水，含水量为 75%~85%，此时太湿不能做成优质青贮，应该晒一段时间，或与秸秆等一起青贮，或每吨加 90 千克玉米面；伸开手后料团呈球状，手湿，含水量为 68%~75%，也应该晒一段时间，或每吨加 69 千克玉米面，或每层之间加一层秸秆；伸开手后料团慢慢散开，手不湿，含水量为 60%~67%，是做青贮的最佳含水量，无须任何添加剂；伸开手后料团立即散开，含水量低于 60%，要添加水分后才能青贮。

②折弯法。在铡碎前，扭弯秸秆的茎时不折断，叶子柔软、不干燥，这时的含水量

最合适。

(3) 青贮制作要点

①迅速装窖。一旦开始装窖，必须在短时间内装满，然后密封，一般要在 2 天内装完。填装时窖顶原料要高出窖边缘，呈缓坡状，以防雨水流入窖内。

②装窖要均匀。原料要分布均匀，压紧，避免空气残留。

③密封。青贮窖顶层用塑料布或其他材料密封，然后压上重物，以免风吹漏气漏雨，对青贮过程中自然下沉所造成的裂陷，要注意及时修补。

20. 青贮饲料如何饲用？

青贮 30 天后便可开窖（壕）取草，长方形的窖（壕）固定一端开窖。要根据使用量的多少确定开窖宽度，逐段自上而下取用。一旦开封后，必须每天取一层草。每次取完后要用塑料薄膜、草袋覆盖。所取的青贮饲料必须当天喂完，以防二次发酵，霉烂变质。

(1) 饲喂青贮时注意事项

首先，在饲喂青贮饲料时，个别肉牛不习惯采食，对于这种情况要进行适应性锻炼，逐渐加大喂量，经过一段时间的训练就会变得喜食。其次，由于青贮饲料含水量较高，因此冬季往往冻成块，这种冰冻的青贮饲料不能直接饲喂，要先将它们置于室内，待融化后再进行饲喂，以免引起消化道疾病。第三，对于霉变的青贮饲料必须扔掉，不能饲喂。第四，每天自青贮窖内取用的数量要和肉牛需要量一致，也就是说取出的青贮饲料要在当天喂完，不能放置过夜。第五，尽管青贮料是一种良好的饲料，但它不能作为肉牛的唯一饲料，必须和其他饲料如精料、干草等按照肉牛的营养需要合理搭配进行饲喂。

(2) 饲喂量

不足 6 月龄的犊牛要使用专门制备的青贮饲料，这种青贮饲料是由幼嫩、富含维生素和可消化蛋白质的植物为原料制成的。6 月龄以上的牛，可使用与成年牛相同的青贮饲料。当犊牛出生满 1 个月时，开始饲喂专用青贮饲料，喂量为每头每天 0.1~0.2 千克，到 2 月龄时喂 2~3 千克，3~4 月龄时 4 千克，5~6 月龄时 8~15 千克，育肥牛 15~20 千克。

21. 肥育牛矿物质饲料有哪些？

①食盐。食盐是牛及各种动物不可缺少的矿物质饲料之一，肉牛日粮中食盐的用量一般是 1%~2%，最常用的饲喂方法是将食盐直接拌入饲料中或制成盐砖放在运动场上让牛自由采食。

②石粉。石粉主要是指石灰粉，主要成分是天然的碳酸钙，一般含钙 35%，是最便宜的矿物质饲料，肉牛饲料中一般添加 1%。

③膨润土。在肥育牛日粮中每天添加 50~100 克膨润土，日增重会明显增加。

④磷补充料。磷的补充饲料主要有磷酸氢二钠、磷酸氢钠、磷酸氢钙、过磷酸钙等，在配合饲料中的作用是提供磷和调整饲料中钙磷的比例，促进钙磷的吸收和利用。

22. 肥育牛维生素饲料有哪些？

维生素为维持生命之素，需要量虽少，但不能缺少。维生素 A、D、E 称为肥育牛的必需维生素，需从饲料中补充，而 K、C 和 B 族维生素在牛的瘤胃中能够合成。

肥育牛很少发生维生素缺乏症，因为肥育牛从采食的粗饲料、青饲料和青贮饲料中很容易获得必需维生素。

23. 肉牛饲草料中如何添加尿素？

饼粕饲料的成本较高，利用非蛋白氮化合物替代蛋白质饲料是肉牛生产中的常用技术，尿素是常用的蛋白质饲料替代品之一。从理论上讲，1 千克尿素相当于 2.6~2.9 千克的粗蛋白，即相当于 5~8 千克油饼。因此，用尿素替代部分蛋白质饲料饲喂肉牛是提高肉牛生产效益的重要技术。

（1）用量

尿素可替代日粮中 20%~30% 的粗蛋白质，其余的蛋白质需从日粮中获得。尿素的饲喂量应占体重的 0.02%~0.05%。若按日粮干物质的含量计算，尿素应占日粮干物质的 1%~2%。一般断奶后的育成牛日喂量 30~50 克，400 千克育肥牛每天喂 60~80 克，以不超过 100 克为宜。

（2）饲喂方法

饲喂尿素时，必须将尿素均匀地搅拌在粗精饲料中混喂，不能将尿素单独饲喂，更不能溶于水中饮用，否则随水进入真胃，引起中毒。喂完尿素后，不能立即饮水，一般在喂后 1~2 小时饮水。生产中最好使用淀粉糊化尿素舔砖等，既安全又使用方便。

（3）注意事项

①在添加尿素的日粮中，必须配合一定数量的碳水化合物和蛋白质。以粗饲料为主的日粮中，添加尿素时，应适当增加含淀粉的精料（玉米面等）才有效，只和秸秆配合使用无效。要注意，尿素不能代替全部的蛋白质饲料，喂尿素的同时，还应喂一些蛋白质饲料。

②逐渐加量。首次喂尿素时，其喂量为正常喂量的 1/10，让瘤胃中的微生物逐渐适应，以后逐渐增加到正常的全喂量，约需 10~15 天，达到正常的全喂量，要连续饲喂尿素效果才好。如果间断饲喂，再喂尿素时，应按开始的喂法进行。

③严禁把生豆类、生豆饼等含脲酶多的饲料掺在含尿素的饲料里一起饲喂，否则容易引起中毒，要饲喂生豆饼粕须经高温处理。

④6个月内的犊牛处于饥饿状态或空腹时以及有病的牛都不能饲喂尿素，否则易引进中毒。

⑤尿素饲喂不当，易使牛中毒，症状是呼吸快、出汗不止、动作失调，严重者口吐白沫，一般在喂后15~40分钟出现上述症状，治疗不及时1~2小时会死亡。一旦发现肉牛发生尿素中毒，可用0.25~0.5千克食醋加3倍的水给牛灌服，或用100~200毫升谷氨酸钠，加入1000~2000毫升10%的葡萄糖溶液注射液静脉注射。

24. 肉牛饲草料中如何添加瘤胃素？

瘤胃素是莫能菌素的商品名，是一种灰色链球菌的发酵产物。瘤胃素作为一种离子载体，在肉牛饲养上的主要作用是提高饲料的利用效率，既能减少瘤胃蛋白质的降解，使过瘤胃蛋白质的数量增加，又可提高到达胃的氨基酸数量，减少细菌氮进入胃，同时还可影响碳水化合物的代谢，抑制瘤胃内乙酸的产量，提高丙酸的比例，保证给肉牛提供更多的有效能。

（1）用量

瘤胃素是一种抗菌素，使用不当会发生中毒，甚至导致肉牛死亡。放牧期安全用量：0~5天，每头每天用100毫克，5天以后，每头每天用200毫克。舍饲育肥期安全用量：以精饲料为主时，每头每天用150~200毫克，以粗饲料为主时，每头每天用200毫克，舍饲育肥期内，每头每天最高不超过360毫克。

（2）用法

使用瘤胃素可按每头每天的饲喂量掺入日粮中，充分拌匀后分次投喂，也可制成预混料使用。方法是：取商品瘤胃素500克（每千克商品瘤胃素内含纯瘤胃素60克），玉米粉200千克，充分搅拌均匀后，按量分次投喂，可一直用至出栏屠宰。

25. 什么是肥育牛的日粮？

肥育牛24小时内采食的饲料总量，简称为日粮。肥育牛的日粮是将精饲料、粗饲料、青贮饲料、肉牛添加剂、保健剂等按比例（比例的标准是根据肉牛增重的营养需要、维持的营养需要及补偿生长等）混合在一起，然后充分搅拌均匀（手工操作时翻倒3次以上，机械搅拌时长应多于3分钟）。对不同体重阶段的肉牛、不同增重要求的肉牛以及生产牛肉档次不同、饲料价格不同、不同的饲养期等情况，都应有不同配方的配合饲料。

26. 架子牛育肥天数怎么测算？

架子牛肥育期根据架子牛进入围栏时体重、体质、体况、肥育目标等确定。体重大的肥育期短，体重小的肥育期则长。购进体重不同的架子牛，要设计不同的肥育天数，根据实践经验，架子牛的平均肥育天数见表1-1。

表 1-1 架子牛的体重与平均肥育天数

架子牛体重(千克)	肥育天数	架子牛体重(千克)	肥育天数
200	300	350	150~180
250	240	400	90~100
300	180~200	450	60~70

27. 肉牛精饲料与粗饲料的比例如何确定?

肉牛配合饲料中精饲料与粗饲料的比例是否合适,既影响肥育牛的采食量,又影响肥育牛的增重以及饲养成本。因此,在设计肥育牛的饲料配方时,要十分注意不同体重肥育牛精饲料与粗饲料的比例。肥育牛饲料配方中精饲料与粗饲料比例的禁忌点是精饲料和粗饲料的比例各占 50%,此时饲料转化效率下降。因此,在设计肥育牛饲料配方时,尽量避开这个禁忌点。

肉牛在肥育期的全程(60~90~180~240 天)中,可划分为 2~3 个阶段(在高档牛肉生产时,肥育时间不能少于 150~180 天,否则达不到目的)。现将不同肥育期内的精饲料与粗饲料比例分列于表 1-2 至表 1-5。

表 1-2 肥育期 240 天时精饲料粗饲料比例

阶 段	天数	精饲料比例(%)	粗饲料比例(%)
过渡期	5	30	70
一般肥育期	130	60~70	30~40
催肥期	105	75~85	15~25

表 1-3 肥育期 180 天时精饲料粗饲料比例

阶 段	天数	精饲料比例 (%)	粗饲料比例 (%)
过渡期	5	40	60
一般肥育期	75	70	30
催肥期	100	85	15

表 1-4 肥育期 90 天时精饲料粗饲料比例

阶 段	天数	精饲料比例(%)	粗饲料比例(%)
过渡期	5	40	60
催肥期	85	80	20

表 1–5　肥育期 60 天时精饲料粗饲料比例

阶　段	天数	精饲料比例（%）	粗饲料比例（%）
过渡期	5	40	60
催肥期	55	85	15

四、饲养管理

28. 肥育牛的选择应注意哪些方面？

能不能把肥育牛养好，首先考虑的是选好牛，包括品种、年龄、性别、体重、体型、体质和体膘等。

29. 肥育牛的品种如何选择？

目前架子牛育肥应选择肉用杂交改良牛，即用国外优良肉牛作父本与中国黄牛杂交繁殖的后代，当前生产性能较好的杂交组合有：利木赞牛与本地牛杂交后代，夏洛来牛与本地牛杂交后代，西门塔尔牛与本地牛杂交后代，安格斯牛与本地牛杂交后代等，其特点是体型大、增重快、成熟早、肉质好。在同等的饲养管理条件下，杂种牛的增重、饲料转化效率和产肉性能都要优于中国地方黄牛。

30. 肥育牛的年龄如何选择？

根据肉牛的生长规律，目前育肥牛大多选择在 2 岁以内的，最大也不超过 3 岁，即能适应不同的饲养管理，易于生产出高档和优质牛肉，在市场出售时有竞争优势。到底购买哪种年龄的育肥牛主要应根据生产条件、投资能力和产品销售渠道考虑。以短期育肥为目的，计划饲养 3~6 个月，应选择 1.5~2 岁，体重 300~400 千克育成架子牛和成年牛，不宜选择犊牛、生长牛。如果 3 个月短期快速育肥最好选体重 350~400 千克架子牛。6 个月育肥期，则以年龄 1.5~2.5 岁、体重 300 千克左右的架子牛为佳。需要注意的是，能满足高档牛肉生产条件的是 12~24 月龄架子牛，若年龄超过 3 岁，就不能生产出高档牛肉或优质牛肉块的比例会降低。在秋天收购架子牛育肥准备次年出栏的，应选购 1 岁左右牛，而不宜选大龄牛，因为大龄牛冬季饲料成本高，不经济。

31. 肥育牛的性别如何选择？

到目前为止，中国肥育牛性别上的差异在于公牛的去势 （亦称阉割、劁或骟）与不去势，用母牛进行肥育的为极少数。其原因：一是母牛是再生产的基础资料；二是母牛在肥育过程中会周期性发情，增重速度较慢。根据实践经验，性别会影响牛的育肥速度，在同样的饲养条件下，以公牛生长最快，阉牛次之，母牛最慢。在肥育条件下，公牛比阉牛的增重速度高10%，阉牛比母牛的增重速度高10%。这是因为公牛体内性激素（睾酮）含量高的缘故。

32. 肥育牛的体形外貌如何选择？

体型外貌是体躯结构的外部表现，在一定程度上反映牛的生产性能。选择育肥牛要符合肉用牛的一般体型外貌特征。要求如下：

从整体上看，体躯深长，体型大，脊背宽，背部宽平，胸部、臀部成一条线，顺肋生长发育好、健康无病。不论侧望、上望、前望和后望，体躯应呈"长矩形"，体躯低垂，皮薄骨细，紧凑而匀称，皮肤松软、有弹性，被毛密而有光亮。从局部来看，头部重而方形，嘴巴宽大，前额部宽大，颈短、鼻镜宽、眼明亮。前躯要求头较宽而颈粗短，十字部的高度要超过肩顶，胸宽而丰满，突出于两前肢之间，肋骨弯曲度大而肋间隙较窄，鬐甲宽厚与背腰在一直线上。背腰平直、宽广，臀部丰满且深，肌肉发达、较平坦。四肢端正、粗壮，两腿宽而深厚，坐骨端距离宽。牛蹄大而结实，管围较粗，尾巴根粗壮。身体各部位齐全、无伤疤，发育良好、匀称，符合品种要求。

应避免选择有如下缺点的牛：头粗而平、颈细长、胸窄、前胸松弛，背线凹、斜尻、后腿不丰满，中腹下垂后腹上收，四肢弯曲无力，"O"形腿和"X"形腿，站立不正。

33. 肥育牛的体质如何选择？

肥育牛要体质健壮、精神饱满、反应敏捷，头经常高高抬起，密切注视周围的任何动静，耳朵不停地摆动。眼睛有神，当有人接近牛时，体质健壮者两眼炯炯有神，全神贯注，耳朵竖立分辨声响或耳朵呈水平方向前后摆动，尾巴左右摇摆自如。四肢粗壮、端正、直立，被毛光顺，背腰平直，腹部较大而不下垂，身体各部位结构匀称。

购买前要牵牛走一走，转一转，手摸牛的皮肤松紧程度，观察粪尿颜色和反刍是否正常。一个食团的反刍次数在50次以上者为体质健壮、精神饱满的标志之一。一个食团的反刍次数在30次以下的牛，体质多数较差。

34. 肥育牛的体膘如何选择？

从肥育牛的品种、性别、年龄、体型外貌、体质等方面挑选肥育牛都满意后，最后还要观察牛的膘情（体膘）。遇到以下4种膘情的牛，最好不买。

第一，短粗肥胖型。早期肥胖造成体积小、体重大的牛，在进一步肥育时增重慢，饲料报酬低。

第二，长高消瘦型。年龄符合要求而由于早期生长受阻，造成体积大、体重小的牛，要了解牛的生长受阻的时间，生长受阻时间在6个月以下的可以购买，超过6个月的不应购买。

第三，超年龄标准（标准由肥育场自定），体瘦体弱的牛，最好不买。

第四，由于疾病造成牛的体膘消瘦而疾病尚未痊愈，这样的牛不购买为好。

不同季节牛的膘情有较大的差别，一般来说春季的牛体膘差一些，秋季的牛体膘好一些，购买架子牛时有五六成膘即可。

35. 如何做好母牛产后护理？

母牛分娩过程体能消耗很大，分娩后应及时补充水分和营养。正常分娩的母牛经适当休息后，应立即让其站立行走，并饲喂或灌服 10~15 升温热的麸皮盐水（温水 10~15 升、麸皮 1 千克、食盐 50 克）或益母生花散，同时注意产后观察和护理。

①分娩后，观察母牛是否有异常出血，如发现持续、大量出血应及时检查出血原因，并进行治疗。

②分娩后 12 小时，检查胎衣排出情况，如果 12 小时内胎衣未完全排出，应按照胎衣不下进行治疗。

③分娩后 7~10 天，观察母牛恶露排出情况，如果发现恶露颜色、气味异常，应按照子宫感染及时进行治疗。

36. 产后母牛饲养管理应注意哪些方面？

①分娩后 2~3 天，日粮以易消化的优质干草和青贮饲料为主，补充少量混合精饲料，精饲料蛋白质含量要达到 12%~14%，富含必需的矿物质、微量元素和维生素，每日饲喂精饲料 1.5 千克、青贮 4~5 千克、优质干草 2 千克。

②分娩 4 天后，逐步增加精饲料和青贮饲料的饲喂量，每天增加精饲料 0.5 千克、青贮饲料 1~2 千克。同时注意观察母牛采食量，并依据采食量的变化调整日粮饲喂量。

③分娩 2 周后，母牛身体逐渐恢复，泌乳量快速上升，此阶段要增加日粮饲喂量，并补充矿物质、微量元素和维生素。每天饲喂精饲料 3.0~3.5 千克、青贮 10~12 千克、优质干草 1~2 千克。日粮干物质采食量 9~10 千克、粗蛋白含量 10%~12%。

④哺乳期是母牛哺育犊牛、恢复体况、发情配种的重要时期，不但要满足犊牛生长发育所需的营养需要，而且要保证母牛中上等膘情，以利于发情配种。此期应根据母牛产乳量变化和体况恢复情况，及时调整日粮饲喂量，饲喂方案见表 1-6。

表 1-6 母牛泌乳期日粮组成（参考配方）

母牛泌乳阶段	精饲料（千克）	苜蓿干草（千克）	青贮（千克）
产后 1 月（高泌乳期）	3.5	1.0	12.0
产后 2 月（中泌乳期）	3.0	1.0	12.0
产后 3~4 月（低泌乳期）	2.0	1.0	12.0

37. 如何做好母牛早期配种工作?

(1) 自然发情

营养良好的母牛一般在产后 40 天左右会出现首次发情,产后 90 天内会出现 2~3 次发情,应尽量使牛适量运动,便于观察发情。如果母牛舍饲栓系饲养,应注意观察母牛的异常行为,如吼叫、兴奋、采食不规律和尾根有无黏液等。

(2) 诱导发情

母牛分娩 40~50 天后,进行生殖系统检查,对子宫、卵巢正常的牛,肌肉注射复合维生素 A、D、E,并使用促性腺激素释放激素和氯前列烯醇,进行人工诱导发情。

38. 什么是母牛围产期?

围产期指母牛分娩前后各 15 天,产前 15 天称围产前期,产后 15 天称围产后期,这一阶段对母牛产前、产后及胎犊、新生犊牛健康非常重要。

39. 围产前期饲养方面应注意什么?

临产前母牛应该饲喂营养丰富、品质优良、易于消化的饲料,应逐渐增加精料,但最大喂量不宜超过母牛体重的 1%,精料中可提高一些麸皮含量,补充微量元素及维生素,并采用低钙饲养法。此外,还应减喂食盐,禁喂甜菜渣 (甜菜渣含甜菜碱对胎儿有毒性),绝对不能喂冰冻、腐败变质和酸性大的饲料。围产前期日粮组成为糟粕料和块根茎料 5 千克,混合料 3~6 千克,优质干草 3~4 千克,青贮饲料 10~15 千克。

40. 如何做好围产前期的管理工作?

①根据预产期,做好产房、产间清洗消毒及产前的准备工作。

②产房昼夜应设专人值班。

③母牛一般在分娩前 15 天转入产房,以使其习惯产房环境。在产房内每头牛占一产栏,不系绳,任母牛在圈内自由活动。母牛临产前 1~6 小时进入产间,后躯消毒,产栏应事先清洗消毒,并铺以短草。

41. 围产后期饲养方面应注意什么?

母牛分娩过程体力消耗很大,产后体质虚弱,饲养原则是尽快促进体质恢复。刚分娩后应给母牛喂饮温热麸皮盐钙汤或小米粥。麸皮盐钙汤的做法是:温水 10~20 千克、麸皮 1 千克、食盐 0.1 千克、碳酸钙 0.1 千克。小米粥的做法是小米 0.75 千克,加水 18 千克左右,煮制成粥加红糖 1 千克,凉至 40℃左右饮喂母牛。产后 2~3 天内日粮应以优质干草为主,精料可饲喂一些易消化的如麸皮和玉米等,每天 3 千克,2~3 天后开始逐渐用配合精料替换麸皮和玉米,一般产后第 3 天替换 1/3,第 4 天替换 1/2,第 5 天替换 2/3,第 6 天全部饲喂配合精料。母牛产后 7 天如果食欲良好,粪便正常,乳房水肿消失，可开始饲喂青贮饲料和补喂精料，精料的补加量为每天加 0.5~1 千克。同时可补加过瘤胃脂肪（蛋白）添加物，减少负平衡。母牛产后头 7 天要饮用 37℃的温水，不宜饮用冷水，以免引起胃肠炎，7 天后饮水可降至 10~20℃。

42. 如何做好围产后期的管理工作？

①尽量让母牛自然分娩，需要助产时，应在兽医的指导下进行。

②母牛分娩后，要清理产间，更换褥草。

③母牛产后在 30 分钟至 1 小时挤奶，挤奶前先用温水清洗牛体两侧、后躯、尾部，最后用 0.1%~0.2%的高锰酸钾溶液消毒乳房。开始挤奶时，每个乳头的第一、二把奶要弃掉，一般产后第一天每次只挤 2 千克左右，够犊牛哺乳量即可，每次挤奶时应先热敷按摩乳房 5~10 分钟，第二天每次挤奶 1/3，第三天挤 1/2，第 4 天才可将奶挤尽。分娩后乳房水肿严重，要加强乳房的热敷和按摩，促进乳房消肿。

④产后 4~8 小时胎衣自行脱落，脱落后要将外阴部清除干净并用来苏水消毒，以免感染生殖道。胎衣排出后应马上移出产房，以防被母牛吃掉妨碍消化。如 12 小时还不脱落，要采取人工辅助措施剥离。母牛产后应每天用 1%~2%的来苏尔水洗刷后躯，特别是臀部、尾根、外阴部。每日测体温 1~2 次，若有升高要及时查明原因进行处理。

43. 为什么要做早期妊娠诊断？

母牛妊娠后，既要维持自身的生命活动又要供应胎儿生长发育所需要的营养，生理负担加重，容易受到体内外因素的侵扰而影响妊娠过程和胎儿发育，甚至发生流产，降低繁殖力。因此，对配种后的母牛要尽早做出妊娠诊断，采取相应的饲养管理措施，预防流产和妊娠期疾病，提高产犊率。

44. 为什么要分群饲养？

有条件的农户（场）要将孕牛与未孕牛分开饲养，既便于按不同的营养需要饲喂，又可防止孕牛与未孕牛之间相互角斗而引起流产。

45. 妊娠母牛日粮有什么标准？

（1）保持体况良好

简易膘情判断方法看肋骨凸显程度，距离牛 1~1.5 米处观察，看不到肋骨说明偏肥、看到 3 根肋骨说明膘情适中、看到 4 根以上肋骨说明偏瘦。

（2）饲料以优质青粗饲料为主

在妊娠前期（1~4 个月），除体质瘦弱的母牛不必再增加饲料量，但要保证营养的全价性，尤其是矿物元素和维生素 A、D、E 的供给。以体重 450 千克的妊娠前期母牛为例，推荐的舍饲饲料日供给量为青饲料 20~30 千克、干草 2~3 千克、配合饲料 1~2 千克。但对带犊的母牛，要适当增加草料。妊娠 5 个月后，开始增加精料量，多饲喂蛋白质含量高的饲料。但在分娩前两周要减少钙、食盐用量，精料也要逐渐降低到每日 1~1.5 千克。

妊娠后期要给予营养丰富的易消化草料，冬季加饲优质青贮或干苜蓿草。春、夏或秋季可加饲营养丰富的优质牧草。对缺乏青饲料的地区，要注意补充维生素 A、D、E，在冬季可补饲胡萝卜或大麦芽。

（3）保证草料质量

冬季不喂冰冻饲料，任何时候都不喂霉变、腐败变质或含残留农药的草料。在放牧条件下，夏秋季节一般不需补饲精饲料。枯草季根据草的质量确定补饲草料的量，特别是妊娠的最后 3 个月，这时正值枯草期，应进行重点补饲，以免初生犊牛发育不良、体质衰弱和母牛奶量不足。

46. 如何做好妊娠母牛户外运动？

舍饲的妊娠母牛，每天要进行 2~4 个小时的户外运动（雨、雪天除外）。如果牛舍外的运动场较小或饲养密度较大，可在牛场内另外用栏栅隔出一个环形走廊运动场，逐赶母牛走动，冬季在晴天的中午时段进行户外运动。

47. 如何做好产前准备和接产？

在分娩预定日前 2~3 周，移入产房或空牛栏内待产。此时，应减少饲喂量，多供给具有轻泻性的饲料（如麸皮）及清凉饮水，以预防便秘。在预定分娩日前 1~2 天须多加看护，以保证安全生产。一般情况下，犊牛能自行产出，无须助产。母牛从阵痛开始，通常经 2~3 个小时会顺利产出胎儿。如产出时间拖得太长，可能是难产，应请兽医处理。胎儿产出后 3~4 小时内排出胎衣，如经 6~7 小时以上尚未排出，即需人工取出。

48. 犊牛护理应注意哪些方面？

犊牛护理技术是指对出生后 6 个月以内的犊牛进行引导呼吸、脐部消毒、饲喂初乳以及早期断奶等措施，使犊牛顺利、健康度过犊牛期。

49. 如何做到犊牛呼吸正常？

犊牛出生后如果不呼吸或呼吸困难，通常与难产有关，必须首先清除犊牛口鼻中的黏液，然后使犊牛头部低于身体其他部位或倒提犊牛几秒钟使黏液流出，最后用人工方法诱导犊牛呼吸。

50. 如何给犊牛肚脐消毒？

犊牛呼吸正常后，应立即注意肚脐部位是否出血，如出血则用干净棉花止血，具体做法是挤干残留在脐带内的血液后，用高浓度碘酒（7%）或其他消毒剂涂抹脐带消毒。出生两天后应检查犊牛是否有感染，如感染则表现为犊牛沉郁，脐带红肿，碰触后犊牛有触痛感。需要注意的是，脐带感染可很快发展为败血症，常常引起犊牛死亡。

51. 什么是初乳？

初乳是母牛产犊后 7 天内所分泌的乳汁，含有丰富的维生素、免疫球蛋白及其他各种营养，尤其富含维生素 A、D 以及球蛋白和白蛋白，所以初乳是新生犊牛必不可少的营养来源。如果不喂初乳，犊牛会因免疫力不足而发生肺炎及血便，使犊牛体重急剧下降。初乳的营养物质和特性随泌乳天数逐日变化，经过 6~8 天的初乳成分接近常乳。因此，犊牛出生后应尽早吃上足够的初乳，一般在产后 2 小时内，当幼犊站起时，即可喂食初乳。

52. 如何给犊牛饲喂初乳？

犊牛饲养环境及所用器具必须符合卫生条件，并且每次饲喂初乳量不能超过犊牛体重的 10%。通常每天 6~8 千克，分 3~5 次饲喂。若母乳不足或产后母牛死亡，可喂其他同期分娩健康母牛的初乳。

初期应用奶桶饲喂初乳，一般一手持桶，另一手中指及食指浸入乳中使犊牛吸吮，当犊牛吸吮指头时，将桶提高使犊牛口紧贴牛奶吮吸，如此反复几次，犊牛便可自行哺乳。

饲喂初乳时应注意即挤即喂，温度过低的初乳易引起犊牛胃肠机能失常导致犊牛下痢，温度过高则易发生口炎、胃肠炎等。因此，初乳的温度应保持在 35~38℃，在夏季要防止初乳变质，冬季要防止初乳温度过低。

晚上出生的犊牛，如到第二天才喂初乳，抗体可能无法被全部吸收，出生后 24 小时的犊牛喂初乳，抗体吸收几乎停止。犊牛出生后如果在 30~50 分钟以内吃上初乳，可有效保证犊牛生长发育、提高抗病力。

53. 为什么要将犊牛与母牛隔离？

犊牛出生后立即从产房移走并放在干燥、清洁的环境中，最好放在单独圈养的畜栏内，因为刚出生的犊牛对疾病没有抵抗力，给犊牛创造舒适的环境可降低患病可能性。

54. 如何防止犊牛下痢？

防止犊牛下痢，应注意以下方面：一是给犊牛喂奶要做到定时、定量、定温，奶温最好在 30~35℃；二是天冷时要铺厚垫料，垫料必须干燥、洁净、保暖，不可使用霉变或被污染过的垫料；三是对有下痢症状的犊牛要隔离，及时治疗；四是要保证饲喂的精粗饲料干净，并对环境经常进行消毒。

55. 为什么要调教犊牛采食、刷拭犊牛？

为了避免牛怕人、顶人事件的发生，饲养人员必须经常抚摸、靠近或刷拭牛体，使牛对人有好感，让犊牛愿意接受以后的各种调教。没有经过调教采食的犊牛怕人，人在场时不采食。经过训练后，不仅人在场时会大量采食，而且还能诱使犊牛采食没有接触过的饲料。为了消除犊牛皮肤的痒感，应对犊牛进行刷拭，初次刷拭时，犊牛可能因害怕而不安，但经多次刷拭犊牛习惯后，即使犊牛站立也能进行正常刷拭。

56. 怎样设置犊牛栏？

犊牛出生 7 日龄后，在母牛舍内一侧或牛舍外，用圆木或钢管围成一个小牛栏，围栏面积以每头 2 平方米以上为宜。与地面平行制作犊牛栏时，最下面的栏杆高度应在小牛膝盖以上、脖子下缘以下（距地面 30~40 厘米），第二根栏杆高度与犊牛背平齐（距地面 70 厘米左右）。在犊牛栏一侧设置精料槽、粗料槽，在另一侧设置水槽，在料槽内添入优质干草，训练犊牛自由采食。犊牛栏应保持清洁、干燥、采光良好、空气新鲜且无贼风、冬暖夏凉。

57. 如何做好犊牛补饲？

犊牛出生 15 日龄后，每天定时哺乳后关入犊牛栏，与母牛分开一段时间，逐渐增加精饲料、优质干草饲喂量，逐步延长母牛与犊牛分离时间。

（1）补饲精料

犊牛开食料应有良好适口性，粗纤维含量低而蛋白质含量较高。可用代乳料、犊牛颗粒料，或自己加工犊牛颗粒料，每天早、晚各喂 1 次。1 月龄日喂颗粒料 0.1~0.2 千克，2 月龄喂 0.3~0.6 千克，3 月龄喂 0.6~0.8 千克，4 月龄喂 0.8~1.0 千克。犊牛满 2 月龄后，在继续饲喂颗粒料的同时，开始添加粉状精饲料，可采用与犊牛颗粒料相同的配方。粉状精饲料添加量为 3 月龄 0.5 千克，4 月龄 1.2~1.5 千克（见表 1–7）。

表 1–7　犊牛粉状精饲料配方

原料名称	玉米	麸皮	豆粕	菜籽饼	食盐	磷酸氢钙	石粉	预混料
配　比	48%	20%	15%	12%	1%	2%	1%	1%
推荐营养水平	综合净能≥6.5 兆焦/千克,粗蛋白 18%~20%,粗纤维 5%,钙 1.0%~1.2%,磷 0.5%~0.80%							

（2）补饲干草

可饲喂苜蓿、野杂草、禾本科牧草等优质干草，出生 2 个月以内的犊牛，饲喂铡短至 2 厘米以内的干草，出生 2 个月以后的犊牛，可直接饲喂不铡短的干草。一般建议饲喂混合干草，其中苜蓿草占 20% 以上。2 月龄犊牛可采食苜蓿干草 0.2 千克，3 月龄犊牛可采食苜蓿干草 1 千克。

58. 如何做好犊牛饮水？

犊牛在初乳期，可在 2 次喂奶的时间间隔内供给 36~37℃ 的温开水，产后 10~15 天，改饮常温水，1月龄后自由饮水，但水温不应低于15℃。饮水要方便，水质要清洁，水槽要定期刷洗。

59. 如何做好犊牛断奶？

可采用逐渐断奶法，具体方法是随着犊牛月龄增大，逐渐减少日哺乳次数，同时逐渐增加精料饲喂量，使犊牛在断奶前有较好的过渡，不影响其正常生长发育。当犊牛满4月龄，且连续三天采食精饲料达到2千克以上时，可与母牛彻底分开，实施断奶。断奶后，停止使用颗粒饲料，逐渐增加粉状精料、优质牧草及秸秆的饲喂量。

60. 犊牛早期断奶如何补饲？

犊牛补饲采用"前高后低"的方案，即前期吃足奶，后期少吃奶、多喂精粗饲料，建议饲养方案见表1-8。

表1-8　犊牛补饲方案

犊牛月龄	颗粒饲料（千克）	优质干草（千克）	粉状精饲料（千克）	青(黄)贮	哺乳次数
1月龄	0.1~0.2	–	–	–	每日2次(早、晚)
2月龄	0.3~0.6	0.2	–	–	每日1次(早)
3月龄	0.6~0.8	0.5	0.5	–	隔1日1次(早)
4月龄	0.8~1.0	1.5	1.2~1.5	–	隔2日1次(早)

61. 如何做好新购买架子牛的饲养管理？

（1）饮水

由于运输途中饮水困难，架子牛往往会严重缺水。因此，架子牛进入围栏后要掌握好饮水。第一次饮水要控制，以10~15升为宜。第二次饮水在第一次饮水后的3~4小时，可自由饮水。第一次饮水时，水中可加人工盐每头100克，第二次饮水时，水中可加些麸皮。

（2）消毒

进场后2~4天，用0.3%过氧乙酸对每头牛消毒。

（3）饲喂优质饲料

饲喂优质青干草、秸秆、青贮饲料，第一天喂草量应限制，每头4~5千克。第二、三天后，可以逐渐增加喂量，每头每天8~10千克。第五、六天以后，可以自由采食。

（4）分群饲养

按照大小强弱分群饲养，每群牛数量以10~15头较好，一般傍晚时分群容易成功，分群的当天应有专人值班观察，若发现格斗，应及时处理。

（5）驱虫和免疫

最简单的方法是用阿维菌素（虫克星）驱虫，并按规定注射免疫疫苗。

（6）健胃并适应精饲料

进场7天后，用健胃散（中药）对所有牛进行健胃。随着牛体质的恢复和环境的适应，逐步添精料。新到的架子牛，精饲料的喂量应严格控制，必须有近15天的饲养适应期，适应期内以粗料为主，精饲料从第7天开始饲喂，每3天增加300克精料。

62. 架子牛肥育期的饲养管理应注意哪些方面？

（1）牛舍消毒

架子牛入舍前应用2%氢氧化钠溶液对牛舍消毒，器具用0.1%高锰酸钾溶液洗刷，然后再用清水冲洗。

（2）减少运动

对于放牧育肥架子牛尽量减少运动量，对于舍饲育肥架子牛，每次喂完后应每头单拴系木桩或休息栏内，缰绳的长度以牛能卧下为宜，这样可以减少营养物质的消耗，提高育肥效果。

（3）坚持"五定""五看""五净"的原则

① "五定"。

定时：每天7:00—9:00，15:00—17:00各喂1次，间隔8小时，不能忽早忽晚。

定量：每天的喂量，特别是精料量按饲养制度执行，不能随意增减。

定人：每头牛的饲喂等日常管理要固定专人，以便及时了解每头牛的采食情况和健康，并可避免产生应激。

定刷拭：每天上、下午定时给牛体刷拭1次，以促进血液循环，增进食欲。

定期称重：为了及时了解育肥效果，定期称重很必要。一般牛进场时应先称重，按体重大小分栏，便于饲养管理。由于牛采食量大，为了避免称量误差，应在早晨空腹称重，最好连续称2天取平均数。

② "五看"。

指看采食、看饮水、看粪尿、看反刍、看精神状态是否正常。

③ "五净"。

草料净：饲草、饲料不含砂石、泥土、铁钉、铁丝、塑料布等异物，不发霉不变质，没有有毒有害物质污染。

饲槽净：牛下槽后及时清扫饲槽，防止草料残渣在槽内发霉变质。

饮水净：注意饮水卫生，避免有毒有害物质污染饮水。

牛体净：经常刷拭牛体，保持体表卫生，防止体外寄生虫的发生。

圈舍净：圈舍勤打扫、勤除粪，牛床要干燥，保持舍内空气清洁、冬暖夏凉。

（4）搞好防疫和灭病

搞好定期消毒和传染病疫苗注射工作，做到早防无病。

（5）不同季节应采用不同的饲养方法

①夏季饲养。在环境温度 8~20℃时，牛的增重速度较快。气温过高，肉牛食欲下降，增重缓慢。因此，夏季育肥时应注意适当提高日粮的营养浓度，延长饲喂时间，气温 30℃以上时，应采取防暑降温措施，保持通风良好，并搭凉棚。

②冬季饲养。冬季应适当增加能量饲料，提高肉牛防寒能力，防止饲喂带冰的饲料和饮用冰冷的水，冬季舍内温度应保持在 5℃以上。

（6）及时出栏或屠宰

肉牛超过 500 千克后，虽然采食量增加，但增重速度明显减慢，继续饲养不会增加收益，要及时出栏。

五、牛的常见病

63. 牛常见的疫病有哪些类型？

按大的类型可划分为传染病、寄生虫病、内科病、外科病和产科病等。

64. 牛常见的传染病主要有哪些？

（1）布鲁氏菌病

该病是由布鲁氏菌引起的人畜共患传染病，主要传播途径是消化道，潜伏期 0.5~6 个月，典型特征是牛的生殖器官和胎膜发炎，进而引起流产、不育等症状，产后常排出污灰色或者棕红色分泌液，有时有恶臭，诊断只有通过实验室。接种疫苗是有效控制措施，一般一年接种一次疫苗，若发现感染病牛，应立刻淘汰。

（2）口蹄疫

该病是由口蹄疫病毒引起偶蹄兽的一种急性、热性，高度接触性传染病，本病以直接接触和间接接触的方式进行传递，病牛或者潜伏期带病毒的牛是最危险的传染源，该病在秋末、冬春季节易发，潜伏期一般为 3~8 天，典型症状为舌面、唇内面及齿龈等部位黏膜出现充血，在趾间及蹄冠部的皮肤出现水疱，一般通过临床症状可以初步诊断。预防措施还是以注射口蹄疫疫苗为主，如果发病，应立即对疫区采取封锁、隔离、消毒、扑杀等措施。

65. 牛常见的寄生虫病主要有哪些?

（1）肝片形吸虫病

该病主要是由肝片形吸虫或者大片形吸虫引起的一种寄生虫病,临床症状表现为食欲减退或者消失,体温升高、贫血,眼睑及体躯下垂部位发生水肿,病理特征是慢性胆管炎、肝炎和肠炎,病理诊断特点为胆管增粗增厚,而且胆管中常有片形吸虫寄生。治疗一般使用硝氯酚肌肉注射进行驱虫,按 0.5~1 毫克每千克体重用量。

（2）焦虫病

该病是由焦虫引起的季节性寄生虫病,主要寄生在牛血液中的红细胞里,临床症状是高热、贫血、黄疸,反刍停止,呼吸及心跳加快,肌肉震抖,病牛淋巴结肿大或出现红色素尿。预防主要是通过皮下注射伊维菌素,一般每千克体重注射 0.2 毫克,治疗一般用咪唑苯脲,按 2 毫克每千克体重,配成 10%溶液,分 2 次肌肉注射。

66. 牛常见的内科病有哪些?

（1）瘤胃酸中毒

病因是过量采食含有丰富碳水化合物的谷物饲料或者粗饲料品质差、青贮料酸度过大,进而引起大量发酵形成的乳酸积聚导致的代谢性疾病,典型症状为食欲废绝、脱水、无尿或者少尿,腹泻者排出黏性粪便。治疗措施主要为增加优质干草,补充水及电解质,必要时进行瘤胃手术。

（2）瘤胃臌气

病因是牛大量摄入易发酵的饲料或饲喂发霉、变质的潮湿饲料,瘤胃和网胃内因发酵而产生大量气体,且气体不能以嗳气排出而蓄积于胃内,致使瘤胃体积增大而引起的瘤胃消化机能紊乱疾病。症状主要为腹围增大,瘤胃蠕动消失,心悸亢进,静脉怒张。治疗方法是迅速排气、制止发酵、解毒补液,排气方法有瘤胃穿刺放气和胃管放气。

67. 牛常见的外科病有哪些?

（1）腐蹄病

是指牛蹄间皮肤或者软组织腐烂的疾病。主要症状是皮肤裂开、化脓、坏死,往往伴有蹄冠炎症,并出现不同程度的跛行,该病一年四季都能够发生,但主要集中在 7~9 月份。病因主要是牛舍潮湿阴暗、运动场过于泥泞、卫生条件恶劣、没有及时清除粪便,牛床及牛舍粪尿沟积有过多的粪尿,引起病原微生物繁殖侵入所致。

（2）风湿病

该病一般多与风、寒、湿的侵袭有关,发生非常迅速,通常对称性侵害肌肉、关节或神经,症状为体温升高、呼吸急促、脉搏加快、肌肉僵硬、伸曲障碍。治疗常用 10%水杨酸钠注射液 200~300 毫升,5%葡萄糖酸钙注射液 200~500 毫升,或 0.5%氢化可的松注射液 100~160 毫升，分别静脉注射，每天一次，连用 5~7 天。体温高者，可加用青霉素和维生素 C 注射液。

68. 牛常见的产科病有哪些?

（1）流产

指胎儿或者胚胎与母体之间的正常生理关系被破坏，造成妊娠中断的一种病理现象。引起流产的原因主要有传染病或者寄生虫病、长期营养不良或营养成分缺乏、机体受到损伤、应激反应过大、不合理使用药物、激素代谢紊乱等，症状为产出不足月的死胎或活胎，有时还会出现胚胎看不见或者死胎延滞。流产一旦发生很难治疗，对于有先兆的流产应提前注射孕酮保胎，若保不住应该引产，对隐性流产应及时清宫，防治继发性全身败血症，对于流产母畜应加强营养和护理。

（2）子宫脱出

指子宫角的前端甚至子宫角和子宫体全部翻出于阴门之外，原因有母牛营养不良、胎儿过大、难产时产道干涩、母牛努责过强、胎儿脐带过短、助产强行拉扯等，症状为牛子宫脱出阴门之外，有不规则的长圆形物体突出，表面布满圆形或半圆形的海绵状母体胎盘，脱出的子宫黏膜表面常覆有未脱落的胎膜，剥去胎膜后呈粉红色或红色，淤血呈紫红色或深红色。治疗首先要排空病牛直肠内的粪便，然后将牛前高后低站立保定，然后对牛后海穴深部局部麻醉进行消毒清洗和整复还纳，最后进行缝合。

六、牛场建设

69. 肉牛养殖场选址应考虑哪些因素?

①地势。平坦高燥，背风向阳，排水良好，地势以坐北朝南或坐西北朝东南方向的斜坡地为好，最高地下水位要控制在青贮窖底部 0.5 米以下，地势平坦但应稍有坡度，便于排水。地形开阔整齐，最好是长方形或正方形。

②水源。要求水质干净、水量充足、取水方便，水质应符合畜禽饮用水水质卫生指标要求。

③环境。周围安静，无污染源，交通、电力、饲料供应方便，不能对居民区造成污染，应距离交通道路大于 100 米、主干道 200 米以上，牛场附近不应有 90 分贝以上噪音的企业，最好能有一定面积的饲草地用于青贮。

④气象因素。综合考虑当地的最高温度、最低温度、湿度、年降雨量、主风向、风力等因素，以选择有利地势减少气象因素的影响，切记不要将牛场建在西北风口处。

⑤建筑面积。牛舍面积按照每头牛 4 平方米计算而得，牛舍和房舍的面积为牛场总面积的 10%~20% 为宜。

70. 牛场应如何分区布局?

根据生产活动需要,牛场一般划分为 5 个区,即管理区、饲草料区、养殖区、粪污处理区和病牛隔离区。

①管理区。主要为办公室、宿舍、料库、车库、消毒室、配电室、水塔等,一般设置在养殖区的上风向且地势较高处,与养殖区严格隔离。

②饲草料区。主要为饲草料调制、贮存、加工的区域,该区要求地势较高,干燥通风,一般设在养殖区的下风向处,离养殖区和水源地较近,日常要做好防火防潮工作。

③养殖区。该区为肉牛养殖场的核心区,门口设立更衣室、消毒室和车辆消毒池,避免外界人员和车辆直接进入。各牛舍之间保持适当距离,布局整齐合理,要按照不同生产用途,分阶段分群饲养。

④粪污处理区。该区设置在养殖区的下风处,尽量远离养殖区,而且要单独划定区域,因地制宜做到粪污"无害化、资源化、减量化"利用。

⑤病牛隔离区。该区要严格做到与其他区的空间隔离,尤其是饲草料、水源等不能交叉使用,而且应设置单独通道,便于消毒和污物处理,如果病牛死亡,要严格按照有关规定无害化处理,不能随意丢弃,以免病原体扩散传播。

71. 肉牛舍类型有哪些?

(1) 半开放牛舍

半开放牛舍三面有墙,向阳一面敞开,有部分顶棚,在敞开一侧设有围栏,水槽、料槽设在栏内,肉牛散放其中。每舍 15~20 头,每头牛占有面积 4~5 平方米。这类牛舍造价低,节省劳动力,但冬季防寒效果不佳。

(2) 塑膜暖棚牛舍

塑膜暖棚牛舍是近年北方寒冷地区推出的一种较保温的牛舍。塑膜暖棚牛舍三面有墙,向阳一面有半截墙,有 1/2~2/3 的顶棚。向阳的一面在温暖季节露天开放,寒冬季在露天一面用竹片、钢筋等材料做支架,上覆单层或双层塑料,两层膜间留有间隙,使牛舍呈封闭的状态,借助太阳能和牛体自身散发热量,使牛舍温度升高,防止热量散失。

修筑塑膜暖棚牛舍要注意以下几个方面问题:

①选择合适的朝向。塑膜暖棚牛舍需坐北朝南,南偏东或西角度最多不要超过15°,舍南至少 30 米内应无高大建筑物及树木遮蔽。

②选择合适的塑料薄膜。应选择对太阳光透过率高,而对地面长波辐射透过率低的聚氯乙烯塑膜,其厚度以 80~100 微米为宜。

③合理设置通风换气口。棚舍的进气口应设在南墙,其距地面高度以略高于牛体高为宜,排气口应设在棚舍顶部的背风面,上设防风帽,排气口的面积以 20 厘米×20 厘米

为宜，进气口的面积是排气口面积的一半，每隔 3 米远设置一个排气口。

④有适宜的棚舍入射角。棚舍入射角应大于或等于当地冬至时太阳高度角。

⑤注意塑膜坡度的设置。塑膜与地面的夹角应在 55°~65°为宜。

（3）封闭牛舍

封闭牛舍四面有墙和窗户，顶棚全部覆盖，分单列封闭舍和双列封闭舍。单列封闭牛舍只有一排牛床，舍宽 6 米，高 2.6~2.8 米，舍顶可修成平顶也可修成脊形顶。这种牛舍跨度小、易建造、通风好，但散热面积相对较大。单列封闭牛舍适用于小型肉牛场，双列封闭牛舍内设有两排牛床，两排牛床多采取头对头式饲养，中央为通道。舍宽 12 米，高 2.7~2.9 米，脊形棚顶。双列式封闭牛舍适用于规模较大的肉牛场，以每栋舍饲养 100 头牛为宜。

72. 肉牛舍内设备有哪些？

①牛床。牛床是牛吃料和休息的地方，牛床的长度依牛体大小而异。一般的牛床设计是使牛前躯靠近料槽后壁，后肢接近牛床边缘，粪便能直接落入粪沟内即可。成年母牛床长 1.8~2.0 米，宽 1.1~1.3 米；肥育牛床长 1.9~2.0 米，宽 1.2~1.3 米；6 月龄以上育成牛床长 1.7~1.8 米，宽 1.0~1.2 米。牛床应高出地面 5 厘米，保持平缓的坡度为宜，以利于冲刷和保持干燥。牛床最好以三合土为地面，既保温又护蹄。

②饲槽。饲槽建成固定式的、活动式的均可。水泥槽、铁槽、木槽均可用作牛的饲槽。饲槽长度与牛床宽度相同，上口宽 60~65 厘米，下底宽 35~45 厘米，槽深 30~40 厘米，底呈弧形，靠近牛床一侧牛槽高 40~50 厘米，饲喂通道一侧牛槽与地面持平。

③粪沟。牛床与清粪通道间设有排粪沟，沟宽 35~40 厘米，深 10~15 厘米，沟底呈一定坡度，以便污水流淌。

④清粪通道。清粪通道也是牛进出的通道，多修成水泥路面，路面应有一定坡度，并刻上线条防滑，清粪道宽 2.0~2.5 米。牛栏两端也留有清粪通道，宽为 1.5~2.0 米。

⑤饲料通道。在饲槽前设置饲料通道，通道高出地面 10 厘米为宜，饲料通道一般宽 1.5~2.0 米。

⑥牛舍门。牛舍通常在舍两端即正对中央饲料通道设两个侧门，较长牛舍在纵墙背风向阳侧也设门以便于人、牛出入，门应做成双推门，不设槛，门宽 1.5~2.0 米，高 2.0 米为宜。

⑦运动场。饲养种牛、犊牛的牛舍，应设运动场。运动场多设在两舍间的空余地带，四周栅栏围起，将牛拴系或散放其内。每头牛应占面积为成年牛 15~20 平方米、育成牛 10~15 平方米、犊牛 5~10 平方米，运动场的地面以三合土为宜。在运动场内设置补饲槽和水槽，其数量要充足，布局要合理，以免牛争食、争饮、顶撞。

第二章　牦牛养殖技术问答

一、牦牛概述

1. 牦牛的分类学地位是怎样的？

按照当代动物学分类，牦牛属于：

脊椎动物门

哺乳纲

单子宫亚纲

偶蹄目

反刍亚目

牛科

牛亚科

牛属

牦牛亚属

牦牛种

2. 牦牛分布在哪儿？

以中国青藏高原为中心，围绕喜马拉雅山、帕米尔、昆仑山、天山、阿尔泰山等几大山脉自内向外延伸，其范围包括中国的西藏、新疆、青海等省区的全部和内蒙古、甘肃、四川、云南等省区的部分，以及俄罗斯、吉尔吉斯斯坦、塔吉克斯坦、哈萨克斯坦、尼泊尔、印度、蒙古国、不丹、锡金、阿富汗等国的高山及高寒地区。中国是牦牛的主产国，牧养着约 1600 万头牦牛，占世界牦牛总数的 95%，其中青海 614.6 万头、西藏 418.7 万头、四川 422.4 万头、甘肃 147.5 万头、新疆 25.7 万头、云南 6.7 万头。

3. 牦牛为什么能适应缺氧环境？

牦牛生息在海拔 3000 米以上地区，暖季可上升到 5000 米以上。这些地区空气中含氧量只及海平面的 1/3~1/2。牦牛之所以能够惊人地适应空气稀薄、大气压低的缺氧环境，是由它的生理特点所决定的。

牦牛的气管较普通牛短而粗大，气管软骨环两端间的距离大，且软骨环两端间的肌肉长而发达。牦牛胸腔和普通牛相比，大而发达。心脏、肺脏相应地发育良好，心、肺指数较普通牛高。牦牛具有呼吸和脉搏快，血液红细胞和血红蛋白高的生理特点。可见，牦牛的这些生理特征使其能适应频速呼吸，提高了气体交换机能，在高原少氧环境下较普通牛单位时间增加了气体交换量，以获得更多的氧气。

4. 牦牛为什么能在高寒缺草的高原生存？

牦牛是一个较少或基本不进行补饲，全靠从高山天然草原摄取食物维持营养需要的放牧畜种。在适应高原牧草低矮、稀疏、枯草期长的过程中，形成了独特的采食特性。牦牛鼻镜小，嘴唇薄而灵活。舌稍短，而舌前端宽而钝圆有力，舌面的丝状乳头发达而角质化。牙齿齿质坚硬耐磨。牦牛至 15 岁第一对门齿方磨蚀呈近圆形，较黄牛长 5 年，且门齿齿面较黄牛宽而平直。所以，牦牛既能卷食高草，也能用牙齿啃食 5 厘米高的矮草，冬春季还能用舌舔食被踏碎或被风吹、鼠咬断的浮草。这样多种采食方式结合，才能充分利用不同草层的牧草，尽可能多采食。

5. 牦牛为什么被称作"高原之舟"？

牦牛四肢较短，后臀短而窄，使牦牛行走轻捷而平稳。加之蹄质致密坚实，蹄尖狭窄锐利，蹄底侧及前端有突出的边缘围绕，足掌有柔软的角质，使牦牛具有很强的驮载和乘用性能。它们能背负重物，翻山越岭、爬坡攀岩，灵活得就像船儿在水中漂游一般，所以就有"高原之舟"之称。

二、牦牛品种（类群）

6. 牦牛的品种（类群）有哪些？

据《中国牛品种志》牦牛品种有九龙牦牛、麦洼牦牛、青海高原牦牛、西藏高山牦牛和天祝白牦牛等五个。各地区又根据各自的特点分成不同的生态类型，四川（麦洼、九龙、木里、金川、昌台）、青海（高原、环湖、雪多、玉树）、甘肃（天祝白牦牛、甘南牦牛）、西藏（帕里、斯布、西藏高山、娘亚、类乌齐、查乌拉）、新疆（巴州、帕米尔）、云南（中甸）六个产区有 20 个优良的不同生态类型的牦牛类群。另外，2005 年和 2019 年由中国农业科学院兰州畜牧与兽药研究所和青海省大通种牛场培育的"大通牦牛"和"阿什旦牦牛"新品种获得成功，并颁发了新品种证书。

7. 中国主要牦牛品种（类群）分布在哪些地区？各品种（类群）有何特征？

（1）四川九龙牦牛

分布：四川省九龙、康定等地。

主要特征：分为高大和多毛两个类型，多毛型产绒量比一般牦牛高 5~10 倍。额宽头较短，额毛丛生卷曲，公母有角，角间距大。四肢、胸前、腹侧裙毛着地，全身被毛多为黑色（3/4），少数黑白相间。颈粗短，鬐甲稍高，有肩峰，胸极深，背腰平直，尻欠宽而略斜，尾根着生低，尾短。四肢相对较短。3.5 岁公牛平均体高 114 厘米，母牛为110 厘米，公牛平均体重为 270 千克，母牛为 240 千克。成年阉牦牛屠宰率为 55%，净肉率为 46%，骨肉比为 1:5.5，眼肌面积为 88.6 平方厘米；而公牛分别为 58%、48%、1:4.8 和 83.7 平方厘米；母牛分别为 56%、49%、1:6.0 和 58.3 平方厘米。泌乳期 5 个月，产奶量为 350 千克，乳脂率 5%~7.5%。公牛产毛量平均为 3.9 千克，母牛为 1.8 千克，阉牛为 4.3 千克，绒、毛各半。母牛初配年龄为 2~3 岁，公牛为 4~5 岁，一般 3 年 2 胎，繁殖率为 68%，成活率为 62%。

(2) 四川麦洼牦牛

分布：四川省阿坝藏族羌族自治州。

主要特征：被毛全黑为主。头大小适中，额宽平，额毛丛生卷曲，绝大多数有角，角尖略向后、向内弯曲。颈较薄，鬐甲较低而单薄，背腰平直，腹大不下垂，尻部较窄略倾斜。四肢较短，蹄较小，蹄质坚实。成年公牛平均体高为 126 厘米，平均体重为410 千克；母牛分别为 106 厘米和 220 千克。驮重 100 千克，日行 30 千米，可连续行走7~10 天。成年阉牛屠宰率 55%，净肉率 43%。奶牛泌乳期 6 个月，泌乳量 365 千克，乳脂率 6%~7.5%，乳蛋白 4.91%，干物质 17.9%。年剪毛 1 次，成年公牛平均剪毛量 1.4 千克，母牛 0.4 千克。公牛肩毛平均长 38 厘米，股毛平均长 47.5 厘米，裙毛平均长 37 厘米，背毛平均长 10.5 厘米，尾毛长者超过 60 厘米。公牛初配年龄 3~4 岁，母牛 3 岁，3年 2 胎。繁殖成活率为 44%。

(3) 四川木里牦牛

分布：四川省凉山彝族自治州木里藏族自治县。

主要特征：木里牦牛毛色多为黑色，部分为黑白相间的杂花色。鼻镜为黑褐色，眼睑、乳房为粉红色，蹄、角为黑褐色。被毛为长覆毛、有底绒，额部有长毛，前额有卷毛。公牛头大、额宽，母牛头小、狭长。耳小平伸，耳壳薄，耳端尖。公、母牛都有角，角形主要有小圆环角和龙门角 2 种。公牛颈粗、无垂肉，肩峰高耸而圆突；母牛颈薄，鬐甲低而薄。体躯较短，胸深宽。肋骨开张，背腰较平直，四肢粗短，蹄质结实。脐垂小，尻部短而斜。尾长至后管，尾稍大。成年公牛平均体重 374.7±66.3 千克，体高139.8±4.5 厘米，体斜长 159.0±7.8 厘米，胸围 206.0±10.5 厘米，管围 20.0±0.8 厘米；成年母牛平均体重 228.1±34.9 千克，体高 112±6.1 厘米，体斜长 130.7±6.7 厘米，胸围

157.3±9.1 厘米，管围 18.8±1.7 厘米。成年公牛屠宰率 53.4%，净肉率 45.6%，眼肌面积 46.9 平方厘米，骨肉比 1:4；成年母牛屠宰率 50.9%，净肉率 40.7%，眼肌面积 44.2 平方厘米，骨肉比 1:4.5。泌乳期 196 天，年挤乳量 300 千克。平均产毛量 0.5 千克。公牛性成熟年龄为 24 月龄，初配年龄为 36 月龄，利用年限 6~8 年。母牛性成熟年龄为 18 月龄，初配年龄为 24~36 月龄，利用年限 13 年。繁殖季节为 7~10 月，发情周期 21 天，妊娠期 255 天。犊牛成活率 97%。

（4）四川金川牦牛

分布：四川省阿坝州金川县。

主要特征：被毛细卷，基础毛色为黑色，头、胸、背、四肢、尾部白色花斑个体占 52%，前胸、体侧及尾部着生长毛，尾毛呈帚状，白色较多。体躯较长、呈矩形；公、母牛有角，呈黑色；鬐甲较高，颈肩结合良好；前胸发达，胸深，肋开张；背腰平直，腹大不下垂；后躯丰满、肌肉发达，尻部较宽、平；四肢较短而粗壮，蹄质结实。公牦牛头部粗重，体型高大，雄壮彪悍；母牦牛头部清秀，后躯发达，骨盆较宽，乳房丰满，性情温和。15 对肋骨的金川牦牛 4.5 岁公牛平均体重为 422.97±67.19 千克，母牛为 262.17±27.26 千克；14 对肋骨的金川牦牛 4.5 岁公牛平均体重为 374.48±56.77 千克，母牛为 235.90±23.60 千克。15 对肋骨的成年公牛屠宰率 53.64%，净肉率 42.00%，眼肌面积 60.61 平方厘米，14 对肋骨的成年公牛屠宰率 51.21%，净肉率 40.08%，眼肌面积 57.36 平方厘米，骨肉比 1:3.3。在自然放牧条件下，每日早上挤乳 1 次，6~10 月份 150 天挤乳量经产牛为 190~250 千克。鲜乳中含干物质 16.0%，乳蛋白质 3.5%~4%，乳糖 5.2%~5.6%，乳脂率 5%~7%。母牛性成熟早，公牦牛初配年龄为 3.5 岁，5~10 岁为繁殖旺盛期。母牦牛初配年龄为 2.5 岁。发情季节为每年的 6~9 月份，7~8 月份为发情旺季，发情周期为 19~22 天，发情持续期为 48~72 小时。80% 以上的母牦牛 1 年 1 胎，繁殖成活率 85%~90%。

（5）四川昌台牦牛

分布：四川省甘孜藏族自治州白玉县。

主要特征：被毛为黑色，部分个体为青灰色或头、四肢、尾、胸和背部有白色斑点。胸、体侧及尾部有长毛。90% 的个体有角，头大小适中，额宽平，颈细长，胸深，体窄，背腰略凹陷，腹稍大而下垂，胸腹线呈弧形，近似长方形。公牦牛头粗短，角根粗大，向两侧平伸而向上，角尖略向后、向内弯曲；眼大有神，鬐甲高而丰满，体躯略前高后低。母牦牛面部清秀，角较细而尖，角型一致；颈较薄，鬐甲较低而单薄；后躯发育较好，胸深，肋开张，尻部较窄略斜；体躯较长，四肢短，蹄小，蹄质坚实，尾毛帚状。

公牛初生重为 12.44±2.53 千克，母牛初生重为 11.67±1.57 千克；6.5 岁公牛体重为 379.03±51.1 千克，体高为 125.63±7.54 厘米，体斜长为 156.07±10.93 厘米，胸围为 188.33±14.59 厘米，管围为 20.73±1.89 厘米；6.5 岁成年母牛体重为 260.86±40.3 千克，体高为 111.39±3.42 厘米，体斜长为 135.14±9.86 厘米，胸围为 168.71±9.84 厘米，管围为 16.46±1.29 厘米。4.5 岁公牦牛宰前活重为 232.04±34.92 千克，胴体重为 109.60±18.02 千克，净肉重为 79.08±11.85 千克，屠宰率为 47.19±1.34%，净肉率为 34.10±1.19%，胴体产肉率为 72.28±1.51%，骨肉比为 1:3.46；6.5 岁母牦牛宰前重为 266.83±3.21 千克，胴体重为 125.67±1.76 千克，净肉重 100.83±1.44 千克，屠宰率为 49.34±0.37%，净肉率为 37.66±0.9%，胴体产肉率为 24±0.50%，骨肉比为 1:4.03。经产母牛（2~3 胎次）6~10 月份挤乳量为 182.53 千克。每年 8 月份挤乳量最高，10 月份最低。乳中脂肪、乳糖、蛋白质含量随月份不断上升。3~7 岁平均产毛（绒）量为 1.46 千克。初配年龄为 3.5 岁，6~9 岁为配种盛期，以自然交配为主。母牦牛为季节性发情，发情季节为每年的 7~9 月份，发情周期为 18.2±4.4 天，发情持续时间 12~72 小时，妊娠期为 255±5 天，母牛利用年限为 10~12 年，一般为 3 年 2 胎，繁殖成活率为 45.02%。

（6）青海高原牦牛

分布：青海省南、北部的高寒地区。

主要特征：该牦牛由于混有野牦牛的遗传基因，因此带有野牦牛的特性，结构紧凑，黑褐色占 72%，嘴唇、眼眶周围和背线处短毛，多为灰白色或污白色。头大，角粗，母牛头小，额宽，鬐甲高长而宽，前躯发达，后躯较差，乳房小，呈碗碟状，乳头短小。成年公牛平均体高为 129 厘米，母牛为 111 厘米，平均体重分别为 440 千克和 260 千克。成年阉牛屠宰率为 53%，净肉率为 43%。泌乳期一般 150 天，年产奶为 274 千克，日产奶 1.4~1.7 千克，乳脂率为 6.4%~7.2%。成年牦牛产毛为 1.2~2.6 千克，粗毛和绒毛各半，粗毛直径 65~73 微米，两型毛直径 38~39 微米，绒毛直径 17~20 微米。粗毛长 18.3~34 厘米，绒毛长 4.7~5.5 厘米。驮重为 50~100 千克，最大驮重为 304 千克。公牛 2 岁性成熟，母牛为 2~2.5 岁，繁殖成活率为 60%，1 年 1 胎占 60%，双犊率为 3%。

（7）青海环湖牦牛

分布：青海省海北州、海南州、海西州。

主要特征：被毛主要为黑色，部分个体为黄褐色或带有白斑；体侧下部周围和体上密生粗长毛夹生少量绒毛、两型毛，体侧中部和颈部密生绒毛和少量两型毛。体型紧凑，体躯健壮，头部大小适中、近似楔形，眼大而圆，眼球略微外凸，有神。鼻梁窄，唇薄灵活，耳小。部分无角，有角者角细尖，弧度较小。鬐甲较低，胸深长，四肢粗短，蹄质结实。公牦牛头型短宽，颈短厚且深，肩峰较小，尻短。母牦牛头型长窄，略有肩峰，背腰微凹，后躯发育较好，四肢相对较短，乳房小，呈浅碗状，乳头短小。成年公牛体重 273.13±45.16 千克，体高 119.18±7.90 厘米，体斜长 132.64±5.68 厘米，胸围 171.82±10.63 厘米，管围 19.12±1.60 厘米；成年母牛体重 194.21±44.26 千克，体高 110.27±6.75 厘米，体斜长 121.1±10.46 厘米，胸围 150.15±11.46 厘米，管围 16.16±1.51 厘米。成年公牛宰前体重 276.68±14.32 千克，胴体重 145.92±9.7 千克，屠宰率 52.71%，骨肉比 1:2.93；成年母牛宰前体重 202.50±18.70 千克，胴体重 97.48±14.18 千克，屠宰率 48.14%，骨肉比 1:4.25。日挤 1 次，泌乳期一般 153 天，初产牛平均 104 千克，日均挤奶 0.68 千克；经产牛平均 192.13 千克，日均挤奶 1.26 千克。3 岁以前粗毛、绒毛各占一半，4 岁以后粗毛偏多，每头平均产绒毛 1.73 千克，绒毛细度随着年龄增长而逐渐变粗。公牦牛粗毛长 8.01 厘米，绒毛长 4.08 厘米，绒毛细度 24.54 微米，绒毛比 4.14:1；母牦牛粗毛长 11.72±3.09 厘米，绒毛长 4.66±1.21 厘米，绒毛细度 20.93±4.77 微米，绒毛比 1.13:1。公牛初配年龄一般为 3~4 岁，公、母配种比例为 1:15~1:20，利用年限 10 年左右。环湖牦牛母牛初配年龄一般为 2~3 岁，成年母牛多 2 年 1 产，使用年限 15 年以上。发情周期平均为 21.3 天，发情持续期平均为 41.6~51 小时，发情终止后 3~36 小时排卵，妊娠期平均 256.8 天。

（8）青海雪多牦牛

分布：青海省黄南州河南县。

主要特征：被毛多为黑褐色，黄褐色、青色、青花色者不超过群体的 2%~3%，白色少。鬐甲处多为褐红色，极少数呈灰白色或污白色，部分牛眼、唇及鼻下短毛呈灰白色或污白色。体型深长、骨粗壮、体质结实。头较粗重而长，额宽而短，鼻梁窄而微凹，躯体发育良好，侧视呈长方形。眼睛圆而有神，眼眶大、眼珠略微外凸，嘴唇宽厚，耳小而短。公牛角基较粗，角粗圆且长，角间距宽，呈双弧环扣不密闭圆形，少数角尖后张，呈对称开张形。母牛角细，部分无角，无角牛颅顶隆突。前肢粗短端正，后肢多呈弓状，筋腱坚韧，肢势较正。蹄圆而坚实，蹄缝紧合，蹄周具有马掌形锐利角质，两悬蹄较分开。公牦牛睾丸偏小而紧贴腹壁。母牦牛乳房小，乳静脉深而不显，乳头短小且发育匀称。成年公、母牦牛平均体高为 130.1±9.9 厘米和 115.4±6.8 厘米，体斜长为 138.9±10.7 厘米和 135.3±3.9 厘米，胸围为 194.4±19.3 厘米和 174.9±11.5 厘米，管围为 22.0±1.1 厘米和 17.3±1.3 厘米。成年公牛体重为 375.6±83.8 千克，母牛体重为 296.7±20.8 千克。4~5 岁公牦牛平均屠宰率为 52.3%；母牦牛平均屠宰率为 49.8%。初产牛全期挤奶 123 千克，日均挤奶 0.82 千克；经产牛全期挤奶 195 千克，日均挤奶 1.3 千克。成年公牛平均产绒毛 1.64 千克，去势公牛 1.08 千克，成年母牛 0.95 千克。公牛 2.5~3.5 岁开始配种，初配至 6 岁为配种旺盛期。公牛自然本交 15~20 头母牛，受胎率最高，使用年限 10 年左右。母牦牛一般 3.5 岁初配，多为 2 年 1 产。产犊季节在 4~6 月份，4~5 月份为产犊旺季。上年空怀母牛发情较早，当年产犊的母牛发情推迟或不发情，膘情好的母牛多在产犊后 3~4 个月发情。发情周期个体间差异较大，平均为 21 天。发情持续期因年龄、个体不同而有差异，妊娠期平均 256 天。

（9）青海玉树牦牛

分布：青海省玉树藏族自治州。

主要特征：头大，角粗壮，皮松厚，前躯发达，后躯较差，鬐甲高、较宽长，尾短并生有蓬松长毛，前肢短而端正，后肢呈刀状，体侧下腹周生粗长毛，公牦牛裙毛平均长 14.57 厘米，母牛裙毛平均长 14.57 厘米。背线、嘴唇、眼眶周围短毛多为灰白色或污白色。毛色以黑褐色较多，占 71.55%，栗褐色占 5.47%，此外，还有黄褐、灰花和白色等。体尺大，成年公母牦牛体高比环湖牦牛高 7 厘米和 10 厘米以上；体重大，成年公母牦牛体重较环湖牦牛高 100 千克和 30 千克以上。玉树牦牛早期生长快，屠宰率、净肉率高。胴体肌肉光泽润滑，肉色深红，脂肪淡黄色，肌纤维清晰有韧性，呈明显的大理石纹，弹性好，外表湿润，不黏手，无异味。

（10）甘肃天祝白牦牛

分布：甘肃省天祝藏族自治县。

主要特征：结构紧凑，全身被毛白色，皮肤粉红色。公牛头大而额宽，额毛卷曲，角粗长，母牛头俊秀，额较窄，角细长，角向外上方或外后上方弯曲。颈粗，垂皮不发达。前躯发育良好，鬐甲显著隆起，胸深，后躯发育差，尻多呈屋脊状，四肢较短。成年公牛平均体高为 121 厘米，平均体重为 260 千克；成年母牛分别为 108 厘米和 190 千克。驮重为 75 千克，最高达 100 千克，日行 30~40 千米。成年公牛屠宰率为 52%，净肉率为 36%，骨肉比为 1:2.4；母牛分别为 52%、40% 和 1:3.7；阉牛分别为 55%、41% 和 1:4.1。成年公牛平均剪毛量为 3.6 千克，最高为 6.0 千克，抓绒量 0.4 千克，尾毛重 0.6 千克；母牛分别为 1.2 千克、0.8 千克、0.4 千克。阉牛分别为 1.7 千克、0.5 千克和 0.3 千克。公牛尾毛平均长 52 厘米，母牛为 45 厘米。年产奶量约 400 千克，日产奶最高 4.0 千克，乳脂率为 6.8%。公牛初配年龄为 3 岁，母牛为 2~3 岁，繁殖率为 56%~76%。

（11）甘肃甘南牦牛

分布：甘肃省甘南藏族自治州。

主要特征：体格健壮，体质结实，肌肉较丰满，有黑色、黑白花、灰色、黄色等。

头较大，额短、宽、稍显凸起，鼻长微陷，鼻孔稍外张，鼻镜较小，口方圆，唇薄而灵活。有角或无角。耳小，眼圆有神。前躯发育良好。腹大较圆，但不下垂。尻较窄斜，后躯发育较差。四肢短，粗壮有力，关节明显，前肢端正，后肢多呈刀状，两飞节靠近，蹄较小。成年公牛平均体高127厘米，平均体重355千克；成年母牦牛平均分别为108厘米和210千克。当年产犊的母牦牛日挤乳量0.93~2.2千克，上年产乳后未孕而当年继续产乳的母牦牛日挤乳量为0.37~1.15千克。乳脂率为6.0%。母牦牛利用年龄为4~15岁，产犊4~6胎。多为2年1胎或3年2胎。公牦牛利用年龄4~9岁，自然交配比例为1:20~1:30。

（12）西藏高山牦牛

分布：西藏自治区东部、南部地区和藏南"三江"流域。

主要特征：按体型外貌分山地牦牛和草原牦牛两个类群。被毛以黑色、花色为主。头稍偏重，额宽平，绝大多数有角，草原型角为抱头角，山地型角向外向上开放。胸深，背腰平直，腹大不下垂，尻窄略斜，尾根低，尾短。蹄小而圆。成年公牛体重为280~300千克，体高为118~122厘米；母牛分别为190~200千克和104~106厘米。日产奶为1~1.5千克，年产酥油为9~10千克，泌乳期305~396天，年产奶量为138~230千克。成年阉牛屠宰率为53%，成年母牛为46%。驮重为50~80千克。公牛剪毛量平均为1.6千克，母牛平均为0.5千克，阉牛平均为1.7千克，平均产绒为0.5千克。公、母牛3岁时性成熟，公牛初配年龄3.5岁，母牛4.5岁，繁殖率为31%~35%，大部分2年1胎。

（13）西藏帕里牦牛

分布：西藏自治区日喀则市。

主要特征：以黑色为主，深灰、黄褐、花斑也常见，还有少数为纯白个体。头宽额平，角间距大，有的达50厘米。颈粗短，鬐甲高而宽厚，前胸深，背腰平直，尻部欠丰，四肢强健且较短。母牛初配年龄为3.5岁，一般利用14年。公牛初配年龄4.5岁，一般利用到13岁左右。大多数2年1胎。屠宰率为52%，日产奶量平均为1.6千克（8月份）。平均产绒为0.6千克，年产酥油每头为12.5~15千克。

（14）西藏斯布牦牛

分布：西藏自治区斯布山沟。

主要特征：体形硕大，外形近似矩形。角型向外、向上，角尖向后，角间距大。胸深宽，大多背腰平直，腹大不下垂，但多数后躯股部发育欠佳。屠宰率为50%，日产奶量平均为1.8千克，乳脂率5.99%~10.79%。性成熟期3.5岁，初配年龄4岁，7~10月为配种季节，多为1年1胎。

（15）西藏娘亚牦牛

分布：西藏自治区那曲市嘉黎县。

主要特征：毛色以黑色为主，其他为灰、青、褐、纯白等色。头部较粗重，额平宽，眼圆有神，嘴方大，嘴唇薄，鼻孔开张。公牛雄性特征明显，颈粗短，鬐甲高而宽厚，前胸开阔、胸深、肋骨开张，背腰平直，腹大而不下垂，尻斜。母牛头颈较清秀，角间距较小，角质光滑、细致，鬐甲相对较低、较窄，前胸发育好，肋弓开张。四肢强健有力，蹄质坚实，肢势端正。成年公牛体重 368.0±91.0 千克，体高 127.4±9.3 厘米，体斜长 147.3±13.5 厘米，胸围 186.3±18.1 厘米，管围 20.1±2.3 厘米；成年母牛体重 184.1±18.8 千克，体高 108.1±3.5 厘米，体斜长 120.2±6.2 厘米，胸围 147.8±6 厘米，管围 14.9±0.8 厘米。成年公牛屠宰率 50.2%，净肉率 45.0%，眼肌面积 82.3 平方厘米，骨肉比 1:4.2；成年母牛屠宰率 50.7%，净肉率 41.1%，眼肌面积 46.9 平方厘米，骨肉比 1:4.3。母牛泌乳期 180 天，年挤乳量 192 千克。主要乳成分为乳脂肪 6.8%，乳蛋白 5%，乳糖 3.7%，灰分 1%，水分 83.5%。公牛产毛量平均 0.69 千克，母牛产毛量平均 0.18 千克。公牛性成熟年龄为 3.5 岁，利用年限 12 年。母牛性成熟年龄为 2 岁，初配年龄为 2.5~3.5 岁，利用年限 15 年。每年 6 月中旬开始发情，7~8 月份是配种旺季，10 月初发情基本结束。妊娠期 250 天左右，2 年 1 胎或 3 年 2 胎。在饲养管理较好的条件下，犊牛成活率可达 90%。

（16）西藏类乌齐牦牛

分布：西藏自治区昌都市类乌齐县。

主要特征：体格健壮，其头部近似楔形，嘴筒稍长，面向前凸，眼大有神，肩长，背腰稍平，前胸开阔发达，四肢粗短。周身毛绒密布，下腹着裙毛，尾毛丛生如帚，毛色不一，但以黑色居多。类乌齐公牦牛头型短宽，耳型平伸，耳壳厚，耳端钝，一般都有角，角形为小圆环，肩峰较小，无颈垂、胸垂及脐垂，尻形短，尾帚大，尾长达跗关节。基础毛色为黑色，少部分有白斑等，为黛毛，无季节性黑斑。鼻镜为黑褐色，部分为粉色，角色为黑褐纹，蹄色为黑褐色。被毛为长覆毛，有底绒，额部一般无长毛，少部分有长毛，无局部卷毛。成年母牦牛体重、体高、体斜长、胸围及管围分别为 243.56±51.02 千克、105.70±6.67 厘米、127.96±10.03 厘米、156.10±11.96 厘米和 15.01±1.87 厘米；成年公牦牛体重、体高、体斜长、胸围及管围分别为 318.27±110.96 千克、115.08±12.48 厘米、135.54±16.62 厘米、171.67±23.96 厘米和 16.71±3.24 厘米。屠宰率公、母牛分别为 51.67% 和 48.53%，净肉率分别为 42.54% 和 42.73%，骨肉比分别为 1:4.67 和 1:7.36。产奶期主要集中在青草季节的 5~10 月份，当年产犊母牛全年平均产奶 250 千克，乳脂率 6.96%；上年产犊母牛全年平均产奶 130 千克，乳脂率 7.5%。一般上年产犊母牛每年留 1/4 奶量饲喂犊牛，当年产犊母牛每头平均每年可生产酥油和奶渣各 24 千克，上年产犊母牛每头平均每年可生产酥油 14 千克。成年公牛每头年均产毛绒 1.4 千克，其中毛 0.86 千克、绒 0.54 千克；成年母牛每头年均产毛绒 0.88 千克，其中毛 0.48 千克、绒 0.4 千克。一般 4 岁开始配种，可持续到 15 岁~16 岁。种公牛和母牛的比例一般为 1:13，每年 8 月份~9 月份发情配种期。母牛一般发情周期为 21 天，发情持续时间为 24~26 小时，妊娠期 270~280 天，翌年 5~6 月份为产犊盛期。成年母牛一般 2 年 1 产，每年 1 产的比例不高，占适龄母牛的 15%~20%。当年牛犊成活率为 85%，繁殖成活率为 45%。繁殖情况与母牛膘情成正比，也与草地载畜利用程度和年度牧草产量有较大关系。经过训练后的牦牛具有役用性能，公牦牛采用抬杠法每天可耕地（8 寸步犁）2~3 亩①，一般能连续耕地半个月，一头驮牛可负重 60 千克，日行 25 千米，可连续驮运半个月。

(17) 西藏查乌拉牦牛

分布：西藏自治区那曲市聂荣县。

主要特征：查吾拉牦牛体质结实，背腰微凹，被毛长且覆毛有底绒，全身毛绒密布，下腹着生裙毛，尾毛如帚，毛色以黑色为主，间有白斑，少数有褐色；公母牛均有角，偶见无角个体，角色为黑褐色，额部多有短卷毛，嘴部多为黑色，部分呈白粉状，鼻镜黑褐色，部分为粉色，耳型平伸，耳端钝厚，蹄质坚实。公牦牛头大且短宽，面宽平，角基粗壮，鬐甲高耸，睾丸大小适中紧贴腹部；母牦牛面清秀，乳房呈碗碟状，乳头细小而紧凑。6.5 岁公牦牛和母牦牛的平均体重分别达到了 227.07 千克和 199.23 千克，公牛屠宰率为 48.41%±2.37%，净肉率为 38.70%±2.20%，胴体产肉率为 79.98%±3.17%，查吾拉牦牛母牛屠宰率为 50.21%±1.16%，净肉率为 41.68%±1.54%，胴体产肉率为 83.01%±1.97%。7 月份平均每日的产乳量为 3.47±1.13 千克，8 月份平均每日的产乳量为 3.32±1.16 千克，9 月份平均每日的产乳量为 2.25±0.99 千克，7~9 月份平均每日的产乳量为 3.14±1.08 千克。乳中脂肪含量 6.61%、非脂乳固体 9.30%、乳糖含量 5.95%、蛋白质含量 3.40%、pH 为 6.53。全年平均产奶量 290 千克。初配年龄为 3.5 岁，一般 2 年 1 胎或 3 年 2 胎；季节性发情，一般繁殖率为 58%，犊牛成活率为 90%。

(18) 云南中甸牦牛

分布：云南省迪庆藏族自治州。

主要特征：体格健壮结实，体型大小不一。公牛性情凶猛好斗，母牛性情比较温

---

① 亩：1 亩=666.6666667 平方米

驯。毛色以黑色为多，其次为黑白花。公母牛均有角，角细长向外上方伸展，角尖稍向前或向后，角为黑色或灰白。额宽面凹，眼圆大稍凸，耳较小而下垂，颈细薄无肉垂，胸深大，背腰平直而稍长，臀部倾斜，尾短毛长，形如帚。四肢短。被毛长，尤以四肢及腹部裙毛甚长，长者可及地。公牛平均体高为 113 厘米，平均体重为 230 千克；母牛平均分别为 105 厘米和 190 千克；阉牛平均分别为 120 厘米和 300 千克。泌乳期一般为 210~220 天，在带犊哺乳的条件下，每头母牛产奶 202~216 千克，乳脂率为 6.2%左右；不带犊的母牦牛年产奶 529~575 千克，乳脂率为 4.9%~5.3%。未经肥育的成年牛屠宰率为 48%，净肉率为 36%。母牛一般 4 岁开始配种，繁殖率为 66%，成活率为 93%。

(19) 新疆巴州牦牛

分布：新疆巴音郭楞蒙古自治州和静县、和硕县。

主要特征：被毛以黑、褐、灰色（又称青毛）为主，黑白花色少见，偶可见白色。体格大，偏肉用型，头较重而粗，额短宽，眼圆大，稍突出。额毛密长而卷曲，但不遮住双眼。鼻孔大，唇薄。角型有无角和有角 2 种类型，以有角者居多，角细长，向外、向上前方或后方张开，角轮明显。耳小稍垂，体躯长方，鬐甲高耸，前躯发育良好。胸深，腹大，背稍凹，后躯发育中等，尻略斜，尾短而毛密长，呈扫帚状。四肢粗短有力，关节圆大，蹄小而圆，质地坚实。全身披长毛，腹毛下垂呈裙状，不及地。成年公牛平均体重为 260.0±95.6 千克，体高 117.8±9.1 厘米，体斜长 127.6±13.8 厘米，胸围 166.2±21.6 厘米，管围 17.4±2.0 厘米；成年母牛平均体重为 209.1±37.6 千克，体高 110.1±4.6 厘米，体斜长 119.3±8.8 厘米，胸围 156.8±10.0 厘米，管围 16.6±1.0 厘米。公牦牛宰前平均活重 237.8 千克，胴体重 114.7 千克，屠宰率 48.3%，净肉率 31.8%，骨肉比 1:2；母牦牛宰前活重 211.3 千克，胴体重 99.9 千克，屠宰率 47.3%，净肉率 30.3%，骨肉比 1:2。全年放牧条件下，6~9 月份挤乳，一般挤乳期为 120 天，每天早、晚各挤乳 1 次，平均日挤乳 2.6 千克，年挤乳量约 300 千克，其乳成分为：乳脂率 4.6%，乳蛋白率 5.36%，乳糖率 4.62%，干物质率 17.35%。每年 5~6 月份剪毛和抓绒，年平均产毛 1.5 千克，平均产绒 0.5 千克。颈、鬐甲、肩部粗毛平均毛股长为 18.7 厘米，肩部为 21 厘米，尾毛为 51.2 厘米。一般 3 岁开始配种，每年 6~10 月份为发情季节。上年空怀母牛发情较早，当年产犊的母牛发情推迟或不发情，膘情好的母牛多在产犊后 3~4 个月发情。发情持续期平均为 32 小时（16~48 小时），发情率一般为 58%（49%~69%），妊娠期平均为 257 天。公牛一般 3 岁开始配种，4~6 岁为最强配种阶段，8 岁后配种能力逐步减弱，3~4 岁的公牛一个配种季自然交配可配 15~20 头母牛。繁殖成活率为 57%。

(20) 新疆帕米尔牦牛

分布：新疆维吾尔自治区克孜勒苏柯尔克孜自治州、喀什地区

主要特征：帕米尔牦牛毛色以黑色、灰褐色为主，有少数驼色、黑白花色；体质结实，结构紧凑，头粗重，额宽平稍突，公牛大部分有角，角粗壮，角距较宽，角基部向外伸，并向内弯曲呈弧形，角尖向后，母牛有角，角细长；四肢粗壮有力，蹄质坚实。成年公牛平均体重 375.84 千克、体高 123.39 厘米，母牛平均体重 262.24 千克、体高 111.56 厘米，公、母牦牛 3.5 岁初配，利用年限十年左右。

8. 国外的牦牛分布在哪里？

牦牛是分布于以青藏高原为中心与其毗邻的高山、亚高山地区的牛种。饲养牦牛的国家除中国以外，还有蒙古国、吉尔吉斯斯坦、俄罗斯、塔吉克斯坦、印度、尼泊尔、哈萨克斯坦、不丹、锡金、阿富汗、巴基斯坦、克什米尔等国家和地区。这些国家和地区的牦牛数量以蒙古国为最多，约有 81 万头，其余国家约有 30 万头。近年来美国的阿拉斯加和加拿大也有数千头牦牛分散于 90 个饲养户中。主要分布在以下地方。

(1) 蒙古国

蒙古国是中国以外饲养牦牛头数最多的国家，主要分布于乌兰巴托以西的杭爱山脉及阿尔泰山脉地区，中北部肯特山地区有少量分布。蒙古国牦牛的来源是由古羌人在青藏高原驯化的牦牛，随着古羌人的游牧和迁移，越过昆仑山脉和经由克什米尔、帕米尔、天山南北，最后到达阿尔泰山和杭爱山脉地区的。蒙古牦牛可划分为阿尔泰山型和杭爱山型。蒙古国牦牛的毛色以黑色为主，其次为黑白花、红褐及白色。公母牦牛多数无角，体型中等大小。颈短，前躯发育良好，胸宽深，后躯发育较差。

(2) 吉尔吉斯斯坦

在吉尔吉斯斯坦，牦牛主要分布于其东南部地区，是在中国青藏高原被驯化后，越过昆仑山脉，经由帕米尔进入吉尔吉斯斯坦的，划分为帕米尔型。吉尔吉斯斯坦牦牛的毛色以黑色为主，棕色和浅黄色次之。公母牦牛多数有角。吉尔吉斯斯坦牦牛除向肉用方向选育外，曾引入西门塔尔牛、短角牛、安格斯牛等普通牛品种进行种间杂交，以期提高其肉用性能。

(3) 俄罗斯

在俄罗斯，牦牛主要分布在西伯利亚南部与蒙古国接壤地带的阿尔泰和布里亚特地区，是中国青藏高原驯化的牦牛翻过昆仑山脉进入阿尔泰地区后形成的，划分为阿尔泰型和布里亚特型两个类型。俄罗斯牦牛以黑色为主，黑白花和棕灰色次之。公母牦牛多

数有角。体型中等大小。俄罗斯牦牛长期以来和普通牛做正、反种间杂交，繁殖真、假犏牛，以提高乳肉产量。

（4）塔吉克斯坦

在塔吉克斯坦，牦牛主要分布在塔吉克斯坦的帕米尔地区，其来源与以上吉尔吉斯斯坦牦牛、俄罗斯牦牛类同，将其划分为帕米尔型。塔吉克斯坦牦牛以黑色为主，黑白花和棕灰色次之。公母牦牛多数有角。体格较小。塔吉克斯坦牦牛受普通牛类群的影响较大。

（5）印度

在印度，牦牛主要分布于西北部喜马偕尔邦及克什米尔地区和东北部阿萨姆邦地区海拔 3000~5000 米的高山地区。牦牛在青藏高原驯化后，翻过喜马拉雅山脉的一些山口，进入南坡高山草地后形成的。印度与中国西藏的牦牛有较近的亲缘关系。印度牦牛学家将印度牦牛分为普通型、野生型和白牦牛三个类型。印度牦牛以黑色为主，其次为灰色、白色、黑白花。公母牦牛多数有角，公牦牛角大而开张，向外、向上伸出，体型中等大小。

（6）尼泊尔

在尼泊尔，牦牛分布于与中国接壤的尼泊尔北部高山地区，它和印度、不丹、锡金的牦牛均来源于中国西藏。尼泊尔牦牛毛色较杂，以黑色为主，有黑色、黑白花、黑褐色、褐色、白花和白色等。公母牦牛多数有角。体型较中国的西藏牦牛小，发育较差。尼泊尔牦牛除产乳和产肉外，是北部山区的重要役畜。

9. 大通牦牛是怎样育成的？

"大通牦牛"是中国农业科学院兰州畜牧与兽药研究所和青海省大通种牛场执行原农业部 4 个五年计划重点项目而培育成功的牦牛新品种。其生产性能高，特别是产肉性能、繁殖性能、抗逆性能远高于家牦牛，体型外貌毛色高度一致、品种特性能稳定遗传，是含 1/2 野牦牛基因的肉用型牦牛新品种。

二十多年来，在青海省大通种牛场经过捕获驯化野牦牛、制作冷冻精液、大面积人工授精，生产具有强杂种优势含 1/2 野牦牛血液的杂种牛、组建育种核心群、适度利用近交、进行闭锁繁育、强度选择与淘汰（公牛最终留种率 11%，母牛淘汰率 30%）。

在育种计划的指导下，以大通种牛场为核心建立了呈金字塔结构开放式的牦牛育种体系，该体系包括：种公牛站、F1 代横交核心群，野血牦牛繁育场，扩大推广区四个部分。所有的研究及集约测定集中在种公牛站和 F1 横交核心群。（见图 2-1）

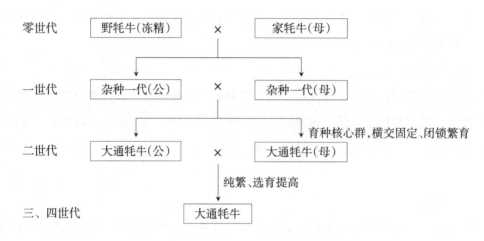

图 2-1 "大通牦牛"培育模式图

10. 大通牦牛的外貌特征和生产特性有哪些?

（1）外貌特征

大通牦牛被毛呈黑褐色，鬐甲后半部至背部具有明显的灰白色背线，嘴唇、眼睑为灰白色或乳白色。鬐甲高而颈峰隆起（公牛更甚），背腰部平直至十字部稍隆起。体格高大，体质结实，结构紧凑，发育良好，前胸开阔，四肢稍高但结实，呈现肉用体型。公牦牛有角，头粗重，颈厚且深；母牦牛头长，眼大而圆，清秀，绝大部分有角，颈长而薄。体侧下部密生粗长毛，体躯夹生绒毛和两型毛，毛密长，尾毛长而蓬松。

（2）体重和体尺

成年公牛体高、体斜长、胸围、管围分别为 121.3±6.7 厘米、142.5±9.8 厘米、195.6±11.5 厘米、19.2±1.8 厘米，母牛分别为 106.8±5.77 厘米、121.2±8.47 厘米、153.5±8.47 厘米、15.4±1.67 厘米。公牛初生、6 月龄、18 月龄、30 月龄、成年体重分别为 15±2.6 千克、90±5.7 千克、140.9±21.3 千克、180±15.4 千克、381.7±29.6 千克，母牛分别为 14±1.7 千克、79.8±7.6 千克、118.5±6.3 千克、150±9.8 千克、220.3±27.2 千克。

（3）生产性能

①产肉性能。大通牦牛 6 月龄全哺乳公犊体重平均 117 千克，屠宰率 48%~50%，净肉率 36%~38%；18 月龄公牦牛平均体重 150 千克，屠宰率 45%~49%，净肉率 36%~37%；成年公牦牛平均体重 387 千克，屠宰率 46%~52%，净肉率 36%~40%。骨肉比 1:3.6，眼肌面积 58.28 平方厘米。肌肉中含水分 74.23%±0.19%，干物质 24.02%±0.78%，粗蛋白 2.56%±1.40%，粗脂肪 3.30%±1.70%。

②产奶性能。大通牦牛 150 天挤奶量 262.2±20.2 千克（不包括犊牛吮食的 1/3 或 1/2 乳量），平均乳脂率 5.77%±0.54%，乳蛋白率 5.24%±0.36%，干物质 17.86%±0.52%。

③产毛（绒）性能。大通牦牛年剪（拔）毛一次，成年牛毛绒产量公牦牛 1.9 千克，母牦牛 1.53 千克，3 岁以下牦牛毛绒产量平均为 1.12 千克。粗毛长度 10.2±1.9 厘米，绒毛长度 5.2±0.9 厘米，绒毛细度 20.9±4.2 微米，净毛率 81.8.±5.4%，净绒率 38.3±10.5%，毛绒比 1.4:1。

④繁殖性能。大通牦牛的繁殖有明显的季节性，发情配种集中在 7、8、9 三个月。公牦牛 1.5 岁性成熟，2~2.3 岁可正常采精，平均采精量 4.8 毫升。自然交配时公、母牛比例为 1:25~1:30，可利用到 10 岁左右。母牦牛初配年龄大部分为 2 岁，少数为 3 岁；发情周期 21 天，发情持续期 24~48 小时；妊娠期 250~260 天。总受胎率 70%，犊牛成活率 95%~97%。一年一产占 60% 以上。

11. 大通牦牛生产性能有哪些优势？

①生长发育速度较快。初生、6 月龄、18 月龄体重比同龄家牦牛群体平均提高 15%~27%。

②具有较强的抗逆性和适应性。大通牦牛越冬死亡率连续 5 年的统计小于 1%，比同龄家牦牛群体的 5% 越冬死亡率降低 4 个百分点。

③繁殖率较高。初产年龄由原来的 4.5 岁提前到 3.5 岁，经产牛为三年产两胎，产犊率为 75%。

④产奶量和产绒量较高。大通牦牛的产奶量和产毛绒量比家牦牛分别提高 11% 和 19%。按年剪毛一次计算，成年公牦牛年平均毛绒产量为 1.99 千克，成年母牦牛年平均毛绒产量 1.02 千克，幼年牦牛年平均毛绒产量为 1.07~1.19 千克。

⑤抗逆性与适应性较强。突出表现在越冬死亡率明显降低，觅食能力强，采食范围广。

12. 阿什旦牦牛是怎么培育的？

阿什旦牦牛是中国农业科学院兰州畜牧与兽药研究所同青海省大通种牛场的科研人员采用群体继代选育法，以无角牦牛为父母本，应用侧交和控制近交方式，有计划地采用建立育种核心群、强度淘汰、自群繁育、选育提高和推广验证等主要阶段，集成开放式核心群育种、分子辅助标记选择技术等现代先进育种技术培育而成的新品种。

阿什旦牦牛的培育过程中，建立了牦牛胚胎体外生产技术体系，优化了牦牛高效繁殖技术体系，其生产效率比两年一产或三年两产体系增加 30%~40%，繁殖成活率提高 5%~10%。建立了开放式核心群育种体系和以种公牛站、育种核心群、育种群及其周边推广示范区组成的阿什旦牦牛四级繁育体系，边育种边示范边推广，加强了种牛遗传评估和遗传交换。

13. 阿什旦牦牛有哪些特征和特性?

阿什旦牦牛以肉用选育方向为主,被毛黑褐色和无角为主要外貌特征。体型外貌高度一致,遗传性能稳定,品种特征明显,产肉性能好,抗逆性强,繁殖性能高。成年公牦牛体高、体斜长、胸围、体重分别为 131.23±6.68 厘米、146.76±8.12 厘米、196.63±9.94 厘米、379.42±30.67 千克;成年母牦牛体高、体斜长、胸围、体重分别为 114.34±4.88 厘米、123.46±5.65 厘米、165.36±7.12 厘米、229.21±16.96 千克。公牦牛 3 岁时达到性成熟,初配年龄为 4 岁。母牦牛初情期 1.5~2.5 岁,初配年龄 3 岁。繁殖成活率 60%~85%。在放牧饲养条件下,阿什旦牦牛成年公牦牛屠宰率为 50.8%,成年母牦牛屠宰率为 47.4%。在舍饲育肥条件下,成年牦牛屠宰率为 57.6%。

三、牦牛产品

14. 牦牛的产品主要有哪些?

牦牛的产品主要有肉、乳、毛、皮、绒、粪便,产区的加工产品多为初加工或未加工的原料,多自产自销,产值和商品率低。现在依靠牦牛的生物学特性,应用现代生化技术和生物工程技术手段从牦牛脂、骨、胸腺、心脏、大脑、垂体、肺、肝、肾、胆、脾、血、牛鞭等器官组织提取、分离、纯化得到牦牛血 SOD、胸腺肽、胰肽酶、氨基酸等生化制品,成为牦牛产业的一大特色及优势产品。

15. 牦牛肉有哪些特色?

牦牛肉与黄牛及其他羊、猪肉相比颜色较深,主要是牦牛为适应高山草原少氧的生态环境,肉中肌红蛋白含量高(12.5 克),牦牛放牧在高寒草场,无工业污染和农药污染,环境清新洁净,再加上牧草因气候生态条件特殊,太阳辐射强、昼夜温差大,牧草营养具有四高一低(粗蛋白、粗脂肪、无氮浸出物、热能高,粗纤维低),形成牦牛肉为无污染的"绿色野味肉"。牦牛屠宰率 50%,净肉率 31%~45%,牦牛肉蛋白质含量高于其他肉类,肉中氨基酸组成齐全,以赖氨酸含量最高,肉脂肪色泽呈橘黄色,大量贮存于皮下及腹腔。牦牛肌肉中脂肪层不足,可能与终年放牧,肌肉活动强烈或能量消耗有关。脂肪中胡萝卜素含量丰富,每千克脂肪含胡萝卜素为 19.1 毫克,而普通牛仅 7.2 毫克。牦牛肉中的 Ca、P、Fe 明显高于黄牛及羊、猪肉类。牦牛肉中含有多种维生素,主要有维生素 A、D、E、B_1、B_2、烟碱酸,其中维生素 A、B_1、B_2 和烟碱酸高于其他肉类。因此,牦牛肉是一种高蛋白、低脂肪、富含维生素和矿物质的独特的绿色牛肉。

16. 牦牛肉有哪些产品?

牦牛肉产品有鲜牦牛肉、风干肉、牛肉干、灌肠、酱牛肉、酱牛杂碎等。

（1）鲜牦牛肉

牧民对牦牛肉的食用方法甚为简单，将屠宰后的胴体切割成块，置大锅内加水清煮，煮沸后维持片刻，即可食用。食用时用佩戴的藏刀，一片片削下来，略蘸食盐用奶茶辅食。水煮后的牦牛肉，盛于盘内，称为"手抓肉"。

（2）风干肉

藏语"下干布"，即干肉之意。高寒草地的牧民，将每年入冬屠宰的牦牛肉，切成约宽4~5厘米、长30厘米左右的肉条，一般是两条在一端相连，晾晒于牛毛绳上，待风吹日晒数天后即干。干后，贮藏于皮口袋内，或吊挂在帐篷里，可贮存一两年不霉变。采用风干的方法贮藏牛肉比天然的冻牛肉贮藏的时间长，只是风味不同。

（3）牛肉干

经过选肉及剔肉后，将牦牛肉蒸煮熟化，切肉固形，再将切好的小肉块在蒸汽锅内炒制，最后烘干、包装。牦牛产区生产的牛肉干有"五香牛肉干""咖喱牛肉干"两种。

（4）灌肠

用洗净的牦牛小肠，灌以鲜牛肉或血而成。藏式灌肠制品分小肠灌肠、大肠灌肠、灌肚子和血肠4种。灌肠制品因含水分较多而不能久存，一般是现加工现食用。但在冷季如挂在通风阴凉处也可保存1个月左右。

（5）酱牛肉

选用肥度适中的鲜牛肉或解冻牛肉，清除腺体、污物后洗净，用清水浸泡排出血污，再切成1千克左右的肉块。配制肉块加以佐料，蒸煮，冷却后即为成品。

（6）酱牛杂碎

选新鲜及符合卫生要求的牛内脏、头、蹄（包括蹄筋）作原料，分别清洗、整理，在清水中浸泡1~2小时，捞出沥干，再配料、蒸煮，出锅后分别放置并沥干即为成品。

17. 牦牛乳有哪些特色?

牦牛因其独特的生态环境与适应性，其乳产量不及改良品种，但其质量优良为其他牛种所不及。牦牛初乳浓稠，干物质达33.01%，高于正常乳一倍，蛋白质16.14%，其中酪蛋白4.77%、球蛋白11.37%，高出正常乳两倍以上。正常乳中干物质、乳脂、乳糖等营养成分比普通牛高。牦牛乳营养成分及氨基酸含量明显优于奶牛，干物质和脂肪、蛋白、乳糖的含量高。脂肪球直径达4.39微米（奶牛3.85微米、黄牛2.2微米），乳密度大，是加工黄油的良好原料乳，含钙（0.3028%）、磷（0.2851%）丰富，为乳中精品。

18. 牦牛乳产品有哪些?

(1) 鲜奶

刚挤下来的纯奶,可以不经煮沸消毒立即饮用。在泌乳季节,牦牛群混合奶的干物质为 18% 左右,其中乳脂肪 7%,乳糖、乳蛋白质各 5% 左右。其味香甜,煮沸的全奶,不加食糖,即有浓厚的甜味。

(2) 酥油

是含水分 12%~15%,乳蛋白质 1% 左右,乳脂肪 84%~87% 的粗制黄油。酥油是一种用途十分广泛的生活资料。除供作食用外,在藏医药中作为食疗剂和敷料软膏、赋形药、润滑剂等。在土法鞣革中用作鞣合剂和裘衣革面的保护剂。在高寒草地的帐篷里供照明,喇嘛寺庙里作为神灯、长明灯的燃油。妇女们用酥油搽手保护皮肤。高原的民间艺术家将酥油混以各色颜料,塑造佛像、花卉、山水、人物、灯,成为一种独特的艺术品。酥油作为食材,有酥油糌粑、酥油茶、油茶,煎炒油炸各种蔬菜,以及制作饼类各式点心和糖果等。

(3) 奶茶

是牧区人民的常年饮料,也是主食之一。它是牛奶和茶的混悬液。牛奶的含量,根据来源和需要而定。含奶量高时有 20%,茶色呈土黄,质浓稠;含量 5% 或更少时,呈乳白色或稍带黄褐色。

(4) 干酪

干酪是由牛奶经发酵制成的一种营养价值很高的食品,富含蛋白质、脂肪、矿物质、维生素等物质,营养价值极高。其种类繁多,目前世界上大约有 500 多种。牦牛产区常食的有硬干酪、半硬干酪、鲜干酪 3 种。

(5) 干酪素

牦牛乳的蛋白含量是明显高于其他牛乳,是干酪素以及酪蛋白制品的极品原料。干酪素又称酪蛋白,是奶液遇酸后所生成的一种蛋白聚合体。干酪素约占牛奶中蛋白总量的 80%,约占其质量的 3%,也是奶酪的主要成分。干燥的干酪素是一种无味、白色或淡黄色的无定型的粉末。干酪素微溶于水,溶于碱液及酸液中。干酪素具有良好的黏合、成膜、光亮乳化、稳定等功能,被广泛应用于造纸工业、皮革工业、纺织行业以及各类保健食品、医药、饮品中,国内外市场需求非常大。

(6) 酸奶

将鲜牛奶煮沸,倾入有盖的木桶内,待凉。当奶温为 50℃ 左右时,拌进原先剩余的酸奶(即乳酸菌种),加盖,桶外裹以羊毛等物保温。夏秋季节 6~10 小时,冬春季节时间稍长些，取出即成酸奶。酸奶有两种，一是全奶制作的，色味最好；另一是脱脂奶制成的。酸奶作为日常饮料，于夏秋暖季解渴消暑，味美可口。也可拌入糌粑食用。

（7）奶皮

奶皮是牦牛产区少数民族特有乳制品，其外形随制作锅具大小而变，也随原料而变，一般为厚约 1 厘米、直径 10~20 厘米的圆形饼状物，颜色微黄。营养价值高，其中水分含量为 3%~4%，乳脂含量在 85% 左右、蛋白质含量为 9%、乳糖含量为 4%，营养成分高于一般奶油。奶皮在产区一般用于拌奶茶做早点，或切成小块做菜肴、夹饼夹馍等食用。

（8）奶渣

鲜奶提制酥油后的脱脂奶，在锅内加热至 50~60℃，加入酸牛奶（作为乳酸菌液使用），使脱脂奶凝结成豆花状结块捞起滤去乳清，铺于毡毯上晒干而成的一种高蛋白乳制品，其乳蛋白含量在 60% 以上，乳脂肪、乳糖含量 20% 以上。也有用全奶制作的。全奶制成的奶渣，色金黄而酥脆，脱脂奶制成的奶渣色白而性硬。

19. 牦牛挤乳有哪些技术要求？

由于产地气候寒冷，牦牛挤奶前一般不进行热敷和按摩。多引犊牛吸吮，引起排乳反射。牦牛的排乳发射具有分期性，一般每次挤乳分为二期，必须由犊牛冲撞乳房和吸吮乳头的强大刺激才能引起排乳；少数牦牛人工挤乳也能引起不完全的排乳反射。排乳反射的潜伏期第一期约为 60 秒，第二期延至 80 秒左右。牦牛出现排乳反射后，乳房内压急剧升高，乳头括约肌的紧张度明显降低，第二期排乳时，更进一步降低。由于牦牛的乳头细短（长仅为 2~3 厘米），一般采用指擦法挤乳。犊牛拱顶数次后，开始吸吮，待吸吮出乳汁时，即将犊牛拉开，开始挤乳。挤乳员挤乳技术的熟练程度和手工挤乳速度，对牦牛的挤乳量有一定的影响。挤乳速度要快，每头牛挤乳持续时间要短，争取每头牛在 6 分钟内挤完。泌乳母牦牛对生人、异味等很敏感，因此，挤乳时要安静，挤乳员、挤乳动作、口令、挤乳顺序和相关制度，不宜随意改变。挤乳员要掌握正确的手工挤乳技术，才能提高挤乳速度和产乳量。挤乳员挤乳时，若双手的力量较均匀地分布在前臂、手指和手掌的肌肉上，并配合正确坐着挤的姿势，则能使肌肉在紧张工作中消耗的能量得以补充，可不觉困倦地挤乳。否则蹲着挤乳，肌肉过度紧张，用力不匀时，不仅挤乳速度慢，而且很快就觉得双手无力。

20. 牦牛皮有哪些制品？

（1）生皮

即未经鞣制的牦牛皮，也不去被毛，用途较为普遍。其主要用于酥油的包装。再是将生皮切割成网状，捆扎在木箱外面，待生皮干后，即固定在木箱上，也有用整张牦牛皮包裹木箱的。另有用生皮切割成细条作为皮绳。

（2）熟皮

是经土法鞣制的革，民间都采用油脂法。将毛板浸泡后除去被毛，割去皮下结缔组织，然后用陈年酥油（已变质不能食用）满涂于皮板上，卷紧，让油质浸透。也有在涂抹酥油后用手揉捏柔软后，用刀修整正背两面，使光整。熟皮的用途广泛，缝制成皮口袋，可贮存粮食、奶渣等。也可缝制毡靴或作鞋底。用刀切割成细条搓绞成皮绳，或切割成宽度不等的皮条，用于捆扎什物或背水背柴，圈套牲畜，以及用于鞍具、驮具上等。

（3）裘皮

多属犊牛皮制成。犊牛死后，剥下被皮，除净板面的结缔组织，浸泡在乳清中。数天后取出，用陈酥油鞣制，使皮板柔软，梳直被毛即成。一般供作儿童裘衣。

21. 牦牛毛和绒有哪些产品？

（1）长毛

指着生于牦牛前胸、前腿、体侧或后腿的长毛（其状似围裙，故又称"裙毛"），专供搓做牛绳、捆扎帐篷和作缰绳等用。制作方法和程序是：将剪下的牦牛被毛整理出较长的（属粗毛，细度在 52.5 微米以上的）用双手理直，以 15 厘米左右（直径）为一卷，成为"毛卷"，然后用独锭搓纺成毛条。搓纺时，一人用皮绳转动固定在草地上的木锭，一人持毛卷纺成毛条（毛纱），其粗细长度均视需要而定。最后将毛条合成毛绳，有三股或四股的，但以四股的最为美观。牦牛毛绳经久耐用。

（2）绒毛

纯粹的绒毛（细度在 25 微米以下的毛纤维）在当地极少利用，所用的绒毛多半是混有长度中等的两型毛（细度在 25~52.2 微米），或以两型毛为主的加以利用，或剪下的被毛选择取出长毛（粗毛）后，作为"绒毛"使用。当地所用的绒毛，以其生长部位来说，多在牦牛的腹部。绒毛多用来编织帐篷（藏族）、披衫"察尔瓦"和短上衣（彝族）。

（3）尾毛

历史上用来作为贡品，尤以白色尾毛更为名贵。其主要用途是供制剧装髯口、假发。再如将整个牦牛尾做成尘拂。

22. 牦牛剪毛时有哪些注意事项？

牦牛一般在 6 月中旬左右剪毛，因气候、牛只膘情和劳力等因素的影响可稍提前或推迟。牦牛群的剪毛顺序是先驮牛（包括阉牦牛）、成年公牦牛和育成牛群，后剪干乳母牦牛及带犊牦牛群。患皮肤病（如疥癣）等的牛（或群）留在最后剪毛。临产母牦牛及有病的牛应在产后 2 周或恢复健康后再剪毛。当天剪毛的牦牛群，早晨不出牧，也不补饲。剪毛时要轻捉轻放倒，防止剧烈追捕拥挤和放倒时致伤牛只。牛只放倒保定后，要迅速剪毛。一头牛的剪毛时间最好不超过 15 分钟，为此可两人同剪。兽医师可利用剪毛机会对牛群进行兽医检查防疫注射等，并对发现的病牛、剪伤给予治疗。所剪的毛（包括抓的绒），应按色泽、种类或类型（如绒、粗毛、尾毛）分别整理。牦牛尾毛两年剪 1 次，并要留一股用以驱赶蚊、虻。驮牛为防止鞍伤，不宜剪鬐甲及背部的被毛。母牦牛乳房周围的毛留茬要高或留少量不剪，以防乳房受风寒龟裂和蚊蝇骚扰。乏弱牦牛仅剪体躯的长毛（裙毛）及尾毛，其余留作御寒，以防止天气突变而冻死。

四、牦牛繁育和育种

23. 如何判定牦牛的年龄？

（1）根据角轮数目鉴别年龄

角轮是牦牛角上的环形凹陷。终年在高山草原条件下放牧的有角牦牛无论公、母，出生后每经过一个天寒草枯的冷季，因营养缺乏而影响角的生长，便形成一个角轮。所以有角牦牛有几个角轮就是几岁。

（2）根据牙齿鉴别年龄

牦牛的年龄变化，可反映在牙齿的出长、脱换、磨损程度等方面。牦牛的齿式与普通牛一样。乳齿共有 20 枚，永久齿有 32 枚。鉴别年龄是根据生于下颌前方的 8 枚门齿的变化。门齿分四对，中间的 2 枚为第一对，靠第一对的左右两枚为第二对，依次相应为第三对及第四对。其出生、脱落及磨损的次序是第一、二、三、四对。一般来说对牙 3 周岁，四牙 4 周岁，六牙指 5 周岁，满口 6 岁，6 岁以后按牙齿磨损程度依此类推。

24. 牦牛性成熟的标志是什么？

母牦牛性成熟的主要标志是第一次出现发情和排卵。公牦牛性成熟的标志是初次释放有受精能力的精子，并表现出完整的性行为序列。

25. 影响初情期的因素有哪些？

初情期受牦牛的品种、营养、气候环境等因素的影响，凡是阻碍牦牛生长的因素，都会延长母牦牛的初情期。母牦牛初情期一般在 1.5~2.5 岁。

26. 何谓牦牛体成熟？

所谓体成熟是指公母牦牛骨骼、肌肉和内脏器官已基本发育完成，而且具备了成年时固有的形态和结构。因此，母牦牛性成熟并不意味着配种适龄。

27. 如何确定牦牛的初配年龄？

在牦牛个体整个的生长发育过程中，体成熟期比性成熟期晚得多，如果育成公牛过早地交配，会妨碍它的健康和发育；育成母牦牛交配过早，不仅会影响其本身的正常发育和生产性能，并且还会影响到幼犊的健康。因此，初配年龄以公牦牛 3.5~4 岁、母牦牛 3~4 岁为宜。

28. 何谓牦牛的发情与发情周期？

发情是母牦牛性活动的表现，是性腺内分泌的激素刺激和生殖器官形态变化的结果。发情主要受卵巢的活动规律所制约。当母牦牛卵巢上的卵泡发育与成熟时所分泌的雌二醇在血液中浓度增加到一定量时，就引起了母牦牛生殖生理的一系列变化。母牦牛表现为性冲动，愿意接近公牦牛，并接受交配。在配种季节，母牦牛发情后经交配，未受孕经若干日后，再度出现发情，由这一次发情开始到下一次再次发情开始为止，这段时间称为发情周期。母牦牛的发情周期平均为 21 天，但存在个体差异，发情持续时间 1~2 天。

29. 牦牛发情如何鉴定？

母牦牛的发情症状不像普通牛那样明显。为了及时准确地检出发情母牦牛，可用结扎输精管或移位的公牛做试情公牛，也可用去势的驮牛为试情牛。但简便易行的是用一、二代杂种公牛试情公牛。杂种公牛本身无生育能力，不需做手术，且性欲旺盛，判断准确。一般每百头母牛配备 2~3 头试情公牛即可。配种季节，放牧时，放牧员一定要跟群放牧，认真观察，及时发现发情母牛。发情初期阴道黏膜呈粉红色并有黏液流出，此时不接受尾随的试情公牛的爬跨，经 10~15 小时进入发情盛期，才接受尾随试情公牛爬跨，站立不动，阴道黏膜潮红湿润，阴户充血肿胀，从阴道流出浑浊黏稠的黏液。后期阴道黏液呈微黄糊状，阴道黏膜变为淡红色。放牧员或配种员必须熟悉母牦牛发情的特征，准确掌握发情时期的各阶段，以保证适时输精配种。在实践上一般是将当日发情的母牦牛在晚上收牧时进行第一次输精，次日晨出牧前再输精一次，晚上发情的母牛，次日早晚各输精一次。

30. 牦牛的繁育方法有哪些？

繁育方法可分纯种繁育和杂交两大类。纯种繁育是指在品种或品系内的相互交配。杂交是指不同品种或品系之间的相互交配。

纯种繁育的目的是保持并提高某一品种或品系的优良性能。如天祝白牦牛是中国珍稀特产牛种，其白色的牦牛毛和牛尾，经济价值很高，远销国内外。由于其白色的被毛特征有别于其他牦牛类群，所以只有通过纯种繁殖来进行选育，保持其特色。纯种繁育，主要依靠选种选配，并在品种内建立若干品系来保持和提高其性能。

杂交的目的是从该品种之外引进新的遗传特性或利用杂交优势来提高生产性能，如用野牦牛杂交家牦牛，进行提纯复壮；家牦牛与普通牛（黄牛等）的杂交等。杂交方式有级进杂交、导入杂交、育成杂交、经济杂交等。一般来说，品种之间差异越大，所获得的杂种优势也越大。杂交改良有生产性杂交（经济杂交）、导入杂交、育种性杂交三种。

31. 牦牛选配的方法有哪些？

选配是指在牛群内，根据牛场育种目标有计划地为母牛选择最适合的公牛，或为公牛选择最适合的母牛进行交配，使其产生基因型优良的后代。不同的选配，有不同的效果。根据交配个体间的表型特征和亲缘关系，通常将选配方法分为品质选配和亲缘选配。

（1）品质选配

品质选配就是考虑交配双方品质对比的选配。根据选配双方品质的异同，品质选配可分为同质选配和异质选配。同质选配是选择在外形、生产性能，或其他经济性状上相似的优秀公、母牛交配。其目的在于获得与双亲品质相似的后代，以巩固和加强它们的优良性状。同质选配的作用主要是稳定牛群优良性状，增加纯合基因型的数量，但同时亦有可能提高有害基因同质结合的频率，把双亲的缺点也固定下来，从而导致适应性和生活力下降。所以必须加强选种，严格淘汰不良个体，改善饲养管理，以提高同质选配的效果。

异质选配是选择在外形、生产性能，或其他经济性状上不同的优秀公、母牛交配。其目的是选用具有不同优良性状的公母牛交配，结合不同优点，获得兼有双亲优良品质的后代。异质选配的作用在于通过基因重组综合双亲的优点或提高某些个体后代的品质，丰富牛群中所选优良性状的遗传变异。在育种实践中，只要牛群中存在着某些差异，就可采用异质选配的方法来提高品质，并及时转入同质选配加以固定。

（2）亲缘选配

亲缘选配是根据交配双方的亲缘关系进行选配。按选配双方的亲缘程度远近，又分为近亲交配（简称近交）和非近亲交配（简称非近交）。一般认为，5代以内有亲缘关系的公母牛交配称为近交，否则称为非近交。从群体遗传的角度分析，一个大的群体在特定条件下，群体的基因频率与基因型频率在世代相传中应能保持相对的平衡状态，如果上下两代环境条件相同，表现在数量上的平均数和标准差大体上相同。但是，如果不是随机交配，而代之以选配，就会打破这种平衡。当选配个体间的亲缘关系高出随机交配的亲缘程度时就是近交，低于随机交配的程度时就是杂交。

32. 怎样编制牦牛育种计划？

育种工作是长期的，计划一经拟定，就要贯彻执行。在编制育种工作计划时，必须考虑育种场或当地地区的生产任务和自然条件、牛群的类型及饲养水平等特点，以及采用哪个品种和利用哪种繁殖方法、生产指标逐年的要求等都应详细列入。育种工作计划的组成，主要包括下列 3 部分。

（1）场部和牛群的基本情况

包括牛群所在地的自然、地理、气候、经济条件，牛群结构、品种及其来源和亲缘关系，体型外貌特点及其缺点，生产性能以及目前的饲养管理和饲料供应等情况。

（2）育种方向与育种指标

包括牛群逐年增长的头数和育种指标。育种指标根据育种方向而有所不同。如肉乳兼用品种牛，其育种指标包括犊牛初生重、各阶段体重、主要体尺及平均日增重、屠宰率、净肉率、眼肌面积、肉骨比、肉脂比，以及新品种对体型外貌、产奶性能的要求等指标。

（3）育种措施

提出保证完成育种工作计划的各项措施，诸如，加强组织领导，建立健全育种机构；建立育种档案及记载制度；选种方向及其方法、选配方法与育种方法；加强犊牛培育；制订各类牛的饲养管理操作规程；饲草饲料生产及供应；制订和落实奖励政策；培训技术人员以及加强疫病防治工作等措施。

33. 如何进行本品种选育？

本品种选育，即通过对一个牦牛类群或群体内公、母牦牛的选种、选配和改善饲养管理，不断提高生产性能和体型外貌，使其更适合牧民或市场的需要。本品种选育的基本任务是保持和发展品种的优良特性，增加品种内优良个体的比重，克服该品种的某些缺点，达到保持品种纯度和提高整个品种质量的目的。进行本品种选育，首先要确定选育方向，制订选育计划和选育标准，深入细致地进行选种和选配，始终坚持既定的目标进行选育。

34. 本品种选育的技术路线有哪些？

（1）公、母牦牛的选择标准

种公牦牛应该来自选育核心群或核心群经产母牦牛的后代，对其父本的要求是：体格健壮，活重大，强悍但不凶猛，额头、鼻镜、嘴、前胸、背腰、尻都要宽，颈粗短、厚实，肩峰高、长，尾毛多，前肢挺立，后肢支持有力，阴囊紧缩。母牦牛的选择应当着重于繁殖力，初情期在 4~5 岁及以上而不受孕者、连续 3 年空怀者、母性弱不认犊牛者都应及时淘汰。

（2）种公牦牛的选择步骤

①初选。在断奶前进行，一般从 2~4 胎母牦牛所生的公犊牛中选拔。按血统和本身的状况进行初选，选留头数比计划要多出一倍。血统一般要求审查到三代，特别对选留公犊牛的父、母品质要进行严格审查。本身的表现主要看外貌、日增重。牧民选留公牦牛是"一看根根，二看本身"，可见初选中血统状况是首要的依据。对初选定的公犊牛要加强培育，在哺乳和以后的饲牧管理方面给予照顾，并定期称重和测量有关指标，为以后的选留提供依据。

②再选。在 1.5~2 岁时进行。主要按本身的表现进行评定。对优良者继续加强培育，对劣者，特别是生长发育缓慢，具有严重外貌缺陷的应去势育肥或淘汰。

③定选。在 3 岁或投群配种前进行。最好由畜牧技术人员、放牧员等组成小组共同评定，即进行严格的等级评定。定选后的种公牛按等级及选配计划可投群配种。如发现缺陷（配种力弱、受胎率低或精液品质不良等），可淘汰。

对本品种选育核心群或人工授精用的公牦牛，要严格要求，进行后裔测定或观察其后代品质。

（3）母牦牛的选择

对进入选育核心群的母牦牛，必须严格选择。对一般选育核心群，主要采取群选的办法。

①拟定选育指标，突出重要性状，不断留优去劣，使群体在外貌、生产性能上具有较好的一致性。

②每年入冬前对牛群进行一次评定，及时淘汰不良个体。

③建立牛群档案，选拔具有该牛群共同特点的种公牦牛进行配种，加速群选工作的进展。

35. 为什么要进行牦牛杂交改良？

牦牛由于长期生活在特定的高原生态条件下，形成很强的适应高原严酷环境的抗逆能力，但它是一个自然选择大于人工选择的原始畜种，虽具有乳、肉、役、毛等多种用途，但生产性能低，产品商品率低，经济效益差。通过本种选育，虽可提高牦牛的生产性能，但提高的速度很慢，难以适应当前国民经济迅速发展的要求。所以在抓好本种选育的同时，积极地有计划地开展牦牛杂交改良，充分利用种间杂交优势，大幅度提高乳肉生产性能，以提高其产品商品率。另外，通过杂交改良还可以为育成新牛种创造条件。

36. 种间杂交牛有哪些特性?

种间杂交牛可表现出强杂种优势:生长发育快、早熟、适应范围扩大,世代间隔缩小,畜群周转加快,奶、肉、役力大幅度提高,深受牧区、半农半牧区和邻近农区群众的欢迎。但是,种间杂交牛其雄性在1~3代虽有性欲表现,但不能产生正常活力的精子而无生育力。因此,公、母杂种牛不能互交固定其优势特性,随着杂交进程到三代以上,杂种公牛则逐渐恢复生育力,到四代杂种公牛皆有生育能力,但生产性能和适应性又返回而接近原级进父本情况。

37. 怎样进行生产性杂交?

中国牦牛产区通用的生产性杂交有两品种杂交繁育一代,三品种杂交繁育二代,其次,为两品种或三品种轮回杂交。这些生产性杂交目前是适合产区生态条件的。

(1) 两品种杂交繁育一代

两品种杂交繁育一代,冷季草场在海拔3000~3500米的地区以引用乳用品种与牦牛杂交为宜,3500米以上地区宜用肉用牛种与牦牛杂交为宜。具有以下杂交优势:

①生长发育快,产肉性能高。杂交改良牛2.5岁时的体躯大小几乎与成年牦牛一样。

②肉质好、价值高。改良牛肉经品质评定,认为比牦牛肉色浅,肉嫩味鲜,在国际市场上深受欢迎。

③产奶量高、乳脂总产多。改良牛一般日挤奶两次,平均奶量为2.5~3.0千克,其中,以黑白花×牦牛的改良牛最好,日平均可达5.5±2.3千克,如果日补饲混合精料1~2千克,日平均可达14千克。

④力大、役用广。雄性改良牛不仅具有高出阉牦牛驮重的特点,而且比牦牛还善于耕地、挽车和骑乘用。

⑤适应性能好,繁殖力高。改良牛比牦牛适应性能有所扩大,它不仅具有牦牛生活在高寒生态环境的特性,并能生活在牦牛不宜生活的低海拔1000米左右的地区,同时生产性能也较高。另外,还显示性成熟早,繁殖力高等优点。

⑥性情温顺,使用年限长。改良牛易调教,人易接近,一般使用20年。综上所述,牦牛产区解决肉奶问题应大力提倡上述经济杂交。

(2) 三品种杂交繁育二代

三品种杂交繁育二代俗称尕利巴牛或称阿果牛、二裔子牛。这种牛的血缘组合以乳用品种公牛与牦牛母牛杂交,生产的乳用改良母牛再与肉用公牛杂交,或乳用牛级进杂交,或乳肉兼用牛西门塔尔牛级进杂交最为理想。尕利巴牛以改良品种牛的后代最好,这种牛适合城市郊区、农业区、小块农区饲养。具有以下杂交优势。

①适应低海拔地区。尕利巴牛在高寒地区适应性能有所减退，在低海拔地区、温暖地区与黄牛一样能适应，且生产性能较好。

②产奶量较高。在较好的饲养管理条件下，第一产305天时产奶量达2000千克，含脂率4.3%~4.5%，最高日产奶量13.8千克；第二产近3000千克，最高日产18.2千克，相当于低产奶用牛或兼用牛的产奶量。

③增重较快，产肉多。青海省大通牛场用肉用牛与一代改良牛杂交的尕利巴牛，采取哺乳期不挤母奶，初冬断奶；冷季每日补饲精料0.5千克，干草1.0~1.5千克，全期补饲料77.5~95.0千克，干草155~235千克的结果为：哺乳期平均日增重691.0克（公牛）、721.6克（母牛），补饲期平均日增重90.04~94.80克。1.5岁时公牛体重达208.10±25.42千克，胴体重99.71±15.65千克，屠宰率47.98±5.23%，净肉率35.87±5.13%，其胴体重比同龄、同性别、哺乳期日挤奶1~2次的牦牛重52.51千克（提高111.25%）。

④性温顺。尕利巴牛比犏牛易调教，挤奶时几乎与奶牛一样，不需任何保定。

⑤耐粗放。尕利巴牛不像奶牛那样要求全价营养的饲料和好的管理设备条件，只要有简单的棚舍，每日有少量的干草、废弃菜叶、青贮料和少量混合精料等就能达到上述奶、肉生产性能。产区当前奶牛少、饲料条件差的情况下，在海拔较低地方，对解决奶源不足是比较好的一种牛，比养纯种奶牛更为有利。尕利巴牛可以与公牦牛回交，也可以与改良牛继续杂交，视饲养管理条件及用途而定。

（3）两品种轮回杂交

两品种轮回杂交是为了始终保持较高的杂交优势和经济效益。另外，还可以为低外血育种性杂交打下基础。杂交时：第一，要选择体躯大的经产母牛受配，不要头产的，避免分娩时产不下来给接助产带来困难。第二，创造条件，充分利用冻精于子宫颈深部输精，避免自然本交受胎率低。第三，采用多品种混合精液输精。苏联阿尔泰山产区采用此法，受胎率由8%提到60%以上。第四，专门训练公牦牛采精，采下的精液经过除去精子的处理，作为冻精的稀释液，增进精卵子亲和力、延长精子存活时间，从而提高种间杂交受胎率。

（4）三品种轮回杂交

三品种轮回杂交同样是为了始终保持杂交优势与经济效益，且生产性能高于两品种轮回杂交。这种杂交只能在产区低暖地区进行。

以上四种生产性杂交以两品种、三品种轮回杂交较好。

38. 牦牛的配种方法有哪几种?

牦牛的配种方法主要有人工授精和自然交配。牦牛的配种一般采用自然交配的方法。

根据公牦牛的性行为特点，充分利用处于优胜地位公牦牛的竞配能力而达到选配的目的；也注意及时淘汰虽居优胜地位而配种能力减退的公牦牛。公牦牛配种年龄为 4~8 岁，以 4.5~6.5 岁的配种能力最强，8 岁以后很少能在大群中交配。母牦牛的初配年龄为 3 岁左右。公母牦牛的比例以 1:14~1:25 为宜。

39. 什么叫冷冻精液？

冷冻精液是利用液氮（-196℃）或干冰（-79℃）作为冷源，将经过特殊处理后的精液冷冻，保存在超低温下以达到长期保存的目的。

40. 精液冷冻保存有哪些意义？

精液冷冻保存是人工授精技术的一项重大的革新。它解决了精液长期保存的问题，使输精不受时间、地域和种牦牛生命的限制。冷冻精液便于开展国际、国内种质交流，冷冻精液的使用极大地提高了优良公牦牛的利用效率，加速品种育成和改良的步伐，同时也大大降低了生产成本。

41. 什么是人工授精？

人工授精是指借助专门器械，用人工方法采集公牦牛精液，经体外检查与处理后，输入发情母牦牛的生殖道内，以代替公、母牦牛自然交配，使其受胎的一种繁殖技术。

42. 牦牛人工授精有哪些好处？

人工授精不仅有效地改变了牦牛的交配过程，更重要的是提高了优秀公牦牛配种效能，减少公牦牛的饲养数量，节约饲养成本。只有健康的公牦牛才能参加配种，所以人工授精的推广防止了因公牦牛传播的各种疾病，特别是生殖道疾病的传播。人工授精使用的精液都必须经过品质评定，保证了精液质量。人工授精技术人员都能准确地掌握母畜的发情时间，提高受胎率，减少了不孕母牦牛的数量。人工授精还可以克服公母牦牛体格相差过大造成的交配困难。精液的保存，特别是冷冻精液的使用，极大地提高了公牦牛使用的时间性和地域性，有效地解决了种公牦牛不足地区的母牦牛配种问题。

43. 牦牛的配种时机如何掌握？

配种时机选择合理与否，将直接或间接影响牦牛群的繁殖率、生产性能与产品量以及个体牦牛的正常生长发育和健康。在生产中，准确预测发情开始或发情停止，是难以做到的。但是，发情高潮容易观察到，所以可根据发情高潮的出现，再等待 6~8 小时后输精，能获得较高的发情期受胎率。输精过早，受精率往往不高，特别是在使用冷冻精液时，更应掌握好输精时间，即应在停止发情时输精，少数发情期较长的牦牛，可把第一次输精时间往后延迟，待发情症状不明显时输精一次，隔 8~10 小时再输精一次，直至发情结束。在母牦牛发情后适时配种，可以节省人力、物力和精液，并提高受胎率。

44. 人工授精前要做哪些准备工作？

（1）母牦牛的准备

接受配种的母牦牛要保定，通常是站在输精架内输精。

（2）输精器材的准备

主要包括输精器、开膣器、输精管、纱布、水桶、肥皂、毛巾等，使用前必须彻底洗涤、消毒。

（3）精液的准备

新采集的精液，经稀释后必须进行精液品质评定，合乎标准的才能使用。保存精液需要升温到35℃左右，活力不低于0.6；冷冻精液解冻后活率不低于0.3，才能输精。

（4）输精员的准备

输精员的指甲须剪短磨光，洗涤擦干，用75%酒精消毒手臂，戴长臂手套外涂润滑剂。

45. 发情母牦牛如何保定？

牦牛性情暴躁，对散养牛群中的个体进行保定时，要经过个体捕获、保定等过程，牛和人都要经过大运动量的活动，对人和牛都存在一定的不安全因素，所以牦牛保定时注意人和牛的安全是十分必要的。套捉、牵拉发情母牦牛进入保定架内输精费时费力，有些性野的母牦牛由4个全劳力协同牵、赶，仍难以进入保定架，有的鼻镜系绳或用牛鼻钳时，甚至牵断鼻镜而逃，发情母牦牛牵入保定架后，要拴系和保定好头部，左右两侧（后躯）各有一人保定，防止牛后躯摆动。保定不当或疏忽大意，容易出事故。保定稳妥后方可输精。草原上使用的配种保定架，以实用、结实和搬迁方便为好。以四柱栏比较安全和操作方便。栏柱埋夯地下约70厘米，栏柱地上部分及两柱间的宽度，以当地牦牛体型大小确定。

46. 细管输精技术操作要点有哪些？

（1）输精时机

准确的发情鉴定是做到适时输精的重要保证，输精或自然交配距排卵的时间越近受胎率越高。输精要适时，正确观察母牦牛接受试情公牦牛的时间，每一个发情期输精两次，以早、晚输精为好。

（2）细管输精枪的使用

将解冻后的精液细管棉塞端插入输精枪推杆0.5厘米深处，然后推杆退回1~2厘米，剪掉细管封口部，外面套上塑料保护套，内旋塑料外套并使之固定，塑料套管中间用于固定细管的游子应连同细管轻轻推至塑料管的顶端，轻缓推动推杆见精液将要流出时即可输精；另一种简易日式输精枪，用带螺丝枪头固定细管，不需用塑料外套保护细管。

（3）输精方法

输精员手臂必须先涂一薄层润滑剂，或套上专用长臂手套，涂点石蜡油。采用直肠把握子宫颈深部输精法。输精员手伸入直肠内，摸找并稳住子宫颈外端，用肘压开阴裂；另一只手将输精器插入阴道，向上倾斜避开尿道口，再转平直向子宫颈口，借助伸入直肠内的一只手固定和协同动作，将输精器轻稳缓慢地插入子宫颈螺旋皱裂，徐徐地把精液输入子宫颈内，或子宫颈口深处，做到输精器适深、慢插、轻注、缓出、防止精液逆流。

（4）检查

每头发情母牛每次输精用一个剂量的冻精，一支输精器（枪）一次只限于一头母牛输精使用。输精之前，必须抽查同批次的（或购买的）精子活力，不够标准的不能使用。

（5）登记

配种前的母牛要逐头登记，妥善保存，登记表格包括下列内容：牛号、冻精来源；母畜：畜主、住址、发情时间及症状；母牛月龄、输精时间（第一次、第二次）；预产期、胎次、犊牛性别、初生重、特征等。

47. 怎样判断牦牛是否妊娠？

在牦牛繁殖工作中，妊娠诊断就是借助母牦牛妊娠后所表现出的各种变化症状，判断是否妊娠以及妊娠的进展情况。在临床上进行早期妊娠诊断的意义非常重大，对于保胎、减少空怀及提高牦牛的繁殖率、有效实施牦牛生产的经营管理相当重要。经过妊娠诊断，对确定已妊娠的母牛，应加强饲养管理，合理使用，以保证胎儿发育，维持母体健康，避免流产，预测分娩日期和做好产仔准备；对未妊娠的母牛，及时检查，找出未孕原因，如配种时间和方法是否合适、精液品质是否合格、生殖器官是否患有疾病等，以便及时采取相应的治疗或管理措施，尽早恢复其繁殖能力。判断牦牛是否怀孕，主要采用外部观察法。母牦牛妊娠后，性情温驯、安静，行为谨慎；食欲增加，膘情好转，毛色润泽；腹围增大，腹部两侧大小不对称，孕侧下垂突出，肋腹部凹陷；乳房逐渐胀大；排粪尿次数增加，但量不多；出现胎动，但无规律。从妊娠母牦牛（4~5 个月后）后侧观察时，可发现右腹壁突出；青年母牛妊娠 4 个月后乳房发育增大，经产母牛在妊娠最后 1 个月发生乳房膨大和肿胀；妊娠 6 个月后在腹壁右侧最突出部分可观察到胎动，饮水后比较明显。这种方法的缺点是不能早期确诊母牛是否妊娠和妊娠的确切时间。牦牛的妊娠期 250~260 天，平均 256.8 天。若牦牛怀杂种牛犊（犏牛犊），则妊娠期延长，一般为 270~280 天，即延长 15 天左右。确定牦牛妊娠后，根据配种时间和妊娠期推算牦牛预产期。

48. 牦牛有哪些分娩预兆？

母牦牛分娩前，在生理、形态和行为上发生一系列变化，以适应排出胎儿及哺育牛犊的需要，通常把这些变化称为分娩预兆。从分娩预兆可以大致预测分娩时间。

（1）乳房变化

分娩前，母牦牛乳房膨胀增大，有的并发水肿，并且可由乳头挤出少量清亮胶状液体或少量初乳；至产前 2 天内，不但乳房极度膨胀，皮肤发红，而且乳头中充满白色初乳，乳头表面被覆一层蜡样物，由原来的扁状变为圆柱状。有的牛有漏乳现象，乳汁成滴成股流出来，漏乳开始后数小时至 1 天即分娩。

（2）产道变化

子宫颈在分娩前 1~2 天开始胀大、松软；子宫颈管的黏液软化，流出阴道，有时吊在阴门之外，呈半透明索状；阴唇在分娩前 1 周开始逐渐柔软、肿胀、增大，一般可增大 2~3 倍，阴唇皮肤皱襞展平。

（3）骨盆韧带变化

骨盆韧带在临近分娩时开始变得松软，一般从分娩前 1~2 周即开始软化。产前 12~36 小时，荐坐韧带后缘变得非常松软，外形消失，尾根两旁只能摸到一堆松软组织，且荐骨两旁组织明显塌陷。初产牛的变化不明显。

（4）体温变化

母牛妊娠 7 个月开始体温逐渐上升，可达 39℃。至产前 12 小时左右，体温下降 0.4~0.8℃。

49. 影响牦牛繁殖率的因素有哪些？

牦牛所处的生态环境和饲养管理条件是影响牦牛繁殖的最主要因素。牦牛是青藏高原及毗邻地区特有的遗传资源，牦牛生活地区具有海拔高、气温低、昼夜温差大、牧草生长期较短、氧分压低的特点，草场以高山及亚高山草场为主体。在严酷生态环境条件下生存的牦牛，具有极强的生活能力，耐粗耐寒，经过长期强烈的自然选择和轻微的人工选择形成有别于其他牛种的体型结构、外形特征、生理机能和生产性能，可在极其粗放的饲养条件下生存并繁衍后代。牛奶是牧民重要的生活资料，为满足牧民对牛奶的需求，过度挤奶也是影响牦牛繁殖的主要原因。另外，犊牛的断奶时间和断奶方式、牛群的健康状况对繁殖都有一定的影响。与此同时，还必须重视种公牛的数量、质量和配种能力，否则也会使牦牛的繁殖受到影响。

50. 海拔对母牦牛繁殖有哪些影响？

（1）海拔对母牦牛发情和受胎的影响

牦牛的繁殖季节与海拔密不可分，母牦牛的发情季节随海拔的升高而推迟。海拔2400~2500米地区的牦牛配种多数处于6月底到7月底；海拔3000~4000米地区，配种时间则在7月中旬到9月初。这时期平均气温为6.9~13℃，雨量充足，相对湿度65.3%，天然牧草开花或结果，牦牛营养状况处于一年中最佳时间。在蒙古国的高海拔草场上，受胎率75%，在低海拔草场，受胎率为66.7%，在海拔3000米以上的夏季草场上受胎率达82.9%。而帕米尔3900~4200米的高海拔草场上，受胎率则可达99.0%。即海拔高度有利于提高牦牛受胎率。牦牛的神经敏感，对周围环境反应灵敏，性行为易受高温、低海拔或流动空气中氧含量较高等不利因素的干扰。在繁殖季节应防止长时间驱赶牛群及避免不利因素干扰牦牛的性行为。应尽可能早地把牦牛迁移到高海拔的夏季牧场，这也是牦牛世代繁衍的选择结果。

（2）海拔对牦牛妊娠的影响

牦牛一般在2.5~3.5岁开始发情配种。由于繁殖具有明显的季节性，因此产犊也多集中于4~5月份。牦牛的妊娠期（250~260天）比其他牛种少30天，初生牛犊体重较轻（出生重13千克左右），这可降低母体和胎儿对氧的需要量。初生牛血液中血红蛋白含量高，以增加血液氧含量或运氧能力，使初生牛犊在高山少氧条件下，保持正常呼吸。这对新生犊牛非常重要，这也是一些培育品种牛在高海拔地区新生犊牛难以成活的主要原因。牦牛妊娠期短，胎儿体重较小，这是由于牦牛妊娠后期，正处于高原冷季，牧草枯黄、营养匮乏所致。妊娠期短，有利于母牦牛自身保持一定的活重或降低营养物质的消耗，有利于分娩后产乳。凡此种种说明牦牛对高寒草原生态环境具有良好的适应性，不会因少氧、营养水平低等而致胎儿死亡、流产或分娩后犊牦牛难以成活。

51. 气温对母牦牛繁殖有哪些影响？

牦牛生活最适温度为8~14℃。若气温高于14℃，牦牛产热增加，低于8℃时产热减少，这一现象在其他牛种是罕见的，这是牦牛之所以在-40~0℃气温环境中能正常生存的重要原因。另外牦牛发情持续期的长短与天气因素密切相关。牦牛发情后如遇到烈日不雨、气温高的天气时，发情持续期将延长，7月份天气炎热（平均气温14.2℃），牦牛发情持续期为1.9±1天；如发情后遇到多雨或气温低的阴天，发情持续期一般变短为1.3±0.5天。发情时间多集中在早、晚凉爽的时候，特别在雨后阴天牦牛发情和配种成功率都较高。据报道，在高山南坡草场放牧的母牦牛有持续发情不排卵现象，但低温环境则无此现象。说明炎热天气或牦牛体温过高均可导致其性机能紊乱。

52. 提高牦牛繁殖率的技术措施有哪些?

(1) 加强牦牛的饲养管理，确保母牦牛繁殖生理正常

饲养管理的好坏，直接影响牦牛的生产性能。合理解决高山草原牧草生产与牦牛生产之间的季节不平衡，在牦牛生产中主要是在冷季保持最低数量的畜群，以减轻冷季牧场和补饲所需饲料的压力，使冷季牧场的贮草量（加上补饲）与牛群的需草量大致平衡。在暖季，由产乳母牦牛、幼牦牛和肥育牛充分利用生长旺季的牧草生产畜产品。冷季来临前，及时将肥育牛、淘汰（商品）牛出售，将部分幼牛转农区或半农半牧区饲养，尽量减少高山草原牧区渡越冷季的牛只。充分发挥由牦牛直接利用暖季内牧草的生长优势，合理组织四季放牧，缩短生产周期，加速畜群周转。发情率、受胎率、产犊率、犊牛成活率影响牦牛繁殖率的四项指标中，发情率是基础指标，提高发情率应成为主攻方向。在发情配种季节使母牦牛具有适当的膘情，保证正常的发情生理机能，促进牦牛正常发情。

(2) 加强选种，选择繁殖力高的优良公、母牦牛进行繁殖

选种就是选择基因型优秀的个体进行繁殖，以增加后代群体中高产基因的组合频率。即牦牛群其遗传性生产潜力的高低，取决于高产基因型在群体中的存在比例。从生物学特性和经济效益考虑，对种公牦牛着重于积极的选种，对母牦牛除本种选育核心群外，一般则采用消极的选种。对本种选育核心群或人工授精用的公牦牛，要严格要求，进行后裔测定或观察其后代品质。对选育核心群的母牦牛，要拟定选育指标，突出重要性状，不断留优去劣，使群体的外貌、生产性能具有较好的一致性。有计划、有目的、有措施地选择繁殖力高的优良公、母牦牛进行繁殖，即通过不断选种，积累有利于人类的经济性状或高产基因，可以培育出新的类群或品种。

(3) 保证生产优良品种的精液

优良牦牛品种的精液是保证受精和早期胚胎发育的重要条件。因此，在生产中对种公牛的选择、饲养管理和使用，都要制定严格的制度。对于精液品质进行检查时，不仅要注意精子的存活率、密度，还要做精子形态方面的分析，这种分析既可发现某些只通过一般的活力检查所不能发现的精子形态缺陷，也可借助精液中精子形态的分析，了解和诊断公牛生殖机能方面的某些障碍。在发情母牦牛输精前，无论是采用常温保存或冷冻精液，都要对精液活力做检查，以保证精液的质量。

(4) 准确地发情鉴定和适时输精

准确掌握母牛发情的客观规律，适时配种，是提高受胎率的关键。母牦牛的发情，具有普通牛种的一般症状，但不如普通牛种明显、强烈。相互爬跨、阴道黏液流出量、兴奋性等均不如普通牛明显。一般来说，输精或自然交配时间距排卵的时间越近受胎率

越高。准确地发情鉴定是做到适时输精的重要保证。牦牛的发情鉴定主要采用外部观察法，输精技术主要采取直肠把握子宫颈授精法。牦牛的人工授精技术要求严格、细致、准确，消毒工作要彻底，严格遵守技术操作规程。

（5）加速对新繁殖技术的试验研究和推广

随着牦牛产业的不断发展，一直沿用传统的繁殖方法将不能适应时代的要求，进而，必须对家畜的繁殖理论和科学的繁殖方法不断地进行深入探讨与创新，用人工的方法改变或调整其自然方式，达到对家畜的整个繁殖过程进行全面有效地控制的目的。目前，国内外从母牛的性成熟、发情、配种、妊娠、分娩，直到幼畜的断奶和培育等各个繁殖环节陆续出现了一系列的控制技术。如人工授精—配种控制、同期发情—发情控制、胚胎移植—妊娠控制、诱发分娩—分娩控制、精子分离—性别控制，以及精液冷冻—冻精控制，这些技术的应用和进一步研究将大大提高牦牛的繁殖效率。

五、牦牛饲养管理

53. 影响牦牛生产性能的因素有哪些？

畜种原始，生产性能较低，近交衰退严重；生态环境脆弱，草地退化和沙化面积扩大；草地载畜量增加，牲畜过量发展，草畜矛盾十分突出；组织管理和放牧方式落后；草原牧区社会化发展滞后，第二、三产业发展缓慢；缺乏草原监理机构，牲畜底数不清，依法治草落不到实处等。这些都是影响牦牛生产性能的因素。

54. 如何提高牦牛养殖经济效益？

（1）养良种

后备公牛应当来自选育群或核心群经产母牛的后代，对其父的要求是：体格健壮，活重大，强悍但不凶猛，额头、鼻镜、嘴、前胸、背腰、尻部要宽，颈粗短、厚实，肩峰高长，尾毛多，前肢挺立，后肢支持有力，阴囊紧缩。母牦牛的选择应当着重于繁殖力，初情期超过 4~5 岁而不受孕者、连续 3 年空怀者、母性弱不认犊者都应及时淘汰。

（2）搞杂交

开展种间杂交，主要有二元杂交、轮回杂交和三元杂交三种模式。二元杂交即用普通黄牛和母牦牛自然交配或人工授精生产犏牛。轮回杂交即用一个培育品种黄牛公牛配母牦牛生产犏牛，再用培育品种黄牛公牛受配母犏牛，生产 F_2 代。三元杂交即用一个品种公牛受配母牦牛生产犏牛，再用另一个品种公牛受配母犏牛，所生 F_2 代无论公母全部育肥产肉。这样既提高了 F_2 代的经济价值，又防止各类杂种牛的扩散，保持了经济杂交的持续进行。

（3）导血液

导入野牦牛优良基因是将野牦牛的血液导入家牦牛，达到改良复壮的目的。野牦牛是家牦牛最近的祖先，由于严酷的自然选择和特殊的闭锁繁育，野牦牛体格健壮，体型外貌一致，基因纯合度高，属于优势的"原生亚种"。而家牦牛管理粗放，无科学选育，近交严重，加之掠夺式的经营，体格变小，生长缓慢，生活力降低，属于退化的"驯化亚种"。据试验测定，野牦牛与家牦牛杂交一代及其横交后代初生重、6 月龄重、日增重、1.5 岁重和 2.5 岁重提高幅度分别为：13.72%、24.87%、27.7%、34.2% 和 37.6%。牛犊越冬死亡率下降了 4 个百分点，母牛初情期提前一年。在牦牛产区，当配种员技术熟练时，在野外可采用"驮牛试情，人工保定，现场解冻，直把输精"，完成授配。尚无人工授精条件的可购含 1/2 野牦牛血的横交公牛，按 1:20 的性别比投入家牦牛群中自交配种。

（4）补饲料

建立补饲制度。当前犊牛以 10% 的死亡率和 25%~30% 的体重损失度过枯草期，成年牦牛的越冬掉膘损失达 10% 以上。所以在枯草期对母牛、幼牛进行补饲，以减少体重损失，对缩短体重补偿期，提高养殖效益十分重要。

（5）足采食

牦牛终年放牧，采食时间长短直接影响其营养水平。青草期每天放牧 14 小时以上，才可达到应采食量的 90%，满足基本需要。

（6）育犊牛

犊牛培育采取母牛的全部乳量哺食犊牛，6 月龄体重可达到 135 千克以上，18 月龄发情受孕，顺利产犊。试验证明，只吃三分之一奶量的犊牛，6 月龄体重才达到 60 千克，3~4 周岁初情期才到来，母牛产犊困难，公牛精液品质差。

（7）卖犊肉

犊牛 18 月龄出栏，可以给生产实践留出灵活性选择。此时牦牛出栏，恰好活重及肌肉增长的旺盛期刚刚结束。18 月龄牦牛虽然经历了一个冬季，但幼牦牛具有补偿生长特点，其出生后第一冷季，造成的生长停滞下降，到第二个暖季生长季节时，甚至比未受限制时增重还要快，能很快恢复体重。在传统的牦牛产品中，肉、乳、皮、毛、绒平分秋色，没有突出重点。牦牛犊 18 月龄育成出栏，或 2.5~3.5 岁出栏，则突出了牦牛肉，把肉当作主攻方向，作为主导支柱产品生产。

（8）减数量

现在牦牛饲养周期太长，四五年甚至七八年才育成出栏。牦牛从出生到四岁时，经过四个冬季，累加减重量相当于一头牦牛的净肉量。牦牛在 4~5 岁时，暖季增重与冷季减重几乎持平。牦牛年龄越大，单位增重所消耗的物质就越多；饲养时间越长，度过冬季的次数越多，损失活重的数量也越大。在寒冷缺草的冬季，实行牦牛减员政策，是牦牛产业化的突破口。这样商品畜就不必再度过缺草少料、天寒地冻的冬季，就避免了消耗掉膘减重的冬季。需要越冬的只有数量较少的母畜种畜，减少了对棚圈草料的需求，可以将宝贵的数量极少的饲草饲料和棚圈资源，留给基础母畜使用。同时也减轻了冬春草原放牧的压力，保护了冬春脆弱期的草原生态。

55. 牦牛饲养管理的技术要点有哪些？

中国牦牛饲养管理水平和技术措施，受牦牛分布地区生态环境条件和传统的生产方式，以及生产者的科技文化水平、生产经验、劳动技能、风俗习惯甚至宗教信仰等因素的制约和影响，地区间存在很大差异。既有现代畜牧科学技术的推广和应用，又有原始传统的自然生产方式，现代和原始的生产技术相互并存，这是中国牦牛饲养管理的一大特点。但从总体而言，牦牛的饲养管理比较粗放，没有脱离"靠天养畜"的范畴，只依靠天然草地牧草，获取它维持生命、生长、繁殖等所需的营养物质。牦牛群的管理，则随气候季节而定。

夏初：接产护犊，整群分群，去势阉割；

入夏：抓绒剪毛，预防接种，药浴驱虫；

夏秋：挤乳制乳，抓膘配种，打草贮草；

冬前：淘汰屠宰，清点圈存，整修棚圈；

入冬：停奶保胎，保膘度春，进入冬房；

翌春：少量补草，控制死亡，丰年在望；

牦牛的饲养管理，一年四季，周而复始。

56. 夏秋季放牧牦牛要注意什么？

经历了漫长的冬春季节，夏季是草原的黄金季节，牧草逐渐丰盛，是牦牛恢复体力，提高生产力，增加畜产品的季节，也是牦牛超量采食和增重，为下一个冬季打好基础的季节。将牦牛的妊娠、产犊和育肥调节到夏季，有利于充分利用夏季牧草的生长优势，提高牧草—畜产品的转化率，增加畜产品的收获量。

夏秋季要早出牧、晚归牧，延长放牧时间，让牦牛多采食。天气炎热时，中午让牦牛在凉爽的地方反刍和卧息。出牧后由低处逐渐向通风凉爽的高山放牧；由牧草质量差或适口性差的牧场，逐渐向牧草质量好的牧场放牧；可在头一天放牧过的牧场上让牦牛再采食一遍，这时牦牛因刚出牧饥饿，选择牧草不严，能采食适口性差的牧草，可减少牧草的浪费。在牧草质量较好的牧地上放牧时，要控制好牛群，使牦牛成横队采食，保证每头牛能充分采食，避免乱跑践踏牧草或采食不均而造成浪费。

夏秋季放牧根据安排的牧场或轮牧计划，要及时更换牧场和搬迁，使牛粪均匀地散布在牧场上，同时减轻对牧场特别是圈地周围牧场的践踏。这样可改善植被状态，有利于提高牧草产量，减少寄生虫病的感染。

当定居点距牧场2千米以上时就应搬迁，以减少每天出牧、归牧赶路的时间及牦牛体力的消耗。带犊泌乳的牦牛，10天左右搬迁一次，3~5天更换一次牧地。应按牧场的放牧计划放牧，而不应该赶放好草或抢放好草地，以免每天驱赶牛群为抢好草而奔跑，造成对牦牛健康和牧场的不利影响。

57. 冬春季放牧牦牛要注意什么?

冬春季放牧的主要任务是保膘和保胎。冬季，天然草原处于一年的"亏供"状态，牦牛处于亏食状态，是牛群死亡率最高的季节，因此冬季饲养牦牛要在培育和合理利用草原、提高草原牧草的产草量等措施的基础上，通过调节畜群结构使牛群数量保持最低水平，尽量保持草畜相对平衡。

冬春季放牧要晚出牧、早归牧，充分利用中午暖和时间放牧和饮水。晴天放牧于较远的山坡和阴山；风雪天近牧，放牧于避风的洼地或山湾。放牧牛群朝顺风方向行进。怀孕母牦牛避免在冰滩地放牧，也不宜在早晨及空腹时饮水。刚进入冬春季牧场的牦牛，一般体壮膘肥，应尽量选择未积雪的边远牧地、高山及坡地放牧，推迟进定居点附近的冬春季牧地放牧的时间。冬春季风雪多，应注意气象预报，及时归牧。

在牧草不均匀或质量差的牧地上放牧时，要采取散牧的方式，让牛只在牧地上相对分散自由采食，以便牛只在较大的面积内每头牛都能采食较多的牧草。冬春季是牦牛一年中最乏弱的时间，除跟群放牧外，有条件的地区还应加强补饲。特别是大风雪天，剧烈降温，寒冷对乏弱牛只造成的危害严重，一般应停止放牧，在棚圈内补饲，使牛只安全越冬过春。

58. 怎样做好公牦牛的放牧管理?

公牦牛放牧管理的好坏，不仅直接影响当年配种和来年任务，也影响后代质量，公牦牛的选择对整个牦牛群的改良利用方面有着重要的作用。俗话说："母牛管一窝，公牛管一坡"足以证明公牛在牛群中所起的作用，但优良公牛优异性状的遗传和有效利用率，只有在良好的放牧管理条件下才能充分显示出来。

(1) 配种季节的放牧管理

牦牛配种季节一般在6~10月份。在配种季节，公牦牛容易乱跑，整日寻找和跟寻发情母牛，消耗体力大、采食时间减少，因而无法获取足够的营养物质来补充消耗的能量。

因此，在配种季节应执行一日或几日补喂一次谷物，豆科粉料或碎料加曲拉（干酪）、食盐、骨粉、尿素、脱脂乳等蛋白质丰富的混合饲料。开始补喂时可能不采食，应采取留栏补饲或将料撒在石板上，青草多的草地上诱其采食，待形成条件反射就习以为常了。总之，应尽量采取一些补饲及放牧措施，减少种公牦牛在配种季节体重下降量及下降速度，使其保持较好的繁殖力和精液品质。在自然交配情况下，公、母比例为 1:14~1:25，最佳比例 1:12~1:13。

（2）非配种季节放牧管理

为了使种公牛具有良好的繁殖力，在非配种季节应和母牦牛分群放牧，与育肥牛群，阉牦牛组群，在远离母牦牛群的放牧场上放牧，有条件的仍应少量补饲，在配种季节到来时达到种用体况。

59. 怎样做好参配母牦牛的组群和管理?

参配母牦牛的组群时间，可据当地生态条件，在母牦牛发情前一个月内完成，并从母牛群中隔离其他公牦牛。选好参配母牦牛是提高受配率、受胎率的关键。选择体格较大，体质健壮，无生殖器官疾病的"干巴"（牛犊断奶的母牛）和"牙儿玛"产肉高的母牛作为参配牛。参配牛群集中放牧，及早抓膘，促进发情配种和提高受胎率，也便于管理。参配牛应选择有经验、认真负责的放牧员放牧。准确观察和牵拉发情母牦牛，放牧员、配种员实行承包责任制，做到责任明确，分工合作。

冷冻精液人工授精时间不宜拖得过长，一般约 70 天即可。抓好当地母牦牛发情时期的配种工作，在此期间严格防止公牦牛混入参配牛群中配种。人工授精结束后放入公牦牛补配零星发情的母牦牛，这样可以大大降低人力、物力的消耗，提高经济效益。

60. 怀孕母牦牛怎样饲养管理?

怀孕母牦牛的饲养管理十分重要，营养需要从怀孕初期到怀孕后期随胎儿的生长发育呈逐渐增加趋势。一般来说，在怀孕 5 个月后胎儿营养的积聚逐渐加快，同时，妊娠期母牛自身也有相当的增重，所以要加强怀孕母牛营养的补充，防止营养不全或缺失造成的死胎或胎儿发育不正常。放牧时要注意避免怀孕母牛剧烈运动、拥挤及其他易造成流产的事件发生。

61. 怎样做好牦牛犊的放牧管理?

牦牛犊出生后，经 5~10 分钟母牦牛舔干体表胎液后就能站立，吮食母乳并随母牦牛活动，说明牦牛犊生活力旺盛。牦牛犊在 2 周龄后即可采食牧草，3 月龄可大量采食牧草，随月龄增长和哺乳量减少，母乳越来越不能满足其需要时，促使犊牛加强采食牧草。同成年牛比较，牦牛犊每日采食时间较短（占 20.9%），卧息时间较长（占 53.1%），其余时间游走、站立。采食时间短、一昼夜一半以上时间卧息的特点，在牦牛犊放牧中应给予重视，除分配好的牧场外，应保证所需的休息时间，应减少挤乳量，以满足牦牛犊迅速生长发育对营养物质的需要。

(1) 犊牦牛的哺乳

充分利用幼龄牛的生长优势，从出生到半岁的 6 个月中，牦牛犊如果在全哺乳或母牛日挤奶一次并随母放牧的条件下，日增重 450~500 克，断奶时体重为 90~130 千克，这是牦牛终生生长最快的阶段，利用幼龄牦牛进行放牧育肥十分经济，所以在牦牛哺乳期，为了缓解人与犊牛争乳矛盾，一般认为挤一次奶为好，坚决杜绝日挤奶 2~3 次。尽量减少因挤奶而使母牛系留时间延长，采食时间缩短，母牛哺乳兼挤乳，得不到充足的营养补给，体况较差，其连产率和繁活率都会受到较大的影响。

(2) 犊牛必须全部吮食初乳

初乳即母牛在产犊后的最初几天所分泌的奶，牧民叫胶奶，营养成分比正常奶高一倍以上。犊牛如吮食足量初乳，可将其胚胎期粪便排尽，如吮食初乳不够，会引起生后 10 天左右患肠道便秘、梗塞、发炎等肠胃病和生长发育等不良后果。更重要的是初乳中含有大量免疫球蛋白、乳铁蛋白、微量元素和溶菌酶等物质，对防止一些犊牛传染病如大肠杆菌、肺炎双球菌、布氏杆菌和病毒等起很大作用，所以应宣传这方面的科学知识，杜绝人取食胶奶。

(3) 牦牛补饲

选是手段，育是目的。如果只选不育是不会收到效果的，为了加快牦牛选育的进度，早日收到预期效果，当犊牛会采食牧草以后（初生后 2 周左右）可补饲饲料粉、骨粉配制的简易混合料或采用简单的补喂食盐的方法增加食欲和对牧草转化率。此补饲方法如不可能实行每日补饲，应采取每隔 3~5 天补喂一次。

(4) 改进诱导泌乳、减少牛犊意外伤害

牦牛一般均需诱导条件反射才能泌乳，诱导条件反射为犊牛吮食和犊牛在母牛身边两种，是原始牛种反射泌乳的规律。要强行拉走刺激母牛反射泌乳的犊牛，以免使牛奶呛入牛犊肺内、器官内引起咳嗽，甚至患异物性肺炎，造成轻者生长发育不良，重者导致死亡。可采取一手拉脖绳，另一手托住犊牛股部引导拉开的方法拉走犊牛。

(5) 及时断乳

牦牛犊哺乳至 6 月龄（即进入冬季）后，一般应断乳并分群饲养。如果一直随母牦牛哺乳，幼牦牛恋乳，母牦牛带犊，均不能很好地采食。在这种情况下，母牦牛除冬季乏弱自然干乳外，妊娠母牛就无法获得干乳期的生理补偿，这不仅影响到母、幼牦牛的安全越冬过春，而且使母牛胎犊的生长发育受到影响，如此恶性循环，将很难获得健壮的幼牦牛，也难以提高牦牛的生产性能。因此要对哺乳满 6 个月的牦牛犊分群断奶，对初生迟哺乳不足 6 月龄而母牦牛当年未孕者，可适当延长哺乳期后再断乳，但一定要争取对妊娠母牛在冬季进行补饲。

62. 怎样合理划分牧场?

牦牛分布区的气候条件属于高寒草地气候，只有冷、暖季节之别，无明显的四季之分。因而一般将牧场划分为夏秋、冬春两季，即夏秋（暖季）牧场和冬春（冷季）牧场。划分的依据主要是牧场的海拔高度、地形地势、离定居点的远近和交通条件等。夏秋牧场选在远离定居点，海拔较高，通风凉爽，蚊虻较少，有充足水源的阴坡山顶地带；冬春牧场则选在定居点附近，海拔较低，交通方便，避风雪的阳坡低地。

牦牛分布的有些地区，属高山峡谷地貌，牦牛可利用的草地总面积虽很广阔，但被深谷分隔为相对"零星"的草地，往往一个村、组、户使用的草地分散在几条山梁上，每一牦牛群只使用其中一两个山梁的草地。因此，也有将牧场划分为春、夏、秋、冬四季牧场的。只是春、秋牧场使用的时间短、面积较小，似由冬牧场去夏牧场，或由夏牧场回冬牧场的过渡性牧场。该地区多以山沟、林边草地为冬牧场，以岭端草甸为夏牧场，山坡地带为春、秋牧场。

63. 怎样给牦牛补饲?

牦牛在极为艰苦的条件下维持着简单的再生产，冷季枯草季到来后，必须对妊娠母牛和犊牛用刈割干草和混合精料进行补饲。一般在放牧归来后在专门的补饲栏进行补饲，青干草放在草架上让牛自由采食，精饲料在补饲槽中让牛集中食用，补盐可以在补精料时同时进行。牦牛能适应高寒牧区漫长的枯草期，其体重可下降 1/4 而勉强维持生命，死亡率比羊低，所以不需补饲，但这种勉强活命的牛终年生产性能大大下降。养牛不是为了活命，而是为了生产更多的畜产品。建立完善的牦牛补饲制度和方法，使牦牛处于一种良好环境，进行产品生产。

64. 怎样进行放牧育肥?

牦牛放牧育肥是牧区传统育肥方式。特点是育肥期长，增重低，但不喂精料，成本低。一般在暖季选择牧草茂盛、水草相连的草场，放牧育肥 100~150 天。每天早出牧，中午在牧地休息，晚归牧，每天放牧 12 小时。放牧时控制牛群，减少游走时间，放牧距离不超过 4 千米，让牛群多食多饮，获得高的增重。据研究，放牧育肥较适合幼龄牛，日增重以 1~2 岁牛只最高，成年牦牛最好是放牧后期集中短期强度育肥。经放牧肥育的牦牛，在进入冷季前应及时出栏或屠宰，以免减重。放牧兼补饲肥育。为缩短肉用牦牛及种间杂种牛的饲养期和提高产肉量，饲料条件好的牧区，在暖季可采取放牧兼补饲肥育方式，提高其胴体产量和肉品质。

65. 影响牦牛产肉能力的因素有哪些？

①性别。一般情况下，幼龄公牛和阉牛的产肉力要高于同龄母牛。

②年龄。年龄和牦牛的体重、增重速度、胴体品质等有密切关系，幼龄牦牛有很大的优势。

③牦牛类型。牦牛分布区域广，有多种地方类型，不同生态类型的牦牛产肉力也不同。

④育肥水平。育肥水平直接影响牦牛的产肉力。放牧牦牛的育肥不同于肉牛育肥，主要表现在科学组群、草场安排和放牧方法以及牦牛利用暖季草场情况和牧草营养成分情况。

66. 如何进行划区轮牧？

草原放牧饲养牦牛，进行划区轮牧是有计划利用草原，避免过度放牧、防止草原退化和保证牦牛安全过冬的基本措施。

要根据草场条件和牛群状况，将草场划分成由远到近、由高地到平地，分别作为暖季和冷季牧场。暖季牧场和冷季牧场又可分成几个小区，采取循环放牧的办法，使每一个小区都能充分利用但不过度踩踏，让牧草有相对充足的休养生息时间。

67. 保证牦牛安全过冬的主要措施有哪些？

牦牛因其生活环境的特殊性，即高山草地生态环境的制约，全年营养摄入存在季节性不平衡，全年70%的时间牧草的"供"小于牦牛的"求"，也就是漫长的草原冷季，为了保证牦牛安全过冬，应采取的主要措施有：

①做好前一个暖季的放牧抓膘工作。高山草原约有 3 个月左右的牧草暖季生长期，此时期牧草的贮草量大于牦牛的需求量，此时，要积极做好放牧工作，使牦牛在提供畜产品的同时迅速增加体重。

②做好草料贮备，利用划区轮牧的办法留出冷季牧场，收贮足量青干草，有条件的可以利用青贮草。

③冬季来临前要调整畜群结构，及时淘汰弱残牛，出栏育肥牛，保持最低数量的畜群，减少草料压力。

④修建暖棚牛舍，做好冬季疫病防治和饲养管理。

68. 修建牦牛圈应注意什么？

修建牦牛圈选址要符合国家规划和环保要求，要求地势高燥，背风向阳，交通便利，水源可靠，无污染源，易排水，也不能对周围环境造成污染。棚舍以坐北朝南方向为好，冷季保暖的棚舍，墙壁要厚，门窗要小。远离兽医院、屠宰场等。

69. 影响牦牛生长发育的因素有哪些？

影响牦牛生长发育的因素主要有两类：一是遗传因素，包括品种、性别、个体的差异；另一类是环境因素，包括母体大小、营养水平、生态因子的差异。

（1）遗传因素

牦牛的生长发育是在遗传和环境的共同作用下进行的，与其遗传基础有着密切的关系。不同品种的牦牛体型大小差异十分明显，且从出生到成年一直保持着这种差异。公、母牦牛间在体重和体尺上有较大差异，一般公牦牛生长快而大。

（2）母体大小

母体大小对牦牛犊胚胎期和生后期的生长发育均有显著影响。

（3）饲养因素

饲养因素是影响牦牛生长发育的重要原因之一。合理的饲养是牦牛正常生长发育和充分发挥其遗传潜力的保证。不同的营养水平和饲养方法会导致不同的生长发育结果。例如牦牛哺乳期增重，因哺育方式不同而有明显的差异。如母牦牛不挤乳，全部乳汁供犊牦牛，以"全哺乳"的方式培育，犊牦牛的生长速度更快，增重更为显著。

（4）生态环境因素

环境因素中除饲草因素以外，其他如光照、温度、湿度、海拔、土壤等自然因素对牦牛的生长发育也有一定的作用，可使牦牛繁殖、生长、成活出现明显的变化。

上述各种因素对牦牛生长发育的影响是多方面的、综合性的，引起的变化也是多种多样的。

70. 牦牛育犊的注意事项有哪些？

牦牛犊一般为自然哺乳，为保证犊牛的正常生长发育，必须根据牧地的产草量、犊牛的采食量及其生长发育、健康状况，调整对牦牛的挤乳量。犊牛在 2 周龄后即可采食牧草，3 月龄左右时可大量采食，随年龄的增长哺乳量逐渐减少。

同成年牛相比，牦牛犊每日采食时间较短，卧息时间多。因此，在放牧中要保证充分的卧息时间，防止驱赶或游走过多而影响生长发育。同时，不宜远牧，天气变冷或遇风雪时应及时收牧，应有干燥的棚圈供卧息。

进入冬春季，牦牛犊哺乳至 6 月龄时，一般应断乳并分群饲养。如果一直随母牦牛哺乳，幼牦牛恋乳，母牦牛带犊，均不能很好采食，甚至拖到下胎产犊后还争食母乳。在这种情况下，母牦牛除冬春季乏弱干乳外，就无干乳期，不仅影响到母、幼牛的安全越冬过春，而且使怀孕母牛胎儿的生长发育受到影响，如此恶性循环，就很难提高牦牛的生产能力。对出生迟哺乳不足 6 月龄或乏弱的牦牛犊，可适当延长哺乳期后再断乳，但一定要对母牦牛在冬春季进行补饲。

6 月龄后，一般要断奶并与母牦牛分群饲养，同成年牛比较，牦牛犊每天采食的时间较短（占放牧时间的 1/5），躺卧休息时间多（占 1/2），放牧中要保证犊牛有充分的休息时间，防止驱赶或游走过多而影响生长发育。不要让犊牛卧息于潮湿、寒冷的地方，遇暴风雨或下雪、天气寒冷，不宜放牧时，应及时收牧。

71. 什么是初乳？

初乳是母牛产犊后 3~5 天所分泌的乳，与常乳相比，初乳干物质含量高，尤其蛋白质达 16.41%、脂肪 14%、乳糖 1.86%、灰分 1.01%、热能值 2305 千卡每千克、胡萝卜素、维生素 A 和免疫球蛋白含量是常乳的几倍至十几倍；其次，初乳酸度高，含有镁盐、溶菌酶和 K–抗原凝集素，所以对新生犊牛具有特殊作用。

72. 为什么犊牛出生后要尽早吃初乳？

由于母牛胎盘的特殊结构，母体血液中的免疫球蛋白不能通过胎盘供给胎儿，新生犊牛免疫能力弱。尽早吃初乳，犊牛可以从初乳中获得免疫球蛋白；初乳中大量的镁盐具有轻泻作用，有利于犊牛胎便的排出；初生牛犊皱胃不能分泌胃酸，细菌容易繁殖，初乳酸度较高有杀菌作用；初乳中溶菌酶和 K–抗原凝集素也有杀菌作用。

73. 影响牦牛产奶的因素有哪些？

（1）牧场质量和放牧技术

产奶牦牛的放牧牧场质量，如牧草种类、密度、高度和生长状态等，对产奶性能有很大的影响。放牧技术直接影响产奶牦牛采食营养物质的多少，从而影响牦牛的产奶量。

（2）牦牛品种

品种是影响牦牛产奶的主要因素。优良牦牛品种产奶量较高，如中国农业科学院兰州畜牧与兽药研究所培育成功的大通牦牛新品种其产奶量比家牦牛提高了 11%。

（3）产犊和胎次情况

初产和经产母牛产奶量差异很大，胎次和年龄对产奶量影响也很大。

六、牦牛疫病防治

74. 怎样识别病牦牛？

识别病牦牛，主要看以下九点：

①看口腔。健康牛口腔黏膜淡红，体温正常无臭味。病牛口腔黏膜淡白流涎，或潮

红干涩，有恶臭味。

②看舌。健康牛舌光滑红润，伸缩有力。病牛舌不灵活，舌苔厚而粗糙无光，多为黄、白、褐色。

③看眼。健康牛两眼有神，目光炯炯，视觉灵敏，反应迅速。病牛目光无神，反应迟钝。

④看鼻镜。健康牛鼻镜有汗珠，分布均匀。病牛鼻镜无汗，干燥起壳，严重时还有裂纹状。

⑤看耳。健康牛两耳煽动灵活，时时摇动，手触温暖。病牛头低耳垂，耳不摇动，耳根不冷即热。

⑥看角根。健康牛两角尖凉而角根温暖。病牛角根不是发冷就是发热。

⑦看行走。健康牛精神振奋，昂首挺腰，步伐紧稳，行走有力，摇头摆尾。病牛行走无力，尾不摇动，不愿行走，跛行或卧地不起。

⑧看毛色。健康牛毛色光亮油润，富有弹性。病牛皮毛粗乱无光泽。

⑨看大小便。健康牛大小便有规律，大便软而不稀，硬而不坚，小便清澈。病牛大小便无度，大便稀薄恶臭或坚硬，甚至停止拉便，小便黄而短少或血尿，甚至不排尿。

75. 牦牛养殖场的防疫有哪些具体要求?

牦牛养殖场的防疫应达到以下要求：

①牦牛养殖场建设应是干燥、平坦、背风，向阳的地势，一般应远离屠宰场、兽医院，不要靠近公路、铁路及交通要道。

②牦牛养殖场在引进牦牛前，应对场地、设施等进行消毒，并报当地畜牧兽医行政管理部门进行检疫。经检疫确认引进的动物没有传染病时，方可进场。

③牦牛养殖场饲养的牦牛及其产品在出场前，必须经当地畜牧兽医行政管理部门或者其委托的单位依法实施检疫，并出具检疫证明。未经检疫或检疫不合格的牦牛及其产品不得出场。

④发现动物传染病或者疑似传染病时，牦牛养殖场必须迅速采取隔离、消毒等防疫措施，并向当地畜牧兽医行政管理部门报告疫情，接受畜牧兽医行政管理部门的防疫指导和监督检查。

⑤大型牦牛养殖场应当配备一名以上具有中专以上学历或者相当学历的兽医专业技术人员；设置固定的动物诊疗室、动物传染病隔离圈舍；配备常用的诊疗、消毒器械和污水、污物、病死动物的无害化处理设施。

76. 以急性死亡、致死率高为主要特征的牦牛疾病有哪些？如何鉴别？

在牦牛的各种疾病中，能引起以急性死亡、死亡率高为特征的疾病很多，临床上常见的有炭疽、气肿疽、恶性水肿、牛猝死症、犊牛大肠杆菌病、瘤胃酸中毒以及一些中毒性疾病，它们一般均会表现一些特殊症状，可相互加以鉴别。

①炭疽。主要以肛门、鼻孔等天然孔出血、血液凝固不良呈煤焦油样为特征。

②气肿疽。主要症状为发热、震颤、肌肉丰满处浮肿，捻发音，有跛行。切开肿胀部，有多量红褐色恶臭混有气泡的液体流出。

③恶性水肿。表现为大面积皮下浮肿，也有捻发音、跛行症状，但创伤部位暗红色肿胀、无气肿疽病的特征性海绵状肌肉坏死，且多由于伤口感染而发病。

④牛猝死症。以腹泻、腹胀、排便血、口鼻流出大量带泡沫的红色水样物为特征。病牛沉闷，有时又有狂躁症状。以青壮年牛膘情较好的牦牛多发，传染性不强，同群中常常单个发病。

⑤犊牛大肠杆菌病。多发生于1~4日龄的犊牛，主要症状为体温升高（40℃以上），不哺乳，剧烈腹疼，排出乳白色或灰白色的粪便并混有白块、气泡等，如不治疗，排便失禁，1~3天即脱水死亡。

⑥瘤胃酸中毒。有过量采食谷物、块茎饲料的经历。流涎，口鼻酸臭，粪便细软，也有酸臭味，脱水，兴奋狂躁，有神经症状。

77. 如何预防牦牛疾病？

①加强牛群饲养管理，提高牦牛机体抵抗力。

②坚持自繁自养原则，把好引进牦牛关。引进牦牛时，一定要从非疫区引进，逐头并切实做好产地检疫，证明无传染病才能引进，入群前还要隔离观察两个月，必要时再做一次检疫，证明无传染病的牛才能与原来的牛混群饲养。

③建立定期检疫和免疫制度，查出传染来源，保护健康牛群。牦牛场每年要在春、秋两季进行两次布氏杆菌病和结核病的检疫。每年由畜牧兽医部门以当地疫病的种类、发生季节和规律、流行情况来决定注射何种疫苗。

④牛群如果发生疫病后要搞好封锁，防止疾病传播。

78. 发现病牛应采取什么措施？

通过对牛的行为（采食、饮水、排便）的观察，发现牦牛发病时要根据疾病的性质，对于普通病因或非生物性因素引起的疾病可采取对应和对症治疗，对怀疑是传染病的要迅速采取如下措施：

①隔离病牛。在牛群中发现具有传染特征的病牛时，应及早隔离，使全部病牛与健

康牛分开，病牛的粪便，垫草和行走过的场地圈舍都要进行消毒处理。

②紧急预防和治疗。根据病情，选择特异性菌苗或疫苗，进行紧急预防接种。

③按要求处理病死牛。死于传染病的牛只，原则上应焚毁或深埋，特别是死于人畜共患传染病的牛尸体，严禁剥皮或随便抛弃。有些可以利用的牛尸体，应在兽医人员的指导下加工处理。

79. 什么是传染病？牦牛主要有哪些传染病？

牛的传染病就是有一定的病原体微生物进入牛体中，在牛体内一定的部位定居、生长繁殖，引起牛产生一系列的病理反应。这些病原体微生物还可通过牛的排泄物和分泌物传播到外界环境，感染其他的牛或易感动物，具有传染性。牦牛的主要传染病有：牦牛炭疽、布氏杆菌病、巴氏杆菌病、大肠杆菌病、传染性胸膜肺炎、结核病、牦牛犊弯曲菌病、牦牛皮霉菌病、牦牛肉毒梭菌中毒病、牦牛口蹄疫、牦牛牛瘟、牦牛传染性角膜结膜炎等。

80. 如何防治牦牛主要传染病？

（1）牦牛炭疽

炭疽是由炭疽杆菌引起的急性人畜共患病。本病呈散发性或地方性流行，一年四季都有发生，但夏秋温暖多雨季节和地势低洼易于积水的沼泽地带发病多。

多年来，牦牛产区有计划、有目的地预防注射炭疽芽孢苗，取得良好的效果。因此，牦牛炭疽由过去的地方性流行转为局部地区零星散发。发生疫情时，要严格封锁，控制隔离病牛，专人管理，严格搞好排泄物的处理及消毒工作，病牛可用抗炭疽血清或青霉素、四环素等药物治疗。

（2）牦牛布氏杆菌病

布氏杆菌病简称布病，是由布氏杆菌引起的人畜共患病。

在牦牛布病免疫学预防方面，先后用布氏杆菌 M5 号菌苗、19 号菌苗、S2 号菌苗等进行气雾或饮水免疫；用 MB32 弱毒菌苗，进行皮下接种，室内外气雾免疫，免疫期达 1 年以上。

（3）牦牛巴氏杆菌病

巴氏杆菌病又称出血性败血症，是由多杀性巴氏杆菌引起的多种动物共患的一种败血性传染病。本病的特征，急性经过时呈败血性变化，慢性经过时则表现为皮下组织、关节、各脏器的局限性化脓性炎症。多呈散发性或地方流行性，一年四季均可发生，但秋冬季节发病较多。

早期发现该病除隔离、消毒和尸体深埋处理外，可用抗巴氏杆菌病血清或选用抗生素及磺胺类药物治疗。

（4）犊牦牛大肠杆菌病

犊牦牛大肠杆菌病是由病原性大肠杆菌（埃希氏大肠杆菌）引起的一种犊牛急性传染病。临床上主要表现为剧烈腹泻，脱水、虚脱及急性败血症。牦牛犊大肠杆菌病在牧区普遍存在，多发生于生后 1~4 日的犊牛。

国内对犊牛大肠杆菌病的治疗方法颇多。晏哲生等应用抗生素、呋喃类药物和分离的致病株自制高免血清；四川甘孜灌服三颗针提取液防治犊牦牛下痢；西藏昌都地区用复方黄连素治疗犊牛"拉稀病"，疗效均较好。

（5）牦牛传染性胸膜肺炎

牦牛传染性胸膜肺炎也称牦牛牛肺疫，是由牛丝菌霉形体引起的一种慢性或亚急性传染病，其特征主要是呈现纤维素性肺炎和胸膜肺炎症状。

中国 1958 年研制成兔化牛肺疫疫苗，试验证明安全有效，免疫期为一年半。为了适应中国广大牧区不产兔的特点，接着又研制了绵羊反应苗，在牧区推广应用，控制了牦牛牛肺疫的发生。

（6）结核病

结核病是由结核分枝杆菌引起的人和畜禽共患的一种慢性传染病。

用结核菌素进行皮内变态反应是诊断牦牛结核病的主要方法。但由于牦牛个体不同，结核菌菌型不同等因素，目前还不能将病牦牛全部检出，有时还可能出现非特异性反应，因此在不同情况下要结合流行病学、临床症状、病理变化和病原学诊断等方法进行综合判断。近年使用荧光抗体技术诊断结核应加强定期检疫，对检出的病牛要严格隔离或淘汰。若发现为开放性结核病牛时，要进行扑杀。除检疫外，为防止传染，要做好消毒工作。犊牛出生后进行体表消毒，与病牛隔离限养或人工喂健康母牦牛的奶，断奶时及断奶后 3~6 个月检疫是阴性者，并入健康牛群。

（7）犊牦牛弯曲菌病

弯曲菌病又称弯曲菌肠炎，是由空肠弯曲菌引起的一种新的人畜共患急性腹泻病，主要危害幼儿和幼畜。临床上以发热，腹泻、腹痛为主要特征。

试验证明氯霉素、四环素、呋喃唑酮等药物均有明显疗效，有机酸对犊牦牛弯曲菌病有防治效果。

（8）牦牛皮霉菌病

皮霉菌病是由多种皮霉菌引起的畜禽和人的体表质化组织（皮肤、毛发、指甲、爪、蹄等）的传染病，不侵害皮下深层组织。及时采取正确的治疗，用 5% 黄霉素液状石蜡油合剂涂擦，每日 1 次，一般 7 日可愈。

(9) 牦牛肉毒梭菌中毒病

肉毒梭菌中毒病简称肉毒中毒，是因吸收肉毒梭菌毒素而发生的一种人畜共患的中毒病。据观察牦牛梭菌中毒病多发生于成年母牦牛，尤其是泌乳期的母牦牛。

在防治方面，青海省曾用自制高免血清治疗早期病牛。由青海省兽医生物药品厂制造的肉毒梭菌 C 型明胶菌苗，已列入部颁《兽医生物药品制造与检查规程》。现又试制成功小剂量的肉毒梭菌 C 型干粉苗，使用方便。

(10) 牦牛口蹄疫

口蹄疫是由口蹄疫病毒引起的偶蹄兽的一种急性发热性接触性传染病。牦牛极易感染口蹄疫，人也可感染发病。临床上以口腔黏膜，蹄部和乳房皮肤发生水泡和溃疡为主要特征。口蹄疫病毒具有多型性，在牦牛中流行的口蹄疫病毒型为 O 型和 A 型（A 型死亡率低，O 型死亡率高）。口蹄疫病毒对外界环境抵抗力很强，尤其能耐低温，在夏天草场上只能存活 7 天，而冬季可存活 195 天。所以要定期接种口蹄疫疫苗。

(11) 牦牛牛瘟

牛瘟俗称烂肠瘟、胆胀瘟，是由牛瘟病毒引起的偶蹄兽尤其是牛急性、热性、败血性传染病。该病的特征是各黏膜特别是消化道黏膜的发炎、出血、糜烂和坏死。

目前的防治方法主要是注射牦牛免疫的疫苗——兔化绵羊化弱毒或兔化山羊化弱毒苗。

(12) 牦牛传染性角膜结膜炎

牦牛传染性角膜结膜炎又称红眼病，是反刍动物的一种地方性传染病，通常呈急性经过。临床特征为眼虹膜和角膜眼睑发炎、大量流泪、角膜不同程度的浑浊或呈乳白色。

国内用 3%~5% 硼酸水溶液洗眼，再以氯霉素眼药水或青霉素溶液滴眼均有效。

81. 传染病的扑灭措施有哪些?

①迅速隔离病牛。发现传染病病牛，应立即隔离。隔离期间继续观察诊断，必要时给予对症治疗。对隔离的病牛要设专人饲养和护理，使用专用的饲养用具，禁止接触健康牛群。

②及时报告疫情。发现传染病时，应及时向上级业务部门报告疫情，详细汇报病畜种类、发病时间和地点、发病头数、死亡头数、临床症状、剖检病变、初诊病名及已采取的防治措施。必要时应通报邻近地区，以便共同防治，防止疫病扩散。

③全面彻底消毒。对病牛所在牛舍及其活动过的场所、接触过的用具进行严密的消毒。病牛排出的粪便应集中到指定地点堆积发酵和消毒。同时对其他牛舍进行紧急消毒。

④逐头临床检查。对同牛舍或同群的其他牛要逐头进行临床检查，必要时进行血清学诊断，以便及早发现病牛。

⑤紧急预防接种。对多次检查无临床症状、血清学诊断阴性的假健康牛要进行紧急预防接种，以保护健康牛群。

⑥酌情实行封锁。发生危害严重的传染病时，应报请政府有关部门划定疫区、疫点，经批准后在一定范围内实行封锁，以免疫情扩散，封锁行动要果断迅速，封锁范围不宜过大，封锁措施要严密。

⑦妥善处理病畜。对死亡病畜的尸体要按防疫法规定进行无害化处理销毁，火烧或深埋。对严重病畜及无治疗价值的病畜应及时淘汰处理，以便尽早消灭传染来源。

82. 平时如何预防口蹄疫？牛群发生口蹄疫后应如何处理？

平时预防口蹄疫，除做好日常的饲养管理工作外，应在常发区和受威胁区域，对牦牛坚持接种口蹄疫疫苗，做好主动免疫。值得注意的是，所用疫苗的血清型一定要与本地流行的病毒血清型一致，否则就不能获得对本病的保护力。对于患口蹄疫的病畜，症状轻微的一般经过 10 天左右才能自愈。但为了促进早日康复，缩短病程，防止续发感染，应在严格隔离、加强护理的条件下，进行对症治疗。

当牛群内发生疑似口蹄疫的病例时，应采取以下应急处理措施：

①对整个牛群实行单群饲养管理，并划定疫点和疫区，立即严密封锁。同时立即向上级政府和兽医部门报告，请专业人员现场进行诊断和处理。病牛舍禁止闲杂人员出入，所有用具不得带出，粪尿集中专门处理。

②兽医人员到场后，选择典型病例，无菌取新鲜未破溃的水疱皮以及水疱液，送实验室做毒型鉴定，并加强对病牛的护理和对症治疗。

③确定口蹄疫病毒血清型后，给疫区的牦牛预防接种，顺序由外向内。

④对污染的用具、圈舍、饲料等用氢氧化钠溶液消毒，对病死畜的尸体、内脏和污染物深埋或焚毁。最后 1 头病牛痊愈或死亡 15 天后，无新病例出现，经彻底消毒，可解除封锁。

83. 发现牛群中有布氏杆菌病应该如何处理？

当牛群中检验发现有布氏杆菌病后立即将阳性反应牛隔离饲养，1~1.5 月后，对全群牛再进行两次血清平板凝集试验。若每次检疫除已知阳性反应牛仍保持阳性反应外，其余牛均为阴性，就可将阳性牛按其经济效益情况或立即屠宰或转移到远离健康牛群的地方单独隔离使用。若经多次检疫并不断剔除阳性反应牛后，牛群内仍不断有少数牛表现为阳性反应，则可给全群阴性反应牛进行一次 M5 号菌苗预防注射。当隔离饲养的阳性牛为数较多时，则组建阳性隔离牛群，指定专人管理，加强兽医卫生和消毒工作，在兽医监督下边使用边淘汰，并逐步从阳性牛群中选出健康牛群。

对阳性牛所污染的畜舍、饲槽及各种饲养用具等，用来苏尔溶液、10%~20%石灰乳、2%氢氧化钠溶液等进行消毒。流产的胎儿、胎衣、羊水及产道分泌物等应妥善消毒和处理。病牛皮要用3%~5%的来苏尔儿浸泡后方可利用，乳汁要煮沸消毒，粪便要发酵处理。

84. 牦牛犊新蛔虫病有何表现，如何防治？

犊牛新蛔虫病是由弓首科弓首属的寄生在刚生牛犊小肠内，引起犊牛肠炎、下痢、腹部膨胀和腹痛等症状的一种寄生虫病。该病分布极广，初生牛犊感染轻则影响生长发育，重则引起死亡。

被感染犊牛0.5~3月龄期间症状最严重，主要表现为消化不良、食欲不振和腹泻，有时泻粪中含有血液、有特殊恶臭味；有时泻粪中有新蛔虫成虫虫体；有时腹部膨胀，有疝痛症状；体温、心跳、呼吸一般正常，畜体虚弱消瘦，精神萎靡迟钝，后肢无力站立不稳。

治疗牦牛新蛔虫病：丙硫苯咪唑按10~20毫克每千克体重，一次内服；有时也用左旋咪唑按每千克体重8毫克，一次内服。隔一个月再用药一次。对症状严重者，用维生素B_6注射液500~1000毫克、安胆注射液（有效成分为安钠咖和动物胆汁）10~20毫升、硫酸庆大霉素注射液300~600毫克、地塞米松注射液4~12毫克、5%碳酸氢钠注射液100~250毫升、5%葡萄糖氯化钠注射液300~500毫升，一次静脉注射。

85. 怎样识别牦牛寄生虫病？

（1）观察临床症状

牦牛寄生虫病，除少数表现典型症状外，在临床上仅表现消化机能障碍、消瘦、贫血、营养不良和发育受阻等慢性、消耗性疾病的症状。

（2）调查流行病学资料

调查和收集寄生虫病的流行因素，发病年龄、季节、发病率、死亡率及寄生虫病的传播和流行动态等，可为确立诊断提供依据。

（3）检查粪便

粪便检查是寄生虫病生前诊断最基本、最常用的方法。多种寄生虫如吸虫、绦虫、线虫、球虫等，寄生于动物的消化系统和呼吸系统，某一发育阶段的病原体，常随牦牛粪便排出，因此检查粪便可发现有无寄生虫的虫卵、幼虫、虫体或虫体断片，从而确诊消化系统、肝脏和呼吸系统的寄生虫病。

①肉眼观察粪便的形状、颜色、硬度及饲料消化程度，检查粪便中有无黏液、血液、黏膜碎片及虫体或虫体断片等。

②应用直接涂片法、饱和盐水漂浮法、自然沉淀法或离心沉淀法检查粪便中的虫卵或球虫卵囊，这是生前诊断中确诊寄生虫病的主要依据和方法。

③采用漏斗幼虫分离法检查粪便中的幼虫，用于确诊动物呼吸系统和消化系统以及禽类泌尿生殖系统寄生的那些随粪便排出幼虫的寄生虫感染和寄生虫病。该法也适用于粪便培养物、器官组织及土壤、饲料中的幼虫的检查。

（4）检查血液

血液检查用于确诊虫体存在于血液内的寄生虫病，如巴贝斯虫病、锥虫病等。常用的血液检查方法有鲜血压滴标本检查法（悬滴标本法）和血液涂片染色标本检查法等。

（5）检查体表及皮肤刮下物

肉眼检查动物体表有无蜱、虱、蚤、蚊、蝇等外寄生虫寄生，皮肤有无脱毛、结节、结痂、皲裂及出血等，虽看不到虫体但怀疑患有某种寄生虫病如疥螨病、痒螨病、蠕形螨病等时置显微镜下检查。

（6）尸体剖检

尸体剖检可以查明动物所有器官组织中的寄生虫。

86. 牦牛常见的寄生虫病有哪些？

（1）牦牛肝片吸虫病

肝片吸虫病又称肝蛭病，由吸虫纲片形科肝片吸虫寄生在肝脏胆管内，引起急性或慢性肝炎或胆囊炎，伴发全身性中毒和营养障碍，造成大批死亡。

牦牛肝片吸虫病，分布普遍，感染率为 20%~50%。

牧民们知道沼泽低湿地带放牧牛、羊，容易感染肝片吸虫病。因此他们对利用沼泽地有丰富的经验，春季一般是半天利用沼泽地、半天利用干燥地放牧，暴雨后不利用沼泽地。每年冬季轮换烧沼泽地，以消灭肝片吸虫的中间宿主——锥实螺。

（2）牦牛棘球蚴病

棘球蚴病是由某些绦虫的中绦期囊体——棘球蚴寄生于人和哺乳动物的脏器引起的一种人畜共患的寄生虫病，对人畜的危害都严重。在中国牧区分布广泛，在四川阿坝州牧区解剖的牦牛、犏牛，几乎每头都有棘球蚴感染，感染程度从数个至十余个不等。

（3）牦牛肺丝虫病

牦牛肺丝虫病主要由于胎生网尾线虫寄生在气管和支气管引起，主要危害犊牦牛。

朱辉清等用国产广谱驱虫药丙硫苯咪唑对牦牛、绵羊寄生蠕虫进行驱虫试验，按30

毫克每千克体重的剂量，1 次口服，对牦牛胎生网尾线虫幼虫和成虫的减少率均为100%，无毒副作用。

(4) 牦牛胃肠道线虫病

牦牛胃肠道线虫病在中国牦牛分布地区广泛存在，且多为混合性感染，是牦牛群中严重的寄生虫病之一。

陈德明等用国产 5%磷酸左旋咪唑注射液，按 2 毫克、4 毫克、6 毫克每千克体重的剂量皮下注射，对牦牛捻转血矛线虫、仰口线虫、结节虫、毛首线虫的驱虫率为 100%；朱辉清等用国产广谱驱虫药丙硫苯咪唑按 30 毫克每千克体重的剂量 1 次口服，对牦牛仰口线虫、普通奥斯特线虫、结节虫、毛首线虫、夏伯特线虫等的驱虫率和虫卵减少率均为 100%。

(5) 牦牛脑包虫病

脑包虫病又称多头蚴病。是由于寄生于犬肠道内的多头绦虫的幼虫寄生在牛、羊脑内而引起的寄生虫病，民间称"转圈病"。它是以犬、狼、狐等作为中间宿主，当牦牛吃了被随粪便排到体外的虫卵污染的牧草或饮水后，虫卵的卵膜在肠道内被溶解，六钩蚴脱出，并钻入肠黏膜的毛细血管内，随血液循环到达脑部和脊髓，以脑部寄生为最多。

生前诊断主要依靠患牛有无转圈等强直运动以及有无痉挛表现，但诊断不太容易。防治办法主要为消灭狼和野狗，对牧犬每年进行 2~4 次定期驱虫，驱虫办法：每公斤活重用氢溴酸槟榔素 0.002~0.003 克，包于肉中喂食。驱虫时将犬拴住，先饥饿 16~18 小时后服药。驱虫后的粪便收集掩埋处理。

(6) 牛囊虫病

牛囊虫病又称牛囊尾蚴病。是由牛囊尾蚴侵袭牛体的各部肌肉组织和器官的一种寄生虫病。一般病牛不显任何临床症状，仅极少数病牛因囊尾蚴侵害心脏时，则发生心力衰竭等症状。生前一般难以诊断，主要依靠屠宰后检查咬肌、舌肌、深腰肌和膈肌，以发现囊尾蚴而确诊。在本病流行地区，对所有的人员都要进行粪便虫卵检查，并对患牛肉绦虫的患者定期驱虫。

本病目前尚无治疗方法。

(7) 牦牛牛皮蝇蛆病

牛皮蝇蛆病是危害较严重的一种蝇蛆病，在牦牛、犏牛中流行极为普遍，青海、甘肃个别地区曾发现有人感染牛皮蝇幼虫，并引起严重病症的报道。

实践证明，以倍硫磷原液按每 100 千克体重 0.5~0.6 毫升剂量肌肉注射和倍硫磷微型胶囊按每 100 千克体重 7~9 毫克皮下包埋的效果为好，杀虫率均为 100%。

（8）牦牛的外寄生虫病

牦牛的外寄生虫，主要有腭虱、毛虱、蠕形蚤、蜱等。主要寄生在体表被毛稀少的部位，如胸背部、肩胛部、臀部等。

87. 牦牛患了寄生虫病怎么办？

牦牛在生长发育过程中，难免会发生疾病。因此，在日常饲养管理过程中，要密切注意观察牛的精神、食欲、饮水、粪、尿等有无异常。如果发现有异常现象，应及时将其与牛群隔离，并综合各方面的可能因素进行分析，正确诊断。发现病牛要及时隔离并正确选用适宜药物给予治疗。对于病死牛，应依据疾病不同，分别妥善处理。如果是肉源性人畜共患寄生虫病如弓形虫病等，应将病尸深埋或焚烧；对非肉源性人畜共患寄生虫病或只感染牛的寄生虫病，肉尸可经高温处理后食用；对于那些具有高度传染性的寄生虫病如疥螨病等，其皮张、垫料应深埋或焚烧，圈舍、运动场、笼具、饲养用具等应用杀螨药处理。在处理病牛或病死牛的同时，对同群未发病牛，要及时使用针对某种疾病的药物做好预防工作，以避免大群牛发病。

88. 对牦牛使用抗寄生虫药物应注意哪些问题？

为了提高抗寄生虫药物的效果，临床使用抗寄生虫病应注意如下一些问题：

①合理选择和使用抗寄生虫药物。在应用药物过程中不仅要了解寄生虫的种类、发育阶段、寄生部位、季节动态、感染强度和范围，而且还要了解药物的理化性状、体内过程和毒、副作用以及牦牛的品种、性别、年龄、营养、体质状况等。总之，必须注意掌握药物、寄生虫和宿主三者之间的关系，根据牛群、牛体状况和寄生虫病的特点、危害程度及本地区、本牛场的具体条件，正确选择和合理使用适宜的抗寄生虫药物，采用适宜的剂型、剂量、给药方法和疗程，才能收到最佳的防治效果。

②准确掌握给药途径和用药剂量。一般来说，抗寄生虫药物对宿主机体都有一定的毒性，如果用药不当，便可能引起牦牛的中毒，甚至死亡。因此，在使用抗寄生虫药物时，必须十分注意药物剂量不能过大，疗程不可过长。尤其是使用毒性较大、安全范围较小的药物如呋喃硝酮等时，更需准确掌握混入饲料或饮水中的药物浓度，确保药物混合均匀，以免部分牛食入或饮入药物过多而引起中毒甚至死亡。

③适当控制用药疗程或用药种类，防止产生耐药虫株。小剂量或低浓度反复使用或长期使用某种抗寄生虫药物，虫体会对该药产生耐药性，甚至对药物结构相似或作用机理相同的同类药物产生交叉耐药性，使驱、杀虫效果降低或无效。因此，在防治牦牛寄生虫病的实际工作中，除精确用药剂量或浓度外，应定期更换或交替使用不同类型的抗寄生虫药物，以避免或减少产生耐药虫株或寄生虫耐药性的产生。

④严格控制休药期，密切注意药物在乳肉品中的"残留量"。牦牛的产品是为人们提供乳、肉食品，但有些抗寄生虫药物残留于乳、肉中，或使乳、肉产生异味（如氯苯胍），不宜食用，或残留、蓄积于牛乳、肉中的药物被人摄入后，危害人体健康，造成严重公害。因此，为了保证人体健康，不少国家已制定允许残留标准和休药期。虽然不同抗寄生虫药在牛体内分布和在牛肉产品中的残留量及其维持时间长短不同，但本着对人类健康负责和今后养牛业的发展需要，对应用抗寄生虫药物的牛群，应在产乳或屠宰前数天内停药。

89. 如何防治牦牛瘤胃积食？

牛瘤胃积食是指瘤胃内积滞过量的食物，致使瘤胃体积增大，胃壁扩张、运动机能紊乱为特征的疾病，多见于舍饲牛。主要病因为采食青草或块茎类饲料过多，粗饲料过少，或误食碎布、衣帽、塑料或其他异物等造成幽门堵塞或瘤胃内积食过量。初期食欲、反刍、嗳气减少或停止，病牛表现呻吟、努责、腹痛不安、腹围增大，尤以左肷部明显。外部触诊瘤胃可感到充盈、坚实，伴有痛感，听诊瘤胃蠕动减弱或废绝。病初排少量干硬而带有黏液的粪便，或排少量褐色恶臭的稀粪，尿少或无尿，一般体温不升高，鼻镜干燥，呼吸快，结膜发绀。病至后期，因胃内容物分解产生的有毒物质作用于机体，病牛呈现运步无力，臀部摇晃，四肢颤抖，昏迷卧地，最后可因肾脏衰竭死亡。治疗以排除瘤胃内容物，制酵，防止自体中毒和提高瘤胃的兴奋性为原则。为排出瘤胃内容物，可用熟菜籽油 0.5~1 千克或石蜡油 0.5~1 千克，1 次灌服。也可用硫酸钠 400~800 克或人工盐 500~1000 克，鱼石脂 20~30 克，加水 1 次内服。提高瘤胃兴奋性，可静脉注射促反刍液 500~1000 毫升，或内服促反刍散 80~100 克。

为防止自身酸中毒，可静脉注射糖盐水 1500 毫升，25%葡萄糖液 500 毫升、5%碳酸氢钠液 500 毫升、10%安钠咖 20 毫升。

积食严重时，可行瘤胃切开术，取出大部分内容物以后，再放入适量的健康牛的瘤胃液，可收到良好的效果。

90. 如何治疗牦牛瘤胃臌气？

瘤胃臌气是瘤胃和网胃内积聚大量发酵气体。

急性病例，必须采取急救措施，如瘤胃穿刺术或切开术，泡沫性臌气还须给予制酵剂，如植物油、矿物油及一些表面活性剂。

手术治疗主要是瘤胃穿刺，这是用套管针直接穿刺瘤胃，既要动作迅速，又要操作严密，牛站立保定，术部在左腰肠管外角水平线中点上，术部剪毛，皮肤碘酊消毒，套管针应煮沸消毒或以 75%酒精擦拭，手术刀切开皮肤 1~2 厘米长后，套管针斜向右前下方猛力刺入瘤胃到一定深度拔出针栓，并保持套管针一定方向，防止因瘤胃蠕动时套管离开瘤胃损伤瘤胃浆膜造成腹腔污染。当泡沫性臌气时，泡沫和瘤胃内容物容易阻塞套管，用针栓上下捅开阻塞，有必要时通过套管向瘤胃内注入制酵剂（土霉素、青霉素、松节油等）。拔出套管针时，先插入针栓，一手压紧创孔周皮肤，另一手将套和针栓一起迅速拔出，拔出后以一手按压创口几分钟，将手释去，皮肤消毒，必要时，将切口做1~2针缝合。

药物治疗的目的是消除臌气，可用松节油3~60毫升或油石脂10~15克加酒精30~40毫升或石蜡油或豆油等植物油200~300毫升，再加适量清水，充分震荡后内服。还可用聚氧化丙烯25~50克或硫代丁二酸二辛钠20克内服。

其他解除臌气的简易办法如徒手打开口腔牵拉牛舌，口中衔入木棒或在棒上、鼻端涂些鱼石脂，促进其咀嚼和舌的运动，增加唾液分泌，以提高嗳气反射，促进排气。

91. 如何防治犊牦牛消化不良？

（1）预防措施

①加强妊娠母牛的饲养管理，保证充足的营养物质，维生素和微量元素供给。

②让新生犊牛尽早地吃到初乳。

③加强犊牛运动，防止久卧湿地，给予充足的饮水，人工哺乳时应定时、定量，且应保持适宜的温度。

（2）治疗

治疗原则是除去病因，改善饮食，缓泻制酵，调整胃肠机能。

①除去病因查明原因，有针对性地改善饲养管理，这是消化不良得以康复、不再复发的根本措施。

②改善饮食，施行食饵疗法对消化不良的康复至关重要。如给予优质易消化的青草等，最好是放牧。

③缓泻制酵目的是清理胃肠，制止腐败发酵，减轻胃肠负荷和刺激，防止和缓解自体中毒，对排便迟滞的消化不良病畜尤为必要。常用人工盐、石蜡油加适量制酵剂（鱼石脂等）灌服。

第三章　奶牛养殖技术问答

一、奶牛的品种及基本特点

1. 世界上的奶牛品种主要有哪些？

早在几千年前，人类就驯化了能够产奶的奶畜（包括奶牛、水牛、山羊等）并开始选择性地提高其生产性能，奶牛是人类奶业生产的最重要产奶家畜，全世界最主要的大型奶牛品种有荷斯坦牛，小型品种有娟姗牛，其他较主要的奶牛品种有爱尔夏牛、瑞士褐牛、更赛牛等。经过长期的发展历史驯养后，不同品种之间存在很大的遗传差异，每个品种也都具有一些独有的特性。

2. 荷斯坦奶牛的产地在哪里？基本特点是什么？

荷斯坦牛原产地是以荷兰北部的西弗里斯兰省和北荷兰省，以及德国北部的荷斯坦地区为主，据记载该品种的起源距今至少 2000 年，是最古老的乳用牛品种之一。早在 15 世纪时就以产奶量高而闻名，1795 年首次被引入到美国，1852—1886 年间美国又大量从荷兰和德国引入荷斯坦牛，并在 1873 年成立荷斯坦牛品种登记协会，1885 年荷斯坦牛育种者协会和荷兰弗里生牛协会合并组成美国荷斯坦–弗里生牛协会，因此北美将该品种称为荷斯坦–弗里生牛，后来简称为荷斯坦牛，而在荷兰和欧洲其他国家则习惯称为弗里生牛，因其毛色主要呈黑白花色，少量个体是红白花色，故也常称为"黑白花奶牛"。

二、奶牛的饲养管理

3. 奶牛的饲养阶段分为几个时期？

犊牛时期、育成牛时期、青年牛时期、成年牛时期。

4. 奶牛的饲料与营养？

饲料是奶牛生长发育、繁殖和泌乳的物质基础。奶牛需要的营养物质来自各种不同的饲料。缺乏营养，奶牛的正常生理活动（生长繁育等）受到阻碍、生产水平降低，但是营养过剩也会导致奶牛发病，造成资金的浪费。所以必须要掌握科学养殖的饲养配料知识，按需喂足、喂好饲料，奶牛才能够健康地成长。

5. 奶牛围产前期饲养管理有哪些要点？

围产期是奶牛生产周期中最关键的阶段，即奶牛分娩前 21 天至分娩后 21 天，分娩前 21 天即奶牛围产前期，分娩后 21 天即围产后期。奶牛围产期的饲养管理直接决定奶牛的产奶量、生鲜乳品质、繁殖性能和奶牛的使用年限。若此时缺乏科学的饲养管理和产后监控，不仅会降低奶牛的产奶量和乳品质，也会容易诱发乳房炎、胎衣不下、奶牛酮病及其他代谢紊乱疾病，甚至会降低新生犊牛成活率。因此，奶牛围产期的饲养管理水平对整个奶牛场的养殖收益具有重要影响。

(1) 围产前期饲养管理要点

奶牛干奶期日粮以粗饲料为主，产后以精饲料为主，要想完成这一过渡，需要促进瘤胃功能的恢复。若围产前期没有顺利完成过渡工作，瘤胃无法有效吸收饲料中的挥发性脂肪酸物质，奶牛酸中毒概率会大大增加。

(2) 围产前期奶牛的营养需要

①提升日粮营养水平。围产前期是胎儿最后的生长阶段，胎儿发育速度加快，母牛自身除了分娩外，还要做好泌乳准备。由于分娩前奶牛采食量会下降，必须要提升围产前期的日粮营养水平，提高日粮中蛋白质的供应，降低奶牛产后酮病的发生。同时要提高能量的摄入，防止奶牛分娩时体质虚弱，无法自然分娩，或由于分娩应激的刺激无法正常排出胎衣，造成胎衣不下等疾病。

②适量添加矿物质。为了防止奶牛出现低血钙症，需要提高奶牛日粮中钙元素的含量，促进钙、磷含量维持在正常水平。此外，镁元素缺乏也会增加低血钙症的发病率。因此，围产前期要提高日粮中钙、镁含量。由于矿物质拮抗剂作用，当钾元素摄入过多会抑制镁元素的吸收，所以围产前期需要使用优质的低钾粗饲料，如燕麦草，玉米对钾的聚集能力较低，也可以食用处理后的玉米青竹，而苜蓿、三叶草或其他豆科及禾本科牧草中钾含量较高，应减少用量。牧草在饲喂前，先检查有无霉变、冰冻或掺杂其他杂质，并切碎处理，还可以添加适量的微生物制剂促进瘤胃蠕动。

③加入适量烟酸。对于发生过酮病或过于肥胖的奶牛，需要每天在饲料中加入适量烟酸，能有效降低奶牛酮病和脂肪肝的发病率。

(3) 围产前期奶牛的饲养管理要点

①分群管理。头胎母牛和经产母牛分群管理，并根据母牛的采食、精神和体质状况采用分组管理，每组制定合理的日粮搭配和饲喂管理方案。第二，合理制定转群计划。由于头胎分娩母牛产后在围产圈内的恢复时间至少需要 4 周，而经产母牛也需要 3 周时

间，从母牛妊娠 280 天来计算，10% 的母牛都会提前分娩，而双胎母牛产犊时间更会提前，因此，可以每周转群一次让母牛能在围产圈内待足时间，更好地积蓄营养促进机体恢复。转群天数设定：头胎母牛妊娠 245~251 天，经产母牛 252~258 天，尽量让每个妊娠母牛在围产圈内的时间维持在 20~21 天。第三，提前清理和消毒产房，更换干净、柔软、新鲜的垫草，分娩前 1 周可将母牛转至产房，加强对产房的巡查，定时、定人观察，做好母牛围产期记录，留意母牛外阴部变化。

②饲养管理。围产前期，要提高奶牛日粮干物质量，饲喂优质、适口性强的饲料，以提高奶牛采食量。同时，提供干净充足的饮水，夏季饮水温度为 12~18℃，冬季饮水温度为 15~20℃。围产前期奶牛的饲养密度要小于 80%。

③环境管理。第一，做好环境卫生，围产期每天清理牛舍地面、卧床、食槽和水槽，运动场也需清扫和消毒。产前 1 周转至产房后，每天用 2% 来苏水擦拭奶牛外阴部和后躯部，同时用干净毛巾蘸 45℃ 温水擦拭乳房和乳头，也可以药浴，降低奶牛乳房炎的发生。第二，产前统一修剪牛尾，减少病原微生物的感染。第三，合理控制牛舍温度，让牛舍维持在 16~20℃，夏季做好防暑降温，可以选用喷淋方式合理降温，防止奶牛热应激产生不良影响。

6. 奶牛围产后期饲养管理有哪些要点？

奶牛分娩后，体质虚弱，容易受到外界环境的刺激出现产后应激，同时，新生犊牛需要尽快吃到初乳。因此，需要为围产后期的奶牛提供优质饲料，同时，补充水分和钙质，促进胎衣排下；饲养员要加强奶牛的产后监控，最大程度的降低奶牛产褥热问题的发生。

围产后期奶牛产奶量逐步提升直至泌乳高峰，但分娩后奶牛体质虚弱，采食量下降，需要提高奶牛日粮营养浓度，并添加适量的过瘤胃脂肪以缓解产后能量负平衡。为预防产后低血钙和胎衣不下，母牛产犊后需要灌服大量体液，并混入维生素、钙元素（钙磷比为 1.5:1）、微量元素、电解质等物质，提高奶牛抗病力。

7. 围产后期奶牛的饲养管理有哪些要点？

围产后期的奶牛需要做好产后监控。

（1）关注奶牛体温

每天定时、定人测量奶牛体温 1 次，连续 2 周，若出现异常及时询问兽医，采取合理的治疗方案。

（2）关注奶牛粪便

每天观察奶牛粪便形状、气味、颜色，若出现稀薄、恶臭、灰色粪便可能是瘤胃消化紊乱，需要降低精饲料用量。

（3）关注奶牛泌乳情况

每天记录奶牛产奶量，乳汁颜色和浓度，观察奶牛乳房、乳头是否有损伤，避免出现产褥热。

（4）关注奶牛胎衣排出情况

产后每天观察奶牛恶露和胎衣排出情况，恶露排出后，用2%来苏水擦拭尾根、外阴和后肢部。若产后12小时不见胎衣排下则诊断为胎衣不下，需要采取治疗措施。

（5）挤奶管理

挤奶前做好清洁、消毒工作。无论是人工还是机械挤奶都要对挤奶用具进行消毒，降低奶牛交叉感染乳房炎。此外还需注意：头胎奶牛挤奶必须挤净，否则会导致奶牛乳房疼痛肿胀，诱发急性或亚急性乳房炎，不仅降低产奶量和乳品质，奶牛也无法获得充足的休息；合理控制挤奶次数，除了难产、高胎次、体质差的奶牛，其余奶牛每天挤奶3次。

（6）分群管理

头胎母牛由于第一次分娩和泌乳，更容易受到外界环境的刺激，若母牛体型小，很容易被其他奶牛欺负，因此，分娩后头胎奶牛必须和经产奶牛分群管理。

（7）饲养管理

围产后期为促进奶牛泌乳，奶牛精料可以替换成泌乳料，精料量要根据奶牛乳房肿胀程度、奶牛产后食欲合理添加。粗饲料可继续沿用围产前期优质牧草，让母牛自由采食。围产后期奶牛精、粗料比例为40:60，钙磷比为2:1，粗蛋白含量可以提高到17%，粗纤维含量为18%~20%。围产后期奶牛的饲养密度仍要小于80%，若围产后期奶牛恢复良好，可以在围产期过后直接转入泌乳群饲养。

（8）环境管理

第一，提高卧床清洁度，降低奶牛乳头接触的环境性致病菌感染概率。围产后期，奶牛刚分娩后体质虚弱，经常卧床，因此，需要每天更换或增添干净垫料，保障卧床清洁、平整和舒适，更换后用消毒粉消毒。第二，及时清理奶牛产后排下的胎衣和粪尿，减少疾病感染。

奶牛生产周期主要由泌乳期、干奶期、妊娠期和围产期组成，虽然围产期在整个生产周期中占比小，但对奶牛泌乳能力和生产年限具有决定意义。要想保障奶牛持续高产，就必须要做好奶牛围产期的饲养管理工作，根据分娩前后奶牛的生理状态和营养需要提供均衡的营养，并做好分群、饲养和环境管理工作，为今后泌乳量的提升打下坚实的基础。

8. 新生犊牛如何护理?

犊牛出生后, 清除口腔和鼻孔内的黏液, 保证呼吸顺畅后, 在半小时内喂初乳, 而后剪去脐带, 消毒, 称量体重, 按牛场编号规则打耳标, 填写相关记录。等被毛干了之后, 放入干净干燥的单栏饲养, 避免犊牛过多而引起的交叉细菌感染。

9. 如何进行初乳喂养?

初乳是母牛产后最初分泌的乳汁, 含有免疫球蛋白, 犊牛需通过吃初乳获得抗体, 建立被动免疫体系。第一次喂养犊牛时将手指伸进犊牛嘴里, 引导犊牛喝奶, 要控制速度, 防止犊牛呛咳。

10. 奶牛生产性能测定品种及种类有哪些?

测定品种主要以荷斯坦牛为主, 兼顾娟姗牛、乳肉兼用西门塔尔牛、三河牛、褐牛和奶水牛。

11. 奶牛生产性能测定指标有哪些?

测定指标主要包括产奶量、乳成分、体细胞数等生产性能指标。

12. 新生牛犊的护理的流程是什么?

清除口腔和鼻腔内的黏液、脐带消毒、擦干或吹干犊牛体表、犊牛称重、记录。

13. 新生犊牛初乳灌服的标准是什么?

犊牛出生后 1 小时之内灌服 4 升解冻好的初乳, 8 小时后再灌服 2 升, 12 小时后正常牛只转入犊牛舍 (岛) (冬季需穿戴犊牛马甲), 灌服过程中要注意方式方法, 避免出现灌到气管导致异物性肺炎或犊牛死亡。灌服初乳后 2 小时不移动犊牛。

14. 初乳的管控点及标准是什么?

(1) 初乳收集

产后两小时内挤初乳。挤初乳操作人员保证验奶准确, 乳房炎牛奶及血乳不能收集; 并且挤奶时保证一牛一桶, 不能混合。初乳挤出后立即降温, 可以用冰冻的水瓶或不锈钢瓶, 目标是 30 分钟内降至 15℃。再一次使用前彻底使用洗涤液清洗瓶子的外部。初乳管理人员将初乳 20 分钟内运回储存初乳地点, 进行质量检测、分装、贴标签 (标签上注明收集日期、初乳质量、收集人、初乳量), 巴氏灭菌后-20℃冷冻 (可保存一年), 初乳按照先进先出原则使用。

(2) 初乳检测

初乳收集后, 使用糖度计检测初乳质量; 可使用初乳的下限是: 糖度计 222%。

(3) 初乳保存

将检测合格的初乳进行装袋—巴氏消毒—标记 (日期、折射率) —冷冻。

（4）初乳解冻

犊牛出生后做护理的同时进行初乳解冻。

15. 怎样生产和保存初乳？

①产犊后立即护理大牛并挤初乳。

②检测初乳质量。

③初乳装袋和巴氏消毒。

④巴氏消毒好后立即冷冻（-20℃）。

16. 犊牛饲喂流程是什么？

①后备牛颗粒料上午和下午各加1次。

②3月龄给燕麦草0.2千克，4~6月龄给0.5千克，不要给多。

③每周对采食道坎墙上清理。

④雨雪天气及时清除被水泡湿的饲料，重新添加。

⑤圈舍每3天消毒一次。

⑥满6月龄牛只转育成过渡：前5~10天给全混合日粮6千克，上撒颗粒料2千克；后5~10天给全混合日粮8千克，撒颗粒料1千克（增减全混合日粮量控制剩料）；然后给足全混合日粮料。

17. 犊牛断乳后饲喂有哪些要点？

①后备牛颗粒料上午和下午各加1次。

②3月燕麦草龄给0.2千克；4~6月龄给0.5千克，不要给多。

③每周对采食道坎墙上清理。

④雨雪天气及时清除被水泡湿的饲料，重新添加。

⑤圈舍每3天消毒一次。

⑥满6月龄牛只转育成过渡：前5~10天给全混合日粮6千克，上撒颗粒料2千克；后5~10天给全混合日粮8千克，撒颗粒料1千克（增减全混合日粮量控制剩料）；然后给足全混合日粮料。

18. 干奶母牛饲养管理

母牛干奶期管理原则是在整个干奶期使母牛体况恢复但不能过肥。管理目标是保证胎儿生长发育良好，保证最佳的体况，避免代谢疾病。饲养应注意的问题是：日粮保持适宜的纤维含量，限制能量过多摄入，避免蛋白质过量，满足矿物质和维生素需要。

干奶期母牛粗饲料自由采食，不喂冰冻饲料；精料每天3~4千克，如果膘情超过8成，可减量饲喂以调整体况；对体况不好的母牛，给予适当的精饲料，提高饲料营养水平，使母牛在产前具有中上等体况，体重一般要比泌乳盛期提高 10%~15%；对于体况较好的母牛，只饲喂优质粗饲料即可。饲料要新鲜清洁、质地良好，控制青贮喂量，控制钾、钠含量高的饲料；冰冻以及腐败变质的饲料不能喂牛。自由饮水，冬季不饮过冷的水，水温在 12~19℃为宜。

干奶期母牛需适当运动。有条件地区夏季可在草场放牧，让其自由运动，并与其他牛分群放牧，避免相互碰撞造成流产。冬季视天气情况每天赶出去运动 2~4 小时，产前停止运动。干奶母牛要加强刷拭，每天至少 1 次；干奶后 10 天开始对奶牛进行乳房按摩，每天 1 次，产前 10 天左右停止按摩。适当运动，每天 2~3 小时，刷拭牛体，牛舍保持清洁干燥。

19. 奶牛饲料有哪些种类?

奶牛的饲料可分为粗饲料、精饲料、多汁饲料、动物性饲料、矿物质饲料和饲料添加剂六大类。

（1）粗饲料

干物质中粗纤维含量≥18%的饲料统称粗饲料。

①干草。水分含量小于 15%的禾本科或豆科牧草。如野干草、羊草、黑麦草、苜蓿等。

②秸秆。为农作物收获后的秸、藤、蔓、秧、荚、壳等。如玉米秸、稻草、谷草、豆荚、豆秸等。

③青绿饲料。水分含量大于 45%的禾本科或豆科牧草和农作物植株。如野青草、青大麦、青燕麦、青苜蓿、三叶草和全株玉米青饲等。

④青贮饲料。是以青绿饲料或青绿农作物秸秆为原料经乳酸发酵制成的饲料。

（2）精饲料

干物质中粗纤维含量小于 18%的饲料统称精饲料。精饲料又分能量饲料和蛋白质补充料。干物质粗蛋白含量小于 20%的精饲料称能量饲料；干物质粗蛋白含量≥20%的精饲料称蛋白质补充料。

①谷实类。粮食作物的籽实，如玉米、高粱、大麦、燕麦、稻谷等为谷实类，一般属能量饲料。

②糠麸类。各种粮食干加工的副产品，如小麦麸、玉米皮、高粱糠、米糠等为糠麸类也属能量饲料。

③饼粕类。油料的加工副产品，如豆饼（粕）、花生饼（粕）、菜籽饼（粕）、棉籽饼（粕）、胡麻饼、葵花籽饼、玉米胚芽饼等为饼粕类。以上除玉米胚芽饼属能量饲料外，

均属蛋白质补充料。带壳的棉籽饼和葵花籽饼干物质粗纤维量≥18%，可归入粗饲料。

（3）多汁饲料

干物质中粗纤维小于18%，水分大于75%的饲料称多汁饲料。

①块根、块茎、瓜果、蔬菜类。如胡萝卜、萝卜、甘薯、马铃薯、甘蓝、南瓜、西瓜、苹果、大白菜、甘蓝叶等均属能量饲料。

②糟渣类。如粮食、豆类、块根等湿加工的副产品为糟渣类。如淀粉渣、糖渣、酒糟属能量饲料；豆腐渣、酱油渣、啤酒渣属蛋白质补充料。甜菜渣因干物质粗纤维含量≥18%，属粗饲料。

（4）动物性饲料

来源于动物的产品及动物产品加工的副产品称动物性饲料。牛奶、奶粉、鱼粉、骨粉、肉骨粉、血粉、羽毛粉、蚕蛹等干物质中粗蛋白含量≥20%，属蛋白质补充料。牛脂、猪油等干物质粗蛋白含量小于20%，属能量饲料。骨粉、蛋壳粉、贝壳粉等以补充钙、磷为目的属矿物质饲料。

（5）矿物质饲料

可供饲用的天然矿物质，称矿物质饲料，以补充钙、磷、镁、钾、钠、氯、硫等常量元素（占体重0.01%以上的元素）为目的。如石粉、碳酸钙、磷酸钙、磷酸氢钙、食盐、硫酸镁等。

（6）饲料添加剂

为补充营养物质、提高生产性能、提高饲料利用率，改善饲料品质，促进生长繁殖，保障奶牛健康而掺入饲料中的少量或微量营养性或非营养性物质，称饲料添加剂。奶牛常用的饲料添加剂主要有：

①维生素添加剂。如维生素A、D、E、烟酸等。

②微量元素（占体重0.01%以下的元素）添加剂。如铁、锌、铜、锰、碘、钴、硒等。

③氨基酸添加剂。如保护性赖氨酸、蛋氨酸。

④瘤胃缓冲调控剂。如碳酸氢钠、脲酶抑制剂等。

⑤酶制剂。如淀粉酶、蛋白酶、脂肪酶、纤维素分解酶等。

⑥活性菌（益生素）制剂。如乳酸菌、曲霉菌、酵母制剂等。另外还有饲料防霉剂或抗氧化剂。

在现代奶牛养殖中常采用预混料、料精及浓缩料、混合精料及混合日粮饲喂。

（7）添加剂预混料

添加剂预混料是一种或数种添加剂微量成分组成，并加有载体和稀释剂的混合物，如维生素预混料、微量元素预混料及维生素和微量元素混合预混料。维生素和微量元素预混料一般配成1%添加量（占混合精料的比例）。

(8) 料精及浓缩料

料精是添加剂预混料成分及补充钙、磷的矿物质、骨粉和食盐混合组成，可配成5%添加量（占混合精料的比例）。浓缩料是由料精成分与蛋白质补充料、瘤胃缓冲剂等混合组成。即混合精料中除能量饲料以外的饲料成分，加上能量饲料（玉米、麸皮）即为混合精料，一般配成30%~40%添加量。

(9) 混合精料

将谷实类、糠麸类、饼粕类、矿物质、动物性饲料、瘤胃缓冲剂及添加剂预混料按一定比例均匀混合，称混合精料。在实际生产中，奶牛的饲料包括粗饲料、精料混合料、多汁饲料三种。

(10) 全混合日粮

全混合日粮是指根据奶牛的营养需要，按照日粮配方，将粗饲料、精料混合料、糟粕料、多汁饲料等全部日粮用搅拌车进行大混合，称全混合日粮。饲喂全混合日粮适合奶牛的采食心理，是目前比较先进的饲喂方法。

20. 怎样给奶牛储备饲料？

奶牛草料饲草料实际储备时要在计划数量的基础上增加约10%的贮备损失，可按月或季度制定采购计划，能有效解决贮存场地不足、资金紧张及饲料霉变等问题。

(1) 成年母牛的饲料计划

一头成年母牛一年需要的各种饲料量：干草和秸秆2000千克（4~8千克每天），青贮和青绿饲料8000千克（20~25千克每天），混合精料3600千克（玉米1800千克，麸皮600千克，饼粕类1000千克，钙粉、食盐、骨粉、瘤胃缓冲剂、添加剂各40千克，5~12千克每天），多汁饲料2500千克（3~5千克每天）。

(2) 后备母牛的饲料计划

后备母牛的饲料需要量折合成成年母牛头数计算，折合比例为：犊牛（0~6月龄）4头折1头，育成牛（6~18月龄）2头折1头，青年牛（18月龄至初产）1头折1头。按正常牛群结构，犊牛9%、育成牛18%、青年牛13%、成年母牛60%，可按全群头数的84%折合成母牛头数。

21. 怎样调制秸秆？

(1) 切短和粉碎

可将秸秆切成1~2厘米长，或用粉碎机粉碎，但不能粉碎过细，以免引起奶牛反刍停滞，降低消化率，也可用揉草机将秸秆揉短。

（2）浸泡

将切短、粉碎或揉丝后的秸秆用水浸泡，使秸秆软化，提高适口性和采食量。需要注意的是每次浸泡量不能太多，以一次喂完为宜。

（3）秸秆碾青

将青绿多汁饲料或牧草切碎后和切碎的作物秸秆放在一起用石磙碾压，然后晾干备用，将苜蓿和麦秸一起碾青较为普遍。

22. 青贮饲料的原理是什么？怎样制作？

（1）青贮的优点

青贮饲料是奶牛最主要的饲料来源，其优点主要有：青贮法保存的营养价值最高；青贮过程可软化秸秆，促进粗纤维降解；密封情况下可长期保存；青贮过程中产生的乳酸、醋酸和醇类有清香味，可改善饲料品质，提高采食量；占地面积小，贮存比较经济。

（2）青贮的原理

青贮的原理是通过以乳酸菌为主的厌氧微生物发酵，使青贮原料中所含的糖类转化为以乳酸为主的有机酸。随着原料酸度升高进而抑制其他微生物的活动，并制止原料中养分被微生物分解破坏，当乳酸在青贮原料中积累到一定浓度时，自身也受到抑制，从而将原料中的养分很好保存下来。

（3）对青贮原料的要求

青贮方法虽简单，但对原料要求却很严格。

①青贮原料含水量要求在65%~75%。青绿牧草、菜叶等含水量过高可晒半天，或加入含水少的饲料（如秸秆等）混贮，如果原料含水分不够时，可在装窖时分层洒水。实践中常用手捏法估测原料含水量，原料紧捏后松手仍呈球状，手有湿印，原料含水量68%~75%，适宜青贮。

②青贮原料应含有一定量的糖分。青贮原料中的乳酸主要由原料中的糖分转化而来。原料含糖量过少，乳酸生成少而缓慢，容易腐败。根据饲料干物质含糖量，可将原料分为易青贮类（玉米、高粱、禾本科牧草、胡萝卜茎叶等）与不易青贮类（苜蓿、草木犀、箭舌豌豆等豆科牧草和马铃薯秧、瓜蔓等），两类应搭配混合青贮。

③青贮原料要新鲜、切碎或铡短。新鲜的青贮原料植物细胞尚未死亡，还可继续呼吸消耗窖内余氧，同时产生热量。原料切碎、铡短或压扁后，可以分泌出糖汁（液），均有利于乳酸菌加快繁殖，产生乳酸。

④一定要排出空气。乳酸菌是一种厌氧菌，只有在没有空气的情况下才能繁殖。如

果不排除空气，乳酸菌就不能很好的生存，这时一些好氧的霉菌、腐败菌会趁机大量滋生，从而导致青贮的失败。

⑤原料切短和装填的时间要尽量缩短。这是因为切短的原料堆放的时间长了，就会大量产热，这样会使养分损失掉一部分，从而影响到青贮的质量。

（4）青贮设备

青贮设备主要有青贮窖、青贮壕、青贮塔、青贮塑料袋等。

（5）常规青贮制作技术

①原料适时收割。玉米秸在玉米即将步入成熟收获期底部干叶到 4~6 片时青贮为宜，禾本科牧草适宜在抽穗前收割，豆科牧草适宜在出现花蕾到开花期收割。

②原料切短。原料切短后有利于装填与压实，也方便取用，奶牛容易采食。一般适宜切碎长度为 1~2 厘米，同时可根据原料质地适当调整。

③装填。装填和切短同时进行，边切边装。需要注意的是一定要分层踩实，四周多踩几遍。装窖速度要快，时间过长时，好氧菌大量繁殖，原料容易腐败。

④封闭。原料高出地面 50~100 厘米时，经过多遍的踩压后，用塑料薄膜覆盖，随盖随压，在上面覆一层干净的湿土（20 厘米）或废旧轮胎，一定要压实封严。

⑤管理。常检查，发现裂缝或破损及时修整，清理排水沟，防止雨水渗入。

⑥开窖饲喂。一般在封闭后的 40 天左右就可以开封启用。青贮窖取料时只能打开一头，分段开窖。取完料后要及时盖好，防止日晒、雨淋和二次发酵。

23. 怎样调制青干草？

（1）青干草调制方法

①田间干燥法。把割下的青草就地摊成薄薄的一层，待过几个小时后再将草集成人字形的草堆，继续晾晒，定期翻动。要注意防止雨淋，防止草堆堆放时间过长而发热。用这种方法晒制的青干草，养分损失较多。

②草架干燥法。在牧草收割时或遇到多雨潮湿天气，用田间地面干燥法不易成功，可用此法。将收割后的牧草在地面干燥半天或一天后，置于干草架上，要有一定坡度，利于采光和排水，最低一层的牧草应高出地面，以利于通风。

③人工干燥法。采用加热的空气，将青草水分烘干。若干燥的温度为 50~70℃，约需要 5~6 小时；若为 120~150℃，约需 5~30 分钟；若在高温 800~1000℃下，则经过 3~5 秒就可以达到很好的干燥效果。

（2）干草的贮存与利用

干草贮存方法有草棚贮存和露天贮存两种。贮存时，草垛下面要采取防潮措施，上方要有防止日晒雨淋的设施，如可以用塑料膜覆盖顶部，再加盖一层干草压实塑料膜即可，放在草棚内的就不用覆盖了。目前，在饲草资源比较丰富的地方可以将晒制的优质干草，用饲草压捆机制成草捆或用饲草粉碎机制成草粉等产品，这样草产品便于贮藏与运输。对于茎秆比较粗硬的饲草也可以在利用之前用揉草机进行揉搓和粉碎，以提高利用率。

24. 糟渣类饲料的使用要求是什么？

糟渣类饲料是利用甜菜、禾谷类、豆类等生产豆腐、糖、酒、醋、酱等时所产生的副产品，也称副料，主要有甜菜渣、淀粉渣、酒糟、啤酒糟、豆腐渣、醋渣、酱渣、苹果渣等，都可以作为奶牛的饲料。糟渣类饲料的特点是含水量较高，含有较高的能量和蛋白质，适口性较好，价格低廉，但其体积大，不耐储存，易霉变。合理使用糟渣类饲料会降低养殖成本，提高效益，但如喂量不加限制，尤其是单一饲喂，效果不佳，往往造成奶牛消化障碍和营养缺乏，严重时导致奶牛拉稀、消瘦、奶制品气味不良，甚至还可能造成中毒。

（1）豆腐渣

鲜豆腐渣含水较高，含粗蛋白质2%~5%，而粗纤维含量较少，缺乏B族维生素，但适口性好，消化率和营养价值较高，是奶牛优质的蛋白质补充饲料。但生豆腐渣中含有抗胰蛋白酶、皂角素及红细胞凝集素等有害物质，且豆腐渣易酸败，较适于鲜喂，每日饲喂量以2.5~5千克为宜，大量饲喂会导致母牛营养不良、食欲减退、腹泻拉稀等，重者会导致母牛不孕、流产及死胎等。

（2）淀粉渣

是制作粉条和淀粉的副产品。以玉米、土豆、甘薯等作原料的粉渣，所含营养主要是淀粉和粗纤维，粗蛋白极少。玉米淀粉渣因在加工过程中使用亚硫酸液处理玉米，有一定的毒害作用，会造成奶牛膁胀病和酸中毒，主要临床症状为消化机能紊乱、出血性胃肠炎、产奶量下降、跛行及瘫痪等。饲喂时可加入适量小苏打。以豌豆、绿豆、蚕豆作原料生产的粉渣，含蛋白质较高，粗蛋白含量可达30%左右，质量较好。淀粉渣夏天容易腐败，吃了容易中毒，其日喂量控制在3~7千克为宜，新鲜饲喂时每天添加150~200克小苏打，一般与青饲料、粗饲料搭配饲用。

（3）酒糟

是酿酒工业的副产品，营养价值高，含有醋酸和杂醇类，但不能单独长期饲喂，应与胡萝卜、青草、糠麸、精料搭配，日喂量应控制在3~5千克，过多长期饲喂易引起便秘拉稀交替、精神兴奋、行动不稳、腹下及乳房皮疹等。夏天气温较高时酒糟容易发霉，会导致奶牛霉菌毒素中毒，因此一定要饲喂新鲜的酒糟，切勿饲用发霉酒糟。

（4）啤酒糟

啤酒糟是以大麦为原料，经发酵酿造啤酒后的副产品，鲜糟中含水量75%以上，过瘤胃蛋白含量较高，并含有啤酒酵母，干燥后含粗蛋白20%~25%，粗纤维含量高，营养价值较高，和麦麸相当，可代替部分精料或优质干草，但干糟的量不宜超过精料的30%。成年母牛日喂量宜控制在鲜糟10~15千克，干糟7~10千克。另外，由于奶牛在泌乳初期处于营养负平衡状态，因此产后1个月内的泌乳牛最好不喂或少喂啤酒糟，否则会延迟奶牛生殖系统恢复，对发情配种产生不良影响。

（5）甜菜渣

主要成分是碳水化合物，含蛋白质低，缺乏维生素，含有高消化率的纤维素，适口性好，有利于维持夏天的采食量。新鲜甜菜含水量90%以上，粗蛋白约0.9%，粗脂肪0.1%，纤维素2.6%，无氮浸出物9.1%，但不含胡萝卜素和维生素D，粗纤维易于消化。但含有甜菜碱，有毒害作用，鲜喂成年母牛日喂量控制在10~15千克，应与蛋白质较多的混合料和青饲料搭配饲用。干甜菜渣饲喂量每天控制在2~3千克为宜。

（6）酱醋渣

是以豆类、麦麸等为原料酿造酱油、醋后的副产品，虽然在发酵酿造过程中已提取了大量蛋白质、脂肪及矿物质等营养成分，但其中仍含有部分营养物质。如酱渣折合干物质时含有粗蛋白21.4%、脂肪18.1%、粗纤维23.9%、无氮浸出物9.1%、矿物质15.5%。干醋糟中含有粗蛋白6%~10%、粗脂肪2%~5%、无氮浸出物20%~30%。酱渣由于其含盐量较高（6%~10%），在饲养时一定要注意不可单一过量饲喂，以免引起食盐中毒。

（7）苹果渣

苹果渣含水量约80%，粗蛋白0.9%、粗纤维5%、钙0.02%、磷0.02%，同时含有丰富的果胶、果糖和苹果醋，十分有利于瘤胃微生物的生长和发酵作用。果渣含水量高，粗纤维素多，可作为粗饲料和多汁饲料使用，也可烘干后和其他饲料混合饲喂。还可和一些不宜青贮的饲料混合青贮，能提高青贮质量。果渣的饲喂量每天控制在干物质的20%以下，新鲜果渣的饲喂量为6~10千克为宜。

最后，在奶牛生产实践中使用糟渣类饲喂奶牛时还应注意以下三点：一是虽然糟渣类饲料价格低廉，但其营养成分多不均衡，因此在饲喂时一定要搭配其他粗饲料及精料混合饲喂，且不可单一饲喂，以免导致奶牛营养缺乏、消化不良和产出消化系统疾病。二是由于部分糟渣类饲料中含有毒物质，因此一定要控制饲喂量，避免因过量饲喂导致中毒。三是由于糟渣类饲料含水量较高，气温高时易霉变，难以保存。因此，在饲喂和储存时要尽量避免饲料发生霉变。

25. 添加剂和非常规饲料的使用要求?

(1) 饲料添加剂

饲料添加剂是指配合饲料中加入的各种微量成分,可分为营养性添加剂和非营养性添加剂。其作用是完善日粮的全价性,提高饲料利用效率,提升生产性能。

①营养性添加剂

营养性添加剂是用于补充营养成分的少量或者微量物质,包括饲料级氨基酸、维生素、矿物质、微量元素、酶制剂、非蛋白氮等。a.氨基酸添加剂。对奶牛最关键的 5 种限制性氨基酸是精氨酸、胱氨酸、赖氨酸、蛋氨酸、色氨酸,一般饲料内这 5 种氨基酸含量都很低,故多在奶牛补充料内添加人工合成的限制性氨基酸,其中赖氨酸和蛋氨酸是中国应用较多的氨基酸添加剂。b.维生素添加剂。维生素添加剂可为奶牛提供各种维生素。奶牛瘤胃可以合成维生素 K 和 B 族维生素,肝、肾中可合成维生素 C,一般除犊牛外,不需要额外补充,只考虑添加维生素 A、维生素 D 及维生素 E。c.矿物质添加剂。常用的矿物质添加剂有硫酸亚铁、氯化亚铁、硫酸铜、氯化铜、硫酸锌、碳酸锌、氧化锌、硫酸锰、氧化锰、氯化锰、碘化钾等。

②非营养性添加剂

非营养性添加剂包括一般性添加剂和药物添加剂。是为了保证或者改善饲料品质,预防、治疗动物疾病而掺入的少量或微量物质。主要包括抗生素、生长促进剂、驱虫保健剂、调味剂、抗氧化剂、防霉剂、增色剂、中草药添加剂等。

(2) 使用要求和注意事项

生产实践中为了方便使用,总是将多种矿物质添加剂预先配制成复方矿物质添加剂,或称矿物质预混料。饲料添加剂习惯上是指添加剂预混料,在配合饲料中所占比例较低,有的仅占百万分之几,添加量极微,但作用则很显著。正确使用饲料添加剂,不仅能提高饲料产品的质量、报酬率,而且可以促进奶牛健康、生长发育、改善产品质量、提高产量,从而达到提高养殖效益的目的。市场上出售的添加剂种类繁多,奶牛场(户)在使用饲料添加剂时一定要加以辨别,正确购买,科学使用。

①首先要选择优质的添加剂。选用的饲料添加剂应属于原农业部公布的《允许使用的饲料添加剂品种目录》中所列品种,且产品应有批准文号,要严防假冒伪劣产品。

②根据奶牛所缺营养,有目的地选择使用,不可滥用。

维生素添加剂对奶牛的健康、生长、繁殖及泌乳等都起重要作用。维生素 A 乙酸酯(20 万国际单位) 添加量为每千克日粮干物质添加 14 毫克。维生素 D_3 微粒 (1 万国际单位）添加量为每千克日粮干物质 27.5 毫克。维生素 E 粉（20 万国际单位）添加量为每千克日粮干物质 0.38~3 毫克。尼克酸（烟酸）每千克日粮干物质添加 100 毫克。

氨基酸与非蛋白氮在泌乳早期奶牛日粮中添加 20~30 克的蛋氨酸羟基类似物（MHA）可使乳脂率提高 10%，产奶量也有所提高。非蛋白氮是指尿素、磷酸铵等，可替代部分蛋白质饲料，其喂量约占日粮的 1%，不宜超过 200 克，同时不能单独使用或溶于水中使用，以防引起中毒。

微量元素与奶牛生产、健康、疾病的关系十分密切。用微量元素添加剂平衡日粮，可明显地提高奶牛生产水平。添加时一定要依据奶牛日粮的营养成分按产品说明严格使用，严禁超量添加。

纤维素酶添加剂属生长促进剂，为外源性纤维素分解酶，可以提高纤维素的消化分解率，使奶牛饲料消耗下降，提高产奶量。其添加量为每头奶牛日喂 20 克左右。

非常规矿物质饲料添加剂（天然沸石、麦饭石、稀土等）具有独特的物理化学性质，并含有奶牛需要的常量和微量元素，可提高营养物质的消化率，促进奶牛生长。一般添加量为沸石 100~200 克，麦饭石 50~100 克，稀土 3 克。

合理使用缓冲剂。当精料喂量增大时会而导致瘤胃内酸性过度，瘤胃内微生物活动受到抑制，并患有多种疾病。当日粮中精料占 60% 时添加 1.5% 碳酸氢钠（小苏打）和 0.8% 的氧化镁。

③添加剂务必同饲料搅拌均匀。添加剂在饲料中的添加量很小，直接加入配合饲料很难混匀。所以使用前务必搅拌均匀。即将添加剂与少量饲料混合，搅拌均匀，使添加剂至少扩大 100 倍后，再混合全部饲料中。如混合不均匀，吃少了不起作用，吃多了会引起中毒。

④添加剂用量要适当。添加剂用量一定要按照使用说明添加，过多过少都会产生不良后果，用量过大不仅浪费，还会引起中毒。

⑤不宜拌后久存。饲料添加剂只能混合于饲料中，最好随配随喂，一次拌混存放时间不能超过 7 天。添加剂长时间在空气中暴露将会受到空气中氧、水等的影响而失去效力。微量元素与维生素并用时，最好当天饲喂当天加入。

⑥添加剂要妥善贮存。饲料添加剂贮存温度越高，其效价损失量越大。所以应贮存在干燥、低温和避光处，以免氧化受潮而失效。贮存期不宜超过半年。

⑦及时总结饲喂经验。同一种饲料添加剂在的不同地区、气候和土壤条件下，添加数量不是一成不变的。所以，应不断摸索，及时总结合理的使用经验。

综上所述，奶牛场（户）选用添加剂一定要注意安全，在使用前还要注意添加剂的质量和有效期，还要注意限用、禁用、用量、用法等具体规定，做到心中有数，规范使用，安全生产。

三、奶牛的正常生理指标

26. 如何观察奶牛的几项正常生理指标？

食欲是牛健康的最可靠指征，一般情况下，只要生病，首先就会影响到牛的食欲，早上给料时看饲槽是否有剩料，对于早期发现疾病是十分重要的。另外，反刍能很好地反映牛的健康状况。健康牛每日反刍 8 小时左右，特别晚间反刍较多。

成年牛的正常体温为 38~39℃，犊牛为 38.5~39.8℃。

成年牛每分钟呼吸 15~35 次，犊牛 20~50 次。

一般成年牛脉搏数为每分钟 60~80 次，青年牛 70~90 次，犊牛为 90~110 次。

正常牛每日排粪 10~15 次，排尿 8~10 次。健康牛的粪便有适当硬度，牛粪为一节一节的，但肥育牛粪稍软，排泄次数一般也稍多，尿一般透明，略带黄色。

27. 怎样给奶牛测体温？

一般需测牛的直肠温度。测温前，先把体温计的水银柱甩到 35℃ 以下，涂上润滑剂或水。检查员站在牛正后方，左手提起牛尾，右手将体温计向前上方徐徐插入肛门内，用体温计夹子夹在尾根部毛上，3~5 分钟后取出，查看读数。

28. 怎样观察奶牛咳嗽？

健康牛通常不咳嗽，或仅发一两声咳嗽。如连续多次咳嗽，常为病态。通常将咳嗽分为干咳、湿咳和痛咳。干咳，声音清脆，短而干，疼痛比较明显。干咳常见于喉炎、气管异物、气管炎、慢性支气管炎、胸膜肺炎和肺结核病。湿咳，声音湿而长、钝浊，随咳嗽从鼻孔流出大量鼻液。湿咳常见于咽喉炎、支气管炎、支气管肺炎。痛咳，咳嗽时声音短而弱，病牛伸颈摇头。痛咳见于呼吸道异物、异物性肺炎、急性喉炎、胸膜炎、创伤性网胃炎、创伤性心包炎等。此外，还可见经常性咳嗽，即咳嗽持续时间长，常见于肺结核病和慢性支气管炎。

29. 怎样观察奶牛反刍？

健康牛一般在喂后半小时至一小时开始反刍，通常在安静或休息状态下进行。每天反刍 4~10 次，每次持续约 20~40 分钟，有时持续 1 小时，反刍时返回口腔的每个食团大约进行 40~70 次咀嚼，然后再咽下。

30. 怎样观察奶牛嗳气？

健康牛一般每小时嗳气 20~40 次。嗳气时，可在牛的左侧颈静脉沟处看到由下而上的气体移动波，有时还可听到咕噜声。嗳气减少，见于前胃迟缓、瘤胃积食、真胃疾病、瓣胃积食、创伤性网胃炎、继发前胃功能障碍的传染病和热性病。嗳气停止，见于食道梗塞，严重的前胃功能障碍，常继发瘤胃臌气。当牛发生慢性瘤胃迟缓时，嗳出的气体常带有酸臭味。

31. 怎样检查牛的眼结膜？

检查牛眼结膜，通常需检查牛的眼球结膜，即巩膜和眼睑结膜。检查时，两手持牛角，使牛头转向侧方，巩膜自然露出。检查眼睑结膜时，用大拇指将下眼睑压开。结膜苍白、结膜弥漫性潮红和结膜黄染等变化，均属疾病状态。

32. 怎样检查牛的呼吸数？

在安静状态下检查牛的呼吸数。一般站在牛胸部的前侧方或腹部的后侧方观察，胸腹部的一起一伏是一次呼吸。计算 1 分钟的呼吸次数，健康犊牛为每分钟 20~50 次，成年牛每分钟为 15~35 次。在炎热季节、外界温度过高、日光直射、圈舍通风不良时，牛的呼吸数增多。

33. 怎样检查牛的呼吸方式？

健康牛的呼吸方式呈胸腹式，即呼吸时胸壁和腹壁的运动强度基本相等。检查牛的呼吸方式，应注意牛的胸部和腹部起伏动作的协调和强度。如出现胸式呼吸，即胸壁的起伏动作特别明显，多见于急性瘤胃臌气、急性创伤性心包炎、急性腹膜炎、腹腔大量积液等。如出现腹式呼吸，即腹壁的起伏动作特别明显，常提示病变在胸壁，多见于急性胸膜炎、胸膜肺炎、胸腔大量积液、心包炎及肋骨骨折、慢性肺气肿等。

34. 如何检查牛的脉搏数？

在安静状态下检查牛的脉搏数。通常是触摸牛的尾中动脉。检查员站立在牛的正后方，左手将牛的毛根略微抬起，用右手的食指和中指压在尾腹面的尾中动脉上进行计数。计算 1 分钟的脉搏数。

35. 怎样看牛的鼻液是否正常？

健康牛有少量的鼻液，并常用舌头舔掉。如见较多鼻液流出则可能为病态。通常可见黏液性鼻液、脓性鼻液、腐败性鼻液、鼻液中混有鲜血、鼻液呈粉红色、铁锈色鼻液。鼻液仅从一侧鼻孔流出，见于单侧的鼻炎、副鼻窦炎。

36. 怎样检查牛的口腔及需要注意哪些问题？

进行牛的口腔检查，用一只手的拇指和食指，从两侧鼻孔捏住鼻中隔并向上提，同时用另一只手握住舌并拉出口腔外，即可对牛的口腔全面观察。健康牛口黏膜为粉红色，有光泽。口黏膜有水泡，常见于水泡性口炎和口蹄疫。口腔过分湿润或大量流涎，常见于口炎、咽炎、食道梗塞、某些中毒性疾病和口蹄疫。口腔干燥，见于热性病，长期腹泻等。当牛食欲下降或废绝，或患有口腔疾病时，口内常发生异常的臭味。当患有热性病及胃肠炎时，舌苔常呈灰白或灰黄色。

37. 怎样看牛排粪是否正常？

正常牛在排粪时，背部微弓起，后肢稍微开张并略往前伸。每天排粪 10~18 次。排粪带痛，在排粪时表现疼痛不安，弓腰努责，常见于腹膜炎、直肠损伤和创伤性网胃炎等。牛不断地做排粪动作，但排不出粪或仅排出很少量，见于直肠炎。病牛不采取排粪姿势，就不自主地排出粪便，见于持续性腹泻和腰骶部脊髓损伤。排粪次数增多，不断排出粥样或水样便，即为腹泻，见于肠炎、肠结核、副结核及犊牛副伤寒等。排粪次数减少、排粪量减少，粪便干硬、色暗，外表有黏液，见于便秘、前胃病和热性病等。

38. 怎样检查牛排尿？

观察牛在排尿过程中的行为与姿势是否异常。牛排尿异常有：多尿、少尿、频尿、无尿、尿失禁、尿淋漓和排尿疼痛。

39. 如何进行尿液感观检查？

尿液感观检查，主要是检查尿液的颜色、气味及其数量等。健康牛的新鲜尿液呈清亮透明，呈浅黄色。如排出的尿液异常有：强烈氨味、醋酮味、尿色变深、尿色深黄、红尿、白尿和尿中混有脓汁。

40. 怎样给牛进行肌肉注射？

肌肉注射，是将药液注于肌肉组织中，一般选择在肌肉丰富的臀部和颈侧。注射前，剪毛消毒，然后将针头垂直刺入肌肉适当深度，接上注射器，回抽活塞无回血即可注入药液。注射后拔出针头，注射部位涂以碘酊或酒精。注意，在注射时不要把针头全部刺入肌肉内，一般为 3~5 厘米，以免针头折断时不易取出。刺激性过强的药，如水合氯醛、氯化钙、水杨酸钠等，不能进行肌肉注射。

41. 怎样给牛进行静脉注射？

静脉注射，多选在颈沟上 1/3 和中 1/3 交界处的颈静脉血管。必要时也可选乳静脉进行注射。注射前，局部剪毛消毒，排尽注射器或输液管中气体。以左手按压注射部下边，使血管怒张，右手持针，在按压点上方约 2 厘米处，垂直或呈 45°角刺入静脉内，见回血后，将针头继续顺血管推进 1~2 厘米，接上针筒或输液管，用手扶持或用夹子把胶管固定在颈部，缓缓注入药液。注射完毕，迅速拔出针头，用酒精棉球压住针孔，按压片刻，最后涂以碘酊。注射时，对牛要确实保定，注入大量药液时速度要慢，以每分钟30~60 滴为宜，药液应加温至接近体温，一定要排净注射器或胶管中的空气。注射刺激性的药液时不能漏到血管外。

四、奶牛的常见病

42. 牛口炎有何临床表现？

牛口炎表现为采食、咀嚼障碍和流涎。病初，黏膜干燥，口腔发热，唾液量少。随疾病发展，唾液分泌增多，在唇缘附着白色泡沫并不断地由口角流下，常混有食屑、血丝。口黏膜感觉敏感，采食、咀嚼缓慢，严重时可在咀嚼中将食团吐出。开口检查时可见黏膜潮红、温热、疼痛、肿胀，口有甘臭味。舌面有舌苔，在口腔黏膜有溃疡面，大小不等。全身症状轻微。

43. 如何治疗牛口炎？

治疗牛口炎的方法有：

①用 3% 左右的碳酸氢钠溶液冲洗口腔。

②用 0.1% 的高锰酸钾溶液冲洗口腔。

③用 0.1% 的雷夫奴尔溶液冲洗口腔。

④如果唾液多，则用 2%~5% 的硼酸溶液或者 1%~2% 的明矾溶液、2% 左右的甲紫溶液冲洗口腔。

⑤用 0.2%~0.6% 的硝酸银溶液涂搽口腔。

⑥用 10% 左右的磺胺甘油乳剂涂搽口腔。

⑦如果病牛口腔溃烂、溃疡处可涂搽碘甘油。

⑧用磺胺噻唑 40 克，小苏打 35 克，蜂蜜 150~250 克，混合后涂在病牛的舌头上让其舔服。

⑨有全身炎症时，可以肌肉注射青霉素或者磺胺噻唑钠，连续注射 5 天左右。

44. 牛异食癖是如何发生的？

异食癖是指由于环境、营养、内分泌和遗传等因素引起的以舔食啃咬通常不采食的异物为特征的一种顽固性味觉错乱的新陈代谢障碍性疾病。病因包括：①饲料单一。钠、铜、钴、锰、铁、碘、磷等矿物质不足，特别是钠盐的不足。②钙、磷比例失调。③某些维生素的缺乏。④患有佝偻病、软骨病、慢性消化不良、前胃疾病、某些寄生虫病等可成为异食的诱发因素。

45. 牛异食癖有何临床表现？

主要表现为：乱吃杂物，如粪尿、污水、垫草、墙壁、食槽、墙土、新垫土、砖瓦块、煤渣、破布、围栏产后胎衣等；患牛易惊恐，对外界刺激敏感性增高，以后则迟钝；

患牛逐渐消瘦、贫血，常引起消化不良，食欲进一步恶化。在发病初期多便秘，其后下痢或便秘和下痢交替出现；怀孕的母牛，可在妊娠的不同阶段发生流产。

46. 如何治疗牛异食癖？

治疗原则是缺什么，补什么。继发性的疾病应从治疗原发病入手。

①钙缺乏的则补充钙盐，如磷酸氢钙。注射一些促进钙吸收的药物，如1%维生素 D_5 15毫升。维生素 AD_5 15毫升。也可内服鱼肝油20~60毫升。碱缺乏的供给食盐、小苏打、人工盐。

②贫血和微量元素缺乏时，可内服氯化钴0.005~0.04克，硫酸铜0.07~0.3克。缺硒时，肌肉注射0.1%亚硒酸钠5~8毫升。

③调节中枢神经可静脉注射氨溴100毫升或盐酸普鲁卡因0.5~1克。氢化可的松0.5克加入10%葡萄糖中静脉注射。

④瘤胃环境的调节，可用酵母片100片，生长素20克，胃蛋白酶15片，龙胆末50克，麦芽粉100克，石膏粉40克，滑石粉40克，多糖钙片40片，复合维生素 B 20片，人工盐100克混合一次内服。一日1剂连用5天。

47. 如何预防牛异食癖？

必须在病原学诊断的基础上，有的放矢地改善饲养管理。应根据不同生长阶段的营养需要喂给全价配合饲料。当发现异食癖时，适当增加矿物质和微量元素的添加量，此外喂料要定时、定量、定饲养员，不喂冰冻和霉败的饲料。在饲喂青贮饲料的同时，加喂一些青干草。同时根据牛场的环境，合理安排牛群密度，搞好环境卫生。对寄生虫病进行流行病学调查，从犊牛出生到老龄淘汰，定期驱虫，以防寄生虫诱发的恶癖。

48. 牛食道梗塞是如何发生的？

该病又称为食管阻塞，是由于吞咽物过于粗大和（或）咽下机能紊乱所致发的一种食管疾病。常因采食胡萝卜、白薯类块根或未被打破和泡软的饼类饲料所引起。突然发生采食中止，头颈伸直、流涎、咳嗽，不断咀嚼伴有吞咽而不能的动作，摇头晃脑，惊恐不安。可分食道前部与胸部食道阻塞两种。食道前部阻塞可以在颈侧摸到，而胸部阻塞可从食道积满唾液的波动感诊断。

49. 如何治疗牛食道梗塞？

主要是及时排出食道阻塞物，使之畅通。如将阻塞物从口中取出法（将阻塞物向口腔推压然后一人用手从口腔中取物）。或采用压入法，将胸部食道阻塞物用胃管向下推送入胃，或连接打气管气压推进。也可采用强制运动法，如将牛头与前肢系部拴在一起，然后强制牛运动20~30分钟，借助颈肌运动促使阻塞物进入瘤胃。预防方法主要是将饲料加工规格化，块根饲料加工达到一定的碎度可以根除本病。

50. 怎样防治牛绦虫病?

预防：可在放牧后一个月左右对牛群进行一次驱虫。驱虫 2~3 周后驱一次，有利于驱杀感染的幼虫。如有条件，可对土壤螨多的牧场，结合草库建设和轮牧进行有计划的休牧，两年后螨的数量可明显减少。

治疗：可选择以下药物，硫双二氯酚（别丁），按每千克体重 40~60 毫克，一次灌服；丙硫苯咪唑，按每千克体重 10~20 毫克，制成悬液，一次灌服。氯硝柳胺，按每千克体重 60~70 毫克，制成悬液，一次灌服。吡喹酮，按每千克体重 50 毫克，一次灌服。1%硫酸铜液，犊牛按每千克体重 2~3 毫升，一次灌服。

51. 怎样防治牛肝片吸虫病?

预防：要选择高燥牧场放牧，尽量避开有螺的死水区域；灭螺；对牛进行驱虫，开春一次，入冬一次；牛粪要堆积发酵，杀死虫卵。

治疗：可选用下列药物，三氯柳胺（肝 3 号），每千克体重 25~30 毫克，灌服；三氯苯唑（肝蛭净），每千克体重 10~15 毫克，制成混悬液，灌服；硫双二氯酚（别丁），每千克体重 40~60 毫克，灌服；硝氯酚（拜尔 9015），每千克体重 0.8~1 毫克，一次皮下或肌肉注射。

52. 怎样防治牛肺线虫病?

预防：一是要到干燥清洁的草场放牧，要注意牛饮水的卫生。二是要经常清扫牛舍，对粪尿污物要发酵，杀死虫卵。三是要每年春秋两季，或牛由放牧转为舍饲时，集中进行驱虫。但驱虫后的粪便要严加管理，一定要发酵杀死虫卵。

治疗：应用丙硫苯咪唑，每千克体重 5~10 毫克，配成悬液，一次灌服。四咪唑，可气雾给药，在密闭的牛舍内进行，喷雾后应使牛在舍内呆 20 分钟。1%伊维菌素注射剂，每千克体重 0.02 毫升，一次皮下注射。氰乙酰肼，每千克体重 17.5 毫克，口服，总量不要超过 5 克。发病初期只需一次给药，严重病例可连续给药 2~3 次。

53. 怎样防治牛囊尾蚴病?

预防：主要是做好人牛带绦虫的普查和驱虫。可用仙鹤草、氯硝柳胺、槟榔南瓜籽合剂、吡喹酮、丙硫咪唑等药物，给病人驱虫。在农村、牧区，修建厕所，管好人便，加强牛的管理，不让其接触人粪。加强牛肉的卫生检疫，对有病的牛肉按规定进行处理，不准进入市场。人不吃生牛肉，牛肉一定要熟透后再吃。

治疗：无特别有效的方法，可试用吡喹酮或甲苯咪唑，前者每千克体重 50 毫克，灌服；后者每千克体重 10 毫克，灌服。

54. 怎样防治牛棘球蚴病？

预防：一是对饲养的犬进行驱虫。二是有病的牛羊肉和脏器不喂犬。

治疗：给犬驱虫，常用氢溴酸槟榔碱（每千克体重 2 毫克，灌服）、吡喹酮（每千克体重 5 毫克，灌服）、氯硝柳胺（每千克体重 125 毫升，制成悬液，灌服）。治疗，可试用吡喹酮、丙硫咪唑等。

55. 怎样防治牛胰阔盘吸虫病？

预防：主要是消灭和控制蜗牛和蟊斯，减少感染机会；在夏秋季节到高燥牧场放牧，尽量避免感染；入冬时给牛驱虫，粪便堆积发酵。

治疗：可用六氯二甲苯（血防 864），每千克体重 200 毫克，一次口服，隔日一次，3 次为一疗程，疗效较好。吡喹酮油剂，每千克体重 35~45 毫克，腹腔注射。

56. 如何防治牛泰勒虫病？

预防：关键是灭蜱，即每年的九至十一月份，用 0.2%~0.5%敌百虫或 0.33%敌敌畏水溶液，喷洒牛舍的墙缝和地板缝，消灭越冬的幼蜱；在次年的二到三月份，用敌百虫喷洒牛体，消灭身上的幼蜱；五至七月份向牛体喷洒消灭成蜱；开春后，可在四月下旬即把牛群转移到草原上，直到十月末再返回，这样就避免了蜱的叮咬。在这段时间，要注意封闭牛舍，做好灭蜱工作。

治疗：要坚持早确诊，早治疗。可选用三氮脒（贝尼尔），每千克体重 5~7 毫克，用灭菌蒸馏水配成 5%~7%浓度，肌肉注射，每日一次，3 次为一疗程，疗效较好。磷酸伯氨喹啉，每千克体重 0.75~1.5 毫克，口服，每日一次，3 次为一疗程。

57. 如何防治牛皮蝇蛆病？

为阻止牛皮蝇成虫在牛体表产卵，杀死牛体表的一期幼虫，可用溴氰菊酯（万分之一浓度）、敌虫菊酯（万分之二浓度），在牛皮蝇成虫活动季节，对牛进行体表喷洒，每头牛平均用药 500 毫升，每 20 天喷一次，一个流行季节喷四到五次。

消灭幼虫可用化学药物或机械方法。化学药物多用有机磷杀虫药，可用 4%的蝇毒磷，每千克体重 10 毫克臀部肌肉注射；3%倍硫磷乳剂，每千克体重 0.3 毫克；8%的皮蝇磷液，每千克体重 0.33 毫克，在四月至十一月间，没背线浇注。也可在八月至十一月间，用倍硫磷臀部肌肉注射，每千克体重 5 毫克。此外，伊维菌素或阿维菌素皮下注射对本病有良好的治疗效果，剂量为每千克体重 0.2 毫克。对于背部出现的三期幼虫，可用 2%敌百虫，每头牛 300 毫升，背部涂擦。在三月中旬至六月底进行，每隔 30 天一次，可收到良好效果。

58. 牛虱病有何临床表现，怎样防治？

除了虱卵外，其他发育阶段的虱子都吸血，每天吸血两三次，每次吸血 0.1~0.2 毫升，持续 5~30 分钟。大量虱子的寄生，使牛发生贫血、消瘦。虱子叮咬，可引起皮肤瘙痒，进而影响牛的休息、睡眠、食欲，对犊牛的影响更大。此外，虱子还可传播其他疾病，所以灭虱很重要。常用的灭虱药有菊酯类和有机磷类，如溴氰菊酯（敌杀死），配成 0.005%~0.008% 的水溶液涂擦患部；氰戊菊酯（速灭杀丁），用 0.1% 的乳剂喷牛的体表；敌百虫，配成 0.5%~1% 的水溶液来涂擦患部；敌敌畏，配成 1% 的水溶液喷在牛的毛上，不要弄湿皮肤，一头牛一天不要超过 60 毫升。此外，倍硫磷、蝇毒磷等也有很好的效果。

五、奶牛的疫苗接种

59. 疫苗是否可超量使用？

接种疫苗对牛来说本身便是一种应激，超量使用只会加重应激，不仅难以提高免疫效果反而可能因此而影响免疫效果，甚至可能威胁牛的生命健康。通常养牛户按照疫苗说明用量的 1.2 倍使用即可，这样即可避免注射器中遗留少量疫苗达不到说明用量，又不会因超出说明用量太多而加重牛的应激。

60. 应该选择什么样的疫苗？

选择疫苗需要留意以下三点。

①生产批号。正规疫苗均具有相应的生产批号，只有选择正规疫苗效果与安全才能有所保证。

②产品口碑。生产疫苗的厂家较多，但产品效果却有好有坏，应选择产品口碑比较好的疫苗。

③针对当地。选择与当地疫病类型相符的疫苗才能有较好的效果。

61. 两次疫苗应间隔多长时间？

接种疫苗后间隔 15~21 天再考虑接种另外一种疫苗，疫苗与驱虫之间的间隔同样应在 10 天，当然特殊情况下可以考虑缩短间隔。

62. 哪些牛不可接种疫苗？

接种疫苗只是针对健康牛的一种防疫手段，并非所有牛都可接种疫苗，以下 4 种牛应禁止或谨慎接种疫苗：

①病牛。一律禁止接种任何疫苗。

②亚健康牛。一些牛虽然没有明显的发病症状，但却处于亚健康或带病未发病的状态，一旦接种疫苗便可能使其发病或出现其他问题，对于亚健康牛一定要将其调理好后再考虑接种疫苗。

③孕牛。疫苗使用说明上标明孕牛禁用的情况下便不可给孕牛接种，未标明或标明

孕牛可用的情况下同样需谨慎使用，怀孕前期（0~45 日）与怀孕后期（210 日分娩）的牛应尽可能避免接种疫苗。另外给孕牛接种疫苗时抓牛一定要轻、慢，避免急追猛赶造成机械性流产。

④幼牛。2 月龄以内的幼牛，特别是正在吃初乳的幼牛应尽可能避免接种疫苗，首先幼牛吃初乳期间从母体获得大量母源抗体可有效防止各类疫病的发生，其次母源抗体与疫苗会相互干扰往往起不到免疫效果。

63. 牛疫苗过敏应该怎么办？

个别牛可能会出现疫苗过敏，因此养牛户应在接种疫苗前准备好肾上腺素，牛出现疫苗过敏可紧急注射肾上腺素缓解过敏症状。对于以往出现过疫苗过敏的牛，可在接种疫苗前先注射肾上腺素。

64. 牛接种疫苗后食欲减退怎么办？

接种疫苗对牛来说本身便是一种应激，出现食欲减退、精神不振等属于正常现象，如果没有其他问题的情况下 1~2 天便可以自行恢复。不过接种疫苗前后一定要加强饲养管理，以免牛因多种应激叠加而出现健康问题。

65. 牛接种疫苗后发病怎么办？

疫苗使用不当、疫苗质量问题或饲养管理等问题，均有可能使牛接种疫苗后出现发病，这种情况下则需要进行对症治疗。

66. 规模化牧场奶牛疾病的发病有什么特点？怎样防治常见病？

规模化牧场奶牛疾病的发病特点：奶牛大肠杆菌病发病率高，症状复杂，死亡率高；泌乳牛支原体肺炎发病率升高，淘汰率和死亡率升高；热应激发生后，规模化牧场奶牛的代谢性酮病、胎衣不下、子宫炎发病率升高。

（1）大肠杆菌病防控

加强卧床、粪道、运动场的卫生管理与消毒；严格执行接产消毒程序；可用安加净碘制剂消毒每天 1 次，直至无新发病牛为止；分离大肠杆菌，制作灭活疫苗，疫苗接种。

（2）支原体肺炎的防控

①支原体是无细胞壁的微生物，凡作用于细胞壁的抗生素都无效；②确诊后的支原体肺炎，立即淘汰。

（3）奶牛代谢性酮病的防控

泌乳后期与干奶期进行体况评分，防止体况过肥；全混合日粮要搅拌均匀，水分含量要合格，防止奶牛挑食精料；亚临床型酮病灌服丙二醇，每头牛每天 600 毫升，连续灌服 5~6 天；临床型酮病灌服丙二醇，静脉注射 25% 葡萄糖注射液 1000 毫升，5% 维生素 C 60 毫升，每天 1 次，连续 2~3 天。

(4) 子宫内膜炎

有全身症状的奶牛，使用非甾体抗炎药+输液支持疗法治疗。即 10%头孢噻呋钠肌肉注射，每天 1 次，连用 3~5 天，氟尼辛葡甲胺 25 毫升静脉推注，每天 1 次，连用 3 天。

(5) 酮病

大群预防方案根据上月酮病风险评估结果确定，存在低酮病风险，所有新产牛产后连续灌服丙二醇 3 天，存在高酮病风险，所有新产牛产后连续灌服丙二醇 7 天。产后第一天灌服产后料包，不再单独使用丙二醇。

(6) 乳房炎治疗

①初期处在红肿热痛阶段可进行冷敷，后期可进行 2~3 次热敷。②乳房内冲洗对各类乳房炎的治疗均可产生良好的效果。冲洗前应先消毒乳头并将乳房内积乳尽量挤干净，每个乳头先用 1%~2%小苏打水冲洗后再注入抗菌药。③对化脓性乳房炎，脓肿位于皮下浅层的应尽早切开排脓，若在深层则用注射器抽出脓汁，然后注入抗菌药。预防：保持圈舍及乳房卫生，正确挤乳，加强饲养管理。

(7) 酮血症

酮血症主要症状是食欲减退、体况下降、产奶量减少；神经症状表现为先兴奋后抑制；后期多见营养衰竭、消瘦，四肢瘫痪，卧地不起，有时呈半昏睡状态。病牛呼出的气体及乳、尿中均含有酮类气味（似氯仿的芳香味）。治疗：必须尽快增加血糖水平。为达此目的，静注 25%~50%葡萄糖 500~1000 毫升，每日 2 次，连用 2~3 天。也可选丙酸钠、丙二醇或甘油口服。静注 3%~5%碳酸氢钠注射液 300~500 毫升或 11.2%乳酸钠注射液 250~500 毫升，以缓解酸中毒。平时要加强饲养管理，保证满足各种生产状态下的能量需要，合理搭配饲料，多喂富含糖类饲料及优质青（干）草和多汁饲料。牛群应有适当运动和日光照射。

(8) 前胃弛缓

前胃弛缓治疗：禁食 1~2 天，配合瘤胃按摩，促进瘤胃功能恢复；药物治疗的目的是兴奋瘤胃蠕动（瘤胃兴奋药），防止异常发酵（制酵药），排除病原性内容物（泻下剂），促进食欲及反刍恢复；瘤胃灌洗法对该病具有重要作用。

(9) 瘤胃积食

瘤胃积食治疗：禁食泻下，灌洗排除瘤胃内容物配合使用瘤胃兴奋药。增高血液碱储，减少自体酸中毒。

（10）生产瘫痪

生产瘫痪治疗：①尽快使血钙恢复到正常水平。常用 20%~25% 硼酸葡萄糖酸钙注射液（含 4% 硼酸）500 毫升静脉注射（时间不应少于 10 分钟），或用 10% 葡萄糖酸钙 1000 毫升，或 5% 氯化钙 500 毫升缓慢静脉注射。②使用乳房送风器向乳房内打气。使乳房内压力增高，减少泌乳以减少体内钙的消耗。建议在产前 2 周开始饲喂低钙高磷饲料以刺激甲状旁腺的机能，促进甲状旁腺的分泌，从而提高吸收和动用骨钙的能力。饲喂维生素 D，产后及时增加日粮中钙、磷含量，可减少发病。

（11）子宫炎

子宫炎治疗：制止感染扩散，清除子宫腔内的脓性分泌物，提高子宫紧张度及子宫的自净能力。先用药液冲洗，然后按摩（通过直肠），排净宫腔内冲洗液，再注入抗菌剂及子宫收缩药。预防：该病预防关键在于搞好环境卫生，及时而合理治疗原发性疾病。

（12）腐蹄病

腐蹄病治疗：遇有跛行及蹄部异常时应立即检查蹄部，尤其要洗净检查蹄底蹄叉，轻度腐蹄病仅限于浅层时，用 3%~5% 高锰酸钾羊毛脂软膏涂敷；蹄部肿胀、跛行明显时，应用 1% 高锰酸钾液温脚浴疗法；若蹄底已烂出空洞并有脓液及坏死组织时，可用消毒液洗净蹄部，用剪刀将坏死组织彻底清除再用 5% 浓碘酊消毒，撒上抗菌药，外用福尔马林松馏油棉塞塞上，包扎上绑带，然后再用防水塑料布包住蹄部，2~3 天换药一次。预防：加强饲养管理，注意厩舍和运动场的清洁、卫生和干燥。

（13）焦虫病

焦虫病表现为体温升至 40~41.5℃，可持续一周或更长。病牛精神沉郁，食欲下降，反刍停止。贫血明显，可有 75% 红细胞被破坏，通常有血红蛋白尿出现。在病初，红细胞染虫率一般为 10%~15%。凡有从外地引进牛的牛场均应密切关注此病，一旦出现体温升高并能在血片中查出虫体即按此病治疗。治疗：对此病已有特效治疗药如贝尼尔、拜尔 205 等。

（14）结核病与布鲁氏病

结核病与布鲁氏病：结核病是由结核杆菌引起的人畜共患的慢性传染病。病原菌在肺部组织中寄生形成结节，随后变为干酪样坏死，形成空洞。患牛渐进性消瘦、衰弱，除肺部外，还有乳房结核、淋巴结核、肠结核等。结核杆菌按其致病性可分为人型、牛型和禽型，但各型之间可相互感染，人可通过空气及食用被污染的牛奶或其他食物而被感染。

67. 怎样辨别奶牛健康？

①看食欲。健康的奶牛有旺盛的食欲，吃草料的速度也较快，吃饱后开始反刍（俗称倒沫），在草料新鲜、无霉变的情况下，如果发现奶牛对草料只是嗅嗅，不愿吃或吃得少，即为有病的表现。

②看粪尿。健康奶牛的粪便呈圆形，边缘高、中心凹，并散发出新鲜的牛粪味；尿呈淡黄色、透明。如发现大便呈粒状或奶牛腹泻拉稀，甚至有恶臭味，并夹杂着血液和浓汁；尿液发生变化，如颜色变黄或变红，就是奶牛生病的表现。

③测体温。就是用体温计通过直肠测量奶牛体温，正常体温为 37.5~39.5℃，如果体温超过或低于正常范围即为有病的表现。

④观神态。健康的奶牛动作敏捷，眼睛灵活，尾巴不时摇摆，皮毛光亮。如果发现牛眼睛无神，皮毛粗乱、拱背、呆立，甚至颤抖摇晃，尾巴也不摇动，就是有病的表现。

⑤看鼻镜。健康的奶牛不管天气冷热，鼻镜总有汗珠，颜色红润。如鼻镜干燥、无汗珠，就是有病的表现。

⑥记录产奶量。比较每次产奶量的差别，健康奶牛产奶量比较平稳，如果产奶量突然下降，则是有病的征兆。

68. 奶牛引种前有哪些准备工作？

引种是奶牛养殖成功与否的关键环节。引种时一定要到非疫区、信誉度好的正规奶牛场选择系谱档案清晰、品种特征明显且健康无疾病的优质奶牛。

①制定引种计划。养殖户要结合自身实际情况，根据种群更新计划，确定所需奶牛的品种和数量，有选择性地购买体质健康的优质奶牛。

②选择合适时间。合适的时间引种能更好地发挥引种优势，降低引种成本。应避免在严酷条件下引种，减少奶牛应激反应，春秋是较适宜的引种季节。

③奶牛舍的准备。奶牛场要选择地势干燥、背风向阳、易于排水、交通便利、无污染源及疾病威胁的地方修建，牛舍以坐北朝南或朝东南为宜，多为双列式。

④饲草料、药物的准备。要提前储备足量适口性好、营养丰富的饲草料和一些常用的药物。

69. 奶牛引种时的个体选择应注意哪些方面？

（1）品种

荷斯坦奶牛在中国具有很强的适应性，且耐粗饲、生产水平高，是较适合饲养的奶牛品种。该品种奶牛显著的外貌特征是毛色黑白花，体格清秀，乳房发育良好。引种时一定要鉴定是否符合品种特征，若出现毛色不正及体型过于肥胖等与品种特征不符时均不宜购买。

（2）体型外貌

购牛时且不可独自前往，一定要聘请具有一定理论水平和丰富实践经验的技术人员一同前往，对欲引进奶牛逐头认真进行体型外貌鉴定，确认体质健康、体型外貌优良者方可购买。荷斯坦奶牛的体型外貌鉴定时重点从以下几个方面进行：被毛黑白花，细短有光泽；体型高大，外形清秀；皮薄骨细，血管显露；后躯和乳房十分发达，侧视、前视、和背视均呈"楔形"；胸腹宽深，骨骼舒展；体质结实但肌肉不甚发达。

（3）种源

目前，奶牛供种的地方较多，引种时一定要选择正规奶牛供种单位进行详细了解，查看资质，争取多考察，多了解，做到货比三家，这样挑选余地大，才可购得品种纯、质量好、产量高的理想奶牛。

（4）年龄

一般初产奶牛的产奶量较低，至第五、第六胎时达到高峰，以后随着年龄的增加产奶量逐渐下降。因此，要选择购买初产的青年母牛。购牛时一定要查看母牛的出生记录，同时聘请有实践经验的人员对奶牛的年龄进行正确鉴定，防止奶牛年龄造假。

（5）系谱档案

系谱是记载奶牛个体血统来源的育种文件，是奶牛育种和引种的重要依据。此方法多用于尚无产量记载和后裔测定资料的犊牛和青年牛，重点考虑其父本、母本、及亲本的育种值和生产性能指标，同时也考虑近交。在正常情况下，母牛的亲代、祖代生产性能高、繁殖力强、利用年限长，其后代的生产性能也较高。中国实行奶牛良种登记制度，正规奶牛场的奶牛都有详细档案记录，购牛时一定要索取并认真进行查阅核实。

（6）免疫、检疫

检疫是保证引入健康奶牛的关键之举。引种时一定要认真查阅奶牛场的免疫程序、记录其疾病发生、治疗情况，同时不能为了节省检疫费而逃避检疫，这样常常会造成严重的经济损失，要主动要求检疫部门进行检疫。检疫最基本的项目应包括牛肺疫、乳房炎、结核和布氏杆菌病等。

70. 奶牛引种运输时需要注意什么?

一是提前对运输车辆和器具进行消毒，车况良好。二是运输前24小时停止饲喂，运输过程中要尽量减少奶牛应激和肢蹄损伤，避免途中发生感染疾病和死亡。三是运输车辆内要铺设垫料，且有隔离和防护设施，同时密度不宜过大。四是长途运输时要尽量选择高速公路，途中尽量避免急刹车。五是冬季要做好防寒保暖，酷暑时要防暑降温。

六是要时常观察奶牛状况，当奶牛过度疲劳时要及时适当休息。

71. 奶牛引种到场后有哪些注意事项？

一是恢复体力。奶牛到场后先提供充足饮水，饮水中可适量加入多维素、葡萄糖和食盐，如有必要可添加一些抗呼吸道、消化道感染的抗生素和多种维生素，待休息 6~12 小时后再饲喂少量优质草料，第 2 天后开始饲喂精料并逐渐增加饲喂量，至第 5 天达到正常饲喂量，使奶牛尽快恢复正常体况。二是要隔离观察。新到场的奶牛要在隔离舍饲养 30~45 天，经严格检疫确定健康无疾病后方可转入生产区饲养。

72. 什么是性控冻精技术？

X/Y 精子分离技术是通过流式细胞分离仪将公牛精液中的 X、Y 精子进行分离，从基因和性染色体的角度来实现性别控制，是目前最先进、最经济和生产中应用最为广泛的性别控制手段，是继冻精授配和胚胎移植之后，家畜繁殖技术的第三次革命。美国于 2000 年将此项技术成功从实验室引入商业化生产，奶牛情期受胎率平均为 53%，青年母牛达 60% 以上，母犊率高达 93%；阿根廷、日本、巴西、墨西哥、英国等国家也已将此项技术应用于奶牛生产；中国主要有中国种畜进出口（天津）有限公司、新疆金牛生物股份有限公司，以及内蒙古、河北等省从事奶牛 X 精液的生产销售，奶牛授配试验情期受胎率为 58%~72%，平均约为 65%。该技术在现代奶牛生产中广泛应用，可实现奶牛连续产母犊的愿望，不仅能显著提高奶牛的产母率，加快奶牛群的扩繁速度，而且可有效提高奶牛的种群质量及其繁殖效益，但与常规冻精相比，其存活时间、受精能力存在差异，主要表现在保持受精能力的时间稍短（8~10 小时）和情期受胎率降低（5%~10%）。

73. 使用性控冻精应注意哪些操作要点？

为了更好地使用性控冻精，收到理想效果，在奶牛生产实践中应特别注意如下操作要点。

（1）选择合适的受体

应选择营养均衡、体质健康、发情正常且无生殖疾病的育成牛和低胎次青年母牛参加配种，高胎次奶牛由于卵巢囊肿、卵巢静止、持久黄体及慢性子宫炎等生殖系统疾病相对较多，且其机体新陈代谢机能下降，激素分泌能力减弱，都会导致母牛长期不发情、卵泡发育迟缓、不排卵，最终导致母牛受胎率下降。因此，要尽量避免有生殖道疾病和高胎次母牛使用性控冻精。

（2）科学配比日粮，规范饲养

要强化奶牛场的规范化管理，提高动物福利，做好高胎次牛、屡配不孕牛、低产牛的淘汰和疾病治疗工作，保证奶牛充足的光照和适当运动。日粮要依据不同产奶阶段做到精、粗料合理搭配，科学配比，对缺乏的矿物质、维生素及微量元素等要适当添加，确保日粮营养全面均衡，促进奶牛正常发情和排卵。

（3）准确掌握输精时机

由于性控冻精在分离过程中精子经受了荧光染色、高频震动、磁场筛选等外界因素的刺激，且分离时间延长，使其 X 精子的有效数量、存活时间和保持受精能力的时间都有所降低，这就要求配种人员注意观察母牛的发情表现，准确判断母牛的发情阶段，同时结合母牛的年龄、营养、体况、季节、发情持续期与直肠检查，及时掌握卵泡的发育程度，做到适时配种。在生产实践中，常规细管冻精一般要求在母牛发情开始后 18~24 小时，母牛处于发情末期时输精，而性控冻精由于精子在母牛生殖道内存活的时间相对较短，要求授配时间较常规冻精推迟，即在母牛发情结束后 5~7 小时（排卵前 3~5 小时）配种。

（4）规范输精操作

主要是指准确掌握输精次数、部位和剂量。在能准确判断母牛卵巢卵泡发育状况的前提下，输精位置应在优势卵泡发育侧子宫角基部前 2~3 厘米处（即子宫角大弯处），但在不进行直肠检查的情况下，一般要求将精液输送到子宫颈深部（子宫颈与子宫体的结合部）即可，不必将精液再深送一程。这是因为输精部位过深，不能明显提高受胎率，而且容易将布氏杆菌病传染给母牛并造成子宫创伤。母牛一个发情期一般只输精一次，每次使用一支细管冻精即可，两次输精虽可提高受胎率，但差异并不显著，且由于性控冻精价格较贵，两次输精势必会增加配种成本，同一头奶牛最多配两个情期，以后改用常规冻精。

（5）科学使用促排卵和保胎激素药物

对于发情后卵泡发育迟缓，有排卵延迟可能的奶牛，可使用促排药物。如在输精前肌肉注射促黄体释放激素 200~400 单位、绒毛膜促性腺激素 1000~3000 单位或促黄体生成素 1~2 支，加速提高母牛机体黄体生成素的水平，促进卵泡成熟并正常排卵。

（6）做好配种记录

每次输精完毕，配种人员应详细填写配种记录，并做好相关影像资料的收集保存。内容主要包括：母牛号、年龄、体况、胎次、发情时间，输配冻精的品种、公牛号、输精时间、位置、剂量、产犊情况等。

（7）其他

在做好上述六项技术操作要点的同时，还应注意以下事项：

①严把冻精质量关。优质的性控冻精是获得较高受胎率的前提条件，这就要求我们

在购买性控冻精时一定要严把质量关，从冻精的生产企业、种公牛的生产性能、精液品质等方面认真核查，严格挑选，确保冻精质量。同时做好冻精的运输、保存工作，定期抽查。值得注意的是，很有必要与销售企业签订购销合同，核实参数，明确责任。

②配种人员要有强烈的责任心。冻配人员必须能吃苦耐劳，认真负责，技术精湛，有一定的理论知识和丰富的实际操作经验，能通过外部观察及直检准确进行母牛发情鉴定，规范操作，适时配种。

总之，在奶牛性控冻精授配技术的各个环节中，高质量的冻精、健康的奶牛及精湛的技术是保证获得较高受胎率最核心和最关键的三项技术，只有将这三项技术完美地结合，才会收到满意的授配效果和丰厚的经济回报。

74. 怎样饲养怀孕母牛？

怀孕母牛所取得的营养物质，首先满足胎儿的生长发育，然后再用来供本身的需要，并为将来泌乳贮备部分营养物质。怀孕母牛饲养有两个关键时间，一是配种后第三周前后的时间，这几天受精卵处于游离状，不牢固，此阶段胚胎靠子宫内膜分泌的子宫乳作为营养来源而非靠胎盘吸收母体营养。二是怀孕后期，胎儿迅速发育阶段，尤其在最后20天内，胎儿的增重最重要，母牛食欲旺盛。如果在怀孕期营养不足，就会使胎儿发育不良，同时母牛本身的发育和营养储备也受到影响，势必造成新生犊牛体质差、发育迟缓、多病，母牛的泌乳也会受到很大影响。

怀孕初期（前40天），胎儿增长不快，发育较慢，营养需要不多，一般按空怀母牛进行饲养，喂给富含蛋白质、维生素A、维生素E及钙、磷的青绿饲料和块根、块茎类粗饲料，适量搭配精饲料，日粮中添加矿物质饲料，使饲料多样化、适口性好，营养均衡，以满足母牛的营养需要，常采用先粗后精的饲喂顺序。但断奶后体况较差的经产母牛，初期要加强营养，使其迅速恢复体况，应适当增加精料饲喂量，特别是含蛋白质的饲料，待体况恢复后按正常饲养标准饲喂。对于体况较好的经产母牛，应按照配种前的营养需要在日粮中多喂给青粗饲料，减少精饲料的饲喂量。

怀孕后期（后100天），母牛妊娠最后3个月是胎儿增重最多的时期，需要从母体吸收大量营养，一般母牛在分娩前，至少要增重50~80千克，才能保证产犊后的正常泌乳与发情。因此，这个时期需要供应充足营养物质，满足母牛对蛋白质、矿物质、维生素的需要，保证胎儿正常发育，应适当增加精料，减少粗料并补足钙磷，确保胎儿正常发育，可按先精后粗的顺序饲喂。怀孕后期的饲养方法要有灵活性，由于胎儿迅速发育，占据有一定的空间，使胃的容积相对变小，限制采食量，有时会造成营养不足，势必会动用前期储备的营养物质。因此，一定要注意饲料的质量，以精料为主，搭配适量优质粗饲料，少食多餐。妊娠最后两个月，母牛的营养直接影响着胎儿生长和本身营养蓄积，如果此期营养缺乏，容易造成犊牛初生重低、母牛体弱和奶量不足；严重缺乏营养，会造成母牛流产。

营养需均衡充足，怀孕奶牛的日粮要根据各阶段的营养需要而提供适当的能量、蛋白质、矿物质、维生素、常量元素和微量元素，既要实现日粮营养的全面均衡，又要保证营养的足量供给。

75. 怎样管理怀孕的母牛？

日常主要做好保胎工作，促进胎儿正常发育，避免机械性损伤，防止流产和死胎。做好预产期的推算登记，创造优良的环境卫生，为产后减少疾病，使母牛顺利生产和泌乳做好准备工作。

在怀孕初期，应根据母牛的情况而进行适当的限饲，确保胚胎顺利着床。

在怀孕中期，日粮必须具有一定的体积，使母牛感到有饱感，也不觉得压迫胎儿；且应带有轻泻性，防止便秘，因为便秘可以引起流产。

怀孕母牛禁喂菜籽饼、棉籽饼、酒糟等饲料，禁喂发霉、变质、冰冻、带有毒性和强烈刺激性的饲料，防止流产。产前 1~2 周减少或停止饲喂青贮饲料，饮水温度要求不低于 8~10℃。

搞好疫病防治，保证健康。牛舍经常保持清洁卫生，牛舍及周围环境定期消毒，保持空气新鲜，冬季要注意防寒保温，夏季要注意防暑。严格防疫，防止发生传染病。每天至少刷拭牛体一次，以保持牛体清洁。另外要妊娠母牛患病治疗时用药必须谨慎，对有可能导致胎儿畸形或流产等危害的药物应避免使用。

日常管理中要精心呵护，对怀孕母牛不鞭打，不追赶，不惊吓，不冲冷水浴，减少人为的不良应激反应，要经常观察母牛的行为及体征变化，发现异常情况时要及时处置。要适当运动，增强体质，促进消化，防止难产，但分娩前几天应减少运动。在放牧运动时怀孕母牛要单独组群，禁止与发情母牛、公牛混合，避免因挤撞、打架及爬跨等造成流产或早产。此外，怀孕母牛不宜长途运输。

为了提高母牛产后的泌乳能力，有条件时可常按摩乳房，训练母牛两侧卧的习惯，这有利于母牛产后对犊牛的哺乳，同时使牛有机会多接近饲养人员，减少陌生感，便于分娩时的接产和护理工作。

76. 如何诊断奶牛的妊娠情况？

奶牛发情配种后，经 20~60 天不再发情，可初步断定已怀孕。奶牛的妊娠诊断常用的方法有外部观察法、阴道检查法及直肠检查法。

（1）外部观察法

母牛配种后在下一个发情周期到来时不出现发情症状，且性情变得温驯，行动迟缓，躲避角斗和追逐；放牧和驱赶运动时，常落在牛群之后，易感疲劳，食欲和饮水量大增，被毛光泽与膘情变好时可初步确定已怀孕。到妊娠中后期时，母牛腹部明显变大，妊娠6个月以后可在腹壁触到或看到胎动。

（2）阴道检查法

通过开膣器检查时可以看出怀孕一个月的母牛阴道黏膜和子宫颈显得苍白没有光泽，且黏膜干燥，随着妊娠期的延长阴道黏膜越显干燥。子宫颈口闭合，偏到一边，被灰暗的子宫颈黏液栓堵塞。相反，未孕母牛的阴道与子宫颈黏膜为水红色而不是苍白色，具有光泽，且湿润。检查时若操作不当，容易损坏阴道黏膜，造成黏膜出血和感染，一定要特别小心。

（3）直肠检查法

直肠检查是目前最常用、最可靠的准确诊断妊娠的方法。如果有丰富的直肠检查经验和详细的繁殖记录，在一个月左右就可确诊。主要是依据母牛妊娠后生殖器官的一些变化，隔着直肠壁触诊卵巢、子宫、胎儿及子宫中动脉来判断是否妊娠。直肠检查时要先清宿便，再清洗消毒，动作一定要缓慢轻柔，切忌粗暴。

Ⅰ期：妊娠奶牛早期（30天左右）触摸排卵侧的卵巢有突出于表面的妊娠黄体，卵巢体积大于对侧；检查子宫时，两侧子宫角不对称，孕角稍大于空角，增粗、质地较松软，有波动感。空怀母牛卵巢无大的变化，可摸到有黄体存在，又有小的卵泡在发育；子宫角大小相等，角间沟明显，子宫角较硬有弹性。

Ⅱ期：妊娠40~60天，孕角比空角明显增大1~2倍，角间沟变平，孕角波动明显。

Ⅲ期：妊娠60天后子宫开始垂入腹腔，但仍可摸到胎膜的滑落感。

Ⅳ期：妊娠90天，角间沟完全消失，子宫已失去固有形状，大如婴儿头，有的大如排球，有明显的波动感。子宫壁变薄，子宫开始沉入腹腔口。初产牛子宫下沉时间较晚，有时可以摸到胎儿。孕侧子宫中动脉明显增粗，可以感觉到与对侧有不同的感觉，有特殊的波动，妊娠黄体维持原状。

Ⅴ期：妊娠100天，子宫及胎儿全部滑入腹腔，子宫颈已越过耻骨前缘，一般只能摸到子宫的局部及该处的子叶，主要能感到子宫动脉搏动明显，用手触摸可感到压力增强，不可阻挡。

Ⅵ期：妊娠6~7个月后，几乎所有的母牛都能摸到胎儿。

77. 如何推算奶牛妊娠期与预产期？

奶牛的妊娠期一般为 270~285 天，平均 280 天。

母牛怀孕后，为做好分娩前的准备工作，应该推算其预产期。具体方法为：配种月减 3 或加 9，日加 6，这样推算出的妊娠期为 280 天。例如某奶牛的配种日期为 2006 年 11 月 29 日，其预产期为：月份减 3，即 11 减 3 为 8，日加 6，即 29 加 6 等于 35，从中抽出一个月加到月份上，8 加 1 等于 9，35 减去 30 等于 5，即可推出此奶牛的预产日期为 2007 年 9 月 5 日。

78. 怎样饲养管理初产母牛？

初产奶牛受生长发育情况和第一胎产奶量的影响，产前按干乳期母牛的要求，产后按泌乳初期母牛的要求来安排。在饲养上要保持中上等的营养水平。

（1）饲粮搭配

初产奶牛饲粮以青粗料为主，适当搭配精饲料。从进入围产前期（产前三周）开始增加精料，由原来的每天每头牛 4 千克，每天增加 0.3 千克，直至每天 6 千克后不再增加。喂给优质干草，日喂量不低于体重的 0.5%，长度在 5 厘米以上的干草应占一半以上。分娩前 30 天开始喂低钙日粮，钙磷比 1:1；围产后期（产后两周）使用高钙日粮钙磷比 1.5:1 或 2:1，以预防母牛产后瘫痪。另外，奶牛需在产后 60 天配种，一定要合理搭配日粮，以免体重下降过大影响产后发情配种。

（2）乳房按摩

初产牛产前按摩乳房，分娩后产奶量能提高 10%~20% 左右。初产牛乳头较小，乳头括约肌紧，常表现胆怯不安，挤奶前要先给予和善的安抚，使其消除紧张的状态，以利于顺利操作。在产前 2~3 个月左右开始，每天按摩乳房 2~3 次（早、中、晚），每次按摩持续 5~10 分钟，一直到产前 7 天为止。在按摩乳房过程中切忌擦拭乳头，以免擦掉乳头周围的蜡状保护物（乳头塞）。

（3）挤奶要求

产奶初期乳房水肿比较严重，开始几次不能将初乳挤净，原则上够犊牛饮用即可，以促使乳房水肿消退。中午不要挤奶，挤奶前用温水擦洗乳房，挤奶后用 0.1% 的高锰酸钾溶液药浴乳房，以降低乳房炎的发病率。

（4）产后管理

刚刚产犊的母牛身体虚弱，消化机能、子宫及全身状况都需逐渐恢复，分娩后应使其安静休息，并饮喂温热麸皮盐钙粥 10~20 千克（麸皮 0.5 千克、食盐 0.05 千克、碳酸钙 0.05 千克，温开水 10 千克），或给一定量红糖水，以利其体力、消化机能恢复和胎衣排除。另外，应防止产后瘫痪、胎衣不下、酮症和乳房炎等产褥疾病，加强外阴部消毒；加强对胎衣、恶露排除的观察；环境保持清洁、干燥。

产后头 3 天精料喂量 6~8 千克，等到消化系统机能恢复，恶露排出和乳房软化后再加料。从产后第 4 天开始，精料在 6~8 千克的基础上，每天按每增加 2.5 千克奶增加 1 千克料的比例增加精料，奶量不增加时，维持这一精料喂量直到奶量下降时再相应减料。粗料可供自由采食，精粗比例 6:4，精料最高用量不能超过 70%，低产牛精粗比例可降为 1:1。

79. 挤奶对挤奶员有什么要求?

挤奶的正确与否与奶牛健康、产奶性能、经济收入均有密切关系。

为了刺激乳房乳头，促使快速完全排乳，生产优质牛奶，缩短每头牛挤奶时间，严防乳房炎等疾病发生，要严格按照挤奶要求操作。

①对牛亲和，使牛舒适安静。

②清洁消毒速度要快。

③套杯位置正确。

④对计划停奶的牛，挤净最后一次奶，应及时灌注停奶药物。

⑤每次挤完奶后清洗挤奶台上、下；管道、机具立即用温水漂洗，然后用热水和去污剂清洗，再进行消毒，最后凉水漂洗。

⑥每周清洗脉动器一次；挤奶器、输奶管道冬季每周拆洗 1 次，其他各季每周拆洗 2 次。

⑦凡接触牛奶的器具和部件先用温水预洗，然后浸泡在 0.5% 纯碱水中进行刷洗。奶杯、集奶器、橡胶管道都应拆卸刷洗，然后用清水冲洗，待消毒（1%漂白粉液浸泡 10~15 分钟）晾干后再用。

⑧要求挤奶工人有认真负责的工作态度和健康的体格；凡有传染病或皮肤病者都不宜做这项工作；每年定期检查身体；严格按程序操作。

80. 挤奶的步骤是什么?

第一步，清洗乳头。分为 3 个过程：淋洗、擦干和按摩。淋洗时应注意不要洗得面积太大，因为面积太大会使乳房上部的脏物随水流下，集中到乳头，使乳头感染的机会增加。淋洗后用干净毛巾或纸巾擦干，注意 1 头牛 1 条毛巾或 1 片纸，毛巾用后清洗、消毒。然后按摩乳房，促使乳汁释放。这一过程要轻柔、快速，建议在 15~25 秒内完成。

第二步，检验头把奶。套杯挤奶前用手挤出 1~2 把废弃奶，检查牛奶有无异常。如无异常立即药浴，等待 30 秒擦干；如患乳房炎应改为手挤，挤下的牛奶另做处理。挤掉头 1~2 把奶建议在清洗乳头前进行，这样可提早给奶牛一个强烈的放奶刺激。废弃奶应用专门容器盛装，以减少对环境的污染。

第三步，药浴乳头。挤奶前用消毒药液浸泡乳头，然后停留 30 秒，再用纸巾或毛巾擦干。在环境卫生较差或因环境问题引起乳房炎的牛场实施这一程序很有必要。乳头药浴的推荐程序如下：用手取掉乳头上的垫草之类的杂物—废弃每个乳头的最初 1~2 把奶—对每个乳头进行药浴—等待 30 秒钟—擦干。如果乳头非常肮脏，应先用水清洗，再进行药浴。

第四步，如果是用机器挤奶，应注意正确使用挤奶器，并观察挤奶器是否正常工作，机器运转不正常会使放乳不完全或损害乳房。手工挤奶则应尽量缩短挤奶时间。

第五步，挤奶后药浴乳头。挤完奶 15 分钟之后，乳头环状括约肌才能恢复收缩功能，关闭乳头孔。在这 15 分钟之内，张开的乳头孔极易受到环境性病原菌的侵袭。及时进行药浴，使消毒液附着在乳头上形成一层保护膜，可以大大降低乳房炎的发病率。

81. 挤奶次数和间隔？

除饲养管理外，挤奶的次数和间隔对奶牛的产奶量有较大的影响，挤奶时间固定，挤奶间隔均等分配，都有利于获得最高产奶量。一般情况下，每天挤奶 2 次，最佳挤奶间隔是 12 小时左右，间隔超过 13 小时会影响产奶量。每天挤奶 3 次，最佳挤奶间隔是 8 小时左右，一般每天 3 次挤奶产量可比 2 次挤奶提高 10%~20%。

82. 人工怎样挤奶？

（1）拳握法

拳握法即先以拇指和食指夹紧乳头基部，将乳管切断，防止乳汁回流，然后用其余三指依次挤压乳头，如此反复挤压。手掌与乳头下部在同一水平线上，不使乳汁沾指，也不损伤乳头，这样，用力均匀速度快不易疲劳，但短乳头牛不好进行。

（2）指压法

指压法即用拇指、食指或食指、中指夹住乳头，然后由上向下滑动挤压乳头。缺点是易伤乳头，常常造成乳头畸形，且速度慢，不易挤干。一般每分钟约挤乳 80~100 次。高产牛可实行双人挤乳，挤干后用干毛巾擦净，再用药液封闭乳管。以防止细菌浸入，发生乳房炎。

83. 怎样制作干乳？

（1）逐渐干奶法

在 10~15 天内停乳。在预定停奶前 1~2 周开始改变日粮结构，停喂糟料、多汁饲料及块根饲料，减少精料，增加干草喂量，控制饮水量；停止按摩乳房，改变挤奶次数和时间，由每天 3 次挤奶改为 2 次，而后 1 天 1 次或隔日 1 次，每次必须挤净，当奶量降至 4~5 千克时，一次挤净即可。

(2) 快速干奶法

在预计停奶前，无论当时奶量多少，彻底挤净牛奶，即刻将乳房擦洗干净，用酒精消毒乳头，此后即使乳房膨胀也不再挤乳，约 4~7 天乳房中的乳经吸收而不再分泌，达到干奶的目的。为预防乳腺炎，可向每个乳区注入一支长效抗生素的干奶药膏，再用 3% 次氯酸钠或其他消毒液消毒乳头。

无论采用何种干乳方法，乳头经封口后不再触动乳房。在干乳前最好对母牛进行一次兽医检查。停止挤乳后，最初几天要特别注意观察乳房变化情况。乳房最初可能继续充胀，但 5~7 天后，乳房内积奶逐渐被吸收，约 10~14 天乳房收缩松软。若停奶后乳房出现过分充胀、红肿、发硬或滴乳等现象，应重新挤净处理后再行干奶。

六、牛奶的种类及介绍

84. 牛奶有哪几种？

巴氏消毒奶、常温奶、还原奶、生鲜牛奶、灭菌奶。

85. 青草怎么变成牛奶的？

奶牛是上天赐予人类的营养师，其独特之处就在于吃下去是草，挤出来是奶。那么她是如何将肥美的饲料变成营养的乳汁呢？

当我们每天喝着香喷喷的牛奶时，有没有想过这些牛奶是怎么来的？你可能会说，牛奶是从牛身上挤出来的呀，可是牛吃的明明是草，为什么会产出高蛋白的牛奶呢？原来，青草变牛奶，也有微生物和它们所分泌的酶的功劳。

自然界存在着各种各样的微生物，有一些微生物发现，牛的瘤胃是它们生长的乐园，于是这些小家伙纷纷光顾这里居住下来，它们能分泌纤维素酸酶，将纤维素降解，同时释放有机酸，供牛吸收利用。被初步消化的纤维素和微生物会一起陆续进入牛的后 3 个胃，那里是胃蛋白酶的天下。胃蛋白酶太厉害了，它在将草料分解成氨基酸、维生素和其他营养物质供牛制造牛奶的同时，也将微生物一起消化了。

我们能喝上牛奶，不仅要感谢牛"吃进去的是草，挤出来的是奶"的这种无私奉献精神，还要感谢牛体内那些微生物。

86. 什么是巴氏消毒奶？

采用巴氏消毒法灭菌，需全程在 4~10℃冷藏，最大程度保留牛奶的营养成分。巴氏消毒奶保质期较短，用这种方法消毒可以使牛奶中的营养成分获得较为理想的保存，是当今世界上最先进的牛奶消毒方法之一。

87. 什么是常温奶？

采用超高温灭菌法，能将有害菌全部杀灭，保质期延长至 6~12 个月，无须冷藏。但营养物质会受很大损失。

88. 什么是还原奶？

"还原奶"又称"复原乳"，是指把乳浓缩、干燥成为浓缩乳或乳粉，再添加适量水，制成与原乳中水、固体物比例相当的乳液。制作原料是干乳制品或奶粉，在经过超高温处理后，营养成分有所流失。

89. 什么是生鲜牛奶？

在许多发达国家，未经杀菌的生鲜牛奶是最受消费者欢迎的，但价格也最为昂贵。新挤出的牛奶中含有溶菌酶等抗菌活性物质，能够在 4℃下保存 24~36 小时。这种牛奶无需加热，不仅营养丰富，而且保留了牛奶中的一些微量生理活性成分，对儿童的生长很有好处。

90. 牛奶搭配有什么禁忌？

①牛奶加热过程中不宜加糖；

②牛奶不宜与巧克力搭配食用；

③牛奶不宜与酸性水果、酸性果汁搭配食用；

④牛奶不宜与可乐搭配食用。

91. 什么是巴氏奶，有什么优点？

巴氏奶又称市乳，是法国人巴斯德于 1865 年发明的，它是以新鲜牛奶为原料，采用巴氏杀菌法加工而成的牛奶，特点是采用 72~85℃的低温短时杀菌，在杀灭牛奶中有害菌群的同时完好地保存了营养物质和纯正口感。巴氏奶是经过离心净乳、标准化、均质、杀菌和冷却，以液体状态灌装，直接供给消费者饮用的商品乳。巴氏奶优点包括巴氏消毒纯鲜奶较好地保存了牛奶的营养与天然风味，在所有牛奶品种中是最好的一种。只要巴士消毒奶在 4℃左右的温度下保存，细菌的繁殖就非常慢，牛奶的营养和风味就可在几天内保持不变。

92. 酸奶的分类

酸奶分为凝固型、搅拌型、果味型三类。

93. 牛奶变成酸奶的原理和过程是怎样的？

酸奶是以新鲜纯牛奶为原料，经过巴氏杀菌，再向牛奶中添加有益菌发酵后，冷却灌装的一种牛奶制品。目前市场上酸奶制品多以凝固型、搅拌型和添加各种果汁果酱等辅料的果味型为多。酸奶不但保留了牛奶的所有优点，而且某些方面经加工过程还扬长避短，成为更加适合于人类的营养保健品。

94. 酸奶有什么功效？

酸奶是国际卫生组织推荐的六大健康食品之一，还具有"长寿食品"的美誉。酸奶的健康功效主要是因其含有大量的活性乳酸菌。酸奶功效有：

①酸奶具有促进胃液分泌、提高食欲、加强消化的功效；益生菌能将牛奶中的乳糖和蛋白质分解，使人体更易消化和吸收。

②维护肠道益生菌群生态平衡，形成生物屏障，抑制有害菌对肠道的侵入。

③乳酸菌能够减少某些致癌物质的产生，因而有防癌作用。

④能抑制肠道内腐败菌的繁殖，并减弱腐败菌在肠道内产生的毒素，防止便秘。

⑤有降低胆固醇的作用，特别适宜高血脂的人饮用。

⑥提高人体免疫功能，防治疾病。

95. 巴氏杀菌乳的生产工艺流程是什么？

原料乳的验收→过滤、净化→标准化→均质→巴氏杀菌→冷却→灌装→检验→冷藏。

96. 怎样加工奶酪？

原料乳→标准化→杀菌→冷却→添加发酵剂→调整酸度→加氯化钙→加色素→加凝乳剂→凝块切割→搅拌→加温→排出乳清→成型压榨→盐渍→成熟→上色挂蜡。

97. 什么是干酪？

在乳中加入适量的乳酸菌发酵剂和凝乳酶，使蛋白质凝固，排除乳清，将凝块压成所需形状而制成的产品。

98. 奶酪的概念？

未经发酵成熟的产品称为新鲜奶酪；经长时间发酵成熟而制成的产品称为成熟奶酪。国际上将这两种奶酪统称为天然奶酪。

99. 乳制品的包装有什么要求？

首先，要明确乳制品的包装方式通常包括袋装、盒装、瓶装、金属罐装等，它们各有特点，同时也需要满足相同的包材要求。乳制品的包装必须具有阻隔性和稳定性：①阻隔性。阻氧、阻光、防潮、保香、防异味等保证外部的细菌、尘埃、气体、光、水分等异物不能进入包装袋中，也要保证乳制品中所含水分、油脂、芳香成分等不向外渗透；②稳定性。包装本身不能有异味，成分不能分解，迁移，也必须能够耐高温杀菌和低温储存的要求，在高温和低温条件下仍能保持稳定性，不会影响乳制品的性质。

100. 乳制品不同的包装有何区别?

（1）玻璃包装

玻璃包装的阻隔性较好，稳定性强，可回收，环保性强，同时可以直观地看到乳制品的颜色和状态，通常短保质期的牛奶、酸奶等产品会使用玻璃瓶包装，但玻璃包装不便携带，易破碎。

（2）塑料包装

塑料包装分为单层无菌塑料包装和多层无菌塑料包装。单层塑料包装通常内部有一层黑色的图层，可以隔离光线，但密封性较差，隔绝气体的效果也较差，这种包装的乳制品容易变质，多在冷柜出售，保质期也比较短；多层无菌塑料包装，通常由多层黑白无菌复合膜或铝塑复合膜压制而成，通常无异味、无污染、阻隔性较强，对氧气的阻隔是普通塑料薄膜的 300 倍以上。这种包装能够满足保持牛奶营养成分及保证牛奶卫生安全的要求，乳制品保质期至少可达 30 天以上。但与玻璃包装相比，塑料包装的环保性较差，回收成本较高，容易产生污染。

（3）纸类包装

通常是由纸、铝、塑组成多层复合包装。这类包装的灌注过程是密闭式的，包装内没有空气，能有效地让乳制品和空气、细菌、光互相隔绝，一般这类包装的乳制品保质期较久，且由于性价比较高，已经成为了最常用的乳制品包装。纸类包装按形状可以分成三个大类：砖型包、异型包和枕型包。

（4）金属罐装

金属罐装主要用于奶粉，金属罐的密封性、防潮性和抗压性较强，有利于奶粉保存，不容易腐败变质，且开封后更易密封，在即开即盖的情况下，可以避免蚊虫、灰尘等进入奶粉中，也能减少保护性气体的流失，保证奶粉质量。

第四章 绵羊养殖技术问答

一、绵羊品种介绍

1. 中国地方绵羊品种主要有哪些?

（1）小尾寒羊

小尾寒羊主产区在山东省、河南省、河北省等地,是甘肃省主推的绵羊品种,用于肉羊杂交改良的母本。

小尾寒羊具有体质结实、个体高大、生长发育快、繁殖率高、四季发情、适应性强、耐粗饲、肉用性能好的特点。

小尾寒羊被毛白色,少数羊眼圈周围有黑色刺毛;鼻梁隆起,耳大下垂,公羊有较大的螺旋形角,母羊有小角、姜角或角根;公羊前胸较深,背腰平直,体躯高大,前后躯发育匀称,侧视呈方形。

小尾寒羊性成熟早,母羊5~6月龄即可发情,当年可产羔。公羊7~8月龄即可用于配种。母羊发情多集中在春、秋两季,发情周期为18天左右,妊娠期为149（145~154）天。小尾寒羊经产母羊繁殖率260%,大多数一胎产2羔,有时一胎产3或4羔。

小尾寒羊成年公羊平均体重110~120千克,成年母羊平均体重65~70千克。6月龄公、母羊体重38千克和35千克以上。

（2）湖羊

湖羊是中国特有的羔皮用绵羊品种,主要产于浙江嘉兴和太湖地区。毛白,无角,头长,耳大下垂;颈、躯干、四肢细长,胸狭窄,背平直;短脂尾,尾大呈圆形,尾尖上翘。以羔皮轻柔,花案美观著称。

湖羊具有繁殖能力强、四季发情、母性好、泌乳量高、适应性强的特点,产羔率平均可以达到229%。

湖羊生长发育快,4月龄公羔平均体重达31.6千克,母羔27.5千克;1岁公羊体重可以达到61.66千克,1岁母羊为47.23千克;2岁公羊体重为76.33千克,2岁母羊为48.93千克。

（3）多浪羊

多浪羊是新疆的一个优良肉脂兼用型绵羊品种，因其中心产区在麦盖提县，故又称麦盖提羊。

多浪羊体大、颈窄而细长，胸宽深，肩宽，肋骨拱圆，背腰平直，后躯肌肉发达，产肉多，肉质鲜嫩，被毛含绒毛多，毛质较好。繁殖率高，具有早熟性，在舍饲条件下常年发情，初配年龄一般为 8 月龄，是组织羔羊肉生产的理想品种。

多浪羊在舍饲条件下可常年发情，大部分母羊可以两年三胎，饲养条件好时可一年两胎，双羔率 50%~60%，三羔率 5%~12%。

多浪羊初生公、母羊体重为 6.8 千克和 5.1 千克；周岁公、母羊体重为 59.2 千克和 43.6 千克；成年体重公羊为 98.4 千克，母羊为 68.3 千克。

2. 中国引进的绵羊品种主要有哪些?

（1）萨福克羊（见附录 2）

萨福克羊原产于英国，是专门化的肉用绵羊品种，适宜在甘肃大部分地区饲养，主要用于经济杂交生产羔羊的父本。

萨福克羊具有产肉性能好、羔羊生长发育快、母性好、性早熟的特点，并且瘦肉率高，是生产大胴体和优质羔羊肉的理想品种。

萨福克羊成年羊头、耳及四肢为黑色；公、母羊均无角，颈粗短，胸宽深，背腰平直，后躯发育丰满，四肢粗壮结实。

萨福克是目前世界上体格、体重最大的肉用品种，萨福克羊成年公羊体重可以达到 113~159 千克，母羊 81~110 千克。

萨福克羊产羔率 141.7%~157.7%。

（2）特克塞尔羊（见附录 2）

特克塞尔羊原产于荷兰，对寒冷气候有良好的适应性，适宜在甘肃大部分地区饲养，是生产肥羔的首选终端父本。具有早熟、多胎、生长快、产肉产毛性能较好和适应性强的特点。

特克塞尔羊被毛白色，头部及四肢无毛；颈粗、中等长，胸圆，背腰宽而平直，肌肉丰满，后躯发育良好。

特克塞尔成年公羊体重 90~130 千克，母羊 65~90 千克。特克塞尔羊成年羊剪毛量为 5~6 千克；特克塞尔母羊初配年龄为 7~8 月龄，发情时间长，80%的母羊单产双羔，产羔率 200%左右。

特克塞尔羊与细毛羊杂交，杂一代羔羊生长速度快，公羔 6 月龄平均体重为 59 千克。母羔 6 月龄平均体重为 48 千克，4~6 月龄羔羊出栏屠宰，平均屠宰率为 55%~60%。

（3）无角陶赛特羊（见附录 2）

无角陶赛特羊是原产于澳大利亚和新西兰的肉用绵羊品种。

无角陶赛特羊具有产肉性能好、胴体品质好、早熟、生长发育快、全年发情、耐热和对气候干燥地区适应能力较强的特点。

无角陶赛特羊被毛白色，面部、四肢及蹄皆为白色；公母羊均无角，颈粗短、胸宽而深，背腰平直，后躯丰满。

无角陶赛特羊成年公羊体重 90~110 千克，母羊 65~75 千克。母羊全年均可发情配种，产羔率 137%~175%。公羔 8 月龄平均屠宰前体重为 42.36 千克。无角陶赛特羊与小尾寒羊杂交，杂一代公羊 3 月龄体重达 29 千克，6 月龄体重达 40.5 千克。

（4）杜泊羊（见附录 2）

杜泊羊原产于南非，主要作为经济杂交生产羔羊的父本。

杜泊羊体格大，体质好，体躯长、宽、深，形似圆桶状，肢短骨细。被毛纯白，头毛分黑、白色两种，初春后有自然脱毛现象。

杜泊羊早期发育快，胴体瘦肉率高，肉质细嫩多汁，膻味轻，口感好，适于肥羔生产。同时，具有耐粗饲、抗病力强、性情温顺易管理的特点，能够广泛适应多种气候条件和生态环境。

成年公羊体重 100~120 千克，母羊 85~90 千克。杜泊羊公羊 5~6 月龄性成熟，母羊 5 月龄性成熟，公、母羊分别为 12~14 月龄和 8~10 月龄体成熟。产羔率平均 177%。杜泊羊常年发情，发情多在 8 月份至翌年 4 月份，集中于 8~12 月份，产羔间隔 8 个月，可两年三产。

（5）东佛里生羊

东佛里生羊原产于荷兰和德国西北部，是目前世界绵羊品种中产奶性能最好的品种。

东佛里生羊品种体格大，体型结构良好。公、母羊均无角，被毛白色，偶有纯黑色个体出现。体躯宽长，腰部结实，肋骨拱圆，臀部略有倾斜，尾瘦无长毛。乳房结构优良、宽广，乳头良好。

成年公羊体重 90~120 千克，母羊 70~90 千克，成年母羊 260~300 天产奶量 500~800 千克，乳脂率 6%~6.5%，产羔率 200%~230%，对温带气候条件有良好的适应性。

二、绵羊选种与选配

3. 绵羊杂交改良技术有哪些？

杂交可以将不同品种的特性结合在一起，创造出亲代原本不具备的表型特征，还能提高后代的生活力。因此，杂交成为绵羊生产中改良低产品种、创建新品种的最有效、最经济、最广泛的手段。

通过不同品种之间的杂交，可以提高繁殖率、饲料转化率、生长速度、羊肉质量等，使肉羊生产获得更大的经济效益。在绵羊生产中，常用的杂交改良方法主要有经济杂交、级进杂交和轮回杂交等。

4. 什么是经济杂交？

经济杂交指利用不同品种杂交，以获得能够生产更多、更好养羊业产品（肉、毛、奶等）杂交一代的杂交方式，即利用第一代杂种所具有的生命力强、生长发育快、饲料报酬高、产品率高等优势，不论公母全部供商品生产使用的繁育手段。

5. 经济杂交父、母本怎样选择？

（1）经济杂交中父本品种的选择

公羊的选择应遵循以下原则：

①公羊应该具有生长发育快、产肉量多、肉质好的特点。

②要尽量选择繁殖性能高的品种，这样可以使单位羊群提供更多的杂种后代。

③要考虑肉用种羊在省内的分布情况和适应性。

④根据母本品种的优缺点情况，选择合适的父本，使杂交效果达到最佳。

目前甘肃省已从国外引进了萨福克、特克塞尔、无角陶赛特、杜泊等肉用绵羊品种，这些品种都可以作为经济杂交的父本品种。

（2）经济杂交中母本品种的选择

母本品种应以当地品种或群体为基础进行经济杂交，当地品种往往对当地生态条件具有很好的适应性，同时便于组织较大规模生产。母本品种包括地方品种、杂交种、培育品种等。如母本品种各方面的生产性能低，可以考虑采用多元经济杂交方式，用肉用品种作终端父本，以克服不同的缺点。

甘肃省的滩羊、小尾寒羊、湖羊、蒙古羊等都是优秀的母本品种。

6. 什么是级进杂交？

级进杂交是以某一优良种公羊连续同被改良品种母羊及其后代杂种母羊交配的杂交方式，用于从根本上改进杂种羊的生产性能或经济价值。一般杂交到4~5代时，杂种羊才接近或达到改良品种的特性及其生产性能指标。

7. 什么是轮回杂交？

轮回杂交是杂交的各原始亲本品种轮流与各代杂种（母本）进行回交，以取得优良经济性状的杂交方式。

8. 如何进行优秀绵羊品种杂交利用?

甘肃省农区的肉用绵羊生产中,可以用繁殖力高的地方绵羊品种如滩羊、小尾寒羊与上述肉羊品种进行二元经济杂交。对于繁殖力低的地方品种,可以用国内繁殖力高的品种与之杂交,杂交后代再用肉羊品种作终端父本,进行三元经济杂交。

(1) 两品种之间杂交

以肉用公羊为父本与当地土种母羊杂交,杂交一代(F1)公羔全部去势育肥至 6 月龄,体重达 35~40 千克出栏,母羔再与肉用公羊杂交生产的杂二代(F2)羔羊,公羔继续育肥出栏,选留部分母羔作为繁殖母羊,其余育肥出栏。(见图 4-1)

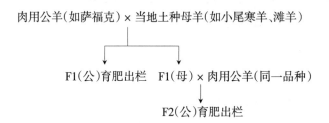

图 4-1　两品种杂交利用模式

(2) 三品种之间杂交

以肉用公羊为父本与当地土种母羊进行杂交生产的杂种一代(F1),公羔全部育肥出栏,母羔再与国外肉羊品种杂交,生产育肥羊。(见图 4-2)

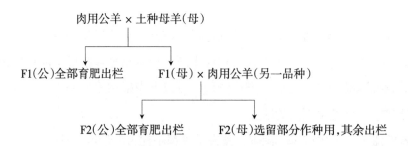

图 4-2　三品种杂交利用模式

9. 绵羊引种前需要做哪些准备工作?

(1) 制定引种计划

首先要认真研究引种的必要性,明确引种目的。然后,抽派业务骨干组成引种小组,分配任务,各负其责,使选种、运输、接应等一系列引种环节落实到人。要确定引进品种、数量及公母比例,国外引入品种及育成品种应从大型牧场或良种繁殖场引进,地方良种应从中心产区引进。

（2）修建羊舍

引种前应修建羊舍，确保种羊引进后有饲养、观察场地。羊舍要光线良好、通风透气、干燥卫生。羊舍建成后要进行消毒，可选用生石灰、新洁尔灭、烧碱等。

（3）落实引种计划

确定从某地引种后，从正式引种的前几天派引种小组人员赴该地，对所引品种的种质特性、繁殖、饲养管理方式、饲草料供应、疫病防治等情况进行全面了解，调查当地种羊价格，按计划保质保量选购种羊，并寻找场地集中饲养等待接运，以便接运车辆随叫随到。

10. 怎样选择绵羊种羊？

选择种羊时，一定要根据羊的生产方向、育种目标及各个品种的特征进行选择。羊的生产方向可分为肉、乳、毛、皮四项，这四项生产指标往往是通过体型、外貌、生产特性等指标鉴定，并采用生物统计方法分析进行评选。评选方法有很多，一般选种应注意以下三方面。

（1）看本身

本身鉴定，一般都应看羊的初生重、一月龄体重、断奶重、不同月龄的体尺及周岁时的生产性能。

①种公羊的选留。要求体格大，体质结实、健壮，腿要高，前胸要宽，身腰长，后裆有适当空隙，雄性特征明显，善于行走，爬跨时稳当。头大雄壮，头颈结合好，眼大而有神，耳大而灵敏，嘴大采食快，精神旺盛。两睾丸发育要匀称，性欲旺盛，生殖系统无缺陷和疾病。毛顺有光泽，皮肤弹性好，符合本品种特征。为选好种公羊，应先多选留一些，再对所选公羊经常进行精液品质鉴定，及时发现和剔除不符合要求的公羊。

②种母羊的选留。要求体大结实，腰长腿高，善于行走，嘴宽采食性能良好。后躯大，后裆宽，乳房发育良好。头大要适中，眼睛有神，耳朵灵敏，精神旺盛。毛色要尽量一致，皮肤有弹性。没有疾病，尤其应无传染病。

（2）查血统（看祖先）

查血统的目的是应用谱系分析，了解亲代和祖代的生产性能、等级、品种特性及遗传性。选择种羊时，要对它的亲代（上代）或上三代的生产性能（如体重、剪毛量、繁殖性能）和体型外貌等进行考查，如果它的前几代生产性能都好，它继承祖先优秀生产性能的机会就更大，这样的个体才适合作为种用。

（3）看后代（后裔测验）

从后代的生长发育、生产性能、外貌等表型平均值，审查种羊的遗传能力，从中选出优秀个体。看后代还可以通过母女、父子对比以及同龄羊对比来鉴别判定亲本（上代），如主要特性都有提高，则可选留种用。

为了选择好种用羊，平时要做好编号和记录工作，如登记种羊的生产性能、外貌特征，羔羊的初生重、断奶重、一周龄体重及产毛重、净毛量、羊毛长度等，以进行对比和判断。

11. 引种有哪些注意事项？

（1）引种要避免盲目性，要因地制宜

虽然羊产品需求在不断增加，但是羊产品在市场上起落无常，所以引种前要做好市场调研，搞清所引品种的市场潜力，要选择有发展前途的品种。另外，引种要从引种单位的地理位置、气候和饲草料资源出发，选择能够适应当地环境并能很好生长繁殖的品种。

（2）引种时必须到正规的种羊场购羊

羊场的防疫证、动物检疫证、种畜禽经营合格证三证齐全。最好有兽医人员前去，了解疫病情况，选购的羊一定要检疫。

（3）要确保到原产地和有信誉的种羊场购羊

在购羊前要调查当地疫病流行与疫苗注射和驱虫等情况，不在疫区购买种羊。所购种羊必须经过当地动检部门检疫合格后方可购运。到达目的地后，对购入种羊要隔离观察一段时期，确定无疫情后，再重新组群饲养。

（4）买羊要根据季节而定

一般春季买小羊，夏季买中羊，秋季买大羊。

（5）购买一批种羊后，应立即为运输做好准备

根据运输工具的情况，把羊按大小、强弱分群，对怀孕羊要特别照顾，以防流产。

（6）引入的种羊到达目的地后，要重视以下几点：

①羊到达目的地后，要隔离饲养 10~15 天，观察情况后无其他问题时再混群，饲养方式应逐渐改变（先按原先饲养方式进行）。

②要防止种羊暴饮暴食，宜先供给饮水，稍作休息后再喂给少量饲草料，以后逐渐增加到正常采食量。

③根据当地的饲养条件和饲养习惯，逐渐改变饲料类型和操作日程，切忌突然改变而引起应激反应。

④要及时观察种羊的健康状况，发现异常要及时隔离和治疗。

12. 绵羊的发情鉴定方法有哪些？

母羊的发情鉴定方法一般采用试情法和外部观察法。

（1）试情法

试情法即利用试情公羊与母羊接触，以观察母羊的反应而判断母羊是否发情。

①试情公羊的准备

拴系试情布：给试情公羊腹下拴系试情布（大小为40厘米×35厘米），以阻止阴茎伸入母羊阴道。试情布用之前要进行清洗和消毒，试情布当天用完就要彻底清洗消毒并晾晒干。也可采用手术方法将选择好做试情公羊的公羊进行结扎，待术后恢复可直接用作试情公羊，无需再用试情布。

配带着色标记：在试情公羊腹下配带一种专用的着色装置，当母羊接受爬跨时，便在其背部留下着色标记。

②试情公羊的管理

试情公羊应单圈喂养，除试情外，不得和母羊在一起。应注意试情公羊的营养状况，保持健康，否则影响试情效果。为了提高试情效果，每隔5~7天应让试情公羊排精一次；隔1周左右休息1天，或经2~3天后更换试情公羊。另外，每天应更换和清洗试情布，以防试情布上分泌物过多，产生硬块而擦伤公羊阴茎，造成感染。

③试情方法

试情公羊和母羊的比例以1:40~1:50为宜。试情多以每天清晨6~8时进行，也有一天试情2次即早晚各一次的情况。

正处于发情期的母羊见试情公羊入群后，会主动前来接近公羊，频频摆尾，驯服地接受公羊挑逗或爬跨。发情母羊有时也接受其他母羊的爬跨，但一般不主动爬跨其他母羊。有的频繁走动和鸣叫，不安心采食。绵羊发情外阴肿胀不明显，黏液量很少，外阴黏膜常常充血潮红，稍为膨大。母羊发情持续期平均为24~48小时，但肉用品种羊的发情持续期较短。排卵多出现在发情症状刚结束时或发情出现以后20~33小时。

试情时，要保持安静，不要大声喧叫，更不能惊动羊群，以免影响试情公羊的性欲。在试情过程中，要随时赶动母羊，不使母羊拥挤，试情公羊便可有机会追逐发情母羊。

（2）外部观察法

对用试情公羊鉴定出的发情母羊，最好通过技术人员采用外部观察法进行二次鉴定。鉴定办法主要是通过观察母羊的情期生理行为，母羊发情时，常常表现精神兴奋不安，不时地高声哞叫、爬墙，并有摇尾表现，当用手按压其臀部时，摇尾更甚。同时，食欲减退，反刍停止，放牧时常有离群现象，当接触公羊时表现呆立不安。

发情母羊的外阴部及阴道充血、肿胀、松弛，并有黏液排出，这些变化均有利于羊只的交配。此外，阴道黏液的黏稠度、酸碱度也有变化。间情期阴道黏液浓稠且为酸性，发情期黏液则变稀薄、量多。

13. 绵羊的配种方式有哪些?

羊的配种方法分为自由交配、人工辅助交配和人工授精 3 种。

(1) 自由交配

自由交配为最简单的交配方式。在配种期内，可根据母羊的多少，将选好的种公羊放入母羊群中任其自由寻找发情母羊进行交配。一般公母比例为 1∶25 比较合适。

在非配种季节把公、母羊分群放牧管理，配种期内将适当数量的公羊放入母羊群，每隔 2~3 年，群与群之间有计划地调换公羊，交换血统。

(2) 人工辅助交配

人工辅助交配也称个体控制交配，是将公、母羊分群隔离放牧，在配种期内用试情公羊对母羊群试情，把挑选出来的发情母羊与指定的公羊交配。这种交配方式不仅可以记载清楚公、母羊的耳号和交配日期，了解后代的血缘关系，而且能够预测分娩期、节省公羊精力、增加受配母羊头数。该方式一般是早晨发情的母羊于傍晚进行配种，下午或傍晚发情的母羊于次日早晨配种。为确保受胎，最好在第一次交配后间隔 12 小时左右再重复配种 1 次。

(3) 人工授精

人工授精是使用器械，以人为的方法用假阴道采取公羊的精液，经过精液品质检查、稀释等一系列处理，再通过器械将精液输入到发情母羊生殖道内，以使母羊受胎的配种方式。

14. 人工授精技术相比于传统其他交配方式有哪些优势?

相比于传统的自然交配和人工辅助交配方式，人工授精具有以下优点。

①充分发挥种公畜的繁殖能力。

②加速家畜品种改良。

③防止某些生殖疾病的传播。

④有利于提高母畜的受胎率。

⑤克服时间和地域的限制。

⑥减少公畜饲养量，节约饲养费用。

⑦克服公母羊因体格相差过大而产生的配种困难。

15. 人工授精技术有哪些步骤?

人工授精包括采精、精液品质检查、精液的稀释、精液的保存和输精。

（1）采精

①台羊的准备。采精前应选好台羊，台羊的选择应与采精公羊的体格大小相适应，且发情明显。如用假母羊为台羊，须先经过训练，即先用真母羊为台羊，采精数次，再改用假母羊为台羊。

②假阴道的安装。安装好的假阴道内温度应为40~42℃。为保证一定的滑润度，要用清洁玻璃棒蘸少许灭菌的凡士林均匀涂抹在内胎的前10厘米处，也可用生理盐水棉球擦洗保持滑润。通过气门活塞吹入气体，使假阴道保持一定的松紧度，使内胎的内表面保持三角形，合拢而不向外鼓出为适度。

③采精方法。采精操作是将台羊用采精架保定后，引公羊到台羊处，采精人员蹲在台羊右后方，右手握假阴道，贴靠在台羊尾部，入口朝下，与地面成35°~45°角，当公羊爬跨时，轻快地将阴茎导入假阴道内，保持假阴道与阴茎呈一直线。当公羊用力向前一冲即为射精，此时操作人员应随同公羊跳下时将假阴道紧贴包皮退出，并迅速将集精瓶口向上，稍停放出气体，取下集精瓶。

（2）精液品质检查

精液品质和受胎率有直接关系，必须经过检查与评定方可输精。通过精液品质检查，确定稀释倍数和能否用于输精，这是保证输精效果的一项重要措施，也是对种公羊种用价值和配种能力的检验。

（3）精液的稀释

①生理盐水稀释液。用注射用0.9%生理盐水，或用经过灭菌消毒的0.9%氯化钠溶液作稀释液，稀释后应马上输精。这是一种简单易行且比较有效的方法。此种稀释液的稀释倍数不宜超过2倍。

②葡萄糖卵黄稀释液。于100毫升蒸馏水中加葡萄糖3克，柠檬酸钠1.4克，溶解后过滤灭菌，冷却至30℃，加新鲜卵黄20毫升，充分混合。

（4）精液的保存

①常温保存。精液稀释后，保存在20℃以下的室温环境中。在这种条件下，精子运动明显减弱，可在一定限度内延长精子的存活时间，但只能保存1~2天。

②低温保存。在常温保存的基础上，进一步缓慢降温至0~5℃。在这个温度下，物质代谢和能量代谢降到极低水平，营养物质的损耗和代谢产物的积累缓慢，精子运动完全消失，保存有效时间为2~3天。

③冷冻保存。家畜精液的冷冻保存，是人工授精技术的一项重大革新，可长期保存精液。牛、马精液冷冻已经获得普及。羊的精子由于不耐冷冻，冷冻精液受胎率较低，

一般情期受胎率 40%~50%，少数试验结果达到 70%。

（5）输精

①输精的准备工作。

输精器材的准备：主要包括玻璃（或金属）输精器、开膣器、输精细管等的准备。输精器械应用蒸汽、75%酒精或高温干燥箱消毒；开膣器洗净后可在消毒液中消毒；输精细管可用酒精消毒。所有器械在使用前均需用稀释液冲洗 2~3 遍。

母羊的准备：要接受输精的母羊，均应进行发情鉴定，以确定最适的输精时间。羊的适宜输精时间是发情后的 10~36 小时。输精时对母羊要有一定的保定措施。

精液的准备：常温或低温保存的精液，需要升温到 35℃左右，并再次进行镜检活力和精液品质检查，符合要求才能用于输精。

②输精方法。

开膣器输精：用开膣器将待配母羊的阴道扩开，借助手电筒光寻找子宫颈，然后把输精注射器的导管插进子宫颈口，将精液注射于宫颈内。

倒立阴道底部输精法：把母羊后肢提起倒立，用两腿夹住母羊颈部保定，输精员用手拨开母羊阴门，把输精管沿母羊背侧轻轻插入阴道底部输精。

细管输精：分装好精液的塑料细管两端是密封的，输精时先剪开一端，由于空气的压力，管内的精液不会外流。将剪开的一端缓慢地插入阴道内 10~15 厘米（根据羊的体型大小而定），再将细管的另一端剪开，细管内的精液便自动流入母羊阴道内。细管输精时，必须采用倒立阴道底部输精法进行保定与操作，以防止精液倒流。

③注意事项。

输精剂量一般为 0.05~0.1 毫升，中倍（3~4 倍）和高倍（30~50 倍）稀释的精液应适当加大输精量（0.2~0.4 毫升）。一次输精的有效精子数应保证在 0.2 亿以上。如是冻精，剂量适当增加，有效精子数应保证在 0.5 亿以上。

输精次数：一般应输 1~2 次，重复输精的间隔时间为 8~10 小时。

三、绵羊的营养和育肥

16. 羊的饲料种类有哪些？

肉羊的常用饲料有青绿鲜嫩饲料、青贮饲料、干粗饲料、精饲料、多汁饲料、动物性饲料和无机盐饲料等。

（1）青绿饲料

青绿饲料包括野生的各种杂草，能被利用的灌木嫩枝叶，各种果树和乔木树叶，栽培的豆科、禾本科牧草，种植的玉米、豆科的秸秆，以及秧苗、菜叶等。

豆科青绿饲料蛋白质含量高，如苜蓿干物质中含粗蛋白质 20%左右，相当于玉米所含蛋白质的 1.5 倍，燕麦所含蛋白质的 1 倍，是供给羊体蛋白质的主要牧草。

栽培牧草应以豆科及禾本科为主，豆科牧草主要有苜蓿、红三叶、白三叶、草木樨、红豆草、野豌豆、胡枝子等。禾本科牧草主要有无芒雀麦、披碱草、羊草、冰草、苏丹草、黑麦草、猫尾草等。

豆科牧草虽然营养价值高，但是由于草中可发酵的碳水化合物在羊瘤胃内产生大量气体，易造成瘤胃臌胀。因此，在改良草场时应将豆科牧草和禾本科、菊科等牧草混播。

（2）青贮饲料

青贮饲料是将青绿多汁饲料切碎、压实，密封在青贮窖、青贮塔或塑料袋内，经过乳酸发酵而制成的气味酸甜、柔软多汁、营养丰富、易于保存的一种饲料，是肉羊的优良饲料。

青贮的原料很多，如作物秸秆，大麦和青玉米秸秆是制作青贮的好原料。此外，豆秧、花生秧、甘薯秧、禾本科野草，各种树叶、蔬菜叶等均可作为青贮的原料。豆科青草可与禾本科青草混贮，但豆科草不应超过 30%。

（3）干粗饲料

粗干草包括各种作物秸秆及茎叶，如稻草、麦秸、玉米秸等，还有谷糠、花生秧、甘薯秧、杂草、粗干草等。这类饲料所含营养成分少于青干草，含木质素多，含热能少。另外，还有干制青绿饲料，是为了保存青饲料营养成分，以代替青饲料。青干草和树叶是枯草季节最优质的饲料，主要是指晒干后带有绿颜色的牧草、杂草、作物叶、果树叶及柳、榆、刺槐等乔木、灌木的嫩枝叶。青干草和精料相比，其营养物质的含量比较平衡，尤其是豆科青干草的蛋白质比较完善，含维生素和矿物质较多。

（4）精饲料

精饲料主要是指禾本科作物和豆科作物的籽实，如玉米、大麦、高粱、燕麦等谷类和大豆、豌豆、蚕豆等豆类。此外，还有农产品加工的副产品，如麸皮、米糠以及棉籽饼、豆饼等各种饼粕。精饲料具有可消化营养物质含量高、体积小、水分少、粗纤维含量低和消化率高等特点。精饲料是肉用羊的必需饲料，也是冬春缺草时节必需的饲料。

精饲料的种类很多，所含营养成分不同。如玉米含淀粉 70%，能量高，但是含蛋白质较少，尤其是色氨酸缺乏。豆类蛋白质含量比禾本科作物的籽实高 1~2 倍，无氮浸出物的含量则低于禾本科籽实，如将两类精饲料配合饲喂则其营养成分能互相补充。

用大豆喂羊，有一个问题要注意，即大豆中含有一种抑制胰蛋白酶作用的物质，能降低日粮中蛋白质的消化率。所以，应先将大豆煮一下，将抑制物破坏之后再饲喂，以提高蛋白质的利用率。

（5）多汁饲料

多汁饲料是指胡萝卜、甘薯、木薯、马铃薯等块根饲料和南瓜、番瓜等瓜类饲料。多汁饲料的特点是水分含量高，干物质含量少，粗纤维含量低，含维生素较多，质脆鲜美，消化率高。如胡萝卜、甘薯、木薯含胡萝卜素较多，南瓜含核黄素较多，这类饲料是肉用羊在冬春季不可缺少的饲料。

（6）动物性饲料

动物性饲料有脱脂奶、乳清、血粉、肉渣、肉粉、鱼粉、蚕蛹等，属于蛋白质饲料。除乳品外，其他种类含蛋白质为55%~84%，不仅含量高，而且品质好。这类饲料含碳水化合物少，几乎不含粗纤维。如鱼粉含钙5.44%，含磷3.44%，维生素含量较高。正在泌乳的母羊和育肥羊，都需要大量的动物性蛋白质饲料。

（7）无机盐饲料

无机盐饲料有食盐、白垩、石膏、贝壳粉、蛋壳粉、骨粉以及微量元素添加剂等。这类饲料不含蛋白质，不含热能，只含无机盐和维生素。无机盐饲料一般用作添加剂，除食盐外，很少单独饲喂，最好与精料混合使用。

17. 绵羊饲料的简单加工方法有哪些？

（1）秸秆饲料

秸秆的特点是长、粗、硬，不便于羊采食，且消化率不高，除切短饲喂外，也可用浸泡法、氨化法、碱化法、发酵化进行调制。

①浸泡法。将秸秆切成2~3厘米长的小段，用清水浸泡，使其软化，可以提高适口性，增加羊的采食量。用淡盐水浸泡，羊更爱采食。

②氨化法。将秸秆切短，每100千克秸秆用12~20千克25%的氨水，或3~5千克尿素与30~40千克水配制成的溶液，喷洒均匀，用塑料袋装好封严或用塑料薄膜密封盖好，20天后启封，自然通风12~24小时后饲喂。

③碱化法。将秸秆切短，用3倍量1%的石灰水浸泡2~3天，捞出后沥去石灰水即可饲喂。为提高处理效果，可在石灰水中按秸秆重量的1%~1.5%添加食盐。也可使用氢氧化钠溶液处理，每千克切短的秸秆上喷洒5%的氢氧化钠溶液1千克，搅拌均匀，24小时后即可饲喂。

④发酵法。常用的方法是EM菌发酵，即取EM菌原液2千克，加红糖2千克，水320千克，充分混合均匀后，喷洒在1000千克粉碎的秸秆上，装填在发酵池内，密封

20~30 天后，开窖取用。

（2）精细饲料

麦麸可搅拌在饮水中饲喂。谷类籽实磨成粉与粗饲料混合后饲喂，能增加粗饲料的适口性和羊只采食量。豆类籽实需用开水浸泡或煮熟，磨成豆汁加上生物菌液饲喂，效果最好。菜籽饼去毒才能使用，可用 4~5 倍 80~90℃ 热水浸泡 1.5 小时，同时不断搅拌，沥干后与 1.5~2 厘米长的粗饲料混合饲喂。

在青草期应晒制青干草，以便枯草期饲喂羊只。在农作物收获期，应该调制青贮饲料，以便常年均衡供给。在枯草期，应该加工各种枯草，以解决饲料不足的问题。精饲料应该粉碎后再喂。干草的适口性差，因此，喂羊时，需要将其切成 1.5~2 厘米的小段，喂老弱羊和羔羊时还可再短些。

18. 绵羊青贮饲料应该如何加工？

（1）青贮成功的基本条件

青贮原料的含糖量一般不低于 1.0%~1.5%，以保证乳酸菌繁殖的需要；含水量适中，一般为 65%~75%，标准含量为 70%；密闭厌氧环境；青贮容器内温度不能超过 38℃（最好为 19~37℃）。

（2）青贮建筑的基本要求

坚实、不透气、不漏水、不导热，高出地下水位 0.5 米以上，内壁光滑垂直。青贮窖应该选择在地势高燥、地下水位低、土质坚实、易排水且取用方便的地方。

（3）常规青贮的制作步骤

①青贮原料的收割时期。全株玉米青贮是在乳熟至蜡熟期收割；玉米秸秆青贮在完全成熟而茎叶尚保持绿色时收割；天然牧草在盛花期收割。

②青贮原料的铡短、装填与压紧。青贮原料铡短至 2~3 厘米。装填时，若原料太干，可加入水或加入含水量高的青绿饲料；若太湿，可加入铡短的秸秆，再加入 1%~2% 的食盐。在装填前，底部铺 10~15 厘米厚的秸秆，然后分层装填青贮原料。每装 15~35 厘米，必须压紧 1 次，尤其应注意压紧四周。

③青贮的封顶。青贮原料高出窖上沿 1 米，在上面覆盖一层塑料薄膜，然后覆土 30~35 厘米。封顶后要经常检查，对下陷、裂缝的地方应及时培土，防止雨水渗入青贮窖。

青贮三要素为密封、防水、压紧。

青贮原料在窖内青贮 40~50 天，便可完成发酵过程，可开窖取用。

19. 舍饲绵羊应该怎么饲喂?

(1) 日粮组成（见表 4-1）

表 4-1　舍饲绵羊参考日粮组成

饲料种类	比例
青绿草或青干草	40%~50%
青贮	30%~40%
精料	10%~30%

精料参考配方见表 4-2。在青草期，精料可少一些，以 10% 为宜。在枯草期，精料可适当多一点。

表 4-2　精料配方

精料种类	比例	精料种类	比例	精料种类	比例
玉米	42%	麸皮	30%	豆粕	20%
蛋白质饲料	4%	酵母粉	2%	食盐	1%
小苏打	0.5%	微量元素	0.5%		

(2) 日粮的供给量

舍饲绵羊日粮供给量应为粗饲料约占体重的 3%~4%，精饲料约占体重的 1% 左右。例如体重为 65 千克的成年母羊，每天需要供给青干草 2 千克，青贮 3 千克，精料 0.5 千克。

(3) 喂料

全舍饲的肉羊要严格按标准饲养，定时定量饲喂，即固定饲料的饲喂时间，不盲目饲喂。一般在 24 小时内喂饲 3~4 次，每次饲喂时间固定，每次间隔的时间尽可能相等，以形成良好的反射条件，有利于羊的采食、反刍、休息。一般为 6:00—7:00、11:00—12:00、16:00—17:00 时、21:00—22:00 时。具体时间因地因季节具体安排。

成年母羊、育成羊喂 2 次，每天 7:30—8:30 和 19:00—20:00 各饲喂 1 次，断奶羔羊、哺乳羔羊每天早晨饲喂母羊前将其隔离后单独补饲。哺乳母羊、断奶羔羊喂 3 次，每天 7:30—8:30、13:00—13:30 和 19:00—20:00 各饲喂 1 次，每次饲喂前将粗饲料和精饲料充分搅拌均匀后进行饲喂。

青贮饲料饲喂方法：开窖后，先除去泥土和霉变层，然后从上层逐层平行往下取用，保持表面平整。每天取用厚度不少于 10 厘米，取后必须盖平，以免青贮料与空气接触时间过长而变质。青贮饲料应现取现用，不得提前取出，防止冰冻和变质。青贮料应放在食槽内饲喂，切忌撒在地面上饲喂。肉羊一般每天饲喂 2 次，每只羊日喂量为成年羊 4~5 千克，羔羊 0.5 千克，怀孕母羊产前 15 天停喂青贮料。

（4）饮水和喂盐

羊的饮水次数可以根据季节的不同进行调节，通常夏季比冬季饮水次数要多，至少每天保持两次饮水。饮水应以饮流动的河水或洁净的泉水为主，自来水最好，切忌饮用水坑里的污水，饮用这种水易感染寄生虫病。水温以 20~30℃最好，冬天水温不能太低，不能喝冰碴水。

羊的饮水量：一般羊采食 1 千克干物质，就需要饮水 3~5 千克。

饮水时间：一般喂料 1 小时后再饮水，有助于消化。

羊的饮水次数：一般每天早上和晚上各饮水 1 次，要保持充足的饮水，最好让羊自由饮用，目前市场上已经开发出了羊的饮水器，可供羊自由饮水。

喂盐：不仅可促进羊的食欲，还可供给无机盐。每羊每日可喂给 5~6 克。盐可以单独放在饲槽里让羊自由舔食，也可放入饲料中拌匀饲喂。

（5）预混料的使用

对于预混料的使用，由于一般的养殖场和养殖户都不具备自配的条件，建议选择正规、信誉较好的厂家购买使用。

（6）广开饲料来源

考虑到舍饲养羊成本较高的问题，为提高养羊效益，应充分利用天然牧草、秸秆、树叶、农副产品及各种下脚料，扩大饲料来源。粗饲料是各种家畜不可缺少的饲料，对促进肠胃蠕动和增强消化有重要作用，它还是草食家畜冬春季节的主要饲料。新鲜牧草、饲料作物以及用这些原料调制而成的干草和青贮饲料一般适口性好，营养价值高，可以直接饲喂家畜。低质粗饲料资源如秸秆、秕壳、荚壳等，由于适口性差、可消化性低，营养价值不高，单独饲喂往往难以达到应有的饲喂效果。为了获得较好的饲喂效果，生产实践中常对这些低质粗饲料进行适当的加工调制和处理。

有饲料加工条件的地区可使用颗粒饲料饲喂绵羊，颗粒饲料中，秸秆和干草粉可占 55%~60%，精料占 35%~40%。

20. 绵羊如何育肥？

（1）羔羊分圈

在羔羊进圈前，对圈舍应彻底清扫消毒，对羔羊统一断尾、去势、驱虫、药浴、健胃、称重、编号，并根据体重、性别、年龄、体况分圈饲养。

（2）羔羊肥育过渡阶段

过渡阶段分为 10~15 天，过渡期内日粮供给坚持先粗后精，先少后多，少喂勤添的原则循序渐进。

①预饲期第一步（1~3 天）。只喂干草，多饮水，让羔羊多休息，逐步适应新的环境。4~6 天，仍以干草日粮为主，但逐步添加第二步的日粮。

②预饲期第二步（7~10 天）。参考日粮如下：玉米粒 25%，干草 64%，糖蜜 5%，油饼 5%，食盐 1%，抗菌素 50 毫克。精、粗饲料比为 36:64。

③预饲期第三步（第 10~14 天）。参考日粮如下：玉米粒 39%，干草 50%，糖蜜 5%，油饼 5%，食盐 1%，抗菌素 35 毫克。精、粗饲料比为 50:50。

（3）正式肥育期

预饲期结束后，进入正式育肥期。根据甘肃省目前肉用绵羊品种利用现状，以粗饲料型日粮较为合适。

羔羊育肥正式育肥阶段一般为 60~90 天，期内按标准日粮饲喂和科学饲养管理。饲养方式分半舍饲肥育和全舍饲肥育。羔羊育肥常用精料配方推荐：玉米 62%，麸皮 12%，豆粕 8%，棉粕 12%，石粉 1.8%，磷酸氢钙 1.2%，尿素 1%，食盐 1%，预混料 1%。将总量分成两份，早晚各喂一次。

每次给料时，先喂精料，等候片刻，吃完后再给干草。喂玉米时，如羔羊吃后有剩余，说明喂量偏高，应及时加以调整。

饲喂前要打扫饲槽，保持清洁。注意饲料卫生，不污染、不变质。饲料喂前要称重，不能靠估计。

加强羊群日常观察，对每批育肥羊应确定其总数 5%~10% 的个体，每半月测重一次，观察其增重效果。发现增重缓慢，应及时查找原因或调整日粮。

四、绵羊的饲养管理

21. 如何科学进行种公羊的饲养管理？

（1）种公羊的饲喂

种公羊对营养要求是四季均衡，种公羊要肥瘦适中，常年保持良好体况，性欲旺盛，配种力强。为此，种公羊的日粮要合理，饲料中蛋白质含量要高，营养要丰富，种公羊的草料，应力求多样化，互相搭配，以使营养价值完全，容易消化，适口性好。蛋白质能影响种公羊的性机能，而钙、磷是形成正常精液所必需的物质，所以种公羊的饲料中应富含蛋白质、维生素和无机盐。另外在配种期应加强营养，常给种公羊补饲牛奶、鸡蛋、骨粉等，以保证种公羊性机能旺盛，精液品质好，并有较高的受精率。

种公羊较理想的粗饲料是苜蓿干草、三叶草干草和青燕麦干草等优质青干草；精料则以燕麦、大麦、玉米、高粱、豌豆、黑豆、豆饼为宜；多汁饲料有胡萝卜、饲用甜菜及青贮料等。

种公羊的日粮应按照非配种期和配种期的饲养标准来分别配制。种公羊全年在非配种期饲养的时间相对较长一点，这一期公羊没有生产任务，但也是休养生息的时期，除应供给足够的热能外，还应注意足够的蛋白质、矿物质和维生素的补充。每日应保证：精料 0.35~0.5 千克，苜蓿干草 0.3 千克，玉米青贮草 2 千克，其他干草（如燕麦草、玉米干草、干麦草等）1 千克，自由饮用清洁自来水。配种期种公羊消耗营养和体力最大，要求营养丰富全面，适口性强，容易消化，日粮必须含有丰富的蛋白质、维生素和矿物质。每羊需喂全价的混合精料补充料 1.2 千克，苜蓿干草 1 千克，青贮玉米草 3~4 千克，胡萝卜 1 千克，食盐 10~20 克，骨粉 5~10 克，鸡蛋（熟）1 枚，自由饮水。为了使公羊在配种期养成良好的条件反射，必须制定严格的种公羊饲养管理程序。

由于配种期的公羊神经处于兴奋状态，心神不安，采食不好，加上繁重的配种任务，饲养管理要特别细致小心。种公羊要单圈饲养，配种期公羊要远离母羊，夏季要防暑降温，天气热要提前剪毛，要注意日粮中的钙磷比例不可低于 2:1，以免造成公羊尿结石。

对于饲养种公羊的人员要进行岗前培训，要熟练掌握种公羊的生理特点和饲养要点。饲养员要选择责任心强，勤奋吃苦耐劳的人员担当。

(2) 种公羊的管理

种公羊要单独饲养和补饲，种公羊圈舍宜宽敞坚固，保持清洁、干燥，定期消毒。为保证种公羊的健康，还应认真做好预防工作，定期进行检疫和预防接种，做好体内外寄生虫病的防治工作。平时还应注意认真观察种公羊的精神、食欲等情况，发现异常，立即报告兽医人员。

配种公羊运动量的多少直接关系到精液品质和种公羊的体质好坏，舍饲条件下应更加注重，每日必须强制驱赶运动 2 小时以上。驱赶时应快慢结合，相互交替，运动以每小时 4~6 千米为宜。

科学合理安排公羊配种采精次数，配种季节一般每日配种或采精 2 次，不超过 3 次，不要连续采精，即上午 1 次，下午 1 次，2~3 天后休息 1 天。

由于公羊的性活动在繁殖和非繁殖季节的区别不明显，全年内都能生产精子并配种，而且公羔羊在 5~7 月龄时，睾丸内就可以出现成熟的具有受精能力的精子，也就是达到了性成熟期，所以应在羔羊断奶后就立即将公羔羊从母羊群中分离出去，以防偷配现象发生。

公羊的性欲、生精机能及精液品质与气温、光线、营养等因素有密切关系，因此也有季节性差异。高温对公羊的性机能有不良影响，在持续 30℃以上的气温条件下，会使公羊的射精量下降，精子数减少，畸形精子比率升高。

对于种公羊群要指派专门的技术人员负责日常管理。种公羊舍夏季要求干燥、通风、凉爽，冬季要求温暖、干燥、空气清新，圈舍空气污浊、粉尘大很容易造成种公羊发生肺部疾病。饮水要清洁，要求自由饮水。

对于初配公羊在配种开始前 1 个月时进行调教，由专门的技术人员进行操作，方法很多，可让其接触发情母羊，也可让其他公羊配种，让其在一旁观看。技术人员也可每天对其睾丸和阴鞘部进行按摩，但要注意训练时要注意采取正规的操作方法，不可随心所欲，导致公羊形成条件反射，养成不良的配种动作。

22. 如何科学地进行基础母羊的饲养管理?

基础母羊是羊群的基础，它的健康状况直接影响着养殖场的发展，所以对基础母羊的饲养管理一定要注意以下几个方面。

(1) 空怀期母羊

指羔羊断奶后到母羊再次怀孕前的这一阶段。这一期由于母羊哺乳羔羊，身体营养、能量被羔羊消耗，母羊消瘦，要特别注意加强这一时期饲养管理，使母羊体况尽快恢复到配种前八成膘体况，要给母羊喂给一些苜蓿等营养较好的饲草，并且还要添加一些精料补充料。如果这一期营养赶不上，配种时母羊体况较差，匆匆配种、妊娠，妊娠后胎儿生长受到限制有可能造成弱胎、畸胎，给接羔工作带来不便，影响一整年的生产效益。这期间要供给营养丰富的饲料，每羊每天优质青贮草 2.5 千克，苜蓿干草 0.3 千克，精料补充料 0.25 千克。

(2) 妊娠期母羊

母羊妊娠期约 150 天左右，妊娠期的饲养无论是对羔羊还是母羊都至关重要。饲养效果的好坏直接影响着母羊繁殖力和生产力。

妊娠期分为妊娠前期和妊娠后期。

①妊娠前期 (配种后 3 个月)。妊娠前期胎儿发育较慢，这一时期每羊每天饲喂优质青贮草 2 千克，苜蓿干草 0.3 千克，其他干草 (如燕麦草、玉米干草、干麦草等) 1 千克，精料补充料 0.35 千克。

②妊娠后期。妊娠后期胎儿生长发育加快，对营养物质的需要量明显增加，母羊临产前 45 天这一阶段是胎儿生产速度最快的时期，因此要调高饲料中粗蛋白和能量，来满

足产羔母羊的营养需要，同时饲料里要添加一些矿物质和维生素，来满足胎儿生长的需要。这一时期若母羊营养缺乏有可能会造成胎儿流产或者产出羊羔瘦小，体弱多病。也有可能导致生产母羊后期营养不良，产前瘫痪或哺乳羔羊时奶水不足而出现羔羊虚弱死亡等情况。因此要供给优质饲草料，这一时期每羊每天饲喂优质青贮草 3~3.5 千克，苜蓿干草 0.4 千克，精料补充料 0.5 千克。

在舍饲的情况下羊只生活在一个相对固定和稳定的环境里面，羊只每天运动量比放牧条件减少 80%，运动量不足的母羊产羔时就会出现各种难产症状，胎位不正等情况发生概率比放牧增高很多，还有母羊分娩时表现出努责无力、子宫阵缩虚弱，需要注射缩宫素或由技术人员助产才能顺利将胎儿娩出。因此妊娠后期需创造运动的条件，每天由饲养人员在舍内强制驱赶，使生产母羊进行适量运动，每天最少要运动 2 小时以上，这样才可以保证产羔时分娩顺利。

（3）哺乳期母羊

哺乳期分为哺乳前期和哺乳后期。哺乳前期，羔羊的营养主要靠母乳，尤其是出生后 15~20 天内，母乳是羔羊唯一的营养来源。因此，应加强母羊的饲养，以提高产乳量。这一期每羊每天饲喂优质青贮草 3 千克，苜蓿干草 0.4 千克，精料补充料 0.8 千克。哺乳后期，母羊泌乳力下降，加之羔羊前三胃发育基本完成，已初步具备消化粗纤维能力，这期间，羔羊营养物质的来源已不再完全依靠母乳。这一期优质青贮草每羊每天 3 千克，苜蓿干草 0.3 千克，精料补充料 0.6~0.8 千克。对于产双羔或三羔的母羊要加强营养，每羊每天饲喂优质青贮草 4~5 千克，苜蓿干草 0.6 千克，精料补充料 1~1.2 千克。

23. 不同的产羔时期应该注意什么？

母羊产羔根据时期的不同，大致可以分为产冬羔、产春羔、产秋羔和四季零散产羔。

（1）产冬羔

母羊 8~9 月份配种，翌年 1~2 月份产羔，羔羊初生重大，体质较健壮，5~6 月份可以吃上青草，生长发育迅速，可以安全越冬。但由于产羔季节气候寒冷，在管理上应做好防寒保温。

（2）产春羔

母羊 10~11 月份配种，翌年 3~4 月份产羔，此时气温较产冬羔时温暖，可以避开寒流。母羊在哺乳期已能吃上青草，乳汁比较充足，加之气温较凉爽，羔羊长势较好。

（3）产秋羔

往往是由于实行一年两产配种方式而产生的结果。例如，产冬羔或产春羔后，分娩母羊经过 1~3 个月的机能恢复，再次自然发情或注射药物、早期断乳等人为方式强制发情配种，于9~11月份产羔，分娩母羊休整后进行冬季配种。

(4) 零散式配种产羔方式

这种方式多存在于个体母羊数较少，公母羊混群放牧的个体养殖户中，优点是随时发情，随时配种不使发情母羊漏配。缺点是容易造成近交。此种方式不适合大规模养羊及选育需要。

24. 产羔时应做好哪些工作？

母羊产羔是养羊生产中的重要环节，应做好以下工作：

(1) 接羔前的准备工作

在接羔工作开始前，须制定接羔计划，按计划准备羊舍、饲草、饲料、药品、用具等。

接羔用的羊舍（有条件的地方可专设产房）要求阳光充足，通风良好，地面干燥。接羔前舍内要彻底消毒，冬季舍内还要铺垫草或干羊粪以保温。

要准备充足的优质干草、青贮饲料和精料，为母羊补饲，以保证母羊分泌足量的乳汁。

必要的用具如料槽、水桶、脸盆、毛巾、剪刀以及消毒药品如碘酊、酒精、来苏尔等，都须事前准备。此外，记录本、秤及夜间接羔用照明设备等也要准备齐全。

(2) 接羔

对妊娠末期的母羊，饲养员每天早上出牧时要检查羊群，如见母羊腹部下垂，尾根两侧下陷，乳房胀大，奶头能挤出乳汁，即为当日产羔症状。如果发现母羊有不愿走动，喜靠在墙角用前蹄刨地，时起时卧等表现时，即为临产羔现象，要准备接羔。初产母羊，因为没有经验，往往羔羊已经入阴道仍边叫边跟群或站立产羔，这时要设法让它躺卧产羔。

当发现有上述临产症状时，要及时将羊赶入产房或产仔栏。如果在放牧中发现母羊有临产征状，就要根据当时所处季节选择合适的地方产羔。春季，要把羊赶到避风良好、温度较高的地方产羔；夏季，要把羊赶到避风良好，地面干燥、阴凉，温度较低、能避雨的地方产羔；秋季，选择离田间较远的地方产羔；冬季，选择无积雪，避风向阳、温度较高的地方产羔。

在正常分娩时，一旦羔羊出生，要迅速将它口鼻中的黏液擦掉，以免引起异物性肺炎。羔羊出生后，脐带一般会自然断裂，也可以在离羔羊脐窝部2~3寸处用剪刀剪断，或用手拉断。为了防止脐带感染，可用5%碘酊涂抹或浸泡脐带断口。一般在产羔后，母羊会将羊羔身上黏液舔干净。如果母羊不舔，可在羔羊身上撒些麸皮，促使母羊将它舔净。

羔羊生出后，胎衣在2~3小时内自然排出，要将胎衣及时捡走，不要让羊吃掉，以免感染疾病。胎衣超过 4 小时以上不下时，要采取治疗措施。

如果天气寒冷，羔羊出生后被毛不干，很容易结冰，此时要立刻给羔羊采取保温措施。可把羔羊的皮毛擦干，但要注意不使羔羊尾下黏液沾土，便于母羊识别。如果羔羊生后冻僵时，可把它抱回室内，先喂给一些温水，待体温升高后再吃奶。千万不要用强火烤，以免烤伤。天气过于炎热时，羔羊出生后应放在干燥的阴凉处，千万不要因怕热而放在阴湿处，以免得皮肤病。

有些羔羊出生后不会吃奶，俗称"忘奶"，需要加以训练。方法是先把羊奶挤在手指上，然后将手指放在羔羊嘴里让它学习吸吮。随后移动羔羊到母羊体侧，以吸吮母奶。

羔羊产出后，若只有心脏跳动而没有呼吸（称为假死）时，可进行人工呼吸。方法是用两手分别握住羔羊的前后肢，向前、向后慢慢活动，或往鼻腔内吹气，也可提起后肢，轻轻拍打屁股。

母羊产羔后因过度疲劳而发生休克时，让它安静地休息一会儿便会苏醒，或喂一些温盐水，可促使它尽快恢复。

（3）初生护理

对初生羔羊要待全身被毛被母羊舔干或人工擦干后进行称重，配带耳号标识（耳标编号要简洁明了，不能太复杂），然后用碘酒对其脐带进行浸泡消毒，以防止由脐部感染破伤风梭菌。出生后连续三天给羔羊灌服土霉素，每天两次，每次 1 片。

羔羊出生后要尽早吃到初乳，初乳中含有丰富的蛋白质、脂肪、矿物质等营养物质和抗体，对增强羔羊体质、抵抗疾病和排出胎粪具有重要作用。同平常母乳比较，初乳较浓，含有较多的矿物质，特别是初乳中的镁可促使胎便排出，可避免造成羔羊便秘，影响羔羊消化吸收。羔羊吃不到初乳，会降低其抵抗力。对于初生的孤羊，应找保姆羊寄养，使其尽快吃到初乳。要保证在分娩后 30~40 分钟内让羔羊吃到初乳。初生体质较弱的羔羊需要人工辅助羔羊哺乳。

25. 羔羊哺乳应注意什么？

羔羊出生后 1 小时左右即可站立行走吃奶，如果羔羊不能自己吃上奶，应给予辅助哺乳，一定要让羔羊尽快吃到初乳。方法有三种：如羔羊比较强壮，可轻托羔羊胸部，把羔羊嘴送到母羊乳头处，让羔羊拱碰乳头自己吃奶；如羔羊较弱，碰到乳头也不吮乳，可让羔羊骑在左肘上，左手指撬开羔羊嘴巴，右手挤一把奶冲至羔羊后腭，随即松开羔羊嘴和母羊乳头，羔羊就会噙住母羊乳头自己吮乳，如果一次不成，可连续几次；如羔羊垂危，可用左手撬开羔羊嘴，右手挤奶灌喂，或用奶瓶小勺灌喂。

哺乳期羔羊发育很快，如果奶不够吃，不但影响羔羊发育，而且易于染病死亡。因此对缺奶羔羊，要用保姆羊补奶。保姆羊一般是羔羊死亡或有余奶的母羊。为了使保姆羊认羔，对刚产不久的母羊，可取阴道黏液涂在羔羊后躯尾巴上，或用手伸进母羊阴门，使母羊产生产羔之痛感，并把母羊和羔羊单独关在一起，人工强迫哺乳，一般2~3天即可产生良好的母子关系。

26. 什么是人工哺乳训练技术？

有些羔羊奶不够吃，又无保姆羊代奶，在这种情况下，可考虑人工哺乳。人工哺乳的技术要点如下：

羔羊开始人工哺乳时，不习惯在奶盆中或用奶瓶吮吸乳汁，应进行哺乳训练。方法是将温热的羊奶（或牛奶）倒入奶盆中，喂奶员一只手的食指弯曲浸入奶盆，另一只手保定羔羊头部，让其嘴巴慢慢接近乳汁，使其吮吸沾有乳汁的指头，这样经过2~3次训练，绝大多数羔羊能自己吮吸奶盆中的乳汁。哺乳训练时喂奶员要先剪去指甲，洗净双手，训练时要细致耐心，不可把羔羊鼻孔浸入乳汁中，以免乳汁呛入羔羊的气管。

人工哺乳需要注意以下方面：

①定时定量。人工哺乳的喂量依母羊的泌乳量而定，以满足羔羊的生长发育需要为原则。一般每天喂1次或2次，开始每次150~250克，随年龄增大而增加喂量。如果母羊意外死亡，羔羊完全依靠人工哺乳，则每天喂4~5次，30日龄后改为每天喂3次。

②定温。应喂给羔羊温热的乳汁，其温度等于或略高于母羊的体温（37~40℃），温度太低易引起消化不良，高则会烫伤羔羊。

③定质。用奶粉泡制的乳汁，其浓度应与羊奶差不多，即1份奶粉加7份水。开始用少量开水冲溶奶粉，然后加入温水，调好温度，搅拌均匀。

④擦净嘴巴。哺乳后要用清洁的毛巾揩净羔羊嘴角上的残余乳汁，以防羔羊贪乳而互相舔食，引起疾病。

27. 如何进行羔羊的饲养管理？

（1）羔羊去势

去势又称阉割，去势的羊通常称为羯羊。去势后的公羔，性情温顺，管理方便，饲料利用率高，羊肉膻味小，肉质细嫩，因此育肥羊都应该去势饲养。

去势的方法有结扎法和刀切法两种。

①结扎法。当公羔6~8日龄时，将睾丸挤进阴囊里，用橡皮筋或细绳紧紧地结扎在阴囊的上部，断绝睾丸的血液流通，经过10~15天，阴囊及睾丸萎缩自然脱落。结扎羔羊最初几天有些疼痛不安，几天以后即可安宁。

②刀切法。一般 18 日龄左右的公羊可用此方法去势。其方法为一人保定羊，另一人握住阴囊上部，防止睾丸缩回腹腔内，用消过毒的刀在阴囊侧下方切开一小口，将睾丸与精索拉出撕断精索，再用同样的方法取出另一侧睾丸。阴囊内和切口处撒上消炎粉，过 1~2 天，再检查一次，如发现阴囊肿胀，可挤出其中的血水，再涂抹碘酒和消炎粉。去势的羔羊生活区内应保持清洁干燥，以防感染。

（2）羔羊断尾

羔羊的断尾主要是用于肉用绵羊品种公羊同当地的母绵羊杂交所生的杂交羔羊，或是利用半细毛羊品种来发展肉羊生产的羔羊，其羔羊均有一条细长尾巴。为避免粪尿污染羊毛，或夏季苍蝇在母羊外阴部下蛆而感染疾病和便于母羊配种，需对羔羊进行断尾。断尾是羔羊生后 10 天内进行，此期尾部血管较细不易出血。断尾一般有两种方法：

①结扎法。用橡皮筋在距尾根 4 厘米处将羊尾紧紧扎住，阻断尾下段的血液流通，经两周时间尾下段自行脱落。此法由于操作简单，羔羊应激反应小，成活率高，断尾效果好，现代养殖场断尾多用此法。

②热断法。用一特制的断尾铲和一块厚 3~5 厘米，面积 20 平方厘米的木板，木板的一面包以铁皮，在木板一端的中部挖一个圆形小孔，可让羊尾巴穿过即可。操作时，将羔羊背贴木板进行保定，把羔羊尾巴穿过木板圆孔，在距肛门约 4 厘米处的部位，用烧红的断尾铲将尾铲断，下铲时速度不宜过快，用力要均匀，使断口组织在切断时受到烧烙，起到消毒止血的作用。断尾后如有少量出血，可用断尾铲烧烙止血，最后用碘酒消毒。羔羊断尾应选在晴天的早上进行，不要在雨天或傍晚进行，断了尾的羔羊要勤观察，发现出血或羔羊腹痛要及时处理。

（2）早期补饲

补饲羔羊 3~7 日龄开始训练吃草料，刺激消化道器官发育和心肺功能健全。首先在圈内安装一个补饲栏，补饲栏留小门只能让羊羔进入。在补饲栏内四周挂上补饲槽。刚开始补饲羔羊自己不会进入补饲栏，因此在补饲槽内倒入补饲精料补充料后将需训练开食羔羊人工放入补饲栏，让其采食完之后自己从补饲栏小门出来，这样训练 2~3 次便可自由出入采食，同圈的其他羔羊也会跟随训练羔羊进入采食。生后半月龄的羔羊每只每日补饲精料 50 克，1~2 月龄 100 克，2~3 月龄 200~250 克。补饲料为全价的配合饲料。饲喂要定时定量，饮水要干净，自由饮水，补饲栏内要保持干燥清洁。

（3）多羔母羊组群

对于产双羔或哺乳双羔母羊要进行分群，单独组群饲养，因为哺乳双羔母羊营养消耗比哺乳单羔母羊要大，单独组群后，增大精料补充料的喂量，使母羊的营养水平达到哺乳双羔或多羔的需要。一般每只产双羔母羊每天要达到 1.0~1.2 千克精料左右。

（4）及时断奶

羔羊要适时断奶，以利于母羊体况的恢复，不影响下批配种。现在多采用了 2.5 月龄断奶。断奶后，把羔羊和母羊分开，尽量给羔羊保持原来的环境，按羔羊性别、身体强弱分别组群。母羊赶至其他圈饲养，对于断奶后少数母乳多的母羊可让饲养员挤掉一些以防止患上乳腺炎。

28. 羔羊断奶需要做哪些准备？

羔羊育肥指断奶后至周岁内进行的育肥。

（1）圈舍准备

以通风良好、干燥、卫生、冬暖夏凉和操作方便为原则，按每只羊 0.8 平方米的标准建造羊舍。圈舍温度在冬季保持在 4℃以上，夏季在 24℃以下，湿度不超过 80%。

（2）饲草料准备

结合当地饲草料资源、价格、适口性及消化性状预备饲料。草料品种要齐全，精料一般要有玉米、大麦、豌豆、油渣及块根料土豆、胡萝卜，粗料有苜蓿、燕麦干草、麸皮、粉渣、酒渣及作物秸秆，添加剂类应有钙、磷等矿物质添加剂以及骨粉、维生素、食盐等。

（3）确定饲养标准及配方

饲养标准是制定羔羊饲料配方的主要依据，应根据羔羊体重及所要求的日增重而适当调整。甘肃省内杂种羔羊日增重以 200 克为宜。

29. 如何进行育成羊的饲养管理？

育成羊是指断乳后到第一次配种的幼龄羊（4~12 月龄）。育成期是羊骨骼和器官充分发育的阶段，可塑性很大，营养充足与否，直接影响羊的体型和体重。若营养不良，生长发育缓慢，则会推迟配种年龄，并形成四肢高、体躯狭窄、体型不良等缺陷，使种羊育成率降低，直接影响种羊场的经济效益。一般人们习惯上认为育成羊不配种、不怀羔、不泌乳、没负担，因此就放松了对它的饲养管理，而造成第一个越冬期瘦弱羊只死亡率高。

（1）组群

育成羊应按性别、身体强弱单独组群，由专人饲养管理。羔羊断奶后转入育成阶段，断奶但不断料，在断奶组群饲养后仍需继续补喂羔羊代乳料 1 个月，补饲量为每羊每天 0.25 千克。保证饲料质量，不喂湿、霉和变质的饲料，要定时定量，投料量不宜过多，以免造成剩余。剩余的饲料及青贮草秸要及时清除，以免造成污染。技术人员跟踪检查，适时根据羊只体格发育状况调整饲料的营养浓度和投料量。育成羊不宜频繁更换饲料，以免造成羊只消化道及瘤胃微生物的不适应。育成期精料补充料每只羊每天要达到 0.5 千克以上水平。

(2) 合理饲喂

育成羊的饲喂方法不同于肥羔，要重视骨骼和内脏器官的发育，饲料营养状况对育成羊的体型和生长发育影响很大，优良的饲料、充足的运动是培育育成羊的关键。从性成熟到初配的育成羊是形成种羊体型结构的关键时期，以大量的优质苜蓿干草或青干草为主，加上少量的精饲料组成的日粮，有利于形成结实、健壮的种用体型。精料喂量以 0.3~0.5 千克为宜。

(3) 清洁饮水

育成羊必须有充足清洁的饮水供应，每只育成羊每天的供水量不低于 1 千克。冬季气温低时，尤其要注意不能让羊饮用冰碴水，否则容易造成母羊流产、羔羊腹痛、痢疾等多种疾病的发生。

(4) 剪毛、修蹄

舍饲肉羊羔羊在 6~7 月龄就要进行剪毛，修蹄。剪毛后的育成羊生长速度快，平均日增重可达 200 克左右，不剪毛的为 150 克左右，舍饲育成羊修蹄时应先让羊蹄软化，可在圈内放水，让羊在圈内站约半小时，这时羊蹄经水浸泡软化，容易剪掉。修蹄时用修蹄剪将过长的蹄尖剪掉，再用修蹄刀将蹄底边缘修整和蹄底平齐，不可修蹄过度造成损伤，影响羊只行走。

(5) 药浴、驱虫

羊只剪毛后要进行药浴，方法是用林丹乳油和敌百虫按比例在药浴池内配成药浴液，将羊只从药浴池一端赶至药浴池另一端，在此期间，用工具将羊只头部压入药浴溶液中浸泡三次，待羊只上岸在另一端圈舍稍做停留后赶回羊圈。药浴只能驱除体表疥癣等寄生虫，之后还要用伊维菌素驱除体内寄生虫。

(6) 合理掌握初配年龄适时配种

过早配种会影响育成羊的生长发育，使种羊的体型小，使用年限缩短，一般认为育成羊体重达到成年羊的 65%~70%时适宜配种。8 月龄以前的公羔一般不要采精或配种，肉用种公羊开始配种最佳年龄为 15 月龄以后。育成母羊不如成年母羊发情明显和规律，所以要加强发情鉴定，以免漏配。

(7) 定期抽测体尺和体重

为了检查育成羊的发育情况，要定期在育成羊群中随机抽取 10%的羊，固定下来每月抽测体尺和称重，与该品种羊的正常生长规律相比较，抽测过程中将不宜留作种用的个体从育成羊群中淘汰出去。

30. 育肥羊应何时出栏?

育肥羔羊出栏时间应视市场需求、价格、活重、增重速度、饲养成本等综合因素来确定。通常应以舍饲育肥全期不超过 90 天,日增重不少于 150 克为宜。

31. 绵羊舍饲有哪些注意事项?

(1) 分群饲养

舍饲养羊应按照不同品种、不同年龄、不同体况,将羊群分为公羊舍、育成羊舍、母羊舍、哺乳母羊舍、断奶羔羊舍、病羊舍及育肥羊舍,并根据各种羊的情况分别饲养管理,同时要保证适当运动。

(2) 保持环境卫生

每天早晨饲喂后,将圈舍内粪便清扫干净,保持圈舍周围及运动场环境清洁,同时定时处理粪便。每次饲喂前打扫圈舍,清除粪便、羊毛等其他污染物,确保羊舍清洁安静,做好防鼠工作。

(3) 每天要多观察羊群

做到三察三看,三察即察发情、察饮水、察疾病;三看即看羊的精神、看粪便、看采食。

(4) 加强运动

舍饲的羊每天要进行适当的运动,一般可在运动场驱赶 1~2 小时。

(5) 药浴

对留作繁殖用的公羊、母羊每年在剪完毛之后,还要进行药浴、驱虫及预防注射,以防内外寄生虫病和传染病。

(6) 其他注意事项

①饲喂时做到投料均匀,并来回巡视,防止强夺弱食,避免应激。

②不喂发霉、变质、冰冻饲草料。

③不粗暴对待种羊,防止意外伤害。

④冬季通风换气,防寒保暖。

⑤发现疾病,及时请兽医人员诊断治疗,避免延误病情造成损失。

五、绵羊的疫病防治

32. 羊场应该如何做好疫病防治？

（1）定期消毒

种羊场及其周边环境每月要进行两次彻底消毒，每次间隔 15 天。消毒液可选用碘制剂、氯制剂等。消毒药要更换使用，以防止长期使用同一种药物使细菌、病毒形成耐药性。

（2）适时免疫

按照既定的免疫程序适时开展预防接种，多数养殖场初生羔羊在 1 月龄以内就要注射羊痘疫苗，在 2 月龄注射三联四防苗，3 月龄断奶后注射口蹄疫 O 型疫苗。根据当地流行病学特征，可选择小反刍兽疫、传染性胸膜肺炎接种进入免疫程序。

（3）兽医卫生防疫

种羊场防疫分为春秋两次，两次防疫的疫苗以各地实际传染病流行病学而定，两次防疫间隔时间为 6 个月，防疫接种要做到 100%，不能误防和漏防。种羊场驱虫工作也分为春秋两季驱虫，紧跟防疫之后进行。

（4）疾病诊疗

羊只疾病要早发现、早治疗，尽力减少死亡造成的损失。要大力贯彻我国传染病的防治方针"养防结合，防重于治"，领会这八字方针的精髓才能更好地搞好种羊场的疾病防治工作。

33. 羊场药浴池如何建设？

药浴池的作用是防治羊体外寄生虫病的危害，每年都需要定期给羊群进行药浴。在没有淋药装置或者流动式药浴设备的羊场，应该在不对人畜、水源、环境造成污染的地方建药浴池，大型的羊场可以用水泥、砖、石头砌成长方形的药浴池。

药浴池是用砖、石、水泥等建造成狭长的水池，可在大型羊场或羊群集中的乡村集体设置。固定式浴池，采用水泥、砖、石等材料砌成。形状为长方形，长 10~12 米，池底宽 0.4~0.6 米，池顶宽 0.6~0.8 米，池深 1~1.2 米，以装了药液后羊不会淹没头部为准。入口处设漏斗形围栏，池入口是陡坡，羊群依次滑入池中洗浴，出口有一定倾斜坡度的小台阶，使羊缓慢地出池，走上台阶，让羊在出浴后停留时身上的药液流回池中。

34. 羊药浴的方法有哪些？

药浴是羊饲养管理上的一项重要工作。为预防和驱除羊体外寄生虫，避免疥癣发生，每年应在羊剪毛后 10 天左右，彻底药浴 1 次。

（1）药浴液

药浴液除用敌百虫（2%溶液）、速灭杀丁（80~200 毫克每升）、溴氰菊酯（50~80 毫克每升）外，选用高效、低毒药物药浴，常用的药浴液有 0.1%的杀虫脒溶液、0.05%的辛硫磷溶液等，这种新的低毒高效农药，效果很好。配制方法是，100 千克水加 50 克辛硫磷乳油，有效浓度为 0.05%，水温为 25~30℃，药浴 1~2 分钟。每 50 克乳油可药浴 14 只羊，第 1 次洗完 1 周后再洗 1 次即可。

（2）药浴方法

药治有池浴、淋浴和盆浴 3 种。

①池浴。此方法需在特设的药浴池里进行。最常用的药浴池为水泥建筑的沟形池，进口处为一广场，羊群药浴前集中在这里等候。由广场通过一狭道至浴池，使羊缓缓进入。浴池进口做成斜坡，羊由此滑入，慢慢通过浴池。池深 1 米，长 10 米，池底宽 30~60 厘米，上宽 60~100 厘米，羊只能通过而不能转身即可。药浴时，人站在浴池两边，用压扶杆控制羊，勿使其漂浮或沉没。羊群浴后应在出口处（出口处为一倾向浴池的斜面）稍作停留，使羊身上流下的药液回流到池中。

②淋浴。在特设的淋浴场进行，优点是容浴量大、速度快、比较安全。淋浴前先清洗好淋浴场，并检查确保机械运转正常即可试淋。淋浴时，把羊群赶入淋浴场，开动水泵喷淋。经 3 分钟左右，全部羊只都淋透全身后关闭水泵。将淋过的羊赶入滤液栏中，经 3~5 分钟后放出。池浴和淋浴适用于有条件的羊场和大的专业户。

③盆浴。盆浴的器具可用木桶或水缸等，先按要求配制好浴液（水温在 30℃左右）。药浴时，最好由两人操作，一人抓住羊的两前肢，另一人抓住羊的两后肢，让羊腹部向上。除头部外，将羊体在药液中浸泡 2~3 分钟，然后将头部急速浸 2~3 次，每次 1~2 秒即可。此方法适于养羊少，羊群不大的养羊户使用。

35. 药浴有哪些注意事项?

①药浴要选择晴朗、暖和、无风的天气进行，以防羊受凉感冒。药浴后，如遇风雨，应将羊赶入羊圈以保安全。

②羊群药浴前 8 小时停饲停牧。药浴前 2~3 小时给羊充分饮水，以免羊饮食药液中毒。

③药浴液温度一般应保持在 30℃左右。病羊、小羔羊、妊娠 3 个月以上的母羊及受伤羊只禁止药浴。操作人员要戴橡胶手套，以防止药液浸蚀手臂。

④大群羊药浴时，最好先用 1~2 只羊进行安全试验，确认不会引起中毒时，才能进

行大群药浴。对出现中毒症状的羊只，应及时解毒抢救。

36. 羊布氏杆菌病怎么诊治？

布氏杆菌病是由布鲁氏菌引起的人畜共患病，简称布病，其特征是生殖器官和胎膜发炎，引起流产、不育、关节炎以及其他组织的局部病变。

当羊只感染布病时，青年后备羊一般不表现临床症状，而成年羊多妊娠第 3~4 个月发生流产。流产前，感染羊只可能表现食欲减退，精神差，疲乏无力，起卧不定，阴户流黏性或带血的分泌物。流产后持续排出恶臭污秽分泌液，但很少导致二次流产。患病母羊还可发生关节炎和子宫炎，公羊常发生睾丸炎和附睾炎。

当临床上发生流产、胎衣滞留和不孕以及胎儿、胎衣的病理性损害变化等可初步判断为布病感染，再加以血清凝集试验和补体结合反应等血清学和免疫学诊断即可进行布病诊断。

布病防治应以预防为主，防治该病的主要措施是检疫隔离控制传染源，切断传播途径，培养健康畜群及免疫接种。

37. 羊乳房炎怎么防治？

母羊患乳房炎，常由于泌乳期没有对乳头做好清洗消毒工作，或因羊羔吸乳时损伤了乳头及乳头孔堵塞，乳汁瘀结而变质，细菌便由乳头上的小伤口通过乳腺管侵入乳腺小叶，或经过淋巴侵入乳腺小叶的间隙组织而造成急性炎症。

症状：患侧乳房疼痛，发炎部位红肿变硬并有压痛，乳汁色黄甚至血性，以后形成脓肿，时间愈久则乳腺小叶的损坏就愈多。贻误治疗的乳房脓肿，最后穿破皮肤而流脓，创口久不愈合，导致母羊终身失去产乳能力。

预防措施：

（1）注意保持乳房的清洁

母羊哺乳及泌乳期，乳房充胀，加上产羔 7~15 天内阴道常有恶露排出，极容易感染疾病。因此，应特别注意保持乳房的清洁卫生，应经常用肥皂水和温清水擦洗乳房，保持乳头和乳晕的皮肤清洁柔韧。羊圈舍要勤换垫土并经常打扫，保持圈舍地面清洁干燥，防止羊躺卧在泥污和粪尿上。若羊羔吸乳损伤了乳头，要暂停哺乳 2~3 天，将乳汁挤出后喂羊羔，局部贴创可贴或涂紫药水使迅速治愈。

（2）坚持按摩乳房

在母羊泌乳期，每日轻揉按摩乳房 1~2 次，随即挤出挤净乳头孔及乳房瘀汁，激活乳腺产乳和排乳的新陈代谢过程，消除隐性乳房炎的隐患。

（3）增加挤奶次数

羊患乳房炎与每日挤奶次数少、乳房乳汁聚集滞留时间长造成乳房内压及负荷量加重密切相关。因此，改变传统的每日挤奶 1 次为 2~3 次，这既可提高 2%~3% 产奶量，又减轻了乳房的内压及负荷量，可有效防止乳汁凝结引发乳房炎。

（4）及时做好防暑降温

夏季炎热，羊常因舍内通风不良而中暑、热应激造成羊只免疫力下降继而感染乳房炎等疾病。因此，要及时搭盖宽敞、隔热通风的凉棚，保持圈舍通风凉爽，中午高温时要喷洒凉水降温。供给羊充足清洁的饮水，并加入适量食盐，以补充体液，加强代谢，有利于清解里热，降低血液及乳汁的黏稠度。经常给羊挑喂蒲公英、紫花地丁、薄荷等清凉草药，可清热泻火，凉血解毒，防治乳房炎。

（5）时常查乳房的健康状况

发现乳汁色黄，乳房有结块，即可采取以下治疗措施：

①患部敷药。用 50℃ 的热水，将毛巾蘸湿，上面撒适量硫酸镁粉，外敷患部。亦可用鱼石脂软膏或中药芒硝 200 克，调水外敷，可渗透软化皮下细胞组织，活血化瘀，消肿散结。

②通乳散结。羊患乳房炎，乳腺肿胀，乳汁黏稠瘀结很难挤出，可在局部外敷的同时，采取以下措施散瘀通乳：给羊多饮 0.02% 高锰酸钾溶液水，可稀释乳汁的黏稠度，使乳汁变稀，易于挤出，并能消毒防腐，净化乳腺组织。注射 10 单位的"垂体后叶素"。增加挤奶次数，急性期每小时挤奶 1 次，最多不超过 2 小时，可边挤边由下而上地按摩乳房，用手指不住地揉捏夹乳房凝块处，直至挤净瘀汁，肿块消失。

③挤净乳房瘀汁后，将 80 万单位的青霉素，用 5 毫升生理盐水稀释后，从乳头孔注入乳房内，杀灭致病细菌。

④为增加疗效，抗生素应联合 2 种以上药品使用。青霉素与氨苄西林联合注射，青霉素 1 次 160 万单位，氨苄西林 1 次 1 克，用 5 毫升 0.2% 利多卡因稀释后，内加地塞米松 10 毫克，1 日 2~3 次，连续注射，直到痊愈。

38. 羊肠毒血症怎么诊治？

羊肠毒血症是由产气荚膜梭菌（D 型）在羊肠道中大量繁殖产生毒素入血所引起的羊的一种急性毒血症，其特征是发病突然，病死率高，因病羊死后肾组织极易软化，故又称为"软肾病"。

本病发生时症状与进入血液的毒素数量正相关，在前期羊只仅表现暂时性的精神疲乏或腹泻，继而恢复正常，因此易被误诊。只有在羊只表现全身性毒血症症状时，才会被判断为羊肠毒血症。可见症状的病例主要表现为抑制性和神经型。

抑制型：也称昏迷型。病羊常常表现为掉群，易疲劳，行走不稳易跌倒，有时还会表现急剧腹泻，双目凝视，呼吸困难急促，口流大量涎沫，头弯向一侧，或躺倒四肢作急促游泳状，全身发抖，一般1~2小时内哀叫痉挛而死。

神经型：以过度兴奋，高度敏感，摇晃不定，咀嚼、磨牙、抽搐和不规则呼吸为特征。多表现急剧下痢，有时张口呼吸。强迫行走时表现共济失调，最后倒地并表现肌肉痉挛，四肢做蹬踢运动，角膜反射消失，或静躺不动，口吐清水，呼吸渐衰而死；或不显丝毫痛苦，头颈抽缩，口吐白沫，常以后躯和尾部跳离地面，跌倒并死亡。

羊肠毒血症的诊断可以从以下三个方面进行：

①临床诊断。当羊只出现沉郁、内中毒和共济失调时，应定为疑似羊肠毒血症，再根据临床发病情况和病变特征作出初步诊断，但确诊还需实验室检查。

②实验室检查。以实验动物进行毒素毒性试验，血糖的升高和尿糖试验阳性也可作为诊断依据。

③治疗性诊断。治疗性诊断即在羊只出现临床症状后，立即大剂量（40~100毫升）注射D型和E型产气荚膜梭菌毒素血清，如果注射后病情很快好转（即使是短暂性好转），则可认定为羊肠毒血症。

目前，羊肠毒血症的防治主要依靠疫苗注射和饲养管理的加强，尚无确实有效的治疗手段。

39. 羊痘怎么诊治？

羊痘是羊痘病毒引起的一种急性发热性传染病，其特征是皮肤和某些部位黏膜发生红斑、丘疹、水疱、脓疱和结痂的规律性病变。

羊痘的潜伏期2~5天，病初体温升高到41~42℃，精神不振，食欲减退甚至废绝，结膜潮红，鼻腔有浆液或黏脓性分泌物，呼吸和脉搏增速。不久，在体表无毛或少毛部分出现红色斑疹，即红斑期，指压褪色。经1~2天，出现绿豆大小的微红色圆形结节继而变成丘疹，即丘疹期，丘疹基部直径可达1厘米。丘疹数天内变为水疱，即水疱期，有些水疱中央凹陷，形成痘脐。以后水疱变为脓疱，即脓疱期。脓疱内容物逐渐干涸，形成褐色痂皮，即结痂期。最后痂皮脱落，遗留放射状瘢痕而痊愈。

除此之外，在流行过程中亦可见到非典型症状。其经过是病初与典型痘相同，但不出现或仅出现少量痘疹；或痘疹呈硬结状在数天内干燥脱落，不经过水疱和脓疱期，呈良性经过，即所谓"顿挫型"亦叫"石痘"随后丘疹消失而痊愈。

一些病例只发生少数痘疹，也有一些病例，痘疹遍布头颈胸腹和四肢皮肤，口腔与鼻腔黏膜、阴唇、包皮和肛门也可被侵害。个别羊尤其是吮乳羔羊，痘疹可发生在咽喉和气管内，常表现咳嗽、呼吸加快和流脓性鼻液等。痘疹发生范围广，或痘疱发生化脓和坏疽形成恶臭深性溃疡。流行期间可能并发一侧或双侧性结膜、角膜炎。

病愈羊可获得坚强的终生免疫力。

本病的防治应注重抓好羊群的饲养管理，做好预防注射。目前尚无特殊有效办法治疗，一般采取对症治疗，防止继发感染的措施。

40. 羊坏死杆菌病怎么诊治？

坏死杆菌病是由坏死梭杆菌引起的各种家畜的一种慢性传染病，其特征是组织坏死，主要见于受伤的皮肤、皮下组织和消化道黏膜，有时在内脏器官发生转移性坏死灶。

临床所言羊只腐蹄病、坏死性口炎（白喉）、羊烂肝肺病及坏死乳房炎等都是依据羊受坏死杆菌损害的组织器官部位不同而进行命名的一类坏死杆菌病。羊临床表现多见腐蹄病和肝肺坏死杆菌病（烂肝肺），幼龄羊坏死性口炎亦可见到。该病潜伏期一般很短，平均 1~3 天。

（1）坏死杆菌病的类型

①腐蹄病。多发于成年羊。病初羊只呈现跛行，多为单肢性，病羊因患肢不能负重而呈蹦跳式行走，行动困难，喜卧，严重者出全身症状。患蹄检查，发现病变局部红肿热痛，蹄底可见小孔或创口，内有腐烂污秽的脓液或臭水。在蹄趾（指）间隙、蹄踵和蹄等处发生溃烂和皮肤坏死，挤压有脓流出，形成蹄漏。随病程发展，坏死病变可蔓延至深部组织，如腱、韧带、骨骼和关节等，以致发生蹄壳或指（趾）端脱落。严重病例全身症状恶化，体温升高，导致脓毒败血症而死亡。

②肝肺坏死杆菌病。属临床所言"羊烂肝肺病"之一种，特征主要是在肝肺等内脏器官散布有数量和大小不一的蔓延性或转移坏死灶。该型病多发于羔羊，死亡率较高。

③坏死性口炎。多发于羔羊，病初羔羊拒食或厌食，体温高，流涎，气喘或有脓鼻。病羔口腔、齿龈、内颊、咽部等处黏膜红肿，可见黄白或灰白色伪膜，伪膜脱落后显露大小和形状不规则的溃疡面。如果坏死灶蔓延或转移，可发生化脓性肺炎，引起死亡。此型常与羔羊口疮并发，亦有单独发生的。

（2）诊断

根据病变发生部位，特殊的脓汁和臭水，结合羊只的饲养管理状况及放牧草场条件、天气状况等不难作出诊断。确诊须进行病料的克隆片染色镜检、细菌的分离培养和动物试验。

（3）防治

加强羊只的饲养管理，避免皮肤和黏膜的损伤，是预防本病发生的关键所在。

病羊的治疗主要是局部治疗，必要时配合全身疗法依发生的病型不同，制定相应的治疗方案。

①腐蹄病的治疗。首先清除患蹄局部的坏死组织，然后用3%来苏水或双氧水，或0.1%高锰酸钾溶液冲洗创面创腔，最后涂擦结晶紫软膏或抗生素软膏等，并予以包扎，每天或隔天处理1次，必要时配合全身应用抗生素，既可促进局部痊愈，又可防止全身感染。同群羊只应以5%~10%硫酸铜或10%福尔马林药液进行脚浴，预防感染。

②肝肺坏死杆菌病的治疗。肝肺坏死杆菌一般都是由它处病灶蔓延而来。所以，当怀疑坏死病灶可能转移至肝肺等内脏器官时，应早期使用抗生素和增效磺胺类药物。

③坏死性口炎的治疗。应先除去坏死性伪膜，以0.1%高锰酸钾或2%~4%硼酸等溶液冲洗口腔，然后于溃疡处涂布碘甘油或吹撒冰硼散直至痊愈。

41. 羊传染性脓疱（羊口疮）怎么诊治？

羊传染性脓疱是一种由病毒引起的急性传染病，2~6月龄羊最易感，常呈群发性流行，而成年羊则较少发生。其特征是羊口唇及乳晕等少发部位发生结节性水疱、脓疱、溃疡，最后形成黄褐色和棕色厚痂。

本病按照临床表现可分为口唇型、蹄型和外阴型。病初，患病羊口唇部出现小的结节，形状扁平，继而形成水疱和脓疱以及脓疱溃烂形成的溃疡面，严重时溃疡面连接成片，最后形成棕红色疣状厚干痂，干痂脱落后可见凹凸不平的肉芽；有的病羔齿龈多生产连带状赘生物，似肉芽状，甚至覆盖牙齿表面，影响病羔吮乳及采食。病变一般从口唇开始，逐步蔓延至鼻孔周围、上下颚、面部、眼眶及耳廓等处。羊单纯性传染性脓疱一般呈良性经过，如果有继发感染则后果比较严重。

（1）诊断

本病可以根据典型的临床表现，即口唇周围发生桑葚状疣状增生物，病变局限于头面部，便可作出诊断。严格确诊还需进行实验室病毒的分离培养或进行血清学检查。

本病临床诊断应注意与羊痘和坏死杆菌病进行区别诊断。羊痘的痘疹是全身性的，并伴有体温升高，结节呈界限明显的圆形凸出，后期表现为脐状，硬痂坚硬光滑；坏死杆菌病主要表现为组织坏死，无水疱、脓疱病变。

（2）防治

本病的预防应做好饲养管理，保护好羊只皮肤黏膜的完整性，不从疫区购买羊只，在病区要做好免疫接种。治疗可先去掉痂皮，以0.1%~0.3%的高锰酸钾或5%硼酸水等清洗创面，然后涂以碘甘油（5%碘酊与甘油 1:1 混合）或直接涂擦 5%碘酒，亦可涂擦抗生素防腐软膏如黑豆膏、四环素和土霉素软膏等，也可用食用油加青霉素进行涂擦，效果良好。

42. 羊传染性胸膜肺炎怎么诊治？

羊传染性胸膜肺炎，又俗称"烂肺病"，是由支原体引起的一种高度接触性传染病。其特征是高热、咳嗽、胸膜和肺发生浆液性和纤维蛋白性炎症，病死率极高。

（1）分类

本病潜伏期短者 3~7 天，长者 3~4 周，平均 18~20 天，根据病程和临床症状可分为最急性、急性和慢性三种病型。

①最急性型。见于首次暴发羊群。病初羊只体温升高到 41~42℃，病羊精神沉郁，食欲废绝，呼吸迫促并伴有痛苦鸣叫，数小时后出现肺炎症状，流黏脓性鼻液或带血。12~16 小时内，渗出液充满病肺并进入胸腔，病羊卧地不起，四肢伸直，呼吸极度困难，呻吟哀鸣，可视黏膜发绀，目光呆滞，24 小时或数天内窒息死亡。

②急性型。此型临床比较多见。病初体温升高到 40~41℃，食欲减退，呆立，不愿走动，对周围事物冷淡，发生短而湿的咳嗽，流浆液性鼻液。数天之后，咳嗽变得干而痛苦，鼻液转为黏脓性或呈铁锈色，鼻孔周围及上唇有干涸鼻痂。病羊消瘦，磨牙呻吟、流涎、高热稽留。触诊胸壁有痛感，肺部叩诊呈浊音，胸部听诊有摩擦音或捻发音。孕羊大批发生流产，后期病羊食欲锐减眼睑肿胀，流泪，口流泡沫，痛苦呻吟，张口呼吸，卧地，头颈伸直，屈腰拱背，最终窒息而死。有时发生臌胀和腹泻，病程一般 7~15 天，有的可达 1 月以上，个别未死的病羊可转为慢性。

③慢性型。一般由急性转来，所有症状比较轻微。病初体温可升至 40℃左右，咳嗽和腹泻症状时轻时重，肺炎症状不明显，病羊发育迟缓，营养不良，被毛粗乱无光，流鼻，病程可长达数月之久，最终衰竭而死。

（2）诊断

应根据流行规律，临床症状和病理变化进行综合诊断最后确诊须送实验室进行病原分离与鉴定。

当羊群出现高热、咳嗽、流黏脓或铁锈色鼻液，病理剖检呈一侧性胸膜肺炎，而其他脏器无特殊病变者即可做出临床诊断。临床上本病与巴氏杆菌病具有相似的症状表现，但是巴氏杆菌病常表现大叶性肺炎和出血性败血症变化。

本病的最后确诊须依靠实验室检查，可进行病原的分离鉴定或进行补体结合反应。

（3）防治

抓好日常的饲养管理，加强检疫，做好预防接种工作。病羊的治疗可选用土霉素、氟苯尼考等药有效。

43. 羊口蹄疫怎么诊治？

口蹄疫是由口蹄疫病毒引起的偶蹄兽的急性接触性传染病。以口蹄黏膜、蹄部和乳房皮肤发生水疱和溃烂为特征。病毒寄生广泛，易通过空气传播，传染性强，易变异。毒型多，且各型免疫原性不同，发病率高，幼畜死亡率高。接触病畜产品的人，其手指间及口唇发生水疱，易迅速恢复。一旦发病，常呈大流行，不易控制和消灭，被国际兽疫局列为国际法定传染病。

自然感染羊潜伏期为 2~4 天，有的长达 1 周甚至更长。病羊感染初期体温可升高至 40~41℃，食欲不振，精神委顿。数小时后，病羊口腔（舌、唇、颊和齿龈部）黏膜出现水疱，同时或稍后在趾间、蹄冠和球部、乳头或乳房的皮肤上发生水疱。口腔出现水疱的同时，两唇发出特征性哑咀声（吸吮声），咀嚼困难，采食反刍停止，跛行不愿站立。2~3 天后水疱破裂，体温逐渐恢复正常，全身状况好转。

羊以口腔发病多见，死亡率亦高。成年羊病情温和，孕羊可发生流产。羔羊发生出血性胃肠炎，常因心肌炎造成大量死亡。

（1）诊断

依据流行情况和特征性的临床症状，不难辨认该病并作出初步诊断。确诊则有赖于血清学检查鉴定毒型。

临床上应注意本病与羊传染性脓疱及羊痘的区别诊断。

（2）防治

①严格执行进（出）口岸检疫。

②清净地区，首先应防止从污染地区传入本病，禁止或限制从污染地区输入动物及其畜产品，对输入品应进行严格检疫。

③一旦发生疫情，应立即采取措施，对患畜及可疑感染者应一律捕杀、深埋或焚毁。对怀疑受污染的粪便、饲料圈舍及运输工具等，应进行严格彻底的消毒，严格限制人畜流动，消灭传染源防止蔓延。

④对疫区及其邻近受威胁区进行紧急疫苗接种。

⑤在口蹄疫流行和处理病羊时，应注意防止经创伤接触感染。

六、圈舍和设施设备

44. 羊舍的建造原则是什么？

羊舍是供羊休息、生活的地方。羊舍条件的好坏直接影响着羊群的健康、繁殖、生长发育。因此，必须科学地修建羊舍。羊舍建造原则有以下几点：

①羊场地址选择宜地势高燥、羊舍宜坐北朝南，稍有坡度，避风向阳。

②排水良好、远离居民区和交通主干道。

③水源充足，水质良好，电力、交通、通讯便利。

④饲料来源便利。

⑤羊舍建筑以经济、实用、就地取材、造价低、经久耐用为原则。要求通风良好，防热降暑，冬季保温，春季防潮。

45. 羊舍防疫卫生要求是什么？

羊场、羊舍的设计和建设，要符合兽医防疫要求，严格将生活区、生产区分开，粪污、病死羊的无害化处理要在总体设计中，有利于疾病的预防和减少疾病的发生与传播。

46. 羊舍应该怎么建？

羊舍主要以单列式羊舍和双列式为主。

基础母羊宜采用单列式羊舍，20 只一个单元，舍内面积 2 平方米每只；哺乳母羊舍内面积 2 平方米每只，舍外运动场面积 3 平方米每只；种公羊舍采用单列式单只饲养，种公羊 1.5~2.0 平方米每只；育肥羊可采用全开放式，舍内面积 0.8 平方米每只。羊槽隔栏间距 10~15 厘米，每只占 40~50 厘米；饲槽上宽 25 厘米，下宽 23 厘米，深 20 厘米，槽底距地面 5~10 厘米，以适应其在地面上啃草的采食习性；水槽一般长 0.8~1.5 米。暖棚内可设产羔栏和补饲栏。每个棚 3~5 个单元。

羊舍前墙、后墙高 2.2 米，山墙最高处 3 米。对应每圈设一面积为 80×80 平方厘米的后窗，对应每圈在脊上设一可开关风帽。

47. 羊舍有哪些主要的设施、设备？

羊舍的主要设备包括：运动场、食槽、水槽、青贮设备、药浴设备、围栏等。

（1）运动场

羊舍外要设计供羊活动的运动场，主要是母羊和种公羊，大小可按圈舍面积的 2~3 倍设计，要因地制宜，可用砖沙铺地。运动场内要设置水槽。运动场墙高一般为 130 厘米左右。

（2）食槽

食槽的形式多种多样，可以是固定的，也可以是活动的，可根据不同的饲养对象、饲养方式进行合理地设置。可以用水泥砌成上宽下窄的槽，上宽约 30 厘米，深 25 厘米左右。总的要求是适合羊的采食特点，羊只采食时不相互干扰，羊蹄不能踏入食槽内。

（3）分羊栏

分羊栏供羊分群、鉴定、防疫、驱虫、称重、打耳号等日常生产管理中使用。分羊栏由许多栅板连接或网围栏组成，可以是固定的，也可以临时搭建，其规模视羊群的大小而定。分羊栏多设在羊群的入口处，为喇叭形，中部为一小通道，可容许羊只单行前进。沿通道一侧或两侧，可根据需要设置 3~4 个可以向两边开门的小圈。

（4）活动围栏

活动围栏可用于临时分隔羊群。母羊产羔时，也可用活动围栏临时间隔为母子圈、中圈等。根据其结构不同，通常有重叠围栏、折叠围栏和三脚架围栏等几种类型。

（5）药浴设备

在大型羊场或养羊较为集中的乡镇，可建造永久性药浴设施（大型药浴池）；在牧区或养羊较少而且分散的农区，可采用小型药浴池，或用防水性能良好的帆布加工制作的活动药浴设备。

（6）青贮设备

羊场常用青贮设备有青贮塔、青贮窖、青贮壕、青贮袋等类型。

（7）水井

如果羊场没有自来水，应自打水井。为避免水源污染，水井应打在距离羊舍 50 米远的上坡上风方向，井口高出地面 0.5 米并加盖，周围修建井台和护栏。

第五章 生猪养殖技术问答

一、生猪常用品种介绍

1. 中国地方猪种类型主要有哪些?

中国由于地域辽阔,各地自然气候、饲料资源、饮食习惯和社会背景等千差万别,根据地方猪种的起源、生产性能、外貌特点和生活环境等,将其分为六大类型,分别是华北型、华南型、华中型、江海型、西南型和高原型。

(1) 华北型

分布于淮河、秦岭以北。此类型体质健壮,骨骼发达,四肢粗壮,背腰狭长,腹不太下垂,肌肉发达。头较平直,嘴筒长,耳大下垂,毛粗密,多为黑色。母猪性成熟早,繁殖性能强,母性好,窝产 10~12 头,乳头 8 对左右。耐寒,耐粗饲,但增重较慢,板油多,屠宰率较低,一般 60%~70%。代表品种有东北民猪,西北的八眉猪,黄淮海黑猪、汉江黑猪和沂蒙黑猪等。

(2) 华南型

分布于南岭和珠江以南地区。表现为"矮、短、宽、圆、肥"的外部特征,腹大下垂。头相对较短宽,嘴短,耳小,毛多为黑白花。性成熟早,母性好,但繁殖性能稍差,窝产 8~9 头。耐热,早熟易肥,皮薄肉嫩,属脂肪型猪种,屠宰率 75%左右。代表品种有蓝塘猪、陆川猪、香猪、五指山猪、粤东黑猪、槐猪和滇南小耳猪等。

(3) 华中型

分布于长江和珠江之间的广大地区。体型与华南型相似,但体型较大,生产性能介于华南型与华北型之间。母猪产仔数 10~12 头,乳头 6~7 对。生长较快,成熟较早,肉质细嫩,屠宰率 70%左右。本类型猪较多,代表品种有浙江金华猪、大花白猪、宁乡猪、皖浙花猪、武夷黑猪、莆田猪和大围子猪等。

(4) 江海型

主要分布于长江下游和沿海地区,地处华北型和华中型中间狭长的过渡地带。主要由华北型与华中型杂交选育而成,外形和生产性能因类别不同而差异较大。共同特点为毛黑色或有少量白斑，头中等大，耳大下垂。性成熟早，以繁殖率高著称于世。母猪平均窝产 13 头以上，乳头 8 对以上，成熟较早，增重快，屠宰率在 70% 左右。代表品种有太湖流域的太湖猪、姜曲猪，安徽的圩猪、浙江的虹桥猪等。

（5）西南型

主要分布于云贵高原和四川盆地。头大，腿粗短，毛以全黑或"六白"为主，也有黑白花和红毛猪。繁殖率中等，窝产仔数 8~10 头，乳头 5~6 对。肥育能力强，屠宰率65%~79%，多属肉脂兼用型。代表品种有荣昌猪、内江猪、成华猪、乌金猪和雅南猪等。

（6）高原型

主要分布在青藏高原等高海拔地区。体型小，似野猪，头狭长呈锥形，腹小而紧收，臀倾斜。毛为全黑或黑白花。繁殖率低，乳头 5 对居多，窝产仔 5~6 头，哺育率不高。成年体重小，属晚熟品种。肉味醇香，但屠宰率较低，仅 65% 左右。代表品种有青藏高原的藏猪和合作猪。

2. 目前甘肃省养猪生产中应用最广三大引进瘦肉型品种有哪些？

目前甘肃省养猪生产中应用最广的是大约克夏猪、长白猪和杜洛克猪三大引进瘦肉型品种。

3. 甘肃省养猪生产中大约克夏猪生产性状如何？

大约克夏猪又称大白猪，原产于英国。为目前世界上分布最广的著名瘦肉型猪种。其全身皮毛白色、允许偶有少量暗黑斑点；头大小适中、鼻面直或微凹、耳竖立、背腰平直；肢蹄健壮、前胛宽、背阔、后躯丰满，呈长方形体型。母猪的初情期 165~195 天；适宜初配日龄 220~240 天，初配体重 120 千克以上；经产母猪总产仔数 10 头以上，21日龄窝重 45 千克以上；6 月龄后备公猪体重 100~110 千克，母猪 90~100 千克。育肥猪体重 160~180 日龄达 100 千克以上，料肉比 2.8:1 以下，屠宰率 72% 以上，胴体瘦肉率62% 以上。具有生长快、饲料利用率高、瘦肉率高、繁殖性能好、适应性强等特点。在杂交利用中多作第一父本或母本。已引入中国多年并得到广泛应用，近年引入的主要是美系、法系、加系和丹系大约克夏猪。

4. 甘肃省养猪生产中长白猪生产性状如何？

长白猪又名兰德瑞斯猪，原产于丹麦。是世界著名的瘦肉型猪种。为目前世界上分布广泛的著名瘦肉型猪种。其被毛白色、允许偶有少量暗黑斑点；头小而清秀，颈轻，鼻、嘴狭长，耳较大、向前倾；体躯长、整体前窄后宽呈流线型、背腰微弓、后躯发达、腿臀丰满；体质结实，四肢坚实。母猪初情期 170~200 天，适宜初配日龄 220~240 天，初配体重 120 千克以上，经产母猪总产仔数 10 头以上，21 日龄窝重 45 千克以上；6 月龄后备公猪体重 100~110 千克，母猪 90~100 千克。育肥猪体重 165~180 日龄达 100 千克，料肉比 2.9:1 以下，屠宰率 72% 以上，胴体瘦肉率 62% 以上。具有生长快、饲料利用率高、瘦肉率高、繁殖性能好等特点，但适应性相对稍差，对饲料营养要求较高。在杂交利用中多作第一父本或母本。已引入中国多年并得到广泛应用，近年引入的主要是美系、法系、加系和丹系长白猪。

5. 甘肃省养猪生产中杜洛克猪生产性状如何？

杜洛克原产于美国，是世界分布最广的著名瘦肉型猪种。其全身被毛棕红色，少数为浅棕色至深棕色不一，允许体侧或腹下有少量小暗斑点；头中等大小。嘴短直、耳中等大小、略向前倾；背腰呈弓形、腹线平直、体躯宽深、后躯发达、肌肉丰满，四肢粗壮结实。母猪的初情期 170~200 天，适宜初配日龄 230~250 天，初配体重 120 千克以上，经产母猪总产仔数 9 头以上，21 日龄窝重 40 千克以上；6 月龄后备公猪体重 100~110 千克，母猪 90~100 千克。育肥猪体重 165~175 日龄达 100 千克，料肉比 2.7:1 以下，屠宰率 70% 以上，胴体瘦肉率 65% 以上。具有生长快、饲料利用率高、瘦肉率高、肉色好等特点，但繁殖性能不高，特别是泌乳能力较差，断奶育成率低。在杂交利用中多作终端父本。近年引入的主要是美系和台系杜洛克猪。

二、生猪引种选择

6. 理想后备公猪的体型外貌是怎样的？

理想后备公猪体格要结实紧凑，肩胸结合良好，背腰宽平，腹大小适中，肢蹄稳健。具有品种的典型特征，如毛色、耳型、头型和体型等。公猪睾丸发育良好，大小相同，整齐对称，摸起来感到结实但不坚硬，无隐睾或单睾，无疝气和包皮积尿而膨大等疾病。

7. 理想后备母猪的体型外貌是怎样的？

理想的后备母猪腹线有 7 对以上突出、排列整齐的乳头；阴户大，且不向上或一边翘起；趾大小均匀，间距合理；前后肢系部、膝、跗关节支撑理想；尾根高起，生长在臀部合理的位置；体长、背腰平直；后腿长且肌肉丰满，但并不呈"球状"；前后肢之间宽度合理；肋骨形状良好，呈桶状；面颊清秀；体躯相对较瘦，肌肉较丰满。

8. 影响猪选种效果的因素有哪些？

影响猪选种效果的主要因素有：

（1）选择比例

选种比例指留作种用猪只数量占总性能测定猪的比例。该比例越低，则选择效果越好。

（2）主动育种群体规模大小

主动育种群，指的是用于繁殖下一代种猪的公猪和母猪数量，及有生产性能记录的后备猪的数量。在同样的选择比例情况下，主动育种群规模越大，遗传评估的正确性越高，选择效果就越好。

（3）遗传评估方法

根据后备猪及其祖先、同胞的生产性能记录，计算出后备猪的种用价值高低。目前，最佳线性无偏预测法（BLUP）是最常用的遗传评估方法。

9. 为什么要开展种猪性能测定?

性能测定特指在相对一致的条件下，对测定群个体本身的主要经济性状进行度量，并依此对该个体的遗传性能做出评价和预测。根据《全国种猪遗传评估方案》要求，进行性能测定的性状指标共有 15 项。其中，繁殖性状有总产仔数、活产仔数等；生长发育性状有达 100 千克体重日龄、100 千克体重的活体背膘厚、眼肌面积（厚度）等；肥育及胴体性状有饲料利用率、屠宰率、瘦肉率等。

性能测定的开展，可以根据所测定个体以上性状表型值的获取进行组织，如总产仔数的测定，可直接记录生产母猪分娩时总的产仔数，并记录可能影响总产仔数的所有因素，包括生产母猪胎次、产仔季节和品种等。

10. 为什么要开展跨场间联合育种?

猪的育种之所以要开展跨场间联合育种的原因是：单个场的种猪数量都有限，要想取得比较大的遗传进展或者选育出生产性能优良的专门化品系比较困难。因此，需要联合选种方向相同的种猪场共同进行选种，这样就可以增加主动育种群的数量，获得较大的选择效果。

影响猪联合育种效果还有一个重要因素，即场间的联系程度，这是一个统计学概念，其一是环境因素间的联系，如两个猪场的猪饲养在同一猪舍中，由于具有相同的饲养管理条件而形成的联系；其二是遗传联系，指两个猪场的猪只之间具有血缘关系。这两者都可以提高后备种猪遗传评估的正确性，但只有遗传联系，才能增加主动育种群规模，提高选择效果。一般两个猪场如果有 6%~10% 以上的种猪后代存在遗传联系，就可以有较佳的选择效果。

11. 种猪选留主要有哪几个阶段?

种猪选留主要有以下三个阶段：

（1）断乳初选

在仔猪断乳时进行。根据母猪生产情况及仔猪发育表现，除出现遗传疾患个体全窝放弃外，最好能对核心群后代实施全群测定。但限于测定设备、工作强度及后期公猪处置等多方面因素，一般根据需要选留种猪的数量确定后备猪的测定规模，公猪的留种率一般为1%左右，母猪不能大于10%。挑选的标准为：符合本品种的外形标准，生长发育好，体重较大，皮毛光亮，背部宽长，四肢结实有力，乳头数在6对以上，且重点为无遗传缺陷外形，如瞎乳头。

(2) 保育结束阶段二选

保育结束时一般仔猪达70日龄。这时主要是剔除发育异常的猪。保育猪要经过断乳、换环境和换料等几关的考验，断乳初选的仔猪经过保育阶段后，有的适用力不强，生长发育受阻，有的生理缺陷逐步显现。因此，在保育结束时需要对断乳初选的仔猪进行第二次选择，将体格健壮、体重较大、没有副乳头和公猪睾丸良好的初选仔猪转入下阶段测定。

(3) 测定结束阶段三选

性能测定一般在5~6月龄、体重达85~115千克结束。这时个体的重要生长性状（除繁殖性能外）都已基本表现出来，因此，这一阶段是选种的关键时期，应作为主选阶段。

12. 选育可以提高猪的瘦肉率吗？瘦肉率是不是越高越好？

从遗传学的角度来讲，胴体瘦肉率遗传力很高，所以直接对胴体瘦肉率进行选择，可以有效地提高猪的瘦肉率。实际选种时，通常采用活体背膘厚度间接选择胴体瘦肉率。

但值得注意的是，过分追求胴体瘦肉率，会带来一定的负效应，主要是肉的品质和猪的繁殖力会下降。因此，在实际生产中，瘦肉率并不要求无限提高。

13. 猪良种有什么要求？

所谓良种，一般应指生长快、品质好、抗逆性强、性状稳定和适应一定地区自然条件，并适用于规模化养殖的品种。但具体到养殖户，则应根据本身饲养的目的来确定。如果其生产目的是要生产肉质优良的产品为主，则许多中国地方猪种，如蓝塘猪、太湖猪、宁乡猪等就是良种；但如果其生产是以盈利为目的，则杜洛克、长白、大白以及瘦肉型猪配套系就是良种。

14. 如何确定引进种猪的品种和数量？

确定品种和数量应本着如下原则：一般小型场户可直接引进二元母猪，配套终端父本公猪或二元杂种公猪生产三元或四元商品猪；中型场户可引进不同品种的纯种公母猪杂交生产二元母猪。如要生产生长快、瘦肉率高的猪肉可选购"洋洋"二元母猪，即母猪为国外引进的洋品种；生产瘦肉率适度、肉质好的猪肉可选购"洋本"或"本本"二元母猪。如要更新血缘可引进少量公猪即可；如果是新养猪的场户引种数量应根据总规模确定：本交时公母比例为 1:20~1:25，人工授精时公、母比例为 1:100~1:500，在实际引种时可适当高于这一比例。

15. 如何确定种猪引种时机和时间？

确定种猪引种时机和时间应避开养猪效益高峰年，这时引种，种猪挑选余地小，而且价位较高，繁殖出后代时很可能又进入下一个低谷期。引进数量较多时，还应分批进行，以增加选择强度和便于配种。应避开当地最冷和最热的季节。

16. 如何确定种猪引种体重？

确定种猪引种体重应该注意从以下几方面考虑：许多养猪场户都喜欢引进体重大的种猪，其实体重过大的种猪很可能是别人挑剩下的猪，不仅挑选余地较小，而且影响引种后的定向培育和免疫计划。一般要求 50 千克左右为宜，还要把体重距离拉开，不论是公猪还是母猪，大、中、小体重应各占一定比例，公猪的体重一般应大于母猪。

17. 如何确定种猪供种场家？

①要选择品牌知名度高、具有省级种畜禽生产经营许可证的场家。

②要把种猪的健康放在第一位，重点查种猪的来源、时间、规模、代次和性能，一般建场时间短的可能疾病较少，近一年无重大疫病发生，必要时采血化验，同时尽量从一家猪场引进。

③要先进行了解或咨询后，再到场家实地考察，以免看到的猪可能只是一些"模特猪"。

④要综合考虑本场与供种场家在区域大环境和猪场小环境上的差别，尽可能地做到本场与供种场家环境的一致性。

18. 如何确定种猪引种人员？

种猪引进不能找非专业人员，如养猪场户本身经验不足，特别是才开始养猪的中小型养猪户，最好聘请有实践经验的技术人员参与。但应注意不要上了一些为获取高额回扣不惜推销劣质种猪的所谓专家或一些饲料兽药推销员的当。

19. 引进种猪需要准备隔离猪舍吗？

猪场应建有专用种猪隔离舍，确定引种前应进行全面维修并彻底清洗消毒后备用，并准备好相关用具、药品及饲料等。要做好种猪的隔离与观察，种猪到达后对猪体及车辆用具消毒后缓慢赶入隔离舍休息，1 小时后少量多次饮水，4~6 小时后先喂给少量饲料，次日起逐渐增加喂量。饲料或饮水中可添加抗生素、电解多维、口服补液盐等。要精心管理，提供舒适环境。一般隔离观察 30~45 天确定健康无病，并按免疫程序完成免疫接种后方可转入本场猪群。

20. 种猪引种现场选种应该考虑哪些因素?

(1) 观察健康状况

由于目前国内大多数种猪场都不提供猪病检验报告,故引种时只能在全面了解猪群的健康水平和免疫状况的基础上,通过现场观察来判断猪群的健康状况。要注意观察猪的营养状况、精神面貌、食欲、皮肤颜色、粪便形状、尿色,有无红眼、泪斑、眼屎、咳嗽、气喘、鼻嘴歪斜、疝气、外伤等,以判断猪群和个体的健康状况。

(2) 观察体型外貌

对公母猪体型外貌的共同要求是应符合本品种特征,无明显缺陷,活泼好动,面目清秀,头颈较轻,身体匀称结实,腹宽大而不下垂,四肢结构合理、强健等。对母猪要求乳头在 6 对以上,其中 3 对在脐部以前,无无效乳头,排列整齐;外阴较大且下垂;腹部要宽不宜过于平直,且不要选择"双肌臀"或"双肌背"体型特别明显的个体。对公猪要求背腰平直,后躯丰满发达,四肢强健有力,雄性特征明显。睾丸摸起来感到结实但不坚硬,大小一致,而超大型睾丸,则可能是病态;还要看包皮有无积液;接近性成熟年龄的公猪应表现出交配欲望,吐沫也较多,如公猪虽能正常爬跨,但阴茎不能正常伸出、过短或过软均不能选择。当然对公猪的选择标准要更严格一些。

(3) 查阅系谱和生产性能记录

挑选的种猪必须有耳号,并附带耳标、免疫标志牌。通过查阅系谱剔除生长慢和同窝产仔数少或同窝中有遗传缺陷的个体,查清个体之间的血缘关系。需纯繁时公母猪间尽量不要有血缘关系,数量大时每个品种公猪血统应不少于 5 个。对种公猪侧重于生长速度、饲料利用率、胴体品质等的了解,对母猪侧重于繁殖性能等的了解。有条件时,可选择经过生产性能测定的种猪。

(4) 索要各种证明和饲养管理资料

应要求场家提供营业执照、种畜禽生产经营许可证和动物防疫合格证复印件;饲料配方、免疫程序和饲养管理规程;开具发票、动物检疫合格证明;填写种猪系谱卡和种猪合格证等。以备路上查验和便于引进后的饲养管理。

21. 种猪运输应注意哪些事项?

种猪的运输应考虑如下几个方面:

①在装猪前 1 天及装猪时对车辆及用具严格消毒。装车前 5 小时应停止喂料,给足饮水。

②装车时可喷洒有味的消毒药或注射镇静剂,以减轻种猪打斗。最好让 5~10 头猪占

一格，大公猪最好单独占一格。

③运输过程中一般不喂料，运距长时可补给饮水或青菜瓜果。

④夏季要注意遮阳、洒水降温，冬季注意保温通风，不能包裹太严。

⑤行车过程中要随时停车轰起种猪查看，以免长期挤压出现问题。

22. 什么是选猪苗"十二看"？

科学地选购苗猪，是养好猪的基础。要想选购到健康快长的苗猪，经验丰富的养猪人有"十二看"。

①看嘴形。嘴短而圆、大而齐，口叉深，特别是下颌要薄。下颌与上颌相平整齐的苗猪吃得多，不挑食，易养，长得快。

②看眼睛。眼毛短，眼亮有神的猪，健康活泼，生长良好，绝大多数无病。

③看耳鼻。鼻孔要大，与嘴相称，耳朵大而薄，耳根厚而硬，双耳距离宽的猪能吃会长。

④看脖子。不粗不细，并有一定长度，母猪可长点，公猪适当短点，育肥猪的不宜太粗。

⑤看躯干。肩背要宽。苗猪前肩高，背胸部宽阔发育良好，背平坦而直长，腹板宽平稍下垂，腹形以"黄瓜肚"为好，呼吸和血液相应旺盛，生长也迅速。

⑥看尾巴。俗话说："尾巴像根钉，一天长一斤"。苗猪尾巴根子粗，尾稍红，尾皮薄，呈"丁字状"，不但长得快，而且性情温顺。

⑦看奶头。奶头明且稀，但不少于6对。最好交叉均匀排列，前稀后密。7+6相对或7+8相对，8+9相对最为理想，这种猪具有先天性细胞分裂快的特点。

⑧看四肢。要求四腿强健、圆直粗长，大腿肌肉丰满，蹄甲圆厚，蹄叉大而明显，体长与体高比例适中，骨架大，生长快。

⑨看皮毛。皮薄红润干净，肋间毛向下垂，被毛整齐，毛稀、平滑、光亮的苗猪体质好，长得快。如果皮粗毛乱，苍白无光泽的猪，多为病猪、僵猪。

⑩看体重。同窝苗猪断奶，体重越大的，一般育肥时增重速度越快，故宜选购体重大的苗猪，即"抢重不抢轻"，便于短期育肥。

⑪看粪便。粪便排出落地成条状或团形，光滑、松散者为健康苗猪，尿液正常颜色为淡黄色。

⑫看精神。健康苗猪精神饱满，站立自然，步子平稳。把猪的后腿提起来，猪不叫或叫声不大，说明性子不暴躁，对外界反应不敏感，能尽快适应新的环境。

三、生猪营养需要

23. 初生仔猪必须补饲铁盐吗？

铁在猪体内含量很少，但其作用是相当大的。铁是合成血红蛋白和肌红蛋白的重要原料，由于铁的存在，使血红蛋白能够运输氧气，保证了体内组织氧的供应。铁还参与体内生化过程，供给生命活动所需的能量。

成年猪可通过采食饲料获得足够的铁，一般不致缺乏。但是对于饲养在水泥地面的哺乳仔猪，特别是初生仔猪，由于体内贮备的铁很少，仅有 30~50 毫克，又不能从饲料和土壤中获得铁，每天只能从母乳中获得约 1 毫克铁的补充，而仔猪正常生长发育每天需铁 7~8 毫克，因此，如果不另外补铁，初生仔猪 5~7 天就消耗完毕，会产生贫血，出现食欲减退、皮肤和黏膜苍白、精神不振等症状，严重者会死亡。所以，初生仔猪一定要补铁。

对初生仔猪补铁，采用提高妊娠期和泌乳期母猪饲粮中铁盐含量的方法不能达到目的，而必须直接补给初生仔猪，主要方法有：

（1）注射铁钴针剂

在仔猪生后 2~3 天，每头仔猪一次性肌注铁钴（右旋糖酐铁钴注射液）注射液 1~2 毫升。

（2）口服铁钴制剂

在仔猪生后 2~3 天，用奶瓶盛装 0.25% 硫酸亚铁和硫酸铜混合水溶液，当仔猪吃奶时滴于母猪乳头上，仔猪即可吸入。

（3）设置矿物铁盐补饲槽

在仔猪出生 3~5 天后，把一些矿物铁盐放置在补饲槽内，或在圈内经常撒一些无污染的红黏土，任仔猪自由采食。

24. 猪赖氨酸缺乏会有什么表现？

猪饲料中缺乏赖氨酸，会表现为日增重减慢，料肉比升高，眼观重量比实际称量要重，体组织脂肪含量升高，体形结构呈现没有明显臀部，不好看，还会表现采食量少。

25. 生产无公害猪肉对饲料有什么要求？

无公害猪肉是国际通用的名称，比通常所讲的"放心肉"有更高的要求。放心肉是指生猪在屠宰时，经过屠宰部门检疫后，证明是安全无害的猪肉。无公害猪肉是指在养猪的全过程中，采用无公害、无残留、无激素的饲料和饲料添加剂，控制环境和饮水的质量标准，规范兽药的使用品种、用量等。无公害猪肉的生产，涉及生猪饲养中引种、环境、饲养、消毒、免疫、屠宰、加工、销售、废弃物处理等。在生猪屠宰、猪肉加工、销售等全过程应遵循一系列国家法规、标准，但主要体现在饲养生产过程的严格控制。无公害猪肉的生产对所用的单一饲料、饲料添加剂、药物饲料添加剂、配合饲料、浓缩饲料和添加剂预混合饲料等各种饲料的使用技术要求及其加工过程、标签、包装、贮存、运输、检验等均有明确准则，特别提出禁止在生猪饲料中添加 β-兴奋剂、镇静剂、激素类和砷制剂，明确了包括硝基呋喃类和硝基咪唑类在内的 12 类兽药在生猪饲料中禁用。

26. 什么是教槽料？如何配制和使用？

教槽料一般是指仔猪出生 5~7 天后开始补料时至断奶后 10 天内所使用的饲料。教槽料不仅给乳猪补充养分，促进生长发育，提高断奶体重，还可使乳猪在哺乳时学会采食饲料，适度刺激小肠绒毛生长，削减断奶后因饲料品种、饲喂方法、养分代谢等变化所产生的各类应激。教槽料从基本上解决了仔猪腹泻、断奶应激等断奶综合征的问题，还使乳猪安稳地度过断奶关，其配制技巧要留意以下三点。

（1）制订养分尺度

设计教槽料乳汁重要成分包含易消化的乳糖、乳脂和乳蛋白。以干物质计算，乳汁中脂肪含量为 35%，蛋白质 30%，乳糖 25%，还有高含量的免疫因子和促生长因子。在设计教槽料时，要留意乳猪的肠道变化，选择相似母乳的可口性好、易消化的原料。要依据乳猪的日龄，分成前、中、后三个阶段，粗蛋白在 19%~22%，赖氨酸为 1.3%~1.5% 较好。同时，按乳猪理想蛋白质氨基酸模式，确定蛋氨酸、苏氨酸和色氨酸等限制性氨基酸的需要比例。

（2）原料的选择和处置

原料选择重点考虑猪的消化率、可口性和可消化氨基酸的平衡性。蛋白以动物源性蛋白为佳，如乳清粉、脱脂奶粉、血浆蛋白粉和进口鱼粉等。植物性原料要膨化或者发酵处理，做到"零抗原"或"低抗原"，严格把关玉米的水分和霉变，教槽料中油脂的选择以豆油、玉米油、椰子油等为主，要求纯度高，并使用抗氧化剂。

（3）加工工艺

在教槽料的生产过程中，原料的预处置、投料次序、调制温度、破坏粒度、调制压力、水分把持、混合平均度、配料进程中的原料污染把持等细节，都不应有任何失误，原料充足熟化，以达到最高的消化率和最佳口感。使用教槽料时，尤其是在早期，一定要细心并耐心地进行调教，勤添少喂，保持教槽料的新鲜，料槽要干净卫生，把料槽放到光亮处等。只有这样，才能达到良好的使用效果。

27. 什么是乳猪料？如何配制和使用？

中国习惯于把体重小于 15 千克这个阶段的猪称为乳猪，这个阶段使用的饲料称为乳猪料。为了和教槽料（高档乳猪料）区分，行业内通常认为，一般乳猪料指仔猪断奶 7~10 天后至 15 千克时所使用的饲料。转教槽料为一般乳猪料后 1 周内，仔猪可能会出现采食量降低、生长停滞和腹泻增加的情况。因此，乳猪料的配制和使用要与教槽料相衔接，两者的质量档次差异不能过大。配制教槽料所用的饲料原料，也是配制乳猪料的适宜原料，但考虑成本问题，玉米、豆粕的用量可增加，血浆蛋白粉、鱼粉、乳清粉、膨化玉米和膨化豆粕等的用量可降低。在选用一些原料时考虑的原则是：供应稳定，品质保证，价格适中。

28. 什么是预混料？如何正确选择和使用？

添加剂预混合饲料简称预混料，是将微量元素、维生素和合成氨基酸等微量营养物质、其他饲料添加剂、作载体的粉状精料均匀混合而成。预混料是全价配合饲料的一种重要组分。选择和使用预混料，需注意以下三点。

（1）综合判断饲料质量的优劣

从市场反馈情况来看某种预混料是否有口皆碑，是否稳定。从饲料厂家的实力、售后服务以及生产设备等情况来看，所选择的饲料、预混料的生产设备要求较高的混合均匀度、厂家较强的技术水平和售后服务能力。

（2）正确选择型号

预混料是按照不同猪种及其不同生长发育阶段的营养需要而设计的，因此，用户应根据猪的实际情况选择不同阶段的预混料品种。有的用户为了贪图一时便宜，用中猪料代替小猪料，小猪阶段营养不足，影响了猪的后期发育，这种做法是得不偿失的。

（3）严格按推荐剂量和大原料配方使用

很多饲养户使用预混料时常常随便改变推荐配方，有的为降低成本，随意降低预混料在配合料中的比例，造成部分营养指标不能满足猪的生长需要。有的饲养户则任意加大预混料的比例，这样不但增加了成本，而且可能造成猪中毒现象。要严格按照厂家推荐的大原料配方使用预混料，厂家推荐的配方，如随意改动可能破坏配合饲料的营养平衡。注意目前市场上使用预混料的几点误区：单一从猪粪的颜色、软硬，来判断饲料的"好坏"；单一从猪的皮毛外观，来判断饲料的"好坏"，出现一般性疾病时，误认为是由饲料引起的；单一从饲料的香味判断质量优劣；混淆预混料所针对的猪生长阶段，任意加入别的饲料原料，过分追求猪的体型和出栏价格，以致使用有兴奋剂或其他添加剂的大猪料，给社会带来不良影响。

29. 什么是浓缩饲料？如何正确使用？

浓缩饲料，由蛋白质饲料、矿物元素饲料、维生素和非营养性添加剂等按一定比例配制而成，是饲料生产厂家生产的一种半成品饲料。浓缩饲料不能直接饲喂，须参照产品说明，按其比例加入能量饲料，如玉米、麦麸等混合均匀，成为符合生猪养殖需要的全价配合饲料后使用。浓缩饲料在全价配合饲料中的比例一般为 20%~35%。浓缩饲料体积相对较小，可以减少能量饲料的重复运输，节省运输费用，降低生产成本，还可弥补当前农村蛋白质饲料短缺的问题，具有经济效益高、使用方便的特点，适合于农村及设备条件不高的小型养殖场使用。正确使用浓缩饲料，要注意以下几点。

（1）选择合格产品

中国浓缩饲料品种繁多，质量千差万别。首先要根据使用的动物种类、生长阶段等选购相应的产品，在选购时，注意产品是否有产品标签、产品说明书、产品合格证，注册商标标志及相应说明是否齐全。此外，一次购买的量不要太多，以保持其新鲜程度和适口性。

（2）正确配合

通常在浓缩饲料产品说明书中，有推荐配合的比例，可以参照使用。使用时，按规定比例掺入玉米面、麸皮等能量饲料，即可成为能够满足畜禽营养需求的全价配合饲料。多加或少加浓缩饲料，都是不正确的。

（3）不宜加入其他添加剂

浓缩饲料中含有较高浓度的微量元素、维生素和其他非营养添加剂，在使用时不需要再加入其他添加剂，饲喂前一定要与能量饲料搅拌均匀，避免混合不匀，影响使用效果。

（4）正确饲喂

需要强调的是浓缩饲料不能直接饲喂，必须按一定比例与能量饲料相互配合后才可饲喂。根据需要购买相应生长、生产阶段浓缩饲料。采用生干料拌湿或生干粉投喂，千万不能煮沸使用，否则会使许多营养成分发生变化而失效，特别是维生素更易遭破坏。

（5）不宜频繁更换

畜禽对每一品牌、规格的饲料都有一定的适应性，更换饲料，会因适口性的问题引起畜禽采食量下降，严重的甚至会造成应激反应，引起腹泻等疾病。一旦选择适合的饲料，不要随便更换。如确因饲料质量问题或畜禽不同生产阶段需换品牌、规格，应循序渐进更换饲料，以 3~5 天过渡为宜。

（6）正确贮藏与使用

浓缩饲料都有其保质期，在购买时要注意产品的生产日期，对已经购买的浓缩饲料要在保质期内用完。浓缩饲料应贮藏在避光、低温、干燥、通风处，不要直接放置在地面上。

30. 如何配制怀孕母猪饲料？

怀孕母猪的饲养，主要是保证母猪有一个良好的体况，不能太肥，也不能太瘦。更重要的是，能获得较高的产仔数和仔猪初生重。由于妊娠期母猪食欲旺盛，饲料利用率很高，而采食能量过高会引起母猪过肥、产仔数降低等方面的问题。妊娠母猪宜使用低能量、蛋白水平适中的饲料，适当增加日粮粗纤维含量、饲喂青绿多汁饲料等可减少母猪便秘，减少氮排放。妊娠母猪的营养水平建议分胎次来管理：消化能 12~12.5 千焦每千克、赖氨酸 0.55%~0.6%，钙 0.85%~0.9%，有效磷 0.45%。初产母猪能量水平相对较低，赖氨酸、钙磷水平较高，而经产母猪则相反。另一方面，妊娠母猪料营养不均衡，会造成饲料利用率降低，同时过度限饲，致使营养成分摄入不足，都会造成仔猪初生重降低、弱仔增加，产仔数减少，背膘厚降低。到哺乳时母猪泌乳力降低，哺乳仔猪死亡率增高，这种影响可直接延续到后期的生长肥育阶段，降低瘦肉率和肉品质，影响养猪生产效益。在生产实际中，还要根据母猪体况肥瘦，来适度调节饲料饲喂量和营养水平。如体况瘦，母猪在怀孕期间要增肥，饲喂量要多；如体况肥，饲喂量要少，否则母猪过肥，易导致母猪产仔数降低。最新的研究成果显示，怀孕母猪饲料配制过程中额外添加精氨酸、叶酸、亚油酸、甜菜碱和铬制剂等，可以提高母猪的繁殖性能。

31. 如何配制哺乳母猪饲料？

哺乳母猪饲养，主要是要保证获得较高的仔猪断奶窝重和成活率，同时要防止母猪掉膘太多，否则母猪会推迟再次发情，甚至不发情。因而，保证母猪泌乳期间摄入足够多的营养物质至关重要。通常要提高能量水平，确保饲料消化能在 14 兆焦每千克以上，同时，饲料配方中要避免选用粗纤维含量高的饲料原料，还可适当添加脂肪（3%~5%）或优质大豆磷脂（4%~6%），以提高能量水平。夏季哺乳母猪日粮的粗蛋白含量可适当提高，配到 18%，选择优质蛋白原料，建议不使用杂粮，而选用优质豆粕（粗蛋白含量≥44%）、膨化大豆和进口鱼粉等蛋白质原料。赖氨酸含量应达到 1% 左右，较高的赖氨酸水平和理想蛋白质，有益于哺乳母猪泌乳性能的正常发挥。钙、磷比例要恰当。钙的含量应在 0.8%~1%，磷为 0.7%~0.8%，有效磷 0.45%。为提高植酸磷的吸收利用率，可在饲料中添加植酸酶。钙、磷含量过低或比例失调，可造成哺乳母猪产生肢蹄病，重者后肢瘫痪。夏季母猪日粮中添加一定量的维生素 C（150~200 毫克每千克），可减缓热应激。最新的研究成果还认为，哺乳母猪饲料中适当增加精氨酸含量、添加异黄酮，可以提高母猪的泌乳量，增加哺乳仔猪的断奶重和成活率，对母猪的发情间隔没有影响。

32. 猪饲料中各种主要维生素的功能是什么？

（1）维生素 A

维生素 A 具有保护视力、保护消化道呼吸道或生殖道黏膜的健康，增强对疾病的抵抗力或繁殖机能。一般青饲料中的胡萝卜、南瓜、青干草和谷物中都含有丰富的维生素 A。

（2）维生素 D

维生素 D 为固醇类衍生物，具有抗佝偻病作用，其主要功能是促进肠道对钙、磷的吸收，有利于骨骼的发育。维生素 D 缺乏时，幼猪生长不良，骨骼生长不良，易发生佝偻病，母猪会发生产死胎、弱仔、泌乳后期瘫痪等现象。牧草中含有麦角固醇，在阳光紫外线照射下可转化为维生素 D，因此优质草粉是维生素 D 的良好来源，皮肤中的 7–脱氢胆固醇，在阳光紫外线作用下可转化为维生素 D，如果阳光充足，猪每天在阳光下活动 45 到 60 分钟就不会缺乏维生素 D，在常年密闭饲养不见阳光的条件下，猪饲粮必须添加维生素 D。一般来说，对维生素 D 的推荐量为每千克饲粮 125~220 国际单位，其中，仔猪的需要量高于生长猪，生长猪又高于育肥猪，种猪后备猪与生长猪的需要量相当。

（3）维生素 E

维生素 E 又叫抗不育维生素，它是维持猪的正常繁殖机能所必需的，对保护心肌及其他肌肉的健康有良好作用。另外，维生素 E 还是一种抗氧化剂和代谢调节剂，对消化道和体组织中的维生素 A 有保护作用。维生素 E 缺乏时，仔猪易发生白肌病，心肌萎缩；公猪性欲降低，精液量减少，精子活力差；母猪易出现不孕、流产或产死胎，向母猪饲粮中添加维生素 E，能减少胚胎死亡，增加产子数。维生素 E 与硒有协同作用，因此维生素 E 的需要量受硒的影响，维生素 E 的营养作用需要充足的硒才能很好的发挥。维生素 E 的需要量，还与多种不饱和脂肪酸、维生素 A、维生素 C 有关，当猪摄食大量的不饱和脂肪酸和维生素 A，维生素 C 时，也需要加大维生素 E 的添加量。

一般青饲料、优质青干草和各种谷类中都含有丰富的维生素 E，在冬季圈养的猪，饲料种类往往比较单一，品质较差，要注意补给维生素 E，特别是种公猪，必要时可喂给芽类饲料，如大麦芽、玉米芽等。一般来说，每千克饲料补加 10~15 个国际单位维生素 E 可防治猪的维生素 E 缺乏症或死亡，并维持正常生长性能。

（4）维生素 K

维生素 K 主要起凝血作用，可防止猪体受伤引起的流血不止，还可防止有新陈代谢障碍而引起的贫血症。维生素 K 广泛存在于各种植物性饲料中，特别是青绿饲料中，成年猪肠道内微生物也能合成，因此猪一般不会缺乏，由于哺乳仔猪，肠道内微生物很少，不能合成足够的维生素 K，因此要注意在饲粮中补充。猪喂发霉变质的饲料或饲料中添加抗菌药物时，抑制了肠道微生物的繁殖，要注意防止维生素 K 的缺乏，猪对维生素 K 的需要量为每千克饲粮 2 个国际单位。

（5）维生素 B_1

维生素 B_1 又叫硫胺素，其主要功能是参与碳水化合物的代谢，有助于胃肠道的消化，维持心脏或神经系统功能正常。猪对维生素 B_1 的需要量受多方面的影响。首先，脂肪有节省维生素 B_1 的作用，当猪饲料中脂肪水平较高时，猪对维生素 B_1 的需要量减少，当外界温度升高时，猪对维生素 B_1 的需要量上升，这可能是因为猪的采食量下降的原因。此外，维生素 B_1 的需要量还受猪的生理状况、疾病和营养的影响，但一般来说，猪对维生素 B_1 的需要量为每千克饲料 1.5 毫克即可，维生素 B_1 在米糠、麸皮等籽实加工副产品中广泛存在，豆类饲料、青饲料中含量较丰富，同时猪体内能大量贮存，因此猪一般不会缺乏维生素 B_1。

（6）维生素 B_2

维生素 B_2 又叫核黄素，它参与蛋白质、脂肪和碳水化合物代谢，若饲粮中含量适当，可提高饲料利用率。猪对维生素 B_2 的需要量为每千克饲粮 2~4 毫克，以玉米、高粱、豆饼为基础的饲粮核黄素含量不足，需要补充。各种青饲料优质草粉、酒糟、豆饼、酵母等含核黄素较多，饲料发酵可提高核黄素的含量。

（7）维生素 C

维生素 C 又叫抗坏血酸，其作用是促进肠道内铁的吸收，增强猪的免疫力，缓解猪的应激反应，由于猪体内能合成维生素 C，一般不会缺乏，但在高温应激状态下应补加维生素 C。

33. 使用饲料添加剂时需要注意哪些事项？

畜禽养殖生产中使用饲料添加剂很普遍，用量小作用大。但若使用不当也会适得其反，所以使用时应该注意以下几点：

（1）正确选择

添加剂种类较多，要充分了解它们的性能、用途和特点，并根据自己养殖畜禽的种类、饲养目的、饲养条件等进行选用。

（2）用量适当

一般按照使用说明书添加即可，用量不宜过小或过大。

（3）搅拌均匀

有饲料加工搅拌机搅拌最好。若采用人工拌料，一般采用三层次分级拌料法。即：先确定用量，将添加剂拌入少量饲料中，拌和均匀，是为第一层次预混料；然后将此第一层次预混料掺到一定量（饲料总量的 1/5~1/3）饲料中，再充分搅拌均匀，是为第二层次预混料；最后再把第二层次预混料掺到剩余的饲料中拌匀即可。

（4）混于干粉料中

饲料添加剂只能混于干粉状饲料中，短时间贮存待用才能发挥它的作用。禁止混于加水的饲料和发酵的饲料中，更不能与饲料一起加工或煮沸使用。

（5）贮存时间不宜过长

大部分饲料添加剂不宜久放，特别是营养性添加剂、特效添加剂，久放容易受潮发霉变质或氧化还原而失去作用，如维生素添加剂、抗生素添加剂等。

（6）注意配伍禁忌

多种维生素最好不要直接接触微量元素和氯化胆碱，以免降低药效。同时使用两种以上添加剂时，就要考虑有无拮抗、抑制作用，是否会产生化学反应。

34. 猪蹄裂与维生素有没有关系？

有关系，一般与维生素 A、维生素 C、生物素有关，尤其是生物素，要加以注意。

35. 猪的毛色不好是怎么回事？

由于饲料中缺乏维生素，主要是维生素 A、B 族维生素中的泛酸、生物素等成分缺乏，导致猪毛发育不良，显得毛色不好。

36. 青贮料可以喂猪吗？

发酵过的青贮料，营养价值丰富，适口性好，是优质的猪饲料，可以替代一部分精饲料饲喂。

（1）生长肥育猪和仔猪的饲用

①生长肥育猪。按年龄不同，每天可喂给 1~3 千克，其中 3~6 月龄猪 1~1.5 千克。6 月龄以上每天可喂给 2~3 千克。

②仔猪。从 1.5 月龄开始，可以专用混配青贮料作为维生素补充料，到 2~3 月龄，每天可喂给 2~2.5 千克。

（2）母猪和公猪的饲用

①成年母猪。每天喂给妊娠母猪 3~4 千克，哺乳母猪 1.2~2 千克，空怀母猪 2~4 千克。母猪妊娠的最后 1 个月，青贮料的喂给量要相应减少一半，并在产仔前两周时，要从日粮中全部除去。在产后最初时期，可再行喂给青贮料，其喂量，每天 0.5 千克，经

10~15 天后，可增至正常喂量。

②成年公猪。非配种期每天可喂给 3 千克。

（3）喂法

青贮饲料带有酸味，或由于其他原因，在开始喂饲时，猪有不愿采食的现象，只要经过短期的训练，完全可以扭转，训练方法是先空腹饲喂青贮料，再喂其他草料；先将青贮料拌入精料中喂，再饲喂其他草料，先少喂青贮料，再逐渐加量饲喂。

37. 引起母猪产僵猪、死猪、弱猪的营养性因素有哪些？

任何营养缺乏都可能影响母猪繁殖，但营养素缺乏，必须经过一段较长时间才能表现出来，临床上要找出是哪种营养素缺乏引起的母猪繁殖障碍比较困难。因此要使用全价平衡口粮，不但能提高母猪繁殖能力，同时还能增强母猪的抵抗力。

（1）蛋白质或必需氨基酸缺乏

蛋白质或必需氨基酸缺乏时，可引起死胎、畸形或弱仔。

（2）矿物质元素缺乏

①钙、磷。妊娠母猪缺乏时，能使胎儿死亡或产下弱仔猪、木乃伊胎。

②碘。妊娠母猪缺乏时，可造成胎儿被吸收或产下无毛仔猪，新生仔猪黏液性水肿。

③锌。母猪缺乏时，产仔减少，新生仔猪体重减轻，抵抗力差。

④铁。母猪缺乏时，产死胎增多，有时还可引起流产；新生仔猪发生缺铁性贫血，对疾病抵抗力降低。

⑤锰。母猪缺乏时，产下仔猪矮小、瘦弱、站立困难，断奶后生长缓慢，有时死胎。

（3）维生素缺乏

①维生素 A。母猪缺乏时，发生流产、死胎、弱仔、畸形、仔猪瞎眼等。

②维生素 E。妊娠母猪缺乏时，产死胎或体弱仔猪。

③水溶性维生素、维生素 B_2。母猪缺乏时，可发生早产、死胎、弱仔，有时产下仔猪无毛等；维生素 B_1、维生素 B_2、胆碱、泛酸等缺乏时，可引起母猪产死胎或弱仔，有时产仔减少。

四、生猪饲养管理

38. 猪场如何消毒？

（1）猪场和舍内消毒

猪场的入口处要设置消毒池，里面放上消毒液，所有进入猪场的人员和车辆都要进行消毒，消毒液要定期更换，保证药效，猪舍内部要先用消毒液喷洒地面，然后再清扫，清除的污物要做好消毒，之后用消毒液将猪舍内部均匀喷洒。

（2）生猪和用具消毒

对生猪消毒可以预防咳嗽喘气等呼吸道疾病，杀灭空气中的微生物，发病期间用药物喷洒猪体，饮水器和料槽要经常用清水冲洗，每周用消毒液冲刷一次。

（3）粪便和死猪消毒

粪便可以采取集中堆放发酵的方法来消毒，粪便发酵会产生热量，从而杀灭病原微生物和寄生虫卵，主要分为发酵池法和堆粪法。死猪要运到防疫部门指定的地点，做无害化处理，选择距离居住区、水源、养殖场较远的地方，周围要喷洒消毒液。

（4）选择合适的消毒药品

工作人员上班要换衣服，要经常用消毒液清洗手部，消毒药品要选择无害的，尽量选择国家指定的消毒药品。

39. 春季生猪生长注意事项有哪些？

进入初春季，生猪生长缓慢，抵抗力降低，要加强饲养管理，初春养猪关键是提高猪的抵抗力。具体要做到如下几点。

（1）提高猪舍温度

①开放式猪舍要覆盖塑膜，最好是覆盖双层塑膜，这种办法适宜肥猪舍和非哺乳母猪舍。

②密封式养猪车间实行锅炉式暖气供热。

③暖气供热加电热器，适宜于哺乳母猪舍。

（2）提高饲料能量水平

调整饲喂方法，喂干料、饮清洁温水。如喂湿料，要用清洁温热水拌料，以保持一定的料温，并于每次食后清理饲槽。防止饲料霉变，注意加入脱霉剂。

（3）增强猪舍空气流通

由于天气冷，猪舍长期处于相对密闭状态，空气不能得到及时更换，易造成氨、硫化氢等有毒有害气体严重超标，因此要定时打开气窗换气，排除有毒有害气体。

（4）搞好卫生并做好消毒

猪舍要勤消毒，消毒剂可选用碘制剂、氯制剂及其他高效消毒剂，也可用20%的生石灰乳或2%的烧碱热水进行泼洒消毒（用烧碱不准带畜消毒）。圈舍用常规消毒药每周消毒一次，视动物疫病情况可适当调整。饲槽用具洗涤消毒每三天一次。大门、人畜通道出入口应设消毒池或垫消毒地毯，并定时更换。外来人员出入、车辆进出必须采取严格的消毒措施。

（5）做好疫病防治工作

搞好免疫接种，防止疫病发生。重点做好风寒感冒、胃肠炎及猪瘟、高致病性猪蓝耳病、口蹄疫等疫病的预防。

40. 春季养好猪需要注意哪几点？

（1）消毒

消毒虽然是老生常谈的问题，但在春天特别重要，春季万物苏醒，同时病原菌繁殖的速度也会加快，所以猪场的日常消毒工作就显得尤为重要。在消毒的过程中我们要注意一些细节，把这些细节做好了，会让消毒工作事半功倍。

首先要把需要消毒的地方清洗干净，这样消毒药才能很好地和病原菌接触，从而达到好的消毒效果；另外配制消毒溶液的时候要按照使用说明，不能随便减小或者加大剂量；消毒要全面最好不留死角。

（2）免疫

免疫一直是猪场的重点工作，俗话说"养防结合，防重于治"，猪场把免疫做好了，心里才会踏实一点，免疫包括种猪（公猪和母猪）和商品猪的免疫，种猪除要做好常规的免疫（如猪瘟、伪狂犬等）外，还要做好细小病毒和乙型脑炎疫苗的免疫。

①一般种猪的免疫。猪瘟一年免疫两次即可，可以跟胎或者普免；种猪伪狂犬一般一年免疫 3~4 次；细小和乙脑一般每年的 3 月和 9 月各免疫一次；圆环和蓝耳各个猪场根据情况选择免疫；在寒冷的季节还要注意口蹄疫和胃流二联苗的免疫。

②商品猪的免疫。一般是首日龄伪狂犬滴鼻，7 日龄支原体，14 日龄圆环，30 日龄猪瘟一免，50 日龄伪狂犬二免，60 日龄猪瘟二免，寒冷天气注意口蹄疫和胃流二联苗的免疫。

（3）营养

饲料营养这块现在不是大问题，市场上有现成的全价饲料，浓缩料，预混料可供选择；使用全价料的，只要认准大厂家、品牌产品，一般没有质量问题，只要喂够数量，营养就没有问题了；如果选择浓缩料或者预混料就要注意原料的问题，其中要注意的就是霉变和根据猪的不同阶段粉碎的粒度要不同，不然可能导致饲料的品质下降而影响猪的生产性能。

（4）密度

春天，天气渐渐暖起来了，猪圈的密度也是关键，密度大了，猪应激反应大，严重影响猪的生长，还会增加猪患病的机会，密度小了，浪费圈舍。

一般的饲养密度为：保育猪（10~25 千克）每头 0.3~0.4 平方米；育成猪每头（25~

60 千克）0.5~0.7 平方米，育肥猪（60 千克以上）每头 1.0~1.2 平方米。

（5）温度和通风

春天天气变暖，但又不太稳定，昼夜温差大，在白天温度高的时候可以适当开窗通风，降低猪舍的湿度和有害气体浓度，但晚上要做好保温工作，下班前把窗户关好，防止夜里天气突变造成猪只受寒生病。

41. 夏季猪场消毒应注意哪些问题？

夏季炎热，是适合病原微生物生长和繁殖的季节，养殖户必须在夏季做好消毒工作，消毒工作做得好的话，可以切断疫病传播，在猪场可能发生传染性疾病的时候，这个工作尤为重要。夏季猪场消毒工作要注意以下几点。

（1）消毒需要足够的剂量

消毒药在杀灭病原的同时往往自身也被破坏，一个消毒药分子可能只能杀死一个病原，如果一个消毒药分子遇到五个病原，再好的消毒药也不会效果好。关于消毒药的用量，一般是每平方米面积用 1 升药液。生产上常见到的则是不经计算，只是在消毒药将舍内全部喷湿即可，人走后地面马上干燥，这样的消毒效果是很差的，因为消毒药无法与掩盖在深层的病原接触。

（2）消毒需要没有干扰

许多消毒药遇到有机物会失效，如果使用这些消毒药放在消毒池中，池中再放一些锯末，作为鞋底消毒的手段，效果就不会好了。

（3）消毒需要药物对病原敏感

不是每一种消毒药对所有病原都有效，而是有针对性的，所以使用消毒药时也是有目标的。如预防口蹄疫时，碘制剂效果较好，而预防感冒时，过氧乙酸可能是比较好的，而预防传染性胃肠炎时，高温和紫外线可能更实用。

42. 冬季养猪六大注意事项有哪些？

合适的温度对于生猪养殖来说极为重要，猪感染疫病和发生应激与温度密不可分，一旦猪生活温度在适宜生存温度范围外，猪就容易出现应激等状况，轻则影响猪的正常生理机能，重则造成猪死亡。冬季气候温度偏低，昼夜温差较大，猪只免疫力降低，极容易诱发猪呼吸道感染疾病。除温度因素影响之外，冬季养猪需要注意饲料营养、猪舍干燥、猪饮水等事项。

（1）保温

猪的生长与温度有直接关系，在一年四季之中，猪生长最缓慢的季节就是寒冬，所以冬季猪舍保温对猪的发育生长起至关作用。否则光吃料不长肉，将严重影响养殖效益，同时，适宜的温度将大大减少疫病的发生概率。

冬天猪舍保温可以使用保暖箱和保温灯，猪冷的时候就能有地方取暖。需要注意的是，猪生长最适宜的温度是 15~25℃，保温灯的温度需要控制在适宜区间，温度低了起不到保温效果，温度高了猪在旁边待不住。

（2）营养

冬天气温低，猪需要摄入更多营养保持体温，冬天喂猪要选用优质稳定的饲料，确保猪摄入足够的营养。但不建议中途换料，换料容易造成猪应激，尤其是注意不能降低猪饲料品质。

冬天喂猪一次性不要放太多，太多猪吃不完，留在料槽内容易造成发霉。也不要喂霉变的猪饲料，猪吃了发霉的饲料易致病、长得慢，甚至还可能出现低温。总之，冬天饲喂的猪饲料一定要健康营养。

（3）干燥

南方冬季空气湿度高，特别需要注意保持干燥的环境。南方冬天冷到了骨子里，与干冷比起来，湿冷对于动物机体的影响程度更为明显。

潮湿会使猪感到很冷，猪身上热量一直在流失，还容易造成猪拉稀。冬天养殖户一定要确保猪舍干燥，及时清理污水和粪便，避免猪舍积液发潮，必要时可以在猪舍周围放置生石灰吸潮。

（4）防风

猪舍一般都会设置有门窗，养殖户在喂完猪后要把猪舍门窗都关上，避免凛冽的寒风侵入猪舍，造成猪患上感冒等疾病，一旦感染猪流感，冬季传播速度很吓人。

猪舍有一些裂缝和洞口要及时修补，还需要注意鼠洞，防止"穿堂风"从豁口侵入猪舍。养殖户需要注意的是，猪舍长时间漏风，极易造成小猪感冒。

（5）防冷食、冷饮

冬季喂料不要喂湿料，建议每次给猪喂料不宜添置太多，可以采取少喂勤补的方式，确保饲料的新鲜程度和热度。如果一定要喂湿料，最好使用 30℃以上温度拌料，保护猪的肠道。

冬季较为干燥，猪对水分需求较多，冬季猪饮水必须避免饮用冷水，而应供给温开水。如果不注意饮水，猪会出现拉稀不断的状况。

（6）安全

冬季极为干燥，一点火星末子都能引发重大火灾，有些猪舍使用多年但都不检查供电线路安全，容易存留安全隐患。

在安全问题上，散养户和中小养殖户特别需要注意。

43. 养猪催肥的办法有哪些？

（1）合理分群饲养

仔猪满 2 月龄后要合理分群，原则是日龄、体重差不多的仔猪要分在同一个猪圈，体重相差不能超过 5 千克。因为大猪会欺负小猪，攻击咬伤小猪，致使受伤，影响生长育肥；小猪因弱小抢不到食物，吃不到足够的饲料引起生长迟缓。若猪群出现打斗，应及时制止；如果发现有猪经常攻击其他猪只，应及时把它隔离出来。

（2）及时阉割

若猪去势不及时，因性激素作用，好动且容易发生打斗，长到一定的时候生长变缓慢，极大地降低了饲料的报酬率。建议仔猪在 7 日龄时就行阉割去势，阉割后的猪性情变得温顺很多，便于管理，最重要的是猪吃完睡、睡完吃，生长速度快。

（3）定期驱虫

要想给猪催肥首先要做好猪群驱虫工作。猪寄生虫是一种营养消耗病，在猪场常会遇到这种情况，猪每天吃得很多，就是不见长肉。其实这就是寄生虫在捣鬼。建议猪场每年要驱虫两次，每年可选择在春秋两季来驱虫，因为这个时期是猪寄生虫病的高发期。

（4）发酵血粉催肥

在猪的日粮中加入 3%~10% 的发酵血粉，肉猪饲养 73 天即出栏，体重达到 100 千克以上，饲料成本降低 20% 左右。

（5）鸡蛋清催肥

在 50 千克以上的生猪颈部下的甲状腺或颌下腺两侧（增食穴）各注射 5~10 毫升新鲜鸡蛋清，注射时垂直进针 3.3 厘米，注射后猪爱睡不爱动，说明注射成功，隔 5~7 天再注射 1 次、剂量加倍。然后喂给易消化、营养丰富的饲料，精心护理 15~30 天。猪可在正常增重的基础上，平均再增重 0.5 千克以上。

44. 怎样给仔猪断尾？

断尾时间：仔猪出生后 7~14 天。

断尾处：距尾根 2.5 厘米处。

（1）烧烙断尾法

将仔猪横抱，腹部向下，侧身站立，将仔猪臀部紧贴栏墙，术者站在通道上，左手将仔猪尾根拉直，右手持已充分预热的 250 瓦弯头电烙铁，在距尾根 2.5 厘米处，稍用力压下，随即烧烙尾巴被瞬间切断。

（2）钳夹断尾法

术者左手提尾，右手用断尾钳在距尾根 2.5 厘米处，连续钳夹两钳子，两钳夹的距离为 0.3~0.5 厘米，5~7 天之后，尾骨组织由于被破坏，停止生长而干掉脱落。

（3）橡皮筋紧勒法

用消毒液浸泡消毒后的橡皮筋，在距尾根 2.5 厘米处用力勒紧，待 7~12 天后自行脱落，达到断尾目的。此法操作简便，无任何感染。

（4）剪断法

断尾时保定好仔猪，消毒术部，再用已消毒的剪刀，在距尾根 2.5 厘米处，直接剪断尾巴，然后用清水冲洗并涂上碘酒或止血剂。但有时断尾的创面结痂后，痂皮容易被擦掉，造成第二次出血，引起再度的感染发炎和脓肿。

45. 新生仔猪剪牙一般在什么时候？剪几颗牙齿？

仔猪出生后 6~24 小时剪牙；剪掉 8 颗犬牙的 1/2~1/3 长度。

新生仔猪剪不剪牙始终有争议，对仔猪来说，不剪当然最好。但从母猪和养殖效益出发，剪牙还是非常有必要。剪牙主要是防止小猪把母猪的乳房咬伤，导致乳房炎和感染疾病，而母猪生病小猪也会跟着遭殃，可能会有咬架咬伤及感染发生。所以现在绝大多数猪场都选择剪牙或者用磨牙机磨牙。

首先，仔猪刚出生后胃肠道能够 100%吸收初乳里面的免疫球蛋白，6 小时后吸收区域开始逐渐关闭，12~16 小时多数关闭。因此初乳对于仔猪的重要性非常大，尤其是弱仔，一旦剪牙后容易增加其吸吮奶水的难度，导致仔猪营养不良，甚至死亡。另外，仔猪吸吮对于母猪的排奶有一定的促进作用，出生仔猪牙齿一定程度上比剪牙后更有助于母猪乳房的按摩，而且 12 小时不至于对母猪乳房造成伤害。再次，仔猪出生后，牙齿较软，如果超过 24 小时，牙齿固化变硬，再剪牙的时候，就容易粉碎不平，反而更容易擦伤刮伤母猪。

因此，仔猪剪牙应该在小猪出生 6 个小时以后 24 小时以内进行，多数在 12 小时左右，需要剪掉 8 颗犬牙，一般剪掉 1/2~2/3 就可以了。剪牙最好用磨牙机，更平整，也不会损伤牙龈。剪完后涂抹一下聚维酮碘溶液防止感染。

仔猪剪牙要注意以下两点：一是每头猪剪牙前，钳子一定要消毒；二是最好不齐根剪牙，容易剪到肉，引起出血和感染。

46. 提高保育猪成活率，养殖过程中应该关注哪几个方面？

（1）保育料不能添加过量抗生素及氧化锌

限制仔猪料中添加高锌，是从法律上严格限制氧化锌的使用量。保育猪容易出现拉稀，更多与原料熟化工艺和饲养管理、疾病有关，而添加大剂量氧化锌虽可以从表面上起到控制拉稀作用，但非常容易使猪肠壁增厚，后期生长速度下降。另一方面，保育料中也不应该大量添加抗生素，这是治标不治本的操作方法，大剂量抗生素一方面容易产生耐药性，同时也会影响猪的生长速度。

（2）乳猪料原料新鲜度和保质期

因为乳猪料中使用大量的膨化玉米、膨化豆粕、乳清粉、大豆油和发酵豆粕等。这些原料的新鲜度越高，营养物质保存越好，乳猪的消化吸收率就越高，尤其是大比例浓缩料，保证新鲜度更为重要。而很多家庭猪场往往会忽视玉米和豆粕这2种原料的新鲜度，实际上玉米中存在的杂质、霉菌毒素对乳猪的拉稀有很大的影响。选择自配料一定要保证原料的质量，用劣质的原料，厂家给再好的产品，也用不出好的效果。

（3）保育猪生长速度问题

对于乳猪来说，生长速度比料肉比更重要，毕竟乳猪阶段总的饲料消耗量并不大，但乳猪长的越快、越健壮，成活率就越高。而决定乳猪生长速度关键因素是采食量和饲料消化利用率，但对于刚断奶的仔猪，采食量过大非常容易造成拉稀，前期饲喂一定要适当控料，有条件的养殖户也可以对玉米做膨化处理；同时饲料筛片也很关键，在保育猪阶段，饲料粉碎粒度是非常重要的，粉碎得越细，乳猪越容易消化吸收。同时，应该严格限制抗生素的使用量，可添加益生素等微生物制剂来提高乳猪的消化能力，减少拉稀的发生概率。

（4）保育猪易拉稀问题

乳猪采食完教槽料后，肠道的消化功能初步建立，但对玉米豆粕型日粮仍没有完全消化能力，这个时期采食量过大，超出乳猪本身消化能力，就会造成拉稀，这就是营养性腹泻。很多厂家的保育料中通过添加大剂量氧化锌来解决拉稀问题，国家已经限制使用高锌饲料，一方面是减少对环境的污染，另一方面大剂量氧化锌使乳猪肠壁增厚，严重影响猪后期对饲料的吸收利用率，表现为后期生长速度迟缓，饲料转化率降低。大剂量的抗生素对拉稀基本不起什么作用，因为乳猪营养性腹泻是因为营养物质未能完全消化吸收引起，而非细菌引起，且大剂量的抗生素同样会影响后期生长速度。乳猪在断奶后受饥饿、应激等因素影响，非常容易过食而产生拉稀，断奶后立即采取自由采食的饲喂方法，反而不利于提高乳猪的采食量。因此，保育料应少喂勤添，一方面可以保证饲料的新鲜，增加食欲，同时可以有效刺激乳猪的食欲，增加采食量，尽快锻炼乳猪的消化能力，保证最快的生长速度。同时还应该提供清洁的饮水，保证料槽干净。

47. 育肥猪生产需要注意哪些问题？

（1）猪的品种

要求进行育肥的猪，应该选择瘦肉型优良品种，特别应该选择二元、三元或者四元配套杂交种。

（2）出生重与断奶体重

仔猪出生重愈大，生活力、抗病力愈强，生长速度愈快，断奶体重愈大，在育肥期增重快，死亡少，饲料利用率高。

（3）营养水平

营养水平直接关系到猪的生长速度，用单一饲料喂猪，生长速度慢，饲养期长，一般长达半年以上才可以出栏，料肉比常在 5:1 左右；而用配合饲料喂猪，生长速度明显加快，饲养期大为缩短，出栏料肉比可降至 3.5:1 左右。一般要求猪饲料蛋白质含量前期为 16%~18%，后期为 14% 左右。

（4）饲料品质

饲料的品质也会影响猪的肥育，如饲料结构，调制的方式，适口性等。饲料品种要多样化，一般宜采用干粉料，或稠粥料，或生湿拌料。

（5）去势与驱虫时间

目前部分猪场对母猪不去势，公母分群饲养，直接育肥出栏，采用去势后育肥的，去势时间宜安排在仔猪一月龄左右。及时驱除猪体内外寄生虫，如蛔虫，猪体虱子等，一般宜安排在肥育前进行。

（6）环境条件

如温度、湿度、通风、饲养密度、猪舍的卫生状况等，都应根据猪的需要调整到比较好的范围。一般猪舍温度控制在 15~20℃，相对湿度控制在 55%~75%，饲养密度应在每平方米 0.8~1 头。

（7）粪污处理

粪污要做无害化处理，或者及时用于农林生产的有机肥，或者发酵作能源转化。防止污染环境，影响居民生活。

48. 生猪快速催肥的方法是什么？

（1）驱虫

寄生虫是育肥猪的天敌，寄生虫不仅会夺取猪体内的营养，使猪生长缓慢，而且还容易使猪感染各种疾病，尤其是病毒性传染病，因此，驱虫是猪场育肥前必做的工作。

①驱虫时间应在 45~60 日龄，以后每隔 60~90 天驱虫一次。驱虫宜在晚上 7~8 点进

行。驱虫药一般以拌料的方式饲喂，拌药前停喂一顿，让猪有饥饿感，这样到晚上吃拌药料时才能保证一次吃完。如果出现猪不食的现象，可在饲料中加适量食盐或糖精，增加适口性。

②如果驱虫时猪出现不良症状，如呕吐、腹泻等，应立即赶出栏舍，给予其足够的活动空间和清新的空气，这样有助于缓解症状。严重的可服用中药使君子，10~15 千克的小猪每次喂 5~8 粒，20~40 千克的中猪每次喂 10~20 粒。

驱虫后及时清理粪便，堆积发酵，焚烧或深埋，地面、墙壁、饲槽用 5% 的石灰水消毒，防止排出的虫体和虫卵又被猪吃了而重新感染。

（2）阶段限饲

生猪在体重 60 千克前，采用高能量高蛋白质饲粮，让猪自由采食或不限量按顿喂。体重 60 千克以后，限制采食量，让猪吃到自由采食量的 75%~80%。这样，既不会影响增重，又能减少猪体脂肪的沉积量。据研究，大体上肉猪每少食 10% 饲粮，瘦肉率可提高 1%~1.5%。

（3）保证供水充足

保证猪充足饮水是最重要的一点，特别是在夏季的时候，高温的情况下，猪会大量排汗，增加体内水分流失的速度，而且猪体内的营养运输，血液循环等都需要大量的水分，充足的饮水可以保证生猪的正常发育，让猪能够更好地代谢，促进消化，吸收营养，所以日常的管理中要时刻保持水槽里有水供猪自由饮水，夏季要勤换水，避免温度过高使水变质。

（4）做好疾病防治

良好的饲养环境可以有效降低病菌的繁殖，所以一定要保证猪舍的干净卫生，做到每日清理，确保猪舍没有粪污堆积。另外要在保证温度的情况下加强通风，保持空气新鲜，保持猪舍干燥。同时要定期给猪舍、用具、设备及料槽进行消毒。

猪有一个良好健康的状态才可能快速生长，健康的体质才能让猪更好地吸收营养，所以要对猪的营养进行严格的监控，保证饲料营养均衡、新鲜，并适当补充矿物质及微量元素，一定不能饲喂变质的饲料以及营养成分单一的饲料。

根据猪场的实际情况以及当地疫病的流行情况，合理规划疫苗的接种，并按流程做好疫苗接种工作，可减少发病率。

49. 养猪合理分群和并群的方法有哪些?

来源和体重不同的猪合群一圈饲养，常出现相互咬架、攻击等现象，影响猪体的健康和增重。因此，根据猪的生理特征，合理分群，保持适宜的饲养密度，采取有效的并群方法，充分利用圈栏设备，安排一个猪生长发育的良好环境，有利于提高养猪效益。

(1) 分群原则

将来源、体重、体况、性情和采食等方面相近的猪分群饲养，分群管理，分槽饲喂，以保证猪的正常生长发育。同一群猪的体重相差不宜过大，小猪不超过 3~5 千克，架子猪不超过 5~10 千克为好。分群后要保持相对稳定，一般不要任意变动。

(2) 适宜密度

一般每头断奶仔猪占圈栏面积为 0.7 平方米，育肥猪每头 1.2 平方米，每群以 10~15 头为宜。冬季可适当提高饲养密度，夏季适当降低饲养密度。

(3) 并群方法

并群的关键是，避免合群初期相互咬架。根据猪的生物学特点，可采用以下方法：

①留弱不留强。把较弱的猪留在原圈不动，较强的猪调出。

②拆多不拆少。把猪只少的留原圈不动，把头数多的并入头数少的猪群中。

③夜并昼不并。把并圈合群的猪喷洒同一种药，如洒精液，使彼此气味不易分辨，在夜间合群。

④同调新栏。两群猪头数相等，强弱相当，并群时同调到新的猪栏去。

⑤先熟后并。把两群猪同关在较大的运动场中，3~7 天再并群。

⑥饥拆饱并。猪在饥饿时拆群，并群后立即喂食，让猪吃饱喝足后各自安睡，互不侵犯。

(4) 加强管理

并群前要把圈舍清扫干净，严格消毒。合群后的最初几天，要加强饲养管理和调教。若发现咬架或争斗，要立即制止，保护被咬的猪，直到相安无事，和睦相处。

50. 粉渣喂猪应注意些什么?

粉渣是淀粉生产过程中的副产物，干物质中主要成分为无氮浸出物、水溶性维生素，钙、磷和蛋白质含量少。鲜粉渣含可溶性糖经发酵产生有机酸，pH 一般为 4.0~4.6，存放时间越长，酸度越大，易被腐败菌和霉菌污染而变质，丧失饲用价值。

用粉渣喂猪，首先需要注意的是酸败霉变的粉渣不能饲喂。二是必须与其他饲料搭配使用，并注意补充蛋白质和矿物质等营养成分。三是饲喂量不能太大，在猪的配合饲粮中，小猪不超过 30%，大猪不超过 50%。四是哺乳母猪饲料中不宜加粉渣，尤其是干粉渣，否则乳中脂肪变硬，易引起仔猪下痢。

51. 怀孕母猪夏天饲养要注意些啥？

（1）预防舍温过高

应配有遮阳、通风等设备，防止中暑及其他热性应激疾病的发生。可向舍内喷洒凉水，但不要直接喷在母猪身上。在气温达到30℃以上时，可采取安装空调、电风扇等措施，迅速降温，营造凉爽环境以防造成死胎。

（2）合理安排饲养密度

在7~9平方米母猪舍内，妊娠前期最多养4头，到妊娠后期最多不超过2头，最好单独分栏饲养，这样可以避免以强欺弱，采食不均，造成胎儿生长不整齐，也可避免因高温烦躁而相互咬架和碰撞，导致死胎增多或流产。如附近有草地，可经常赶母猪去活动，增强母猪的健康，到产仔时，可缩短产仔时间。

（3）注意预防疾病传染

在转移产房前对母猪全身用2%的高锰酸钾溶液消毒清洗，并晾干。同时对产房清洗和消毒，以利于仔猪健康成长。夏季妊娠母猪容易生虱子和疥癣，母猪遭蚊子、苍蝇、毒虫等侵袭，不但影响休息，妨碍胎儿健康生长，还会传染疾病，因此，门窗应安装纱网防蚊蝇。

（4）注意避免产生应激反应

妊娠母猪最怕惊吓，夏季受惊后更易产生应激反应。因此猪舍的周围环境应保持安静。此外，夏季不宜大批长途运输母猪，以免拥挤受热应激死亡。购运良种母猪或短途运输时也应在凉爽的阴天或夜间进行。

五、生猪繁育技术

52. 母猪的生产周期如何确定？

母猪的生产周期，包括空怀、怀孕和哺乳等几个时期，相对应的是配种、接产和断奶等几个主要的技术环节。生产中应根据不同时期母猪的生理特点，有针对性地加强饲养管理，以提高母猪的年产胎次，增加生产效益。母猪生产周期中各阶段的饲养时间如下：断奶至配种阶段（饲养1~2周），配种怀孕阶段（饲养16周），分娩哺乳阶段（饲养3~5周）。

53. 猪生长发育分哪几个主要阶段？

仔猪出生后，根据其生理特点和营养需要，通常将其划分为哺乳期、保育期、生长肥育期等几个阶段，各阶段应采用不同的饲养管理措施。

（1）哺乳阶段

仔猪出生至断乳阶段，一般为 3~5 周。哺乳期仔猪处于生命早期，容易受环境的影响而生病，饲养管理不善，会导致仔猪生病或死亡。因此，加强哺乳期仔猪的饲养管理，是提高仔猪成活率和养猪效益的关键环节。

（2）保育阶段

仔猪断奶至保育结束这一阶段，通常为 5 周。仔猪断奶后失去与母猪共同生活的环境，加上饲料类型和环境发生改变，对其生长发育造成很大应激，这一阶段猪只容易掉膘，体质虚弱，发病率增加，饲养管理不当容易形成僵猪，甚至死亡。因此，搞好断乳后仔猪的饲养管理十分关键。

（3）生长肥育阶段

仔猪保育结束进入生长舍饲养，直至出栏这一阶段，一般为饲养 7 周左右（约 70~180 日龄）。此阶段是猪生长发育最快的时期，也是事关养猪经营者获得经济效益高低的重要时期。饲养管理中应加强营养供给，提供充足洁净的饮水，搞好舍内外的环境卫生和疫病防治工作，以保证猪只充分的生长发育。

54. 常见的商品猪生产杂交模式有哪些?

在商品猪生产中，通常会利用 2 个或 2 个以上品种进行杂交，以充分利用杂种优势，来提高商品猪的生产效益。生产中常见的商品猪生产杂交模式有以下几种。

（1）二元杂交

最为简单的一种杂交方式。利用两个品种进行杂交，商品代能获得 100% 的个体杂种优势。一般要求父本和母本要来自不同的具有遗传互补性的两个群体。在中国一般以地方品种或培育品种为母本，以引入猪种作父本。

（2）三元杂交

这是目前国内外普遍使用的一种杂交方式。由于母本是二元杂种，能充分利用母本的杂交优势，终端产品也能充分利用个体杂种优势。另外，三元杂种比二元杂种能更好地利用遗传互补性，杂交效果明显。试验证明，以地方猪种作母本时，采用大白猪或长白猪为第一父本，用杜洛克猪作为终端父本，能获得较满意效果。目前，杜长大三元杂交模式是商品猪中应用最广的杂交模式。

（3）四元杂交

即使用二元杂种公猪与杂种母猪进行交配以生产商品肉猪的模式。由于商品代的父、母本都是杂交品种，从理论上讲能充分利用个体、父本和母本杂种优势。与三元杂交相比，商品代猪更好地利用了亲本的遗传互补性，杂交效果显著。这种杂交方式已成为一些大公司生产杂交商品猪的主要方式。但这种方式需要建立一个合适的杂交配套体系，并且需要保持4个最合适的种群，一般规模不大的公司无力承担。

55. 杂交公猪与纯种公猪相比其性能有优势吗？

与纯种公猪相比，杂交公猪的性成熟年龄较早，睾丸较大，精子产量高。杂交公猪性欲较旺盛，配种能力强；与母猪交配后，受胎率较高；但攻击性较强。但是，随着体成熟和年龄增加，杂交公猪和纯种公猪的差别越来越小，但是否完全没有差别还不能肯定。母猪产仔数和后代的生产性能差别较小，没有达到统计显著。实践中，只有较大规模的养猪公司，才会应用杂交公猪进行商品猪的生产。

56. 杂交母猪性能和纯种母猪相比有什么优势？ 三元杂母猪可以作种用吗？

与纯种母猪相比，杂交母猪的性成熟提前，受胎率较高，排卵率和胎成活率较高；窝产仔数较多，死胎率较低；仔猪初生重较大，哺乳期生长速度较快，死亡率较低。

从猪的生理角度讲，三元杂母猪只要具有正常的生殖系统和繁殖生理，在性成熟后就可以进行有性生殖，繁衍后代。生产中为什么很少用杜长大三元杂母猪作为种用呢？主要是因为三元杂母猪作为种用，再与杜洛克杂交后，其后代的性状分离较大，产品的一致性较差，不符合现代商品生产对产品规格整齐一致的要求。

57. 如何通过选配达到最大的生产效率？

选配指的是猪的交配原则，用来确定哪头公猪和哪头母猪交配。选配和选种一样，是改良猪性状的手段。为提高猪的生产效率，应合理异质选配和同质选配。具体以瘦肉率为例来说明，如果某母猪的瘦肉率较低，就一定要选瘦肉率较高的公猪与其交配，这就是异质选配；但如果某母猪其瘦肉率中等，因为瘦肉率太高对猪其他的生产性能有一定的负面影响，最好选瘦肉率也中等的公猪与其交配，这就是同质选配；以此类推，可以考虑多个性状的选配。一般纯种选育时，多采用随机选配；商品猪生产中，进行杂交的品系间生产性能差异较大，即一般为异质选配。

58. 小型养猪场需要养种公猪吗？

从提高养猪经济效益考虑，建议小型养猪场不要饲养生产用种公猪。这要根据具体情况来决定。

生产实践中，在自然交配的情况下，公、母猪的比例是1:20~1:30。如果小型养猪场饲养的种母猪数量较少，而又有大型种猪场或种公猪站提供充足的精液，则可以在场内实施人工授精，不需要专门饲养配种公猪，最多饲养1~2头试情公猪。这样一则可以充分利用大型种猪场优秀的种公猪资源，提高本场仔猪的生产成绩，另外又可以节约成本，提高养猪效益。当然，如果难以从其他猪场获取公猪精液，则无论规模大小，猪场都应饲养一定数量的公猪，至少 1 头以上，以防止母猪集中发情时公猪不够用，或个别公猪突然生病、无公猪使用等特殊情况发生。

59. 如何做好种公猪的饲养管理工作？

为了提高公猪的精液品质和配种能力，必须对种公猪进行科学的饲养管理，应经常保持营养、运动和配种三者间的平衡。

（1）营养

种公猪营养消耗量大，应供给充足的营养，给予足够平衡的氨基酸和动物性蛋白质，保证有充足的维生素和矿物质，注意营养成分的配搭要合理，日粮粗蛋白水平 18%~20%，可消化能以 12.56~12.98 兆焦每千克，使公猪不肥不瘦，保持正常种用体况。公猪体况过肥、过瘦，都会使公猪性欲下降。每天喂 2~3 次即可，喂量限制在 2.3~3 千克。在配种期间适当加喂 1~2 枚鸡蛋，以满足其营养需要。

（2）管理

①建立良好的生活制度。饲喂、采精或配种、运动、刷拭等各项工作，都应在大体固定的时间内进行。利用条件反射，让公猪养成规律性的生活制度，便于管理。

②单栏饲养。种公猪要单圈饲养，栏舍要有充足的休息室和运动场，地面不要太滑和太粗糙，防止损坏肢蹄，保持圈舍卫生。

③加强种公猪的运动。每天定时驱赶和逍遥运动 1~2 小时，提高种公猪新陈代谢，促进食欲，增强体质，提高繁殖机能。

④刷拭和修蹄。每天擦拭 1 次，有利于促进血液循环，减少皮肤病，促进人猪亲和，切勿粗暴轰打；利用公猪躺卧休息机会，从抚摸擦拭着手，利用刀具修整其各种不正蹄壳，减少蹄病发生。

⑤定期称重。定期对种公猪进行称重并记录体重变化。

⑥定期检查精液品质。采集公猪精液进行镜检，评定精液质量。实行人工授精的公猪，每次采精都要检查精液品质。如采用本交的公猪，每月也要检查 1~2 次。特别是后备公猪，开始使用前和刚使用时，都要检查其精液 2~3 次。

⑦防寒、防暑。种公猪舍适宜的温度为 18~20℃。冬季猪舍要防寒保温，夏季高温时要防暑降温。

（3）合理利用

公猪应合理利用，不能过频。初配青年公猪第一个月每周可配种 2~3 次；幼龄公猪配种应每 2~3 天配 1 次；成年公猪宜每天配种 1 次，偶尔可使用 2 次，5~7 天休息 1 天。人工授精时，对开始采精的青年公猪宜间隔 3~4 天采 1 次；成年公猪间隔 2~3 天采 1 次较好。

60. 种公猪养殖应注意哪些事项？

①使种公猪保持中上等的膘情，体质健康结实。公猪过肥或过瘦，都会影响母猪正常受胎。

②给种公猪喂食，要多搭配一些精料，一次喂料数量不要太多。因为种公猪如吃得太多，就会腹部下垂，给配种造成困难。精饲料主要是豆饼、麸皮等，含蛋白质多。另外，还要注意搭喂青饲料和矿物质饲料。

③种公猪配种频繁时，要在饲料中适当加一些动物性饲料。如将母猪产仔后的胎衣煮熟切碎，掺在麸皮中制成干饼喂食。也可以在这一时期每天喂两个鸡蛋。在早春缺青饲料的季节，最好喂一些质量好的青贮饲料，如胡萝卜或大麦芽等。

④让种公猪适当活动。因为活动可以促使新陈代谢旺盛，体质健壮而不肥胖。对种公猪可以采用的活动方式很多，比如有的每天驱赶 1 小时以上，有的进行放牧和放茬子，让猪边采食边活动，也可在喂过食后将猪赶到空场，让猪自由活动。

⑤种公猪的栏圈，要保持清洁干燥，窝要勤扫勤垫，防止潮湿。夏季，有条件的应赶种公猪去洗洗澡，保持猪体清洁，以促进血液循环，免除皮肤病和外寄生虫病。

61. 公猪采精频率应如何掌握？

一般公猪一天可以产生 10 亿~20 亿个精子。如果每周采 1 次精，射精量平均可达300 毫升，含精子数可达 80 亿~120 亿个，该量超过猪精子每周可产生的精子量，与猪最多可储存的精子量相当。如果采精频率超过每周 1 次，则每次采精采集到的精子数量会随采精频率上升而下降，但每周采集到的总精子数会有少许上升。

62. 种猪采精过程中应该有哪些注意事项？

①采精杯要有避光、保暖功能；使用前套好滤纸，预热至 38℃。忌用透明玻璃杯作采精杯。

②剪短包皮被毛，挤出包皮内的积尿。先用低浓度消毒液后用清水清洁公猪腹部和包皮部，抹干。要保证猪体干净，防止异物掉入采精杯；采精时，采精杯位置应高于包皮部，可防止包皮部液体流入集精杯内。

③射精过程中不要松手，否则压力减轻将导致射精中断，可以适当调整手心的松紧程度，以便能够采到更多的优质精液。注意在采精时不要碰阴茎体，否则阴茎将迅速缩回。

④最初射出清亮部分精液不接（大约 5~10 毫升），等到有乳白色精液出现时开始收集。

⑤原精液贮存时间不能超过30分钟，应马上进行品质检查及稀释。

⑥如带有绿色是混有脓液，带有淡红色或红褐色是混有血液，黄色是尿液。凡发现颜色有异常的精液，说明精液不纯或公猪有生殖道病变，均应弃去不用。

⑦注意公猪的使用频率，一般年轻公猪1周1次，成年公猪1周2次。

63. 种公猪哪几个时间点采精价值最高？

提到采精，首先想到的肯定是配种，对大型猪场来讲很少采用本交方式，取而代之的是人工授精。也就是说，一大批母猪一生都没见过公猪，而公猪只有在调教时才可能会见到母猪，不然根本见不到，互不见面。

1头优秀公猪可以和50~60头母猪配种，但若采用人工受精，那就可以给200~400头母猪配种，而且人工配种不仅可以提高利用率，还能减少疾病的传播。

但公猪采精过度，会使精子活力下降，对受胎率影响很大，甚至会损害公猪体质，影响公猪的使用年限。如果公猪长时间不交配也不采精，也会影响公猪性能力、精子质量。所以，适度的公猪采精在养猪生产中显得尤为重要。

那么，种公猪多久采精一次合适呢？

首先，小公猪（1~2年的种公猪）要先调教才能进入人工采精，最常用的调教办法就是观摩法，即把小公猪赶到配种栏旁边，让小公猪观察成年母猪和成年公猪的交配，以此来刺激其交配欲望，激发性冲动，鼓励交配。

正常情况在观摩学习5~6次之后，再让成年母猪供小公猪爬跨训练，直到学会交配。整个训练环节是漫长的过程，当公猪愿意主动与假母猪交配，人工采精工作就可以进行了。

1~2年的青年公猪7天一采精为宜。很多配种专家建议成年公猪采用5天一采精的方式较为科学，这样公猪不会很累，身体也好恢复。5年以后的种公猪，建议采取7~9天一采精的方式较为合理。但有的国外猪场配种师认为，采用平均4天一采精的方式下，公猪的精子数量、活力、质量都也不错，如果采精时间隔得太久，也会影响公猪精子质量。

64. 如何检查种公猪的精液质量？

公猪精液质量的好坏，直接影响母猪受胎率和产仔数。为确保受胎率，每次采出精液都应进行品质检查，不合格精液不能作输精用。精液品质检查的主要内容有：

（1）精液量

常用电子天平称量，以每克1毫升计。通常1头公猪1次采精量滤除胶状物后，成年公猪为200毫升，有的高达700~800毫升。量太少，说明采精方法不当、采精次数过多或生殖器官机能衰退；量太多，说明副性腺分泌物多或混入水、尿等异物。公猪射精量以一定时间内多次采精量平均值为准。

(2) 精液颜色

正常精液颜色为乳白色、奶白色或浅灰白色。精液浓度高时为乳白色；浓度低时为灰白、水样甚至透明。精子的密度越大，颜色越白；密度越小则越淡。如果精液中带有血丝或颗粒状黄白点（经常黏附在滤纸上），则表示精液中有炎症物，不能使用；精液若呈淡绿色则混有脓液，呈黄色混有尿液，呈红褐色混有血液。有血，往往是在采精时伤及公猪的生殖器官而引起的；而出现尿液，则说明采精时温度不当，这样的精液均应废弃不用。

(3) 精液的气味

正常精液带有微腥味。如果带有恶臭味，是有炎症的表现。受包皮污染的精液气味也很大，带尿味、氨味以及其他气味的精液不能使用。

(4) 精液 pH

可用 pH 试纸进行测定。正常精液呈弱碱性或中性，pH 为 7~7.8。一般来说，精液 pH 值越低，精子密度越大；精液 pH 值越高，精子密度越小。

(5) 精子活力检查

用恒温载物台将精液加热至 35~37℃，在 100~400 倍显微镜下观察精子，直线前进运动精子所占的百分率，即表示精子的活力。一般用 0.1~1.0 这 10 个数字表示，刚采集和刚稀释的精液活力要求不得低于 0.7；保存 24 小时以上的精液，使用前检查活力不低于 0.6，否则不能使用。

(6) 精子密度

指每毫升精液中所含的精子数，是确定稀释倍数的重要指标，用血细胞计数板进行计数或精液密度仪测定。血细胞计数板计数方法为：

①以微量加样器取有代表性原精液 100 微升、3%氯化钠 900 微升，混匀，使之稀释 10 倍。

②在血细胞计数室上放一盖玻片，取 1 滴上述精液放入计数板的槽中，靠虹吸法将精液吸入计数室内。

③在高倍镜下计数 5 个中方格内的精子总数，将该数乘以 50 万，即得原精液每毫升的精子数（即精液密度）。也可以直接在显微镜下观察，根据视野中精子之间距离大小、稠密程度进行估算，将精子密度粗略分为密、中、稀三个等级。在视野中，精子所占的面积大于空隙部分为密，这种密度每毫升精液中含精子数 3 亿个以上；若精子所占面积

约为空隙部分的 1/2 以下为稀，这种密度每毫升精液中含精子数 1 亿个以下；介于两者之间为中，每毫升精液含精子数 1 亿~3 亿个。

(7) 精子畸形率

是指异常精子的百分率。一般要求畸形率不得超过 18%。可用普通显微镜测定，但需伊红或姬姆萨染色。检查方法是：精液涂片、染色后，在 400~600 倍显微镜下观察，计算畸形精子占所数精子总数的百分率。计数时通常检查 3 个视野，计算 500 个以上精子。每头公猪每 2 周检查 1 次精子畸形率。

65. 如何合理确定母猪的初配适龄期？

所谓母猪的适配年龄是指母猪第一次进行配种利用的适宜年龄，母猪的适配年龄应当根据其生长发育情况、年龄、体重、品种、饲养管理条件等来确定。

在生产实践中，根据品种的不同，母猪年龄达到 8~10 月龄时基本达到了性成熟，即可考虑进行第一次配种。一般情况下，本地品种会早于外来品种，但是养殖户必须注意的是，不能单纯从年龄和品种来考虑，为了保证母猪的后续利用、胎儿及初生仔猪的生长发育，必须要保证母猪的体重达到成年体重的 70% 左右时方可实施第一次配种。当体重和年龄都达到了初配的要求，母猪妊娠既不会对自身的生长发育造成影响，又不会对胎儿的发育和产后仔猪的正常生长发育造成影响。

66. 母猪发情期有啥表现？

(1) 外阴肿胀情况

发情期开始时，母猪的外阴处于高度红肿状态，外阴鲜红且潮湿。如果外阴部肿胀略消退，由鲜红色略呈暗红，外阴松弛下垂，除阴门裂及其附近潮湿外，外阴大部分已干燥；初配母猪的外阴由高度肿胀发亮到出现皱纹，手指按压阴门时，手感由较硬变得柔软。此时母猪较安静，喜欢接近人，交配欲很强，压背时静立不动，即为配种最佳时机。

(2) 观察黏液情况

前情期时母猪分泌的黏液较清亮而稀薄，在食指与拇指间不能拉成丝，进入发情盛期时，黏液变得较黏稠混浊，在手指间缓慢拉开可拉成 0.5 厘米的丝，在手指间搓时手感极光滑。排出外阴部的黏液周围已干燥结痂，有时黏附有垫草之类的杂物，此时即为配种最佳时机。（对经产母猪，不一定能见到黏液，有时在压背时可见到从外阴排出少量黏液，应翻开外阴部，从中取少量黏液进行检查）。

(3) 阴道黏膜情况

处于发情期的母猪允许工作人员接触其阴部，此时可翻开外阴，检查母猪阴道黏膜，发情初期的母猪阴道黏膜潮红，至发情盛期时，则黏膜呈肿胀、发亮，黏膜略呈暗红色，即为配种最佳时机。

67. 母猪长期不发情，怎么办?

先检查排除因为膘情、营养、疾病、年龄等因素有可能造成的影响；若饲养管理正常，施以下方法处理：

①按摩乳房，每天早上按摩 10 分钟，坚持 3~10 天。

②与公猪同圈饲养，通过异性诱导，促进排卵。

③注射雌性激素，如肌注绒毛膜促性腺激素等。

④加强运动，多晒太阳。

68. 促进母猪发情排卵的措施有哪些?

（1）加强饲养

针对营养不足、体况比较瘦弱而不发情的母猪，可采取短期优饲。在配种前 1 个月左右，适当增加精饲料和青饲料，让其尽快恢复膘情，较早发情、排卵。

（2）加强运动

每天早晚将不发情的母猪赶出圈舍游走 1~2 小时，适度驱赶，促使其正常发情。尤其阴暗潮湿圈舍里喂养的母猪，要使其多接受日光，才能有效促进发情。

（3）改善环境

对长期不发情的母猪，采用混群、倒圈和驱赶等措施，均可促进其发情；或将不发情的母猪调换到有正常发情母猪的圈内，让发情的母猪追逐爬跨，一般 4~5 天就发情。

（4）公猪诱情

用试情公猪追逐不发情的母猪，或将公、母猪同圈混养。由于公猪爬跨和分泌带有腥味的外激素刺激，可促进母猪脑垂体产生促卵泡素，几天以后就发情排卵。

（5）按摩乳房

每天早晨饲喂以后，待母猪侧卧，用整个手掌由前往后反复按摩乳房 10 分钟。当母猪有发情象征时，在乳头周围做圆周运动的深层按摩 5 分钟，即可刺激母猪尽早发情。

69. 配种成功时母猪有啥表现?

（1）行动变化

母猪配种之后行动上也会发生一些改变，行动变得更加稳重、性情温顺，食欲上升，槽内不再剩料。凡配种后表现安静、贪睡、容易上膘，眼睛发亮、皮毛日益光亮并紧贴身躯，即为妊娠的象征。

（2）无返情现象

母猪一般 18~25 天发情 1 次，怀孕的母猪不再发情。

（3）体征变化

母猪孕后阴户下联合紧闭或收缩，尚有明显的后翘。母猪配种 20 天后，用手压母猪脊背两侧，未动者且屈凹现象消失为已孕。母猪腹部会逐渐增大，一般配种两个月会通过触摸母猪的身体，可以感觉到胎动，后期母猪还会出现乳房隆起和乳头变粗等症状。

（4）验尿液变化

早晨采母猪尿 10 毫升，放试管内，如果尿液过浓，应加适当水稀释一下。一般母猪的尿呈碱性，应加点醋酸，使它变成酸性，然后滴入碘酒，在酒精灯上或用文火慢慢加热。当尿液快烧开时，就出现颜色的变化；如果是妊娠母猪，尿液由上而下出现红色，由玫瑰红变为杨梅红，放在太阳光下看更明显；如果未妊娠，尿液呈淡黄色或褐绿色，尿液冷却后，颜色很快就消失。

70. 母猪配种后不同的返情期说明了啥问题？

①配种后 3~18 天内返情的，可考虑卵巢囊肿、子宫感染、饲料霉变导致。

②在配种后 20 天内返情（18~19），说明配种太迟。

③在配种后 22 天以后返情（23~24），则配种过早。

④如果配种后的 21~23 天内返情，说明配种失败，需要检查精液质量。

⑤配种后 25~28 天内返情，说明母猪受孕但不能受胎，可考虑应激、饲料、卵子的活力，子宫内感染。

⑥配种后 39~45 天内返情，说明错过了一个情期。

⑦配种后 45 天以后返情的，说明母猪受孕但不能受胎，可考虑应激，饲料、疫病等原因而流产。

⑧返情超过两次以上母猪可能有生殖系统疾病，应予以淘汰。

71. 母猪不怀孕的原因及解决办法是什么？

在养猪生产实践中，母猪配种后不怀孕的现象比较常见。到底是什么原因造成母猪反复配种而又不能怀孕呢？造成这个问题的原因比较多。主要原因来自于生理和病理两个方面。

①从生理方面讲

a. 母猪已经到了性成熟，但是还没有达到体成熟。

b. 母猪体质发育过胖。

c. 母猪体质过于瘦弱。

d. 先天性的生殖器官发育缺陷。

e. 公猪精液品质差。

f. 配种时间掌握得不够准确。

②从疾病方面讲

a. 生殖系统的疾病（生殖道和子宫炎症）。

b. 内分泌失调。

c. 公猪的生殖器官疾病。

d. 母猪产后胎衣未及时排出。

e. 某些传染病等。

要解决母猪不怀孕的问题，首先要弄清楚不怀孕的原因。如果是生理方面的问题，就要通过改善饲养环境、改善饲养方式使生理方面的问题得到解决后再进行配种。如果是病理方面的问题就要及时对症治疗，待疾病得到治愈后再进行配种。总而言之，引起母猪不怀孕的原因是非常复杂的，在生产实践中养殖户一定要认真了解母猪的生理特性，科学掌握母猪的品种要素，发现问题要及时请当地的技术人员诊断治疗或者打电话咨询12316 的专家为你支招，对症解决不怀孕的原因，以防误诊误判影响母猪的配种和养猪的经济效益。

72. 母猪的假妊娠是怎么回事？

有时候，母猪配种后没有返情，到产期时也表现出分娩前的一切表现，但就是没有仔猪生下来，我们叫这头母猪假妊娠了。发生这种情况，一般是在母猪配种怀孕半个月后与 1 个半月前的这段时间，虽然出现了强刺激，导致受精卵被吸收，但是妊娠程序已经启动，就会进行下去，因而有了种种表现。

73. 如何饲养管理好妊娠母猪？

（1）妊娠母猪的饲养方式

妊娠母猪的饲养方式大体分为三大类：

①"抓两头顾中间"的饲养方式。这种方式适用于断奶后体瘦的经产母猪。这一类母猪经过分娩和一个哺乳期后，体力消耗很大，为使其能担负起下一阶段的繁殖任务，必须在妊娠初期加强营养，使其恢复繁殖体况。待体况恢复后，逐步过渡到以青粗饲料为主，直到 80 天后，再加喂精料，以适应胎儿快生长的营养需要。这种饲养方式，形成高—低—高的营养水平，但妊娠后期的营养水平应高于前期。

②"步步高"的饲养方式。这种方式适用于初产母猪和哺乳期配种的母猪。整个妊娠期间的营养水平，按胎儿体重的增长而逐步提高。一般在妊娠初期以青粗饲料为主，以后逐步增加精料比例，同时增加蛋白质，无机盐饲料，到产前 3~5 天，减少日粮的10%~20%。

③"前粗后精"的饲养方式。这种方式适用于配种时体况较佳的母猪，妊娠前期适当降低营养水平，到妊娠后期再按饲养标准饲养，以满足胎儿迅速生长的需要。

对妊娠母猪采用限制饲喂较好，每天的喂量，应据母猪的体重、年龄、环境温度和上述饲养方式而定。经产母猪在整个妊娠期要求增加体重 25~35 千克（包括胎儿重、子宫内容物重）；初产母猪要求增加体重 30~45 千克。为此，一般日喂 1.5~2.5 千克饲料为宜。

（2）妊娠母猪的管理

妊娠母猪管理的中心任务是，做好保胎工作，保障胎儿正常发育，防止机械性流产。

①配种后。母猪由好动变得好静，休息时间增多，妊娠后期每天约有 70%~80% 的时间休息，因而，日常管理中要防止惊吓和骚扰等刺激。

②合理分群。最好是单圈或单栏饲养，即使群饲，应在配种前合群，使彼此在妊娠前即已熟悉。饲养密度不宜过大，应根据母猪体重大小，确定每头母猪占有的空间。一般母猪平均占有圈舍面积不低于 1.6~1.7 平方米。

③充分供应饮水。妊娠母猪的日需水量较大，供应充足洁净的饮水是必要的，尤其是在炎热的夏季，饮水更为重要。

④讲究饲料质量和饲养卫生。凡霉变、腐败、冰冻、有毒性和刺激性的饲料，均不能饲喂母猪，以防流产。饲料供应要均衡、稳定，不能频繁变动。妊娠母猪的代谢旺盛、食欲好，可以利用青粗饲料，但要防止体积过大，粗纤维过多。还应注意饲料的加工调制，增加饲喂次数。

⑤注意防暑与保暖。夏季气候炎热，应注意做好防暑降温工作。雨雪天或严寒天气，应停止舍外运动，以防滑倒和受风寒。

（3）妊娠母猪的分娩管理

母猪的妊娠期大约是 114 天。计算预产期的方法是将配种日期的月份加 4，日期减 10。如 4 月 20 日配种的母猪，它的预产期是 8 月 10 日。依这个方法计算的妊娠期是 112 天。遇到 2 月份和连续两个"大月"（31 天）的情况时，要做适当的调整。

分娩是妊娠母猪的一个正常生理过程。母猪在产前 20 天乳房开始由后向前逐渐增大，至产前则乳梗膨胀呈潮红色。甩手挤时，有时有乳汁流出。当发现母猪衔草做窝，频频排尿，行动不安，食欲减退或不吃时，通常在 6~24 小时之间分娩。此时应准备好保育箱（或草窝）、照明灯、毛巾、消毒用的碘酒、棉花等接产用具，并有人值班观察。当乳房乳汁由前向后逐渐由稀变浓时，母猪将在 5~24 小时之间分娩。如羊膜破裂，流出黏性的羊水时，则马上就要产出仔猪。

在整个分娩过程中，母猪的子宫及腹部肌肉发生间歇性强烈收缩，逐渐将胎儿从阴道内娩出。母猪多在夜间安静时分娩。正常分娩过程约需 2~4 小时。母猪产前运动不足或分娩时受周围环境的干扰，都有可能延长分娩过程。

在母猪分娩前几天，应根据母猪的体况来决定是否减料。为防止母猪产后最初几天因奶水过多、乳汁太浓而造成初生仔猪消化不良，或有时造成母猪乳房炎，一般体况较好的母猪应适当减料。只有对体况较差的母猪，才维持原来水平或适当增加精饲料。

分娩当天应停止喂料。因为母猪在分娩过程中，由于子宫的收缩，造成消化功能紊乱或减弱。如果喂料，有时会引起呕吐。当仔猪全部产出后，可给母猪喂一些加盐的温水，或加入少量的麸皮，绝对不能过食。否则，容易造成消化不良。直到产后 5~7 天，才可逐渐恢复到正常喂量。

74. 如何正确认识怀孕母猪"限饲不当"带来的危害？

为了提高怀孕母猪的胚胎着床率，也为了通过控制怀孕母猪的体况，来提高母猪哺乳期的采食量，通常对怀孕母猪实行"限饲"的饲喂模式。

（1）怀孕母猪料的设计

怀孕母猪料的设计其实是一个难点。一方面，母猪怀孕的前期、中期和后期的营养需要有所差异，经过哺乳期营养消耗重新怀孕的母猪的体况又各有差异，用统一的标准来饲喂怀孕母猪显然是不恰当的。由于实践操作的限制，一般用不同的饲喂量来应对不同营养阶段怀孕母猪的营养需要。另一方面，饲养者对怀孕母猪实行"限饲"的饲喂模式认识存在的误区，因"限饲不当"而使母猪后继繁殖性能的损害已越来越严重，这应引起养猪经营者的注意。

（2）怀孕母猪"限饲"的程度一般是以母猪体况的评分来判断

在传统的 5 分评分标准中，3 分的体况被认为是恰当的。

①目前应引起养猪界关注的是对"限饲不当"的新认识，"限饲不当"不一定以体况指标来表现，既可能是体内脂肪的沉积不足，以"背脂的厚度"来体现，也有可能由于营养配方和营养浓度没有顾及怀孕母猪的营养需要，使得与繁殖性能、免疫功能正常表达相关的营养物质补给不足。

②正是由于不一定以背膘的厚度不足来表现而容易使得饲养者忽视。因而饲养者、营养学家对母猪妊娠期由于限饲而引起体内特殊营养的补给不足所带来的危害要有重新认识的需要。

③母猪妊娠期体内蛋白质和特殊营养的补给不足，除了影响胎儿的发育之外，目前特别要引起我们关注的是母猪免疫应答所需的营养支撑。

④养猪现况中，母猪被迫负担了过重的猪群免疫责任。母猪配前、产前注射疫苗的种类和次数越来越多。饲养者和营养学家并没有给母猪免疫应答所需的营养支撑有足够的关注。这有可能是猪群整体健康水平下降的原因之一。

⑤另外，怀孕期限饲的母猪，由于饲喂量较少，吃进的食糜长期对肠胃道的充盈不足，一方面不利于肠道的蠕动，容易产生母猪便秘，另一方面，也会影响母猪哺乳期采食量的提高，因而在母猪怀孕期饲料配方中要特别注意纤维类饲料的补给。

75. 怀孕的母猪饲养时该注意些啥?

①首先，妊娠母猪的饲料一定要保证质量。发霉、变质、冰冻的、带有毒性及强烈刺激性的饲料不能用来饲喂妊娠母猪，否则容易引起流产。

②日粮必须要营养全面，多样化且适口性好。

③饲喂的时间、次数要有规律性，要定时定量。每天饲喂 2~3 次较好；饲料不能突然改变，否则容易引起消化机能的不适应。

④妊娠 3 个月后应该限制青粗饲料的供应量，否则容易压迫胎儿引起流产。

⑤要注意避免应激的产生。

⑥此外，要根据母猪具体体况特征采用合适的饲养方式，以保障胎儿健康发育，母猪适度膘情，为正常分娩和泌乳打好基础。

⑦膘情较好的经产母猪，采取"前低后高"的饲养方式。妊娠前期饲养水平可低一点，饲料中蛋白质饲料的比例低一点，饲喂量也少一点，以避免母猪过于肥胖。妊娠后期饲料水平高一点，饲喂量也大一点，以保障胎儿快速生长对营养的需要。

⑧断奶后膘情较差的经产母猪和哺乳期长的母猪，采取"高—低—高"的饲养方式。妊娠前期采用较高营养水平的饲料饲喂，饲喂量大一点，让母猪尽快恢复体况。妊娠中期采用较低的营养水平饲喂，饲喂量少一点。妊娠后期采用较高营养水平的饲料饲喂，饲喂量大一点，以保证胎儿快速生长需要。

⑨初配母猪，母猪还在生长发育，营养需要量较大，整个妊娠期间的营养水平都要逐渐增加。要逐步提高饲料营养水平和增加饲喂量，到产前一个月达到高峰。

⑩膘情中等的妊娠母猪可以利用妊娠期母猪合成代谢能力强，营养利用率高的特征，在保持营养全面的同时，采取整个妊娠期饲料供给"一贯式"的饲养方式。要注意的是在饲料配制时，要调制好饲料营养，不过高，也不能过低。

76. 初产母猪常见的问题及解决方法有哪些?

（1）妊娠期采食量少

养殖规模比较大的养殖户一般都遇到过这样的情况，就是有些初产母猪步入妊娠期的时候，采食量会比较少。如此一来很难给体内的胎儿提供足够的营养。那么导致这一问题的原因是什么呢？从实践总结来看，一般妊娠期采食量少的母猪都是体质相对比较弱的母猪，在猪群中的地位比较低，容易受到其他母猪的排挤，所以才导致采食量不足。应对这一问题没有别的方法，只能增加猪舍的食槽数量，或者是将那些比较弱的母猪单独饲养。

（2）泌乳期采食量少

泌乳期的母猪采食量少也是让养殖户头疼的一大问题，本身分娩就会导致母猪严重失重，如果采食量再上不去，很难分泌足够的乳汁给仔猪吃。仔猪吃不够初乳又会引发一系列的健康问题。导致这一情况的原因比较复杂，很难用语言解释清楚。其实不止是人类哺乳期会抑郁，母猪也是一样的。为了让泌乳期的母猪多采食，只能提高饲料的质量，以及改善母猪的环境。

（3）初生仔猪质量低

初产母猪生出来的仔猪通常都比经产母猪生出来的仔猪质量低一些，具体表现为仔猪的初重较小以及活力比较低，容易产生弱仔。导致这一情况的主要原因是初产母猪的子宫容积比较小，以及妊娠期采食不足。针对这一情况没有别的解决方法，补救方法就是将体型比较小的仔猪放在一起饲养，保证它们的母乳供应，避免弱仔过多死亡。

（4）所生仔猪易患病

初产母猪生下的仔猪因为体质比较弱，所以也很容易患病。再加上母猪泌乳期采食量低下的问题，很容易导致仔猪吃不够奶。而且初产母猪的乳汁往往抗体含量较少，而初生仔猪的抗体基本全部来自母亲的初乳。所以在吃不够初乳的情况下易患病也就不奇怪了。针对这一情况，一来可以帮助初产母猪催乳，促进其乳汁分泌，另外也要加强母子护理，做好疾病防治。

（5）断奶发情间隔长

初产母猪断奶之后往往还会接着出现问题，那就是第二次发情时间间隔长，即便正常发情了，第二胎的产仔数量也很容易受到影响。导致这一情况的原因主要是母猪断奶后采食量不足，体质恢复不达预期导致的。如果母猪没能及时补回损失的体重，往往就会出现以上问题。针对这一情况，我们除了应该在母猪哺乳期间提供优质饲料之外，还应当减轻母猪的负担。如果母猪分泌乳汁量不足，应当合理调控哺乳仔猪的数量，将多出来的仔猪寄养给别的母猪。

77. 母猪分娩前需要做好哪几项准备工作？

分娩与接产工作是养殖场的重要生产环节，母猪在分娩前除了应该做好产前预告工作，保证分娩母猪提前一周进入产房，还应该在产前做好以下几项准备工作：

①提前做好产房和猪栏的防寒保暖或防暑降温工作，修缮好仔猪的补料栏和暖窝，备足垫料（草）。

②准备好充足的相关药品和用具。主要包括肥皂、毛巾、刷子、绷带、消毒液（新洁尔灭、来苏尔、酒精、碘酒）催产素、消炎药以及镊子、剪刀、脸盆、诊疗器械及手术助产器械。

③产前 3~5 天做好产房和猪栏、猪体的清洁消毒工作。

④临产前 5~7 天及时调整母猪的日粮。对膘情较好的母猪要逐步减料 10% 至 30%，同时停止饲喂多汁饲料。以防乳汁过多或过浓引起乳房炎或仔猪下痢。母猪膘情较差时应当及时补充富含蛋白质的饲料，以发挥催奶的作用。

78. 母猪在分娩前有哪些前兆？

母猪的怀孕期一般为 110~120 天，平均为 114 天，由于品种、年龄、胎次的不同而略有差异。正确了解母猪分娩前的各种前兆，不仅有利于帮助养殖人员充分做好母猪分娩前的各项准备工作，而且有利于保证母猪分娩过程的安全和仔猪的初生安全。在生产中，随着妊娠期的即将结束和临产期的到来，母猪从临产前一周左右开始会陆续出现以下几个方面的临产症状。

①母猪临产期腹部大而明显下垂，阴户红肿、松弛、成年母猪尾根两侧下陷。

②母猪乳房明显的迅速膨大下垂，红肿发亮，产前 2~3 天乳头变硬外张，用手可以挤出乳汁。待临产前 4~6 小时，可成股挤出乳汁。

③母猪主动衔草做窝，行动不安，时起时卧。频频排尿排粪，次数多数量少。一般出现频频排尿时，6~12 小时即可分娩。

④阵缩待产。即母猪由反复闹圈到安静躺卧，并开始出现努责现象，从阴户流出黏性羊水时，1 小时内即可分娩。

79. 引起母猪产程延长原因有哪些？

（1）体况过肥或过瘦

在妊娠期间，长时间给母猪高水平饲喂，会增加母猪产死胎的比率，因母猪吃得过多会引起体况过肥，导致子宫周围、皮下、腹膜的脂肪沉积过多，分娩时母猪易疲劳，产仔花的时间较长，仔猪出生时死亡率高；但体况过于瘦弱的母猪，分娩时由于产力不足，子宫阵缩无力，也易出现产程延长，导致胎儿死亡概率增加。

（2）产前吃得太多

致使母猪在分娩时肠道负担过重，压迫子宫和产道，使分娩时产程延长。

（3）便秘

由于便秘，胃肠排空长期受阻，使粪便充满肠道，压迫产道影响胎儿出生；同时母猪因便秘长期厌食不吃料，体质虚弱、分娩无力，母猪极易难产或产程延长，死胎更易发生。

（4）夏季高温

据统计，母猪在环境温度较高的 5~10 月份分娩的仔猪，其仔猪死产率比环境温度较低的月份平均每窝高出 0.3~0.4 头。夏季由于高温，母猪受热应激的影响，体内分泌过多的应激激素——肾上腺素。肾上腺素引起子宫血管收缩，从而使到达子宫平滑肌的催产素减少，子宫肌得不到足够的氧气，造成子宫收缩的频率和强度下降，造成产程延长。

（5）初产母猪

由于是第一次分娩，应激较大，经常烦躁不安，起卧不定，体内也会分泌过量的肾上腺素，从而抑制了催产素到达子宫平滑肌的量，使分娩时产程延长。

（6）繁殖障碍性疾病或普遍高热疾病

繁殖障碍性疾病或普遍高热疾病均会造成母猪产死胎和产程延长。

（7）霉菌毒素影响

霉菌毒素损害实质脏器，特别是对肝肾的损伤，影响能量供应，影响产力。F2 毒素可形成直肠、软产道水肿，阻碍分娩。

（8）母猪气血不足、心肺功能差

目前工厂化养猪，母猪普遍缺少运动，终生生活在限位栏里，唯一的运动就是僵硬机械地原地起与卧，心肺功能得不到有效的锻炼，导致母猪呼吸功能不健全，气体交换能力下降，供血能力不足，同时肺活量低使得母猪屏气用力的时间明显缩短，体能不足；另外由于气血不足，羊水分泌量少，产道干涩，产力不足，导致产程延长。

（9）过早使用缩宫素

缩宫素促进子宫强直性收缩，子宫剧烈收缩，导致母猪剧烈疼痛，如过早使用会引起母猪过度疲劳，后期分娩无力；如果高剂量注射催产素，将导致子宫强烈收缩，出现痉挛，仔猪更加不易产出，甚至造成胎儿或母猪死亡；子宫剧烈收缩，导致羊水快速排出，引起产道干涩，阻力加大，产程更长。

（10）其他

胎儿过大或胎死腹中等也会引起母猪产程延长。

80. 母猪使用催产素的作用机理及使用方法是怎样的?

（1）缩宫素

①主要作用。用于引产、分娩时子宫收缩无力、产后出血和子宫恢复不全等，可直接兴奋子宫平滑肌，起到子宫强制收缩，胎盘强制分离、脐带断裂，模拟子宫正常收缩的作用，也有助于乳汁自乳房排出。

②注意事项。只能用于产程过长和胎龄老化的母猪，在分娩时子宫收缩无力，方可使用。但是对于产道阻塞、胎位不正、产道狭窄的难产忌用，易导致胎儿窒息死亡。

（2）氯前列烯醇

①主要作用。具有强烈溶解黄体的作用，同时兴奋母猪子宫，舒张宫颈，使孕酮下降，作用于卵巢的功能黄体，使其迅速溶解，达到诱导母猪产仔的目的，使用后 24 小时内母猪分娩。

②注意事项。只是用于超出预产期时间过长还没有临产症状的母猪。能自然分娩的母猪坚持自然分娩，如长期使用，母猪机体本身会对其产生依赖性，因此不到万不得已不建议使用。

（3）辨证使用

①缩宫素。主要用于产程过长、老胎龄母猪产仔无力且产道顺畅、无难产的情况下才可使用。如果在难产或胎儿在产道中产不出来时使用，极易造成其他胎儿过早剥离，脐带断裂后缺氧而窒息死亡。

②氯前列烯醇。主要用于超期未分娩的母猪，在确定母猪预产期后超出预产期 3 天以上的母猪，为了使母猪尽快分娩，在这种情况下可以使用。

81. 母猪产后的护理要点是什么?

在生产实践中，母猪产仔结束后，要及时检查母猪胎盘是否完全排出，当胎盘排出困难时，可给母猪注射适量的催产素。母猪产后要注意观察是否有生殖道炎症，若发生炎症要及时进行消炎治疗。母猪分娩后身体极度疲乏，往往表现非常口渴，但没有食欲，也不愿活动，在这种情况下不要急于饲喂饲料，最好喂给温热的小米粥或红糖麸皮粥。产后一周内仔猪小而吃奶量少，如果母猪产奶量过多，就会使剩余的奶水停留在乳管中引起乳房炎。因此必须通过人为因素控制日饲喂量和饲料种类，促使母猪的产奶量随着仔猪需要量的增加而增加。母猪产后的饲喂量应该由少到多逐日增加，一般情况下产后一周内，饲料的饲喂量能够满足母猪本身维持和仔猪哺乳的需要就可以了。

（1）分娩当天不需要喂食

由于母猪的分娩时间较长，体能消耗较大，精神疲乏，胃肠功能活动能力较差，一般不提倡喂食，可供给足量的饮水，冬季要注意给饮温水，同时注意在水中加入适量食盐，母猪出现虚脱时，可及时给饮适量的麸皮红糖水。

（2）分娩后的 2~3 天内要以稀食为主，并逐渐增加供食量

母猪分娩 2~3 天，要特别注意哺乳母猪的饲喂方式，由于分娩造成的胃肠功能下降，如果饲喂过度，极易诱发母猪产后不食症。

（3）母猪分娩后 4~5 天，要注意增加母猪的活动

母猪分娩后由于体质较弱，再加之频繁哺乳，这时适当增加母猪的运动，不仅有利于母猪体质的恢复，而且能够减少疾病发生，增加泌乳量。可实行母猪和仔猪定时隔离管理，让母猪定时出圈活动，定时入圈哺乳。

（4）及时注射适量的消炎药物，预防母猪的子宫内膜炎

大部分的母猪分娩时间较长，特别是胎衣很长时间暴露在体外，甚至出现胎衣不下，母猪生产后极易感染子宫内膜炎。一般提倡在母猪产后 1~3 天内，可给母猪注射青霉素、链霉素、鱼腥草等药物，以预防子宫内膜炎的发生，确保下一个周期的按时发情和配种受胎。

82. 母猪产后不好好吃食处理办法有哪些？

母猪在分娩之后，是需要对仔猪进行哺乳的。而很多养猪户在母猪哺乳期的时候便会发现，哺乳母猪的采食量比较少。这不仅会影响哺乳母猪的营养吸收，还会降低哺乳母猪的泌乳量，导致仔猪母乳不足，从而降低成活率。那么哺乳母猪采食量低该怎么办呢？建议采取如下措施。

（1）合理降温

温度对于母猪的进食量影响是非常大的，虽然有些养殖户在哺乳期的时候也都采取了降温方法。但是在降温的时候大多都忽视了降温的主要细节，因此导致降温效果不佳。在降温的时候，最好是使用滴水降温与负压通风共同进行，这样的话能够有效地提高母猪的进食量。水温保持在 20℃左右，滴水的速度保持在 40~50 滴每分钟，不过要注意猪舍湿度不可过高。

（2）充足饮水

为哺乳母猪提供充足的干净饮水，能够降低因为高温而产生的热应激，也能够有效提高母猪的采食量。因此应该提高母猪的饮水量，保证水质与水温。在水中添加适量的小苏打等物质，能够明显的降低热应激。母猪的饮水量与进食量可以说是成正比的，所

以如想要提高母猪进食量的话，从母猪的饮水方面入手，提高母猪饮水量，是非常不错的办法。

（3）产后护宫

很多养殖户在母猪分娩后 3 天内，没有做好产后护宫工作，一般都只会对其进行肌肉注射。从而导致母猪产生较大的应激反应，出现体温升高，食欲低，从而造成进食量低的现象。因此一定要做好产后护宫工作，在母猪分娩后的一周内，要用高锰酸钾溶液对母猪的外阴及后躯部位进行清洗及消毒。在产仔结束后，要确保及时排出母猪体内的异物。最后再注射一次长效的抗敏感抗生素产品，为母猪消炎。

（4）注意饲喂管理

在母猪生产后的第一周饲喂管理是非常重要的，在第一周后补料不可过多过快，否则将会影响母猪整个哺乳期的进食量。因此第一周要注意控制好采食量，第一周后再让其自由采食。然后每天能够在温度低的时候饲喂，饲料以湿料为主，适当提高饲喂次数，能够有效增强母猪进食量。但要注意每天的饲喂次数不可超过 5 次，否则也可能会造成应激反应。

平时给母猪做好预防保健，使用胃动力，产前半个月开始喂给，保证母猪肠道的蠕动增加，预防不食和便秘的发生。

83. 母猪产后缺奶怎么办?

产后缺奶是养猪生产中常见的问题。

（1）产后处理

①给母猪助产时要做好消毒工作，最好无菌操作，并使用"回力清"等栓剂放入子宫，预防子宫炎。

②母猪产前产后 3 天内少量给以饲料，尤其生产当天切忌采食过量，生产后可以仅给麸皮、红糖、口服补液盐水，补充能量，防止引起消化不良与母猪酸中毒。

③个别母猪可以灌服益母生化散、催奶灵、健胃散等。

④产后用温水清洗乳房。

⑤给乳猪补喂奶粉。要求奶粉用温水配制，添加少量助消化药、维生素 B、氨苄青霉素，少量多次，现用现配；这样几天后，母猪奶水就逐渐多起来了。

⑥寄养。把部分乳猪寄给奶水多的母猪。

（2）做好预防

①母猪妊娠期营养要满足怀孕的需求，比如，维生素、微量元素和蛋白质的需要。

②围产期管理。做好母猪转圈、换料、围产期限饲以及满足营养需要，调整好产房

的温度与湿度。

③疾病防控。做好蓝耳病、伪狂犬病等传染病的免疫预防，做好清洁、消毒、个体治疗等其他疾病的综合防控工作。

84. 母猪管理重要吗？

母猪管理相当重要。母猪体况一年到头都应基本一样，这样才能有利于产仔繁殖。牢牢把握以下重要目标：一年断奶多少头？一年出栏多少头？这是核心问题。一模一样的母猪，用同一种饲料，一样的管理方式，母猪多产一头仔猪能多挣 100~200 元。

85. 为什么必须给刚分娩后的母猪补水？

分娩后，给母猪要做的第一件事就是喂水，这是救命水。把母猪想象成一个患者，分娩时母猪体力消耗极大，及时补充饮食能帮助恢复体力。此外，奶中 80%是水，水不足也会影响泌乳量。

86. 为何母猪怀孕后期和生产期便秘较多？

母猪怀孕后期子宫迅速膨大，压迫肠道，并且吸收大量的水分，从而造成母猪肠道变窄，蠕动变慢。给母猪用复合制剂调整体内的营养平衡，用微生态制剂调整肠道微生态平衡，母猪便秘问题就迎刃而解，胃溃疡的发生率也会大大降低。

87. 下头胎的母猪难产如何解决？

母猪很少发生难产，其发生的频率比其他家畜低得多，这主要是因母猪的骨盆入口直径比胎儿最宽的横断面长 2 倍，很容易把仔猪产出；难产是指在分娩过程中，胎儿不能顺利地产出。母猪难产的防治措施主要有：

（1）母猪选择

选种的时候必须挑选骨架大尤其是耻骨联合，即后腿中间宽的母猪。

（2）防止母猪便秘

母猪便秘会导致体内毒素不能及时排出体外，就会发生自体中毒，从而引起不食或少食、产道水肿等问题，母猪营养达不到、产道水肿就会导致难产发生。

（3）难产治疗

对子宫收缩微弱的难产，每隔 15~30 分钟肌注或皮下注射 20~50 万单位催产素，5~10 分钟后子宫收缩，发生阵痛，胎儿自行产出。在用催产素处理之前，先肌注雌二醇 15 毫克，效果会更加明显。

（4）助产

助产时要先做阴道检查。注意清洁卫生，母猪后部、产道及术者手都要进行清洗。术者指甲要剪短，手臂涂上润滑剂。先让母猪躺卧，然后用手指分开阴唇，圆锥型轻轻伸入产道。先探查产道有无损伤，然后检查胎儿胎位、胎势及胎向是否正常。轻度异常者，只要抓到头和两侧前肢或两后肢，通常不要用多大力，即可拉出。有条件可用产科钳、猪索套、锐或钝型钩子进行助产，但注意使用这些器械时要防止滑脱，拉出的胎儿应立即清除其呼吸道黏液以刺激其呼吸。

对于死胎，可用钩子钩住胎儿眼眶和硬腭进行牵拉。若发生臀部前置，先把手伸进产道，用食指从腹侧钩住每条后肢的飞节，拉它向后伸展，就能正常产出。助产后，要再次检查产道，有否胎儿存在，产道是否损伤。

88. 如何提高母猪的繁殖率?

母猪的繁殖率是指母猪于正常使用年限内所产生的综合效益指标，包括有效胎数、窝数、仔猪出生重、仔猪存活率、泌乳力等内容。现将影响母猪繁殖率的因素及提高繁殖率的措施简介如下。

（1）提高公猪利用率

公猪比母猪更重要。要千方百计提高公猪的利用率。

（2）注重品种选择

品种的好坏直接影响经济效益。中国的地方猪种性成熟早、发情明显、产仔多、耐粗饲、抗逆性能强、肉质好、生长期长、易饲养等，育种时常被选做母本。

（3）注重养殖环境

养猪场的环境包含社会环境、养殖场环境和圈舍环境 3 种，尤其是环境空气的质量与卫生必须关注。猪是哺乳动物，需氧的重要性人人皆知，氧气是猪的第一大营养物质。但是，很多猪舍存在空气不流畅、地面潮湿、光照不足、有害有毒气体（如 NH_3、H_2S、CO、CO_2 等）严重超标等问题。就 NH_3 而言，蛋白质代谢是 NH_3 产生的主要来源，其次是肠道微生物代谢，包括氨基酸发酵降解及尿素（粪便）被酶水解都是 NH_3 产生的重要来源。就光照而言，充足的光照能使猪富集更多的能量和蛋白，能快速修复肠壁。就温度而言，仔猪怕冷，大猪怕热。改善生态环境，能降低发病率，有利于保护生物安全。

（4）注意饲料质量

饲料中的粗粮可提高母猪繁殖性能，但绝不能使用发霉变质的原料做饲料。

（5）加强营养供给

蛋白质、碳水化合物、脂肪、矿物质和维生素只能通过饲料供给。另外，繁多的添加剂的功能也越来越被人们看好，营养配制必须高而平衡。植物蛋白不如动物蛋白易消化吸收，且含量高时易引起仔猪拉稀。配制饲料必须以《无公害食品生猪饲养饲料使用准则》（NY 5032—2001）为标准，遵循全面、平衡、高效、安全四项基本原则；否则，违法或事倍功半。

（6）加强保健

疾病是影响养殖业经济效益的重要因素之一，是危害养猪业生产的主要杀手。以母猪便秘为例，发生原因主要有以下几方面：生理性的如胎儿增大，肠蠕动慢，缺乏运动；营养性的如粗纤维不足，青饲料缺乏，营养不平衡；疾病性的如细菌病、病毒病；添加剂性的如益生素含量不足、不合格、不平衡，添加违禁药物；管理性的如饮水器数量不足，高低不合适，水速不够等。控制疫病最主要最经济的方法是隔离、消毒、防疫，杜绝传染源，切断传播途径；预防为主，防重于治；提高饲养管理水平，加强保健，增强猪只机体免疫力，关注生物安全刻不容缓。

（7）减少非生产天数

非生产天数是指母猪每年未用于生产的天数。根据国外经验，非生产天数增加 3 天就等于母猪年产仔猪少 0.5 头。降低返情率、减少流产数、提高受胎率、延长使用年限（一般使用 8 胎）、避免过早或不必要的淘汰都是提高母猪繁殖率的重要途径和方法。

（8）注意激素使用

猪场一般不主张使用激素。具体问题，具体对待。

（9）加强生产管理

"养、防、检、治"是养猪业最基本的工作。注意观察，勤于思考，转变养猪理念，与猪为友，以猪为乐，精细每一次简单的劳动，积极创造效益于每一个环节。

89. 影响母猪繁殖性能的常见问题有哪些？

（1）母猪自身的原因

①内分泌因素。当环境温度超过 35℃，母猪的脑垂体会受到刺激，影响促性腺激素的释放，母猪的发情和排卵受到了影响。

②激素调控问题。母猪在繁殖过程中，主要受促卵泡激素（FSH）和促黄体生成素（LH）的作用，这两项激素会影响卵泡细胞的增殖、生长和分化。

③品种的问题。有些品种本身的繁殖能力低，产仔数提高非常困难，同时年龄及胎次也影响产仔数的多少，同时影响产活仔数的多少。

④生殖器官发育畸形。胎儿时期，母猪在母体子宫内发育障碍，生殖细胞或受精卵出现异常，造成生殖道不发育或发育异常，导致先天生殖内分泌机能不全，丧失繁殖机能。

⑤卵巢发育不良。由于卵巢发育不良，使得卵巢内没有较大的成熟卵泡以致不能分泌足够的引起发情的激素，无法进行正常繁殖。

（2）营养问题

主要包括能量、蛋白质、维生素、矿物元素等。比如夏季因为高温持续，母猪无法良好的散热，导致其食欲不振，在哺乳期体质减弱明显，出现了不规则发情和排卵，影响配种工作，出现死胎和弱胎的概率也比较高。

（3）能量问题

能量不足导致猪体况过瘦，抑制了下丘脑产生促性腺激素释放因子，降低了促黄体素和促卵泡素的分泌，推迟母猪的发情；能量过剩导致母猪过肥，使得子宫输卵管不通，造成母猪排卵减少或不排卵，造成母猪屡配不孕，甚至不发情。

（4）蛋白质问题

蛋白质长期供应不足，不仅可使膘情下降而且新陈代谢发生障碍，还会表现为一侧或两侧卵巢萎缩、持久黄体、发情排卵都不明显。

（5）温度影响

夏天环境温度达到 30℃以上时，卵巢和发情活动受到抑制；当输精后 14~30 天，环境温度高于 29℃时，将引起胚胎死亡而导致不规则的返情。

（6）饲养密度问题

断奶后单独圈养的成年母猪发情率要比成群饲养的母猪高。随着猪群的增大，彼此间相互打斗，增大了蹄肢病和乳腺病的发生概率。

（7）公猪精液质量的原因

公猪精液质量是影响母猪繁殖性能的一个重要因素。精子总数不固定，密度过低，总数过低会影响受胎率；精子活力不达标，没有长期使用新鲜精液，会在很大程度上影响母猪的繁殖成绩。

（8）后备猪饲养管理问题

后备猪饲养管理有着非常重要的作用。如果隔离或驯化工作不到位就会影响猪群不稳定；配种日龄或体重过小，就会导致出现二胎综合征，或者母猪健康不理想，没有做到准确的发情记录，会导致配种时无据可查；这些都会影响母猪繁殖。

（9）人工授精及管理的原因

准确查情和适时输精无疑是提高母猪繁殖能力最重要的手段，如果猪场查情及人工授精经常出现问题，就会影响母猪繁殖性能。

（10）病毒性疾病问题

母猪繁殖与呼吸障碍综合征表现为母猪厌食，体温升高，可见流产、死胎、早产，出现木乃伊胎。常见疾病有细小病毒病、猪瘟、猪流行性感冒、蓝耳病等，这些都会影响母猪的繁殖性能。

90. 如何挑选淘汰母猪?

母猪是猪场的核心,母猪繁殖能力直接影响猪场效益。很多猪场,该淘汰的母猪不舍得淘汰,导致猪场不盈利。那么究竟哪些母猪该被淘汰呢?

(1) 总是不发情的后备母猪

经过合群、放牧运动、公猪诱情、补料催情、激素处理 2 个月仍不发情的母猪应淘汰。

(2) 屡配不孕的母猪

经配种 3 个发情周期才受孕以及屡次配种仍不能受孕的母猪。

(3) 低产的母猪

淘汰连续 2 胎以上产仔数少于 7 头仔猪的母猪,但对于初次配种体重太轻、妊娠期存在过度饲喂、哺乳期失重过多、断奶体况差的母猪不包括在内。或者连续 2 次流产的母猪应淘汰。

(4) 母性不好的母猪

淘汰拒哺、弃仔、食仔,并屡教不改的母猪。

(5) 患炎症严重的母猪

淘汰患有乳房炎、子宫炎、阴道炎,泌乳能力下降,经药物处理而久治不愈的母猪。

(6) 患有繁殖障碍的母猪

患过病毒性传染病的母猪要及时淘汰,比如猪瘟、伪狂犬病,即使用药物治愈后,下一次产仔时也有可能重新发病,并会传染给仔猪。

91. 如何饲养管理好哺乳母猪?

宜采用低妊娠(妊娠期营养喂量要低)、高泌乳(泌乳期营养要高)的饲养方式。

(1) 哺乳母猪的饲养目标

①提高仔猪断奶头数及断奶窝重。

②保持泌乳期正常种用体况,即母猪 28 天断奶时,失重不超过 12 千克(失重量应为产后体重的 12%~15% 为宜)。过度的失重会延长离乳后发情期,还可导致下胎产仔数减少,其后果是严重的。因此,必须围绕上述目标采取饲喂策略。

(2) 合理提高采食量

为使母猪达到采食量最大化,可分别采取以下措施:

①实行自由采食,不限量饲喂。从分娩 3 天后,逐渐增加采食量的办法,到 7 天后实现自由采食。

②做到少喂勤添，实行多餐制，每天喂 4~8 次。

③实行时段式饲喂。利用早、晚凉爽时段喂料，充分刺激母猪食欲，增加其采食量。不管是哪种饲喂方式都要注意确保饲料的新鲜、卫生，切忌饲料发霉、变质（酸败）。为了增加适口性可采取湿拌料的方法。

（3）供给充足清洁水

夏季哺乳母猪的饮水需求量很大，因此，母猪的饮水应保证敞开供应。如果是水槽式饮水则应一直装满清水，如果是自动饮水器则要勤观察检查，保证畅通无阻，而且要求水流速、流量达到一定程度。饮水应清洁，符合卫生标准。饮水不足或不洁可影响母猪采食量及消化泌乳功能。

（4）加强温度调控

夏季可以通过安装雨帘、换气扇、遮阳布、饲喂西瓜皮、清热中药等方式防暑降温。

（5）注意饲喂方式

母猪产后前 5 天应给予稀料，2~3 天后喂量逐渐增多，5~7 天后改喂拌湿料，按正常量喂，一日三餐。一般在妊娠期给料基础上，每带一头仔猪，外加 0.4 千克左右饲料。

（6）断奶注意乳房变化

断奶前 3~5 天逐渐减少饲料量，并注意乳房膨胀情况，膨胀大了要多减料，以防发生乳房炎。

（7）加强管理

做好冬季防寒，夏季防暑。要注意乳头均匀利用，在仔猪数少于乳头数时，应训练仔猪吃几个乳头，特别要训练吃后部的乳头，否则会引起后部乳头萎缩，以后失去作用。

92. 小猪拉稀对后来增重的影响有多大？

据统计结果显示，仔猪腹泻 1 天，育肥时间会延长 4 天，料肉比增加 0.05。原因是腹泻会损害肠黏膜细胞的吸收能力。

六、生猪常见疾病防治

93. 猪群发生传染病的控制措施有哪些？

猪群发生传染病时，应采取以下控制措施：

①应立即隔离，封锁发病圈、舍或全场进行封锁，全场实行紧急消毒，重点对发病猪所在圈、舍进行带猪消毒。

②被隔离封锁圈舍的工作人员，不准擅自出入，其他人员亦不准进出发病圈舍。

③由兽医人员对发病猪或病死猪进行诊断、剖检，并采集病料或血清送相关兽医诊

断实验室，及早作出准确诊断，以便采取相应的有效措施。

④扑杀的病猪或病死猪，一律进行焚烧或深埋等无害化处理，不准出售或倒卖。

⑤对受威胁的健康猪群，应根据疫病特点采取疫苗紧急接种或药物预防。

94. 母猪怀孕前后需要打哪些疫苗？

（1）后备母猪免疫

最好在发情配种前 1~3 个月内完成免疫，不要在接近发情期免疫，因为疫苗反应有可能影响发情，比如推迟发情期。

注意整个妊娠期间不要做任何免疫，因为疫苗是否会对胎儿产生影响很多时候说不清楚。如果有不得不做的疫苗，先试验几头，无不良反应再大群应用。

（2）母猪免疫

①母猪哺乳期 20 天左右，哺乳高峰已过，这是免疫注射疫苗较好的时间，如果错过这个时间，可在断奶后免疫。

②关于母猪所做疫苗根据当地情况定，一般都要免疫细小病毒疫苗。

③每隔 4~6 个月注射口蹄疫灭活疫苗。

④初产母猪。配种前猪瘟弱毒疫苗；高致病性猪蓝耳病灭活疫苗；猪细小病毒灭活疫苗；猪伪狂犬基因缺失弱毒疫苗 。

⑤经产母猪。配种前猪瘟弱毒疫苗；产前 30 天猪伪狂犬基因缺失弱毒疫苗；猪传染性胃肠炎、流行性腹泻二联灭活疫苗。

注：乙型脑炎流行或受威胁地区，每年 3 月份左右、9 月份左右，使用乙型脑炎疫苗间隔一个月免疫两次；猪瘟弱毒疫苗建议使用脾淋疫苗、根据本地疫病情况可选择进行免疫。

95. 备孕母猪免疫程序流程是怎样的？

怀孕母猪的免疫应根据动物的免疫状态和传染病的流行季节，结合当地疫情和各种疫苗的免疫特性，合理地安排预防接种次数和间隔时间，制定免疫程序。

（1）猪乙型脑炎

应用猪乙型脑膜炎活疫苗 1 头份，临用前用磷酸缓冲液或生理盐水 1 毫升稀释后注射。注射时间为每年 3~4 月份，蚊子尚未活动时进行，南方最迟不超过 5 月上旬，北方最迟不超过 5 月下旬。一般接种一次即可，在怀孕早期可以补接种，但必须用 2 头份剂量注射。

（2）猪细小病毒病

应用猪细小病毒活疫苗 1 份，临用时用猪细小病毒稀释液（或生理盐水）1 毫升稀释后注射，过半月再接种一次，注射时间为配种前一个月或者与乙型脑炎活疫苗同时分点注射，注意本疫苗必须于配种前注射，配种后注射无效。

（3）猪瘟

哺乳母猪断奶后，是注射活疫苗最适时期。肌注猪瘟细胞活疫苗或猪瘟、丹毒活疫苗 4 头份，这用生理盐水或 0.2%，亚硒酸钠 2 毫升稀释后肌注。

注意：现已不采用春秋二季免疫接种法，因为怀孕期注射猪瘟后，弱毒猪瘟病毒可通过胎盘进入胎儿体内，可导致胎儿带毒。发生新生仔猪猪瘟或向外界排毒，污染环境。

（4）猪丹毒

每年接种两次，临床上常与猪瘟同时接种，可用猪丹毒活疫苗免疫接种。

（5）猪肺疫

应用猪肺疫活疫苗 1 头份，20%氢氧化铝胶液 1 毫升稀释后注射，免疫期为 6 个月，也可用猪肺疫氢氧化铝灭活苗 5 毫升皮下注射。

（6）仔猪黄、白痢

用猪大肠杆菌疫苗给分娩前 21 天左右的怀孕母猪肌注，如发病严重的猪场，可在分娩前 21 天和 14 天各注射 1 头份，能有效地防止新生仔猪黄痢的发生。

（7）仔猪红痢病（又称 C 型魏氏梭菌病）

初产母猪注射两次，在分娩前 45 天，第二次在分娩前 15 天。

注意：经产母猪如在前 1 和 2 胎已两次注射过红痢菌苗，那只要在分娩前 15 天注射一次即可有效地控制本病的发生。

（8）猪链球菌病

应用猪链球菌活疫苗母猪产前 1 个月，注射后 7 天产生免疫力，可持续 9 个月，能有效地预防哺乳仔猪发病，也可防止母猪链球菌病。

（9）猪伪狂犬病

配种前或怀孕早期肌注、可防止怀孕母猪由感染伪狂犬病毒引起的流产、早产、死胎、木乃伊的发生。（如为了防止哺乳仔猪发病，可在产前一个月时再肌注一次，仔猪可由乳汁中得到抗伪狂犬病免疫抗体，持续 3~4 周）。

（10）猪病毒性腹泻、传染性胃肠炎

母猪产前一个月猪后海穴注射（后海穴位于肛门与尾巴之间的凹陷处），猪病毒性腹泻传染性胃炎油佐剂活苗，注射时间为每年 12 月份至次年 3 月份气候寒冷季节，可有效地防止母猪和哺乳仔猪发病（乳汁中有免疫抗体）。

（11）猪口蹄疫

用猪Ⅱ型口蹄疫灭活苗 3 毫升肌注，每年 2 次，母猪断奶后空怀期注射。

96. 大猪拉血是什么原因？

大猪拉血一般是螺旋体痢疾造成的（猪瘟、胃肠道出血等都会引起便血，需要根据具体症状区分），使用痢菌净就可以，一般庆大霉素等抗生素也可以。

97. 为何刚出生的小猪拉稀止不住？

根源在母猪，母猪饲料问题，母猪体携带圆环病毒、博卡病毒，伪狂犬疫苗没有做好，霉菌毒素的侵害，母猪乳房炎等等。应把母猪的猪瘟、伪狂犬疫苗做好，定期把母猪调理好，一个月做一次保健，用上扶正祛邪抗病毒的中药制剂清理圆环病毒，产前五天到产后十天用上到达乳房、子宫的药物，结合抗菌素清理链球菌、副猪、气喘病等，这些问题就迎刃而解。

98. 春季猪病防治的关键措施有哪些？

春季气候寒冷，空气潮湿，有利于各种病原微生物生长繁殖。如果在饲养管理过程中不加注意，就会引起生猪疫病的发生，造成不良后果，直接影响经济效益。因此，春季养猪应做到以下几点。

（1）改善环境，搞好消毒

保持猪舍温暖、干燥、通风、清洁，经常对猪舍消毒，消除病原微生物的生存环境。春季特别是早春气温变化大，子猪体温调节功能还不完备，抗寒、抗病能力差。因此要保持猪舍温暖、干燥、通风，以适应生猪的生长。另外，要保持猪舍环境卫生，定期对猪舍进行彻底消毒，可用 20%~30% 的石灰乳或 20% 的草木灰或 2%~3% 的烧碱溶液对栏舍地面、墙壁及周边环境进行洗刷和喷洒，用具可用 3%~5% 的来苏尔液浸泡消毒，然后用清水冲洗干净。

（2）强化防疫，平衡营养

春季病原微生物开始活跃，疫病易发。因此要严格按照免疫程序要求，按时、按质做好生猪的免疫注射工作。一旦发现疫情，要严格按规定封锁、消毒、无害化处理好病死生猪。

如果周边有疫情发生，在做好防疫的同时还应及时搞好猪舍的消毒。生产区严格控制车辆进入，严格禁止外人进入，对外出车辆和人员进场要严格消毒。在对本场生猪进行强化免疫的同时，要给生猪提供高营养的饲料。按生猪的不同生长阶段科学配制饲料，保证营养充足，特别是保证维生素的供给。

（3）科学饲养，精心管理

重点加强子猪的饲养管理。在改善环境条件的前提下，要加强哺乳子猪的饲养管理，保持母猪乳房的清洁卫生，做好子猪开食、补饲、旺食的三个环节，使子猪顺利渡过初生关、补料关和断奶关，并要特别护理好断奶子猪。科学配制全价配合饲料，保证饲料营养充足，增强子猪体质。

（4）预防疾病，确保健康

春季猪病常见的有腹泻、霉形体肺炎、流感等，要注意做好疾病的预防和治疗。

①猪流行性腹泻。病初体温正常或稍微升高，精神沉郁，食欲减退，排水样、灰黄色或灰色粪便，有酸臭味，带有未消化的食物。生猪患病后，应及时补充体液，以防生猪脱水。可用口服补液盐 2.75 克兑水 100 毫升，按每千克体重 50 毫升饮用，在饲料中添加 0.1%~0.2%复合酶和适量食醋，尽量减少各类致病细菌的侵袭机会。

②猪传染性胃肠炎病毒引起的腹泻。病猪表现为水样腹泻、呕吐和脱水，在猪群中传播快。治疗以补充病猪体液、防脱水和继发感染为原则。常用安维糖静脉注射和口服补液盐内服，同时使用抗菌药物进行对症治疗。

③轮状病毒引起的急性肠道传染病，多发于 2 月龄以内的仔猪。主要表现为仔猪厌食、呕吐、下痢。对发病的小猪要立即停止哺乳，内服葡萄糖盐水和复方葡萄糖溶液治疗。

④仔猪黄痢以排黄色稀粪为主要特征，少有呕吐，多发于 1 周龄内的仔猪，发病率和死亡率较高。发现病例后应立即对全群进行预防治疗，内服氧氟沙星，注射庆大霉素等抗菌药物，并配合乳康生、乳酶生等活性微生物制剂进行治疗。

⑤仔猪白痢多在 10~30 日龄仔猪中发生，表现为拉白色糊状稀粪，死亡率不高，治疗不及时易成为僵猪，主要用恩诺沙星等进行治疗。

⑥仔猪红痢主要发生在 3~4 日龄的新生仔猪，由魏氏梭菌引起，病猪表现为呕吐，排红色黏粪，死亡快，往往来不及治疗。主要是加强饲养管理，保持栏舍卫生，减少感染机会。另外在 3 日龄内按体重内服青霉素或链霉素，日服 2 次，有一定的预防效果。

⑦猪痢疾多发生于中大猪，影响生长。表现为病猪排出混有多量黏液及血液的粪便，呈胶冻状。可用黄连素、痢菌净、多西环素等治疗。

⑧猪霉形体肺炎是猪的接触性呼吸道传染病，急性的表现精神不振，呼吸粗快，有哮喘音，死亡率高，病程 7~10 天；慢性的表现由少量干咳后变成连续性痉挛性咳嗽，病程长，影响生长。一般用氟苯尼考或替米考星注射 1 个疗程，用支原净或泰乐菌素拌料，连用 1 周。

⑨猪流感潜伏期 2~7 天，病程 1 周。病猪表现为初期发热，精神不振，食欲减退，呼吸困难，有咳嗽，后期易并发支气管炎及肺炎。预防办法是加强防寒保暖，搞好环境卫生。发病生猪可用头孢噻呋配合柴胡进行治疗。

99. 什么是猪中暑？如何诊疗？

（1）病源

中暑是日射病和热射病的总称，是猪在外界光或热作用下或机体散热不良时引起的机体急性体温过高的疾病。日射病是指猪受到日光照射，引起大脑中枢神经发生急性病变，导致中枢神经机能严重障碍的现象。热射病为猪在炎热季节及潮湿闷热的环境中，产热增多，散热减少，引起严重的中枢神经系统功能紊乱现象。在炎热的夏季，日光照射过于强烈、且湿度较高，猪受日光照射时间长、或猪圈狭小且不通风，饲养密度过大；长途运输时运输车厢狭小，过分拥挤，通风不良，加之气温高、湿度大，引起猪心力衰竭等发生中暑。

（2）猪中暑的特征

本病发病急剧，病猪可在 2~3 小时内死亡。病初呼吸迫促，心跳加快，体温升高，四肢乏力，走路摇摆；眼结膜充血，精神沉郁，食欲缺乏，有饮欲，常出现呕吐。严重时体温升高到 42℃以上，最后昏迷，卧地不起，四肢乱划。

（3）猪中暑病理变化

①病理变化。剖检可见脑及脑膜充血、水肿、广泛性出血，脑组织水肿，肺充血、水肿，胸膜、心包膜以及肠系膜都有淤血斑和浆液性炎症。日射病时可见到紫外线所致的组织蛋白变性、皮肤新生上皮的分解。根据临诊症状和病史做出诊断。

②防治措施。将病猪立即移至阴凉处，用冷水浇头和灌肠，并结合清热解暑疗法。工厂化养猪应严防排风换气系统故障、设备停电故障，发生中暑现象应立即通风降温解暑，可进行药物治疗：

a.［处方 1］

方法一：10%樟脑磺酸钠注射液 4~6 毫升。

用法：一次肌肉注射，每天 2 次。

方法二：5%葡萄糖生理盐水 200~500 毫升。

用法：耳静脉放血 100~300 毫升后一次静脉注射，4~6 小时后重复一次。

b.［处方 2］

鱼腥草 100 克，野菊花 100 克，淡竹叶 100 克，陈皮 25 克。

用法：煎水 1000 毫升，一次灌服。

c. ［处方 3］

生石膏 25 克，鲜芦根 70 克，藿香 10 克，佩兰 10 克，青蒿 10 克，薄荷 10 克，鲜荷叶 70 克。

用法：水煎灌服，每日 1 剂。

d. ［处方 4］

针灸穴位：山根、天门、血印、耳尖、尾尖、鼻梁、涌泉、滴水、蹄头。

针法：血针。

100. 如何防治猪中暑?

夏季气温较高，猪场管理不当很容易发生猪中暑现象，如果治疗不当也是会造成死亡的。

（1）猪中暑症状

开始烦躁不安，呼吸加快，继而趴卧不起，呼吸急促，张口气喘，体温达 41℃以上，有的耳朵变红或变紫，有的全身发红。很多人都当作高热病或者是咳喘病去治疗，用大剂量抗生素和退热药及地塞米松治疗，结果绝大部分都得死亡。

（2）出现猪中暑现象，不要乱打针治疗，应采取下列措施抢救

①先用一盆温水（40℃左右），加入 0.5 千克高酒精度白酒，用鞋刷子给予全身反复洗澡（躲避头部）。

②洗完澡之后，再用一盆 1% 的温淡盐水（水温 37~39℃，5 千克水加 50 克食盐）灌肠。

③再用电风扇吹。

④用凉水冲洗地面降温，让猪趴在上面。绝对禁止将凉水喷在猪的身上。千万注意：一旦中暑，用凉水喷洒猪全身降温，98% 以上都得死亡。

⑤严重的要将耳朵有血管处，剪开一个豁口放血 100~200 毫升，然后用手挤压刀口止血。

⑥加大猪舍通风力度和时间，可以同时用喷雾器在猪舍内的上空喷洒凉水降温，喷雾的凉水落在猪身上没事。

前四条连续进行，第五条根据情况，需要时就用，不需要时可不用。

101. 夏季高温母猪饲养管理应注意哪些因素?

（1）保证猪舍卫生环境

保证猪舍环境卫生清洁非常重要，因此定期要对猪舍和产床消毒，同时可以添加利高霉素（大观霉素、林可霉素）进行消炎。对于分娩后炎症较大的母猪采用抗生素静脉

滴注。对严重恶露母猪进行淘汰。

（2）保证充足的饮水

充足饮水对夏季养猪来说非常重要。养猪户朋友要多多关注水质，定期对蓄水池和水槽、管线进行消毒，消毒可以使用酸化剂，同时消毒水质还可以酸化饮水提高母猪饮水欲望。夏季炎热，要对裸露水管进行外包，减少太阳直射，避免水温过高，从而提高饮水降温的效果。

（3）做好免疫与保健驱虫

母猪免疫要放在比较凉快时刻，早晨较好，并且在母猪饲喂之后免疫，减少热应激造成母猪死亡，优化免疫程序，减少或者更改不必要的免疫程序。夏季对母猪进行 2~3 次的体表驱虫和伊维菌素体内驱虫。驱虫前对所有猪舍及区域进行大扫除、消毒。所有免疫工作的前提必须保证母猪的正常健康，否则反而带来更大的损失。

（4）科学饲喂管理

提高饲料的营养与适口性来应对热应激造成的采食量下降，同时有条件的场可饲喂湿拌料或汤料来增加母猪食欲，食欲差的母猪可以适当添加人工盐，来提高食欲。将饲喂时间调整为一天当中较为凉爽的时分，如早上 6 点前、下午 6 点以后，避开中午正热时段。

102. 猪关节炎如何预防与治疗？

预防猪的关节炎主要是加强饲养管理，猪舍保持清洁干燥，防止贼风，消除造成外伤的一切因素。治疗猪的关节炎有以下几种方法：

①5% 碘酒或松节油、樟脑油、10% 水杨酸酒精溶液涂擦患处。

②用硫酸镁 250 克，水 500 毫升，混合作成 6℃ 温热溶液，趁热洗患部。

③风湿性关节炎可用苦楝树皮 500 克，花椒叶 125 克，醋 125 毫升，前 2 味研碎加醋炒热，敷患处，用布包好。

④每日注射普鲁卡因青霉素 40 万~80 万单位。

⑤醋酸可的松 2~5 毫升，肌注。

⑥金银花、连翘、天花粉各 10 克，乳香、没药、甲珠、牛膝、当归、地丁、蒲公英、红花各 6 克，研末，用开水冲调，加黄酒 250 毫升灌服。

103. 仔猪缺铁的危害及防治措施有哪些？

铁是生猪生命活动中重要的微量元素之一，初生仔猪体内储备的铁元素仅有 30~50 毫克，而哺乳仔猪正常生长发育每天约需要 7~8 毫克铁，仔猪哺乳每天从母乳中获得的铁元素不足 1 毫克。

(1) 仔猪缺铁的危害

①影响造血机能。表现为皮肤苍白无光泽。

②影响生长发育。缺铁猪只生长发育缓慢，采食量较差进而成为掉队猪，严重的成为僵猪给猪场效益造成严重的损失。仔猪缺铁后会导致红细胞明显变小，影响机体生长发育。另外，铁具有抑制大肠杆菌的作用，能够避免仔猪发生腹泻，但如果缺铁就会抑制体内乳铁蛋白的合成，从而引起腹泻。

③影响抵抗力。铁是一种能够维持 T 淋巴细胞功能正常的营养素，当动物机体摄取铁不足时，会导致体内 T 淋巴细胞的增殖受到抑制。另外，由于 T 淋巴细胞与 B 淋巴细胞的免疫作用是相辅相成的，因此铁也是体液免疫所需的一种重要物质。此外，当动物机体缺铁时，还会损伤细胞活性，导致免疫力减弱。

(2) 怎么给仔猪补铁

①喂服补铁。常用的铁制剂有硫酸亚铁、焦磷酸铁、乳酸铁、还原铁等。为促进仔猪喂服铁制剂后能很好地吸收，一般给仔猪喂服铁制剂常与喂服铜制剂同时使用，其方法是：硫酸亚铁 2.5 克、硫酸铜 1 克，用清水 1000 克混合，按仔猪每千克体重 0.25 毫升喂服，每日 1 次，连服 14 天。也可用硫酸亚铁 100 克、硫酸铜 20 克，研为细末，拌入5 千克细沙或红土中，撒放于仔猪活动场地或补料间内，让仔猪自由采食，即可达到喂服补铁的目的。

②注射补铁。常用的铁制剂有右旋糖酐铁、铁钴、山梨醇等注射液。在一般的情况下，给仔猪注射补铁，常采用深部肌肉注射，一次注射 2 毫升即可，对缺铁症状表现较为严重的仔猪，必要时可在间隔 7 天后再给予减半剂量重复肌肉注射 1 次。

104. 哺乳仔猪补铁操作应注意哪些事项？

现代规模化猪场其封闭的管理模式不同于传统养猪，母猪不能获得带领仔猪自由生活的权利，且圈舍建筑以水泥地面为主，无法从土壤中获得机体生长所需的各项微量元素，所以只能依赖于外界的补充，即直接补充或来源于饲料，所以在当代规模化猪场日常仔猪管理中补铁显得更为重要。

(1) 补铁时间的选择

新生仔猪容易发生缺铁性贫血的原因是初生仔猪体内铁贮不足。据研究发现，新生仔猪出生时体内含铁贮约为 40~50 毫克。而哺乳仔猪在生长过程中每天约需 7~16 毫克铁才能保证其较快的生长速度。而新生仔猪唯一的铁的来源就是由母乳获取，而每头新生仔猪通过母乳每天仅能获得约 1 毫克的铁。所以新生仔猪体内的铁贮仅够维持机体 3 天的需求量。要保证 3 天后不发生缺铁性贫血，应在 4 日龄内对新生仔猪进行补铁，否则就会出现缺铁性贫血症。导致仔猪精神不振、食欲减退、腹泻、生长缓慢，甚至生长较快的仔猪会因缺氧而突然死亡。

（2）补铁制剂的选择

①严把质量关。养殖场（户）在选择补铁制剂时要仔细认真。首先要选择正规企业所生产的产品，另外检查生产日期、有效期、包装等，以防使用不合格或过期产品导致不必要的损失。

②规格选择。目前使用的补铁制剂较多的是右旋糖酐铁注射液，规格有 50 毫克每毫升，100 毫克每毫升，150 毫克每毫升。右旋糖酐铁含量较高，且较好的生产工艺，使得药剂溶液颗粒较小，对仔猪刺激性小，吸收快，抽取和注射极为方便。此外，额外增加的硒、钴以及复合维生素 B 等，能够一针多补，作用全面，更有利于铁元素的全面吸收，同时可促进机体造血机能的进一步完善，增加了铁元素在造血过程中利用率。

③铁剂的贮存。包装瓶为棕色玻璃安瓿，因为右旋糖酐铁见光易分解成导致机体过敏的右旋糖酐和毒性极强的三价铁离子，所以在贮藏铁制剂时应存放于阴凉通风处，有条件者最好贮存于冰箱内冷藏，严禁注射时放于阳光下暴晒。

（3）补铁剂量

新生仔猪补铁剂量掌握在 150~200 毫克，量小不能满足机体需求，量大则易产生较强的毒副作用。据报道，超剂量使用补铁制剂会引起铁过负荷，许多重要器官如淋巴结、脾脏、肝脏、肺及肾脏受损伤，使机体的免疫机能下降和生理机能障碍，易患细菌性和病毒性传染病。临床表现为仔猪出血性胃肠炎、腹泻、呕吐、休克及急性肝坏死等病症。

在实际操作过程中若选择 50~100 毫克每毫升规格的补铁制剂，需注射 2~3 毫升，由于猪的体重较小，此剂量注射后极易使注射部位起包，且吸收不佳，达不到注射效果。而选择含铁量为 150 毫克每毫升的铁制剂时，仅需注射 1 毫升，注射剂量小，易于注射，且吸收迅速完全。建议在 3 日龄、7 日龄分别补一次。

（4）补铁时间的选择

在生产中多数养殖单位对一天当中补铁的时间没有严格的限制，只是为了日常工作方便而来安排补铁工作，殊不知铁制剂不仅在体外经阳光暴晒或高温可使铁剂中的 Fe^{2+} 转变为有毒性的 Fe^{3+}，而且在体内如若经阳光暴晒或高温也可使 Fe^{2+} 转变为有毒性的 Fe^{3+}，所以在实际的生产中有的猪场在注射完补铁制剂后，仔猪接受阳光直射或高温也可出现过敏或中毒事件的发生。

建议在铁制剂的使用过程中，尤其对于半封闭猪场更要引起重视，在安排补铁工作时，在冬季选择气温较高的下午 2 点左右或上午 10 点左右，但在夏季时节需选择在下午

5点以后，这样注射效果相对更好一些，同时可防止不必要的铁中毒或过敏事件的发生。

105. 如何给小猪补铁注射操作？

目前，猪场里给仔猪补铁已成为必做的流程之一。在进行补铁操作的时候，有些猪场选择颈部注射，有些猪场选择腿部肌肉注射，猪场可以根据自己的情况来选择。

（1）大腿肌肉注射

①优点。大腿肌肉注射一般选择大腿内侧注射，内侧肌肉相对较多，容易注射，不容易浪费，吸收好。

②缺点。大腿肌注易引起注射部位肉质变色，且是不可逆的；短时间内对小猪走路有影响；容易伤到血管和神经，造成肌肉坏死或败血症（多是因为位置不对或针头太粗造成，建议用7号针头）。

（2）颈部注射

颈部注射操作简单，能降低劳动强度，但是吸收相对没那么好。颈部肌注时注射器要快速插入，而后慢慢推入注射液，推入完后要慢慢抽出，否则会被肌肉挤出。

106. 如何防治猪副嗜血杆菌病？

猪副嗜血杆菌病又称多发性纤维素性浆膜炎和关节炎，传播途径以呼吸道和消化道为主。以2~8周龄的仔猪最易感染，其他年龄段的青年猪、母猪及种公猪亦可感染，有的以隐性感染或慢性跛行为主。

（1）致病病因

猪群密度大，过分拥挤，舍内空气混浊，氨气味浓，转群、混群或运输时多发。如果发生猪瘟、蓝耳病时，使猪体抵抗力下降，容易继发感染猪副嗜血杆菌。患呼吸道疾病，如支原体肺炎、猪流感、伪狂犬病和猪呼吸道冠状病毒感染时，本病的存在可加剧病情，使病情复杂化。

（2）诊断要点

急性病例发生于各种年龄的猪，但首先发生于膘情良好的猪，以2~8周龄猪多发。体温升高至40.5~42℃，精神沉郁、反应迟钝，食欲下降或厌食，咳嗽、呼吸困难，腹式呼吸、心跳加快，皮肤发红或苍白，耳梢发紫，眼睑皮下水肿，部分病猪出现鼻流脓液，行走缓慢或不愿站立，出现跛行或一侧性跛行、腕关节、跗关节肿大，共济失调，临死前侧卧或四肢呈划水样。有时会无明显症状而突然死亡，严重时母猪流产；保育仔猪的发病率一般在10%~15%，严重时死亡率可达50%。剖检变化为纤维素性胸膜炎、心包炎、腹膜炎、关节炎和脑膜炎等；目前报道的有15种血清型，其中血清型5、4、13最为常见，占70%以上。

（3）防控措施

①科学免疫。对本病严重的猪场，可对猪群进行疫苗免疫。用猪副嗜血杆菌多价油乳剂灭活苗对母猪和仔猪进行免疫接种，也可以用自制疫苗。

②注重饲养管理。对圈舍、环境进行彻底的清扫和消毒，有效控制各种疫病的交叉感染。夏季要防暑降温，冬天要保暖，饲养密度要合理，注意通风，保持猪舍内空气清新，减少炎热、寒冷引起的各种应激反应。供给营养全面、新鲜、无霉变的饲料，饮水保持清洁卫生。

③加强病毒性疫病的防控。猪副嗜血杆菌病多继发于猪瘟、猪繁殖与呼吸综合征、伪狂犬等病毒病，所以加强病毒病的防控，也是防控猪副嗜血杆菌病的关键措施之一。

④药物防治。若诊断为该病，发病数量少或治疗效果不理想时，果断淘汰发病猪及无饲养价值的僵猪。没有发病的同群猪进行药物预防。大多数猪副嗜血杆菌对氨苄西林、氟喹诺酮类、头孢菌素、四环素、增效磺胺类药物敏感，但对红霉素、氨基甙类、壮观霉素和林可霉素有抵抗力。全群投药可选用阿莫西林 400 克或金霉素 2000 克每吨饲料，连喂 7 天，停 3 天，再加喂 3 天。或者任选泰妙菌素 50~100 克每吨饲料，氟苯尼考 50~100 克每吨饲料，林可霉素 200 克每吨饲料，环丙沙星 150 克每吨饲料等一至二种药物拌料。

⑤加强消毒灭源工作。加强环境和猪栏的卫生消毒，能有效降低猪场环境和猪舍内病原微生物的危害，以减轻猪群感染的机会。对进出猪场的人员和车辆必须经消毒后方可进出，从而切断传播途径。

107. 猪出现咳嗽、气喘，呈腹式呼吸，饮水食欲减少，体温不高，怎么办？

建议采取以下措施：

①盐酸土霉素每千克体重 30~40 毫克，用 0.25% 普鲁卡因注射液，肌肉注射，每天 1 次，连用 5~7 次。

②酒石酸泰乐菌素的注射液，按每千克体重 5~13 毫克，肌肉注射，每天 2 次，连用 7 天。

③硫酸卡那霉素按每千克体重 10~20 毫克，肌肉注射，每天 2 次，连用 5 天；也可胸腔注射，2 天 1 次，连用 3 次。

④泰乐菌素按 4~9 毫克每千克体重，肌肉注射，每天 2 次，连用 3~5 天。

⑤林可霉素（洁霉素）按每吨饲料加 200 克，连喂 3 周。

108. 仔猪产下 20 多天后，站不起来，该怎么治？

可能是母猪饲喂饲料单一引起的。建议在现饲喂玉米、麸皮等饲料的基础上，加上一定量的母猪料精，同时加上乳酸钙或骨粉、石粉等，水中加电解多维，给小猪注射维丁胶性钙，一天 1 次，连用 3 天，也可考虑灌服钙片。

109. 猪只便秘时可选用哪些药物？

（1）患病初期

猪食欲减退，常弓腰举尾，表现排粪姿势，但排粪滞慢，拉出羊粪样的干硬粪球，常附着白色黏液。病猪口渴贪饮，呈现起卧不安、回顾腹部等腹痛症状。随着病程发展，病猪精神不振，食欲废绝，饮欲增强，眼结膜充血，口腔干燥，体温一般无变化。

（2）便秘预防

合理搭配饲料，粗料细喂，喂给青绿多汁饲料，每天保证足够的饮水和适量运动，不用纯米糠饲料喂刚断奶的仔猪。对病猪，在进行药物治疗的同时，暂时停止喂给粗饲料，给予充足饮水或青绿多汁饲料。用温肥皂水灌肠，但怀孕母猪不要饮用，以免引起流产。

（3）便秘治疗

取麻仁、栝楼仁、莱菔子、郁李仁、滑石各 9 克。煎服（此为 25 千克重猪的用量）。也可用硫酸钠或硫酸镁 30~100 克，加水 600~2000 毫升，一次灌服。还可取植物油 100~150 克灌服。对怀孕母猪可灌服液状石蜡油 60~300 毫升。病猪高度衰弱时，应用 10% 的葡萄糖液 200~500 毫升静脉或腹腔注射，每天 1 次。

110. 猪寄生虫病的危害有哪些？

掠夺猪的营养、产生毒素、破坏猪体组织、使猪产生不适，生长速度下降、饲料利用率降低、严重时引起猪只死亡易继发细菌感染。

111. 常见的猪寄生虫病的种类有哪些？

猪寄生虫病虽然大多数种类对猪的致死率不高，但对养殖效益影响十分巨大，而且很多病种都是人畜共患疾病，对环境和食品健康的影响也不可小视，因此应当引起充分重视。

猪的寄生虫疾病种类繁多，可以根据它们寄生的环境分为体内寄生虫和体表寄生虫两个大类。也可以根据生物学分类分为原虫、蠕形动物和节肢动物等几大类。由于养殖环境和方式的改变以及养殖技术的改进，部分寄生虫种类或已基本灭绝，或对生猪生产已经构不成威胁；还有一部分本来对猪的健康影响就不是很大，而且在预防和治疗其他寄生虫种类的过程中很容易合并防治，因此只就目前危害和影响生猪生产或人体健康较为严重的寄生虫种类进行简述。

对猪危害较大的原虫病主要有弓形虫和艾美尔球虫，其中又以人畜共患的弓形虫病危害最大。弓形虫又叫龚地弓形虫，是一种能广泛感染多种哺乳动物以及鸟类甚至人体的原虫病。尤其对猪，可引起暴发性流行和大批死亡，发病率和死亡率都很高，可达60%或以上，因此成为严重影响养猪生产的寄生虫疾病之一。艾美尔球虫主要影响幼年猪，会造成感染仔猪引起腹泻甚至血痢死亡。

常见的蠕形动物引起的猪寄生虫病主要有吸虫类中的姜片吸虫、绦虫类中的细颈囊尾蚴（米猪肉）以及线虫类中的猪蛔虫、肺丝虫、毛首线虫、食道口线虫等。吸虫中的姜片虫在生喂水生植物的猪群中最为常见，在集约化养猪场因基本不使用青绿饲料，目前此病和绦虫的危害已大大降低。绦虫中的囊尾蚴（米猪肉）虽然不太常见，但因囊尾蚴容易感染人并对人体健康危害严重，要引起重视。线虫中的猪蛔虫、肺丝虫、毛首线虫、食道口线虫不但在猪群中存在最为普遍，而且对猪的健康和养猪效益的影响也较大，因而成为养猪人防治的重要目标。因肺丝虫的中间寄主是蚯蚓，所以只在放养的猪群中感染风险较大，少数严重病例甚至直接引起猪只死亡或成为没有经济价值的僵猪。特别是猪囊尾蚴病对人体健康可产生非常严重的威胁。

节肢动物中主要有猪虱、猪螨虫、苍蝇、蚊子。猪虱生活在猪的体表，且体形较大而容易被发现，又容易被杀灭，所以很难对猪群造成大的危害。猪螨虫有疥螨和蠕形螨，螨虫因为寄生在体外，虽然比较容易诊断，但因为对猪的致死率不高，又不易杀灭，所以很容易被忽视。螨虫在集约养殖环境中更易感染传播，因此成为目前生猪生产中危害较大的寄生虫性传染病。苍蝇、蚊子可传播疾病，骚扰人畜，一些猪场也因此问题受到周围居民环保投诉，因此防控苍蝇、蚊子是猪场生产管理和疾病防控能否做好的一个重要环节。

112. 母猪吃得很少，排的粪便干硬，怎么治疗？

（1）致病原因

该病多发生于高温应激盛夏季节，母猪妊娠前后，由于饮水、运动不足，引起消化紊乱，胃肠滞留，形成顽固性便秘。另外药源性便秘和一些热源性疾病也会引起便秘，如猪瘟、弓形虫病及蓝耳病等感染均会造成母猪便秘现象发生。

（2）临床症状

母猪以食欲减退或拒食，不愿活动，卧圈不起，粪球干小似算盘珠状，病程长的母猪体质比较衰弱，最后体质严重衰竭而死亡为主要临床特征。

（3）防治措施

①合理调制日粮。可根据母猪的饲养标准制订合理的饲料配方，满足不同阶段、不同生理状态下的营养需要，提供合适的能量水平，平衡钙、磷，并注意有机硒和多种维

生素的添加。同时可给母猪提供适量的青绿饲料，这样不但可以增加食欲、补充天然维生素、促进泌乳、预防便秘、还能节省成本。

②保证充足饮水。饮水缺乏会引起母猪食欲下降、消化不良、便秘、代谢紊乱、泌乳不足等一系列问题。

③适当进行运动。母猪在刚配种 1~3 周和临产前 1~2 周内可减少运动，使之保持安静，以防遭到意外刺激引起流产或早产。

④加强环境调控，减少冷热应激。猪场应注重环境调控技术的应用。夏季要切实做好防暑降温工作，冬季要认真落实防寒保暖措施，为母猪提供适宜的生活环境。

⑤合理使用饲料。猪场在预防疾病时要做到科学用药，以免产生母猪药源性便秘，不要随意给母猪饲料中添加药物。

(4) 治疗方法

发病后可适时使用以下方法治疗：

①加大青绿饲料喂量。

②增加饮水量并加人工补液盐。

③葡萄糖盐水 500~1000 毫升，维生素 C 30 毫升每支，一次静注。

④复合维生素 B 15 毫升，青霉素 480 万单位，安痛定 30 毫升，分别肌注。

⑤酵母、大黄苏打片、多酶片、乳酶生各 40 片，共为细末，分 4 次服。

⑥母猪产后，日喂小苏打 25 克，分 2 次，饮水投服，能促母猪消化，改良乳汁，预防仔猪下痢。

⑦口服润肠通便中药。如怀孕母猪可适量灌服甘油或植物油；产后母猪便秘也可适量服用硫酸钠、硫酸镁、大黄、人工盐、石蜡油等。

第六章 蛋鸡养殖技术问答

一、场址选择、鸡舍建造与设备

1. 鸡场场址的选择应考虑哪些因素?

鸡场建设是养鸡生产的前提条件,场址的选择关系到建场工作能否顺利进行及投产后鸡场的生产水平、鸡群的健康状况和经济效益等,因此,选择场址时必须认真综合考虑当地的环境、地势、交通运输、供电与通信等因素,使鸡场建设科学合理。

(1)自然条件

自然条件包括地势地形、水源水质、地质土壤和气候因素等方面。

①地势地形。养鸡场的地址应选在地势较高、干燥平坦、排水良好和向阳背风的地方。平原地区一般场地比较平坦、开阔,场址应注意选择在比周围地段稍高的地方,以利于排水。山区建场应选择在稍平缓坡上,坡面向阳,鸡场总坡度不超过25%,建筑区坡度应在2%以内。场地要开阔,地形要方正,不宜过于狭长。

②水源水质。要求水质良好,水量充足。水源能满足鸡场内生产与生活用水及未来发展的需要,水源周围的环境卫生条件较好,以保证水源、水质经常处于良好状态。取用方便,处理技术简便易行。

③地质土壤。对场地施工地段的地质状况的了解,主要是通过收集当地附近地质的勘察资料、地层的构造状况,如断层、陷落、塌方及地下泥沼地层。遇到土质松紧不匀,会造成基础下沉、房舍倾斜的土层,需做加固处理。建场时要求场地地下水位低,土质透水、透气良好。这样的地势和土质可保持地面干燥,并适于建筑房舍。

④气候因素。主要指与建筑设计有关和造成鸡场小气候有关的气候气象资料,如气温、风力、风向及灾害性天气的情况。

(2)社会条件

"三通条件":指供水、电源和交通。供水及排水要统一考虑;鸡场的育雏供暖、机械通风、照明及生活用电都要求有可靠的供电条件,电力供应充足,安装容量为每只蛋鸡2~3瓦;要求交通方便。

环境疫情：拟建鸡场场地的环境及附近的兽医防疫条件的好坏是影响养鸡成败的关键因素之一，特别注意不要在旧鸡场上建场或扩建。

（3）位置的确定

鸡场距其他养殖场至少1千米以上，避免这些场地的病原微生物感染；鸡场与附近居民点的距离一般需1千米以上，如果处在居民点的下风向，则应考虑距离不应小于2千米；为防止污染，养鸡场与各种化工厂、畜禽产品加工厂等的距离应不小于3千米，远离兽医站、屠宰场、集市等传染源，而且不应处在这些工厂或单位的下风向，鸡舍要尽量选择在整个地区的上风头；建场要远离铁路、公路干线，鸡场应距铁路1千米以上，距公路干线500米以上，距普通公路200~300米。

（4）场地面积

应根据鸡场规模和场地的具体情况而定，一般建一个1万只蛋鸡的鸡场用地面积需要6000~8000平方米。

2. 鸡场怎样布局好?

鸡场场址选定以后，即刻考虑鸡场总体规划和布局问题。因为布局是否合理，直接关系到正常组织生产，提高劳动效率和降低生产成本，增加经济效益。场内各种建筑物的安排，要做到利用土地合理，布局整齐，建筑物紧凑，尽量缩短供应距离。布局上既要考虑卫生防疫条件，各区要严格分开，还要照顾各区间的相互联系。要着重解决主风向（特别是夏、冬季的主导风向）、地形和各区建筑物的距离。场内各类建筑物的安排，应根据地势的高低和主导风向来考虑。规划原则是人、鸡、污，以人为先，污为后的排列顺序。育雏区布置在上风向，产蛋鸡舍安排在偏下风向，育雏、育成区域与蛋鸡饲养区域最好设置一定宽度的隔离带。死鸡、粪污处理设施应安排在下风向。鸡场的总体布局，一般应分为生活区、管理区、生产区和隔离区。

生产区是鸡场建设的主体。主导风向为南风，则鸡舍的前后布局为从南至北按育雏舍、育成鸡舍、蛋鸡舍等顺序设置。鸡舍排列一般为横向成排（东西方向），纵向成列（南北方向）。鸡舍朝向应根据当地的地理位置、气候环境等确定，要满足光照、温度和通风的要求，一般采取南向，即坐北朝南。鸡舍间距主要考虑采光、通风、防疫、防火等要求。若鸡舍采用自然通风，间距取舍高的3~5倍为适宜；若鸡舍采用机械通风，间距可取舍高的1.5倍即可。生产区的道路应分为净道和污道，净道主要用于运送饲料、产品，污道主要用于运送粪便污物、病鸡、死鸡等，相互分开，互不交叉。场内的排水设施不宜与舍内排污管沟通用。

隔离区设在场区下风向处及地势较低处，主要包括兽医室、隔离鸡舍等。为防止相互污染，与外界接触要有专门的道路相通。

3. 鸡舍的类型有哪些？各有什么特点？

鸡舍整体结构类型基本上分为开放式鸡舍、密闭式鸡舍与开放密闭兼用型三种。

（1）开放式鸡舍

开放式鸡舍有窗户，靠自然的空气流通来通风换气。因为鸡舍内的采光是依靠窗户进行自然采光，故昼夜的时间长短随季节的转换而变化，舍内的温度基本上也是随季节的转换而升降。

开放式鸡舍按屋顶结构的不同，通常分为单坡式鸡舍、双坡式鸡舍、钟楼式鸡舍、半钟楼式鸡舍、拱式鸡舍和双坡歧面式鸡舍 6 种。开放式鸡舍的优点是造价低、投资小，设计、建材、施工工艺要求较为简单。一些小型养鸡场和家庭鸡场，往往采用这种类型的鸡舍。缺点是外界环境对鸡的生产性能有很大影响，占地多。

（2）密闭式鸡舍（无窗鸡舍）

这种鸡舍一般无窗，而完全密闭，屋顶和四壁隔温良好。鸡舍内采用人工通风与光照。通过调节通风量的大小和速度，在一定范围内控制鸡舍内的温度和相对湿度。

密闭式鸡舍的优点是减少了外界环境对鸡群的影响，有利于采取先进的饲养管理技术和防疫措施，饲养密度大，鸡群饲料报酬高。一些大型工厂化养鸡场均采用这种类型的鸡舍。缺点是建筑与设备投资大，成本高，对机械、电力的依赖性大，日粮要求全价。

（3）开放密闭兼备式鸡舍

这种鸡舍兼具开放与封闭两种类型的特点。这种鸡舍的南墙和北墙设有窗户，作为进风口，通过开窗来调节鸡舍内的环境。在气候温和的季节依靠自然通风；在气候不利的情况下，则关闭南北墙的窗户，开启一侧山墙的进风口，并开动另一侧山墙上的风机进行纵向通风。这种鸡舍鸡能充分利用自然资源（阳光和风能），能在恶劣的气候条件下实现人工调控，在通风形式上实现横向、纵向通风相结合，因此兼备了开放与密闭鸡舍的双重功能。这种鸡舍在建筑上一定要选择封闭性能好的窗子，以防造成机械通风时的短路现象。

4. 各龄蛋鸡舍建造的基本要求是什么？

（1）育雏舍

育雏舍是养育从出壳到 6 周龄雏鸡专用的鸡舍。由于育雏需要保温，所以育雏舍的建造与其他鸡舍不同，总的要求是有利于保温、通风向阳、便于操作管理、房舍严密、防止鼠害等。因此，墙壁要厚，房顶应铺保温材料，门窗要严。既有利于保温，又要通风良好。

（2）育成舍

育成舍是养育 9~18 周龄鸡专用的鸡舍。育成鸡增重快，活动量大，要求有足够的活动面积。

（3）商品蛋鸡舍

总的要求是坚固耐用，操作方便，小环境好，而且成本低。

5. 复合聚苯板组装式拱形鸡舍有什么特点？

复合聚苯板组装式拱形鸡舍是由内蒙古新优佳联合公司推出的新型专利技术，并在全国推广应用。该鸡舍采用轻钢龙骨架拱形结构，选用聚苯板及无纺布为基本材料，经防水强化处理后的复合保温板材做屋面与侧墙材料，这种材料隔热保温性能极强，导热系数仅为 0.033~0.037，是一般砖墙的 1/15~1/20，既能有效地阻隔夏季太阳能的热辐射，又能在冬季减少舍内热量的散失。两侧为窗式通风带，窗仍采用复合保温板材。当窗完全关闭时，舍内完全封闭；可以使用湿帘降温纵向通风或暖风炉设备控制舍内环境。当窗同时掀起时，舍内呈凉棚状，与外界形成对流通风环境，南北侧可以横向自然通风，自然采光，节约能源与费用，具有开放式鸡舍的特点。所以，该鸡舍属于开放封闭兼用型鸡舍，可以随外界环境的变化而改变状态。

鸡舍建筑投资包括基础、地圈梁、龙骨架、屋面和通风窗五大部分，属于组装式轻型结构。建材主要为钢材、复合保温板、水泥、黏土和少量砖块。由于复合聚苯板质轻、价廉、耐腐蚀、保温性能好，因而降低了投资造价，降低了鸡的饲养成本，增强了鸡场的市场竞争力。鸡舍结构简单，组装式，建场工期短、见效快，有利于加快资金周转。通风、调温、照明皆可利用外界的自然能源。

6. 简易节能开放型鸡舍有何建筑特点？

简易节能开放型自然通风鸡舍，是针对中国当前工厂化养鸡场鸡舍建筑标准高、日常管理耗费能源大、鸡舍内空气环境差等问题，根据温室效应、亭檐效应、热压通风动力和生物应激补偿作用的原理，运用生物环境工程技术设计而成的。鸡舍侧壁上半部全部敞开，以半透明或双覆膜塑料编织布做的双层卷帘或双层玻璃钢多功能通风窗为南北两侧壁围护结构，依靠自然通风、自然光照，利用太阳能、鸡群体热和棚架蔓藤植物遮阴等自然生物环境条件，不设风机，不采暖，以塑料编织卷帘或双层玻璃钢两用通风窗，通过卷帘机或开窗机控制启闭并且利用檐下出气缝调节通风换气。通过长出檐的亭檐效应和地窗扫地风及上下通风带组织对流，增强通风效果，降低鸡群体感温度，达到鸡舍降温的效果。通过南向的薄侧壁墙接收太阳辐射热能的温室效应和内外两层卷帘或双层窗，达到冬季增温和保温效果。从而创造良好的鸡舍环境，获得良好的养鸡效果，发挥各种鸡群品种的生产性能。各大、中、小鸡场和养鸡专业户均可选用，与传统的封闭型鸡舍相比，土建投资节约 1/4~1/3，在日常管理上大幅度节电，为封闭用电的 1/20~1/15。

为保证开放型鸡舍的环境调节控制系统能做到保温隔热、通风换气、防暑降温和光照防风等环境功能齐全，鸡舍环境工程设施应有长出檐、排气缝、防风扣门、防风卡窗、卷帘及卷帘机配套系统、保温防风防雨多功能双层通风窗及多窗联动开窗机等。这种鸡舍工艺适用性很强，蛋、肉型各品种，雏鸡、育成、产蛋鸡各阶段均适用。鸡舍建筑均为 8 米跨度，也可做成 9 米跨度，2.6~2.8 米高度，3 米开间，鸡舍长度视成年鸡舍的容鸡量所定的鸡位数与之配套。

7. 塑膜暖棚鸡舍怎样建？

塑膜暖棚鸡舍采用半拱圆式运动场塑膜暖棚，方向坐北朝南，其运动场略小于鸡舍。棚舍前沿墙高 1 米，中梁高 2.5 米，后墙高 2 米，前后跨度为 9 米，左右宽 10 米。扣棚时，在棚舍中梁下立柱架起一横杆，横杆与前檐墙之间固定间隔 1 米距离的半拱圆形顺杆，一支架固定后覆盖暖棚，用薄木条或竹条把棚膜固定在支架上，四周用泥抹严。在鸡舍棚顶留一排气孔，距离墙基 5~10 厘米处设进气孔，排气孔是进气孔的 1.5~2 倍，运动场与鸡舍连接处留一高约 1.7 米，宽约 0.9 米的门，供饲养人员出入。在鸡舍与运动场隔墙底部设几个 0.2 米×0.2 米的小孔，供鸡出入。鸡舍内设置足够的产蛋箱，运动场内设置食槽和饮水器。

8. 采用自然通风时，鸡舍在设计上应注意什么问题？

如果鸡舍采用自然通风，鸡舍在设计上应注意下面几个问题：

①鸡舍跨度不宜超过 7 米，饲养密度不可过大。

②根据当地主风向，在鸡舍迎风面的下方设置进气口，背风面上部设排气口。

③为了更有效地进行通风，宜在鸡舍屋顶设置通风管。屋顶外通风管的高度为 60~100 厘米，其上安装防雨帽。通风管舍内部分的长度也不应小于 60 厘米。排风管内应安装调节板，可随时调节启闭，以控制风量。

④鸡舍各部位结构要严密，门、窗、排风管等应合理设置，启闭调节灵活，以免造成鸡舍局部区域出现低温、贼风等恶劣小气候环境。

9. 在鸡舍建筑上有哪些基本要求？

在鸡舍建筑上，总的要求是因地制宜，坚固耐用，经济实用。

（1）屋顶

常见的主要是单坡式、双坡式和平顶式鸡舍。一般跨度比较小的鸡舍多为单坡式、双坡式，跨度比较大的鸡舍，如12米跨度，多为平顶式。屋顶由屋架和屋面两部分组成，屋架可用钢材、木材、预制水泥板或钢筋混凝土制作。屋顶材料要求保温、隔热性能好，常用瓦、石棉瓦等做成。建筑时要保留一定的坡度，双坡式屋顶的坡度是鸡舍跨度的25%~30%。

（2）墙壁

墙壁是鸡舍的围护结构，要求墙壁建筑材料的保温隔热性能良好。墙体造价要占鸡舍总造价的35%。墙壁建筑要注意防水和便于洗刷和消毒。一般采用24厘米厚的砖墙体，外面用水泥抹缝，内壁用水泥或白灰挂面，在墙的下半部挂1米多高的水泥裙。

（3）地基与基础

地基要求坚实、干燥。一般小型鸡舍可直接修建在天然地基上，沙砾土层和岩性土层的压缩性小，是理想的天然地基。基础应坚固耐久，有适当抗机械能力和防潮、防震能力。一般情况下，基础比墙壁宽10~50厘米，深度为60厘米左右。基脚是基础和墙壁的过渡部分，要求其高度不少于20~30厘米，土墙为50~70厘米，所用材料应比墙壁材料结实，如石头、砖等，其作用是防止墙壁受降水和地下水的侵蚀。

（4）地面

鸡舍的地面要求坚实平整、无缝隙，保温性能好，不透水，且具有适当的坡度（一般为2%~3%），易于清扫和消毒。目前大多鸡场用水泥地面，水泥地面一般用碎石做基础，上铺混凝土（比例是水泥1份、沙子3份、石子6份），厚10厘米，压实抹平，再涂一层2厘米厚的水泥砂浆即成。为增加地面的保温隔热性能，也可做防潮处理。

（5）门窗

设置门的位置及规格，既要有利于工作方便，又不能影响舍温的保持。一般在山墙上设门，单扇门高2米，宽1米；双扇门，高2米，宽1.6米左右。开放式鸡舍的窗户应设在前后墙上，前窗应高大，离地面可低些，一般窗下框距地面1~1.2米，窗上框高2~2.2米，这样便于采光。窗户与地面面积之比，商品蛋鸡舍为1:10~1:15。后窗应小些，约为前窗面积的1/3~2/3，离地面可高些，以利于夏季通风。

（6）鸡舍的跨度

鸡舍的跨度大小决定于鸡舍屋顶的形式、鸡舍的类型和饲养方式等条件。开放式鸡舍跨度不宜过大，密闭式鸡舍跨度可大些。笼养鸡舍要根据安装鸡笼的组数和排列方式，留出适当的通道后，再决定鸡舍的跨度。如一般的蛋鸡笼3层全阶梯浅笼整架的宽度为2.1米左右，若两组排列，跨度以6米为宜，3组则以9米为宜。目前，常见的鸡舍跨度为：开放式鸡舍6~9米，密闭式鸡舍12~15米。

（7）鸡舍的长度

鸡舍的长短主要决定于饲养方式、鸡舍的跨度和机械化管理程度等条件。平养鸡舍比较短，笼养鸡舍比较长。跨度 6~9 米的鸡舍，长度一般为 30~60 米；跨度 12~15 米的鸡舍，长度一般为 70~80 米。

（8）鸡舍高度

鸡舍的高度应根据饲养方式、清粪方法、跨度与气候条件而确定。一般鸡舍屋檐高度 2.2~2.5 米。跨度大、又多层笼养，鸡舍的高度为 3 米左右，或者最上层的鸡笼距屋顶 1~1.5 米为宜。

（9）鸡舍内过道

跨度比较小的平养鸡舍，过道一般设在鸡舍的一侧，宽度 1~1.2 米；跨度大于 9 米时，过道设在中间，宽度 1.5 米，以便于采用小车送料。笼养鸡舍无论跨度多大，过道位置依鸡笼的排列方式而定，一般鸡笼之间过道宽度为 0.8~1 米。

（10）操作间

操作间是饲养员进行操作和存放工具的地方。鸡舍长度不超过 40 米的，操作间可设在鸡舍的一端；若鸡舍较长，则操作间应设在鸡舍中央位置。

10. 机械通风有哪几种形式？风机怎样安装？

机械通风主要适用于密闭式鸡舍和跨度较大的开放式鸡舍，分正压通风、负压通风和正压、负压综合通风。

（1）正压通风

采用风机并且通至舍内的管道，管道上均匀开有送风孔。开动风机强制进气，使舍内空气压力稍高于舍外大气压，舍内空气则从排气孔排出。在多风和气候极冷极热地区，可把管道送风机设置在鸡舍屋顶。这样吸进来的空气可以经过预热或冷却和过滤处理再分配到舍内，最后污浊空气由墙脚的出风口排出。

（2）负压通风

在排气孔安装通风机进行强制排气，使舍内空气压力稍低于舍外大气压，舍外空气则由进气孔自然流入。负压通风方式投资少，管理比较简便，进入舍内气流速度较慢，鸡体感觉较舒适。鸡舍采用负压通风时，风机的安装方式主要有以下三种。

①将风机安装在鸡舍一侧墙壁下方，对侧墙壁上方为进风口，舍外空气由一侧进风口进入鸡舍与舍内空气混合，另一侧由风机排出舍内空气，气流形成穿堂式。这种通风方式比较简单，但鸡舍跨度不得超过 12 米，如多栋并列鸡舍，需采取对侧排气，以避免一栋鸡舍排出的污浊气流进入另一栋鸡舍。

②将风机安装在鸡舍屋顶的通风管内，两侧墙壁设置进风口。这种方式适用于跨度较大的（12~18 米）多层笼养鸡舍，舍内污浊空气从鸡舍屋顶排出，舍外新鲜空气由两侧进风口自然进入舍内，在停电时可进行自然通风。

③将风机安装在鸡舍两侧墙壁上，屋顶为进气孔。这种方法适用于大跨度多层笼养或高床平养鸡舍，有利于保温。

采用机械通风方式应注意出入门及应急窗要严密，风机和进出气口位置要合理，防止气流短路和气流直接送到鸡体。密闭式无窗鸡舍须设应急用窗，以备停电时采用自然通风。一般每 100 平方米使用面积要有 2.5 平方米应急用窗面积。

11. 常用的风机类型有哪几种？

目前鸡舍常用的风机类型有下面两种。

（1）轴流式风机

这种风机所吸入和送出的空气流向与风机叶片轴的方向平行。轴流式风机的特点是：叶片旋转方向可以逆转，旋转方向改变，气流方向随之改变，而通风量不减少。轴流式风机有尺寸不同、风量不同的多种型号，并可在鸡舍的任何地方安装。

（2）离心式风机

这种风机运转时，气流靠叶片的工作轮转动时所形成的离心力驱动。故空气进入风机时和叶片轴平行，离开风机时变成垂直方向，这个特点可适应通风管道 90°的转弯。

12. 家庭鸡场常用的主要育雏设备有哪些？

（1）煤炉

多用于地面育雏或笼育雏时的室内加温设施，保温性能较好的育雏室每 15~25 平方米放 1 只煤炉。

（2）保姆伞及围栏

保姆伞有折叠式和不可折叠式两种，不可折叠式又分方形、长方形及圆形等形状。伞内热源有红外线灯、电热丝，采用自动调节温度装置。折叠式保姆伞，适用于网上育雏和地面育雏。伞内用陶瓷远红外线灯加热，寿命长。伞面用涂塑尼龙丝纺成，保温耐用。伞上装有电子自动控制器，省电，育雏率高。不可折叠式方形保姆伞，长宽各为 1~1.1 米，高 70 厘米，向上倾斜 45°角，一般可用于 250~300 只雏鸡的保温。一般在保姆伞外围还要用围栏，以防止雏鸡远离热源而受冷，热源离围栏 75~90 厘米。雏鸡 3 日龄后逐渐向外扩大，10 日龄后撤离。

（3）红外线灯

每只红外线灯为 250~500 瓦，灯泡悬挂离地面 40~60 厘米处，离地的高度应根据育雏需要的温度进行调节。通常 3~4 只为 1 组，轮流使用，饲料槽（桶）和饮水器不宜放在灯下，每只灯可保温雏鸡 100~150 只。

（4）断喙机

是采用红热烧切，既断喙又止血，断喙效果好。常用断喙机型号有 9QZ 型断喙机等。

（5）暖风炉

供暖系统主要由进风道、热交换器、轴流风机、混合箱组成、供热恒温控制装置和主风道组成。通过热交换器的通风供暖方式，使舍内温度均匀，空气清新。但一次性设备投入大，成本高。

13. 鸡场常用的鸡笼有哪些？

（1）全阶梯式产蛋鸡笼

全阶梯式产蛋鸡笼多为三层，上、下层笼体相互错开，基本上没有重叠或稍有重叠，重叠的长度最多不超过护蛋板的宽度。全阶梯式鸡笼的配套设备是：喂料多用链式喂料机或轨道车式定量喂料机，小型饲养多采用船形料槽，人工给料；饮水可采用杯式、乳头式或水槽式饮水器。一般鸡舍，鸡笼下面应设粪槽，用刮板式清粪器清粪。全阶梯式鸡笼的优点是鸡粪可以直接落进粪槽，省去各层间承粪板；通风良好，光照幅面大。缺点是笼组占地面较宽，饲养密度较低。

（2）半阶梯式产蛋鸡笼

半阶梯式产蛋鸡笼多为三层，半阶梯式上、下层笼体部分重叠，重叠部分有承粪板。其配套设备与全阶梯式相同，承粪板上的鸡粪使用两翼伸出的刮板清除，刮板与粪槽内的刮板式清粪器相连。半阶梯式笼组占地宽度比全阶梯式窄，舍内饲养密度高于全阶梯式，但通风和光照不如全阶梯式。

产蛋鸡笼笼架由横梁和斜撑组成，一般用厚 22.5 毫米的角钢或槽钢组成。笼体一般前网和顶网压制在一起，后网和底网压制在一起，隔网为单片网。笼底网有一定坡度（即滚蛋角），一般为 6°~10°，伸出 12~16 厘米形成集蛋槽。笼体的规格，一般前高 40~45 厘米，深度为 45 厘米，每个小笼养鸡 3~5 只。

护蛋板为一条镀锌薄铁皮，放于笼内前下方，下缘与底网间距 5~5.5 厘米。料槽为镀锌铁皮或塑料压制的长形槽，安置在前网前面，料槽安装要平直，上缘要有回檐。水槽是用镀锌铁皮或塑料制成的长形槽，形状多为"V"字型或"U"字型，安置在料槽的上方。

（3）育成笼

育成笼是用来饲养 7 周龄至产蛋前青年蛋鸡的笼具，常采用阶梯式结构。主要有 4

层半阶梯育成鸡笼和 2 层半阶梯育成鸡笼。4 层半阶梯育成笼，考虑到上层空气稍差，下层光线较暗，故 1~2 层与 3~4 层重叠量小；而中间 2~3 层高度适中，光照均匀，通风良好，其重叠量较大，这就保证了 4 层通风、光照的均匀性。由于 4 层育成鸡笼上层较高，管理不便，于是改 4 层为 2 层，并且加大笼深。每个大笼隔成 2~3 个小笼或不分隔，笼体高度为 30~35 厘米，笼深 40~45 厘米，大笼长度一般不超过 2 米。

（4）育雏笼

育雏笼适用于饲养 1 至 6 周龄的雏鸡，生产中多采用层叠式鸡笼。一般笼架为 4 层 8 格，长 180 厘米，深 45 厘米，高 24 厘米。

（5）肉鸡笼

肉鸡笼多采用层叠式，用金属丝和塑料制品制成。以无毒塑料为主要原料制成的鸡笼，具有使用方便、节约垫料、易消毒、耐腐蚀等优点，价格比同类铁丝笼低，寿命延长 2~3 倍。

14. 如何组装产蛋鸡笼?

组装鸡笼时，先装好笼架，然后用笼卡固定连接各笼网，使之形成笼体。一般四个小笼组成一个大笼，每个小笼长 50 厘米左右，大笼长 2 米。组合成笼体后，中下层笼体一般挂在笼架突出的挂钩上，笼体隔网的前端有钢丝挂钩挂在饲槽边缘上，以增强笼体前部的强度，在每一大笼底网的后部中间另设两根钢丝，分别吊在两边笼架的挂钩上，以增强笼体底网后部的强度。上层鸡笼由 2 个外形规格相同的笼体背靠背装在一起，2 个底网和 2 个隔网分别连成一个整体，以增强强度，隔网前面的挂钩挂住饲槽边缘，底网中间搁置在笼架的纵梁上。

15. 目前常用的饲槽和饮水器有哪几种?

喂料可分为人工喂料和机械喂料，一般有条件的大型鸡场采用机械喂料。

常用饲槽主要有这几种形式，如开食盘、条形食槽和吊桶式自动圆形食槽。

开食盘适用于雏鸡饲养，有方形、圆形等不同形状。面积大小视雏鸡数量而定，一般为 60~80 只每个。圆形开食盘直径为 350 毫米或 450 毫米。

条形食槽是盛鸡料的主要饲养用具。条形食槽应表面光滑平整，采食方便，不浪费饲料，鸡不能进入食槽，便于拆卸清洗消毒。制作食槽的材料可选用木板、竹筒、镀锌板及塑料等。普通料槽的槽口两边向内弯 2 厘米，以防鸡啄食时将饲料勾出。中央装一个能自动滚动的圆木棒，防止鸡进入和栖息，污染饲料。

吊桶式自动圆形食槽，也称料桶，适用于平养育成鸡。它的特点是一次可添加大量饲料，贮存于桶内。料桶材料一般为塑料和玻璃钢，容重 3~10 千克。

机械喂料主要包括料塔和上料输送装置、饲槽和喂料机三部分。喂料机有链式喂料机、塞盘式喂料机和全自动化行车式喂料系统。链式喂料机最为普遍，在笼养和平养中都大量使用，很受欢迎。

目前常用的饮水器有乳头式、杯式、水槽式和吊塔式等。乳头式饮水器适用于2周龄以上雏鸡或成鸡供水；长条形饮水器即水槽式饮水器。可用竹、木、铁皮、塑料等多种材料制成。其断面一般呈"V"字形、"U"字形，尺寸可随鸡的生长阶段不同而异，一般高5厘米，宽6厘米。

16. 目前常用的鸡舍降温工艺与设备有哪几种？

当舍外气温高于29.5℃时，通过加大通风量已不能满足为鸡提供一个舒适环境的需要，因此一般采用下面几种降温工艺可达到理想的效果。

①低压喷雾系统。喷嘴安装在舍内或笼内鸡的上方，以常规压力进行喷雾。

②湿帘风机系统。这是一种新型的降温设备。它是利用水蒸气降温的原理来改善鸡舍热环境的技术措施。主要由湿帘和风机组成。通过低压大流量的节能风机的作用，使鸡舍内形成负压，舍外的热空气便通过湿帘进入鸡舍内。循环水不断淋湿湿帘，吸收空气中的热量而蒸发。由于湿帘表面吸收了进入空气中的一部分热量使其温度下降，从而达到降低舍内温度的目的。

③喷雾—风机系统。这与湿帘—风机系统相似，所不同的是进风须经过带有高压喷嘴的风罩，当空气经过时，温度就会下降。

④高压喷雾系统。特制的喷头可以将水由液态转为气态，这种变化过程具有极强的冷却作用。它是由泵组、水箱、过滤器、输水管、喷头组件和固定架等组成，雾滴直径在80~100微米。

17. 鸡场常用的清粪设备有哪几种？

鸡舍内清粪方法常见有两类：一类是经常性清粪，每天清粪1次，所用设备是刮板式清粪机、带式清粪机；另一类是一次性清粪，每隔数天、数月或1个饲养周期才清粪一次。所用设备是手推车、拖拉机前悬挂清粪铲。一般简单的单层笼养，大多采用除粪车，多层笼养则需用机械化除粪装置。

①牵引可调式地面刮板清粪机。刮粪板的宽度在一定范围内可无级调节，刮粪机左右两个刮粪板在刮粪前处于收拢状态。当刮粪机前进时，它能按已调好的宽度自动张开进行清粪作业，当返回时两刮粪板又自动合拢。

②牵引式地面刮板纵向清粪机。主要适用于全阶梯双列笼养蛋鸡舍的纵向清粪工作，也适用于单列、3列、4列全阶梯笼养蛋鸡舍的清粪工作，将刮粪板适当改造也能用于其

他采用牵引式清粪机的鸡舍清粪工作。主要由牵引机（包括减速电机、绳轮）、刮粪板、转角轮、涂塑钢丝绳和电气控制等零部件组成，具有结构简单，安装、调试和日常维修保养方便，工作噪声小，清粪效果好等优点。

③螺旋弹簧横向清粪机。适用于鸡舍的横向清粪及鸡粪的输送。作业时，清粪螺旋直接放入粪槽内，不用加中间支撑，输送混有鸡毛的黏稠鸡粪也不会堵塞。本机主要由电动机、变速箱、支板、螺旋头座焊合件、清粪螺旋、接管焊合件和螺旋尾座焊合件和尾轴承座组成，具有结构简单、工作可靠、故障少和清粪效率高等优点，但其空载时噪声较大。

还有输送带式清粪机，常用于叠层式鸡笼，可以省去承粪板或粪槽的设置，使鸡直接排粪于传送带上，定时清粪。

二、蛋鸡主要品种

18. 现代化蛋鸡生产的特点是什么？

尽管中国蛋鸡生产地区间差别很大，但是工厂化蛋鸡生产水平已接近现代化水平，广大农村地区的蛋鸡生产也迅速向现代化迈进。现代化蛋鸡生产表现出以下几个特点：

①实行配套系生产，生产水平高。通过培育高产专门化品系，进行不同品系间配套杂交，利用系间杂交优势，使商品蛋鸡的生产性能达到较高水平。每只入舍鸡每年可产蛋 17 千克以上，耗料比降到 2.5 以下。

②采用工厂化饲养，生产效率高。采用了现代科学技术的综合成果，舍内饲养，规模大，尽可能采用机械操作，鸡舍设计合理，备防暑、保温和通风设施。

③采用全价合理的配合日粮，为蛋鸡生产提供可靠的物质基础。

④分阶段饲养，保证了蛋鸡的良好发育和生产性能的充分发挥。蛋鸡的生产通常分育雏、育成、产蛋 3 个阶段进行饲养，提供其不同的营养、管理和饲喂方法。

⑤严格防疫，全进全出，控制鸡的传染病。

⑥产、供、销、加工一体化经营。随着蛋鸡生产规模的扩大，各种形式的蛋鸡联合体、养鸡合作社逐渐形成。

19. 蛋鸡饲养周期是多少天？

高产蛋鸡从出壳到淘汰大约需要饲养 72 周，故有蛋鸡饲养 500 天之说。

20. 产蛋鸡多长的利用期最赚钱？

鸡产蛋量最多是第一生产年，以后逐年下降。以第一年为标准，第二年下降 20%，第三年下降幅度更大。当鸡群产蛋率下降到 60% 左右时，就失去经济效益，甚至亏本。

因此产蛋鸡群要不断更新母鸡，以维持较高的生产水平。但过分淘汰老鸡，大量补充新鸡，又会增加雏鸡的育成费用，而且不能充分利用第一年产蛋性能好的母鸡进行繁殖。从产蛋和效益考虑，商品鸡场的鸡一般生后 500 日龄左右淘汰，种鸡场的优秀种鸡则可利用 2~3 年。

21. 产蛋鸡的饲养管理分哪几个阶段？

总体上可分为育雏、育成和产蛋三大阶段。

①育雏阶段。现代蛋鸡饲养多倾向将 0~8 周龄视为育雏阶段，有试验表明 8 周育雏比 6 周育雏更有利于后备蛋鸡的培育和产蛋潜能的发挥。

②育成阶段。是指育雏完成后到开产前，即 9~20 周龄。育成阶段又可细分为育成前期 9~12 周龄，育成后期 13~18 周龄，产蛋前过渡期 19~20 周龄三部分。

③产蛋阶段。指由 5%产蛋率到淘汰。一般从 21 周龄到 72 周龄左右。产蛋阶段又可细分为产蛋前期 21~42 周龄、产蛋中期 43~60 周龄、产蛋后期 61 周龄至淘汰（72 周龄左右）三部分。

22. 选择蛋鸡品种的原则是什么？

①根据生产性能选择。优先选择各项生产性能突出，尤其是成活率高、生长发育整齐，开产日龄适中、产蛋多、产蛋高峰持续时间长，饲料转化率高的鸡种。

②根据适应能力选择。选养生活力强、能适应当地自然气候条件的鸡种。

③根据市场需要选择。优先选养蛋壳颜色、蛋的大小受市场和消费者欢迎的鸡种。

④根据饲养表现选择。在相同条件下，优先选择笼养比较突出、生产成绩较佳的鸡种。

⑤根据发展需要选择。若某一品种饲养年限已经很长，鸡群潜伏的疾病较多，抗逆性下降，此时可考虑更换新的饲养品种。

⑥根据经济效益选择。经济效益的高低是养鸡的关键指标。在选择饲养品种时，要根据自身条件、市场环境，做出生产目标预测，优先选择经济效益高的饲养品种。

⑦对种鸡场的选择。应到有生产经营许可证、技术力量雄厚、规模较大、未发生过重大疫情的种鸡场选购鸡苗。

23. 白壳蛋鸡和褐壳蛋鸡各有什么特点？

产白壳蛋的商品杂交鸡，主要以白来航品种为基础培育而成。该类型鸡体型小，耗料少，开产早，产蛋量高，适应性强，适用于集约化笼养管理。单位面积饲养密度大，效益较高。但白壳蛋鸡也有其不足之处，其蛋重略轻，蛋壳较薄，鸡神经敏感，抗应激性差，啄癖多。

褐壳蛋鸡体型略大，由于杂交父系为红羽，母系为白羽，生产的商品代母鸡均为红色羽毛。这类鸡蛋重大、蛋壳厚、蛋破损率低，适于保存和运输；鸡性情温顺，应激敏感性较低，易管理；耐寒性好，啄癖少。但耗料量较多，蛋料比一般低于白壳蛋鸡；体重大，每只鸡所占笼体面积大；有偏肥倾向，饲养技术比白壳蛋鸡难；血斑蛋和肉斑蛋多。

24. 目前常见的白壳蛋鸡品种有哪些？主要生产性能如何？

（1）海兰白

由美国海兰国际蛋鸡育种公司培育而成。商品代生产性能：0~18 周龄成活率 95%~98%，饲料消耗 5.7 千克，18 周龄体重 1.28 千克，鸡群开产日龄（产蛋率达到 50%）为 159 天，高峰产蛋率 92%~95%，19~72 周龄产蛋数 278~294 个，成活率 93%~96%，32 周龄体重 1.6 千克，平均蛋重 62.9 克，产蛋期料蛋比 2.1:1~2.3:1。商品代雏鸡以快慢羽辨别雌雄。

（2）迪卡白

由美国迪卡公司培育而成。商品代可根据羽毛生长速度自别雌雄。商品代生产性能：育雏、育成期成活率为 94%~96%，产蛋期成活率 90%~94%，鸡群开产日龄（产蛋率达到 50%）为 146 天，18 周龄体重 1.32 千克，产蛋高峰为 28~29 周龄，产蛋高峰时产蛋率可达 95%，每羽入舍母鸡 19~72 周龄产蛋 295~305 个，平均蛋重 61.7 克，蛋壳白色而坚硬，总蛋重 18.5 千克左右，产蛋期料蛋比为 2.25:1，36 周龄体重 1.7 千克。

（3）罗曼白

由德国罗曼动物育种公司培育而成。商品代生产性能：0~20 周龄成活率 96%~98%，耗料量 7.0~7.4 千克，20 周龄体重 1.3~1.35 千克，鸡群开产日龄（产蛋率达到 50%）为 148~154 天，高峰期产蛋率 92%~95%，72 周龄产蛋数 295~305 个，平均蛋重 62.5 克。育成期成活率 96%~98%，产蛋期死淘率为 4%~6%。0~18 周龄每只鸡饲料消耗 6~6.4 千克，料蛋比为 2.1:1~2.3:1，产蛋末期体重 1.75~1.85 千克。

（4）"伊利莎"白

由上海新杨种畜场育种公司采用传统育种技术和现代分子遗传学手段培育出的蛋鸡新品种。具有适应性强、成活率高、抗病力强、产蛋率高和自别雌雄等特点。"伊利莎"白壳蛋鸡商品代生产性能：0~20 周龄成活率 95%~98%，耗料 7.1~7.5 千克，20 周龄体重 1.35~1.43 千克，鸡群开产日龄（产蛋率达到 50%）为 150~158 天，高峰期产蛋率 92%~95%，入舍母鸡 80 周龄产蛋数 322~334 个，平均蛋重 61.5 克，总蛋重 19.8~20.5 千克，料蛋比为 2.15:1~2.3:1，80 周龄体重 1.71 千克。

25. 目前常见的褐壳蛋鸡品种有哪些？主要生产性能如何？

（1）海兰褐

由美国海兰育种公司培育而成。商品代生产性能：0~18 周龄成活率 96%~98%，饲料消耗（限饲）5.9~6.8 千克，18 周龄体重 1.55 千克，产蛋率达到 50% 的日龄为 154 天，产蛋高峰出现在 29 周龄左右，高峰产蛋率为 91%~96%。至 72 周龄，每只入舍母鸡平均产蛋量 298 个，平均蛋重 63.3 克，总蛋重 19.3 千克，产蛋期成活率 95%~98%，料蛋比为 2.3:1~2.5:1，72 周龄体重 2.25 千克。成年母鸡羽毛棕红色，性情温顺，易于饲养。

（2）罗曼褐

由德国罗曼动物育种公司培育而成。商品代生产性能：0~18 周龄成活率 96%~98%，产蛋期成活率 94%~96%。20 周龄体重 1.5~1.6 千克，达到 50% 产蛋率的日龄为 150~156 天，入舍母鸡 72 周龄产蛋 285~290 个，平均蛋重 63.5~64.5 克，总蛋重 18.5 千克，料蛋比为 2.3:1~2.4:1，72 周龄体重 2.2~2.4 千克。商品代雏鸡可用羽毛自辨雌雄。

（3）海赛克斯褐

由荷兰汉德克家禽育种有限公司培育而成。商品代生产性能：0~18 周龄成活率 97%，0~20 周龄耗料 7.2 千克，18 周龄体重 1.4 千克，产蛋期末体重 2.25 千克。产蛋率达到 50% 的日龄为 158 天，平均产蛋率 76%。产蛋率达到 80% 以上的时间，可持续 27 周以上。至 78 周龄，入舍母鸡产蛋数 299 个，平均蛋重 63.6 克，平均耗料量每天每只 115 克，每只鸡至 78 周龄总耗量 46.6 千克，料蛋比为 2.39:1。

（4）伊莎褐

由法国伊莎公司培育而成。0~20 周龄成活率 97%，0~20 周龄饲料消耗量 7~8 千克，18 周龄体重 1.45 千克，20~80 周龄成活率 92.5%。高峰期产蛋率 92%~95%，产蛋率达 50% 的日龄为 160 天；按入舍母鸡产蛋数（80 周龄）308 个，产蛋总量 19.22 千克，平均蛋重 62.55 克，80 周龄母鸡体重 2.25 千克，20~80 周龄料蛋比为 2.4:1~2.5:1。

（5）迪卡黄金褐

由美国迪卡家禽研究公司培育而成的杂交鸡。该鸡具有早熟、耐高热及适应性强等特点。商品代生产性能：育成期成活率 96%~98%，产蛋期成活率 94%~96%，18 周龄体重 1.74 千克，40 周龄体重 2.05 千克，产蛋率达 50% 的日龄为 140 天，产蛋期产蛋率 92%~95%，72 周龄入舍鸡产蛋数 290~310 个，78 周龄入舍鸡产蛋数 330~340 个，18~78 周龄平均蛋重 63~64.2 克，料蛋比为 2.1:1~2.3:1。

（6）尼克褐

由美国尼克国际公司培育而成。商品代生产性能：20 周龄体重 1.56~1.73 千克，70

周龄体重 2.18~2.36 千克，育成期成活率 96%，产蛋期成活率 94%，76 周龄入舍鸡产蛋数 295~315 个，料蛋比为 2.35:1~2.45:1。

三、蛋鸡的营养需要与饲料

26. 蛋鸡的营养需要有哪些？

（1）能量需要

鸡的一切生命活动，比如鸡的行走、鸡维持正常体温、鸡的生长、呼吸、血液循环以及其他生理功能活动，均是在能量参与下完成的。而且饲料中各种营养在鸡体内的代谢也需要能量参与。日粮中碳水化合物（淀粉和纤维）和脂肪是能量的主要来源，蛋白质多余时也分解产生热能。

（2）蛋白质需要

蛋白质是构成鸡体组织的基本结构物质之一，在鸡的各器官中，除水以外，蛋白质是含量最高的物质，如鸡毛中蛋白质含量占 80%，烘干的鸡骨头中 1/3 是蛋白质。如构成体组织的主要是球蛋白；构成骨骼、羽毛的主要是硬蛋白。蛋白质还是鸡体组织更新的基础原料之一。

（3）矿物质需要

矿物质中的一些元素是构成蛋鸡骨骼、蛋壳、羽毛、血液和体液等组织必不可少的成分，对蛋鸡的生长发育、生理功能和生殖具有重要作用。蛋鸡所需的矿物元素有钙、磷、钾、钠、镁、氯、硫、铁、铜、钴、锰、锌、碘、硒等。

（4）维生素需要

蛋鸡所需的脂溶性维生素有维生素 A、维生素 D、维生素 E 和维生素 K；水溶性维生素有维生素 B_1、维生素 B_2、泛酸、烟酸、维生素 B_6、生物素、叶酸、维生素 B_{12} 和胆碱等。

（5）水的需要

水是一种溶剂，能把营养物质运输到体内各组织，又把代谢的废弃物排出体外。初生雏鸡体内含水分约 75%，成年鸡则含 50%，鸡蛋含水 70%。

27. 鸡日粮中能量不足会有什么样的影响？

能量是鸡的基本需要。若饲料能量不足，将直接影响到鸡生长和生产性能的发挥。若能量不能满足鸡的维持需要，则动用体内贮备以满足鸡的维持需要。若长期能量供给不足，体内能贮备耗尽后，鸡将死亡。因此，在满足鸡的各种营养需要时，首先要满足鸡的能量需要。

28. 鸡饲粮中添加的微量元素有哪几种？其在鸡体内有什么作用？

鸡饲粮中添加微量元素有铁、铜、锰、锌、碘、硒。

①铁。主要存在于红细胞的血红蛋白中，参与氧的运输，也是许多酶的成分。蛋鸡缺铁会出现食欲减退，发生贫血和轻度腹泻以及呼吸困难等症状。

②铜。参与血红蛋白的形成，与线粒体、胶原代谢和黑色素形成有密切关系。蛋鸡缺铜出现贫血，生长受阻，羽毛褪色等症状。

③锰。是鸡体许多酶的激活剂，参与体内代谢与重要的生化功能。锰缺乏导致鸡生长受抑制，被毛粗乱，死亡率升高，典型症状是出现"滑腱症"；产蛋量下降，薄壳蛋和无壳蛋增加。

④锌。参与维持上皮细胞和被毛的正常形态、生长和健康，维持激素的正常功能。蛋鸡缺锌生长受阻，羽毛不正常，有时表现啄羽、啄肛癖，腿骨短粗，跗关节肿大。

⑤碘。主要存在于鸡的甲状腺中，甲状腺素对鸡生长发育及繁殖等起调节作用。当日粮缺碘时，可引起蛋鸡甲状腺肿大，生长迟缓。

⑥硒。为维持生长和生育力所必须。蛋鸡缺硒的主要症状是心肌损伤和心包积水。饲料中含硒为 0.1~0.2 毫克每千克就能防止缺硒症的发生。另外，硒过量可引起中毒。

29. 蛋鸡对蛋白质的需要与哪些因素有关？

在饲养标准中，具体规定了各品种蛋鸡在不同生长阶段对蛋白质的需要量，但在生产实践中，还需根据具体情况做适当调整。影响蛋鸡对蛋白质的需要量的主要因素有以下几种：

①蛋白质品质。如果饲粮中动物、植物蛋白质比例适当，氨基酸比例平衡，则蛋白质利用率高，用量也少。

②蛋白能量比。饲粮中蛋白质含量与能量比例适当，高蛋白质含量的饲粮必须和高能量相配合使用。如果饲粮中能量不足，就会造成蛋白质的浪费。

③品种。蛋鸡的品种不同，对蛋白质需要量有一定差异。

④生理状况。雏鸡需要蛋白质多，产蛋鸡高于育成鸡。

⑤环境温度。环境温度超过一定限度，鸡的采食量下降，这时应提高饲粮中蛋白质含量。

30. 什么叫料蛋比？怎样计算？

料蛋比指的是每只母鸡在产蛋期内消耗的饲料数量与产蛋总重量之比，实际上就是每产 1 千克蛋要消耗多少千克的饲料。料蛋比是一个很重要的经济指标，它反映鸡对饲料的利用和转化效率。鸡的产蛋量高不见得利润就高。只有产蛋量高，蛋重大，同时耗料又少的鸡群才有较高的经济效益。理想的料蛋比为 2.1:1~2.3:1。

$$料蛋比=产蛋期总耗料量（千克）÷总蛋重（千克）$$

31. 应用饲养标准时需注意什么问题？

应用饲养标准时，要根据当地饲料原料状况及饲养管理条件尽可能配制价廉质优的饲料，应注意以下几点：

①饲养标准来自养鸡生产，生产中只有合理应用饲养标准，配制营养完善的全价饲粮，才能保证鸡群健康并很好地发挥生产性能，提高饲料利用率，降低饲养成本，因此，为鸡配合饲料时，必须以饲养标准为依据。

②饲养标准本身不是永恒不变的指标，随着营养科学的发展和鸡群品质的改进，饲养标准也及时进行修订、充实和完善。

③饲养标准是在一定的生产条件下制定的，饲养标准虽有一定的代表性，但毕竟有局限性，这就决定了饲养标准的相对合理性。饲料的品种、产地、保存好坏都会影响其中的营养含量，鸡的品种、类型、饲养管理条件等也都影响营养的实际需要量，因此，我们在生产中要灵活应用饲养标准，根据实际情况做适当的调整。

32. 蛋鸡常用的饲料分为哪几种？

根据营养物质含量的特点分为能量饲料、蛋白质饲料、维生素饲料和矿物质饲料等。

33. 什么是能量饲料？常用能量饲料有哪些？

能量饲料是指在绝对干物质中，粗纤维含量低于 18%，且粗蛋白质含量低于 20% 的各种饲料。常用能量饲料有玉米、小麦、大麦、糠、麦麸、植物脂肪等。

34. 什么是蛋白质饲料？常用的蛋白质饲料有哪些？

通常将干物质中粗蛋白质含量在 20% 以上，粗纤维含量小于 18% 的饲料称为蛋白质饲料，包括植物性蛋白质饲料、动物性蛋白质饲料、单细胞蛋白质饲料以及酿造工业副产物等。

常用蛋白质饲料主要有大豆饼（粕）、棉籽饼（粕）、菜籽饼（粕）、胡麻饼（粕）、玉米蛋白粉、鱼粉等。

35. 对玉米、豆粕等鸡饲料原料有什么感官要求？

玉米籽粒整齐、均匀、脐色鲜亮，外观呈白色或黄色，无发霉、变质、结块及异味。不得掺入玉米以外的物质，杂质总量不得超过 1%。

小麦麸感官上应是细屑或片状，色泽新鲜一致，无发霉、变质、结块及异味。水分不超过 13%，不得含小麦麸以外的物质。

大豆饼为黄褐色饼状或片状，碎豆饼为不规则小块状；豆粕为黄褐色或淡黄色不规则碎片状。色泽应新鲜一致，无发霉、变质、结块及异味。水分含量应低于 13%，不得含有大豆饼（粕）以外的物质。

菜籽饼为片状，菜籽粕为不规则块状或粉状，黄色、浅褐色或褐色，色泽新鲜一致，具菜籽油特有的芳香味；无发霉、变质、结块及异味，不得含有菜籽饼（粕）以外的物质；水分含量不超过 10%。

棉籽饼为小瓦片状、粗屑状或饼状，棉籽粕为不规则的碎块。黄褐色，色泽新鲜一致，无霉变、虫蛀、结块，无异味、异臭。不得含有棉籽饼（粕）以外的物质。水分含量不超过 12%。

胡麻饼呈褐色的片状或饼状，胡麻粕呈浅褐色或黄色不规则块状、粗粉状，无霉变、结块、异味及异臭。水分含量不超过 12%。

36. 什么是矿物质饲料？鸡常用的矿物质饲料有哪些？

矿物质饲料是补充动物常量元素和微量元素需要的饲料。它包括人工合成的、天然单一的和多种混合的矿物质饲料，以及配合在载体中的微量、常量元素补充料。

鸡常用的矿物质饲料有食盐、石粉、贝壳粉、磷酸氢钙、硫酸铜、碘化钾、硫酸亚铁、硫酸锰（氧化锰）、亚硒酸钠、氧化锌（硫酸锌）等。另外，一些天然矿物质如麦饭石、沸石和膨润土等，它们不仅含有常量元素，更富含微量元素，并且由于这些矿物质结构的特殊性，所含元素大都具有可交换性或溶出性，因而容易被鸡吸收利用。研究证明，向饲料中添加麦饭石、沸石和膨润土可以提高蛋鸡的生产性能。

37. 什么是维生素饲料？

维生素饲料是指工业合成或天然原料提纯精制的产品。鱼肝油、胡萝卜素就是来自天然动、植物的提取产品，属于此类的维生素是人工合成的产品。在饲料和养殖生产中也将其视作营养性添加剂。来源于动、植物的某些饲料富含某些维生素，但都不划为维生素饲料类。

已用于饲料的维生素有维生素 A、维生素 D、维生素 E、维生素 K、维生素 C、维生素 B_1、维生素 B_2、泛酸、烟酸、维生素 B_6、生物素、叶酸、维生素 B_{12} 和胆碱等。

38. 水在鸡体内的作用是什么？鸡饮水不足会产生什么后果？

水是最重要的营养素，一切与生命有关的反应均以水为介质进行。水参与许多生化反应，如水解、水合、氧化还原、有机化合物的合成和细胞呼吸过程等。初生雏鸡体内含水分约 75%，成年鸡则含 55% 以上，鸡蛋含水 70%。因水的获得较其他营养素容易、廉价，往往不能引起饲养者的足够重视。

鸡饮水不足，则饲料的消化吸收不良，血液黏稠，体温上升，生长和产蛋均受影响。

产蛋鸡断水 24 小时，产蛋率下降 30%，补水后仍需 25~30 天才能恢复生产水平。鸡体失水 10%时，则可造成死亡。当温度应激特别是高温时，限制饮水还会引起脉搏加快、肛温升高，呼吸速率加快，血液浓度明显增高等。鸡对断水比断料更敏感，也更难耐受。

39. 为什么要配合饲料？

因为各饲料原料中单一原料的营养价值都是不完全的。喂单一饲料不仅影响蛋鸡的生长和产蛋，也会因营养物质的不平衡而造成饲料浪费。只有把多种饲料原料按照一定的比例互相配合饲喂，才能满足鸡对各种营养成分的需要。用配合饲料代替单一饲料，饲料报酬大大提高，蛋鸡产蛋率可以提高 30%以上。

40. 饲料配合的原则是什么？

饲料配合的基本原则是要保证配合饲料的科学性、经济性、营养性、安全性和实用性。

①科学性。配制日粮时应尽可能根据自己的具体情况，灵活使用饲养标准。适当调整饲养标准中的数值，对饲养标准中的某些营养指标可上下浮动 10%，但能量和蛋白质等营养素比例一定要适合饲养标准的要求。在设计日粮配方时，可根据原料种类和生产水平确定一个经济适宜的能量水平，然后按照饲养标准中的比例关系调节其他营养物质的含量。

②经济性。拟订配方应立足于当地的饲料资源，因地制宜，尽量选用营养丰富、价格低廉、来源广泛的饲料原料。

③营养性。饲料配合的营养基础是动物营养学，饲养标准为配合饲料的配制提供了理论依据。动物的营养需要须通过多种饲料的合理搭配来完成，蛋鸡配合日粮不仅要求符合单一养分的需要量，还要通过平衡各营养素之间的比例，调整各原料之间的配比关系，最终保证日粮的营养全价性。同时应注意，不同地区、不同气候条件下饲料原料营养价值也有差异。

④安全性。鸡的饲料中很多原料，如菜籽饼（粕）、棉籽饼（粕）等，含有对鸡营养不利的物质，用量不能过大。尤其是雏鸡，应尽量少用或不用。

⑤实用性。制作饲料配方，应使饲料组成适应不同品种、不同生理阶段蛋鸡的特点，同时要考虑鸡的采食量，使拟订的日粮量和鸡的采食量相符合，既不能使鸡吃不了，也不能使鸡吃不饱。

41. 配制鸡全价日粮时应注意哪几个营养平衡？

①氨基酸之间的平衡。理想蛋白质，只有当饲料蛋白质中各种氨基酸的配比恰好一致时，饲料蛋白质的效价最高，利用率最高，这就是"理想蛋白质"的概念。

②蛋白质或氨基酸/能量的平衡。鸡采食量是以日粮能量浓度而本能加以调节的，那么营养物质（蛋白质）的平衡，应以能量水平为基础。

③钙/磷平衡。钙/磷平衡很重要，钙过多会影响磷吸收，磷过量也会影响钙的吸收，而二者中有一个吸收不足，都影响鸡的生产性能。一般情况下，钙与有效磷比为 2:1，产蛋鸡为 8:1~10:1。

④电解质平衡。饲料中的电解质平衡影响鸡的生产性能，特别是高温下。例如饲料中添加 0.25% 的小苏打（$NaHCO_3$），可提高产蛋率，降低破蛋率，而且增强了产蛋鸡应激能力。

42. 什么是饲料三层次分级拌和法？

饲粮中混合添加剂时，必须搅拌均匀，否则即使是按规定的量饲用，也往往起不到作用，甚至会出现中毒现象。如采用手工拌料，可采用三层次分级拌和法。具体做法是：先确定用量，将所需添加剂加入少量的饲料中，拌和均匀，即为第一层次预混料；然后再把第一层次预混料掺到一定量（饲料总量的 1/5~1/3）饲料上，再充分搅拌均匀，即为第二层次预混料，最后再把第二层次预混料掺到剩余的饲料上，拌匀即可。这种方法称为饲料三层次分级拌和法。由于添加剂的用量很少，只有多层次分级搅拌才能混匀。

43. 配制鸡饲料注意的事项有哪些？

①注意季节的变化。鸡的采食量，与天气变化有密切的关系。冬天采食量大，夏天采食量小。因此，配料时就要考虑在冬天，把饲料中蛋白质水平适当降低一些；在夏天，把饲料中的蛋白质水平适当提高一些。

②注意饲料营养成分。由于饲料配方的各种营养成分是根据饲料统一成分表计算出来的，难免与实际营养比例有一定的差距。饲养者应在生产中密切观察、分析实际效果，必要时可到相关部门进行营养成分分析。

③注意配料要均匀。配料时一定要搅拌均匀。对配方中比例较小的成分，如维生素、微量元素及预防药物等要先进行预混合处理。

④注意配料要适量。在配料时应根据鸡群的大小配料，不宜一次配料过多，否则不能保证饲料的新鲜。一般保证 7~10 天的用量就行。

44. 放养土鸡饲料怎么配？

放养土鸡的饲养环境以草地、树林、荒山荒地等为主，其饲养方式以野外自由采食和松散放养为主。放养土鸡的饲料搭配应当遵循以下原则。

①要补充以农副产品为主的饲料。养殖户在给鸡群补充饲料时，最好给鸡群直接饲喂未经加工和破碎的玉米、小麦、大麦、高粱、豌豆等谷物类饲料，以保证饲料的纯真

和提高饲料的利用率。同时，给鸡群饲喂的饲草要以苜蓿等豆科类牧草为主。

②要满足鸡群生长对营养的需要。养殖户要定期集中给鸡群饲喂适量的豆粕、麸皮、油粕等，并注意添加鸡群生长发育所需的矿物质、微量元素，以满足其生长需要。鸡群进入放养阶段以后，要尽量少喂或不喂配合饲料，以保证鸡肉的品质。

③要注意环境卫生确保鸡群健康。养殖户在饲养过程中一定不要急于求成，要遵循放养土鸡的生长规律，通过利用原生态的生长环境、饲喂原生态的饲草料，采取科学的防病治病措施，生产名副其实的绿色产品。

45. 日粮中蛋白质和氨基酸含量不足时，对蛋鸡有什么影响？

蛋鸡日粮中蛋白质和氨基酸含量不足时，雏鸡生长缓慢，食欲减退，羽毛生长不良，性成熟晚，产蛋量减少，蛋小，蛋品质差。严重缺乏时，采食量减少，体重下降，卵巢机能退化。为了维持鸡生命，保证雏鸡健康生长及成鸡大量产蛋，必须从饲料中提取足够的蛋白质和氨基酸。

46. 用户如何正确使用预混料与浓缩料？

①灵活使用推荐配方。养殖户应根据本地区的饲料特点，选择适宜的预混料及适合本地区的最佳配方。

②区分同类预混剂与复合预混料。维生素预混剂、微量元素预混剂等是由同一种类的多种饲料添加剂配制而成的均质混合物；复合预混料是由不同种类的多种饲料添加剂按配方配制的均质混合物，复合预混料添加剂种类齐全，成本高，用户使用方便，应用效果好。

③坚持使用预混料、浓缩料，严格按规定的剂量使用预混料。由于饲料在养殖业成本中占70%左右，有些养鸡户为降低成本，往往会降低预混料或浓缩料的比例。这种做法只会使家禽营养失衡，降低饲料的利用率，实际上增加了饲养成本。因此，不要随意换料和随意改变饲料配方。

选择预混料、浓缩料时，最好选择技术力量雄厚、产品质量稳定、信誉好的正规生产厂家的产品。

47. 饲料颜色与饲料品质有关系吗？

饲料颜色的深浅与饲料本身的营养价值高低并没有直接的关系。在植物性蛋白质饲料中，豆饼（粕）的颜色浅黄，其中营养价值及适口性相对较好，人们就认为饲料颜色浅黄，即是豆饼（粕）用量多，质量就好。而菜籽饼（粕）、棉饼籽（粕）的颜色相对较深，适口性稍差，就认为不好。实际上只要能科学地合理搭配，照样能配出营养全面平衡的饲料，并可相应降低成本、获得较高的经济效益。

48. 饲料中蛋白质含量越高越好吗？

蛋白质是生命活动的最基本物质，是饲料中必不可少的重要营养素，在鸡日粮中必须要有足够的蛋白质饲料来满足其生长发育需要，但是并非蛋白质越多越好。这是因为鸡在不同的生长阶段，机体对蛋白质的吸收利用率是不同的。过多地供给蛋白质，鸡不仅不能全部转化成体蛋白，而且还要通过鸡体一系列运作，将蛋白质作为能量消耗掉。这不但是对蛋白质饲料的浪费，而且增加了鸡肾脏的负担，影响蛋鸡的健康（如鸡的痛风病）。不过，虽然饲料标签上标着高蛋白质，其实添加的是不可吸收或利用率很低的蛋白质，如羽毛粉、水解蛋白等。

49. 如何选用鸡饲料？

选购鸡饲料时最好选择知名生产厂家的品牌饲料；根据鸡的生产阶段选购，鸡料分小鸡料、育成鸡料、产蛋鸡料，绝对不能混用；鉴别饲料的优劣，从外观上首先看饲料有无产品质量合格证，二看有无饲料标签，三看保质期，凡超过保质期或没有注明保质期的，绝对不能选购。

50. 选用饲料原料要注意什么？

料原料要选用新鲜原料，严禁用发霉变质的饲料原料；要注意鉴别饲料原料的真假，禁用掺杂使假、品质不稳定的原料；慎用含有毒素和有害物质的原料，如棉饼含有棉酚，要严格控制用量，用量不要超过日粮的 5%；生豆粕含抗胰蛋白合成酶，必须进行蒸熟处理，否则不仅影响其营养，对鸡还可能致病致死风险。

51. 加工鸡饲料时要注意什么？

饲料加工时要注意混合均匀。多数自配料为粉料，玉米、豆粕等许多原料要粉碎，其粒度一般在 1.5~2 毫米为宜。在加工过程中，各种原料要严格按配方比例准确称量，搅拌时间要控制好，以防搅拌不匀或饲料分级。特别应提醒的是，添加量 1% 以内的添加剂，要采用多次分级预混方法，即先用少量辅料与添加剂混匀，然后再与更多的辅料混合，再混入整个日粮中搅拌均匀，否则会因采食不匀而发生营养缺乏或中毒。

52. 如何简便计算蛋鸡用料量？

饲养蛋鸡最大的开支是饲料，要掌握各个生长时期的用料数量。

10 日龄前的雏鸡，每只鸡日用料克数为日龄+2。如 8 日龄的雏鸡，每只鸡日用料是 8+2=10 克。

11~20 日龄的雏鸡，每只鸡日用料克数为日龄+1。如 14 日龄雏鸡，每只鸡日用料是 14+1=15 克。

21~50 日龄的雏鸡，每只鸡日用料克数和雏鸡日龄相等。如 25 日龄雏鸡，每只鸡日用料量为 25 克。

51~150 日龄的鸡，每只鸡日用料量为 50+（日龄数–50）÷2。如 100 日龄的青年鸡，每只鸡日用料量为 50+（100–50）÷2=75 克。

150 日龄以上的育成鸡，每只鸡日用料量可稳定在 100 克以上，按照上述计算方法投料，1 只母鸡到 150 日龄时累计耗料大约 8.84 千克。

53. 降低养鸡饲料成本的有效措施是什么？

在养鸡生产中，降低饲料成本，主要注意以下几个方面。

①饲喂全价饲粮，发挥饲粮中营养互补作用。各种饲料所含营养成分不同，而饲喂任何一种饲料，都不能满足鸡的营养需要，只有把多种饲料按一定比例配合一起，才能使不同饲料中不同营养成分起到相互补充作用。在生产中应按鸡的不同品种、生理阶段，确定饲粮中蛋白质、能量、矿物质等营养成分的比例，选用多种饲料配制全价饲粮喂给。此外，使用蛋氨酸、赖氨酸等饲料添加剂，也能提高饲料的利用率。

②改平养为笼养，提高鸡的饲料利用率。成年蛋鸡笼养比散养每天每只可节省饲料20~30 克。

③自配饲粮，降低全价饲粮的价格。若条件许可，养鸡户也可自己选购饲料原料，并了解饲料市场行情，尽量选用质量保证、相对廉价的饲料，按饲料配方配制全价料，从而可降低全价料成本。

④改善饲喂方法，减少饲料浪费。饲槽结构要合理，以底尖、肚大、口小为好。尽量少给勤添，每次添加量以半槽为宜。蛋鸡育成期最好采用限制饲喂，即 7~9 周龄每天喂采食量的 85%~90%，10~15 周龄喂 75%~80%，16~18 周龄喂 90%。限饲后不会影响鸡的生产性能。

⑤搞好鸡病预防，及时淘汰休产鸡，减少饲料非生产性消耗。对病弱鸡和长时间不产蛋的鸡及时淘汰，保证鸡群高产而低耗。

⑥合理贮藏饲料，防止饲料发霉变质和鼠耗。饲料贮藏时间要尽量缩短，根据不同饲料的性质，采取相应的贮藏方法。对贮藏时间较长的饲料，应及时倒垛，使其改变存放状态。在饲喂时注意饲料的色泽、手感、气味、温度等变化情况。发现带有滞涩感、发闷感、散落性降低、气味异常、料温高于室温等现象应引起注意，立即采取相应的措施，防止霉变恶化。另外，鸡场内要经常灭鼠，防止老鼠啃咬、消耗饲料。

四、雏鸡的饲养管理

54. 鸡的人工孵化要点有哪些?

（1）人工孵化的准备

人工孵化首先要准备好电孵化机。全自动电孵化机有自动控温、控湿系统、能自动翻蛋、通风、加水等，孵化前要预温、消毒孵化机、消毒孵化室、通电试机，一切就绪后方可将种蛋放入孵化。

（2）种蛋检验和预热

码盘将孵化箱预热 4~6 小时，使孵化箱内升温至 39℃，湿度达到需要的指标。一切正常后方可将种蛋入孵。

（3）码盘

码盘就是将种蛋有序地放入孵化蛋盘的格子中（大头在上，小头向下）。

（4）孵化的管理

①控制湿度和温度。种蛋入孵 1~19 天，温度应为 37.5~37.8℃；20~21 天为 37.3~37.0℃。孵化第一周，相对湿度为 65%左右，以后降为 55%，19 天后又升为 70%~75%。

②翻蛋、移盘和出雏。翻蛋又叫转蛋，即将蛋盘每 2~3 小时转动 90°，每天翻蛋 6~8 次，第 19 天停止翻蛋。此时，将种蛋由孵化机取出移至出雏机内（移动蛋盘），这一过程叫移盘，也叫落盘。孵化进行到 21 天左右，小鸡即大量破壳而出，这叫出雏。注意移盘后不能再翻蛋，以免壳内雏鸡头晕而难以出壳。

（5）照蛋

在种蛋孵化中，采用照蛋的方法来判断种蛋是否受精、胚胎发育是否正常、中途是否死亡等。采用手提式电灯照蛋或专用照蛋器均可。操作步骤即将木板盒洗净、消毒、晾干；装电线、灯座，把白炽灯安装在木板盒的底部，放进暗室；打开木板盒内的电灯，将要照的种蛋夹在右手的拇指和食指间，大头在上，置于板盒小洞中轻轻转动透视，观察胚胎发育情况；于入孵后 5~6 天、11~12 天及 18~19 天各照蛋一次。

55. 影响种蛋孵化率的因素有哪些?

①种鸡的饲养。种鸡饲养是否合理，直接关系到种蛋的品质。如饲料中缺乏钙、磷，易发生软壳蛋，缺乏维生素 B，鸡胚不易破壳，死胚增加。饲料中食盐含量过多（饲料中食盐含量不能超过 1%），种蛋孵化到中、后期，死胚增加，孵化率下降。

②种鸡的公母比例。公母比例必须合理，否则影响种蛋的受精率。

③种鸡的健康。种鸡的体质与健康好坏，直接影响种蛋的品质及孵化率。有些鸡病，

可通过种蛋垂直感染，代代相传，后患无穷。因此选留种蛋必须来自健康的鸡群，患过传染病经过紧急治疗而康复的种鸡一个月内的蛋不能留种，患白痢的种鸡不能留种。

④种蛋的保管、选择及孵化条件。有了品质优良的种蛋，还要有正确的保管、严格的选择和科学的孵化条件，才能使种蛋发挥作用。忽视了哪个环节都会严重影响孵化率。另外孵化机具的质量也很重要，如电力孵化器，机内各部位温度要求均匀，温差不超过±0.3℃为宜。

56. 孵化过程中为什么要照蛋？

无论采用哪种方法孵化，都必须进行照蛋（又叫验蛋）。照蛋有如下三个好处：

①可以全面了解鸡胚胎的发育情况，看孵化过程中温度、湿度是否合适。

②不管什么品种的鸡蛋都有一定数量的无精蛋，可通过照蛋及时剔除。不但可增加经济收入，而且能提高孵化率。

③有些受精蛋在孵化过程中，由于各种因素的影响而中途死亡，这种蛋叫死精蛋或死胚蛋。如不及时剔出，易变质发臭，影响孵化器的卫生。

57. 怎样鉴别雏鸡的雌雄？

在蛋鸡生产中，我们期望饲养更多的母鸡来生产更多的蛋品，所以雏鸡的选择一个重要内容就是雌雄鉴别。目前鉴别雏鸡雌雄主要使用肛门鉴别法。

肛门鉴别法是根据初生雏鸡有无生殖隆起以及生殖隆起在组织形态上的差异，以肉眼识别雌雄的一种鉴别方法。鉴别的适宜时间是出雏后2~12小时，在此时间段，雏鸡的生殖隆起最显著，雏鸡握、翻肛容易。刚孵出的雏鸡，体弱，蛋黄吸收差，腹部充实，不易翻肛，技术不熟练者易造成雏鸡的死亡。超过24小时，生殖突起常会发生变化，甚至陷入泄殖腔的深处，造成鉴别上的困难。

雄雏正常的生殖隆起表现为生殖突起最发达，长0.5毫米以上，形状规则，充实似球状，富有弹性，外表有光泽，轮廓明显，位置端正、在肛门浅处，八字状襞发达，但少有对称者。雌雏正常的生殖隆起表现为生殖突起几乎完全退化，仅残存皱壁，且多为凹陷。

58. 饲养雏鸡要达到什么目标？

用最佳的饲养管理技术，使雏鸡正常生长发育，达到群势均匀。力争减少人为的和疾病造成的死亡，提高雏鸡的成活率。现代养鸡业都是规模化生产，按成年鸡舍的饲养容量，考虑到合理的死亡率来计划进雏数量。如果因育雏期管理不周，雏鸡的死亡率超过了预定的允许指标，不仅要提高饲养成本，增加劳力消耗，成年鸡舍的笼位不能满员，打乱了生产计划，给今后的经济收益必将带来不良的影响。

59. 雏鸡早期死亡的原因有哪些?

雏鸡早期死亡多发生在 10 日龄以前,随日龄增大,抵抗力增强,死亡率下降。幼雏健壮、饲养管理正常时,头一周的死亡率不应超过 0.5%。雏鸡早期死亡主要有以下一些原因。

①种蛋来自非健康鸡群,一些疾病经蛋垂直传递后,使雏鸡致病,如鸡白痢、鸡霉形体病等。

②孵化过程中因卫生不良,感染鸡胚,如脐炎等。

③孵化条件掌握不当使幼雏脐部愈合不全。

④幼雏运输不当,使其体质削弱。

⑤育雏条件掌握不好,造成雏鸡死亡。

⑥其他。如兽害、鼠害、机械损伤致死等。

60. 目前常用的育雏方式有哪几种?

育雏的方式有三种:地面平养、网上平养和立体笼式育雏。

(1) 地面平养

就是在地面上饲养,地面根据房舍的不同可以用水泥地面、砖地面、土地面或炕面育雏。地面上铺垫 5~10 厘米厚的垫料,垫料可就地取材,如切碎的干净稻草、麦秸等。火炕平养只是用火炕作热源,雏鸡可以在温度较稳定的炕面上活动。最大优点是投资少;缺点是对防治疾病不利。只适用于小规模的鸡场和养鸡户使用。

(2) 网上平养

可用金属丝、塑料、竹片制网片,如点焊网,一般网眼 1.5 厘米×1.5 厘米。离地面 50~70 厘米搭架起来,鸡养于网上,粪便漏于网下地面上。网养可省去垫料,最大优点是雏鸡与粪便接触机会少,发生球虫病、白痢的机会就少,但这种管理方式的投资相对较大。

(3) 立体笼式育雏

其优点是增加饲养密度、节省建筑面积,便于机械化和自动化操作,雏鸡的成活率和饲料效率较高。笼养工艺分为:

①电热育雏器。专用于育雏的保温器,叠层笼养设备。一般为 4 层,由 1 组电加热笼、1 组保温笼和 4 组运动笼等部分组成。饲养量 1~15 日龄 1400~1500 只,16~30 日龄 1000~1200 只,31~45 日龄 700~800 只。

②育雏育成笼育雏。育雏育成均在该笼内进行。采用 4 层叠层式,底网不倾斜,开始几周铺垫塑料网片,前网栅栏间距应能在 20~30 毫米调节。中间两层先育雏,育雏结

束后，分匀移至上下两层，可以减少转群造成的应激和伤亡。

61. 怎样制订育雏计划？

为了防止盲目生产，要制订好育雏计划。育雏计划应包括育雏时间，每批雏鸡的品种和数量，雏鸡的来源与饲养目的，饲料和垫料的数量，免疫用药计划和预期达到的育雏成绩等，农户要根据自己的经济实力来确定饲养数量。

春秋两季气温适宜，雏鸡生长发育快，这时每平方米可以适当增加饲养数量。夏季，气温较高，可以相对减少饲养数量。冬季环境较冷，日照时间短，提高了育雏成本。

62. 如何选择育雏季节？

选择适当的育雏时间，一定要从实际出发。规模较大的鸡场，不可能一次育雏，要分批进行，做到全年均衡生产，不存在季节性的问题。但是作为小型鸡场、养殖户饲养，数量不多，一般选在春季育雏为好，这样秋天产蛋，冬春季正值产蛋高峰期，蛋价相对较高。但春季育雏，早春气温低，保温所花燃料费用多，育雏人员昼夜都得看护，消耗体力大。春季育雏的鸡病种类较多，雏鸡处于日照渐增的时期，光照不好控制。秋季育雏气温较适宜，保温所费燃料少，雏鸡处于日照渐减的时期，与雏鸡所需光照时间相一致。秋季天气渐凉，鸡病较少，但是产蛋鸡的高峰期正值夏天，难以达到较高的产蛋高峰，高峰期也较短，而且蛋价也相对较低。

63. 养蛋鸡怎么挑选鸡苗？

春季，是孵化和购买鸡苗的旺季。鸡苗的品质对其以后的生长发育、前期死亡、增重以及免疫接种效果都有重大影响。经测定，初生雏重和 1~6 周龄增重呈中等正相关，而 5、6 周龄时体重与其产蛋期的各生产性能指标又具有密切相关。就是说，如果蛋鸡的 5、6 周龄体重能达到体重标准或更高一些，则预示该鸡群在产蛋期将早开产、产蛋多及死亡低。因此，要养好后备鸡，首先要有好的雏鸡。

品质优良的雏鸡从外表看应是活泼好动、绒毛光亮、整齐，大小一致，初生重符合其品种要求，眼亮有神，腿脚结实站立稳健，腹部平坦柔软，卵黄吸收良好，绒毛覆盖整个腹部。肚脐干燥，愈合良好，叫声清脆响亮，握在手中感到饱满有劲，挣扎有力；如脐部有出血痕迹或发红呈黑色、棕色，腿、喙和眼有残疾的均应淘汰，不符合品种要求的也要淘汰。品质良好的雏鸡，特别是种雏还应具备几个条件：血缘清楚，符合本品种的配套组合要求；无垂直传染病和烈性传染病；母源抗体水平高且整齐；外貌特征符合本品种标准。

64. 如何精挑细选雏鸡？

为提高育雏成活率，买鸡苗时必须严把质量关，进行严格挑选，确保种源可靠、鸡种纯正和雏鸡健康，切不可贪图便宜购进不健康的雏鸡。挑选雏鸡时，必须保证来自非疫区，通过"一看、二摸、三听"的方法来鉴别雏鸡的健康优劣。

一看：看雏鸡的精神状态、羽毛整洁和污物黏着程度，喙、腿、翅、趾有无残缺，动作是否灵活，眼睛是否正常，肛门有无白粪黏着。健康雏鸡精神活泼，眼大有神，喙、爪正常，两腿站立坚实，绒毛均整、干净，富有光泽，长短正常，肛门清洁无污物，对音响反应快，喙、眼、腿、爪等不是畸形。

二摸：将雏鸡抓握在手中，触摸膘肥、骨架发育状态，腹部大小及松软程度，卵黄吸收、脐环闭合状况等。健康雏鸡体重适中，握在手中感觉有膘、饱满，挣扎有力，腹部柔软，大小适中，脐环闭合良好、干燥，其上覆盖绒毛。

三听：听雏鸡的叫声可以判断雏鸡的健康状态。健康雏鸡叫声洪亮而清脆。弱雏个体不齐整，大都瘦小枯干，眼不爱睁或瞎眼，羽毛蓬乱、无光泽；卵黄吸收不完全时，呈现腹部膨大，脐部收缩不好，脐或脐孔很大，有黏液或带有血痕，卵黄外露；触感松软无力，叫声嘶哑或叫鸣不休，握在手中无弹性、软弱；肛门处多有污物或粪便黏着；精神不振，缩头呆脑，不爱活动，两脚站立不稳，反应迟钝，怕冷。

65. 接运雏鸡需要注意啥？

①接运雏鸡的原则是越早越好，最好是8~12小时运到育雏舍。如为长途运输，最好在24小时内完成，以便于及时开食和饮水。

②雏鸡经批选并注射完马立克疫苗后，可进行装运。运雏有专用的装雏箱，最常见的装雏箱规格为60厘米×45厘米×18厘米，内分4格，每格放25只，1箱装100只幼雏。也可用消毒过的木板箱、硬纸箱等装运，但应在四周钻若干个直径为2厘米的通气孔。

③寒冷季节接雏，应选在中午前后；夏季接雏，应在清晨和傍晚。运输时要注意防寒、防缺氧、防晒、防淋和防颠簸震动等。途中应注意观察雏鸡的情况，如果发现雏鸡张嘴呼吸、叫声尖锐，表明温度过高，要及时通风；如果发现雏鸡扎堆，吱吱乱叫，表明温度过低，要及时做好保温工作。

④雏鸡到达后，卸车过程速度要快，动作要轻、稳，并注意防风和防寒。

66. 每天饲喂雏鸡的次数是多少？

饲喂次数的多少与鸡的日龄、喂料方式、料型和器具类型等有关。雏鸡虽采用自由采食的方式，但应本着少给勤添的原则，每间隔2~4小时添料1次。适度增加饲喂次数，既可以刺激鸡的食欲，又可减少浪费。3~14日龄，每天喂6次，其中夜里喂1~2次。3~4周龄每天喂5次。5周龄以后每天喂4次。每次饲料添加量要合适，尽量保持饲料新鲜。

67. 断喙的方法是什么？

断喙是用灼热的刀片，切除鸡上下喙的一部分，烧灼组织，防止流血。一般有专门断喙器，雏鸡断喙器的孔径 6~10 日龄为 4.4 毫米，6~10 日龄以后为 4.8 毫米。

断喙的方法是左手抓住鸡腿部，右手拿鸡，将右手拇指放在鸡头顶上，食指放在咽下，轻按咽喉部，使舌后缩，选择适当的孔径，将鸡喙插入孔内，切除上喙的喙尖至鼻孔 1/2 处，下喙的 1/3 处，并烧烙 3 秒钟止血，烧灼时切刀在喙切面四周滚动以压平嘴角。6~10 日龄常采用直切，6 周龄后断喙可将上喙斜切、下喙直切，斜切时只要将喙插入刀板孔时将头向下倾斜就行。切勿把舌头切去。捉拿鸡的动作要轻，不能粗暴。断喙器必须经常清洁、消毒，以防止断喙时交叉感染疫病。

68. 断喙鸡如何管理？

断喙对鸡是一大应激，在免疫期间不能进行断喙。断喙完成后食槽内应多加一些料，以免鸡啄食碰到硬的槽底有痛感而影响吃料。为防止出血，在断喙前后各 1 天饲料中可适当添加维生素 K 24 毫克每千克，并可在饮水中加入多维素、维生素 C。由于断喙使鸡的采食量下降，摄取的多种维生素缺乏。因此，在断喙后要添加一定剂量的多种维生素。同时，可在饮水中加入抗生素，如青霉素、庆大霉素等，平均每天每只鸡 2 万~3 万单位，连续饮水 3 天，或饮用 0.2% 的高锰酸钾水，连饮 3 天即可。断喙后不能断水，应立即给水。断喙最好选择在天气凉爽的时间进行。断喙后要仔细观察鸡群，对流血的鸡要重新抓住烧烙止血。

69. 雏鸡最适宜的环境温度是多少？

适当的温度是育雏成败的关键，最理想的环境温度 1 周龄时为 30~33℃，育雏期每周可降低 2℃，6 周后降为 20℃左右。育雏温度的控制必须平稳，切忌忽高忽低。环境温度过高，影响雏鸡体热和水分的散发，体热平衡紊乱，食欲减退，生长发育迟缓，死亡率增加；如果环境温度过低，雏鸡扎堆，行动不灵活，采食饮水均受到影响；如果环境温度过高，而后又突然下降，雏鸡受寒，易发生雏鸡白痢病，发病率和死亡率上升。

70. 育雏最适宜的环境湿度是多少？

在一般情况下鸡对相对湿度的要求不如温度那样严格。育雏舍适宜的相对湿度为：1~10 日龄为 60%~70%，10 日龄以后为 50%~60%。湿度范围要根据不同地区、不同季节而灵活掌握，一般在 10 天后防止高温高湿。湿度过大雏鸡易患痢疾病、球虫病和曲霉菌病；湿度过小雏鸡易脱水，生长发育缓慢。育雏前期育雏舍温度高，环境相对干燥，因此适当提高湿度。加湿的方法很多，如室内挂湿帘，火炉上放水桶产生水汽，有的直接在地面上洒水。如果水中添加消毒剂对鸡舍和雏鸡实行喷雾，既增加了湿度又对雏鸡进行了消毒。育雏后期随着雏鸡长大呼吸和排粪量相对增加室内易潮湿，因此相对湿度高时，应注意通风换气及时更换垫料和适当的调整雏鸡密度。

71. 高湿环境对雏鸡有什么危害？湿度过大应采取什么措施？

在雏鸡舍温度较高相对湿度较大的情况下，雏鸡出现散热困难，引起体温升高甚至中暑；在低温高湿情况下，会显著增加非蒸发散热量，使鸡感到更冷，且在高湿的情况下，有利于病原微生物的大量繁殖。机体的抵抗力弱，发病率增加，对传染病的蔓延较为有利。高温、高湿时，饲料、垫料易发霉，可使雏鸡群暴发曲霉菌病，常造成重大损失；低温高湿易使雏鸡发生感冒性呼吸道疾病。但在温度适宜的环境下，高湿有利于灰尘下沉，使空气较为干净，对防止和控制呼吸道感染有利。

雏鸡舍湿度过大可通过增加通风量降低舍内空气湿度，但在寒冷季节由于通风量增加不利于舍内温度的保持。如果采用垫料地面育雏，应经常翻动垫料，清除结块，必要时更新部分垫料。另一措施是在垫料中按每平方米加 0.1 克的过磷酸钙，以吸收舍内和垫料的水分。同时应加强饮水管理，防止漏水。

72. 雏鸡舍如何合理通风换气？

通风的作用是为雏鸡提供新鲜的空气（氧气），排除二氧化碳、氨等有害气体及羽毛屑，调节室内温度，从而为雏鸡提供良好的生活环境，保证其健康和正常生长发育。

如果早晨进入鸡舍感觉臭味大，又有刺激眼睛的感觉，表明氨气浓度和二氧化碳含量过高，在保证温度的同时，要适当通风。密闭式鸡舍多采用机械通风；开放式鸡舍一般采用自然通风，注意通风口应在地面较高处。白天暖和的时候通风，通风口可开得大些。通风量随鸡日龄和体重增加而增大，还要随季节、温度变化而调整。夏季温度高时应加大通风量以降温，冬季温度低时应减少通风量以保温，但也不能为保温而不通风或通风量太小不能满足雏鸡需要。在通风之前先提高育雏舍温度，待通风完毕，室内温度也就降到原来的正常温度。通风换气的时间最好选择晴天中午前后，通风换气要缓慢进行，门窗的开启应由小到大，最后呈半开状态。也可采用安装纱布或布帘、开气窗或增加缓冲间的办法通风。舍内不允许有贼风。

73. 雏鸡适宜的饲养密度是多少？

每平方米面积容纳的鸡只数称为饲养密度。密度过大，鸡的活动范围小，鸡群拥挤，采食不均，易导致个体大小不匀，易患疾病和啄癖，死亡率增高。密度过小，不利于保温，造成鸡舍和设备的浪费。

在生产中应本着提高经济效益的原则，根据鸡的日龄、管理方式、通风条件和外界温度等确定适宜的饲养密度。地面平养和网上平养，1~6 周龄密度为 13~15 只每平方米；

立体笼养 1~2 周龄密度为 60 只每平方米，3~4 周龄 40 只每平方米，5~7 周龄 34 只每平方米。外界温度高时，密度可相应减少，外界温度低时，饲养密度可相应增加。中型鸡的饲养密度应低于轻型鸡。通风良好时，饲养密度可以加大，通风条件差的，饲养密度应低些。

74. 在育雏过程中，怎样观察鸡群？

在育雏过程中要随时注意观察鸡群的精神状态、采食和饮水状况、粪便情况，听鸡群发出的声音，鸡是否有恶癖。只有全面掌握雏鸡的生长状况，才能采取相应措施，保证鸡群的正常生长发育。

观察鸡群在育雏第 1 周尤为重要。只有通过观察雏鸡对给料的反应、采食速度以及饮水状况等，才能了解雏鸡的健康状况，饮水器和料槽是否足够，规格是否合适等。一般情况下，雏鸡采食量减少往往是因为饲养方法突然改变、饲料品质异常、育雏温度不正常、饮水不充足、鸡群发生疾病等。

若发现病、弱、残雏，应及时挑出，单独隔离饲养。察看鸡群的分布情况，便于了解育雏温度、通风、光照等条件是否适宜；鸡群有无恶癖，有无瘫鸡、软腿鸡，以便及时判断日粮营养是否均衡、环境条件是否适宜等。

观察雏鸡的粪便颜色、形态是否正常，以便于判断鸡群是否健康。刚出壳尚未采食的雏鸡其粪便为白色和深绿色稀薄的液体，采食以后变成圆柱形或条状，颜色为棕绿色，粪便的表面有白色尿酸盐沉积。有时排出的粪便呈黄棕色糊状，这也属正常粪便。患白痢时，粪便中的尿酸盐增多，为白色稀粪并附于泄殖腔周围；患球虫病时粪便为红色；患传染性法氏囊病时，为水样粪便等。发现异常应及时分析解决。

地面平养育雏，要注意防止老鼠骚扰鸡群。立体笼养育雏，要经常检查有无雏鸡被笼卡住脖子、翅膀、脚的现象，检查笼门、食槽、水槽的高度是否合适，及时调整。

75. 育雏合理的光照方案有哪些？

合理的光照方案包括光照时间长短与光照强度。育雏 3 日龄前应给以时间较长、强度较大的光照，一般为 23 小时、50 勒的光照强度，以便让雏鸡尽早饮水和开食。随着日龄的增长，可减少光照时间和光照强度。4~7 日龄，每天照明 20 小时，以后日照明时间每周缩减 1 小时。也有的第 2 周日照明 16 小时，第 3 周以后为 8~10 小时。光照的强度在 3 日龄前约 50 勒，4~15 日龄为 20 勒，以后为 10~15 勒。人工光源可用白炽灯或日光灯。

光照强度在养鸡业中通常指鸡舍内的明暗程度，鸡舍内的光照强度可通过灯泡瓦数、灯高、灯距粗略计算。一般 0.37 平方米面积上用 1 瓦灯泡或每平方米用 2.7 瓦的灯泡，可达到 10.76 勒的照度；灯泡的高度为 2~2.4 米，灯泡之间距离为灯泡高度的 1.5 倍，多使用 25 瓦或 40 瓦白炽灯泡。灯泡均匀而交错布置，保证舍内各处光照强度均匀。在笼养鸡舍，上下层的光照强度存在明显差异，各层的光照强度差异很大，必须多层次安装灯泡。

76. 如何加强雏鸡的日常管理?

①雏鸡第一周的饲养管理非常重要，其生长发育状况与整个育雏阶段的成活率有密切关系。应特别注意温度，保证雏鸡有足够的槽位和引水位置。

②注意观察鸡群。

③注意设备的运行情况，发现异常及时检修。

④按防疫、消毒、免疫和投药程序做好各项有关工作。

⑤每日认真刷洗食槽、饮水器，保证雏鸡饮食卫生。

⑥饲养人员注意保持个人卫生，不应远离鸡舍。

⑦每日定时随机抽样称重，以分析雏鸡的生长发育状况，调整饲养。

⑧做好记录工作，记录项目包括鸡群动态、饲料消耗、免疫、投药、温度、湿度和通风换气等情况。

77. 如何培育优质健壮的雏鸡?

育雏期一定要按相应的饲养手册控制温度和光照。一般来讲，育雏温度从 33℃开始，每周减少 2℃，直至 21℃；光照从每日 24 小时开始，每周减少 2 小时，至 12 小时。按常规免疫程序进行预防接种，8~10 日龄进行断喙，注意通风换气，以纵向通风、湿帘通风为好。育雏期关键是提高成活率，育成期的关键是抓体重控制，提高均匀度。实践证明，16~18 周龄体重均匀度与产蛋的持久性及成活率呈正相关。

光照对提高蛋鸡成活率、促进产蛋有直接作用。雏鸡 1~2 日龄给予 24 小时光照，以利于摄食，以后逐渐转为恒定光照或自然光照。育成期以自然光照为主，有条件可实行密闭遮光的恒定光照 8~12 小时。

78. 育雏蛋鸡的关键是什么?

①加强保温。保持育雏室适宜的温度，是育雏成功的重要条件。因此，育雏必须搞好人工保温工作。一般初生雏鸡，室内要保持在 33~35℃，以后每周降低约 2~4℃。待30~40 日龄后，才可停止人工保温。

②湿度调节。雏鸡适宜在相对湿度 60%~65% 的环境条件下生活。如果育雏室湿度过大，可勤换垫料，不让饮水打湿垫草，同时还可以通过加强室内通风，来降低湿度。

③合理光照。在雏鸡 1~2 日龄，可采用 24 小时全天候光照，使雏鸡熟悉环境，以便

于吃食、饮水，但照明灯光不宜过亮。至 3~14 日龄，只夜间喂食时开灯即可。2 周龄后，如果天气温暖晴好，可将雏鸡放到室外去活动，开始时活动时间以半小时左右为宜。

④通风换气。育雏室应特别注意通风换气，如果育雏室不及时排除有害气体，就会导致雏鸡生长发育不良，感染呼吸道疾病、瞎眼等。

⑤饲养密度。育雏室的饲养密度不宜过大，一般以每平方米面积饲养 1~7 日龄的雏鸡 20 只左右为宜。以后随着日龄的增大，逐渐减少饲养只数。

⑥搞好防疫。雏鸡常患的疾病主要有：白痢、球虫病和新城疫。预防这些疾病，除了保持育雏室清洁卫生，室内外用具和饲饮用具天天清洗消毒外，还要对症进行药物防治。

79. 降低雏鸡死亡率的措施有哪些？

①加喂糖水。雏鸡孵化后 15 小时内，在饮水中加 8% 蔗糖溶液，可使其死亡率降低一半。

②药物预防。鸡白痢和球虫病是造成雏鸡死亡的主要原因。在 3 周龄以前的饲料中添加 0.2% 土霉素，对预防白痢有特效；15 日龄后在饲料中添加适量氯苯胍可预防球虫病。

③严格消毒，预防感染。对育雏室及各种用具用福尔马林熏蒸消毒，可防止雏鸡感染大肠杆菌和葡萄球菌。

④调整密度，防止挤压。室内大批量育雏，应随着鸡长大而调整鸡群密度，防止鸡群堆叠挤压。

⑤精心管理，平衡营养。不要将饲料和农药放在一起；不喂发霉变质的饲料；搞好室内通风换气。育雏期供给全价平衡饲料，避免营养失衡或营养不良。

⑥严加看管，防止敌害。严防猫等偷吃雏鸡。堵塞鼠洞，防止老鼠危害。

80. 育雏结束后雏鸡转群应注意什么？

育雏结束后雏鸡要转入育成舍，转群时应注意以下几个方面：

①雏鸡应在 6~7 周龄进入育成舍。夏季宜在清晨或傍晚，冬季宜在中午进行。

②冬季转群前应预热鸡舍，使育成舍和育雏舍保持相同温度。夏季应排出舍内湿气，使空气新鲜。

③转群前 6~8 小时应停料，转群前 2~3 天和入舍后 3 天，饲料内增加多维素并饮电解质溶液。转群的当天应连续 24 小时光照，以使鸡有足够时间采食和饮水。

④在转群前后几天最好不要进行预防注射，避免增加应激。

⑤转群的同时做好鸡群的选择和淘汰。淘汰不符合标准的鸡，如体重过轻、有病、残鸡。

⑥准备好转群用的笼、箱及运输工具，并严格冲洗消毒。所用笼、箱的开口应较大，

避免装卸时鸡受伤。

⑦转群后应保证育成鸡和雏鸡在饲喂、光照计划等方面的连贯性或一致性。新转入的鸡需要再喂 1 周左右的雏鸡料，然后由育雏料逐步转换成育成鸡料。每天在雏鸡料中加入一定比例的育成鸡料，搅拌均匀饲喂，可在 1 周之内更换完毕。若鸡的体重不达标，不宜更换饲料。

81. 衡量雏鸡和育成鸡质量的标准是什么？

（1）育成率高，均匀度好

雏鸡的亲本应是健康鸡群，不应患有沙门氏菌病、大肠杆菌病、鸡霉形体病、淋巴细胞白血病、禽脑脊髓炎和产蛋下降综合征等疾病，因为这些病可经过蛋而传染给雏鸡。健康的雏鸡群成活率应该是：第 1 周龄达 99.5%以上，8 周龄时应不低于 98%。均匀度也叫整齐度，指鸡群内个体间体重的整齐程度。鸡群内体重差异小，说明鸡群发育整齐，性成熟也能同期化，开产时间一致，产蛋高峰也高。

（2）体重能达标，骨骼结实

体重是衡量后备鸡生长发育的重要指标之一，不同鸡种的鸡都有它的标准体重。符合标准体重的鸡，说明生长发育正常，将来产蛋性能好，饲料报酬高。体重过大、过肥的鸡，性机能较差，产蛋少，死亡高；体重太轻，说明生长发育不健全，产蛋持续性较差，因此在育雏育成阶段要经常检查鸡群的生长发育情况。

（3）适当的日龄达性成熟

母鸡开始产第一个蛋时，即表示其性成熟。开产日龄以鸡群产蛋率达 50%时的天数来表示。不同类型和不同鸡种的鸡都应有标准的开产日龄，蛋用轻型鸡要比中型蛋鸡成熟早，分别在 22~23 周和 23~24 周。性成熟的早晚与环境和遗传有关。

82. 育雏阶段的饲养管理要点？

养鸡成败的关键在于育雏，育雏的好坏直接影响着雏鸡的生长发育、成活率、鸡群的整齐度、成年鸡的抗病力、成年鸡的产蛋量、产蛋高峰持续时间的长短，乃至整个养鸡产业的经济效益，因此搞好雏鸡的饲养管理十分重要。

（1）育雏前的准备

在进雏前必须有计划地留有足够的时间，做好育雏舍的清扫、冲刷、熏蒸消毒等清洁工作，检查供暖保温设施设备，备好饲料及常用药品、器具等。要将育雏舍彻底打扫，把料槽、水槽等用具清洗干净，并进行严格的消毒。如果是地面平养育雏，在进鸡一周前还要将垫料在阳光下暴晒，进行自然消毒。在进雏前要对育雏舍提前生火预温，尤其是在晚秋、冬季、早春，一定要提前 3 天生火，让墙壁、地面、设施都热透，这样舍内的温度才比较平稳，容易控制。

（2）提供适合于雏鸡生长发育的舍内环境

温度是育雏成败的关键因素之一，提供适宜的温度可以有效提高雏鸡成活率。由于雏鸡体温调节机能不完善，雏鸡对温度十分敏感，温度过低，雏鸡易扎群，容易挤压而死亡；温度过高，雏鸡体内水分易蒸发，造成雏鸡脱水，影响雏鸡的生长。一般要求第1周雏鸡舍温为 32~35℃，以后每周下降 2~3℃，降温幅度不能过大，降到 18~20℃时脱温。湿度过高过低都不利于雏鸡的生长发育。湿度一般 1~10 日龄为 65%~70%，10 日龄后保持在 55%~65%。

（3）饮水与开食

在雏鸡开食前要先饮水，间隔 2~3 小时后再给料。1 周龄内饮水中添加 5% 葡萄糖+电解多维或速补、开食补液盐等，其功能主要是保健、抗应激并有利于胎粪排泄。1 周龄后可饮用自来水，雏鸡对水的需求远远超过饲料，应保证不断水和水质的清洁卫生，过夜水应及时更换，每天将饮水器用高锰酸钾消毒一次。雏鸡一般在孵出后 24~26 小时开食，开食料可用小米、碎玉米等饲料，3 日龄后逐渐换为配合饲料。饲喂次数，开食第 1 周应少量勤添，以免引起消化不良和造成饲料浪费，一般 1~45 日龄每天饲喂 5~6次；46 日龄以后饲喂 3~4 次。每次不宜饲喂得太饱，要少添勤喂，以饲喂八成饱为宜。饲喂时要随时注意饲料的消耗变化，饲料消耗过多或过少，都是雏鸡患病的先兆。

（4）合理的光照制度

光照能够提高鸡的新陈代谢，增进食欲，使红细胞血红素含量增加；使鸡皮肤里 T-脱氢胆固醇转变成维生素 D_3，促进机体内钙磷代谢。实践证明，光照的时间长短与强弱，光照的颜色与波长，光照刺激的起止时间，黑暗期是否连续与间接，都会对鸡的活动、采食、饮水、身体发育、性发育产生重要影响。一般第 1 周采用全天 24 小时光照，第 2 周 19 小时光照，自第 3 周开始，密闭式鸡舍可用每天 8 小时光照。光照强度具体应用时，每 15 平方米鸡舍在第 1 周时用 1 个 40 瓦灯泡悬挂于离地面 2 米高的位置，第 2周开始换用 25 瓦的灯泡就可以了。

五、育成鸡的饲养管理

83. 育成鸡生产标准中常用指标有哪些？怎样计算？

（1）育成率

育成率指育成期结束后健壮的鸡只数占育成期开始时入舍鸡只总数的比例。其是反映育成效果好坏的重要指标，也是育成期饲养管理水平的重要标志之一。

育成率=（育成期结束后健壮鸡只数÷育成期开始时入舍鸡只总数）×100%。

（2）死淘率

与育成率相对的概念是死淘率。

$$死淘率=1-育成率$$

（3）饲料报酬

饲料报酬（饲料转化率）是反映饲养期内饲料转化为机体组织或生产产品效率的指标。在生长期（育雏、育成期），常用料重比表示。

（4）料重比

$$料重比=饲养期内总耗料量÷饲养期内鸡的增重$$

（5）体重均匀度

体重均匀度指鸡群内个体间体重的整齐程度，又称整齐度。常用抽测样本中鸡只体重的平均值±10%范围内包含的个体数，占抽测鸡总数的百分比表示。

$$体重均匀度=（平均体重±10%范围鸡只数）×100%$$

（6）胫长

胫长是指由鸡爪掌底至跗关节顶端的长度。胫长是骨骼发育状况的反映，因而也是体型大小的指标之一。

84. 如何选择育成鸡？

在育成过程中应观察、称重，不符合标准的鸡应尽早淘汰，以免浪费饲料和人力，增加成本。一般第1次初选在6~8周龄，蛋用型鸡要求是体重适中，羽毛紧凑，体质结实，采食力强，活泼好动。第2次在18~20周龄，可结合转群或接种疫苗进行，有条件的应逐只或抽样称重，在平均体重10%以下的个体应予淘汰。

85. 育成期的环境标准有哪些？

为控制鸡过量采食，防止鸡体过肥超重，限制过多活动，减少啄癖发生，宜采用较低的光照强度，舍内光照强度以5~10勒（灯泡的亮度以1.3~2.7瓦每平方米配置）为宜。每天光照时间一般为8~10小时。一般育成舍的适宜温度为16℃左右，相对湿度60%左右。育成舍要有良好的通风，应按育成鸡所需的通风量调整鸡舍的窗户和风机的开关时间。一般情况下，每小时通风量为夏季6~8立方米每只，春秋季3~4立方米每只，冬季2~3立方米每只。一般平养鸡每群以500只为好，9~18周龄的鸡饲养密度为每平方米10~12只；笼养则每个小笼5~6只，每平方米15~16只。保证每只鸡有270~280平方厘米的笼位，宽度8厘米左右的采食和饮水位置。

86. 育成鸡的饲养方式有哪几种？

育成鸡的饲养方式分为舍饲、半舍饲和放牧饲养。舍饲和半舍饲较为常见，有场地条件的鸡场可以考虑半舍饲、放牧饲养。放养的鸡具有体质健壮、抗病力强的特点，且可以节省饲料。舍饲又分为厚垫料、网上平养与笼养三种方式。如果育雏是平养，育成也可在原舍内平养，就可以从 1 日龄一直养到 18~20 周龄后再转到产蛋鸡舍，这样可减少 1 次转群，使鸡减少应激的危害。

有条件的农户可根据自身条件选择适宜的放牧场地，如各种林带、果园等用于放牧。放牧要讲求适当的安全措施，刚开始时放牧，范围应小，待鸡群熟悉牧地环境后，放牧范围可逐渐扩大。在开产前返回鸡场，停止放牧。放牧尽管能捕食少量昆虫及较多的青绿饲料，有效地防止了部分矿物元素和维生素的缺乏病，但也应补充适量饲料以满足其生长发育需要。放牧时要配备简易活动鸡舍、料槽和水槽。放牧头 5 天，鸡群应按原饲喂次数给料。以后可根据牧地的饲料情况，逐渐减少饲喂次数。在每次喂料前用一定的响声为信号，建立返舍吃料的信号，以便于管理。此外，还应特别注意防止野兽侵害。

87. 育成期限制饲喂的注意事项有哪些？

①限饲前必须将病鸡和弱鸡挑出来，因为它们不能接受限饲，否则可能导致死亡。

②整个限饲期间，必须有充足的食槽，使每只鸡都有槽位，保证做到80%的鸡在采食，20%的鸡在饮水。

③限饲期间若有断喙、预防注射、搬迁或鸡只发病等应激发生，则应停止限饲。若应激为某些管理操作所带来，应在进行这一类操作前后各 2~3 天给予自由采食。

④采用限量法限饲时，要保证饲喂营养平衡的全价日粮。

⑤定时称重，每隔 1~2 周随机抽取鸡群的 1%~5%进行空腹称重。称重应认真，保证准确无误。算出的平均体重应与该品系鸡的标准体重进行对照，以调整喂料量。粗略的调整办法：如体重超过标准体重的 1%，下周则减料 1%；体重如低于标准重 1%，则增料 1%。

88. 如何搞好育成鸡的日常管理？

①发现鸡群在精神、采食、饮水和粪便上有异常时，要及时请有关人员处理。

②经常淘汰残次鸡、病鸡。

③经常检查设备运行情况，保持照明设备的清洁。

④每周或隔周抽样称量鸡只体重，并由此分析饲养管理方法是否得当，并及时改进。

⑤按程序进行防疫、消毒、免疫和投药工作。

⑥每日做好记录，记录项目与育雏鸡相同。

89. 育成鸡的饲养管理要点有哪些？

育成鸡羽毛已经丰满，具有健全的体温调节和对环境的适应能力，食欲旺盛，生长迅速。在农村，一些养鸡户往往忽视蛋鸡育成期的饲养管理，造成鸡只过肥或过瘦，开产过早或延迟，致使鸡群难以持续高产，育成鸡饲养管理中应注意的事项。

①及时转群。7 周后，天气晴朗温度适宜，将苗鸡引导至舍外饲喂，让其逐渐适应林下环境。

②饲养密度。要根据饲养场所的面积和地形，掌握适宜的放养密度，如一个放养区的适宜规模为 500~1000 只。每个小区周围用塑料网间隔，并且每个小区都要搭建可供成鸡遮阳、避雨、补饲的鸡舍。

③控制性成熟。可提高产蛋量，减少不合格种蛋数目，并增加平均蛋重。控制手段包括两个方面，一是限制营养水平，降低日粮中粗蛋白质和代谢能的含量，减少日粮中蛋白质饲料的比例；二是限制进食量。全天的饲料量在早晨一次喂给，吃完为止；也可将一周的饲料总用量分 6 天喂给，停喂 1 天。

④限制光照。光照是育成期生产中提高生产性能不可缺少的因素之一，一般采用自然日光光照，限制补充光照，防止鸡早熟。

90. 开产前育成鸡的饲养管理要点有哪些？

育成鸡在 16 周龄左右生理上发生一系列变化，生殖器官迅速发育，钙贮备明显增加。产蛋鸡蛋壳形成所需要的钙有 75% 来源于饲料，25% 来源于骨髓。因此，育成期补钙不足，将影响母鸡骨髓中的钙贮备，影响母鸡的骨骼发育，导致瘫痪病鸡增多。所以，在育成后期开产前 10 天或当鸡群见第一枚蛋时，应该补钙，将日粮中的钙水平提高到 2% 左右，其中至少有 1/2 的钙以颗粒状石灰石或贝壳粒供给，直到鸡群产蛋率达 5% 时，再将生长鸡饲料逐渐改换成产蛋鸡饲料。18 周龄时，鸡群若达不到标准体重，对原来限饲的改为自由采食，原为自由采食的则提高蛋白质和代谢能水平，以使鸡开产时尽可能达到标准。原定 18 周龄增加光照的，可推迟到 19~20 周龄。

91. 如何提高育成鸡整齐度？

雏鸡从 7~18 或 20 周龄这一阶段称为育成期，整齐度是育成期的关键指标。整齐度代表的是整个鸡群的生长发育情况，整齐度高则说明鸡群生长发育一致，鸡群开产整齐，产蛋高峰高，且产蛋高峰维持的时间长，所以，提高育成鸡的整齐度有很重要的意义。要提高育成鸡的整齐度，须注意以下几个方面：

（1）定期称重

通过定期称重可以清楚地了解到鸡群体重的增长情况，每周称重一次，一般抽取鸡群 5%的个体称重（依群体大小制定抽取比例）。抽测结果要与品种标准体重比较，然后调整饲料喂量和制定换料时间，使鸡群始终处于适宜的体重范围。

（2）调整饲养密度

饲养密度是决定鸡群整齐度的一个很重要的方面。饲养密度大则鸡群混乱，竞争激烈，鸡舍内空气污浊，环境恶化，特别是采食、饮水位置不足会使部分鸡体重下降，还会引起啄肛、啄羽。密度过小，造成饲养成本增加。一般笼养蛋鸡为每平方米 15~16 只，网上平养时是每平方米 10~12 只。群养青年鸡一般每群以不超过 500 只为好。

（3）保证鸡群适量的采食

育成期饲喂时，加料要均匀，每次喂完料后要匀料 4~5 次，保证每只鸡均匀采食。提高鸡均匀度的一个有效的方法，就是限饲。实行限饲要注意设置足够的料槽，并将鸡群为大、中、小三群，根据体重标准适当调整喂料量。限饲时要严格执行限饲方案，按标准加料，饲喂次数宜少不宜多，以每日 2 次为宜，防止强鸡多吃，弱鸡少吃。

（4）及时合理地调整鸡群

无论养鸡技术、管理水平多高，鸡群中总会出现一些体弱鸡，如果不及时挑出，进行个别处理，势必影响鸡只生长以及生产性能的发挥，使总体效益受损。对鸡群进行个别调整，挑出体质较弱的鸡集中饲养，推迟换料时间，使其尽快达到标准体重；死亡、淘汰鸡时，应及时补充缺位，使每笼鸡数保持一致；对于断喙不整齐或漏断的鸡只，应及时修整补断；做好免疫工作，减少疾病的发生。

92. 育成鸡放牧饲养应注意什么？

高密度舍饲，由于鸡的运动量不足，严重影响鸡的骨骼和肌肉发育，放牧则可以锻炼鸡的体质，促进骨骼和肌肉发育。因此，如果有条件，饲养规模小的鸡场或养鸡户可进行放牧饲养。

通过放牧，既可以锻炼体质，又可节省饲料，对以后的产蛋成绩没有影响。放牧时，首先要对鸡进行调教，使鸡能听从口令，做到能放能收；其次，要注意天气情况，以气温不低于 10℃为宜；另外，放牧的日龄以 9 周龄左右为宜，太小适应能力差；放牧地点尽量靠近水源，以保证鸡的饮水。放牧饲养结束后要做好驱虫工作，淘汰病弱鸡，适时转入蛋鸡舍。

93. 如何做好从育成鸡到产蛋鸡的转群工作？

一般情况下，母鸡到了育成期即将结束时就要转到产蛋鸡舍。在体重达到标准的情况下，以 16~18 周龄转群为宜。

转群前一周做好后备鸡的免疫接种，并保持环境安静，减少各种应激因素的干扰。

转群前的 3~5 天将产蛋鸡舍准备好，并进行严格消毒，待饲养设备安装、维修等工作完成后，方可进鸡。准备鸡群所需的饲料，备好运鸡工具等。

转群前停止喂料 10 小时左右，以减少转群引起的损伤。如在寒冷季节或早春转群，为了缩小转群前后两个鸡舍的温差，应适当提高转入鸡舍的温度。

转群最好在傍晚能见度低时进行，这时雏鸡不动，捉鸡方便，否则鸡受惊吓易造成扎堆压死现象。抓鸡时动作要轻，最好抓鸡的两腿。

在转群的同时，要对鸡进行挑选分群，将发育状况不同的鸡放在不同的位置，以便于在管理中采取不同的措施。分群可以根据体重进行，对鸡冠大的鸡种也可以根据冠的发育情况分群。因为一般体重大的鸡，冠发育也较早，并且颜色鲜红。换言之，冠发育情况在一定程度上可以反映性成熟和体重状况。转群时一般首先分别挑出大冠鸡和小冠鸡，并单独设置不同地方，其余大部分冠发育中等的鸡放在一起，这样做有利于促进全群发育一致。如对冠发育过大的鸡可适当进行限制饲养，对冠小的鸡可提高饲料营养浓度，尤其是维生素的浓度，这样可以提高全群产蛋率。

六、产蛋鸡的饲养管理

94. 产蛋鸡饲养方式有哪几种？各有什么优缺点？

蛋鸡饲养方式可以分为平养和笼养两种。

（1）蛋鸡平养

平养设备投资少，农村空房只要稍加改造，添置少量器具即可养鸡；便于全面观察鸡群；鸡活动多，骨骼坚实，体质较好。但平养往往饲养密度低，只鸡投资较大；需设产蛋箱，管理不当易发生窝外蛋，蛋面较脏；捉鸡也比较困难。

垫料地面平养，基本上和雏鸡垫料地面平养相同，只是垫料稍厚一些，在管理上与平养雏鸡相同。蛋鸡垫料平养窝外蛋较多，鸡蛋表面较脏，鸡舍内尘埃量较大。

栅状或网状地面平养，栅状地面一般用 1.25~5 厘米宽的木条或 2.5 厘米厚的竹片组成，木条之间漏粪间隙为 2.5 厘米；网状地面是由网孔为 2.5 厘米×5 厘米的镀锌铁丝网块构成。一般将网块固定在角铁焊成的框架上，架在离地面 70~100 厘米的高处。不需垫草，鸡与粪便相互隔开，环境也好控制。但是这种地面窝外蛋易破损，鸡容易发生神经质，如地面不平整，不光滑，易使鸡脚趾受伤。

蛋鸡平养，产蛋箱的形状、安放位置、安放高度、安放数量对于减少窝外蛋，提高蛋的质量非常重要。一般在蛋鸡开产前 1 周安放产蛋箱，每 4~5 只鸡一个。产蛋箱要有一定的深度，里面铺一些柔软的垫料，必要时可在产蛋箱内先放一个蛋，引导鸡在箱内产蛋。产蛋箱应放在低处，让鸡容易进出。鸡熟悉后也可将产蛋箱放高。同时注意堵住舍内的死角，将地面容易做窝的地方及低暗处清理干净，尽可能减少窝外蛋的发生。

(2) 蛋鸡笼养

蛋鸡笼养是中国现代养鸡生产的主要饲养方式，优点较多。

①可以提高饲养密度，每平方米可饲养蛋鸡 16~25 只，比平养高 3~5 倍，用于房舍的投资只相当于平养的 1/3~1/5。

②不需要垫料，舍内灰尘少，蛋表面干净，附着细菌较少。

③节约饲料，由于笼养，鸡的活动量小，体力消耗少，所以和平养相比，鸡体维持能量较少，每只鸡的饲料需要量也比平养少。

④鸡与粪便不接触，避免寄生虫的危害，死亡率较低。

⑤便于观察鸡群，检查鸡群健康状况。

⑥减少就巢现象。

⑦提高鸡粪经济价值，鸡粪不再与垫料相混合，经烘干膨化可生产再生饲料或用于花卉肥料等。

⑧便于机械化操作，提高生产效率。

缺点是由于鸡在笼中活动量小，易过肥，而且骨质脆弱，强度较低，易发生骨折；要求饲料营养必须全面，尤其是维生素和微量元素，否则会引起营养缺乏症；设备投资较大。

95. 什么是产蛋鸡的三阶段饲养法？

产蛋鸡的阶段饲养是指根据鸡群的产蛋率和周龄将产蛋期分为若干阶段，并根据环境温度喂以不同水平蛋白质、能量和钙质的饲料，从而达到既满足蛋鸡营养需要，又节约饲料的饲养方法。

三阶段饲养法是目前采用较为普遍的饲养法，通常按周龄划分。第一阶段（产蛋前期）自开产至产蛋的第 20 周（约 40 周龄）；第二阶段（产蛋中期）从产蛋第 21 周到 40 周（约 60 周龄）；第三阶段（产蛋后期）产蛋 40 周以后。

产蛋前期母鸡的繁殖机能旺盛，代谢强大。母鸡除迅速提高产蛋率到达产蛋高峰并维持一段高峰期外，母鸡还要较快地增加体重（约 400 克）以达到完全成熟。因此，该阶段要注意提高饲粮的蛋白质、矿物质和维生素水平。该阶段应加强饲养管理，不要让鸡群遭受额外应激并保证饲料的质量。

第二、第三阶段母鸡体重几乎不再增加，产蛋率下降，但蛋重仍略有增加，故可降低饲粮中蛋白质水平，但应注意钙水平的提高，因母鸡 40 周龄后钙的代谢能力降低。

以产蛋率为主要依据的三阶段划分：第一阶段从开产至高峰后产蛋率降至85%为止，每日的蛋白质进食量应为每鸡18克；当产蛋率降至75%~80%时为第二阶段，蛋白质饲喂量减至16克；产蛋率降至65%~75%时，蛋白质供给量仅为每日14克。

96. 衡量鸡的产蛋性能的指标有哪些?

（1）开产日龄

即新母鸡产第一枚蛋的日龄。计算大群开产日龄，蛋鸡按全群日产蛋率达50%的日龄为该鸡群的开产日龄。

（2）饲养日产蛋数

$$饲养日产蛋数=统计期内的总产蛋数÷实际饲养母鸡数$$

这个指标未考虑鸡的死淘数，因此在使用这个指标时，应注明鸡的死淘数，方能反映实际情况。

（3）入舍母鸡产蛋数

以入舍母鸡数为基础算出的在统计期内的平均每只产蛋数。

$$入舍母鸡日产蛋数=统计期内的总产蛋数÷入舍母鸡数$$

这个指标不仅能反映出群体本身的生产水平，而且也包含了饲养管理水平。

（4）饲养日产蛋率

$$饲养日产蛋率=统计期内的总产蛋数÷实际饲养母鸡只数的累加数×100\%$$

（5）饲养日产蛋率

$$入舍母鸡产蛋率=统计期内的总产蛋数÷（入舍母鸡数×统计日数）×100\%$$

（6）产蛋期死淘率

产蛋期内死亡和淘汰的母鸡数占入舍母鸡数的百分比。

$$死淘率=（死亡母鸡数+淘汰母鸡数）÷入舍母鸡数×100\%$$

这个指标与产蛋期存活率都代表群体生活力，它反映了群体的健康水平和饲养管理水平。

$$存活率=1-死淘率$$

（7）产蛋期料蛋比

产蛋期料蛋比即产蛋期母鸡每产1千克蛋需耗多少饲料。

$$产蛋期料蛋比=产蛋期总耗料量÷总蛋重$$

这一指标与产蛋耗料比、蛋料比和饲料转化率等有相同含义。

97. 产蛋鸡光照管理的基本原则和合理的光照制度是什么?

光照管理的主要目的是给以适宜的光照，使母鸡适时开产，并充分发挥其产蛋潜力。

产蛋鸡光照管理的基本原则是：产蛋阶段光照时间只能延长，不可缩短或逐渐缩短；光照强度不可减弱或逐渐减弱；不管采用何种光照制度，一经实施，不宜变动；要保持舍内照度均匀，并维持应有照度。

产蛋阶段的光照制度，一般采用渐增方式，此种方式比陡增方式产蛋达到高峰前后的升降平稳。另外，采用的光照刺激，一般持续到产蛋达到高峰之后。

开放式鸡舍利用自然光照的鸡群，都需用人工光照补充日照时间的不足，为简便管理方法，无论在哪个季节都可定为 4 点至 20 点或 21 点为光照时间，即每天 4 点开灯，日出后关灯，日落后再开灯至规定时间关灯。

密闭式鸡舍完全利用灯光进行人工光照，不需随日照的增减变更补充光照的时间，因而比较简单易行，效果也较有保证。但须防止密闭式鸡舍漏光。密闭式鸡舍光照，可在第 19 周每天 8 小时光照的基础上，20~24 周每周增加 1 小时，25~30 周每周增加半小时，直到每天光照 16 小时为止，最多不超过 17 小时，以后保持恒定。

鸡舍内光照强度应当控制在一定范围内，不宜过大或过小。光照强度太大不仅耗电多，增加生产成本，而且鸡也显得神经质，容易疲劳，产蛋持续性差，容易产生啄羽、啄肛、啄趾等恶癖，不易于管理。光照强度太低，不利于鸡采食，达不到光照预期目的。一般产蛋鸡的适宜光照强度是 10 勒左右，可用 40 瓦的灯泡悬挂于 2 米高处，其光照强度为 6 勒。灯高 2 米，灯距 3 米。鸡舍内若安装两排以上灯泡，应交叉排列，靠墙的灯泡同墙的距离应为灯泡间距的一半，还应注意随时更换破损灯泡，每周将灯泡擦拭一次，以使鸡舍内保持适宜的亮度。

98. 环境温度的变化对产蛋鸡有何影响？如何控制？

环境温度对鸡的生长、产蛋、蛋重、蛋壳品质以及饲料转化率都有明显的影响，产蛋鸡最理想的舍温为 15~25℃。考虑外界气温随季而变化，一般要求冬季舍温不宜低于 10℃，夏季不宜超过 27℃。否则，应采取辅助调节温度措施。

鸡无汗腺，当温度高时，只有通过加大呼吸量蒸发散热。所以，高温环境对鸡甚为不利。环境温度愈高，鸡的体温愈高，呼吸率也愈高。当环境温度达到 38℃以上时，鸡会因过热衰竭而死亡。产蛋鸡能忍受较低的温度，抗寒能力要比抗热能力强。一般在 5℃以下才会对产蛋鸡有影响。产蛋鸡舍不供暖，而靠鸡体散热和房舍隔热来保温。

产蛋鸡舍的温度控制主要是通过调节通风量来实现。在保温良好、高密度饲养的鸡舍，春秋两季一般可以达到适宜的温度。在冬季为了控制舍温，尽量减少通风量。在夏季要尽量加大通风量，达到降温的目的。用调节风量控制鸡舍内温度，必然会引起舍内相对湿度与有害气体的浓度发生相应变化。这在夏季是一致的，而在冬季就会产生矛盾。

一般为了达到准确控制的目的，风机的风量可以小一些而台数要求多一些，可以将风机分为几组，按照不同的温度，开动不同组数的风机。

99. 夏天到了，蛋鸡的热应激怎么预防？

由于鸡的皮肤没有汗腺，体躯又被羽毛所覆盖，因此，鸡不耐高温，舍温在28℃以上，鸡开始张口呼吸，当温度高达37~38℃时，鸡发生热昏厥，严重者常造成死亡。尤其是蛋鸡场，由于多采用立体笼养，密度大，通风差，因此，预防热应激的工作更为重要。

（1）使用机械通风

可在鸡舍内安装电扇，或安装轴流风机，纵向通风，可有效降低鸡舍温度。安装湿帘，配合通风，是蛋鸡场常采用的方法。

（2）供足清凉饮水

夏季鸡群饮水量明显增加，一般为采食量的4倍，因此，鸡舍内应不间断供应清凉饮水，饮水以干净卫生的地下水为好，因为地下水的水温比较低。

（3）调整饲料配方

添加抗热应激物质。天气炎热，蛋鸡采食量下降，为了保障营养充足，要提高饲料中的粗蛋白、钙、磷、氨基酸和维生素的含量，尤其应提高蛋氨酸和赖氨酸的含量，并注意保持氨基酸的平衡，同时注意增强适口性。另外，可以在日粮中添加碳酸氢钠、普热清，饮水中添加维生素C等，缓解热应激。调整饲喂方法，饲喂时间可改在早、晚气温相对低时进行。

（4）加强管理

①降低饲养密度，适当降低鸡群密度，可有效降低舍温。

②及时清除鸡粪，夏季鸡粪极易发酵，诱发呼吸道疾病。因此，鸡舍内的粪便和垫料等应及时清理，保持舍内清洁、干燥、卫生。

③尽量避免在高温时期进行转群、运输、接种疫苗等工作。

（5）改善鸡舍环境

在鸡场四周种植高大的树木，在鸡舍四周地面种植牧草，屋顶及外墙壁还可种植藤蔓植物。不种植植物的，可将鸡舍向阳面的墙壁及其顶部涂白。在房顶设置隔热层，也可在房顶上覆盖一层湿草席，或在房顶加盖一层石棉瓦。

100. 湿度对产蛋鸡有何影响？如何控制产蛋鸡舍的相对湿度？

在适宜温度条件下，产蛋鸡最适宜的相对湿度大约为60%~65%，在相对湿度为40%~72%的范围内鸡都可正常产蛋。在通风良好的情况下，舍内空气湿度不会太高，但通风不良，鸡舍内湿度就会超标。如果鸡舍内相对湿度低于 40%，鸡羽毛凌乱，皮肤干燥，空气中尘埃飞扬，容易诱发呼吸道疾病。如果相对湿度过低，在极端情况下，也可能导致鸡脱水。如果相对湿度高于 72%，鸡羽毛粘连、污秽，关节炎病例也会增多。

一般情况下，湿度对鸡只的影响与温度共同发生作用，表现在高温或低温时，高湿度影响最大。高温高湿环境对鸡群危害较大的原因是，高温环境下鸡只主要靠呼出水汽的蒸发方式来散热，其呼出水汽的多少，决定于空气的湿度。空气中湿度大，使鸡呼吸排散到空气中的水汽减少，减少鸡只的蒸发散热量，使鸡体内积热，甚至使体温升高。因此，高温高湿使鸡采食量减少，饮水量增加，生产水平下降，鸡体难以耐受。而且，在高温高湿环境中，微生物易于滋生繁殖，导致鸡群发病。

低温高湿环境，空气中的水汽量大，其热容量和导热性均高，因而鸡体热量散失较多，加剧了低温对鸡体的刺激，易于使鸡体热过多而受凉。此时用于维持所需的饲料也多。

防止鸡舍潮湿，尤其是防止冬季鸡舍潮湿是一个较困难又十分重要的问题，需要采取综合措施。在建造鸡舍时应选位置向阳、地势较高的地方，采用水泥地面，通风良好，舍内能照射到充足阳光等有助于防潮。在饲养管理过程中应尽量减少漏水，及时清扫粪便。密闭式鸡舍，如舍内湿度偏高，只要舍内能保持较为合适的温度，可以加大通风量排湿。

101. 产蛋鸡舍的通风标准是什么？使用机械通风应遵循什么原则？

通风换气是调节鸡舍空气环境状况最主要、最经常的手段。通风换气的效果直接影响鸡舍内温度、湿度及空气中有害气体的浓度等。

产蛋鸡舍一般夏季的通风量为 0.113 立方米每分钟千克体重，鸡舍的气流速度为 0.5 米每秒；冬季的气流速度为 0.1~0.2 米每秒较适宜，最低通风量为 0.03 立方米每分钟千克体重。进入鸡舍的风要均匀，防止死角。风速太大时，应设挡风板，防止风直吹鸡体。

使用机械通风的密闭式鸡舍通风应遵循以下原则：

①风机一般在夏季全开，春、秋开一半，冬季开 1/4，同时注意交替使用，以延长电机的寿命。

②排风时，风机附近的窗户要处于关闭状态，以免形成气流短路。

③天气寒冷时，进风口和排风口处要装风斗，避免寒风直接吹到鸡身上。

102. 怎样做好产蛋鸡开产前后的管理？

开产前后是母鸡从生产阶段转变为产蛋阶段的时期，是鸡一生中重要的时期。鸡在这个时期，生理和行为都发生变化。为了使鸡能顺利地过渡到产蛋期，饲养管理上要做好以下几项工作。

①检查鸡群 18 周龄体重，根据体重情况调整日粮营养水平。18 周龄时，轻型鸡体重为 1.1 千克左右，中型鸡体重为 1.35 千克左右。若体重低于这一界限，原来限制饲喂要改为自由采食；原来饲料中能量和蛋白质水平较低时，应适当提高饲料中能量和蛋白质浓度。

②平养开产前 1 周必须安置好产蛋箱，让鸡提前熟悉产蛋箱，可减少开产后窝外蛋的发生。

③增加饲料中钙的含量，使饲料中钙的比例达到 2%。母鸡产蛋时，形成蛋壳的钙部分是来自骨髓骨，而小母鸡在开产前两周就已开始在骨腔中沉积骨髓，为产蛋做准备。这一时期骨髓能增重 15~20 克，而其中就有 4~5 克为钙的贮备。开产前 10 天，小母鸡在骨腔沉积的骨髓，约占全部骨骼重的 12% 左右。为了使鸡能顺利地进入产蛋高峰，为了满足鸡在生理上对钙的需要，应提高饲料中钙的含量。育成期饲料含钙量为 0.6%~0.9%，而开产前可将饲料含钙量提高到 2%。

④转群后，应适当增加光照时间，一般从 21 周开始逐渐增加光照，以促使鸡性成熟、开产。但是，如果鸡群在 20 周龄时未达到体重标准，这时应该首先增加饲料浓度，使鸡的体重迅速达到标准体重，然后再增加光照。

⑤当鸡群产蛋率达到 5% 时，将育成料逐渐换成产蛋料。还要注意增加光照与换料配合进行。如果只增加光照不换料会造成繁殖系统与体躯发育不协调；如只换料不增加光照又会使鸡体积聚脂肪。所以，一般在增加光照后 1 周改换日粮。

103. 产蛋前期的饲养管理要点有哪些?

产蛋前期母鸡的繁殖功能旺盛。一方面母鸡要迅速提高产蛋率，另一方面母鸡的体重也增加，蛋重也增加。因此，这一时期应每日喂给鸡 18 克优质蛋白质，1.26 兆焦代谢能。

当蛋鸡群的产蛋率达到 5% 的时候，应逐渐将育成后期料换成产蛋鸡料。换料要与增加光照时间配合进行。母鸡一旦开产，应尽量避免应激，使之能安静产蛋。应定期称体重和蛋重，检查饲养和营养状况，经常调整鸡群，将一些体重较小、冠髯较小且颜色不够红润的鸡挑出来，集中安置在中上层近光源处饲养。

104. 产蛋高峰期的饲养管理要点有哪些?

产蛋高峰期是鸡高产阶段，一般可达 6 个月或更长，有相当一部分鸡每天产蛋。要想鸡群产蛋量高，就必须提高高峰期产蛋率和维持产蛋高峰期的时间，在饲养管理上要做好以下几项工作。

（1）满足营养需要

鸡开产标志着鸡达到了性成熟，但是鸡身体还没有完全成熟，身体仍处在生长发育阶段。鸡进入产蛋高峰后，鸡的体重、蛋重仍在继续增长，母鸡一直要长到产蛋后的40周龄才能达到成年鸡体重。同时，从开产到进入产蛋高峰，鸡群产蛋率逐渐上升，蛋重也在增加。所以，从体重、产蛋率和蛋重三方面的增长情况看，在此期间要任其自由采食，并提供优良、营养完善的日粮，以充分满足蛋鸡高产与同时增重的营养需要。当营养的供给不能满足鸡的需要时，体重、产蛋率和蛋重就会发生异常。

在生产实际中，人们往往注意产蛋率的变化情况，而忽视体重和蛋重的变化情况，也不关心鸡每天采食量的变化。事实上，如果饲料营养浓度太低，或不全面，或喂量太小，或鸡的食欲不好等，都会造成营养不足而影响产蛋率、体重和蛋重的正常增长。特别是在夏天，天气炎热，鸡食欲下降，采食量减少，往往不能满足营养需要。这种营养不足，最初对产蛋率的影响并不明显，首先表现在蛋重增长不正常，蛋重达不到标准。体重增长也不正常，有时甚至造成体重减轻。这种情况下，产蛋高峰就不可能很高，也不可能维持很久。所以，在产蛋高峰期一定要使鸡采食到足够的营养。

因为鸡在营养不足时，首先表现的是蛋重降低或增长缓慢，接着是体重停止增长或下降，最后才影响产蛋率。因此，可以在鸡群中固定20~30只鸡，每周检测体重和蛋，通过蛋重和体重的变化，及时了解鸡的营养状况，改善饲养管理条件。

另外，要检查鸡的采食量，计算鸡每天采食的蛋白质等营养是否满足需要，及时调整饲料营养浓度，改进饲喂方法，只有这样才能获得高产和稳产。

（2）创造安静稳定的环境

为鸡群创造一个安静稳定的环境，减少对鸡群的干扰，减少应激。

鸡群产蛋高峰的高低和持续时间长短，不仅对当时产蛋多少，也对全期产蛋有重大影响。鸡在产蛋高峰期，生殖机能十分旺盛，代谢强度很大，鸡身体内部的各个部分负担都很大。可以说，此时鸡身体内部由于大量产蛋，正处于应激状态。在这种情况下，若再给鸡一些其他刺激和负担，就可能超过鸡的承受能力，而使产蛋率下降，严重时还能诱发疾病。高峰期的产蛋有一定规律，在高峰期产蛋率一旦下降就难以恢复。另外，这个时期的鸡精神高度兴奋，很容易受惊吓。所以，这个时期要保持鸡舍环境的安静。减少对鸡的惊扰，避免饲料、疾病、天气突变和严重惊吓等应激因素的发生，免疫、驱虫都应避开这个时期。

（3）注意维护鸡群健康

产蛋高峰期间是母鸡繁殖机能最旺盛、代谢最为强烈、合成蛋白最多的时期，此时也是鸡体处于巨大生产应激之下，抵抗力较弱，易得病，因此要特别注意饲料与环境卫生，不使鸡只受到病原微生物的感染。

105. 蛋鸡产蛋高峰期前如何搭配饲料保证营养需要？

产蛋鸡从16周龄起进入预产期，25周龄可达产蛋高峰。蛋鸡在产蛋高峰期消耗的营养较多，养殖户需及时给鸡做额外补充，保证蛋鸡营养需要。预产期肩负着蛋鸡体成熟和性成熟的双重任务，特别需要注意营养的合理供给，要降低产蛋应激和防止早期产蛋疲劳综合征，为尽快进入产蛋高峰期奠定基础。因此，在调整蛋鸡饲喂饲料时应遵循以下原则。

①减少能量饲料。春季气温逐渐升高，如果继续饲喂越冬期的高能量饲料，会使蛋鸡体重增加，从而影响产蛋率。科学的做法是减少日粮中玉米等谷物类饲料的比例。

②提高蛋白质水平。母鸡产蛋期要消耗较多的蛋白质，且其消耗量与鸡的产蛋率有关，所以饲料中的蛋白原料要根据鸡产蛋率的提高而增加。方法是在日粮中适当添加优质的鱼粉、豆饼等，在成本允许的情况下尽量少添杂粮。

③补充维生素。尤其是维生素D，当日粮中长期缺乏时，蛋鸡的产蛋量下降，蛋壳变软、变薄，而且对钙的吸收也会受到严重影响。当鸡产蛋增多时其维生素消耗量也增加，所以可适当投喂一些青饲料，同时增加饲料中多维素的用量。

④提高矿物质含量。母鸡产蛋时对钙的需要量增加，如饲料中缺钙，蛋壳质量会受到影响，从而增加破损蛋，严重的会引起鸡下软壳蛋、无壳蛋。缺磷与缺钙一样也会引起蛋鸡的不适，如啄羽、啄肛、啄蛋等异食癖。因此，一旦发现蛋鸡有消化不良、食欲减退、体重下降等现象，应查清原因，相应增加日粮中矿物质添加剂的含量。

106. 什么是产蛋鸡的限制饲养？

产蛋后期使产蛋率尽量保持缓慢地下降，且要保证蛋壳的质量。一方面要给蛋鸡提供适宜的环境条件，保持环境的稳定；另一方面为了维持鸡的适宜体重，可对产蛋高峰过后的鸡进行限制饲养。产蛋期限制饲养，可以提高饲料转化率，降低成本，维持鸡的适宜体重，减少脂肪肝的发生。

产蛋鸡的限制饲养，一般在产蛋高峰后两周开始。限制饲养的方法有两种：一是质的限制，主要是控制能量和蛋白质，同时增加日粮中钙的含量。一般能量摄入量可以降低5%~10%，蛋白质水平可降至12%~14%，钙的含量最多不能超过4%；因为产蛋鸡随周龄增长，吸收钙的能力衰退，为保证蛋壳质量，要增加日粮含钙量，一般认为后期钙应为3.6%，高温时可提高至3.7%。二是量的限制，一般减少正常采食量的8%~9%，方法是在产蛋高峰过后，将每100只鸡每天饲料量减少227克，连续3~4天。假如饲料减少未使产蛋量比正常情况下降更多，则继续数天使用这一喂量，之后再次尝试类似的减量；只要产蛋量下降无异常，这一减量方法可以继续下去。如果产蛋量下降不正常，就要将饲料供给量恢复到正常水平。在限制饲养时，要有足够的食槽和饮水器，使每只鸡都有机会均等采食、饮水。如果采用质的限制饲养方法，更换饲料应逐步进行，使鸡有个适应过程，否则造成限制失败，而使产蛋率急剧下降。当鸡群遭受应激或气候异常寒冷时，不要减少饲料量，如遇夏季盛暑季节，最好推迟到秋季开始限制饲养为好。

107. 在产蛋鸡的日常管理中应如何观察鸡群？

观察鸡群是产蛋鸡日常管理中最经常、最重要的工作之一，只有及时掌握鸡群的健康及产蛋情况，才能及时准确地发现问题，并采取改进措施，保证鸡群健康和高产。

①在清晨舍内开灯后，观察鸡群精神状态和粪便情况。若发现病鸡和异常鸡，应及时挑出隔离饲养或淘汰。若发现死鸡要立即剖检，及时查明死因。

②夜间关灯后要细听鸡有无呼吸道疾病的异常声音。如发现有呼噜、咳嗽者应及时挑出隔离或淘汰，防止扩大感染蔓延。

③喂料给水时，要观察料槽、饮水器的结构和数量是否符合鸡的采食和饮水的需求。

④注意舍内温、湿度变化，特别是温度变化。还要查看通风、供水和光照系统有无异常，发现问题及时解决。

⑤观察鸡只是否有啄癖现象，一旦发现，要及时挑出，分析原因。

⑥及时淘汰 7 月龄左右仍未开产的鸡和开产后不久就换羽的鸡。前者一般表现耻骨尚未开张，喙、胫黄色未褪，全身羽毛完整而有光泽，腹部常有硬块脂肪。

108. 影响产蛋鸡饮水量的主要因素有哪些？

①产蛋量。通常在相同舍温下，随着日产蛋率的升高，饮水量也随着增加。产蛋率由 10%增加到 90%，饮水量约增加 50%。

②鸡舍温度。鸡舍温度不仅影响鸡的采食量，对其饮水量也有很大影响，特别是高温环境下，饮水量增加较多。

③鸡的体重。体重大，饮水量也大。中型鸡高于轻型鸡。因此，应当为体重较大品种鸡提供更多的饮水位置或饮水器。

109. 影响蛋壳质量的因素有哪些？

①遗传因素。蛋壳颜色、蛋壳厚度及蛋壳强度等性状，在不同鸡种间或品系间有一些差异。

②年龄。蛋壳强度和厚度随母鸡年龄的增长而降低。

③营养。影响蛋壳质量的主要营养素是钙、磷、锰和维生素 D_3。

④环境因素。主要是气温，高温环境下蛋壳品质下降。

⑤管理因素。在产蛋期间接种疫苗，由于鸡群对疫苗产生的反应，导致产蛋量下降，蛋壳质量降低，破蛋率上升。

⑥疾病。输卵管炎、传染性支气管炎和慢性呼吸道病等，都会使蛋壳厚度下降，蛋壳质量降低，破蛋率上升。

⑦设备。鸡笼结构不合理或木箱中装蛋过满，也会增加破蛋率。

110. 在蛋鸡生产中减少破损蛋的措施有哪些？

①选择蛋壳质量好的品系进行饲养。

②使用高质量的鸡笼。鸡笼底用钢丝太粗、弹性差、倾斜度过大都会增加蛋的破损率。蛋槽变形弯曲、干焊、断头或笼前网下未设护蛋板等鸡笼质量问题，都会使鸡蛋的破损增加。

③每笼内养鸡数不能太多，太拥挤会提高破损蛋率。

④增加每日捡蛋次数。如集蛋槽中已有蛋存在，后产的蛋在滚下时与其相撞而破损。特别在夏季和对处于产蛋后期的鸡群，更应增加捡蛋次数。

⑤尽量避免鸡的应激，以免造成破损蛋增加。外界不要有高音和强烈刺激的声音，禁止外来人员参观鸡群，不要改变日常的饲养管理程序。尽量避免鸡的惊群，尤其是鸡群产蛋集中的时间。产蛋期要避免或减少疫苗接种。

⑥要轻拿轻放，防止剧烈震动。蛋盘叠层时，槽位要放对。使用蛋筐盛蛋时，则装蛋不能过多。装运鸡蛋的推车和汽车行速要慢，产蛋末期，更应小心处置鸡蛋。

⑦要注意防止任何自动化集蛋装置造成的破损蛋的增加。应检查传送带的质地、传送速度和具有棱角的机械部分。

⑧如果蛋壳质量低劣，应检查所用日粮是否存在质量问题。钙、磷比例和含量是否合适，有无维生素等微量元素缺乏等营养问题。

⑨平养要注意减少窝外蛋，设置充足的产蛋箱。对已产于窝外的蛋要勤捡，以防发生啄蛋癖。

⑩为产蛋鸡提供适宜的温度、湿度和清洁的空气等环境条件。

111. 如何减少冬季蛋鸡发病？

冬天比较寒冷，也是一个季节性疾病的易发期，如鸡呼吸道病、禽流感等，而对于蛋鸡，无论是感染哪种疾病，都会对产蛋有所影响，因此这个时候我们需要加强蛋鸡管理，做好疾病防控。那么，冬天如何减少蛋鸡发病？建议从以下 7 个方面着手。

①做好鸡舍保温。注意鸡舍保温，关闭门窗；堵死孔、洞，严防贼风；挂上厚门帘，

使鸡舍保持一个相对稳定的温度，保持适宜的温度 18~23℃。

②提高饲料能量浓度。低温时蛋鸡的热能消耗大，为保持生产的稳定性，可在饲料中增加能量与蛋白的含量，在鸡舍温度低于 10℃时，饲料中增加 10%~20% 的玉米。对产蛋率在 90% 以上的鸡群，可在饲料中加入 1%~1.5% 的油脂，饲喂量每只增加 10~15 克，如果外界的自然温度下降 3~5℃时，每只饲喂量增加 3~5 克，以保持产蛋的稳定性。

③保持鸡舍空气新鲜环境干燥。强调保温的前提下，更要注意通风换气。从营养学角度讲，首先是空气，第二是水。最后是饲料。笼养鸡密度高、换气量大，如果不注意通风换气，就容易出问题。鸡群长期生活在污浊的空气中就容易患呼吸道疾病，由此诱发新城疫、禽流感以及其他病毒病，所以天窗一定要开着，而且每天要定时打开门窗 20~30 分钟通风换气。

④及时清理粪便、降低氨气污染。鸡舍的有害气体主要是氨气、硫化氢、二氧化碳、一氧化碳，最有害的是氨气，由粪便产生。氨气的含量高了，会强烈地刺激鸡的呼吸道黏膜和眼结膜，损伤鸡的呼吸系统，使得各种病毒、细菌很容易侵入。如果没有排风设施，又不注意通风换气的鸡舍空气对鸡危害极大。所以要在鸡舍中自测一下氨气浓度，方法是当你进入鸡舍后，如果氨气味不刺眼、不刺鼻，其浓度基本在 10~15 毫克每升，保持在 20 毫克每升之内，鸡群一般比较安全。

⑤坚持定期带鸡消毒。低温是各种病毒相对活跃的条件，也是各种病毒病容易发生的季节，所以坚持每周带鸡消毒一次，用温水加入适当比例的高聚碘，离开鸡群上方 1 米处，向下喷洒，净化空气、消毒杀菌。因为鸡的呼吸系统不同于哺乳动物，吸气时气流通过鸡的气管和肺部主干支气管直接进入腹部气囊，呼气时，气流被推向头部，然后再进入肺脏进行氧气和二氧化碳的交换，也就是说空气中的微生物很容易进入鸡的呼吸系统，保持空气干净，控制呼吸道疫病发生，带鸡消毒很重要。

⑥定期检测鸡群免疫抗体。蛋鸡进入高峰期一般在 22 周龄以后，所以各种免疫接种一定要在 20 周龄以前完成，一旦进入产蛋高峰期、尽量不做免疫，避免应激。如果检测抗体有变化时，就要采取相应的保护手段，从提高鸡群自身免疫能力入手，如在饲料中加入多种维生素、微量元素、大蒜素、黄芪多糖以及中药制剂大败毒、驱瘟散等，提高自身免疫力，是养鸡成功的根本，产蛋高峰时一定要慎重用药。

⑦贯彻预防为主、防重于治的方针。认真做好鸡群的各种基础免疫，科学的免疫程序、正确的免疫方法尤其重要。目前，鸡群发病的特点是多种病毒与细菌合并感染，很难分辨主次，非典型新城疫、禽流感、大肠杆菌、曲霉菌病等等一直困扰着我们，给养鸡增产、增收带来了很大的难度。及时淘汰病鸡、弱鸡，鸡群中若有患慢性呼吸道疾病

和肠道疾病的病弱鸡，一定要及时处理掉，这些鸡往往是危害鸡群健康的导火索。

112. 防止产蛋鸡啄癖的预防措施有哪些?

产蛋鸡发生啄癖的原因很多，如饲养密度过大；饲槽和饮水器不足；舍内光线太强；维生素、矿物质、含硫氨基酸或纤维素不足；饲料中玉米过多；只喂颗粒料等。其预防措施主要有：断喙，这是预防啄癖的必备手段；降低光照强度，开放式鸡舍若阳光过于强烈，应用布遮盖窗户；保证饲料的全价性；饲养密度不可过大，提供鸡只充足的饲喂和饮水空间，增加通风量，保证鸡舍适宜温度，改善饲养环境；防止鸡的脱肛及皮肤被划伤；改进鸡笼结构，提高鸡笼质量。

113. 防止饲料浪费应采取哪些措施?

蛋鸡饲料成本占总成本的60%~70%，减少饲料浪费可降低蛋鸡生产成本。防止饲料浪费可采取以下主要措施：

①保证产蛋鸡饲料的全价性，保证饲料的质量，不喂发霉变质的饲料。

②料槽结构要合理，料槽太小、太浅，自动给料桶底盘无檐或圆筒与底盘间隙调整不当等都会浪费饲料。

③饲料添加量不可过多，一般为槽高的1/3，人工添料要防止抛撒在槽外。

④饲料粉碎不能过细，否则易造成鸡采食困难并"粉尘"飞扬。

⑤及时淘汰低产和停产鸡。

⑥适时断喙，断喙比不断喙可节省3%的饲料；产蛋后期应采取限制饲养。

⑦选择高产节粮的蛋鸡品系饲养，为蛋鸡提供良好的生活环境，包括适宜的温度、湿度和良好的通风。

⑧保管好饲料，要注意防潮、通风、防鼠害、防霉变、防曝晒。

114. 春季产蛋鸡的管理应注意什么?

春天气候逐渐变暖，日照时间延长，是鸡群产蛋最适宜的季节；但气候多变，早晚温差大，又是微生物大量繁殖的季节。在管理中应注意如下几点：提高日粮营养水平，搞好卫生防疫工作；注意保暖的同时适当通风，要根据气温的高低、风向决定开窗次数；笼养时及时清除笼底下的鸡粪，以减少疫病发生的机会。同时，还要抓好鸡场周围环境的净化消毒工作。

115. 春季蛋鸡养殖三防?

①防寒。春季具有昼夜温差大和气候多变的特点。为了获得较好的蛋品质量、较高的产蛋率和蛋料比，应为产蛋鸡提供适宜的温度环境，在环境温度较低的夜间和阴雨天气搞好防寒工作。

②防鸟。春季是候鸟返回的季节，鸟群会携带的病原微生物，并在偷食偷饮的过程中通过被污染的饲料和饮水传染鸡只。为了减少鸡群疫病的发生，春季应采取相应的防鸟驱鸟措施。

③防输卵管炎。春季是输卵管炎病的高发季节，会造成鸡蛋品质和数量降低。为此在这一季节应在饲料中添加适量的增蛋药，必要时还要在饮水中添加适量的抗菌消炎药。

116. 夏季产蛋鸡的饲养管理要点是什么？

夏季气温较高，产蛋鸡饲养管理的关键是防暑降温，促进食欲并保证足够的营养摄入。温度高于 25℃时鸡饮水增多，采食量减少，产蛋率开始下降，蛋壳变薄，小蛋和破蛋增加。可采取下列措施：

①减少鸡舍受到的辐射热和反射热，例如采用隔热材料做房顶建筑材料，鸡舍向阳面、房顶涂成白色，舍内装有吊棚。

②增加通风量，采取纵向通风，当温度超过 30℃时，采用湿帘和喷雾降温法，在鸡舍通风口安装湿帘，经湿帘冷却的空气纵向流经鸡舍，带走舍内鸡产生的代谢余热，可降低舍温 2~4℃，效果较好。

③根据鸡的采食量调整日粮浓度，降低饲料能量水平，提高蛋白质水平，一般粗蛋白质水平提高 1%~2%。考虑到环境温度对采食量和蛋壳质量的影响，夏季应增加饲料中钙的含量，补钙可用贝壳粉，在黄昏补饲，一般补饲量是日粮的 1%~1.5%。

④应保证充足的清凉饮水，水槽或饮水器要每日清洗。

⑤及时清粪，因鸡粪含水一般在 80%以上，使舍内湿度增高，影响散热。

⑥可在饲料或饮水中添加 0.02%维生素 C，或其他一些抗热应激的添加剂，如电解质。喂料时间最好在早晚。

117. 夏季怎样让蛋鸡不歇伏？

（1）防暑降温

鸡没有汗腺，天热时只能靠张口喘气散发体热。当外界温度满足 30℃时鸡呼吸放慢，胃口大幅度降落，产蛋率减少。所以，务必降温防暑，其方法是：

①透风换气。鸡舍门与窗要日夜开放并钉上纱窗，以防蚊子等进入叮咬蛋鸡。

②搭遮阴棚。农户散养鸡，普通的窝小、热度高，空气也不好，在鸡运动场搭遮阴棚，尽可能防止日光直射，使鸡可以乘凉歇息。

③降低饲养密度。夏天饲养可由每平米 7~8 只降低为 3~4 只，笼养可由原来一笼 5 只减少为 3 只，还可以用风扇降温。

④地面洒水。燥热的午间在鸡舍里外喷洒凉水，可降温 6~7℃。

（2）科学饲喂

①饲料配方中增加蛋白质、谷类和青饲料比例，降低能量饲料含量，使饲料多样化。

②喂鸡应在晚上凉快时进行，喂量应占全日量的50%。

③饲料中加些大蒜、细砂，健壮鸡体。

④切忌喂腐朽、变酸以及腐烂的饲料，以防鸡中毒。

⑤保障鸡能饮到足量的清洁水，切忌饮脏水。

（3）降低光线照射

尽可能减少短光线照射，使鸡得到充分的歇息，加强体质，以利蛋的生产。

（4）防除疾病

对鸡饲槽、饮水器等应时常杀菌消毒，鸡舍内粪便应勤扫除，还应常撒生石灰或来苏水杀菌。鸡易患肠炎，可打青霉素和链霉素各10万单位；对球虫病，在饲料中按每千克体重添加敌虫净1~2片，连续喂3~4天；对蛔虫，可按每千克体重服用灭虫灵0.3毫克，还要早些打鸡疫苗以防疾病发生。

118. 夏季蛋鸡保持产蛋量的措施？

夏季伏天，不论笼养还是散养的蛋鸡，产蛋量都会下降，甚至停止产蛋。只食不产，有的养鸡户认为这是一种自然现象，其实不然，只要人为地改善产蛋鸡的饲养管理条件，创造适宜的环境，就可使蛋鸡不"歇伏"，继续多产蛋。主要措施有以下几点。

①通风降温。密闭式鸡舍可以安装风扇或吊扇，纵向通风比横向通风换气效果更好，夏季鸡舍内的风速以1.0~1.2米每秒为宜。湿帘是当前规模化生产最经济有效的降温措施，纵向通风结合湿帘降温预防热应激效果更好。开放式鸡舍可以安装风扇，打开所有门窗，以促进空气流通。

②喷水降温。开放式鸡舍缓解蛋鸡热应激的最佳措施是喷水，在气温超过32℃时，可用高压旋转式喷雾器，向鸡舍顶部喷洒凉水或对鸡进行冷水喷雾降温，一般可降低舍温5~10℃。

③降低饲养密度。一般笼养一只鸡所需面积为0.4平方米，每笼3只。平地散养，每平方米可饲养3~5只。大群饲养，每群以200只为宜。

④及时清除鸡粪。夏季鸡粪极易发酵，诱发呼吸道疾病。因此，鸡舍内的粪便和垫料等应及时清理（至少隔日1次），保持舍内清洁、干燥、卫生。

⑤改变饲养管理日程。在高温季节应采取早开灯、早关灯的光照方法，即早上3~4点开灯，晚上7~8点关灯，并在早上温度上升之前增加喂料或匀料次数，让鸡在一天里最凉爽的时间采食。同时，尽量减少鸡的活动，在每天最热的下午1~3点要停止喂料，

以减少鸡的采食活动。

⑥全天供给新鲜、清洁凉水。高温天气蛋鸡饮水量约为采食量的 3~4 倍，要保证鸡全天都能饮到清洁、无污染的凉水（水温在 10℃左右为宜）。三伏天，最好每 2 小时换 1 次水。

⑦做好疫病防治。夏季应重点做好鸡球虫病的预防工作，还应注意大肠杆菌病、白冠病的药物防治，做好鸡新城疫、鸡痘、禽流感的免疫工作。

119. 秋季产蛋鸡的饲养管理应注意什么？

秋季由热转凉也是鸡恢复体力、继续产蛋的时候。一般食欲增进后能延续产蛋，特别是春季出雏的鸡产蛋能力更高。但是，秋季日照变短，如果饲养管理不当，就会导致过早换羽、休产。因此，管理上要掌握几个关键问题。

①要注意饲料配方的稳定性与连续性。正常情况天气转凉后采食量应增加，如采食量降低则必须查明原因。生活于自然光照下的鸡开始换羽，此时要调整鸡群，对于换羽和停产的低产鸡应尽早淘汰。

②在产蛋后期，为保持较高产蛋量，可以适当延长光照时间，但是最长时间不能超过 17 小时。

③秋季昼夜温差大，应注意调节，尽量减少外界环境条件的变化对鸡产生的影响。早秋仍然天气闷热，雨水较多，湿度高，舍内比较潮湿，易发生呼吸道和肠道传染病，白天要加大通风量，降低湿度；深秋昼夜温差大，要做好防寒保暖工作，注意鸡舍的通风换气。

④饲料中经常投放药物，防止发病。

⑤要做好入冬前的饲料贮备和冬季防寒准备工作。

120. 冬季产蛋鸡如何管理？

冬季气温低，日照时间短，一般来说，低温对鸡的影响没有高温高湿严重，但温度过低，使产蛋量和饲料效率降低。温度降到 -9℃以下时，鸡冠、肉垂及鸡爪就要发生冻伤，产蛋率下降，耗料显著增加。因此，必须做好防寒保温工作，保证舍温在 10℃左右。鸡舍要修堵，杜绝贼风，有条件的可设置取暖设备。所有窗户都要钉透明度较好的塑料薄膜，可内外各钉 1 层，门上挂棉门帘，在屋顶铺设稻草、麦秸等。冬天鸡体散热量大，可适当提高日粮能量水平。由于日照缩短，要补充人工光照。

121. 蛋鸡稳产管理技术？

①保证饲料的品质，不突然改变饲料原料，虫蛀、霉变的原料不宜使用，棉籽、油菜饼粕等要适当少用。

②防止应激发生，如饲料、疾病、天气的突变、严重的惊吓、免疫等，及时做好预防工作。

③定期测定蛋重，根据蛋重的增加量检查饲养管理，特别是营养方面是否恰当；调整鸡群，及时淘汰病残鸡、低产鸡、停产鸡。

④保持鸡舍空气清新和宁静舒适、稳定的环境，使鸡能安静地产蛋。

⑤固定饲养管理的操作程序，喂料、捡蛋、清扫、检查、清粪等作为程序要按照确定的时间表进行，不轻易改变。

⑥光照强度和光照时间适宜，防止啄癖，消除各种可能引起啄癖的因素。

122. 什么是笼养蛋鸡疲劳症？

笼养蛋鸡疲劳是现代蛋鸡最重要的骨骼疾病。主要症状是长期产蛋后站立困难，身体保持垂直位置，不能控制自己的两腿，常常侧卧，严重时导致瘫痪或骨折。产蛋量、蛋壳质量和蛋的质量通常并不降低，解剖时骨骼易断裂。腿骨和胸椎可见骨折，胸骨常变形，在胸骨和椎骨的结合部位，肋骨特征性的向内弯曲。病鸡精神良好，但后期沉郁和死于脱水，死亡率很低。

本病主要与笼养鸡所处的特定环境条件有关，同一个笼子里养的产蛋鸡越少发病率就越低。也有人认为，饲料中的钙、磷或维生素 D_3 不足，尤其是磷不足时易导致本病的发生。

本病尚无特效治疗的方法。由于笼养蛋鸡疲劳病多发于产蛋高峰期，预防病的重点应放在产蛋前期和高峰期，使饲料中有足够的钙和维生素 D_3，可利用磷宜保持在 0.45%。笼内养鸡数不可过多，为产蛋鸡提供足够的笼底面积。

123. 什么是人工强制换羽技术？

换羽是鸡的一种正常的生理现象。自然条件下，母鸡产蛋 1 年以后，到第 2 年夏、秋开始换羽。换羽时母鸡一般停产。自然换羽时间长，需 4 个月左右，而施行人工换羽只需 50~60 天，缩短了换羽停产时间，且可延长产蛋鸡的利用年限，一般可增加 6~9 个月的产蛋期。用于强制换羽的鸡群，一般为已经产蛋 9~11 个月的健康鸡群，产蛋率已降至 70% 左右。开始强制换羽前先把病、弱、残个体挑出淘汰，对选留的健康群在强制换羽措施实施前 1 周接种新城疫疫苗，在舍内随机抽测 30 只左右的鸡称重并做记录。常用的方法有饥饿法（畜牧学法）和化学法。

饥饿法：停水、停料，减少光照，这是目前普遍采用的方法。一般停料 8~12 天，鸡体重减少 25%~30% 后，再重新喂料。确定停料天数主要以体重减少的幅度为依据，同时要考虑天气的影响。如冬天天气冷，体重减得快，一般停 7~9 天即可，而夏季停料要长些，一般为 10~14 天，而春秋季则停料 8~11 天。停料同时要停水 1~3 天，但如夏季气温高，为减少死亡，以不停水为好。停料的同时，要减少光照时数，开放式鸡舍停止人工光照，密闭式鸡舍光照改为 8 小时。

化学法：采用不停料，而用 2% 高浓度锌（2.5% 的氧化锌或 3% 的硫酸锌）的日粮、高碘日粮（含碘量为 0.5%~0.7%）或低钙日粮（钙含量低于 0.08%）、低盐日粮来饲喂强制换羽鸡群。具体做法是，在饲料中添加 2.5% 的氧化锌或 3% 的硫酸锌（正常添加量为 50 毫克每千克），配制成高浓度锌的日粮，喂饲 5~7 天。由于鸡采食过量的锌能抑制其食欲中枢，造成采食量大幅度减少，使鸡群完全停产。体重减轻 25%~30% 之后换用产蛋期饲料。在此强制换羽期间，不停水，密闭式鸡舍光照时间从每天 16 个小时降至 8 个小时，开放式鸡舍停止补充光照，采用自然光照，27 天后逐渐恢复到原来的光照时间。

124. 如何鉴别淘汰低产蛋鸡？

鸡在产蛋鸡期间，性腺活动和代谢机能亢进，卵巢、输卵管和消化机能都很旺盛，决定了产蛋鸡与停产鸡在外形上的差别。

产蛋鸡冠和肉髯大而鲜红、丰满、触摸时感觉温暖；停产鸡冠和肉髯小、皱缩，是淡红或暗红色。产蛋鸡消化和生殖器官发达，体积大，表现在腹部容积大；而停产鸡则相反，腹部容积较小。母鸡开始产蛋后，黄色素逐渐转移到蛋黄里，在母鸡肛门、喙、脸、胫部、耳部、脚趾等黄色素缺乏补充，逐渐变成褐色至淡黄色或白色。一般来说，到秋季，产蛋鸡的上述部位表皮层黄色素已褪完，而停产鸡的这些部位仍呈黄色。

高产鸡和低产鸡在外观形态上也有区别。高产鸡身体健康，结构匀称，发育正常，活泼好动，觅食性强；头部清秀，无脂肪堆积，额骨宽，头颈几乎呈方形；喙短、宽而弯曲；眼大、圆而有神；胸宽而深，向前突出，体躯长；两胫长短适中。低产鸡则与之相反，身体虽健康，但不是过肥就是过瘦；性情呆板，觅食性差；头粗大或过小，头顶狭窄，呈长方形；喙长而直；眼呈椭圆形，眼神迟钝；胸部狭窄而浅；体躯窄而短。

125. 鸡场常用鸡舍消毒的方法有哪些？

鸡淘汰或转群后，要对鸡舍进行彻底的清洁消毒。消毒的步骤如下。

①清理清扫。移出能够移出的设备和用具，清理舍内杂物，然后将鸡舍各个部位、任何角落所有灰尘、垃圾及粪便清理、清扫干净。清扫出的尘埃垃圾要烧掉。为了减少尘埃飞扬，清扫前喷洒消毒药。

②冲洗。用高压水枪冲洗鸡舍的墙壁、地面和屋顶和不能移出的设备用具，不留一点污垢。

③消毒药喷洒。鸡舍冲洗干燥后，用5%~8%的火碱溶液喷洒地面、墙壁、屋顶、笼具、饲槽等2~3次，用清水洗刷饲槽和饮水器。其他不易用水冲洗和火碱消毒的设备可以用其他消毒液涂擦。

①熏蒸消毒。能够密闭的鸡舍，特别是雏鸡舍，密闭后使用福尔马林溶液和高锰酸钾熏蒸24~48小时。具体方法是：封闭育雏舍的窗和所有缝隙。根据育雏舍的空间分别计算好福尔马林和高锰酸钾的用量，一般每立方米空间高浓度福尔马林14毫升，高锰酸钾为7克，比例为2:1。把高锰酸钾放入陶瓷或瓦制的容器内，将福尔马林溶液缓缓倒入，迅速撤离，封闭好门。熏蒸效果最佳的环境温度是24℃以上，相对湿度75%~80%，熏蒸时间24~48小时。熏蒸后打开门窗通风换气1~2天。不立即使用的可以不打开门窗，待用前再打开门窗通风。熏蒸时要注意：熏蒸时，两种药物反应剧烈，因此盛装药品的容器尽量大些；熏蒸后可以检查药物反应情况。若残渣是些微湿的褐色粉末，则表明反应良好。若残渣呈紫色，则表明福尔马林量不足或药效降低。若残渣太湿，则表明高锰酸钾量不足或药效降低。

126. 鸡场消毒时注意的事项有哪些?

①正确选择消毒剂。在选择消毒剂时，应充分了解各种消毒剂的特性和消毒的对象。

②制定消毒计划并严格执行。消毒计划应包括计划消毒的方法、消毒的时间次数、消毒的场所和对象、消毒药的选择、配制和更换，消毒对象的清洁卫生和清洁剂或消毒剂的使用等。

③消毒表面清洁。在很多情况下，表面的清洁甚至比消毒更重要。进行各种表面的清洗时，除了刷、刮、擦、扫外，还应用高压水枪冲洗。在用具、器械等消毒时，将欲消毒的用具、器械先清洗后再施用消毒剂是最基本的要求。

④药物浓度应正确。这是决定消毒剂效力的首要因素，对黏度大的消毒剂在稀释时须搅拌成均匀的消毒液才行。如稀释倍数为1000倍时，即在每1升水中添加1毫升药剂以配成消毒溶液即可。

⑤药物的量充足，接触时间充足。

⑥勿与其他消毒剂或杀虫剂等混合使用。但为了增大消毒药的杀菌范围，可以选用几种消毒剂交替使用。

⑦注意安全。切勿在调配药液时用手直接去搅拌，或在进行器具消毒时直接用手去搓洗；喷雾消毒时应穿着防护衣服，戴口罩、手套，消毒后的废水必须妥善处理。

⑧保持一定的温度。大部分消毒剂在温度上升时消毒作用明显增强，如用甲醛熏蒸消毒时，将室温提高到24℃以上，会得到很好的消毒效果。

七、鸡病防治

127. 和养鸡防疫有关的常见法规标准有哪些?

《中华人民共和国动物防疫法》《重大动物疫情应急条例》《饲料与饲料添加剂管理条例》《畜禽病害肉尸及其产品的无害化处理规程》《畜禽养殖污染防治管理办法》《无公害食品生鸡饲养兽医防疫准则》《高致病性禽流感防治技术规范》《新城疫检疫技术规范》《新城疫防治技术规范》《马立克氏病防治技术规范》《传染性法氏囊病防治技术规范》《J-亚群禽白血病防治技术规范》《甘肃省养殖小区动物防疫技术规范》等。

128. 如何加强蛋鸡场的疫病防治?

蛋鸡场一般进行马立克、新城疫、传染性法氏囊、传染性支气管炎、鸡痘和产蛋下降综合征的免疫。执行免疫程序时,要注意疫苗的选择、保存和接种方式。粪便和病死鸡是传播疫病的不良因子,死鸡应做到深埋或无害化处理,靠近鸡舍的地方决不要堆放鸡粪。做好日常卫生和定期消毒工作,尤其是出鸡清粪后一定要彻底清洗,认真消毒。特别在冬季鸡舍的消毒更加重要。

129. 畜禽疾病分为哪几类?

畜禽疾病根据其致病因素的不同,分为传染病、寄生虫病和普通病。传染病主要由病毒、细菌、支原体等微生物引起。寄生虫病主要由蠕虫、原虫和蜘蛛等引起。普通病则因管理不善、外界环境因素的不良刺激等引起。

130. 常见的鸡病有哪些?

禽流感、新城疫、鸡马立克氏病、传染性支气管炎、鸡白血病、禽网状皮内增生症、传染性法氏囊、传染性脑脊髓炎、鸡传染性喉气管炎、产蛋下降综合征、鸡病毒性关节炎、鸡痘等病毒病,鸡传染性鼻炎、鸡支原体病、大肠杆菌病、鸡白痢、禽霍乱、葡萄球菌病等细菌病,鸡球虫病、鸡蛔虫、鸡虱等寄生虫病,曲霉菌毒素、药物和饲料中毒等中毒病,维生素、微量元素缺乏等营养代谢病,初产蛋鸡腹泻、鸡啄癖、笼养蛋鸡虚弱症、脂肪肝出血综合征、产蛋率下降、脱肛、初产蛋鸡瘫痪综合征等管理不善引起的疾病等。

随着养鸡规模扩大、管理养殖条件千差万别、防疫措施加强、病原不断变异等因素,一次疫情中几种病因、几种病原同时存在的情况有增无减。例如,气温过低、密度过大,传染性支气管炎病毒混合感染大肠杆菌引起的疫情。

131. 人畜共患疫病有哪些?

人畜共患病是指脊椎动物与人类之间自然传播和感染的疾病。它是由病毒、细菌、衣原体、立克次体、支原体、螺旋体、真菌、原虫和蠕虫等病原体所引起疾病的总称。主要有以下几类：

①由细菌引起的人畜共患病如鼠疫、布氏杆菌病、鼻疽、炭疽、猪丹毒、结核病等。

②由病毒引起的人畜共患病，如"非典"、禽流感、流行性乙型脑炎、狂犬病等。

③由衣原体引起的人畜共患病，如鹦鹉热等。

④由立克次氏体引起的人畜共患病，如恙虫病、Q 热等。

⑤由真菌引起的人畜共患病，如念珠菌病等。

⑥由寄生虫引起的人畜共患病，属于原虫的有弓形虫、肉孢子虫、隐孢子虫；属于吸虫的有东毕血吸虫、肝片吸虫、中华双腔吸虫、卫氏并殖吸虫、华支睾吸虫；属于绦虫的有猪囊尾蚴、棘球蚴、多头绦虫、牛囊尾蚴、犬复殖孔绦虫、微小膜壳绦虫；属于线虫的有旋毛虫、弓首蛔虫、肾膨结线虫；蝇蛆有羊狂蝇蛆。

132. 养鸡防疫措施的关键环节有哪些?

加强防疫措施，是搞好养鸡生产的关键环节。

①引进健康鸡苗或种蛋。不管新、老鸡场，如需购种，一定要引进健康的鸡种或种蛋。特别是引进种鸡，除引种前了解该场是否有传染病外，引入的种鸡仍需隔离观察15~25 天，确定无病才能转入生产区。肉用鸡场的鸡一经出场后，就不许返回。

②加强环境卫生。环境卫生的好坏直接影响鸡体健康，应及时清除鸡舍附近的杂草、垃圾、运动场内的积水污泥。经常疏通阴沟水道，保持周围干净清洁，减少各种传染媒介和病菌滋生。

③严格执行消毒隔离制度。鸡场一定要建立各种防疫消毒制度，包括人员、车辆、鸡舍、用具、种蛋、环境、宿舍、办公室等的消毒。鸡舍除饲养员外，其他人员未经同意一律不准进入。工作人员出入鸡场要换鞋、洗手。鸡场和鸡舍的进出口要设置消毒池（坑），放入消毒药液，以便进出人员、车辆消毒。

④按程序有计划地进行免疫接种和驱虫。根据当地疫情制定适合的免疫程序，并严格执行，定期驱虫。

⑤定期检疫监测。采集血清等样品，定期送实验室进行疫病和免疫抗体检测。

133. 环境保护和养鸡防疫有何关系?

环境保护是控制畜禽疫病的必要环节。农村规模养鸡场对环境的污染影响较大，如粪尿、养鸡场的污水及加工废弃物，对土壤和水源等环境造成污染，并由此对自然环境、人体健康及养殖生产造成各种危害，随环境污染造成的病原散播和疫情扩散，对周围养鸡场（户）形成威胁，严重制约着养鸡业的健康持续发展。各养殖小区、养鸡场应当按照《畜禽养殖污染防治管理办法》的要求，坚持综合利用优先和资源化、无害化、减量化的原则，最大限度地保护环境。

134. 养殖场（户）要做好哪些档案记？

养殖档案主要包括养鸡场建设、养殖管理、动物及产品出入、生长日志、免疫、检疫、疾病治疗、用药、疫病处理、动物的筛选和淘汰、人员的健康状况、管理制度、财务管理等。《无公害食品生鸡饲养兽医防疫准则》和《畜禽标识和养殖档案管理办法》等规范、法令对记录也有规定，即每群生鸡都应有相关的资料记录，其内容包括：鸡的来源，饲料消耗情况，发病、死亡及发病死亡原因，无害化处理情况，实验室检查及其结果，用药及免疫接种情况，发运目的地。鸡群全部出栏后所有记录应保存两年以上。

135. 疫病监测对防疫有什么意义？

为了能预先掌握所饲养动物的健康水平和潜在的病原危害，以便及早采取有针对性的免疫、消毒、隔离等措施，养鸡场必须开展疫病监测工作。最便捷的办法就是采集动物血样或其他材料，送到实验室进行检验，查明有无潜伏期或带菌带毒的家禽，根据检测结果，对带菌带毒家禽及早淘汰，对群体做出针对性的免疫接种等处理措施。

136. 什么是免疫（驱虫）程序？

免疫（驱虫）程序是根据本场所养畜禽及其周围相关畜禽的疫病（传染病和寄生虫病）情况，结合所用疫苗（驱虫药）的作用时限，通过一系列相关抗体（驱虫效果）检测所制定的免疫（驱虫）计划。

137. 疫苗有哪些种类？

①弱毒苗。利用天然弱毒或人工致弱保留其免疫原性的病毒（或细菌），经增殖后加保护剂制成冻干苗，这种苗在生产中已得到广泛应用，也有不加保护剂的湿苗。

②油乳剂灭活苗。这类疫苗应用得最广泛，根据生产工艺的不同，可分为油包水单相油乳剂灭活苗和油包水水包油的双相油乳剂灭活苗。它们的共同特点是注射到皮下或肌肉组织后缓慢释放，长期持续刺激机体产生高效价的抗体。油包水型油乳剂灭活苗注射到机体组织后，其局部刺激性较双相油乳剂灭活苗大。

③蜂胶灭活苗。病原经增殖培养到一定浓度，灭活后加入一定比例的蜂胶混合而成。由于蜂胶本身具有增强免疫功能的作用，再加之佐剂效应在生产中能起到较好的免疫保护效果，但免疫后抗体效价及抗体持续时间不如油乳剂灭活苗。

④氢氧化铝灭活苗。利用氢氧化铝的佐剂及吸附作用以提高病原灭活后直接注射到机体的免疫效果。此种灭活苗免疫效果不如蜂胶灭活苗，但它最突出的优点是对注射局部刺激小。因此，在医学上广泛使用，在兽医领域目前主要用于某些宠物和珍禽疫苗

佐剂。

⑤亚单位疫苗。微生物经物理或化学方法处理，除去其无效的毒性物质，提取其有效抗原部分制备的疫苗。亚单位疫苗免疫效果极好，如脑膜炎球菌多糖疫苗、肺炎球菌荚膜多价多糖疫苗、口蹄疫 VP3 疫苗以及流感血凝素疫苗等。但是，亚单位疫苗成本高，工厂化生产困难，至少在近期内很难推广应用。

⑥基因工程疫苗。利用基因工程等生物技术生产的疫苗。

⑦寄生虫疫苗。目前在养禽场应用最广泛的为鸡球虫疫苗。

138. 可以通过哪些途径进行疫苗接种?

（1）饮水免疫

饮水免疫可避免逐只抓鸡，减少工作人员劳动强度及鸡群应激，适用于规模化的大型养禽场，但影响免疫效果的因素较多。在操作实施时应注意：疫苗应为高效价的活苗，稀释疫苗所用的水中应加入 0.1%~0.3% 的脱脂乳，一般用清凉的深井水，禁用加有漂白粉或有氯的自来水。为了保证每只鸡在短时间能饮到足够的疫苗量，饮水免疫前，视天气情况，停水 2~4 小时；稀释疫苗所用水量应根据鸡日龄及当时室温确定，疫苗稀释液应在 1~2 小时内全部饮完；为使鸡群获得均匀的免疫效果，应准备充足的饮水器，使免疫鸡群 2/3 以上的鸡能同时饮水；饮水器不得置于直射阳光下；夏季天气炎热，饮水免疫最好安排在早上或晚间进行。应当注意，饮水免疫期间，水、饲料中不得含有能杀灭疫苗病毒的药物或其他物质。

（2）滴鼻点眼

滴鼻点眼是目前雏鸡常用的方法，若操作正确，能获得较好的效果，尤其是预防呼吸道疾病的疫苗（如新城疫等）。但这种方法需要较多劳动力，对鸡群造成较大的应激反应。用此方法需要注意，稀释液必须用蒸馏水或生理盐水；免疫剂量应尽量准确；在免疫期时应保证将疫苗滴入眼和鼻孔内并吸入；最好根据自己所用的滴管或针头事先滴试，确定好免疫量；为减少应激，最好在晚间进行，如天气阴凉也可在白天适当关闭门窗后，在稍暗的光线下进行。

（3）气雾免疫

气雾免疫是群体免疫的好方法，既能刺激机体产生良好的免疫应答，又能增强局部黏膜的抵抗力，但是使用此法必须具备气雾免疫的条件和设备，才能达到使用本法的目的。特别是使用油佐剂的鸡群，当发现鸡群抗体水平下降或参差不齐时（有条件的鸡场可以做抗体水平测定），选用本法进行辅助免疫，不仅省时省力，效果也较满意。但是气雾免疫容易激发慢性呼吸道疾病的爆发。气雾免疫中应注意：气雾前应对相关设备进行调试、检查，以保证雾滴的大小；气雾机喷头应鸡群上方50~80厘米处，对准鸡头来回移动喷雾，使气雾全部覆盖鸡群，气雾完毕后背部羽毛略感潮湿为宜；疫苗稀释应用去离子水或蒸馏水，不能使用自来水、冷开水，并在稀释液中加入0.1%的脱脂乳或3%~5%的甘油，稀释液的用量因气雾机及鸡群的密度而异，按说明书的推荐量使用；气雾期间，应关闭鸡舍所有门窗和风机、风扇，停止喷雾20~30分钟后，方可开启所有门窗和风机、风扇（视室温而定）。此外，气雾时鸡舍内温度应适宜，不能太高或太低，若气温较高，可在凌晨或晚间较凉爽时进行，相对湿度在70%左右最为合适。

（4）肌肉或皮下注射

此法剂量准确，效果确实，但耗费劳力，鸡群应激大。使用本法时应注意：连续注射器连接部分、针头用前必须消毒，经常校对连续注射器刻度与实际容量间的误差；疫苗注射过程中，应边注射边摇匀，力求疫苗的均匀；接种时先接种健康鸡群，最后接种有病鸡群；注射过程中必要时更换针头，以防止注射疫苗而引起疾病的传播或接种部位的感染。皮下注射部位一般选择颈背部下1/3处，针头应向后向下，针头方向与颈部纵轴基本平行，雏鸡进针深度为0.5~1厘米，较大的鸡为1~1.5厘米。肌肉注射一般选择胸肌，针头方向与胸骨大致平行，进针深度同皮下注射。

此外还有鸡痘苗的刺种，一般用特制的刺种针蘸上疫苗液刺翅膀内侧无毛处。

139. 什么是抗体？抗体有什么作用？

抗体是在抗原（如细菌、病毒等）刺激下产生的，并能与抗原特异性结合的免疫球蛋白。抗体主要存在于血液、其他体液（包括组织液）和外分泌液中。打疫苗就是为了让机体产生抗体，抵抗相应的疫病。

140. 给鸡接种疫苗后发病死亡是什么原因？

出现这种情况一般有三种原因：

①鸡群可能已经受到该病原体的感染，在接受疫苗免疫后很可能激发该病的发生。

②在进行疫苗接种过程中，由于消毒不严格，造成了病原体的感染而发病。

③疫苗质量可能不合格，或免疫剂量不当而造成免疫后发病。疫苗的运输、储存过程对疫苗质量有很大影响。

141. 怎样减少免疫失败？

预防免疫失败的主要措施包括：一是注意严格控制疾病的传染源，严防病原的入侵，从防控疫病的源头抓起。二是重视动物养殖场的环境卫生，改善动物生态环境。三是加强饲养管理，提高动物的体质，增强动物抗病能力。四是加强检疫、消毒、隔离工作，防止传染病的水平传播。五是因地制宜地认真做好科学免疫工作。重点注意以下几点：

①必须证明确实已受到严重威胁时，才能计划接种，对高毒力型的疫苗更应非常慎重，非不得已不引进使用。

②根据所饲养动物的用途、种类及饲养规模，选用不同的疫苗及制定不同的免疫程序。

③加强免疫前检测工作，及时注意发现和淘汰带毒动物及隐性感染动物，特别注意能经胎盘垂直传播的疾病和能生产免疫抑制的疾病，并防止母源抗体的干扰作用。

④选择免疫途径，根据疾病的性质、疫苗的特点，采用合理、有效的免疫接种途径。

⑤充分认识不同疫苗之间的干扰或协同作用，对接种时间做出科学安排。

⑥注意所选择疫苗毒株的血清型、亚型或株型与本地、本场所流行的毒株的一致性。同时根据疫苗的性质和质量，正确地选择疫苗种类。

⑦注意疫苗的使用剂量一定要足，但不可过大，同时注意疫苗稀释量的确定。

⑧对难以控制的传染病，应考虑灭活苗和活疫苗同时使用，并了解活苗和灭活苗的优缺点及相互关系，合理搭配使用。

⑨根据免疫监测结果及突发疾病的性质，对免疫程序做出必要的修改和补充等。

⑩防疫人员在进行免疫接种工作时，需穿工作服及胶鞋，接种工作开始前和结束后用清水洗净并消毒。最后就是在免疫时考虑使用免疫促进剂，如维生素、黄芪多糖和干扰素等。

不可指望只做好某一项工作就避免出现免疫失败，只有做好动物疾病的综合防控，才能有效地防止免疫失败。

142. 怎样选择消毒药物？

针对所要杀灭的微生物的特点，选择合适的消毒剂是消毒工作成败的关键。消毒剂按其作用水平分为高效、中效、低效三类。高效消毒剂可以杀灭一切微生物，如复合酚、有机氯、过氧乙酸等消毒剂，因此常用作灭菌剂。中效消毒剂除不能杀灭细菌芽孢外，可杀灭包括结核杆菌在内的其他各种微生物，如苯酚和普通含氯、含碘制剂等。低效消毒剂可杀灭细菌繁殖体、真菌和亲脂病毒，但不能杀灭细菌芽孢、结核杆菌和亲水病毒，如季铵盐类、氯己定等。目前，消毒剂市场良莠不齐，有些厂家毫无根据片面夸大产品作用，宣称零缺点，有些产品实效量与标示量相差甚远。因此，在选择市售消毒剂时，要了解其成分和性质，认准权威单位指定和推荐的产品，选择广谱、高效、安全、使用方便又不易受环境条件影响的消毒剂，这样才不至于被广告宣传所迷惑。

143. 程序化消毒的技术要点有哪些？

消毒是控制微生物感染强度、阻止病原侵入、防治传染病的主要措施之一，必须正确规范实施，常抓不懈。农业农村部对禽流感等重大动物疫病预防和扑灭工作中的消毒进行了规定，既要遵照执行、也可以在其他疫病的预防控制工作中参考执行。

①场内环境消毒。先清除场地上的杂物、粪便等，若为水泥地面，冲洗干净后再配制消毒药物消毒。地面每周1次，墙壁至少每半年粉刷1遍。养鸡场门口和鸡舍门口必须设消毒池，用3%火碱溶液加入池内，每周更换1次。

②鸡舍以及饲养用具消毒。当一批鸡饲养结束并全部出栏后，首先彻底清除所有鸡粪和使用过的垫料，然后认真清洁舍内的门窗、地面、鸡笼。冲洗屋顶、墙壁、门窗、笼具、地面，再使用0.2%的过氧乙酸或农福等喷洒，注意喷洒彻底全面，不留死角，干燥后用3%火碱喷洒地面。所有使用过或要使用的料槽、水槽以及舍内所有的用具，清洗后用0.1%新洁尔灭或其他消毒剂浸泡2~3小时，晾干，待熏蒸。育雏用的垫料用菌毒敌或百毒杀等喷洒后暴晒干，铺到地面上待熏蒸。至少在进鸡前3天，地面干燥后放进所有的用具，封闭门窗，以福尔马林28毫升每立方米，高锰酸钾14克每立方米，水14毫升每立方米的剂量熏蒸。

③饮用水的消毒。饮用水通常使用0.03%~0.05%的漂白粉或5毫克每千克次氯酸钠，雏鸡可用0.1%高锰酸钾。

④养鸡圈舍和鸡的消毒。选择对鸡生长发育无害而又能杀死病原微生物的消毒剂，如过氧乙酸、次氯酸钠、百毒杀等。一般每种消毒剂使用2~3周后必须更换，以发挥各种消毒剂的优势，有效抑杀各类有害微生物。平时每周消毒2~3次，出现疫情苗头时每天消毒1~2次。

⑤工作服等的消毒。所有工作服，工作鞋等清洗干净并晾干后，在紫外线下照射20分钟，进入鸡舍前鞋底要浸入消毒池内片刻。

注意事项：消毒剂消毒约需10分钟才能发挥效力，根据消毒的目的，按消毒剂说明配制成一定的使用浓度。带鸡消毒时消毒剂数量以30毫升每立方米为宜，且喷雾器喷头朝上，以减少应激。采用点眼、滴鼻、喷雾方式接种疫苗前后3天不得带鸡消毒。

144. 怎样进行带鸡消毒？

正在使用的鸡舍可用过氧乙酸进行带鸡消毒，每立方米空间用30毫升的纯过氧乙酸配成0.2%~0.5%的溶液喷洒，选用大雾滴的喷头，然后喷洒鸡舍各部位、设备、鸡群。一般每周带鸡消毒1~2次，发生疫病期间每天带鸡消毒1次。或选用其他高效、低毒、广谱、无刺激性的消毒药，如将700毫克每千克爱迪伏液经1:160倍稀释后带鸡消毒，效果良好。也可用50%的百毒杀原液经1:3000倍稀释后带鸡消毒。寒冷的冬季不要把鸡体喷得太湿，可以使用温水稀释；夏季带鸡消毒有利于降温和减少热应激死亡。

145. 常用鸡舍消毒的方法有哪些?

鸡淘汰或转群后,要对鸡舍进行彻底的清洁消毒,消毒的步骤如下。

①清理清扫。移出能够移出的设备和用具,清理舍内杂物,然后将鸡舍各个部位、任何角落时所有灰尘、垃圾及粪便清理、清扫干净。清扫出的尘埃垃圾要烧掉。为了减少尘埃飞扬,清扫前喷洒消毒药。

②冲洗。用高压水枪冲洗鸡舍的墙壁、地面、屋顶和不能移出的设备用具,不留一点污垢。

③消毒药喷洒。鸡舍冲洗干燥后,用5%~8%的火碱溶液喷洒地面、墙壁、屋顶、笼具、饲槽等2~3次,用清水洗刷饲槽和饮水器。其他不易用水冲洗和火碱消毒的设备可以用其他消毒液涂擦。

④熏蒸消毒。能够密闭的鸡舍,特别是雏鸡舍,密闭后使用福尔马林溶液和高锰酸钾熏蒸24~48小时。具体方法是:封闭育雏舍的窗和所有缝隙。根据育雏舍的空间分别计算好福尔马林和高锰酸钾的用量,一般每立方米空间用高浓度福尔马林14毫升,高锰酸钾7克,比例为2:1。把高锰酸钾放入陶瓷或瓦制的容器内,将福尔马林溶液缓缓倒入,迅速撤离,封闭好门。熏蒸效果最佳的环境温度是24℃以上,相对湿度75%~80%,熏蒸时间24~48小时。熏蒸后打开门窗通风换气1~2天。不立即使用的可以不打开门窗,待用前再打开门窗通风。熏蒸时要特别注意,两种药物反应剧烈,因此盛装药品的容器尽量大些,熏蒸后可以检查药物反应情况。若残渣是些微湿的褐色粉末,则表明反应良好。若残渣呈紫色,则表明福尔马林量不足或药效降低。若残渣太湿,则表明高锰酸钾量不足或药效降低。

146. 当前中国鸡传染病流行有什么特点?

新的传染病开始流行并造成很大危害,如高致病性禽流感病毒等;免疫抑制性疾病普遍存在于各鸡场,造成鸡只的免疫应答能力下降或失去免疫应答能力;疾病非典型化占据主流,如非典型性新城疫;混合感染越来越普遍;由于使用药物不当等原因引起的营养代谢病、药物中毒病有所增加。

147. 造成鸡传染病不断发生的主要原因有哪些?

一是对鸡传染病出现的新情况认识不足。二是引种混乱、检疫不严。三是兽药、疫苗质量不稳定,使用不当。四是饲养规模和密度过大、通风换气不良、各种应激因素增多、粪尿和污水排放量过大、处理能力不足、缺乏生物安全意识,致使环境性病原菌如大肠杆菌、葡萄球菌、沙门氏菌、巴氏杆菌等广泛存在于饲养环境之中,通过各种途径进行传播。这些环境性病原菌引发的疫病已成为养鸡场的常见病和多发病,危害也越来越严重。一旦发生，往往出现混合感染和继发感染，使用多种抗菌药物治疗无效，造成重大的经济损失。环境性病原菌引发的疫病已成为养鸡场的常见病和多发病，危害也越来越严重。五是饲养规模越来越大。六是诊断手段落后，不重视免疫监测。七是品种鸡的抗病性能差。八是生产发展与管理水平不同步。九是其他原因，如随着中国规模化养鸡场数量的增多，经营规模的扩大，畜禽及其产品流通市场的发展，给鸡病流行创造了有利条件；养鸡生产经营主体多元化，盲目扩大生产；基层防疫队伍不稳定，技术水平不高，防疫手段落后，防疫经费不足。

148. 多病因是什么意思？

多病因是目前畜禽疾病的一种重要特征，是指多种病原混合感染或病原与环境恶劣、管理不善等因素同时作用，引起疾病的方式。畜禽疫病种类增多，一些病原的血清型众多，部分病原毒力增强或减弱，特别是混合感染和继发感染明显增多，一次疫情由两种以上的病毒、一种病毒的几个血清型、病毒与细菌或细菌与寄生虫同时感染致病的情况屡见不鲜，如鸡新城疫病毒和鸡法氏囊病病毒、鸡新城疫病毒和大肠埃希菌以及球虫、传染性支气管炎病毒和鸡毒支原体等的混合感染是非常多见的，这种情况是多病因最重要的一个方面，病原入侵和环境恶劣同时致病，是多病因的另一方面。

149. 发病后如何正确地诊断疾病？

（1）正确诊断

正确诊断是制定合理、有效防治措施的依据。日常生产中，饲养员和防疫员应当随时观察畜禽群体的采食、运动、休息状况，发病时更应加强观察（或称为巡视）。当发现畜禽采食量下降或精神不好等异常情况时，应立即采取一定的方法对发生的情况进行诊断定性，最好咨询或邀请专业人员协助检查，必要时采取病料送到实验室确诊。诊断畜禽传染病常用的方法有观察临床症状、分析流行特点、观察解剖变化、实验室化验等。

（2）流行特点观察与分析

分析流行特点时，应搞清三个问题。一是本次流行的情况，如最初发病的时间、地点，随后蔓延的情况，目前的疫情分布以及畜禽的数量情况、发病畜禽的种类、数量、年龄、性别，查明其感染率、发病率、病死率和死亡率；二是分析疫情的来源；三是分析、掌握传播途径和方式等。

（3）病理剖检

患各种传染病而死亡的畜禽尸体，一般有一定的病理变化可作为诊断的依据之一，如鸡马立克氏病等，都有特征性的病理变化，这些病变常有很大的诊断价值。有的病禽，特别是最急性死亡的病例，特征性的病变可能尚未出现，因此进行病理剖检诊断时尽可能多检查几只，并选择症状较典型的病例进行剖检。这里需要说明的是，随着疾病受到环境和人为的控制，病原体对环境的逐渐适应，疾病的病变发生了巨大的变化，一些特有的、示病性变化逐渐消失、代之以非典型性的病理变化，同时混合感染、继发感染等情况的出现，使病理变化更加复杂化。

在观察临床症状、分析流行特点、观察解剖变化的基础上，怀疑传染病、中毒病时很有必要采集病料送实验室化验确诊。

150. 怎样观察蛋鸡群的状况？

鸡舍的日常管理工作除喂料、拣蛋、打扫卫生和生产记录外，最重要、最经常的任务是观察和管理鸡群，掌握鸡群的健康及产蛋情况，及时准确地发现问题和解决问题，保证鸡群的健康和高产。观察鸡群的目的是掌握鸡群的健康状况、精神状态、采食情况和生产状况。

①观察鸡群的精神状态。清晨开灯后随时注意观察，若发现病鸡应及时挑出隔离饲养或淘汰，若发现死鸡尤其是突然死亡且数量较多时，要立即送兽医实验室确诊，及早发现和控制疫情。一般情况下，鸡群应羽毛整齐，警觉性高。当有人进入鸡舍或者鸡舍内有声响时，鸡群的表现应机警，反应灵敏，停止采食。

②观察鸡群的采食和饮水情况。喂料给水时，观察饲槽和水槽的结构和数量是否能满足产蛋鸡的需要。每天应统计耗料量，发现鸡群采食量下降时，都应及时找出原因，加以解决。对饮水量的变化也应重视，往往是发病的先兆。

③观察脱肛、啄肛现象。多数鸡开产后，应注意观察有无脱肛、啄肛现象，及时将啄肛鸡和被啄鸡分开，并对伤者进行治疗。

④观察鸡的粪便情况。鸡粪便是鸡饲料经消化道吸收后剩余泄殖腔内与肾脏排出的尿液混合在一起形成的。正常的鸡粪便颜色呈灰褐色，不软不硬，形状有圆柱条状，表面覆盖着白色的尿酸盐。因疾病、饲养管理不当或质量差等都会造成粪便颜色异常。

⑤观察有无意外伤害。及时解脱挂头、别脖、扎翅的鸡，捉回挣出笼的鸡。发现好斗的鸡及受强鸡欺压不能正常采食、饮水、活动的弱鸡，及时调整鸡笼，避免造成损失。防止飞鸟、老鼠等进入鸡舍引起惊群、炸群和传播疾病。

⑥观察鸡群有无生长异常。由于人工调节环境及饲料营养不良等原因，可能引起鸡群生长异常，应采取有效措施进行调节。对发育不良的鸡和产蛋高峰后鸡冠萎缩发白的鸡，加喂微量元素、维生素 E（5 国际单位每千克饲料）等，促进早日开产和恢复产蛋。对于 7 月龄左右仍未开产或加喂多维素及微量元素等 1 个月后仍未恢复产蛋的鸡，通过产蛋记录（做一周）核实后给予淘汰。

⑦观察有无呼吸道疾病。观察鸡有无甩鼻、流涕行为，夜间倾听鸡有无呼吸道所发出的异常声响，如呼噜、咳嗽、喷嚏、啰音等。若有必须马上挑出，有一只挑一只，不能拖延，并隔离治疗，以防疾病传播蔓延。

151. 怎样剖检家禽？

（1）解剖前的准备

供检家禽的准备，临床病、死家禽应有广泛代表性，患病未死亡的家禽应是临床症状表现明显的个体。死亡的尸体，死亡时间不宜过长，不腐败发臭。供剖尸体不少于3~5只。如果要送检，应装在密闭的容器内，并做好消毒处理。

（2）材料的准备

解剖前应选好偏僻、易消毒的解剖地点，装尸体用密闭塑料袋，消毒喷雾器，足够量的消毒药品和解剖刀、手剪、镊子等。

解剖人员应戴好口罩、手套，穿好医用工作服或防护服，必要时应戴好护眼镜和穿好工作靴。

（3）解剖操作方法及步骤

①在塑料盒里盛满规定浓度的、对皮肤无刺激性的消毒液。死亡病禽的尸体应完全浸泡在消毒液中10~20分钟，患病未死亡病禽应事先致死，后再浸泡消毒10~20分钟。

②剥开皮肤。保持禽尸体仰卧姿势，用手术剪剪开两后肢内侧腋下皮肤，压平两后肢使髋关节脱臼，然后在腹部两髋关节连线腹中线切开皮肤不伤及肌肉。沿切口横向切开腹部皮肤，再沿两侧翅膀基部与腿部连线切开皮肤。一手压紧两后肢，另一手抓紧胸腹部皮肤往前剥开，切断两侧与肩背部相连皮肤，后用手术剪剪开颈部皮肤。此时颈部、胸部、腹前部肌肉组织完全暴露，然后再剥开下腹部皮肤至肛门处。清理剥皮后尸体上毛屑等污物，此时可观察皮下，气管外部胸肌、腹肌、腿肌、胸腺、关节的病理变化以及钝性分离腿部股内侧肌和内收肌以观察坐骨神经。

③剖开胸腹腔。用手术剪挑破腹中线处肌肉各层，并向两侧扩创，此时应注意不能剪破肠道。沿两侧肋软骨连接线方向切开丰厚的胸肌，然后再用骨剪剪断两侧乌喙骨和锁骨，避免剪断乌喙骨与第一肋骨间的大血管。切开两侧筋膜和肌肉连接，掀掉整个胸骨：剪开胸壁时宜用钝嘴手术剪和骨剪，以免刺破肝脏、心包、心脏，此时大部分内脏器官暴露出来，观察气管、支气管外部、肺部、气囊、食道、腺胃、肌胃、大小肠、盲肠、胰腺、肝脏、胆囊、脾脏、肠系膜脂肪、卵巢、输卵管。

④剖开内脏器官。剪开心包观察心包膜和心包液，暴露心脏观察心脏外膜、心肌和冠状脂肪，必要时可剖开心脏观察内膜和心肌质地，然后摘除心脏。接着可剖开喉头、

气管、支气管和肺部查看有无出血，炎症及炎症产物和异常生理情况。然后再剖开食道、嗉囊、腺胃、肌胃、小肠、盲肠和大肠直到泄殖腔观察黏膜层、肌层、腺胃乳头有无病变，包括充血、出血、炎症病变，内容物和寄生虫。分离腹膜脏层，取出肝脏、脾脏、胰腺和肠道。查看肾脏、输尿管、卵巢、输卵管及剖开泄殖腔和法氏囊。必要时可剖开眶下窦、头部、观察眶下窦及大脑、小脑的病变。

通过上述各步解剖观察，能系统地了解各组织器官的剖检变化，为临床诊断提供依据。当怀疑为高致病性禽流感等动物疫病时，严禁养殖场户进行剖检。

152. 怎样通过剖检变化初步诊断鸡病？

剖检作为疾病诊断的基本手段，因易于操作，在生产中被广泛采用。但由于鸡病种类繁多，不同疾病常出现类似病变，因此，能否正确鉴别它们，是做出正确临床诊断的基础。以下为出现某病变时，应怀疑的一些疾病。

①皮下水肿。水肿部位多见于胸腹部及两腿内侧，渗出液以胶冻样为主。渗出液颜色呈黄绿或蓝绿色，怀疑绿脓杆菌病、硒和维生素E缺乏症。渗出液颜色呈黄白色怀疑禽霍乱。渗出液颜色呈蓝紫色怀疑葡萄球菌病。

②胸腿肌肉出血。出血为点状或斑状，常怀疑的疾病有传染性法氏囊病、禽霍乱、葡萄球菌病。维生素K缺乏症、磺胺类药物中毒、黄曲霉毒素中毒、包涵体肝炎、住白细胞虫病也可见肌肉出血。

③气管、喉头病变。气管、喉头病变常为黏膜充血、出血，气管、喉头有黏液等渗出物，该病变主要见于呼吸系统疾病。喉头、气管黏膜弥漫性出血，内有带血黏液怀疑传染性喉气管炎。气管环黏膜有出血点怀疑新城疫。败血性霉形体、传染性鼻炎也可见到呼吸道有黏液渗出物等病变。

④肝脏病变。导致肝脏出现坏死灶的疾病有禽霍乱、鸡白痢、伤寒、急性大肠杆菌病、绿脓杆菌病、螺旋体病、痢菌净中毒等。导致肝脏有灰白结节的疾病有马立克氏病、禽结核、鸡白痢、白血病、慢性黄曲霉毒素中毒、住白细胞虫病。

⑤肠道出血。肠道出血是许多疾病急性期共有的症状，如新城疫、传染性法氏囊病、禽霍乱、葡萄球菌病、链球菌病、坏死性肠炎、绿脓杆菌病、球虫病、禽流感、中毒等疾病。

⑥盲肠病变。盲肠病变主要为盲肠内有干酪样物堵塞，这种病变所提示疾病有盲肠球虫病、组织滴虫病、副伤寒、鸡白痢。

⑦腺胃黏膜出血。新城疫可见黏膜乳头或乳头间出血，传染性法氏囊病、螺旋体病多见肌胃与腺胃交界处黏膜出血。导致腺胃黏膜出血的疾病还有痢菌净中毒、磺胺类药

物中毒、禽流感、包涵体肝炎等。

⑧输尿管尿酸盐沉积。导致肾脏功能障碍的疾病均可引起输尿管尿酸盐沉积，如痛风、传染性法氏囊病、维生素 A 缺乏症、传染性支气管炎、鸡白痢、螺旋体病和长期过量使用药物。

⑨腹水。常见病有腹水症、大肠杆菌病、黄曲霉毒素中毒、硒和维生素 E 缺乏症、鸡白痢、副伤寒、卵黄性腹膜炎。

⑩心肌结节。这种病变主要见于大肠杆菌肉芽肿、马立克氏病、鸡白痢、伤寒、磺胺类药物中毒。

⑪腹膜炎。主要见于鸡大肠杆菌病、卵黄性腹膜炎、鸡白痢、伤寒、禽霍乱、组织滴虫病、败血性霉形体病。

上述只是临床中的一些常见病变。临床上由于疾病性质、疫苗或药物使用等条件的影响，同一疾病在不同条件下其症状也随之发生了变化，而且有的鸡群可能存在并发或继发疾病的复杂情况。因此，在临床诊断时应辩证地分析病理剖检变化。病变不是孤立存在的，要抓住重点病变，综合整体剖检变化，结合鸡群饲养管理、流行病学和临床症状综合分析，才可能做出正确的临床诊断，从而为控制疾病提供科学依据。

153. 哪些病可导致鸡的神经症状？

禽流感、鸡新城疫、鸡马立克氏病、维生素 B_1 缺乏症、呋喃类药物中毒、双胍类药物中毒、克球粉中毒、煤烟中毒和氨气中毒等都可能出现颈部偏向左右、向上、扭转的神经症状。

154. 什么是正常菌群？有什么作用？

鸡体内的正常菌群也是重要的非特异性免疫因素之一。刚孵出的雏鸡皮肤和黏膜基本无菌，孵出后很快从环境中获得微生物，这些微生物在鸡消化道等特定栖居所定居繁殖，其种类和数量保持基本稳定，正常情况下它们并不致病，而且对一些病原体有拮抗作用，同时正常菌群对刺激免疫器官的发育成熟也有重要意义。如小鸡盲肠扁桃体的出现即依赖于其肠道内正常菌群等抗原的刺激。用抗菌药物时间过长，药物过量等都会伤害正常的菌群，降低鸡的抵抗力，或引起疾病。

155. 怎样合理选购兽药？

一要了解兽药基本常识。兽药可分为原料药、针剂、片剂、水溶剂、生物制剂及药物添加剂。其中生物制剂主要为预防动物疫病用，成本低，效果好，副作用小，如各种疫苗等。针剂分为水针剂和粉针剂，生产成对较高，价格较贵，但作用快，效果明显，用药期短。片剂、水溶剂和药物添加剂生产成本相对较低，使用方便，具有特定疗效，乡村农户及养殖散户多用。兽药优劣可从外观上初步识别：从商标和标签上看，一般合格兽药生产单位生产的兽药，多带有"R"注册商标，标有"兽用"字样，并有省级以上兽药行政管理部门核发的产品生产批准文号，产品的主要成分、含量、作用与用途、用法、用量、生产日期和有效期等内容。从产品本身看，水针剂和油溶剂不合格者，置于强光下观察，可见有微小颗粒或絮状物、杂质等；片剂不合格者，其包装粗糙，手触压片不紧，上有粉末附着，无防潮避光保护等。

二要选购正规和信誉度较好的兽药生产单位（通过 GMP 认证的单位）的产品。在选购兽药时不能只图便宜而不顾质量，并注意观察兽药包装上有无该药品的生产批准文号、厂家地址、生产日期、使用说明及有效期或保质期等内容。如果以上这些内容不全或不规范，则说明该兽药质量值得怀疑，最好不要购买。

三要了解兽药主要品种的有效成分、作用、用途及注意事项。同一类兽药有多个不同的品名，购买时要了解该产品的主要成分及含量，掌握其作用、用法及用量等内容。在使用过程中按照其说明进行使用，尽量避免因过量使用兽药造成药物浪费或畜禽中毒。

156. 怎样合理使用兽药？

目前人们普遍关注绿色食品、有机食品。针对畜牧生产中用药存在的问题，要正确认识，克服弊端，必须把握五个方面的原则：一是坚持预防为主、治疗为辅的原则。二是坚持对症下药的原则。三是坚持适度剂量的原则。四是坚持合理疗程的原则。五是坚持正确给药的原则。

①坚持预防为主、治疗为辅，减少鸡病和用药，必须用药时，要正确诊断、对症下药。

②熟悉药物的作用、不良反应和禁忌证，正确选择药物。

③选择适宜的给药方法，如注射、拌料或饮水。

④注意剂量、给药时间和次数，用药的次数取决于病情的需要，一般在体内清除快的药物，应增加给药次数；在体内清除慢的药物，应延长给药的间隔时间。

⑤注意鸡的用途、性别、年龄。

⑥合理地联合用药，联合用药就是为了增强治疗效果，减少或消除药物的不良反应，或治疗不同症状、并发症，常在同时或短期内使用两种或两种以上的药物。

⑦注意患病动物的饲养管理。药物的作用与饲养管理条件和外界环境因素（如温度、湿度等）有着密切的关系。动物群居拥挤可大大增加药物的毒性，饲养在黑暗和通风不良环境的动物，药物的副作用更为强烈，治疗效果减弱。

157. 导致畜禽传染病发生的因素有哪些?

(1) 有一定数量和足够毒力的病原微生物

病原微生物之所以能引起疾病，因为它具有致病的能力，也就是毒力。毒力就是指病原微生物具有在动物体内生长、繁殖、抵抗和抑制机体防御作用的能力。病原微生物使动物发病，不仅需要一定的毒力，也需要足够的数量。有时毒力虽强，但数量过少，也不能引起发病。

(2) 有对该传染病有感受性的动物

即对某种病原微生物没有免疫能力的动物，在自然条件下，病原微生物只有在具有感受性动物的机体内才能进行生长、繁殖。所以机体的机能状态对传染病的发生与否起着重要作用。如机体抵抗力强，病原微生物就不能在机体内发挥它的致病作用，反之，就会给病原微生物造成可乘之机。如肺疫病的发生与否，与机体的抵抗力的强弱及年龄、营养、生理机能和免疫状况等有密切关系。

(3) 有可促使病原微生物侵入易感动物体内的外界条件

这对机体的病原微生物都有影响，在良好的外界条件下，可增强机体的抵抗能力，降低病原微生物的致病作用，也可减少易感动物与病原微生物接触的机会。反之，会降低机体的抵抗力，且有利于病原微生物的生存，增强机体与病原微生物接触的机会，就会助长传染病的发生和发展。外界环境是可以人为改造的，变不利为有利，就可以有效地控制传染病的发生和流行。

上述三条是传染病发生的必备条件，如缺少其中任何一条，传染病就不可能发生。

158. 畜禽传染病的应急防控措施?

①迅速报告疫情。

②尽快做出正确诊断和查清疫情来源。

③隔离和处理患病动物。

④封锁疫点、疫区。

⑤受威胁区要严格防范，防止疫病传入受威胁区。

⑥兽医和卫生部门密切协作，共同在现场完成流行病学调查、动物和人间疫情的处置工作。

⑦解除封锁。

⑧对受威区域易感动物开展紧急免疫接种。

159. 畜禽传染病的综合防治措施?

（1）制定防疫计划

根据本地区目前和以往疫病流行情况，结合当地条件，制定出切实可行的具体防疫计划。

（2）预防接种

可使畜禽获得特异性免疫力，以减少或消除传染病发生，应定期进行和按月龄及时进行。由于动物疾病种类较多，有很多疾病传播快，死亡率高，甚至是人畜共患病，不但给畜牧业生产带来了严重的危害，而且给人类的生命安全带来了严重威胁。目前主要开展的免疫种类有：散养户，猪主要开展猪瘟、口蹄疫、蓝耳病，三种疫苗可同步免疫，"三苗两针"同步注射，即：用猪瘟或蓝耳病疫苗稀释液按 1 毫升稀释 1 头份，先稀释猪瘟苗再将稀释好的猪瘟苗去稀释蓝耳病疫苗行耳后肌肉注射，与此同时在猪的另一侧耳后注射口蹄疫疫苗；口蹄疫、蓝耳病免疫抗体保护期为 4 至 6 个月；牛主要开展炭疽，巴氏杆菌（出败），口蹄疫免疫，禽类主要开展新城疫，禽流感免疫。

（3）加强饲养管理

建立合乎畜禽卫生的饲养管理制度，以增强畜禽机体抵抗力。最好自繁、自养以减少疫病的传播。

160. 怎样预防雏鸡的疾病?

雏鸡体小娇嫩，抗病力弱，加上高密度饲养，一般很难达到100%的成活。重点应做好以下几方面的防病工作。

①采用"全进全出"的生产制度。整个家禽场或整个鸡舍养同一批鸡，同时进场（舍），又同时出场（舍），便于彻底地清扫、消毒，避免各种传染病的循环感染，也能使接种后的家禽获得一致的免疫力，不受干扰。

②保证饲料和饮水质量。配合饲料要求营养全面，混合均匀，以防雏鸡发生营养缺乏症和啄癖。严防饲料发霉、变质，以免雏鸡中毒。饮水最好是自来水厂的水，使用河水或井水时，要注意消毒。

③投药防病。在雏鸡的饲料和饮水中均匀加适量的药物，以预防雏鸡白痢、球虫病等。雏鸡1~3周龄期间，饲料或饮水中要注意加抗白痢药。15~60日龄时，饲料中要添加抗球虫药，接种疫苗前后几天最好停药。

④合理处理废弃物。合理处理家禽场的废弃物，如孵化废弃物、禽粪、死禽及污水等，使之既不对场内形成危害，也不对场外环境造成污染，最好能够适当地回收利用。

161. 120 日龄左右的蛋鸡开始出现死亡，部分病鸡主要表现为精神沉郁，食欲减退或绝食，饮欲增加，鸡冠肉髯呈暗红色或青紫色，多数病程 1~3 天。该怎么办？

首先隔离病鸡，加强消毒，报告疫情，死尸的无害化处理。如短时间内死亡增多，传播迅速时一定要立即向当地兽医主管部门县兽医局报告疫情发生情况。

其次是找兽医进行病死鸡剖检工作，仔细观察病理变化。如病鸡腹膜、皮下组织及腹部脂肪小点是否出血；心包内积有无黄色液体，心冠脂肪出血；肺是否有瘀血和出血；肝脏是否肿大，表面是否有灰白色坏死点；脾、肾有无充血、肿大，质地是否变软；消化道是否有出血等。

第三是无菌操作采取病死鸡的心、肝、脾脏，送相关兽医实验室做实验室诊断，如细菌分离培养等，若瑞氏染色可见一定数量的两极着色深、中间着色浅的球杆菌；革兰氏染色为阴性杆菌。再用生化培养鉴定属种，并做药物敏感试验。如分离鉴定出鸡巴氏杆菌，药敏试验选出对恩诺沙星、环丙沙星、林可霉素、头孢噻肟高敏，对土霉素、红霉素中敏，对卡那霉素、青霉素、庆大霉素低敏时，可选上述敏感药物治疗。

第四是落实治疗措施，并观察治疗效果，及时与兽医人员联系反馈，对病鸡可采取以下措施。

①在饲料中拌入抗敏感药物。每千克饲料中加入 100 毫克恩诺沙星混饲，重症不采食者可按治疗量肌注林可霉素，每天 2 次，连用 3 天。

②土霉素用法。混饲，按每 100 千克饲料 100~500 克用药，连用 7 天。

③对病鸡舍严格隔离。切断人员及其所有用具的交互来往和使用，清除杂物，集中烧毁。鸡舍周围环境用 2%的氢氧化钠溶液消毒，鸡舍内用 0.1%百毒杀进行带鸡消毒，每天一次。

④病死鸡和淘汰鸡集中深埋。

⑤用禽霍乱灭活疫苗对健康鸡只进行紧急免疫注射。每只鸡 2 毫升，1 次皮下或肌肉注射。

⑥多杀性巴氏杆菌是体内常在菌，当机体抵抗力下降时易发病，故要加强饲养管理。特别要搞好卫生消毒工作，减少应激。

162. 怎样预防高致病性禽流感？

本病由 A 型流感病毒引起发病，一旦发生将对鸡和火鸡危害严重。为了与新城疫区别，又有真性鸡瘟与欧洲鸡瘟之称。在世界许多国家都曾流行过，许多鸟类常携带 A 型流感病毒，给养禽业带来严重威胁。

本病大多数为急性经过，其主要表现有眼睑周围浮肿、肉冠和肉垂肿胀。肉冠上出现许多斑点状出血，出血部位隆起，在隆起中发生黄色的小点状坏死。脚鳞变成紫红色，并有一些深紫色的斑块出现。精神沉郁、下痢，排泄绿色粪便，两翼张开出现神经症状，死亡率可达 70% 以上。本病最急性死亡病例，肉眼只能看到心冠脂肪小出血点，其他内脏无明显变化。急性经过病例，可见眼睑周围肿胀，肉冠肿胀并有出血和坏死以及脚鳞紫变等变化。可见心冠脂肪有小点状出血，心肌有条纹状坏死斑，腺胃乳头出血斑点明显，脾肿胀并有小坏死点，胰腺有小坏死灶，肾表面可见密集的黄白色坏死灶等。

本病可采取肝、脾、肾和直肠内容，密封包装送省级动物疫病预防控制中心诊断。

养禽户应当积极配合动物防疫部门的防疫工作，可以预防高致病性禽流感。计划自己免疫的场户，可在 14 日龄、35 日龄、125 日龄、215 日龄时分别接种禽流感灭活疫苗，同时采取消毒隔离等措施。发病后配合当地政府的封锁、扑灭工作，禽类全部扑杀、销毁。并封锁疫点，防止扩散。

163. 温和型禽流感有何表现？

发病初期症状类似新城疫，个别流眼泪，脸部稍肿胀，有的全群采食量减少。解剖见输卵管肿胀，内有白色脓样分泌物。子宫黏膜严重水肿，这是本病的特征性变化。盲肠扁桃体轻微肿大或轻微出血，卵巢严重变性，中后期死亡严重。拉绿色粪便，产蛋下降，蛋壳质量部分变差，部分鸡群晚上发出"小孩哭"的声音，部分患病鸡群不出现明显的呼吸道异常声音，这类患病鸡群死亡率相对要高，中后期很难控制死亡。治疗用特效抗流感药物，饮水 4~6 天可以控制疫情。值得提醒的是，本病极易和新城疫混淆，临床上表现极为相似，大部分兽医容易出现误诊，因而有必要及时进行实验室确诊。发病 3 天后再做治疗已经过晚，建议淘汰患病鸡群。

本地区如果有温和性流行性感冒的威胁，建议用禽流感 H5 和 H9 二联灭活苗，可在 14 日龄、35 日龄、125 日龄、215 日龄全群免疫接种。为防止注射疫苗的应激引起其他病原感染发病，可以在注射疫苗的同时用干扰素饮水 2~3 次，1 天 1 次，并在饲料或饮水中加入恩诺沙星等药品。灭活疫苗可以和任何抗病毒药物同时使用，包括干扰素。干扰素不会削弱或抵消机体内的任何抗体。

164. 为什么鸡群经常发生顽固性呼吸道病？

近几年，养鸡业发展面临的严峻问题越来越多，疑难疫病的流行给养鸡业带来的损失也是不可估量的。比如，蛋鸡的饲养，几年前赚钱基本取决于行情，如饲料行情，蛋价行情，淘汰鸡的行情，但是现在疾病的不断发生，成了养鸡业的头号威胁。

由于鸡温和型流感的流行，新城疫的泛滥，大大增加了鸡的死亡率，并且给蛋鸡、种鸡的生产性能带来了无法挽回的损害，导致养殖户亏损。现在威胁最大的几类鸡病，一般是肿瘤病、温和型流感、新城疫、传染性支气管炎等。这些病可以造成大批死亡，鸡群生产性能严重受损，生产能力低下。也可以给呼吸道、呼吸系统造成严重的损害，导致鸡群呼吸道异常声音不断，有的鸡群继发支原体病。真菌感染后更是长达几个月的呼噜和咳嗽。鸡的气管、支气管和小支气管的黏膜上具有纤毛上皮细胞，黏膜中有腺体分泌黏液。如果病毒毒性高、致病力强，或感染时间长，可以引起气管、支气管黏膜和纤毛，包括浆细胞严重受损。临床上出现的是病程长，呼噜声顽固不退的疾病。

165. 怎样预防鸡新城疫？

鸡新城疫又叫鸡瘟或亚洲鸡瘟，是由病毒引起的烈性传染病。一旦发病，来势凶猛，传播迅速，死亡率可达100%。主要通过呼吸道及消化道传染。一般潜伏期3~5天，但多数为突然发生，头天晚上还吃食正常，次日早上就发现有鸡死在笼内，以后死亡逐日增多，5~6天后即大批死亡。典型急性鸡新城疫，体温升高到43~44℃，精神萎靡，闭眼瞌睡，垂头缩颈，羽毛蓬松，翅膀下垂，不思饮食。下痢，排出黄色、绿色或白色的恶臭稀粪。常张口伸颈呼吸，发出"咯咯"声。嗉囊积水或充满气体，口腔或鼻孔流出黏液。解剖见腺胃黏膜有大小不一的出血点或溃疡。肠道有出血、坏死或溃疡。

本病目前尚无特效药物治疗，只有采取预防措施加以预防。

①预防接种鸡新城疫疫苗，是控制鸡新城疫最有效的方法。雏鸡从出壳至2月龄接种Ⅱ系或Ⅳ系、克隆30苗，第一次接种时间一般在雏鸡出壳后3~14天之间进行。感染发病严重的场户，可在2月龄后接种Ⅰ系苗，或同时接种Ⅳ系弱毒苗和油乳剂灭活苗，接种剂量和方法参考疫苗说明书。Ⅰ系弱毒苗毒力较强，接种后往往有轻重不同的反应，如精神不振，食欲减退，产蛋减少等现象，但几天后即恢复，不必担心。为了减少对产蛋及健康的影响，接种时间应选择母鸡产蛋前或换羽期间进行。对体弱或2月龄以下的雏鸡不宜接种Ⅰ系弱毒苗。

②搞好环境卫生及消毒工作，是控制发病的重要措施，鸡舍的环境、用具、孵化器、种蛋都必须定期消毒，防止一切病原进入鸡场，新引进的种鸡应该隔离观察，确认健康后才能并入鸡群。

③发病鸡场，要采取紧急措施，对已发病的鸡和同群鸡全部进行扑杀。其血、毛、粪等污物深埋或焚烧处理。

166. 怎样防治鸡传染性支气管炎？

鸡传染性支气管炎是由冠状病毒引起的一种急性高度接触性呼吸道传染病，常年流行，但以冬、春两季为多发季节。各种日龄的鸡都可发病，对雏鸡危害较大，死亡率在25%以上，6周龄以上死亡率较低，严重影响产蛋率，可使产蛋率下降20%~30%。

本病主要特征是病鸡咳嗽，打喷嚏，有啰音，通过与病鸡直接接触或由呼吸道分泌物排出的病毒经空气传染，同舍的鸡在48小时内出现症状，并迅速传播。

症状因日龄的不同而不尽一致。4周龄以下的雏鸡患病主要表现伸头张口呼吸，打喷嚏，咳嗽，流鼻涕。可发出呼噜音，很远就能听见。随着病情的发展，食欲减退，昏睡，羽毛松乱，两翅下垂，严重的极度衰弱而死。5~6周龄以上的鸡症状基本相同，但一般不见分泌物，产蛋鸡产蛋量下降，产软壳、畸形蛋。蛋质差，蛋白水样为本病主要特征。

主要剖检变化在呼吸系统，喉头、支气管及支气管内有浆液性或干酪样渗出物。一般死鸡可见肺气管下端有黄色干酪物堵塞。大气管的周围有肺炎病灶。产蛋鸡腹腔内常可见到液状卵黄物质。

防治方法：接种鸡传染支气管炎疫苗，是控制本病的根本措施；加强饲养管理，使鸡舍有良好通风、保温条件。保持合理密度，确保全价饲料，以增强抵抗力；做好预防投药，特别是雏鸡阶段的饲料，定期加入抗生素及磺胺类药物，以控制细菌性感染。

167. 养鸡场使用磺胺类药物注意事项？

目前磺胺类药物是仅次于抗生素的一大类抗菌药物，具有抗菌谱广，疗效确切，性质稳定，使用简便，价格便宜，且便于长期保存等优点。养鸡场使用时应特别注意以下几点：

①注意用药剂量和方法。首次用药量或第1天用量要加倍，以后的用量为维持量。拌料一定要均匀，对急性病例也可以用针剂注射给药。用药期间必须供给充足的饮水，以防止析出磺胺结晶而损害肾脏。

②发现中毒立即停药。供给充足的饮水，在饮水中可加入0.1%~0.2%的碳酸氢钠或0.5%的葡萄糖液；也可在饲料中加入0.05%的维生素 K_3，或在日粮中将 B 族维生素用量提高1倍。中毒严重的鸡，肌注维生素 B_{12} 1~2微克。抗菌增效剂（TMP）与磺胺类药物并用时，具有增效作用，一般 TMP 与磺胺类药按1:5的比例使用，可明显提高临床效果，降低用药成本。

③注意交叉耐药性。细菌对磺胺类药物有交叉耐药性，如使用某一种磺胺药细菌产生了耐药性后，不要用其他磺胺类药，而应使用抗生素或其他化学合成抗菌药，以免延误病情，增加用药成本。

④注意配伍禁忌。两种或两种以上的药物在一起使用时，必须经兽医技术人员许可，避免用违反配伍禁忌而影响治疗效果的药物。

⑤加强饲养管理。磺胺类药物只有抑菌作用，没有杀菌作用。因此，在治疗过程中

要加强饲养管理，提高病禽机体的防御能力。

凡属肝肾功能减退、重症溶血、贫血、全身性酸中毒病症，应慎用磺胺类药物。

168. 怎样预防鸡传染性喉气管炎？

鸡传染性喉气管炎是由疱疹病毒引起的一种急性呼吸道传染病。其特征是呼吸困难、咳嗽和咯出含有血液的渗出物。剖检时可见喉部、气管黏膜肿胀、出血和糜烂，发病早期，患部细胞可形成核内包涵体。本病传播快，死亡率高，危害养鸡业的发展。该病一年四季均可发生，但冬春季节多发。

（1）病原传染性

喉气管炎病毒主要存在于病鸡的气管组织及渗出物中。本病毒对外界环境的抵抗力很弱，37℃存活22~24小时，加热55℃存活10~15分钟，水煮沸后立即死亡。用3%来苏尔或1%苛性钠消毒液消毒，1分钟可以杀死。

（2）流行特点

在自然条件下，本病主要侵害鸡，而且各种年龄及品种均可感染，但以成年鸡症状最具特征。病鸡及康复后的带毒鸡是主要传染来源，一般经呼吸道及眼内传染。被呼吸器官及鼻腔分泌物污染的垫草、饲料、饮水及用具，可成为传染媒介。人及野生动物的活动，也可机械地传播。种蛋也可能传播。有少部分的康复鸡，带毒时间可长达两年。鸡群拥挤、通风不良、饲养管理不好、缺乏维生素和寄生虫感染等，都可促进本病的发生和传播。本病一旦传入鸡群，则迅速传开，感染率可达90%以上。死亡率因饲养条件和鸡群状况不同而异，低的5%左右，高的可达50%~70%。各种日龄的鸡均可感染，但以成年鸡症状最典型。该病冬春季节多发，发病突然，群内传播迅速，群间传播速度较慢，感染率高，但致死率较低。

（3）临床症状

自然感染的潜伏期为6~12天，病鸡初期有鼻液，呈半透明状，眼流泪，伴有结膜炎。其后期表现为特征性的呼吸道症状，即呼吸时发生湿性啰音，咳嗽，有喘鸣音。病鸡蹲伏地面或栖架上。每次吸气时头和颈向前、向上、张口，呈尽力吸气的姿势，有喘鸣叫声。严重病例，高度呼吸困难，痉挛咳嗽，可咯出带血的黏液。若分泌物不能咯出而堵住气管时，可窒息死亡。病鸡食欲减少或消失，迅速消瘦，鸡冠发紫，有时还排出绿色稀粪，最后多因衰竭死亡，产蛋鸡的产蛋量迅速减少或停止，康复后1~2个月才能恢复。病程5~10天或更长，不死者多经8~10天恢复，有的可成为带毒鸡。

（4）病理变化

主要病变在气管和喉部。病初黏膜充血、肿胀，有黏液，进而发生出血和坏死管腔变窄。病程 2~3 天后，有黄白色纤维性干酪样伪膜，由于剧烈地咳嗽和痉挛性呼吸，咯出的分泌物中混有血凝块以及脱落的上皮组织。严重时炎症也可波及到支气管、肺和气囊等部位，甚至上行至眶下窦。

（5）临床诊断

本病常突然发生，传播快，成年鸡发生最多。发病率高，死亡率因条件不同差别较大。临床症状较为典型，张口呼吸，喘气有啰音，咳嗽时可咯出带血的黏液。气管呈现卡他性和出血性炎症病变。症状不典型时，可进行实验室检查。

（6）防治措施

饲养管理用具及鸡舍要进行消毒。病愈鸡不可与易感鸡混群饲养。在本病流行地区，可通过点眼接种弱毒疫苗免疫鸡群。第一次免疫时间为 4 周龄左右，6 周后进行第二次免疫。

目前尚无有效治疗药物。发病时，可对症治疗，并用抗菌药物防止继发感染。a. 链霉素 5 万~10 万单位一次肌肉注射，每日 2 次，连用 3~5 天。说明：呼吸困难时，也可一次肌肉注射 20% 樟脑水注射液 0.5~1 毫升。b. 病毒灵 20~40 克，用法：拌入 100 千克饲料中喂服，连喂 3~5 天。c. 预防鸡传染性喉气管炎弱毒疫苗 1 头份，用法：30 日龄点眼，滴鼻。注意：由于接种疫苗能使鸡带毒，本处方仅在该病流行地区使用。

169. 怎样预防鸡马立克氏病？

3~4 周龄就有发病的报道，一般发病、死亡多在 2 月龄以上。病鸡的症状根据侵害的部位有所不同，有神经型和内脏型两种类型。神经型：主要侵害鸡的末梢神经系统和卵巢。迷走神经被侵害时，引起鸡的头颈下垂和斜颈。翼神经被侵害时，引起鸡翼下垂。坐骨神经被侵害时，引起单侧性脚麻痹。内脏型：主要侵害内脏各器官，病鸡表现精神不振、消瘦、蹲坐。常不表现特殊症状而死亡。另外还有眼型，主要侵害眼球虹膜部分，虹膜增生褪色，病鸡表现贫血、消瘦、下痢。

剖检见肝、脾表面和切面有白色结节状肿瘤。肾、卵巢两者均褪色、肿大，表面呈颗粒状。肺呈灰褐色透明样变化。心肌肿瘤常突出在心室的表面。腺胃胃壁肥厚，有时出血和溃疡。脚部皮肤由淋巴样细胞形成肿瘤性结节。胸肌出现白色条纹状病变。

用琼脂扩散试验，荧光抗体实验与病毒中和实验进行确诊。

出壳 24 小时以内接种疫苗。圈舍严格彻底消毒后引进雏鸡、雏鸡阶段带鸡消毒、做好与雏鸡圈舍以外物料人员的隔离，对本病的预防具有重要意义。发病后扑杀深埋，治疗无意义。

170. 怎样防治鸡法氏囊病?

本病是由传染性法氏囊病毒引起的幼龄鸡的一种急性、接触性传染病。临床表现为发烧，羽毛蓬松，腿软无力，精神不振，食欲减少，震颤和衰竭。本病危害大，俗称为鸡的"艾滋病"。四季均发，20~40日龄鸡最易发，发病后3天开始死亡，5~7天达高峰，然后迅速下降。

雏鸡突然发病，减食，精神差，翅膀下垂，羽毛无光泽，头常插入羽毛内，在热源附近打堆。有的鸡不停地啄自己泄殖腔周围，先排黄色粪便，后出现白色或水样下痢，泄殖腔周围羽毛被粪便污染，病鸡震颤，衰弱，声鸣。不吃料，只饮水。

死亡鸡脱水严重。腿、胸部肌肉和腺胃有出血点和出血斑，肾肿大发白，有尿酸盐沉积。急性期法氏囊水肿呈葡萄样，初期充血肿大，比正常大2~3倍，外观呈淡黄色，严重者法氏囊内充满干酪样物质。病程长的法氏囊萎缩，胸部和大腿肌肉有出血点。

根据临床症状及病理解剖可做出初步诊断，确诊需进行实验室诊断。

用鸡传染性法氏囊病弱毒疫苗在14日龄、24日龄左右免疫可预防本病，感染威胁大的场户可用弱毒力疫苗在3日龄接种。用传染性法氏囊油乳剂灭活苗接种产蛋鸡，可提高母源抗体，保护雏鸡。

治疗可选用高免卵黄抗体，应用金肾康保肾等对症治疗，氧氟沙星等抗菌药物控制继发感染。

171. 怎样预防病毒性关节炎?

本病也称为病毒性腱鞘炎，是由鸡呼肠弧病毒引起的以足部关节肿胀、腱鞘发炎，继而使腓肠肌腱断裂的一种传染病。多发生于肉鸡，但产蛋鸡感染发病也应重视。由于患病鸡局部关节肿胀、发炎、行动不便、采食困难而不得不淘汰，带来一定的经济损失。因而应当加强引种检疫、病鸡群隔离、发病期鸡群产的蛋不作种用、认真清洗消毒鸡舍等措施，力求预防病毒感染。

鸡产蛋前接种病毒性关节炎油乳剂疫苗，每只0.5毫升。污染鸡场用5%有机碘及碱性消毒液消毒，在10~15周龄首免，开产前3~4周龄（17~18周龄）强化免疫。发病后用维生素C每只200毫克连续饮水4天，一周后以每只每天50毫克的剂量再饮4天，可缓解症状。可试用中药配方治疗：虎杖、地榆、丹参、山楂、丁香等量研末按1%加入料中。

172. 鸡传染性贫血病是怎样的病?

鸡传染性贫血是由鸡传染性贫血病毒引起的，雏鸡再生障碍性贫血病，全身淋巴组织萎缩，皮下和肌肉出血及高死亡率为特征的一种免疫抑制性疾病。由于感染该病后可使马立克氏病毒毒力增强，火鸡疱疹病毒疫苗的免疫力下降，从而引起了世界各国的重视。

173. 怎样诊断预防禽痘？

禽痘是一种流行于世界范围的病毒病。鸡痘、火鸡痘、鸽痘和金丝雀痘目前研究得较多，其临床特征是在皮肤无毛处引起增生性皮肤损伤形成结节的皮肤型疾病，或在上呼吸道、口腔和食道黏膜层引起纤维素性坏死和增生性损伤的白喉型，发病不分年龄、性别和品种。

疫区加强免疫，在翅内侧皮内刺种，一般在 30 日和开产前分别接种 1 次疫苗。6 日龄以上雏鸡用 200 倍稀释的疫苗刺种 2 针，20 日龄以上雏鸡用 100 倍的稀释疫苗刺种 1 针，一月龄以上鸡用 100 倍稀释疫苗刺种 2 针。

发病后信鸽等珍禽，可用手术方法将痘块摘除，痘面涂以 2% 蛋白银液，用抗炎松、肤轻松也可以，着涂以云南白药则效果更佳。肛门、趾部用碘甘油涂敷（碘化钾 10 克、碘 5 克、甘油 20 毫升，蒸馏水 100 毫升）。若饲养量大，全群发病时还须用其他药物。一般使用抗病毒药物，同时使用抗菌药物控制继发感染。也可使用鱼腥草，取新鲜鱼腥草 5 克，切碎拌料，1 日内喂完，连用 2~3 日。

174. 怎样防治鸡脑脊髓炎？

本病各种年龄的鸡均可发病，但以 1~3 周龄的雏鸡最易感。发病率可达 40%~60%，死亡率达 25%~50%。

临床表现突然发病，病鸡饮食正常，但步态异常，两侧性运动失调、不安全麻痹。以关节和胫骨支持身体步行，或呈犬坐姿势，严重的侧卧于地。病鸡的特征性症状是共济失调，头颈震颤，渐进性瘫痪。病鸡耐过后出现眼睛一侧或两侧晶体状混浊或虹膜颜色变浅，瞳孔扩大、失明。成鸡感染后无明显临床症状，但产蛋率出现短时间下降，下降幅度为 5%~15%，蛋重减轻，之后可逐渐恢复正常。

本病无明显的特征性病变。仅见雏鸡胃部的肌肉可有灰白色区，成鸡脑部轻度充血。

种鸡在 10~12 周用弱毒疫苗饮水或点眼，开产前 1 个月肌肉注射油乳剂灭活苗进行免疫。弱毒活疫苗对小鸡尚有一定的毒力，种鸡免疫后，应注意与小鸡隔离，以防小鸡感染发病。

对本病无特效治疗药物。在饲料中添加适量的抗病毒药物可缓解病情，从而减少继发感染。

175. 鸡产蛋下降综合征是怎样的病？

鸡产蛋下降综合征是由腺病毒引起的一种使产蛋母鸡产蛋减少的一种病毒性传染病。鸭子是可能的传染源，26~35 周龄的所有品种的鸡都可感染，尤其是产褐壳蛋的母鸡最易感，产白壳蛋的母鸡患病率较低。

临床可见产蛋下降综合征感染鸡群没有什么明显的临床症状，往往在 26~36 周龄的蛋鸡突然出现群体性产蛋下降，产蛋率可比平常下降 20%~30%，甚至 50%。母鸡产出薄壳蛋、软壳蛋、无壳蛋、小蛋、畸形蛋，蛋的表面粗糙，如灰白、灰黄粉样，褐壳蛋则色素消失，颜色呈水样，蛋黄色变淡，或蛋白中混有血液、异物等。产蛋下降持续 4~10 周后又恢复到正常水平，病鸡也可能出现精神差、厌食、羽毛蓬松、贫血、腹泻等症状。

产蛋下降综合征没有特征性的肉眼病理变化。病鸡卵巢萎缩、变小或有出血，子宫及输卵管黏膜有炎症，发生肠炎。

本病无有效的治疗方法，只能从加强管理、免疫、淘汰鸡等方面进行操作。免疫接种是本病主要的防治措施。未发过病的鸡场可在 18~20 周龄免疫，污染鸡场应在 10~14 周龄免疫。一般免疫后 7~10 天可产生抗体，21 天抗体达到高峰。治疗可采用抗病毒中药，配合抗生素预防混合感染，同时补加维生素和氨基酸，以利于病鸡康复。

176. 如何防治鸡产蛋下降综合征？

（1）加强饲养管理

笼养蛋鸡的饲粮中钙、磷含量要稍高于平养鸡，钙不低于 3.2%~3.5%。有效磷保持 0.4%~0.42%，维生素 D 要特别充足，其他矿物质、维生素也要满足鸡的需要。上笼鸡的周龄宜在 17~18 周龄，在此之前实行平养，自由运动，增强体质，上笼后经 2~3 周的适应过程，可以正常开产。鸡笼的尺寸一般分轻型鸡（白壳蛋系鸡）和中型鸡（褐壳蛋系鸡）两种，后者不可使用前者的狭小鸡笼。舍内应保持安静，防止鸡在笼内受惊挣扎，损伤腿脚。夏季舍温度应控制在 30℃以下。

（2）做好消毒工作

严禁外来无关人员进出场内进行参观，工作人员进场内，必须更换工作制服，每天清扫完鸡舍后，及时对鸡舍、饲养工具、过道及场内死角进行彻底消毒，坚持每天用氯制剂带鸡喷雾消毒 1 次，场内环境每周消毒 2 次，病死或淘汰的鸡一定要做深埋和焚烧处理，严禁随地乱埋。

（3）免疫接种

目前，采用肌肉或皮下的预防注射方式，使用 EDS-76 和新城疫二联灭活油乳剂苗、新城疫-产蛋下降综合征-传染性支气管炎三联灭活油剂疫苗，在开产前 2~4 周进行，肌肉或皮下注射 0.5 毫升，一般经 15 天后可产生抗体，35 周龄时再免疫接种 1 次，免疫期是 6 个月以上。

（4）药物防治

鸡群一旦发生产蛋下降综合征，要迅速准确做出诊断，对症下药，除了淘汰感染鸡和全群接种疫苗外，应使用硫酸新霉素 5 克兑水 100 千克，并在饮水中添加电解多维，连用 5 天。

177. 怎样防治鸡传染性鼻炎？

鸡传染性鼻炎是由鸡副嗜血杆菌引起的鸡的急性或亚急性呼吸道疫病。主要特征为鼻黏膜发炎、流鼻涕、眼睑部水肿和打喷嚏，引起幼鸡生长停滞和母鸡产蛋量降低。

治疗用 0.2%~0.3%磺胺二甲氧嘧啶拌料，连用 4~5 天。防治本病要注意鸡舍通风换气良好，鸡群不能过度拥挤，应防止寒冷和潮湿，多喂富含维生素 A 的饲料。若遇转群、上笼、运输等强烈应激时要加药预防。发病时防止病原扩散，每天用 0.2%过氧乙酸喷洒地面后再清扫。坚持每天用 50%百毒杀按 1:2000~1:3000 对鸡群喷雾消毒 1 次，用 50%百毒杀按 1:4000 进行饮水消毒。

178. 禽霍乱疫病预防措施及处理方法？

禽霍乱，其实就是一种败血病，相比于鸡瘟鸭瘟要相对好控制得多，但这种疾病却有一个让人害怕又无法控制的特点，那就是得了病的家禽在前期根本看不出有什么不同，家禽有可能立即死亡，如果你有机会进行家禽的剖解工作，你就会发现，得了禽霍乱的家禽，肝脏上面会有很多小白点，而且禽霍乱发病季节性很不明显，人为很难去判断控制，只能进行相对完善的预防工作。

禽霍乱预防措施：最好的预防就要从家禽的喂养以及居所开始，鸡舍坚持定期消毒，3 月龄以上的家禽都要接种禽霍乱疫苗，且辅以药物进行喂食，最大程度地进行预防工作。

禽霍乱处理方法：如果有发现家禽得了禽霍乱，就要配合青霉素、土霉素、链霉素等药物进行治疗，饲料中要加入少量磺胺嘧啶或磺胺噻唑，连续喂养一个星期，疾病就能得到很好的控制治疗。

179. 蛋鸡出现拉稀的比较多，拉下绿白色粪便，这是什么原因引起的？

①生理性腹泻。常出现在 110 天左右的蛋鸡，因为进入产蛋期后生理上出现突变与应激，加之使用高能量高蛋白饲料，肠道易产生应激，影响到饲料营养物质的消化吸收，导致粪便颜色发黄，状态变稀。

②季节性腹泻。鸡的生理特点是没有汗腺，并且其泌尿系统直接和泄殖腔相通，体内多余的水分由泄殖腔与粪便一起排出，鸡舍通风不良、温度过高时，鸡只能靠大量的饮水和增加呼吸频率来调节体温，此时鸡群会出现采食量下降饮水增多，料水比例严重

失调，因此鸡舍内粪便稀薄如水。

③疾病性腹泻。疾病性腹泻包括细菌病、病毒病、寄生虫病和中毒性疾病引起腹泻，具有高发病率和高死亡率。

④顽固性腹泻。产蛋鸡多发，主要病因是中气不足，脾胃气虚所致，应加强饲料营养供给。

180. 怎样防治鸡白痢?

鸡白痢是鸡 15 日龄前，最常见的一种急性传染病。传播迅速，死亡率高。成年鸡一般是慢性或隐性感染，不表现明显症状，是白痢病的主要传播者。带菌鸡的卵巢和肠道内含有大量病菌，随排泄物污染环境。同时带菌鸡所产的蛋有 20%~30% 也带有病菌，严重影响孵化率。即使孵出雏鸡，在出壳后不久也会发病，而且成为同群雏鸡白痢病的传播者。感染后，雏鸡怕冷、身体蜷缩，挤压成堆，精神不振，两翅下垂，排出白色糊状稀粪，污染肛门周围的绒毛，附着石灰样的粪便，多数呼吸困难，10 日龄左右死亡率达到高峰，即使耐过不死的幼雏，生长缓慢。成年后产蛋性能差，危害很大。控制鸡白痢须从如下具体措施入手。

①根据鸡白痢垂直感染的特点，首先要从建立无鸡白痢种鸡群入手，所有留种雏鸡，须来自健康鸡群种蛋。种鸡场对种鸡进行鸡白痢的检疫工作，连续 3 次，每次间隔 1 个月。淘汰所有检出的带菌鸡。以后每隔 3 个月重复检疫 1 次，直到连续两次为阴性反应以后，可改为每隔 6~12 个月检疫 1 次。

②种蛋在孵化前必须用福尔马林熏蒸消毒。

③加强育雏阶段的饲养管理及清洁卫生工作，要求舍内环境干燥，温度稳定，密度适中，用具清洁，饲料配方合理。

④在有些鸡场对鸡白痢未完全控制的情况下，积极采取预防投药，也十分必要。

治疗可选用以下药物。

痢菌净：在饲料中混入 0.01%~0.04% 痢菌净，连喂 6~7 天，应注意药物与饲料充分拌匀。

氟苯尼考：这是氯霉素的替代品，按药品说明使用，治疗效果优于以上药物。

181. 怎样防治禽大肠杆菌病?

本病是由大肠杆菌引起的禽的传染病。大肠杆菌对干燥的抵抗力强，在粪便、垫草、土壤、禽舍内的尘埃以及在孵化器中的棉毛、蛋壳碎片等处附着的菌体可长期存活，鸡和其他禽类均可感染。本病既可垂直感染，又可水平传播。感染大肠杆菌后可引起禽大肠杆菌性败血症、死胚、初生雏腹膜炎、脐带炎、眼球炎、关节炎和滑膜炎、坠卵性腹膜炎及输卵管炎、出血性肠炎、大肠杆菌性肉芽肿等病变。

①大肠杆菌性败血症。多见于雏鸡和6~10周龄的幼鸡。寒冷季节多发，打喷嚏，呼吸障碍。幼雏鸡夏季多发，精神状态不好，食欲减退，下痢，粪便为白色乃至黄绿色，腹部膨胀。本病的特征性病变为纤维素性心包炎，常伴有肝包膜炎（肝脏上有渗出性纤维素膜存在）、肝脏肿大、包膜浑厚、混浊、纤维素沉积，肝脏上有大小不等的坏死斑。脾脏肿大，充血，有小坏死点。气囊膜混浊肥厚，有干酪性物质附着，幼雏鸡则有肺炎。

②卵黄感染和脐带炎。种蛋中的大肠杆菌在孵化过程中大量增殖，引起鸡胚死亡，未死雏鸡在出壳以后，因卵黄吸收不良，发生脐带炎，排白色泥土状下痢，腹部膨胀，多在出壳后2~3天死亡，5~6日龄后死亡减少。

③眼球炎。眼球炎是大肠杆菌败血症后期的一种症状，开始时眼睑肿胀，流泪，怕光，逐渐瞳孔浑浊，以后眼房水及角膜混浊，视网膜脱落，失明。

④关节炎及滑膜炎。幼雏及中雏鸡多发生。散发，多在跗关节周围呈竹节状，跛行。剖检时，关节液浑浊，有脓性干酪样渗出物。

⑤卵黄性腹膜炎及输卵管炎。产蛋鸡腹气囊受大肠杆菌侵袭后，多发性腹膜炎，进一步发展为输卵管炎。输卵管变薄，管腔内充满干酪物，严重时输卵管堵塞，排出的卵落入腹腔，引起卵黄性腹膜炎。

⑥出血性肠炎。主要症状为下痢，排黄绿色粪便。病变为肠黏膜出血，严重时在浆膜面可见密集的小出血点。此外，在心肌、肝脏，甲状腺等多处有出血。

⑦大肠杆菌性肉芽肿。在小肠、盲肠、肠系膜及肝脏、心肌等部位出现结节状灰白色至黄白色肉芽肿，有的学者认为多系黏液性大肠杆菌所引起。

带菌较为严重的禽转为商品用，不能作为种禽。注意改善环境、减少各种应激，加强各个生产环节中种蛋、环境、器具、物料的消毒工作。实行封闭式饲养，全进全出，采用科学的饲养和管理制度，建立健康的种禽群是防制本病的关键。

预防可用自家禽群分离的致病性大肠杆菌制成的疫苗。怀疑禽大肠杆菌病时，直接把具有典型症状的病鸡送到条件较好的实验室，就可以分离鉴定致病性大肠杆菌，试制适合本场的大肠杆菌疫苗了。由于大肠杆菌血清型众多，极易产生耐药性，故发病后尽量送实验室分离致病性大肠杆菌，及时更换制造疫苗的菌种，并进行药敏试验，选择敏感药物。

发病时选用0.3%过氧乙酸、0.1%新洁尔灭等带鸡喷雾消毒，提高舍温2~3℃，加强通风换气。硫酸新霉素50克兑水50千克每天2次，连用3天，添加葡萄糖、多维素等营养药物。或用0.01%浓度的百病消饮水4~5天，或0.01%环丙沙星饮水。

182. 怎样防治禽支原体病?

禽支原体病主要由鸡毒支原体感染引起。其症状发展缓慢,病程长,主要侵害呼吸道,特征为咳嗽、流鼻液、呼吸时有啰音,后期鼻腔和眶下窦发炎,出现眼睑肿胀、眼球突出。其病理特征为上呼吸道及附近窦黏膜的炎症,常蔓延到气管和气囊等处。火鸡发生鼻窦炎时主要表现为眶下窦肿胀。有的呈隐性感染,在鸡群中可长期存在,还可通过种蛋传给下一代。本病又称为慢性呼吸道病,改善饲养条件、加强营养、降低密度、减少应激、严防其他传染病是防治本病的关键。力争以检疫、隔离、淘汰、药物防治等措施培育无支原体病的禽群。禽支原体还经常与其他病毒、细菌混合感染。

药物治疗:

鸡支原体病主要为抗生素治疗,方法一:拌料治疗,即在每 1000 千克饲料中均匀混入四环素粉剂 + 土霉素粉剂,2 种药物各 400 克,连续饲喂 1 周,饲喂期间留意鸡群状态,若拌料治疗效果不佳,可更换药物注射方式;方法二:注射治疗,30~45 日龄的雏鸡一次性肌肉注射 60 毫克每只链霉素注射液,成年鸡注射量为每千克体重肌肉注射 20~30 毫克每只;方法三:喷雾治疗,即成年病鸡每天用卡那霉素喷雾给药,用量为每只病鸡 2.5 万单位,喷雾治疗效果较佳;方法四:若养鸡场发现病鸡,全群可饮水给药,增强抗病力,即在每升水中均匀混入 75 毫克恩诺沙星粉剂,供全群自由饮水。

183. 家禽有哪些寄生虫病?

寄生虫病分为蠕虫病、昆虫病和原虫病。蠕虫病的病原有:吸虫、绦虫、线虫和棘头虫。昆虫病的病原有:蜱、螨、蝇蛆、蝇类、虱和蚤等。原虫病的病原有:锥虫、毛滴虫、血孢子虫、球虫等。

184. 怎样防治鸡球虫病?

球虫是专门寄生于细胞内的原虫,是幼畜禽的一种急性流行性原虫病,发病快。

雏鸡发病突然,开始在少数鸡的粪便中出现血丝,而后排血便。病鸡食欲减退或停食,血便增多。个别病鸡突然死亡。以后鸡群食欲不振,血便剧增,精神委顿,羽毛松乱,闭眼昏睡,怕冷拥挤成团。病程一般 5~10 天。

(1) 药物治疗

发现病畜禽,立即隔离治疗。可选治疗方法如下。

①氯苯胍。按 30 毫克每千克体重,混入饲料,连用 5 天,隔 3 天再重复一次。

②抗菌增效剂。磺胺 5-甲氧嘧啶,按 1:5 比例混合,每日每只雏鸡按 10 毫克拌入少量饲料中,分两次喂给,连喂 10~15 天为一个疗程。

③球痢灵。按 0.015%~0.03%加入饲料中或 0.015%加入饮水中,连喂 3~4 天。

④盐酸氨丙啉。按 0.01%~0.02% 加入饮水或饲料中连喂 5~7 天。

（2）预防

球虫病主要靠粪便污染饲料、用具、垫草等传播。因此及时清除粪便、经常进行用具消毒，保持栏舍干燥是控制球虫病传播的有效方法，笼上养殖比地面养殖发病少。

185. 怎样防治消化道线虫病？

消化道线虫病的防治主要靠药物驱治，所用药物有：苯硫咪唑、阿维菌素和伊维菌素等。防治应结合当地动物寄生虫发病情况来制定驱虫程序。无论程序如何，每次投药时连用两次，两次投药间隔 7 天，才能有效驱除寄生虫及其幼虫。

186. 怎样识别和预防禽曲霉菌病？

禽曲霉菌病是由霉菌引起的禽急性暴发性真菌病。广义上讲，曲霉菌病指由曲霉属真菌引起的各种疾病，但通常指肺脏感染曲霉菌病。本病以呼吸道、肺和气囊发生炎症为特征，故又称为真菌性肺炎。

引起本病的曲霉菌主要是烟曲霉菌和黄曲霉菌。两种霉菌孢子广泛分布于自然界中，鸡舍墙壁、地面、用具、垫料、饲料中均可存在。

病原菌孢子主要经呼吸道和消化道感染鸡。种蛋、蛋库、孵化室和孵化器的曲霉菌可在集蛋、孵化过程中入侵蛋内，造成死胚、弱雏及初生雏发病。

防治措施：育雏舍装入雏鸡前应彻底清洗、消毒、干燥；育雏过程中只要不影响温度，通风愈畅通愈好；饲养密度不要太大；不应在舍外堆放霉变物质，更不可使用霉变的垫料和饲喂发霉的饲料。种蛋、蛋库、孵化室及孵化器应定期清扫消毒。发病鸡群与健康鸡群之间应隔离。每口清洗饮水器并消毒有利于消灭传染途径，落地料桶应经常变换放置地点。

药物治疗：碘化钾 5~10 克每千克饮水或硫酸铜 5 克每千克饮水，每天两次，连用 3~4 天，有疗效。饲料拌入制霉素片 50 万单位每千克，口服 5~7 天，效果良好。双氯苯咪唑等亦有效。

187. 蛋鸡吃蛋是什么原因？怎样防治？

（1）原因

蛋鸡吃蛋的原因是多方面的，主要有：①饲料中矿物质不足，或缺乏维生素 D。②饲料中粗蛋白质不足以及氨基酸不平衡。③饮水不足。④饲料中粗纤维偏低。⑤改变了鸡的正常生活习惯，如整夜强光照明，鸡不能充分休息，烦躁不安，惊扰鸡群，引起鸡到处乱啄，发展到啄蛋。⑥长时间没喂砂子。

（2）防治办法

首先，饲料中钙、磷、食盐及微量元素要满足蛋鸡生产需要。钙含量应占日粮的3%~4%，磷含量应占0.6%，盐含量占0.3%~0.4%。如果低于标准含量，就应相应的增加。饲料中如蛋白缺乏，应增加蛋白饲料，特别注意氨基酸的平衡，随着产蛋率提高，粗蛋白含量要相应增加，蛋鸡料在开产时，饲料中蛋白应有16%，以后要逐步增加到18%。产蛋率每增加10%，粗蛋白要相应增加1%。日粮中粗纤维占3%~4.5%。其次给鸡群创造一个良好的生活环境，饮水充足，减少强光照明时间和亮度，并且每周喂1~2次砂子。

188. 怎样防治家禽痛风？

家禽痛风是尿酸盐大量蓄积在禽血液中，形成尿酸血症，进而使尿酸沉积在关节囊、关节软骨、软骨周围及胸腹腔、各种脏器表面和其他间质组织上的一种代谢病。临床上以运动迟缓、关节肿大、跛行、厌食、衰弱及腹泻为特征。家禽痛风可分为内脏型和关节型，前者是指尿酸盐沉积在内脏器官表面的痛风。本病多发于鸡、火鸡，水禽、鸽子等也可发生。

合理搭配日粮及营养，发病时降低日粮蛋白质水平，停喂高蛋白质饲料，在保证充足饮水的同时，每100克饮水中添加小苏打300克，肾宝200克，维生素 B_1 10克，连续饮用4~6天，有疗效。日常着力预防传染性法氏囊病，肾型传染性支气管炎等传染病，以免其损害肾脏。

189. 怎样防治维生素 B_2 缺乏症？

本病是由于动物体内维生素 B_2 不足或缺乏所致的生长缓慢、皮炎、肢体麻痹（禽）、胃肠道及眼损伤为特征的营养代谢病。多发生于猪和禽类，偶见于反刍动物和野生动物。发病雏鸡衰弱，生长迟滞，消化不良，多呆立不动，驱赶时共济失调，借助展翅以维持体躯平衡。腿肌萎缩，行走困难，多以跗关节着地而行，爪内曲，呈"曲爪麻痹症"。产蛋鸡种蛋孵化率降低，胚胎发育不全，水肿，羽毛发育受阻而出现"结节状绒毛"。本病有趾屈曲成握拳样的特征症状，注意与马立克氏病等区别。

发病后饲料中补加复合维生素 B，饮水中可另加维生素 B_2，雏禽1~2毫克每千克体重。加大饲料中酵母的用量。在雏鸡发育阶段和繁殖阶段应经常补充。

190. 怎样防治鸡维生素 B_1 缺乏症？

维生素 B_1 是一种水溶性维生素，在加热和碱性环境中易于破坏。维生素 B_1 是动物体内物质代谢的重要辅酶。神经组织主要靠糖类氧化供给能量。当维生素 B_1 缺乏时，糖类代谢发生障碍，能量供应减少，出现感觉异常，肌力下降。

维生素 B_1 缺乏时，病鸡的症状为不喜欢运动，羽毛松乱，两腿无力，步伐不稳，肌肉开始呈现麻痹，趾部屈肌麻痹不能行走，腿部、颈部、翅膀的伸肌也痉挛，即抬头望天，坐于地上，全身抽搐，角弓反张。这些症状出现一段时间后，又恢复常态，过一会，这些症状又重复出现，并且症状一次比一次明显严重，发病间隔一次比一次缩短，症状发作持续时间一次比一次加长。

各种饲料中维生素 B_1 含量比较多，正常情况下不会缺乏。但饲料经过存放一定时间后，维生素 B_1 部分被破坏。鸡患病时，发高热，机体糖代谢增加，维生素 B_1 的需要量增加，故应适当补充。在鸡的繁殖期，维生素 B_1 需要量增加，应适当地增加维生素 B_1，否则产的蛋胚胎期及孵出的幼雏很易发 B_1 缺乏症。

191. 鸡吃了发霉饲料后发呆，怎样诊治?

夏秋季节阴雨较多，有很多撒在偏僻地方的麦粒、豆类等变质、发霉，鸡吃后很可能发生鸡曲霉菌中毒。发病后发呆，不断死亡。通过调查有没有发霉变质供鸡食用的饲料，如麦糠、玉米等，解剖后内脏有典型黄白色豌豆大小的病灶诊断本病。发现中毒迹象，立即停止饲喂发霉饲料。治疗药方：鱼腥草 360 克、蒲公英 180 克、黄芩 90 克、荸荠子 90 克、桔梗 90 克、苦参 90 克。用法：将上药研末混匀，混饲料中按每只鸡 0.5~1 克药量 1 次，每日 3 次，连续 5 日，煎水内服也可以，但药量不变。

另外，疾病初期发生口腔溃疡严重时，饮水添加维生素 C、维生素 B 等，提高饲料中氨基酸含量 20%~30% 以上，改善治疗效果。还可通过饮水添加 15~20 毫克每千克龙胆紫药水，隔日使用 1 次，连用 2~3 次，可明显改善口腔溃疡。

192. 食盐中毒有什么表现?

食盐中毒多因在饲料中误加食盐、鱼粉中食盐过量、拌料不均匀引起。病鸡厌食，拼命饮水，粪便稀薄带有泡沫，有的共济失调，行走困难或兴奋鸣叫。急性死亡鸡头部肿大，嗉囊柔软膨大，皮肤干燥，蜡黄色；慢性中毒者，羽毛易脱落，腹腔积水，肌胃柔软无弹性。

193. 怎样防治鸡的呼吸道病?

鸡的呼吸道疾病原因众多，感染复杂，只有采取一整套措施，才能预防和控制。

①购买健康的鸡苗。

②做好新城疫、传染性支气管炎、禽流感、传染性法氏囊病、鸡马立克氏病等病的免疫，规模稍大者还应做好传染性鼻炎的免疫，近年发生过传染性喉炎的鸡场还应做好相应苗的免疫。疫苗免疫时可使用维生素等免疫增强剂类药物。

③防止病原传入。保持舍内外环境卫生，加强环境消毒，禁止无关人员入舍。工作服、用具等定期清洗消毒。

④做好鸡舍环境的控制。控制鸡舍温度，保持舍内温度变化小于10℃。白昼温度高时要降温，夜晚温度较低时要保温，关闭门窗，严堵贼风侵袭。能人工营造温度较为稳定的内环境最佳。

⑤控制应激。呼吸道病往往为应激反应所诱发，因此在采取有应激反应的技术管理措施时，要尽量减小反应强度，缩短反应持续时间。避免应激叠加，如不要同时进行免疫和断喙。选择应激反应小的方法进行，如疫苗接种在达到效果的前提下，可采取饮水的尽量不要注射。料水中要加入抗应激的药物，如：热应激可在鸡日粮或饮水中添加0.3%碳酸氢钠+1%氯化铵+0.1%硫酸钾，或氯丙嗪、利血平、维生素C、维生素E；其他因素应激（运输、转群、噪音惊吓）也可用氯丙嗪；中草药可选用增强免疫功能类如黄芪、三七、刺五加、蜂蜜等。

⑥隔离淘汰病鸡。

⑦发病后及时治疗。一开始就使用保肾药物，前两天适当增加用药量，从第3天开始使用药物的常用剂量，从第4天开始保肝，一般用药5天为1个疗程）。抗病毒药物，如西药、中药。发病前5天应用，有一定效果。抗菌药物，如红霉素、泰乐菌素、阿奇霉素、恩诺沙星、氟苯尼考、培氟沙星等。保肾药物应用从发病至痊愈，含有钾离子、碳酸氢根等的盐类，如"健肾宝"等西药。保肝药物，维生素C、维生素E、葡萄糖等。

细菌或霉形体感染，可用药物如泰乐菌素、恩诺沙星等治疗。治疗的同时，要加强管理，对未发病的群体要预防性用药。

194. 怎样防治鸡"肾肿病"？

肾脏肿大，尿酸盐沉积，是由许多原因如法氏囊炎、肾型传染性支气管炎、鸡白痢等传染病或药物中毒引起的常见病变，而不是一个单独的疾病。发现这种病变时除积极治疗原发病外，可用禽肾康、口服补液盐、电解质多维素等药物调节体液平衡，促进代谢产物的及时排出，力求减轻对肾脏的损害，从而减轻原发病的死亡率。也可采用中药清热解毒，健脾利湿，固肾收敛。地锦草、马齿苋、连翘各80克，墨旱莲、党参、茯苓、车前子各60克，五味子、芡实各35克，甘草25克。此为100羽50日龄左右中大鸡用量，可随症状加减，一般用药2~3剂即能收到较好效果。

195. 初产蛋鸡腹泻是什么原因？

在产蛋鸡中，尤其是刚开产的蛋鸡代谢旺盛，生理变化大，饲料稍有变更就很容易刺激其肠道，引起腹泻。有的腹泻时间很长，有的甚至出现水样腹泻，水样腹泻的原因很多，可分为病原性和非病原性。症状是开产后腹泻水样粪便，有的夹杂着未消化的饲料。大量的水分中夹杂有部分未消化的饲料，固体成分较少，颜色正常，腹泻的鸡肛门处羽毛较湿。严重时，走进鸡舍，即可听见"哗哗"的水泻声，这时鸡群饮水量较正常情况多 1/3 以上；当蛋鸡的产蛋率上升至 75%~80%时腹泻症状自行减少，一般可判断为非病原性腹泻。腹泻的鸡精神状况良好，采食基本正常，整个鸡群因过度腹泻脱水和继发感染有小部分死亡。有的鸡群产蛋率上升到 80%左右，即不再上升，还有的鸡群产蛋率达到 90%以上，腹泻症状依然存在。整个过程持续一个月左右，在腹泻期间用抗生素治疗，暂时有效或效果不明显。主要原因有以下几点。

(1) 饲料因素

①饲料过渡时间过短或根本没有过渡。

②育成后期，饲料中粗纤维含量过大。很多饲养户从蛋鸡育成后期（16 周龄以后）为降低成本，往往在饲料中添加大量的米糠、麸皮，致使饲料中的粗纤维含量过高。

③饲料中杂粮含量高、粗蛋白含量过高或豆粕熟化不够也可刺激肠道，引起初产蛋鸡的非病原性腹泻。

④饲料保存不当，潮湿、通风不良或存放时间过长，超过 10 天以上，引起发霉。

⑤钙盐、镁盐离子、食盐含量过高。初产蛋鸡饲料中含有的大量的石粉或贝壳粉能促使其肠道蠕动加快，也会导致其发生非病原性腹泻。

(2) 生理因素

①从育雏到开产，鸡体生理上发生了很大的变化，雌激素大量分泌，卵巢和输卵管迅速发育，体重迅速增加，需加大营养，加重了消化系统的负担。

②鸡无汗腺，且全身羽毛丰富，通过表皮只能散发很少的热量。夏季外界温度高，饮水降温是鸡维持体温均衡的主要散热方式，由于鸡消化道的生理特点，粪尿通过泄殖腔排出，所以大量饮水造成粪便稀薄。此种情况引起的腹泻，在做好防暑降温措施的同时可适当控制饮水，其症状便会得到改善。另外，应在饮水中加入适量维生素 C 等药物来帮助机体调节微循环，增加抗应激能力。

③初产蛋鸡代谢旺盛，从不产蛋到产蛋生理变化大，肠道对饲料的变化非常敏感，最容易发生腹泻，如果控制不当，易形成习惯性腹泻，更难治愈。

(3) 其他

传染性支气管炎、传染性法氏囊病、新城疫、禽流感、大肠杆菌病、坏死性肠炎均可导致下痢、腹泻。

196. 怎样防治笼养蛋鸡疲劳症？

蛋鸡在产蛋期，常出现一些杂症，如难产症、脱肛症、疲劳综合征、脂肪肝综合征、卵黄性腹膜炎等，这些疾病虽然不是传染性疾病，但危害照样很大，生产上要注意根据症状搞好鉴别，并采取合适的治疗措施。

防治笼养蛋鸡疲劳症，可在蛋鸡产蛋高峰期，保证钙磷供给。如果发现青年母鸡软腿症，产较多的薄壳蛋或软蛋，产蛋率下降，孵化率明显降低等笼养蛋鸡疲劳症症状，则在饲料中加 0.5%~1% 的鱼肝油粉，通过日粮给予充足的维生素 D，按不同阶段营养标准供应充足的钙磷，并保证 1.2:1~2:1 的合理的钙磷比例。

197. 怎样防治卵黄性腹膜炎？

由于成熟卵子落入腹腔后造成。病鸡活动困难，精神沉郁，停产拒食，腹部下垂，柔软波动，触压有疼感，后期腹部皮肤暗紫色。特征症状是腹部异常膨大，走动不便。

严格按照家禽的营养需要配合饲料，尤其是在产蛋前期，不能喂给过多的蛋白质饲料。在产蛋旺季增加多种维生素，比平常用量多 40%~60%。每天将 200 克氯化钙溶于10 千克水中，供 1000 只鸡饮用，连用 7~10 天，或每只鸡 1 天给氯化钾 2 毫克，放入水中，任其饮用，连用 10~15 天。发现下腹过度肥大下垂而且长期不产蛋的母鸡，应及时淘汰。

198. 怎样防治蛋鸡猝死症？

所谓猝死，就是突然死亡或急性死亡。产蛋鸡猝死症是近年来中国蛋鸡生产中最突出的条件病之一。发病鸡大多是进笼不久的新开产母鸡和高产鸡，夏季易发，故又称夏季病。本病主要特征为笼养鸡夜间突然死亡或瘫痪。本病的病因复杂，夏季高温缺氧、通风不良是本病发生的重要原因之一。

（1）临床症状

急性发病鸡往往突然死亡，初开产的鸡群产蛋率在 20%~60% 时死亡最多。表面健康、产蛋较好的鸡群白天挑不出病鸡，但第二天早晨可见到死亡的蛋鸡，越高产的鸡死亡率越高。这时蛋壳强度没有什么变化，蛋破损率不高。病死鸡泄殖腔突出。慢性病鸡则表现为瘫痪，不能站立，以跗关节蹲坐，如从笼内取出瘫痪鸡单独饲养，1~3 天后可看到有的病鸡明显好转或康复。

（2）剖检变化

肉髯、冠和泄殖腔充血，肌肉苍白，肺、肝、脾、输卵管和卵巢严重充血，心脏、右心房显著扩大，暴发后期心脏大于正常数倍，并有大量心包积液。

（3）防治措施

育成青年母鸡在将近性成熟时，应提高饲料营养水平。同时，应考虑钙、磷的补充，保证日粮中骨粉的数量和质量，为产蛋储备足够的钙、磷。

加强通风换气，缓解热应激，避免缺氧。大型养鸡场鸡舍采取纵向通风，可减少发病。

对发病严重的鸡群，23:00 点至 1 点开灯 1~2 次，让鸡喝到水，减小血液的黏度，减轻心脏负担，降低死亡率。同时挑出瘫在笼内的病鸡，放在阴凉处。

用抗生素预防肠炎和输卵管炎：如用泰乐菌素或环丙沙星饮水治疗也会取得较好的治疗效果。

饲料中添加维生素 C，每吨饲料中添加维生素 C 500~1000 克，可缓解病情。

在每吨饲料中添加碳酸氢钾 3.6 千克，每只鸡 0.62 克，可使死亡率显著降低。

199. 怎样防治脂肪肝综合征？

脂肪作为浓缩的能量来源和必需的营养物质——亚油酸和花生四烯酸的来源，在家禽日粮中是非常重要的。雏鸡日粮中缺乏这些脂肪酸时，会导致生长不良和肥大的脂肪肝。产蛋鸡缺乏必需的脂肪酸时，则导致产蛋量、蛋重和孵化率的降低。

合理搭配饲料，注意控制能量饲料的用量，能量不宜超标，产蛋鸡的饲料每 100 千克含鱼粉等动物性原料在 5 千克以下，含豆粕及其他油饼在 20 千克以下，就需要添加合成蛋氨酸 100 克左右，且多维素和微量元素添加剂质量要可靠，数量要充足。

供给富含胆碱（大豆饼、花生饼等）和维生素的饲料。病鸡每千克饲料中加入氯化胆碱 1 克，维生素 E 10 国际单位，维生素 B_{12} 0.05 克，蛋氨酸 10 克，肌醇 1 克，适当增加蛋氨酸的用量。禁用霉变饲料，防止鸡舍高温。

200. 怎样防治鸡啄癖？

雏鸡和青年鸡群常易发生啄肛和啄羽现象。当饲养管理不合理时更为普遍。一般雏鸡到 4 周龄时这种现象陆续发生，严重时造成大量死亡，如不及时采取有效措施，一旦形成恶癖，很难制止。为防止和杜绝啄肛现象发生，在日常管理上要注意如下几方面：

首先是配合饲料中，蛋白质含量应充足，雏鸡保持 18%~20% 的粗蛋白，青年鸡 14%~18%；动物性饲料要有一定比例，占 5%~10%，并增加含硫氨基酸的成分（如蛋氨酸、胱氨酸）；矿物质饲料应占 2%~4%；维生素也要充足。还应在饲料中适当维持粗纤维含量，使鸡消化道内始终有吃饱的感觉。

其次，鸡舍内的温度和密度要合理。舍内要干燥，通风良好，饮水充足，降低照明强度，可拿份报纸到鸡舍内，正常视力能看清楚即可。

第三，品种不同，年龄不同和强弱不同的鸡群不能同群。

第四，雏鸡在出壳 1 周龄时应进行断喙。青年鸡在 18 周龄时进行第二次补断。

对被啄破流血的鸡，涂抹颜色较暗而带有气味的药物，如紫药水、臭药水或鱼石脂，然后及时从群中取出，分开饲喂。

第七章　肉鸡养殖技术问答

一、品种

1. 适合甘肃省饲养的肉鸡品种有哪几类?

目前饲养的肉鸡品种主要分为以下两大类型。

（1）快大型白羽肉鸡

快大型白羽肉鸡一般称之为肉鸡。主要特点是生长速度快，饲料转化效率高，正常情况下，42天体重可达2650克，饲料转化率1.76，胸肉率19.6%。

（2）黄羽肉鸡

黄羽肉鸡一般称之为黄鸡，也称优质肉鸡。生长速度慢，饲料转化效率低，但适应强，容易饲养。

甘肃省大部分地区是北方，属于大陆性气候，气温低、寒冷，但冬天具备良好的保温措施，同时降雨量少，昼夜温差大，夏季不至长时间高温。快大型白羽肉鸡生长速度快，对气候环境条件要求高，适合在北方地区饲养。像陇南一些地方，属于海洋性气候，温暖潮湿，特别是夏季气温高且维持时间长，降雨量多，空气水分含量大，细菌等微生物容易滋生繁殖。则适合饲养生长速度较慢、抗逆性较强的黄羽肉鸡。

2. 如何保证鸡苗的质量?

（1）保证父母代肉种鸡的健康

父母代肉种鸡如果感染大肠杆菌、支原体、沙门氏菌和病毒性疾病（如禽流感、鸡新城疫、鸡传染性支气管炎或免疫抑制性疾病），其后代鸡苗的质量将无法保证。

（2）营养均衡

种鸡饲喂营养均衡的全价配合饲料，种鸡如果饲喂过多由棉籽饼、棉籽油配制的饲料、含铬皮革粉配制的饲料或霉变、酸败的饲料，其后代鸡苗的死淘率会增大。

（3）做好种蛋的孵化工作

在种蛋孵化过程中，如果孵化温度过高或过低、湿度过大或过小、通风不足、出雏时间长、孵化厅卫生状况差或其他不合理的工艺处理都会导致雏鸡质量低下，进而影响肉鸡生产性能的发挥。

（4）做好鸡苗的存储工作

鸡苗存储大厅如果空间窄小或没有安装自动环境控制系统，将会导致鸡苗存储大厅局部温度过高或过低、通风不良，使鸡苗遭受高/低温、脱水或缺氧等应激，从而影响雏鸡质量。

（5）重视雏鸡的运输环节

首先，要求雏鸡盒加垫瓦楞纸，以减小运输过程中雏鸡腿病问题的发生概率。其次，建议运输车辆安装自动环境控制系统，使车厢内温度保持在 18~25℃、湿度为 65%、注意通风换气。如果运输车辆无通风措施或通风有死角都有可能造成雏鸡过热、脱水或缺氧。在寒冷季节如果运输车辆无空调等加温设备，雏鸡常常会遭受冷应激或由于过度保温密闭导致缺氧。

3. 如何选择鸡雏?

健康雏鸡具备以下特征：活泼好动，反应灵敏，叫声响亮；脐部愈合良好，无脐血，无毛区较小；腹部柔软，大小适中，卵黄吸收良好，肛门周围无污物附着；喙、眼、腿、翅等无畸形；手握时挣扎有力；体重大小均匀，符合品种标准。凡是站立不稳或不能站立，精神迟钝，绒毛不整，头部及背部黏有蛋壳，脐口闭锁不良，有残留物，腹部坚硬，蛋黄吸收不良者都应视为弱雏，应予以淘汰。如果进雏量较大，时间上不允许逐个检查，应注意以下几个问题。

①总体检查。从总体上进行检查羽毛已经干燥的雏鸡，对振动和声响较为敏感，可在运雏箱旁用力拍手，发出声响或拍打运雏箱，如果雏鸡反应敏感，立即站立不动，并安静下来，向发出声响方向观看，说明雏鸡健康状况良好。这时，一些反应迟钝的雏鸡在运雏箱中就比较容易被发现，立即可以排出。

②抽查。每箱中抽出若干只鸡进行检查，抽查的比例应尽可能大些，以便判断弱雏的比例。

③查收。通常情况下，多数商家发货时，都会多发 2% 的雏鸡，以保证实际的进雏数不低于您的购买量，应注意查收。

请注意不可贪便宜，购买"扫摊鸡"。因为这些鸡多是胚胎发育不良，出壳太晚的病弱雏。如果大量饲养这种鸡，则很难保证成活率，不仅生长较慢，且容易发生各种传染病，造成鸡场疾病流行。对养殖户来说，往往得不偿失。

4. 怎样运雏?

运雏车应依照孵化场的通知时间，准时在发货区等候，待出壳雏鸡羽毛干燥后，尽早装箱、装车。雏鸡的运输要求快速、安全、准确，应根据季节的不同，选择适当的运输工具、运雏时间，防止雏鸡在运输途中遭受冷、热应激。目前，许多孵化场都有专门的设施、先进的运雏车，可直接将雏鸡送到养殖场。对于没有此条件的孵化场，养殖者在运雏时一定要提前办理好车辆通行证、雏鸡检疫证等手续，要迅速装车。装车时将放雏盒按"品"字形码放，用绳固定好。冬季要随车带有棉被等防寒物；夏季应注意运输途中的通风换气，要定时观察雏鸡，发生意外情况及时采取对策。装雏工具最好选用专门的雏鸡箱，其规格一般为长 60 厘米、宽 45 厘米、高 18 厘米，箱内分 4 个小格，每个小格内放 25 只雏鸡，每箱共放 100 只。箱子四周有直径为 2 厘米的通气孔若干，该雏鸡箱一般由孵化场提供。如果没有专用的雏鸡箱，可用厚纸箱、木箱、竹箱等代替，但应注意密度适宜、通气良好、保温、耐压，最好在箱底部垫 2~3 厘米厚的柔软垫草。另外，冬季和早春运雏要带防寒用品，夏季运雏要带遮阳防雨用具。

雏鸡装车时，雏鸡箱间要留有间隙，并用木条挤紧，防止雏鸡箱滑动、倾斜甚至倒伏。在运输途中要随时观察雏鸡状态，如发现过热、过冷或通气不良，要及时采取措施，防止雏鸡因过热、过凉、挤压等造成死亡或伤残。在运输途中停车时间不宜太长，如果运输时间超过 24 小时，应由供雏方提供一定防护措施。装车后，行车约 1 个小时后，应对雏鸡箱进行检查，必要时，将上层运雏箱搬开，检查中部和下部运雏箱的状况。如果状况良好，2 个小时再检查一次。以后可根据气温状况，考虑是否再进行检查。应该注意，即使是冬季也要防止因通风不良导致雏鸡受热死亡。应防止为了保温结果造成雏鸡热死现象。寒冷气候应尽量安排在白天行车，如果行程较短，考虑在上午 11 点到下午 5 点之间行车。夏季应尽量在夜间和清晨行车，切忌在中午中途停车，必须停车，应将车停在树荫下，并尽可能缩短停车时间。

二、鸡舍和设备

5. 肉鸡舍的结构有何要求？

（1）适当的宽度和高度

目前建造的专用肉鸡舍多采用自然通风的开放式鸡舍为主，其宽度宜在 9.8~12.2 米之间，以减少鸡舍在寒冬的散热面，而超过这个宽度的鸡舍在炎热的夏季会通风不良。鸡舍的长度往往受设备（如自动喂料机）的限制。鸡舍的高度一般为檐高 2.4 米左右，采用坡值为 1/4~1/3 的三角屋顶，利于排水。鸡舍应有结构良好的屋檐。以达到挡雨和遮阳的目的。如能在屋顶安装天花板或其他隔热设施，使舍内冬暖夏凉则更好。

（2）确定鸡舍合理的建筑面积

建筑面积的大小主要取决于饲养的数量，而饲养量的确定应考虑每个劳动力的生产效率，既不要浪费鸡舍面积，也不要造成劳力的浪费。如一个劳力的饲养量是 3000 只，而所建造的鸡舍饲养量可达 4000 只，那么用一个劳力养不了，用两个劳力又浪费。

（3）必须满足通风换气和调节温度的要求

自然通风主要是利用自然风力和温差来进行。在鸡舍结构中常见的有窗户、气楼和通风筒。

①窗户。窗户要有高度差，应注意让主导风向对着位置较低的窗口。为了调节通风量还可以把窗子做成上下两排，根据通风的要求开关部分窗户，既利用了自然风力又利用了温差。窗口的总面积在华北地区可为建筑面积的三分之一左右，东北地区应少一些，而南方地区应多些。为了使鸡舍内通风均匀，窗户应该对称且均匀分布。为了防止冬季冷风直接吹到鸡身上，可以安装挡风板，使风速减低以后均匀进入鸡舍。比较理想的窗户结构应有三层装置：内层是铁丝网，防止鸟类进入鸡舍和避免兽害；中层是玻璃；外层是塑料薄膜，主要用于冬季保温。

②气楼。它比窗户能更好地利用温差，鸡舍内采光也较好，但结构复杂，造价较高。

③通风筒。通风原理与气楼相似，结构比气楼简单。一般要求通风筒的高度应高出屋顶 60 厘米以上。

（4）适宜的墙壁厚度和地面结构

北方地区冬季多刮西北风，北墙和西墙的砖结构厚度应为 0.37 米以上（三七墙），东、南墙可为 0.24 米（二四墙）。

为了鸡舍内冲洗时排水方便，地面应该有一定的坡度，一般掌握在 1:200~1:300，并设排水沟。为了方便清粪和防止鼠害，地面 0.2 米厚的范围内最好用水泥砂浆抹面。

6. 肉鸡舍应安装什么类型的通风设备？

肉鸡饲养密度大，集约化程度高，创造适宜的湿度、温度条件是必不可少的，保持良好可控的通风就是重要的措施之一。鸡舍的通风分自然通风和机械通风两种。

（1）自然通风

自然通风是使用窗口，在自然风力和温差的作用下进行，在我们北方地区，窗口总面积一般为建筑面积的 1/3 左右。一般窗口应对称且均匀分布。为了调节通风量，还可把窗子做成上下两排，根据通风量要求开关部分窗户。

（2）机械通风

机械通风是密闭式鸡舍、肉鸡高密度、大群饲养条件下调节舍内环境状况的主要方法，通风与控温、控湿、除尘及调节空气成分密切相关。当代肉鸡密闭式鸡舍的机械通风方式主要包括两种，即横向式通风和纵向式通风。

①横向式通风。当鸡舍长度较短、跨度不超过 10 米时，多采用横向式通风。横向式通风主要有正压系统和负压系统两种设计。应用比较普遍的是负压通风系统。生产中较多采用的主要是穿透式通风。就是将风机安装在侧墙上，在风机对侧墙壁的对应部位设进风口，新鲜空气从进风口流入后，穿过鸡舍的横径，排出舍外。此通风设计要求排风量稍大于进气量，使舍内气压稍低于舍外气压，有利于舍外新鲜空气在该负压影响下，自动流进鸡舍。

②纵向式通风。当鸡舍长度较长，达 80 米以上，跨度在 10 米以上时，应采用纵向式通风。它是指将风机安装在肉鸡舍的一侧山墙上，在风机的对面山墙或对面山墙的两侧墙壁上设立进风口，使新鲜空气在负压作用下，穿进鸡舍的纵径排出舍外。在夏季高温时节，为使鸡舍有效降温，通常需在进风口安装湿帘，即湿帘降温。因鸡舍纵向式通风系统具有设计安装简单、成本较低、通风和降温效果良好等优点，在目前养鸡生产上应用较为广泛。

7. 肉鸡养殖大棚怎么建造？

（1）棚址的选择

棚址选择地势开阔、通风良好、靠近水源、土质无污染、远离大道无噪音的地方。凡符合上述要求的，如田间地头、村间空地、果园菜地、河滩荒坡等都可利用。这样可以给肉鸡提供一个适宜的生活环境。

（2）建筑规格

目前采用较多的是双斜式大棚，棚长 2~30 米，宽 7~8 米，呈东西或南北走向，建设面积 140~240 平方米，可饲养肉鸡 1000~1500 只。按棚长 30 米养 1500 只计算，需长 4.5 米左右的竹竿 200 根，长 8 米左右的竹竿 20 根，砖 2500 块左右。另外，需准备适量的细绳、铁丝、麦秸或草苫子。

（3）大棚组装

大棚两端垒砖墙，一端山墙中间留门，两侧留通风孔，另一端山墙只留通气孔或安装窗户，还要留 1~2 个烟炉筒孔以供育雏或加温时使用。在两砖墙之间每隔 2 米埋植一排立柱，中间 1 根（与棚顶部同高），左右两侧各 2 根（其中外部 2 根与棚外侧同高），共计 5 根，这样纵向立柱共有 5 排。在每一排纵向立柱顶部用 8 米长竹竿连接其上就构成大棚纵向支架。然后用长 4.5 米的竹竿一组。对节绑牢，横向每间隔 30~40 厘米，围绑在纵向立柱之上，构成大棚顶部的横向支架。这样，一个完整的大棚支架就建成了。

塑料薄膜按长宽的规格事先粘好。盖膜时选择无风雨天气，将膜直接搭在棚架上。然后在塑料薄膜上加盖 10~20 厘米厚的麦秸或其他杂草（为了防止草下滑，可用塑料网罩住）。其上再加一层草苫子或油苫纸，纵横加铁丝埋地锚加以固定。棚顶部每隔 3~4 米安置一个直径 40~50 厘米可调节的排气孔。棚的四周挖上排水沟，以利雨季排水。

8. 地面平养时垫料怎么进行铺设？

采用地面平养时，至少在雏鸡到场前 1 周在地面上铺设 5~10 厘米厚的新鲜垫料，以隔离雏鸡和地板，防止雏鸡直接接触地板而造成体温下降。作为鸡舍垫料，应具有良好的吸水性、疏松性，干净卫生，不含霉菌和昆虫（如甲壳虫等），不能混杂有易伤鸡的杂物，如玻璃片、钉子、刀片、铁丝等。装运垫料的饲料袋子，可能进过许多鸡场，有很大的潜在的传染性，不能掉以轻心，绝对不能进入生产区内。

第一次铺设的垫料只铺第一周鸡群活动的范围，其余地方先不铺。第二周扩群、减小密度的时候，提前一天把扩展的范围内地面上铺上垫料，同时在第一次铺的垫料上面再撒一些垫料以保持其干净、柔软。以后，鸡群每扩群一次，就这样把垫料提前铺好。

9. 网床铺设时要注意什么问题？

采用网上平养时，要在菱形孔弹性塑料网铺设好以后进行细致检查，重点检查床面的牢固性，塑料网有无漏洞、连接处是否平整，靠墙和走道处的围网是否牢固，饲喂和饮水设备是否稳当等。为防止鸡爪伸入网眼造成损伤，要在网床上铺设育雏垫纸、报纸或干净并已消毒的饲料袋。为保证育雏的均匀度，要实行隔栏饲养，将整个网床面用塑料网或三合板隔成一个个小区，每个小区的面积约 10 平方米。

10. 肉鸡养殖大棚使用前需要做哪些准备工作？

①彻底清理鸡舍内的器具和尘埃，对泥土地面可除去表层旧土换上新土。检查和维修鸡舍内的取暖、光照等设备，消除火灾隐患。备好燃料、电灯泡、灯口等。饮水喂料器具需先用 2%的火碱液浸泡消毒 12 小时以上，再用清水冲洗干净，凉干备用。

②鸡棚地面干燥后用 2.5%的火碱液对棚内地面喷洒消毒。在干燥地面铺上厚度不小于 5 厘米的干净、干燥的垫料，如铡短的稻草、麦秸（6~10 厘米）、稻糠、花生壳等，后期可用干沙做垫料。均匀排布好所有饮水、喂料器具。

③将鸡棚封严后用福尔马林、高锰酸钾熏蒸消毒 48 小时，消毒后开启棚膜、门、通气孔通风换气。熏蒸方法：新鸡舍每立方米用福尔马林 28 毫升、高锰酸钾 14 克、水 14 毫升，养过鸡的旧鸡舍用福尔马林 40 毫升、高锰酸钾 20 克、水 20 毫升。先将高锰酸钾溶入盛水的瓷盆中，再将福尔马林倒入。瓷盆周围要将垫料清理干净。应注意不能用塑料盆，否则易引起火灾。

④入雏前尽量要有 24 小时以上的预热过程，使育雏棚舍内温度保持在 32~35℃。此外，还应备好足够的温开水。

11. 对鸡舍环境状况有何要求？

（1）温度

1 日龄雏鸡的环境温度控制在 33~34℃。7 日龄时，环境温度降低到 30~31℃。以后随着雏鸡日龄的增大，每周下降 2~3℃，至 35 日龄时鸡舍温度控制在 19~20℃。特别强调要逐步降低鸡舍环境温度，使鸡舍每天的温差不超过 1℃，以免造成冷应激。

（2）湿度

肉鸡第一周湿度控制在 60%~65%。以后随着日龄的增长，湿度控制在 50%~70% 的范围内。

（3）通风

现代肉鸡快速的生长速度和旺盛的代谢使得肉鸡需要至少 0.028 立方米每分钟千克通风量。肉鸡正常的生长发育除了对空气量的要求外，更重要的是对空气质的要求。合格的肉鸡舍空气质量标准为空气中的氧气含量大于 19.6%、二氧化碳浓度低于 0.3%、氨气和一氧化碳浓度低于 10 毫克每升、粉尘小于 3.4 毫克每立方米。

12. 肉鸡养殖大棚环境怎样控制？

（1）温度

在整个饲养期内肉鸡对温度要求都很严格。有试验表明，5 周龄后偏离适宜温度 1℃，到 8 周龄时每只肉鸡体重约减少 20 克。肉鸡适宜温度的范围如下：1~2 日龄 34~35℃，3~7 日龄 32~34℃，8~14 日龄 30~32℃，15~21 日龄 27~30℃，22~28 日龄 24~27℃，29~35 日龄 21~24℃，35 日龄至出栏维持在 21℃左右。应注意，上述列出的温度是指鸡背高度处的温度。温度是否合适，除观察温度计外，还可以通过观察鸡群的活动来判断。当温度正常时，肉鸡表现为活泼，分布均匀，食欲良好，饮水适当，睡眠时不挤堆，安静，听不到尖叫声。当温度过高时，鸡不好动，远离热源，张口喘气，采食量减少，饮水量减少，往往出现拉稀现象，长期偏离则生长发育缓慢，羽毛缺乏光泽。当温度过低时，肉鸡主动靠近热源，发出连续不断的尖叫，夜间睡眠时不安静，易挤堆甚至出现压死或憋死现象，应对此引起足够重视。

（2）湿度

肉用仔鸡适宜的相对湿度范围是 50%~70%。一般 10 日龄前要求湿度大一些，可达 70%，这对促进雏鸡腹内卵黄的吸收和防止雏鸡脱水有利。10 日龄后相对湿度要少一些，可保持在 65% 左右，这样有利于棚内保持干燥，防止因垫料潮湿而引发球虫病。

(3) 光照

光照的目的是延长肉鸡的采食时间，促进其生长速度。一种光照时间安排是在整个饲养期每天 23 小时光照，1 小时黑暗，采用此法可能使中后期肉鸡死亡率增加。目前一般采用下列光照方案：1~2 日龄 24 小时光照。3~42 日龄 16 小时光照，8 小时黑暗。43 日龄后 23 小时光照，1 小时黑暗，这种光照方案既不影响肉鸡生长又可提高成活率。光照强度的原则要求是由强变弱，1~7 日龄应达到 3.8 瓦每平方米，8~42 日龄为 3.2 瓦每平方米，42 日龄以后为 1.6 瓦每平方米。前期光照强一些，有利于帮助雏鸡熟悉环境，采食和饮水，后期强光照对肉鸡有害，阻碍生长，弱光可使鸡群安静，有利于生长发育。另外，为了使光照强度分布均匀，不要使用 60 瓦以上的灯泡，灯高 2 米，灯距 2~3 米为宜。

(4) 饲养密度

肉鸡饲养密度是否合理，对养好肉鸡和利用鸡舍有很大关系。饲养密度过大时，棚内空气质量下降，引发传染病，还导致鸡群拥挤，相互抢食，致使体重发育不均，夏季易使鸡群发生中暑死亡。饲养密度过小，棚舍利用率低。肉鸡的饲养密度要根据不同的日龄、季节、气温、通风条件来决定，如夏季饲养密度可小一些，冬季大一些。以下饲养密度（每平方米）可供参考：1~7 日龄 40 只，8~14 日龄 30 只，5~21 日龄 27 只，22~28 日龄 21 只，29~35 日龄 18 只，36~42 日龄 14 只，43~49 日龄 10~11 只，50~56 日龄 9~10 只。

(5) 春、秋季饲养管理

春秋季节是适宜大棚饲养肉鸡的季节。这两个季节的环境平均气温在 10~25℃，相对湿度在 60%~70%。采取适宜的措施，可以较容易地将大棚内的温度控制在 18~23℃ 范围内，相对湿度控制在 60% 左右，为肉鸡生长提供良好环境，一般通过调节薄膜的敞闭程度、方位和时间即可达到目的。春秋季节一般每天 10:00—15:00，外界温度达到 20℃ 以上时，四周薄膜可全部敞开通风，有利于棚内降温和垫料水分蒸发。每天 2:00—4:00，外部环境温度较低，可部分关闭棚膜。

(6) 夏季饲养管理

夏季昼夜外界气温较高，必须采取有效的防暑降温措施，否则易导致肉鸡特别是接近出栏时的肉鸡发生中暑死亡现象。夏季天气炎热时，除将四周棚膜和所有通气孔、门、窗等敞开外，还可安装数个电风扇进行降温。也可在棚内放置 3~4 排塑料软管通上凉水让鸡趴伏在上面进行降温，经试验证明，这一办法对防止肉鸡中暑十分有效。另外，还可结合消毒，经常用凉水对鸡群进行喷雾，这样对降低棚温也有作用。酷热时，对于 40

日龄以上的肉鸡要降低饲养密度，一般每平方米不超过 8 只。

(7) 冬季饲养管理

冬季外界气温较低，平均气温常在 0~10℃范围内，低可达零下 10℃。而棚内温度要求一般不能低于 18℃，要达到这个目的，首先可在棚外 1 米线左右处用砖或秸秆垒建一排 2 米左右高的护围，以阻挡寒冷北风对大棚的侵袭。二要将全部棚膜关闭，当有阳光时，将东西棚前坡约 0.9~1.0 米的草苫子掀起，南北棚早掀东侧苫子，下午掀西边苫子，有利棚内提温。在夜间或阴雨雪天气，可将棚全部封闭，必要时可生 1~2 个炉子，对棚内进行提温。另外，冬季肉鸡饲养密度可提高到每平方米 10~12 只，这样也有利于棚内温度的提高。冬季饲养肉鸡另一个不易处理的问题是棚内有害气体的排除问题，因为通风过大不利于棚内保温。解决的方法：一是利用棚顶及两侧山墙的排气孔，白天有阳光待温度升高时，打开排气孔。二是经常用干沙替换污染的垫料，有利于棚内温度的保持和防止有害气体的产生。

(8) 育雏温度的控制

育雏的温度较高，可将大棚无门的一端隔离（约占总面积的 1/5~1/4），中间用薄膜遮挡，内生 1~2 个火炉（烟筒直径为 14~18 厘米）进行提温育雏。有条件也可用地下火道供温。随着日龄的增长，温度要求逐渐下降，饲养面积增加，可按要求逐步降温，扩大饲养面积，直至拆除挡膜。

13. 肉鸡育雏前鸡舍检修与清洗工作如何进行？

鸡舍面积的大小应按照饲养数量最多时为准。鸡舍寒冷季节应力求保温良好，还要能够适当调节空气；炎热季节能通风透气，便于舍内温度、湿度的调节。鸡舍要保持干燥，不要过于明亮，布局合理，严格进行防病饲养管理的操作与防疫。对鸡舍内所有设备，进行彻底检查、整理、维修，并试运行。供电设备、控温设备要认真检修，开食盘、饮水器数量要备足，力求每只鸡都能同时吃料，且尚有空位，饮水器周围不见拥挤。

育雏前，首先要对鸡舍周围、鸡舍内部及设备进行彻底清洗。打扫鸡舍周围环境，做到鸡舍周围无鸡粪、羽毛、垃圾，粪便应送到离鸡舍 500 米外的地方进行生物热处理或无害化处理，制备有机肥。

清洗前，先关闭鸡舍的总电源。将饲喂和饮水设备搬到舍外或提升起来，之后将上批肉鸡生产过程中产生的粪便、垫料清理干净，用扫帚将网床、墙壁、地面上的粪便、垃圾彻底清扫出去；然后用高压水枪对鸡舍的屋顶、墙壁四周、网床、窗户、天花板（顶棚）风扇等进行冲洗，彻底冲洗掉附着在上面的灰尘和杂物，最后清扫、冲洗鸡舍地面。

地面上的污物经水浸泡软化后，用硬刷刷洗后，再冲洗。如果鸡舍排水设施不完善，则应在一开始就用消毒液清洗消毒，同时对被清洗的鸡舍周围喷洒消毒药。

清洗后，把所有用具安装到位，全部打开鸡舍的门窗，充分通风换气，排出湿气。

如果是旧育雏舍，清洗结束后，要检查鸡舍的墙壁、地面、排水沟、门窗以及供电、供水、供料、加热、通风、照明等设备设施是否完好，是否能继续正常工作；检查大棚墙壁有无缝隙、鼠洞；如果是用烧煤的炉子保温，还要检查炉子是否好烧，鸡舍各处受热是否均匀，有无漏烟、倒烟现象，严防火灾。如有问题，及时检修。

14. 空肉鸡舍怎么进行消毒？

消毒的目的是杀死病原微生物。不同的地方、不同的设施设备，要采用不同的消毒方法。

（1）火焰消毒法

待鸡舍墙壁、地面通风干燥后，对鸡舍的墙壁、地面、笼具等不怕燃烧的物品，对残存的羽毛、皮屑和粪便，可进行火焰消毒。注意不要与可燃或受热易变形的设备接触，要求均匀并有一定的停留时间。

（2）药液浸泡或喷雾消毒

用百毒杀等广谱消毒药按产品说明书规定浓度对所需的用具、设备，包括饲喂器具、饮水用具、塑料网、竹帘等，进行浸泡或喷雾消毒，然后用 2%~3% 的烧碱溶液喷洒消毒地面。如果采用地面平养育雏，则在地面干燥后，先铺设 5~10 厘米厚的垫料，然后消毒。如果采用笼育或网上平养育雏，则应先检修好，然后进行喷雾消毒。消毒时要注意药物的浓度与剂量，药物不要与人的皮肤接触，注意安全。

（3）熏蒸消毒

根据鸡场所处的地理环境条件及当地疫病流行情况，选用合适的消毒级别。一级消毒，每立方米空间用甲醛 14 毫升、高锰酸钾 7 克、开水 14 毫升；二级消毒，每立方米空间用甲醛 28 毫升、高锰酸钾 14 克、开水 28 毫升；三级消毒，每立方米空间用甲醛 42 毫升、高锰酸钾 21 克、开水 42 毫升。先将水倒入耐腐蚀容器（如陶瓷盘）内，然后加入高锰酸钾，均匀搅拌，再加入福尔马林，人即离开。

注意在熏蒸之前，先把窗口、风机通气口堵严，保持密闭完好，舍内升温至 25℃ 以上，湿度 70% 以上。熏蒸前，要铺好垫料，所有器具都应放进鸡舍内一同熏蒸。

消毒房舍需封闭 24 小时以上，如果不急于进雏，则可以待进雏前 3~4 天打开门窗通风换气，待甲醛气体完全消散后再使用。熏蒸消毒最好在进雏前 2 周进行。

为了进出鸡舍消毒方便，应在鸡舍门口设立消毒池或铺设消毒脚垫，消毒液一般 2

天换一次，以使其保持有效杀菌浓度。

15. 如何做好鸡舍的试温与预温工作？

雏鸡入舍前，必须提前预温，把鸡舍地面、墙壁和设备温度升高到合适的水平，对雏鸡早期的成活率至关重要。提前预温还有利于排除残余的甲醛气体和潮气。试温期间要在舍温升起来后打开门窗通风排湿，舍内湿度高会影响雏鸡的健康和生长发育，因此新建的鸡舍或经过冲洗的鸡舍，雏鸡进舍前必须调整舍内湿度到合理水平。

一般情况下，建议冬季育雏时，鸡舍至少提前 3 天预温；而夏季育雏时，鸡舍至少提前一天预温。若同时使用保温伞育雏，则建议至少在雏鸡到场前 24 小时开启保温伞，并使雏鸡到场时，伞下垫料温度达到 29~31℃。

16. 夏季肉鸡饲养怎样控制温度？

在肉鸡饲养过程中，温度是影响肉鸡生长的重要因素。饲养肉鸡之前，要注意养鸡场的选址。首先养鸡场应该选在通风的地方。众所周知，养鸡场会产生刺激性很强的气味，这种气味不仅会破坏周围的环境质量，还会影响肉鸡的生长。通风不仅可以去除异味刺激，改善环境质量，还会在一定程度上对舍内温度有所调节。养鸡场还应选择比较干燥的地方，潮湿的空气里各种细菌比较多，会使肉鸡患上各种疾病，湿度对温度的调节也会产生影响。饲养场要选择在向阳处，阳光可以调节温度，阳光中的紫外线具有杀毒的作用。温度必须根据肉鸡生长时期的需求进行具体调节，一般每个时期都有一个适合的温度范围，只有将温度控制在适宜的范围之内，才能获得肉鸡的最佳生长状态。因为温度过高会影响雏鸡的正常代谢，产生不良的应激反应，表现为采食量减少，饮水增加，生长缓慢；而温度过低会引起感冒等疾病的发生。应该在养鸡场安装一定数量的温度计，准确掌握温度状况，便于及时调节。

17. 夏季肉鸡饲养怎样控制密度？

饲养密度也是影响肉鸡生长的重要因素。肉鸡的饲养密度不仅会对温度产生影响，也会影响饲养场的湿度。所谓密度就是每平方米饲养肉鸡的数量。饲养密度过小，会造成资源浪费，减少经济收入，但对肉鸡不会造成什么影响。如果肉鸡饲养密度过大，肉鸡正常活动会受到限制，鸡舍内的空气质量会很差，容易引发各种疾病，甚至死亡，严重影响经济效益。肉鸡的饲养密度应根据肉鸡的不同生长时期做出相应调节。

三、饲养

18. 肉用仔鸡的营养需要有何特点？

肉用仔鸡生长速度快，要求供给高能量高蛋白的饲料，日粮各种养分充足、齐全且比例平衡。肉用仔鸡早期器官组织发育需要大量蛋白质，生长后期脂肪沉积能力增强，因此在日粮配合时，生长前期蛋白质水平高，能量稍低；后期蛋白质水平稍低，能量较高。

19. 肉种鸡在育雏、育成及产蛋期间的营养需求有何特点？

根据肉用种鸡的生长发育特点以及生产情况，从育雏至淘汰一般要分5种饲料供种鸡采食，即育雏料、育成料、预产料、产蛋高峰料和产蛋低峰料。

①育雏料。肉种鸡育雏期公鸡至少喂4周的高蛋白育雏料，而母鸡则不能超过3周。

②育成料。适用于第5~17周龄，此料粗蛋白及能量均偏低，有利于限饲和有效地控制体重。

③预产料。从第18~23周龄喂预产料，此阶段母鸡需要储存足够的营养为产蛋期作好准备。此料能量和蛋白较育成料偏高，此阶段不要喂高钙饲料。

④产蛋高峰料。从24~25周龄喂产蛋高峰料。

⑤产蛋低峰料。从46周龄开始至淘汰，种鸡饲喂产蛋低峰料。此料适当地降低粗蛋白含量，提高了钙的含量。

如果在产蛋期公母分饲，那么最好给公鸡单独配料，既能提高公鸡受精率，又能大大降低饲料成本。

20. 肉用种鸡在育成期营养需要特点是什么？

肉用种鸡在7~22周龄阶段称为育成鸡。肉用种鸡在育成期生长发育迅速，各组织器官发育趋于完善，机能逐渐趋于健全。蓄积脂肪能力也逐渐增强。此阶段营养好坏直接影响以后成鸡的生产性能和种用价值。为防止肉用种鸡在育成期采食过多、沉积脂肪过快、性成熟过早，控制适时开产，适当降低蛋白质等营养物质水平或实行限制饲养都是必要的。

21. 为什么肉鸡饲料中要有合适的蛋白能量比？

能量和蛋白质是饲养肉用鸡的两大重要营养物质，它直接决定了肉鸡生长速度和养鸡经济效益。蛋白质采食过量，就会影响消化吸收。在低能量、高蛋白的饲养条件下，多余的蛋白质会转化为能量，造成蛋白质的浪费，且加重肝脏和肾脏负担。因此，为保证肉鸡生长快、饲料利用率高的生理特点，饲粮中应保持高能量、高蛋白质水平，且比例恰当。

22. 肉用鸡的日粮中，为什么要控制粗纤维的用量？

鸡的消化道很短，不能贮存足够的食物，而且肉鸡的生长速度特别快，需要的营养物质也高，肉用鸡胃肠道中没有分解、利用粗纤维的微生物，对粗纤维含量高的饲料不易消化，不但影响了肉用鸡的生长速度，也影响了饲养肉鸡的经济效益。因此，在给肉用鸡配合日粮时。粗纤维的含量不得超过 3%~5%。另外，肉用鸡日粮中粗纤维的含量也不能过低，过低可能引起消化道生理机能障碍，使肉用鸡的抵抗力下降导致某些疾病的发生。所以要控制肉用鸡日粮中粗纤维的含量。

23. 怎样解决日粮中蛋白质的来源？

①扩大种植蛋白质饲料作物的面积，提高单产水平，增加蛋白质饲料的供应量。大豆、油菜籽、花生、葵花、棉花籽的加工副产品。

②扩大动物性蛋质饲料来源，充分利用屠宰场、肉品加工厂的下脚料与工业副产品。鱼粉、骨肉粉、血粉、州毛粉、蚕蛹粉都是良好的动物性蛋白质饲料。

③合理利用水产资源，除加大远洋捕捞鱼粉的生产能外，对近海资源淡水养殖、滩涂养殖充分利用，对其水产品合理加以利用。

④使用多种豆科牧草，如三叶草、芦蓿、草木樨等。也可把紫槐、刺槐、银合欢等叶粉加工利用。

⑤工业化生产蛋白质与氨基酸、饲料酵母、石油酵母、小球藻等，合成的单体氨基酸已大批量生产。

⑥加紧科学研究，从提高蛋白质利用率入手，增加蛋白质来源。

24. 为什么要在肉用鸡饲料中加入沙砾？如何供给？

鸡没有牙齿，肌胃中砂砾起着代替牙齿磨碎饲料的作用，同时还可能促进肌胃发育、增强肌胃运动力、提高饲料消化率，减少消化道疾病。据报道长期不喂砂砾的鸡饲料利用率下降 3%~10%。因此要适时饲喂砂砾。饲喂方法，开始的 1~14 天，每 100 只鸡喂给 100 克细沙砾。以后每周 100 只鸡喂给 400 克粗砂砾，或在鸡舍内均匀放置几个砂砾盆，供鸡自由采用，砂砾要求干净、无污染。

25. 肉用鸡常用饲料有哪些？

肉鸡常用饲料有百余种，根据营养成分可分为：

①能量饲料。能量饲料是含有丰富的碳水化合物，尤其是淀粉。如玉米、糠麸、淀粉质的块根、块茎、脂肪性饲料等。

②蛋白质饲料。蛋白质饲料分为动物性蛋白质饲料和植物性蛋白质饲料。如鱼粉、虫类、豆类等。

③矿物质饲料。常用的矿物质饲料有骨粉、石粉、贝壳粉等。

④青绿饲料。夏、秋季节较多，冬季除供给胡萝卜外，可用干草代替。

⑤添加剂饲料。添加剂饲料包括维生素、微量元素、氨基酸、抗生素、驱虫剂等。

26. 肉鸡不同生长阶段喂料有何要点？

肉鸡喂料要点如下：

①在第一周最好喂给雏鸡粒状破碎料。

②前 3 天应在料盘或硬纸板上喂粒状破碎料，进雏 48 小时后将料桶移到料盘附近。

③料槽或料桶底盘上缘应保持与鸡背等高。

④最好每 3 小时将鸡群驱赶起来，以促进其采食。

⑤在饲喂过程中，各阶段更换饲料时应逐步更换，尽量不中途更换饲料来源。

⑥保证肉鸡在任何时候都能吃到饲料。

四、管理

27. 怎么样做好进雏后的管理？

①温度。肉仔鸡的适宜温度与蛋鸡基本一致，1~3 天 33~34℃，以后每周降 3℃，舍内温度到 21℃时停止降温。注意看鸡施温，以鸡不张嘴、不扎堆儿为宜。

②密度。肉鸡增长速度快，要及时匀开，确保鸡只同时采食、饮水，为快速生长发育提供良好的环境。

③饲料。利用全价饲料，同时饮水中可补充维生素，以提高抗应激、抗病能力。

④光照。可以采用 1~3 天全天光照，以后每天 24:00 关灯，中间熄灯 1 小时；也可以按白天正常饲喂，晚上喂料时开灯，使鸡只吃料、休息、增重有序循环。

⑤通风。在保温的基础上加强通风，减少舍内有害气体，防止大肠杆菌、支原体等疾病的发生。

28. 怎样做好育成鸡的日常管理？

①育成鸡的限制饲养。

②育成鸡的体重监测。必须定期监测鸡的体重变化，要采取各种措施保证鸡群达到或接近标准体重。

③育成鸡的光照限制。

④育成鸡的其他饲养管理要根据鸡的生长发育状况调整鸡群的饲养密度，补喂沙砾和钙，及时断喙等。

29. 肉用种鸡为什么要断喙？怎样进行断喙？

断喙有利于减少饲料的浪费，而且减少鸡只之间的相互啄毛、啄肛，断喙时间为 6~8 日龄，断喙时要注意：确保正确断喙温度，刀片一般为樱桃红色；断喙最佳孔径为 4.36 毫米，一般选用断喙器的中孔，而不用大孔；每断喙 2000~3000 只雏后应更换电热刀片；烙烫时间为 2~3 秒；公鸡要比母鸡留稍长一点，母鸡断喙的长度为喙尖到鼻孔下边缘的 1/2，公鸡为 1/3，公鸡喙切得太长，会影响产蛋期与母鸡的交配；上下喙要一起切掉，上喙不能长于下喙；断喙后，饲料盘中的饲料要加厚一些，料盘中厚的饲料可以减少雏鸡采食时触及硬底的疼痛感，有利于喙部的尽快恢复，饲中添加一点维生素 K，维生素 K 有利于止血。

30. 怎样进行肉用种鸡转群？

肉用种鸡转群是指从育成舍转入产蛋舍，转群前，应准备充足的水和饲料。对于正处于限饲的鸡群应在预期转舍前 48 小时，由限饲改自由采食。在转群前半天，应停止加料。转群时，应调整好密度，一般是每平方米 4.4 只，也可根据各品种要求而确定。同时，备足饲槽和饮水器。转群后，尽快恢复喂料和饮水，饲喂次数增加 1~2 次，不能缺水。直接改用产蛋前的饲料。

31. 饲养肉用仔鸡为什么要定期称重？如何称重？

定期称重的目的在于根据肉用仔鸡的生长速度，随时调整饲养方法、饲料喂量和日粮水平。肉用仔鸡在肥育期还可根据体重、饲料消耗情况随时进行成本核算，以便根据市场行情确定最佳出售时间，获得最好养鸡效益。称重一般每周或每天进行一次。称重时，可采用随机抽样称重，有目的地抽称大、中、小 3 种有代表性的个体，小群称取 30~50 只，大群按 5% 称取。为防止鸡群骚动，称重最好在晚间进行。称重应准确无误，并做好记录。

32. 饲养员如何观察鸡群？

首先观察鸡只的精神状态。在雏鸡时，看是否活泼好动，精神饱满，眼睛明亮有神，采食时争先恐后；还是离群独卧，精神不振，羽毛污秽，低垂翅膀不抬头，不积极采食，后者多为病态。对中鸡、大鸡还要注意观察鸡群着羽情况，是羽毛整齐还是羽毛凌乱不堪。后者多因没有及时疏散鸡群，密度过大，通风换气不良所致，这俗称"上热"。饲养人员每天首先要观察供水、供料情况，采食饮水空间是否充足，鸡舍内温度、通风换气怎样，接着是观察粪便，从粪便的形态、颜色上判断是否发生了疾病或疾病的类型。再侧耳细听，判断呼吸道疾患。如发现了不正常鸡只，及时隔离治疗。如大群发生了营养缺乏症或传染病，要尽快采取有效措施。如属于管理上的问题要尽快加以解决，以确保鸡群生长发育正常。

33. 如何进行停食与送宰？

肉用仔鸡在出栏时的存活率、胴体合格率是非常关键的。问题多发生在抓鸡、装笼、运输与卸车过程中。在抓鸡装笼前 46 小时应开始停食，但不要停水。提前准备好鸡笼、围栏、车辆与人员。捉鸡时尽可能轻拿轻放。尽可能安排在夜间捉鸡，如必须在白天抓鸡，应将门窗遮光，将舍内划分成几个区段，要防止鸡扎堆。每次圈围的鸡只不要过多，应 5 分钟之内捉完。每笼装鸡数目要根据气候、鸡只体重大小合理确定，炎热季节时每笼之间要留一定的空隙，一般最少为 10 厘米，如必要时还应不定时向鸡笼上浇水，保持风扇运转，以防过热鸡只死掉。在严寒冬季运输时，可用帆布在车辆上进行适当遮盖，以使鸡只感到舒服。

34. 如何确定肉用仔鸡出售、屠宰时间？

①根据肉用仔鸡生长规律确定出售、屠宰时间，公鸡以 7 周龄、母鸡以 9 周龄出售、屠宰最好，生产的屠体适宜于搞分割肉小包装。

②根据市场对屠体品质要求确定适时出售、屠宰时间，适宜出售、屠宰的时间一般以饲养 5~6 周龄、体重 1~1.5 千克为主。

③根据饲养者的经济效益，可根据肉鸡生长速度和饲料消耗情况，随时进行成本核算和市场行情预测，当市场肉鸡紧缺、价格上涨、饲养者有利可图时，适宜提早出售、屠宰，以获得较好利润。

35. 肉鸡饲养过程中日常生产管理记录怎么做？

肉鸡饲养过程中要做好日常生产管理记录，以做到有据可查，便于总结饲养管理的经验教训并进行经济效益决算。每批鸡上鸡之前，要准备好鸡舍记录表。

36. 饲养肉鸡应做好哪些记录工作？

饲养肉鸡主要记录的项目有：每日鸡舍的温度、湿度、通风换气与光照；每日鸡只存栏只数、死淘只数与原因；每日饲料消耗量，进料数目与价格，鸡只的采食情况；每次投药的药名、产地、批号、剂量、用法与价格等；每次接种疫苗的疫苗品名、批号、生产厂家、免疫方法、剂量及价格；每周鸡只的平均体重；其他情况，例如，鸡只呼吸情况、粪便颜色、是否受到应激等。

37. 怎样给雏鸡初饮？

雏鸡运到鸡舍后，应尽快使全群鸡饮上水。及时饮水可加速雏鸡体内残留卵黄的吸收利用，有利于雏鸡的生长发育。另外，由于育雏舍温度高，长时间不饮水，会使雏鸡发生脱水现象。尤其是运程长，出壳后超过 24 小时以上的雏鸡更要注意这个问题。雏鸡生长发育很快，也需要大量饮水。因此，在整个肉仔鸡生长期内都应保证充足清洁饮水，并保证昼夜不断。事实上，对维持肉鸡生命活动及生长来说，饮水比喂料更重要。

雏鸡第一次饮水称初饮。初饮最好给雏鸡饮温开水，水中可加入 3%~5% 的葡萄糖或红糖，并加入一定量的多种维生素、电解质和抗生素。这样有利于雏鸡恢复体力，增强抵抗力，预防雏鸡白痢的发生。一般这样的饮水需要连续饮用 3 天。从第 4 天开始饮水中不定期加入 0.01% 的高锰酸钾，可起到消毒饮水、清洗胃肠的作用，但是在免疫前后各一天及免疫当天应停止饮用消毒水。水温要求不低于 16℃，最好提前将饮水放在育雏舍的热源附近，使水温接近舍温。

雏鸡初次饮水的时间应在雏鸡到达育雏舍后立刻进行。应将饮水器放在靠近雏鸡的地方，大部分雏鸡会自己走到饮水器旁饮水，尽可能让雏鸡自己饮水，并在最初的 12 小时内注意观察，对个别不会饮水的雏鸡，应用手握住其头部，将鸡嘴强行插入饮水器使其饮水，如此反复 2~3 次，雏鸡便学会了饮水。

五、饲养管理要点

38. 饲养肉鸡在季节交换时的管理技术是什么？

（1）铺好垫料

肉鸡的饲养要特别注意垫料的干爽、清洁。育雏期最好用禾秆做垫料，较干爽，利于提高温度；中大鸡阶段温度低于 18℃ 应加厚垫料以增加温度。

（2）避免应激

过大的声音、转群、接种疫苗、天气突变、断喙等对鸡是一种不良刺激，常可引起发病。在饲养期间尽可能避免不必要的抓鸡和惊扰。转群、接种疫苗、断喙前可以投放抗应激药物进行预防。处理好因气温下降带来的冷应激。

（3）温度适宜

温度是育雏阶段主要因素之一，适宜的温度可以发挥饲料的最大效益。温度过低易引起鸡发生呼吸道病和打堆死亡。判断方法有：一是把温度计悬挂在与鸡同一高度处测温，秋冬季育雏第一周一般控制在 35~36℃，以后每周降低 2~3℃，二是根据鸡的反应，这也是养殖户最应该注意的一个问题，温度过低时鸡只尖叫聚堆，温度过高时鸡只则分散并有喘息，温度合适鸡只分布均匀。也可采取温度计和感官相结合判断温度是否适合。

（4）控制密度

密度过大会造成鸡的生长不平衡，空气中有害气体增多，特别在秋季，湿度大，鸡容易感染大肠杆菌、球虫、葡萄球菌等，并可使疾病流行加快。所以，肉鸡一般要控制在每平方米 10 只左右。

（5）适度通风

鸡舍空气新鲜，可以避免呼吸道病的发生。空气中的有害气体或灰尘都能影响鸡的健康，甚至引起死亡。所以应在不降低正常室温的前提下通风，减少鸡舍内有害气体和灰尘的含量。

39. 冬春季肉鸡饲养管理要点有哪些？

（1）创造良好的饲养环境

鸡饲养环境包括鸡场大环境和舍内小环境。大环境是指尽量将场址选择在远离其他鸡场，地势开阔、交通便利、无噪声等外界干扰的地方。舍内小环境是指良好的保温和通风条件。保温与通风，冬春季气候寒冷，舍内需要的温度与外界气温相差悬殊，要解决好通风和保温的矛盾，保持舍内空气质量，既要通风换气，又要保持舍内温度，这是冬春季应解决的主要问题。鸡舍要求防寒性能好，达到保温的要求，严防仔鸡由于低温造成扎堆挤压致死的现象发生。在通风换气的同时，注意不要造成舍内温度忽高忽低，严防由于温差过大造成应激反应引起疾病，防止贼风、穿堂风侵袭鸡群。一般情况下，6日龄开始通风，并随日龄增加，加大通风量，使鸡群有足够的氧气。

（2）做好卫生管理

从健康种鸡场引进鸡苗，严防经垂直传播带进病原体；建立严格的卫生防疫制度，搞好环境卫生，严格控制外来人员、车辆进入生产场，制定科学有效的消毒制度；坚持带鸡消毒、消灭鼠害、严防鼠害传播疾病、病死鸡烧埋处理、病鸡与健康鸡隔离的原则。配备单独的贮料室、消毒池、更衣间、工具室等。饲养用具与消毒用具严格区分，并定期消毒，严防水平传播疾病。在提高机体抵抗力的同时，做好有关疾病的防治工作。严格按免疫程序进行疫苗接种免疫。定期监测本场鸡群的健康状况，出现疫情及时处理。同时定期监测相邻鸡场及本地区有无疾病疫情的发生，采取预防措施。

（3）加强饲养管理

进雏前对雏舍、用具进行严格消毒。入舍后，先饮水后开食，尤其长距离运输的鸡，可及时补充机体所失的水分。对于不愿意活动的鸡，应采用人工轰赶强制采食的措施，但应注意动作要轻，不要造成挤压致死的现象。不可随意改变光源的位置、时间、强度等，使舍内光照强度均匀。地面要干燥，平养要选好垫料，要用新鲜、干燥、柔软、不霉变、吸水性好的垫料。控制饮水，满足水的需要，一般饮水是耗料量的2~3倍，但不多供水，因为水多会加剧垫料的潮湿，用水管时防止跑水。

40. 肉鸡养殖三大阶段的饲养管理技术是什么？

（1）饲养前期（0~10 日龄）

此期主要控制沙门氏杆菌病和大肠杆菌病。死亡率一般在2%~3%，约占全期死亡总数的30%。应从正规的、条件好的孵化场进雏；改善育雏条件，改用暖风炉取暖，减少粉尘；保持适宜的温度、湿度，温度切勿忽高忽低；用药要及时，选药要恰当。同时，应加喂一些营养添加剂，如葡萄糖、电解质、多种维生素等，以提高雏鸡抗病力，一般用药3~5天即可大大降低死亡率。

(2) 饲养中期（20~40日龄）

中期主要控制球虫病（地面平养）、支原体病和大肠杆菌病，同时密切注意传染性法氏囊病。死亡率一般在3%左右，约占全期死亡总数的35%。应改善鸡舍条件，加大通风量（以保证温度为前提），控制温度，保持垫料干燥，经常对环境、鸡群消毒；免疫、分群前给予一些抗应激、增强免疫力的药物并尽量安排在夜间进行，以减少应激。

(3) 饲养后期（45日龄至出栏）

后期主要控制大肠杆菌病、非典型新城疫及其混合感染。死亡率一般占3%~4%，约占全期死亡总数的35%。应改善鸡舍环境，增加通风量，勤消毒，可用2~3种消毒药交替使用，但注意免疫前后2天不能进行环境消毒。做好前、中期的新城疫免疫工作，程序合理，方法得当，免疫确实。预防用药，此时用药要把抗菌药物与抗病毒药联合使用，切勿顾此失彼，并注意停药期。给鸡群饲喂益生素，调整消化道内环境，恢复菌群平衡，增强机体免疫力。

41. 白羽肉鸡应该怎样饲养与管理？

(1) 饲养要点

白羽肉鸡在生长过程中，对营养的需求是比较大的。因此饲料投喂要保证营养充足且比例合适，促进白羽肉鸡的生长。在选择饲料的时候，要根据白羽肉鸡的生长时期调整好饲料。因为白羽肉鸡每个时期对营养的需求都是不一样的。例如在白羽肉鸡养殖前期的时候，对蛋白质的需求是很大的。前期则要为其补充大量的蛋白质，以此来提高白羽肉鸡的肉质，保持营养平衡。而在后期的时候，白羽肉鸡则需要大量的能量来提高自身的抗病能力，因此大家要多多注意。

(2) 通风管理

在饲养白羽肉鸡的时候，通风工作非常重要。通风主要为了能够为白羽肉鸡营造一个良好的生长环境。提高鸡舍内的空气质量，排除舍内的灰尘及氨气等有害气体。减少舍内病菌、病原体的含量，从而降低白羽肉鸡的发病率。而且合理通风还能过降低舍内的湿度，将鸡舍保持在一个干燥的环境。也能够更好地调节舍内温度，避免鸡舍内局部温差过大，对白羽肉鸡生长造成危害。

(3) 日常管理

对于破壳七天内左右的雏鸡来说，要及时让其熟悉周围环境，做好开水开食工作，并且要提高光照强度。然后在七天后可逐渐将光照强度降低，适当的弱光能够让鸡群处于一个相对安静的环境，对于育肥是非常有利的。在雏鸡饮水的时候，要注意控制好水温，水温应控制在 25℃ 左右。并且要注意定期对饮水进行检测，检查饮水中微生物指标是否超标，防止饮水污染引发鸡群疾病，危害白羽肉鸡的生长。

此外，我们还要注意调整好鸡舍内的饲养密度。要以保持一个良好的生活环境为标准，在调整饲养密度时，要根据鸡舍的结构、饲养设备以及白羽肉鸡的日龄等进行。饲养密度绝不可过大，否则将会严重影响白羽肉鸡的生长，降低养殖效益。然后我们还要注意将鸡舍地面进行硬化，如果没有硬化的话，那么鸡舍内的返潮现象会比较严重，同样也会影响白羽肉鸡的生长。而且硬化地面对于鸡舍消毒、日常管理等工作也是非常有利的。

42. 肉鸡养殖技术需要掌握哪些要点？

①在肉鸡苗还没有进入养殖场之前，要先把准备育雏的鸡舍进行全面消毒，特别是以前养过鸡的鸡舍。可以用水刷洗鸡舍，这样才能彻底清理干净，然后将鸡舍晾晒 1 周之后，把所有门窗都关好，用煤球进行甲醛消毒，一般每 20 平方米用一瓶甲醛即可。

②鸡舍在没有进小鸡的 12 小时前，一定要加温，尤其是对于一些养殖大户。这些养殖大户一般选用的育雏鸡舍比较大，如果不提前 12 小时加温，一旦小鸡进入鸡舍，温度就会达不到 33~35℃，这样会使小鸡扎堆，处理不及时还会造成死亡。

③一定要把料槽、饮水器、电灯等东西准备好，刚刚引进的小鸡不宜饮用冷水，可以准备温开水，喂小鸡喝水时可以在水中放一定量葡萄糖，以及庆大霉素、水溶性维生素，这样在小鸡进入鸡舍时就能喝到水并提高小鸡的适应能力。

④一般从第 1 天到肉鸡 50 天以后上市，每一天都要按照流程，科学地饲养肉鸡。小鸡大概 3 天之后就可以接种第 1 次新城疫疫苗，接种时选择新城疫 4 系疫苗，通过饮水方法进行接种，这样相对简单。

43. 肉鸡怎么养才长得快？

(1) 使用营养全价料

使用营养全面的料喂，也就是咱们常说的全价料，有条件的可以买些喂，或者自己按科学组方，给配合好，这样既能满足肉鸡各方面的营养需要，又能提高饲料报酬率，减少饲料浪费。

(2) 搞好科学的饲养管理

肉鸡在不同的生长时期，所需要的营养和饲养管理也不同。

育雏期（0~3 周龄）的饲养目标是各周龄体重适时达标。

2~3 周龄适当限饲，防止体重超标，以降低腹水症、猝死症和腿病的发生，此期饲料中蛋白质含量不能低于 21%，每千克饲料的能量为 12.46~13.37 兆焦。

中鸡期（4~6 周龄）是骨架成形阶段，饲养的重点是提供营养平衡的全价日粮，此期饲料中蛋白质含量应在 19%以上，每千克饲料的能量维持在 13.38 兆焦左右。

育肥期（6 周龄至出栏）为加快增重，要提高饲料中的能量水平，可在日粮中添加 1%~5%的动物油，粗蛋白质含量可降为 17%~18%。

44. 怎样进行肉鸡放养饲养？

肉鸡放养是选择比较开阔的缓山坡或丘陵地搭建简易鸡舍，白天鸡自由觅食，早晨和傍晚人工补料，晚上在舍内休息，从而实现放养和舍养相结合的规模化养殖方式。

放养肉鸡分为舍内育雏和舍外放养两个阶段，一般雏鸡的育雏阶段为 1 月龄左右，雏鸡脱温后进入放养阶段，放养鸡一般在 100 日龄以上出售。放养规模以每群 1000~1500 只为宜。

肉鸡放养前要准备好饲槽及饮水器、饲料等，选择天气暖和的晴天放养。开始几天，每天放养 2~4 小时，以后逐渐增加放养时间。放养宜选择无风的天气，过程中要进行放养驯导，建立起鸡只回舍等的条件反射，以便在紧急情况能使每只鸡及时回舍。

注意防兽害，如狐狸、猫狗等。

45. 育雏前饲养人员和饲料、药物、饮水做好什么样的准备工作？

肉鸡养殖是一项耐心细致、复杂而辛苦的工作，养殖开始前要慎重选好饲养人员。饲养人员要具备一定的养鸡知识和操作技能。热爱养殖事业，有认真负责的工作态度。

设施设备比较先进的规模化养鸡场。一般每人可饲养 0.1 万~2 万只；设施设备比较简陋的大棚养鸡，每人可饲养 0.2 万~0.3 万只。根据饲养规模的大小，确定好人员数量。在上岗前对饲养管理人员要进行必要技术培训，明确责任，确定奖罚指标，调动生产积极性。

要按照肉鸡的日龄和体重增长情况，准备足够的饲料，保证雏鸡一进入育雏舍就能吃到营养全面的饲料，而且要保证整个育雏期的饲料供应充足、质量稳定。

如果平时购买疫苗不方便，要提前购置疫苗备用，并按照说明书规定的保存方法保存。如果具备常见病的诊断治疗能力，建议储备些常用药，如消毒药类、抗白痢药物类、球虫药物类等，避免经常到兽药店买药造成交叉感染，还可以及时治疗疾病。

保证雏鸡的饮水清洁至关重要。因为育雏舍已经预温，温度较高，在雏鸡到达的前一天，将整个水线中已经注满的水更换掉，以便雏鸡到场时，水温可达到 25℃，而且保证新鲜。

46. 大棚养鸡的管理要点是什么?

①夏季温度高,在大棚内育雏育成,温度控制非常容易。育雏育成期间一定要加强通风工作,经常将两侧塑料薄膜卷帘打开。但要做好遮阳和防雨。同时要尽量早扩群,降低饲养密度,在比较炎热的时候,注意通风,降低鸡群的死亡率。另外水中可加一些多维电解质或碳酸氢钠等以调节代谢。

②春秋季节育雏育成要注意调节鸡舍的温度。晚间要注意保温,不要让昼夜温差太大。

③冬季气温低,冬季的育雏育成一定要注意保温。做好保温和通风是冬季养鸡成功的关键。

④育雏期为节约供暖费用,通常像普通鸡舍一样,可在大棚内打横断,随着日龄的增加,逐步扩大饲养面积。

⑤雏鸡饮水器和喂料盘要尽量摆放在靠近走道的一端,以便随时加料供水。

⑥每天要做好网下鸡粪的清理工作。育雏期清一次粪即可,以后要选择适当的时间每天清粪一次。并对走道、鸡舍门口进行消毒。

47. 大棚养鸡应注意哪些问题?

①防火。具体措施包括:鸡舍内布置的电线要符合电工操作规程,不要超负荷用电,而且电线不能漏电。在火炉上加一块耐火石棉板,防止火苗上窜或温度太高引起易燃物着火。另外最好把火炉生在鸡舍外边。

②防风。在有大风的情况下,为防止大棚被风卷起,一定要保证所有立柱和框架连接牢固。

③防雨。防水塑料大棚顶上的各块塑料边要压紧,当下雨时,要及时将两侧塑料薄膜放下,同时关闭各进风窗。同时要搞好通风。

48. 生态肉鸡饲养技术要点有哪些?

生态肉鸡饲养就是在天然草原、森林生态环境下,采取舍饲和林地放养相结合,以自由采食草原和林间昆虫、杂草(籽)为主,人工补饲配合饲料为辅,呼吸草原、林中新鲜空气,饮无污染的河水、井水、泉水,生产出绿色天然优质的商品肉鸡,主要技术要点:

①选好品种。选择适合的生态肉鸡品种。

②选好饲养场址。选择草原牧地、天然林地、农家田地等地饲养;要求鸡舍周围5千米范围内没有大的污染源,有丰富的牧草和林地,其坡度不超过25°为宜,且背风向阳、水源充足、取水方便;道路交通和电源有保障。

③选择合适的育雏季节。最好选择 3~6 月份育雏，抓好幼雏、育成阶段放养训练。

④选好补饲饲料。必须按生产有机食品的标准执行。在饲料生产过程中严禁添加化学药品，以保证生态鸡的品质。

⑤做好疫病防治。接种鸡马立克氏、鸡新城疫、鸡支气管炎、禽流感等疫苗的防疫注射。

⑥做好天敌防范。防范鹰、黄鼠狼、狐狸等，使用家犬或草人，或利用尼龙网把放牧场围罩好。

49. 怎样合理控制肉用种鸡育成期的体重和提高种鸡群体均匀度？

（1）控制体重

控制体重的原则是：每周都要准确称重，而且要保证鸡只每周体重都有适度增长；根据每周称重情况决定喂料量；鸡群在 12 周龄以后如果发现超重，千万不要通过降料来降低体重以达到标准体重，而要保持每周稳定的增长。

（2）提高种鸡的均匀度

提高种鸡的均匀度应从以下几方面着手：每周对鸡群进行抽样称重，根据体重分布曲线图，将鸡群划分为三个等级即大鸡、中鸡和小鸡，然后及时调群；做好断喙工作；料位要充足而且喂料速度要快，让鸡只在最短的时间内尽可能同时开食而且尽可能食取等量的饲料；制定贴合实际的限饲程序，同时鸡群密度要合理。

50. 如何检查肉用种鸡的育成效果？

育成鸡的体重是否保持在标准的范围内进入产蛋期时，初产母鸡的体重在全群平均体重的 10% 以内；性成熟的时间是否符合标准小时龄；鸡群的健康程度；公鸡的种用性能。育成的公鸡应具有活跃的气质、强壮的体格，在繁殖时具有较高的受精率。

51. 检验肉用种鸡生产水平的指标有哪些？

肉用种鸡生产水平指标主要是指其繁殖性能，具体包括：种蛋合格率、受精率、受精蛋孵化率、健雏率、雏鸡成活率、育成鸡成活率、母鸡存活率。

52. 引起肉鸡消化不良的主要原因是什么？

（1）天气原因

消化不良常发在 4~6 月，昼夜温差大，多雨潮湿，垫料管理差。

（2）传染性因素

呼肠孤病毒引起的吸收不良综合征、球虫病、细菌性肠炎（如坏死性肠炎、大肠杆菌感染等）。

（3）非传染性因素

饲料碾磨粗糙，肉鸡离地饲养，从未采食过砂粒，机械性磨碎作用减弱。饲料原料变动较大，配方结构单一，有抗营养因子存在，如蛋白抑制剂、非淀粉多糖和使用过量的杂粮等。饲料中存在生物胺。毒性脂肪中毒，主要是油脂酸败后产生大量的过氧化物以及一些油脂分解的醛酮酸。

53. 肉鸡消化和吸收不良的对策是什么？

①针对传染性因素，采取相应的措施预防：如种鸡接种呼肠孤病毒病疫苗；有下痢的试用抗菌药物；球虫病选用抗球虫病药；选用杆菌肽锌、安来霉素、林肯霉素、维吉尼亚霉素等防治坏死性肠炎。

②在饲料中添加益生素、酶制剂。添加脱毒剂。使用有机微量元素替代无机盐。

③从小鸡开始，定期在饲料中加砂粒。

④饲料厂破碎机的筛网网孔改为 2.5~3 毫米。

⑤注意防暑降温，减少热应激及控制饮水量。

54. 怎样防治维生素 B 缺乏？

病鸡具有多发性神经炎症状：病鸡呈观星状，腿翅麻痹不能站立和走路，严重的衰竭死亡。成鸡维生素 B 缺乏 3 周后表现食欲减退，生长缓慢，羽毛松乱，腿软无力，步态不稳。鸡冠呈蓝色，全身性麻痹。

防治：针对病因采取措施能有效制止本病发生。应用硫胺素（维生素 B）给鸡只肌注或皮下注射，雏鸡每次 1 毫克，成鸡 5 毫克，每天 2 次连用 3~5 天。也可口服给药，每千克饲料加维生素 B 10~20 毫克，连用 1~2 周。

55. 怎样防治维生素 B_2（核黄素）缺乏症？

维生素 B_2（核黄素）缺乏症是以幼鸡的趾向内蜷曲，两腿瘫痪为特征的营养缺乏症。

病因：常喂缺乏维生素 B_2 的谷类饲料；饲喂高脂肪低蛋白饲料；种鸡对维生素 B_2 需要量大；温度低时未及时补充维生素 B_2；患肠胃疾病等。该病特征症状是足趾向内蜷曲，两腿瘫痪，多在 1~2 周龄雏鸡发生腹泻后出现。育成鸡病程后期，腿敞开而卧、瘫痪。母鸡产蛋量下降，孵化率降低。镜检可见肠壁薄，肠内充满泡珠状内容物。成年鸡坐骨神经和壁神经肿大弯软。

防治：必须早期治疗。雏鸡一开食就应饲喂全价标准日粮，在每吨饲料中添加 2~3 克核黄素可预防本病发生；或给病鸡在每千克饲料中加入核黄素 20 毫克，连用 1~2 周。

56. 怎样防治骨软症和佝偻病？

钙、磷是鸡体内两种重要的常量元素，对骨骼的发育和蛋壳的形成及血液凝固都有极大的影响。鸡只常因钙、磷不足，比例失调或维生素 D 缺乏而引起雏鸡佝偻病（软骨病）和成鸡骨软症。

常见的病因有：日粮中钙、磷缺乏或比例失调；维生素 D 不足；日粮蛋白过高或脂肪过高；温度过高，运动少，日照不足等因素也可导致此病发生。病鸡常见鸡只不愿走动，喜欢蹲伏。幼鸡爪和喙易弯曲，肋骨末端呈念珠状，关节肿大，有的拉稀。成年鸡发病多在产蛋高峰期，产薄壳蛋，产软皮蛋；胸骨"S"弯曲。骨质疏松，易折断。

防治：预防为主，确保日粮中钙磷的用量和比例。通过日粮中补充骨粉或鱼粉进行防治。另外应对病鸡投喂鱼肝油或补充维生素 D。

57. 什么是应激？应激有何危害？

应激是指鸡体对外界刺激因素的非特异性反应。这些因素包括：冷、热、疾病、管理不当、通风条件差、营养不良、霉菌毒素以及其他外部刺激。能耐受一定程度的应激，是动物的本能。

应激的主要危害有：鸡体发育不良；免疫力下降，发病率增高；蛋重减轻，蛋内容物稀薄，蛋壳变薄，破蛋率上升，软蛋率增加；繁殖力下降。精液品质变差，受精率降低；维生素需要量增加，易导致维生素缺乏。

58. 应激如何预防？

预防肉用仔鸡应激，可用药物进行调整。常用药物有：

①氯丙嗪。安定镇痛药，用药后使鸡群安静并易于捕捉。对鸡明显的作用时间是用后 5 小时。剂量为每千克体重 30 毫克。

②延胡索酸。可以降低机体紧张度，使神经系统的活动恢复正常。在发生应激的前后各 10 天内按每千克体重 100 毫克的剂量喂给。

③盐酸地巴唑。对平滑肌有解痉作用，在转群时按每千克体重 5 毫克的剂量投喂，每日一次，连用 7~10 天。

④维生素制剂。能提高抗应激能力，用量为常用剂量的 2~2.5 倍。在饮水中添加 1000 毫克每升的维生素 C 可有效的提高鸡只的抵抗力和抗应激能力。

59. 引起肉用仔鸡腿病的原因有哪些？

①感染性腿病。由病毒引起的主要有鸡脑脊髓炎、马立克氏病、病毒性关节炎；由葡萄球菌或大肠杆菌引起的主要有化脓性关节炎。

②营养性腿病。钙磷比例失调，某些维生素和微量元素缺乏，可引起脚软症。过量的硫酸铜或单宁含量过高也会引起腿病发生。

③管理性腿病。管理不当，环境条件不适，可引起风湿性或机械性脚软症。

④遗传性腿病。如胫骨软骨发育异常，脊椎滑脱症等。

60. 肉用仔鸡在饲养过程中发生饮水量突然增加，这是什么原因？如何防止？

原因主要有：饲粮中加入的食盐过量或鱼粉过咸；蛋白质饲料增加过多；喂干粉料时间过长；患球虫病引起肠黏膜出血；腹泻失水过多时均会发生暴饮现象。防止肉用仔鸡饮水量突然增加的措施主要是：保持肉用仔鸡饲粮相对稳定；食盐按规定标准添加；使用鱼粉时，要检查食盐含量；添加蛋白质饲料时，不能突然增加过多；要保持清洁饮水不断，防止鸡群长期断水；随时注意观察鸡群状态，发生球虫病时应及时治疗。

61. 夏季肉鸡采食量下降的原因是什么？

（1）热应激因素

夏季高温季节，天气较为炎热，尤其是对于笼养模式下，饲养密度大，温度相对较高，鸡舍内的温度难以调整到适宜温度，肉鸡长期生活在这样的环境下会发生热应激反应，会出现一系列的不良反应，其中明显的就是采食量下降。

肉鸡在热应激状态下采食量下降的主要原因是：①鸡在采食饲料后会产热，这会增加额外的温度，而鸡出于自我保护，就会减少采食。②夏季高温肉鸡饮水量增加，通过饮水排泄带走热量，而大量的饮水会造成肠道内的菌群失调，从而降低了肉鸡胃肠的蠕动功能，使消化能力下降，导致采食量下降。

（2）饲养管理因素

夏季为了达到降温的目的，经常会使用水帘，时机把握不准的情况下，肉鸡易受凉，造成采食量下降。风机开启不当，风机端风速过大，造成采食量下降。风机与进风口的匹配不恰当，造成风机端温度过高，也会造成采食量的下降。

（3）饲料因素

肉鸡饲料的质量也是影响肉鸡采食量的主要因素。如颗粒的硬度、大小等对于肉鸡的采食量影响很大，饲料的硬度越大，则肉鸡的采食量越少，颗粒越大，采食量越高。

由于霉菌的客观存在，在储存和饲喂过程中，容易造成饲料中霉菌含量超标，当霉菌在体内沉积到一定程度，诱发腺肌胃炎以及肝炎综合征，严重影响鸡群采食。

（4）疾病因素

肉鸡的抗病能力较差，尤其是肉鸡在后期的生长速度过快，会出现一个抗体效价低的阶段，此时易受病原的侵害而患病，所以生长后期的疾病预防尤为关键。

（5）生理因素

肉鸡的生理特点决定着其体温较高，新陈代谢较快，汗腺不发达，而夏季温度较高，会加快肉鸡的心跳速度，使其较其他动物更易发生因热应激而造成的采食量下降。另外，夏季肉鸡的饮水量增加，消化液浓度降低，也易出现肠道问题，引起采食量下降。

62. 夏季怎样提高肉鸡的采食量？

①在适宜的温度范围内。低温条件下鸡的食欲好、采食多。

②要重视日粮的全价性，提高日粮的适口性。

③鸡具有喜食颗粒料的习性，且颗粒料进入嗉囊后容易软化破碎，缩短了采食、消化的时间，鸡容易增加饥饿感而增加了采食量，故有条件的应尽量喂给颗粒料或破碎料。

④建立良好的条件反射。定时定点喂料，有利于肉用仔鸡建立采食条件反射，保持旺盛的食欲，从而增加了采食量。同时注意不突然更换饲料品种。

⑤自由采食、自由饮水的情况下，少喂勤添，不喂霉变饲料，保证饮水，经常保持有良好的食欲，这也是提高肉用仔鸡采食量的有效办法。

⑥改进食槽，按鸡龄大小提供结构合理的食槽，根据鸡龄和体重大小调整料槽高度。食槽应放在固定的干净地方。

63. 肉鸡容易缺乏的常量矿物元素有哪些，怎样在饲料中添加补充？

肉鸡容易缺乏的常量元素主要有钙、磷、钠、氯。肉用鸡缺乏钙磷或者钙磷比例失调会引起腿软症，缺乏食盐后，表现为食欲不振、采食量下降、生长停滞，并伴有啄羽、啄肛、啄趾等恶癖发生。

含钙、磷的饲料主要有：石粉、骨粉、蛋壳粉、磷酸氢钙等。如骨粉，来源广、价格低、钙磷比例适中、生物效价高。它是以家畜（多为猪、牛、羊）骨骼为原料，经蒸汽高压灭菌后干燥粉碎而制成的产品，按其加工方法不同，可分为蒸制骨粉、脱胶骨粉和焙烧骨粉。骨粉含钙24%~30%，含磷10%~15%，蛋白质10%~13%。骨粉在肉鸡的配合饲料中的使用量为1%~3%。再如磷酸氢钙（磷酸二钙）磷酸氢钙为白色或灰白色粉末。含钙量不低于23%，含磷量不低于18%。磷酸氢钙的钙、磷利用率高，是优质的钙、磷补充料，肉鸡饲料添加量为1.2%~2.0%。

补充食盐可防止钠、氯缺乏。鸡的饲粮中食盐含量以0.37%~0.5%为宜，用量必须准确。在配合饲粮时应考虑动物性饲料的含盐量，然后确定补充食盐的用量。如在饲粮中使用咸鱼粉时，必须先分析它的含盐量，否则往往因咸鱼粉用量过多引起食盐中毒。

64. 肉用仔鸡的饲粮为什么不能突然改变？

肉用仔鸡胃肠容积小，对食物的消化能力很差。当饲粮突然改变，会扰乱鸡的正常消化机能，造成不食或采食量变小，因而影响鸡的生长发育。为防止饲料突然改变，最好采用配合饲料。如果需要改变饲料，应有5~7天的过渡期，即采用逐渐减少原有饲粮的比例，并按比例加入新饲粮。

第八章 兔养殖技术问答

一、兔品种介绍

兔的种类有很多，纯种兔可分为 45 种，而在这 45 个品种又可有三种分类方法。一是根据兔被毛长短及被毛结构等方面的不同，主要分为标准毛兔（被毛中粗毛大约长 3.5 厘米，绒毛大约长 2.2 厘米）、长毛兔（毛最长可达 17 厘米）和短毛兔（一般为 1.3~2.2 厘米）3 种类型。二是根据体型大小可以分为大型兔（成年后的体重在 5 千克以上）、中型兔（成年后的体重多为 3.0~4.5 千克）、小型兔（成年后的体重多在 1.5~2.8 千克）和微型兔（成年后的体重只有 0.7~1.45 千克）四种类型。三是根据用途可分成肉用兔、毛用兔、皮用兔、皮肉兼用兔、实验用兔和观赏用兔等六大类。本文主要根据兔用途分类介绍如下。

1. 肉用兔的品种主要有哪些?

肉用兔大多为大中型品种，主要用于生产兔肉，其次是兔皮。肉兔的体形和生理特点是头轻、体躯宽深呈圆柱状、腿宽广而长，生长发育快，繁殖性能好，饲料回报率高，有较好的肉用性能。常见的肉兔品种有新西兰白兔、加利福尼亚兔、比利时兔、太行山兔（虎皮黄兔）、塞北兔、哈尔滨大白兔（哈白兔）和大耳黄兔等。

（1）新西兰兔

新西兰兔有白色、黑色和红棕色 3 个变种。中国饲养较多的是新西兰白兔。该兔被毛纯白，眼呈粉红色，头宽圆而粗短，耳短宽厚而直立，体呈圆柱状；背腰肋部肌肉发达，臀部丰满，四肢粗壮有力，全身结构匀称，早期生长发育快，初生仔兔体重均匀，达 60 克左右，受胎率高达 95%。8 周龄体重可达 1.8 千克，10 周龄体重可达 2.3 千克。成年公兔体重 4~5 千克，母兔体重 4.5~5.5 千克。繁殖力强，平均每胎产仔 7~8 只，年可繁殖 5~6 胎。该兔体质强壮，抗病力强，肉质细嫩，肉用性能良好，屠宰率居肉兔之首，外贸出口十分畅销。

（2）加利福尼亚兔

加利福尼亚兔育成于美国加利福尼亚州。它是现代养兔业的重要肉用品种之一。该兔的外形特点是耳根较粗，耳朵厚而宽，耳体短，眼呈红色，被毛白色，两耳朵、鼻端、四爪及尾部为黑色、浅灰黑或棕黑色，故又称"八点黑"。体型中等长度，全身肌肉丰满，似冬瓜，骨小肉多，肉质嫩而可口。早期生长速度快，产肉性能好，2月龄体重约1.8~2千克，成年公兔体重约3.6~4.5千克，母兔约3.9~4.8千克，略低于新西兰白兔。该兔繁殖性能好，生长速度快，特别是泌乳性能高，母性强，仔兔成活率高。平均每胎产仔7~8只，年可产仔6胎。该兔适应性广，抗病力强，性情温顺，肉质鲜嫩，屠宰率可达52%~54%。

（3）比利时兔

比利时兔又称巨灰兔、弗朗德巨兔，该兔外貌酷似野兔，被毛深红带黄褐或深褐色，整根毛的两端色深，中间色浅，体格健壮，头似马头，颊部突出，额头宽圆，鼻梁隆起，颈部粗短，肉髯不发达，眼呈黑色，耳朵较长，耳尖有光亮的黑色毛边，尾巴内侧黑色，体躯较长，四肢粗大，胸腹紧凑，被毛质地坚韧，紧贴体表，腿长，体躯离地较高，被誉为兔中的"竞走马"。该兔生长发育较快，3月龄重约2.8~3.2千克。成年体重约2.7~4.1千克，体型较大者成年重5.5~6千克，最高可达9千克。繁殖性能好，年产4~5胎，每胎平均产仔7~8只，母兔泌乳力高，兔骨较细，肌肉丰满，肉质细嫩，屠宰率可达52%~55%。

（4）太行山兔（虎皮黄兔）

太行山兔由河北农业大学等单位合作选育而成。太行山兔体质紧凑结实，背腰宽平，后躯发育良好，四肢粗壮，肢势端正。该兔有黄色和稍带黑色毛尖的黄色两种。成年公兔体重平均3.87千克，母兔3.54千克。该兔抗病力强，遗传性稳定，繁殖力高，母性好，泌乳力强。年产仔5~7胎，胎均产仔数8只，幼兔生长速度快。日增重与比利时兔相当，而屠宰率高于比利时兔。

（5）塞北兔

塞北兔是以法系公羊兔及比利时兔为亲本，经过杂交培育而成，是一种大型皮肉兼用兔。塞北兔在北方养殖量大、范围广，塞北兔被毛颜色全身统一。该品种分三个毛色品系。A系被毛黄褐色，B系纯白色，C系草黄色。该品种体型大，生长速度快。仔兔初生重60~70克，1月龄断奶重可达0.65~1千克，90日龄体重2.1千克。成年体重平均5.0~6.5千克，高者可达7.5~8.0千克。耐粗饲，抗病力强，适应性广，繁殖力较高，抗病力强，年产仔4~6胎，胎均产仔7~8只，断奶成活率平均81%。

（6）哈尔滨大白兔（哈白兔）

哈尔滨大白兔简称哈白兔，是中国农业科学院哈尔滨兽医研究所利用比利时兔、德国花巨兔、日本大耳白兔和当地白兔通过杂交培育而成，属于大型皮肉兼用兔。该兔体型大，头大小适中，眼大有神，两耳直立，背毛光亮，四肢健壮，身躯肌肉丰满。繁殖力高，生长快，耐粗食，适应性强，遗传性稳定，初生兔 50 日龄成活率 95%，断乳 3 月龄成活率 92%，断乳 6 月龄成活率 85%，日增重 30 克。能年产 6~7 胎，平均产仔 8 只。成年公兔活重 5.5~6.0 千克，母兔活重 6.0~6.5 千克。

（7）大耳黄兔

大耳黄兔原产于河北省邢台市的广宗县，是以比利时兔中分化出的黄色个体为育种材料选育而成，属于大型皮肉兼用兔。该兔分 2 个毛色品系。A 系橘黄色，耳朵和臀部有黑毛尖；B 系杏黄色。两系腹部均为乳白色。体躯长，胸围大，后躯发达，两耳大而直立，故取名"大耳黄兔"。成年体重 4.0~5.0 千克。早期生长速度快，饲料报酬高，A 系高于 B 系，而繁殖性能则 B 系高于 A 系。年产 4~6 胎，胎均产仔 8.6 只，泌乳力高，遗传性能稳定，适应性强，耐粗饲。

2. 毛用兔的品种主要有哪些？

毛用兔又叫作长毛兔，主要以生产兔毛为主。毛用兔品种主要是德系安哥拉兔、法系安哥拉兔、中国粗毛型长毛兔新品系（苏系、浙系和皖系）等品种。长毛兔的特点是体型中等偏小，绒毛茂密，毛质好，毛发生长快，每年大约可以采毛 4~5 次。

（1）德系安哥拉兔

德系安哥拉兔是世界著名的细毛型长毛兔。被毛密度大，细毛含量高，有明显的毛丛结构。被毛不易缠结，其产品适合于精纺。该兔体形大，繁殖能力强，但不耐高温。该兔产毛量高，年产毛量公兔约为 1.2 千克，母兔约为 1.4 千克，最高者达 1.7~2 千克，毛长 5.5~5.9 厘米，年繁殖 3~4 胎，每胎产仔 6~7 只，配种受胎率为 53.6%。

（2）法系安哥拉兔

法系安哥拉兔原产于法国，是现在世界上著名的粗毛型长毛兔。该兔全身被白色长毛，额部、颊部及四肢下部均为短毛，耳朵宽长而厚，耳尖无长毛或有一撮短毛，耳朵背面密生短毛，俗称"光板"。被毛密度差，毛质较粗硬，且粗毛含量高，毛纤维较粗，其产品适合于粗纺。法系安哥拉兔头型稍尖、体型较大，成年体重 3.5~4.6 千克，高者可达 5.5 千克，体长 43~46 厘米，胸围 35~37 厘米。年产毛量公兔为 0.9 千克，母兔为 1.2 千克、最高可达 1.3~1.4 千克；被毛密度为每平方厘米 13000~14000 根，粗毛含量 13%~20%，细毛细度为 14.9~15.7 微米，毛长 5.8~6.3 厘米。年繁殖 4~5 胎，每胎产仔 6~8 只，配种受胎率为 58.3%。

（3）中国粗毛型长毛兔新品系

中国粗毛型长毛兔新品系主要有苏系、浙系和皖系三个品种。

①苏系长毛兔。具有生命力强、繁殖性能好，体重大，产毛量和粗毛率高等特点。该兔体型较大，四肢强健，毛色洁白，头部圆形稍长，耳中等大、直立，耳尖多有一撮毛，眼球呈粉红色，面部被毛较短，额毛、颊毛量少，背腰宽厚，腹部紧凑有弹性，臀部宽圆，全身被毛较密。每胎产活仔数 6~8 只，初生胎重 350~400 克，21 日龄胎重 2000~2200 克，断奶个体重 1~1.1 千克。2 月龄公兔产毛大约 32 克、母兔产毛大约 35 克；5 月龄公兔产毛大约 140 克、母兔产毛大约 150 克；8 月龄公兔产毛大约 190 克，母兔产毛大约 200 克。

②浙系长毛兔。是利用德系安哥拉兔和本地的长毛兔做育种素材，通过杂交创新，横交固定选育而成。它具有生长速度快，体型大，产毛量高，遗传性能稳定，适应性及抗病能力较强等特点。

③皖系长毛兔。具有体形较大、繁殖性能较好等特点。皖系长毛兔是一个综合生产性能较高的粗毛型长毛兔新品种，它体躯匀称，结构紧凑，体型中等，全身被毛洁白浓密而不缠结，富有弹性和光泽，兔毛长 7~12 厘米，11 月龄刀剪毛产量、粗毛率分别为 311.82 克和 17.6%。

3. 皮用兔的品种主要有哪些？

皮用兔主要是生产优质兔皮，同时也可以提供兔肉。这种品种兔子大多为中小型兔子，具有被毛浓密、平整，色泽鲜艳，皮板组织致密等特点。常见的皮用兔品种有獭兔（力克斯兔）、银狐兔、哈瓦那兔等。

（1）獭兔

獭兔学名力克斯兔，原产地法国。是一种典型的皮用型兔，因其毛皮酷似珍贵毛皮兽水獭，故称为獭兔。獭兔已有九十多种颜色，主要有海狸色、白色（包括特白色）、红色、蓝色、青紫蓝色等 20 多种色型。獭兔的头小而偏长，颜面区约占头长的三分之二左右，口大、嘴尖、口边长、有较粗硬的触须，眼球大而且几乎呈圆形，位于头部两侧，其单眼的视野角度超过 180°。獭兔的眼珠有各种颜色，在一般情况下是不同色型的重要特征之一，如白色獭兔呈现粉红色，黑色獭兔呈现黑褐色。耳长中等，且可自由转动。颈粗而短，轮廓明显可见。胸腔较小，腹部较大，背腰弯曲而略呈弓形，臀部宽圆而发达，肌肉丰满，发育匀称。前脚五趾，后脚四趾，爪有各种颜色。

青年兔趾爪短细而平直，富有光泽，隐藏于脚毛之中，白色兔趾爪基部呈粉红色、尖端呈白色，且红色多于白色。门齿洁白，短小而整齐。皮肤紧密结实。壮年兔趾爪粗细适中，平直，随着年龄增长，逐渐露出于脚毛之外，白色兔趾爪颜色红白相等，门齿白色、粗长、整齐，皮肤紧密。老年兔趾爪粗长，爪尖钩曲，有一半趾爪露出于脚毛之外，表面粗糙而无光泽，白色兔趾爪颜色白多于红。门齿厚而长，呈暗黄色，时有破损，排列不整齐，皮肤厚而松弛。

（2）银狐兔

银狐兔又叫马坦银兔，由花巨兔与银兔杂交育成，因其毛型、色泽很像银狐而得名。该兔主要色型是蓝色和黑色，其次还有巧克力色和褐色。黑色银狐兔全身均匀混有银白色的毛，毛柔软，是珍贵的长毛皮用兔。该兔生长快，抗病能力强，前后躯较为发达，成年公兔体重平均 4.15 千克，母兔体重平均 4.5 千克。每胎产仔 6~8 只。

（3）哈瓦那兔

哈瓦那兔是一种珍贵的皮用兔，也当作玩赏品种饲养。由于它的毛色酷似哈瓦那雪茄，故称哈瓦那兔。该品种被毛浓密，全身一致呈巧克力色，并带有紫色光泽，毛基部为灰蓝色。它体躯较短，腰部宽阔，后躯发育好，耳短自立，两耳间相距甚近，眼大突出，色泽与毛色一致。体重小于 1.6 千克，是纯种兔中最娇小的，身圆头短，两只耳朵竖起及靠在一起，长度不过 7.6 厘米，毛短且浓密。

4. 皮肉兼用型兔的品种主要有哪些？

皮肉兼用型兔介于肉用兔和皮用兔之间，无突出的生产方向，兼顾肉与皮生产能力。常见的皮肉兼用型兔有日本大耳白兔、德国花巨兔等品种。

（1）日本大耳兔

日本大耳兔原产于日本，是由中国白兔与日本兔杂交育成的优良皮肉兼用型品种。日本大耳兔体格强健，较耐粗饲，适应性强，体型较大，生长发育较快，中国各地广为饲养。其主要特点是耳朵大，耳根细，耳端尖，耳薄，形同柳叶并向后竖立，血管明显，适于注射和采血，是理想的实验用兔。日本大耳兔繁殖能力较强，年产 4~5 胎，每胎产仔 8~10 只，最多达 12 只，仔兔出生均重 60 克。母兔母性良好，泌乳量大。生长发育较快，2 月龄平均体重 1.4 千克，4 月龄 3 千克，成年体重平均 4 千克，体长 44.5 厘米，胸围 33.5 厘米。

（2）德国花巨兔

德国花巨兔又称花巨兔，原产于德国，由佛兰德品种杂交育成。有三种颜色：黑色、棕色和蓝色。该品种的主要特点是鼻、嘴环、眼圈及耳朵为黑色，从颈至尾根沿背有黑色长条背线，体两侧有对称蝶状斑块，其余被毛为白色。体型高大，体躯较长，呈现弓形。筋骨较粗重，腹部距地面较高。成年兔平均体重为 5~6 千克。性情活泼，行动敏捷，善于跳跃。繁殖力较强，每胎平均产仔 11~12 只，最高可达 17~19 只。每月平均增重为 1 千克，体长 66~68 厘米。

5. 实验用兔的品种主要有哪些?

实验用家兔大多为白色被毛、红眼睛且耳静脉清晰的家兔品种，以日本大耳白兔居多。

6. 观赏用兔的品种主要有哪些?

观赏用兔主要指那些体形外貌奇特，或被毛华丽奇特珍稀，或体格轻微秀丽，专供于观赏的家兔品种。常见的观赏用兔有波兰兔、喜马拉雅兔、花巨兔等。

（1）波兰兔

波兰兔体重小于 1.6 千克，是纯种兔中最娇小的，身圆头短，两只耳朵竖起并靠在一起，长度不过 7.6 厘米，毛短而浓密。

（2）喜马拉雅兔

喜马拉雅兔在夏天为纯白，没有杂色，冬天尾、足、耳、鼻变成纯黑色。经长期培育已成为广泛饲养的优良观赏和皮肉兼用兔品种。该兔体质健壮，耐粗饲，繁殖力强。

二、兔的育种与繁育

7. 种兔该如何选种?

母兔第一胎生产的仔兔一般不宜留作种兔，最好是选择第二胎以后的仔兔作为种兔。年龄一般在 3 月龄以上，体重大于 1.5 千克。选择个体大，外形无缺陷，无病的健康兔。母兔乳头数应在 4 对以上，公兔睾丸要对称，无单睾或隐睾。头部大小应该与体躯相协调，眼睛圆睁，明亮有神，无眼泪无眼屎。口腔黏膜无溃疡，牙齿排列整齐。耳朵宽大，血管清晰明显。颈要发达，胸部要宽阔。

8. 影响母兔繁殖的主要因素有哪些?

①生理因素。如母兔卵巢囊肿、输卵管堵塞、子宫狭窄、子宫炎、患病引起的高烧及近亲交配等。

②营养因素。能量和蛋白质饲料供给不足或过高，维生素和矿物质的缺乏使其营养比例失调。

③环境因素。温度过高或过低，湿度过大，光照不足，有害气体含量超标，卫生条件差等。

④哺乳因素。母兔哺乳前期、产仔多或者身体瘦弱时往往受孕率低。

⑤公兔因素。公兔配种过早和长时间休息（15 天以上没有配种）往往导致不孕、受

孕率低和产仔少。

⑥人为因素。饲养者不能准确地掌握发情期，没有适时配种，孕期母兔大量用药或器械性损伤等都直接影响母兔的繁殖。

9. 母兔繁殖障碍的解决方法有哪些？

①合理给料。禁止饲喂含酒精、激素和抗生素过多的饲料，饲料营养适中，种兔保持中上等膘情，防止过肥或过瘦。

②适时配种。一是当种兔达到配种年龄就应当投入繁殖，否则繁殖过晚脂肪增多，容易引起不孕症。二是应每隔两天检查一次母兔外阴红肿情况，抓住配种的最佳时间。

③刺激发情。将母兔放入公兔笼内，通过公兔的追逐爬跨，促进其发情，互换发情与不发情的笼位，也可以促进发情。

④加强管理。排除有害气体，保持湿度、温度和光照时间适宜，对于先天性不孕和久治不愈的兔一律淘汰。

10. 提高家兔繁殖力的方法有哪些？

①选种。选择具有本品种特征、健康、性欲旺盛、生殖器官发育良好、无咬人咬兔恶习的公母兔留作种用，用作繁殖的公兔要求配种能力强、不怕人。母兔发情周期明显、发情时主动接受交配、产仔率高、乳头在八个以上、泌乳力强、母性好、无吞食幼崽等恶习。

②选配。大型品种兔 7~8 月龄，中型品种兔 6~7 月龄，小型品种兔 5 月龄即可进行初配，抓住春秋繁殖旺季进行频繁交配。

③营养。保证种公母兔饲料营养的均衡，特别要保证优质蛋白质，矿物质和维生素的营养供给，如豆粕、鱼粉、骨粉、胡萝卜及人工合成的多种维生素等。

④笼舍。繁殖兔笼舍要通风、透光、宽敞，保持适宜的温湿度，排除有害气体。

⑤防病。繁殖期间，除了进行预防注射，配种前后 15 天和妊娠期尽可能不用抗生素类药物，防止中毒惊吓捕捉不到，造成死胎流产等。

11. 母兔春繁要注意什么？

(1) 严格选种

在选种过程中，要选留生产性能高，母性好，繁殖性能好的高产兔后代作为种兔。所选留的种兔必须符合本品种的特征，毛色要纯正，生殖器官发育良好。具体表现为：公兔体型均匀，体重 3.5 千克以上，头大而圆，四肢粗壮，被毛长度在 1.6 厘米左右，无粗毛针，睾丸大而下垂，性欲旺盛，精子活力强、密度大；母兔体长后腹大，乳头数量在 4 对以上，无生殖器官疾病，被毛长在 1.5 厘米左右，母性好，泌乳能力强，产仔多。

对不适宜留种的公、母兔要及时淘汰。

（2）科学饲喂种兔

种兔体况应不肥不瘦，母兔要保持中等膘情，公兔保持中等偏上膘情。同时饲料要多样化，在饲喂全价颗粒饲料的同时，添加青绿饲料，特别是胡萝卜。配种前 10 天，每天饲喂 50~100 克胡萝卜，母兔发情率可提高 40%~50%，长期饲喂可提高母兔泌乳量和仔兔成活率。

（3）科学配种

首先要防止近亲交配。配种时要了解母兔发情周期，一般母兔发情周期为 7~15 天，发情持续期为 1~3 天。若发现母兔在笼内乱跑，食欲减退，频频排尿，外阴部潮红、肿胀、湿润，分泌黏液增多，说明母兔已发情。但要掌握好外阴部的变化规律，也就是说在外阴部大红时配种受胎率最高，产仔数最多，应选择在此时配种。其次要采取科学配种法，即重复配种法，可提高母兔受胎率和产仔数。方法是一只母兔发情配种，先后与两只公兔连续交配，或配种母兔与一只公兔先交配，6~8 小时后，与另一只公兔进行第二次交配。

12. 公兔不交配怎么办？

公兔在夏、秋、冬季节极易发生不交配现象，造成这种原因一是初配年龄过早、交配经验不足，二是管理不当造成的。

管理上应做到：一是不能配种过早，年龄在 4.5 个月以上，体重达到 2.75 千克才可配种；二是冬天来临之际，应该给公兔加"小灶"，温度控制在 15~20℃，增加维生素和氨基酸含量，延长光照时间，每天采光时间大于 10 小时。

三、兔的营养需要

13. 肉（皮）用兔对矿物质的需求有哪些？

肉（皮）用兔日粮中适宜含钙量为：生长兔 0.5%，妊娠母兔 1.1%，哺乳母兔及仔兔 0.8%；日粮中磷含量分别为：生长兔 0.3%、妊娠母兔 0.5% 和哺乳母兔 0.8%。日粮中磷要低于钙，钙磷比例推荐量为 2:1 或 1.5:1。

钠和氯对体内酸碱平衡和体液渗透压起着重要作用，并参与水的代谢。长期缺乏会引起食欲减退，被毛粗糙，生长迟缓，饲料利用率降低，肉兔对食盐的需要量以占日粮的 0.5%~1% 为宜。

钾在维持细胞内液渗透压和神经兴奋的传递过程中起着重要作用。肉兔缺钾会产生严重的进行性肌肉营养不良等病理变化。常用的兔饲料中富含钾，所以一般不需要另外再补，钾的适宜含量为 1%。

锌分布于机体的所有组织中，以肌肉、肝脏、皮毛等含量最高。肉兔缺锌会减少采食量，繁殖力减退，毛皮粗劣，口腔溃疡。一般可从饲料和饮水中获得足量的锌，锌的适宜含量为每千克日粮 50 毫克。

14. 肉（皮）用兔对粗纤维的需求有哪些？

尽管肉、皮兔对粗纤维的消化能力较差，但粗纤维对其消化过程具有重要意义。一方面可提供能量，饲料粗纤维在大肠内经微生物发酵产生挥发性脂肪酸，在大肠被吸收，在体内氧化产能或用作合成兔体营养物质的原料。另一方面是维持正常消化机能，未被消化的饲料纤维起着促进大肠黏膜上皮更新，加快肠蠕动，预防肠道疾病的作用。肉兔日粮中适宜粗纤维含量为 12%，幼兔可适当低些，但不能低于 3%，成年兔可适当高些，但不能高于 20%。

15. 肉（皮）用兔对维生素的需求有哪些？

维生素是一类低分子有机化合物，在体内含量甚微，但具有重要的生理功能，缺乏时，会使肉兔生长缓慢甚至停滞，繁殖力下降，抗病力减弱，甚至死亡。肉兔大肠微生物能利用食糜有机物合成维生素 K 和 B 族维生素，通过食粪途径，全部或部分地满足需要。此外，肉兔的皮肤在光照下，能合成维生素 D，满足其部分需要。肉兔所需要的其他维生素则依赖饲料供给。肉兔要考虑的不仅仅有是否长肉，如果肉兔长得全是膘肉，而且体质又差，那么也于事无补，合理地安排营养摄入，才能让肉兔有一个健康的体质。

16. 毛用兔的营养需求有哪些？

（1）水

长毛兔需要随时能喝到新鲜清洁的水，每天的需水量平均为 400~600 毫升。影响家兔饮水需要量的因素很多，主要为日粮组成、年龄、环境温度、水温及不同的生理状态等。在饲喂颗粒饲料时，每千克体重约需饮水 100 毫升，或每采食 100 克颗粒饲料需要饮水 200 毫升。随着家兔年龄的增长，需水量逐渐减少，如 1 周龄时，每千克体重需水 125 克，2 周龄为 115 克，3 周龄为 106 克。母兔哺乳期、妊娠期和生长期的幼兔对水的需要量大些，如兔乳中含水约 70%，每日产乳 250 克，其中水占 175 克。因此，在生产中，为了满足长毛兔饮水的需要，最好采用自由饮水方式。

（2）蛋白质

在日粮中蛋白质品质较好的情况下，不同生理时期兔对粗蛋白的需要量为：生长兔 16%，怀孕兔 15%，哺乳母兔 17%，空怀为 14%。在生产中为了提高饲料中蛋白质的利用率，经常采用多种饲料配合，使饲料之间的必需氨基酸（这种氨基酸不能在兔体内合成，或合成量少，必须靠饲料提供）互相补充。例如，赖氨酸和色氨酸，在玉米中缺少，而在豆科植物中含量较多，如果互相配合，就可使整个日粮的蛋白质利用率大大提高。因此，饲养长毛兔切忌饲喂单一的饲料。

(3) 脂肪

脂肪是兔体的组成成分，也能供给热能。在兔日粮中配合 2%~5% 的脂肪，可增加饲料的适口性，又可促进肠道吸收脂溶性维生素。另外，长毛兔机体正常的分泌活动都需要以脂肪为原料。乳汁中脂肪的含量为 13.5%，如哺乳母兔每天分泌 150~300 克乳汁，则需脂肪 20~40 克。因此，脂肪是家兔日粮中不可缺少的成分。幼龄兔需要量特别高，成年兔因大肠微生物能合成大量的脂肪酸，所以需要量相对低些。

(4) 碳水化合物

碳水化合物分无氮浸出物和粗纤维两类。无氮浸出物包括淀粉和糖类，以及可溶于一定浓度酸、碱的其他有机物，这些物质很容易被兔消化，所以又叫可溶性碳水化合物。兔可以消化饲料中的碳水化合物，籽实 76%~85%，马铃薯 90%，糠麸类饲料 70%，青饲料和根茎类饲料 85%~96%，干草 40%~60%。

日粮中粗纤维的含量，主要应根据兔的年龄和生理状态而定。一般生长兔日粮中粗纤维含量应低些，而成年兔日粮中粗纤维的含量可略高些。但必须注意，日粮中粗纤维过多，会降低日粮营养物质的消化和吸收，并降低日增重。

(5) 维生素

维生素可分为脂溶性和水溶性两大类。脂溶性维生素有维生素 A、D、E、K 等。生长兔每千克体重每天约需 8 微克维生素 A，繁殖母兔需要 14~20 微克。兔以草为主要饲料，在青饲料保证供应的情况下，每千克体重约有 50 微克胡萝卜素，即可防止维生素 A 的缺乏，并能保证兔的正常生长和繁殖。维生素 D 与钙、磷代谢有关，缺乏时，会引起软骨病、骨质疏松等症状。豆科饲草中含维生素 D 原较丰富。维生素 E 与兔的繁殖有关，缺乏时能引起母兔不孕、死胎及流产，公兔精液品质下降。维生素 E 在谷实、糠麸和青饲料中含量较多。一般认为，家兔的维生素 E 需要量为每千克日粮含 40 毫克。繁殖兔需在日粮中补加维生素 K。怀孕母兔饲喂缺乏维生素 K 的日粮，会发生胎儿出血和流产现象，每千克日粮含 2 毫克维生素 K，足以防止出血和流产。对生长兔，每千克日粮中泛酸含量应为 20 毫克，核黄素应为 6 毫克，胆碱应为 1200 毫克，钴胺素应为 0.01 毫克。

(6) 矿物质

长毛兔需要的矿物质有钙、磷、钠、钾、氯、硫、镁，以及少量的铁、锰、铜、锌、钴、碘、氟等，其中以钙、磷、氯、钠、硫、钴最为重要。泌乳母兔和生长兔钙的需要量为1%（占风干饲料重），即每天应供给1.5~2.0克钙，磷的需要量应按给钙量的60%~70%计算。4~6月龄仔兔钙的需要量为0.3%~0.4%（占风干饲料重），磷约为0.2%。种兔日粮中钙的水平不应超过0.8%~1.0%，肥育兔不超过1.0%~1.2%，钙、磷比应为1:1~1.5:1。此外，含硫氨基酸是合成体蛋白和兔毛角质蛋白的原料，硫是多种激素的组成成分等。一般每千克日粮需要添加15毫克硫。

四、兔的饲养管理

17. 兔子的饲喂原则是什么？

①饲料必须清洁卫生。饲喂的饲料必须清洁新鲜，调配好的饲料要马上喂完，放置时间过长会造成酸腐以及维生素的破坏，有露水或雨水的草，要摊开晾干后方可饲喂。凡有农药喷洒过的田边、果园里的青草不可用来喂兔，霉烂、变质的饲料禁止使用。

②适口性要好。在青草中兔子喜欢吃多汁性饲料，在多汁饲料中喜欢吃胡萝卜。精料中喜欢吃的次序为：燕麦、大麦、小麦、玉米。在蛋白质补充饲料中喜欢大豆饼、花生饼、豆饼、棉籽饼，棉籽饼在种兔的日粮中应限量使用，长期饲喂棉籽饼会出现雄性不育。兔不喜欢吃有腥味的鱼粉。

③青饲料为主、精饲料为辅。家兔的日粮应以青饲料干草为主，一年四季中，都要有青绿饲料因为饲草中的养分含量不全。如果完全依靠饲草供给所需的营养，兔的消化器官又容纳不了那么多的饲草，因此，就必须满足饲料需要之后营养不足的部分，补充精料，维生素和矿物质饲料等。

④调换日粮需逐步过渡。夏季以青绿饲料为主，冬春季以干草、块根块茎类饲料为主，当饲料随着季节更换时，要逐步进行，使家兔消化道有个适应过程。饲料的突然改变，会引起消化机能紊乱，产生胃肠疾病。夏季应该以青饲料加精料，秋季应该以青饲料加多汁饲料加精料，春季应该以多汁料加青料加干草加精料，冬季应该以多汁料加干草加精料。

18. 怎样计算兔子每天饲料的饲喂量？

兔子必须科学喂养，每天幼兔兔粮按照兔子体重的3%~5%计算。

成兔兔粮按照兔子体重的1%~3%计算，兔粮起到均衡营养的作用，吃得不多，但要吃好。

19. 兔子每天喂几遍食？

幼兔坚持每天喂四遍颗粒饲料（时间为6:00、11:00、16:00和晚上睡觉前），要少喂多添，严禁一次加料装满食盒子。

成龄兔和育成兔每日早晚各喂 2~3 次，哺乳母兔和离奶 10 日前的仔兔，每日喂 3 次。1 千克以内的仔兔不喂或少喂青饲料，仔兔断奶前更不应该随大母兔吃青饲料。

20. 饲喂兔料三要三不要是什么？

①要喂配合料。兔日粮中的营养成分为：粗蛋白、粗纤维各 10%，脂肪 5%，每千克日粮含消化能 11 732 千焦，氨基酸 10%。如无条件饲喂配合饲料，应适当添加黄豆、豆饼、麸皮、玉米等精饲料和胡萝卜等多汁饲料。

②要重喂夜料。兔有较强的夜食性，夜间采食量可占全天采食量的 75% 以上。因此，夜间要给兔供足饲料和饮水。

③要逐渐换料。常喂一种饲料，兔已具有了较强的适应能力，若突然更换饲料，易引起兔肠胃病。

④不要喂青贮料。青贮料酸度大，会影响兔盲肠内微生物的生长繁殖，造成纤维素酶减少，影响兔的正常消化。同时，青贮饲料易发霉变质，兔食后易引起中毒性下痢，甚至死亡。

⑤不要间断草料。兔的盲肠里有许多能分泌纤维酶的微生物，具有较强的分解粗纤维的能力。但饲料进入兔胃肠后停留时间较短，所以饲喂草料不要间断，以防食团板结，阻塞盲肠，兔每天喂草料 0.5~1 千克。

⑥不要喂得过饱。要定时定量，幼兔每天喂 4 次，成年兔每天喂 4~6 次，每次喂七八成饱，不可添料太勤或喂得太饱，以防引起兔腹泻、腹胀。

21. 兔子可以喂猪鸡饲料吗？

暂时没有颗粒饲料的场（户），千万不能用猪鸡饲料顶替。鸡饲料里边没有草粉，兔饲料里边 40% 是草粉。兔子若吃了鸡饲料会拉稀。

那没颗粒饲料怎么办？先用野草、玉米秸、花生秧和红薯秧等代替也可以，但必须喂晾干或晒干的。有很多人用猪饲料和其他饲料搅拌在一起做成兔子饲料，结果导致兔子繁殖力下降甚至不孕，还有便秘、拉稀等现象，甚至造成死亡，严重影响了生产，因为猪、鸡饲料是针对不同动物的消化特性来设计的，并不一定适合兔子，所以不可滥用。

22. 兔子能多喂粮食吗？

兔子不宜多吃粮食。兔子是食草动物，但有些养兔户喜欢给兔多喂粮食，认为这样可以增加营养，促进生长，其实是错误的。

除了饲喂配合饲料外，兔子主要采食植物的根、茎、叶，应多用野生牧草喂兔，才符合其生物学特性。

23. 幼兔的饲养管理要点是什么?

①控温。幼兔只有在出生一周之内保持温度在 30~34℃,后续需要慢慢降下来,继续保持高温就不利于幼兔的生长了。

②开食辅料。一般母兔生出的幼兔会比较多,所以不少都有奶水不足的情况,没法让所有的兔子都有充足的养分,这个时候就需要进行开食辅料了。这样能让差一点的幼兔也能有充足的养分,不至于出现发育不良的情况。这里补料要和奶水比较接近,除了营养方面,口感方面也是一样的,这样幼兔才会吃,才不会导致不适应。

③合理分群。刚出生的兔子抵抗力差,所以一般情况下不太适合太密集的养殖,一般都是需要分群的。分群时还可以把幼兔较多的分配到幼兔较少的那里,让母兔的奶水可以充分利用。这样既保证幼兔的营养需求,又保证了各个兔群的安全。分群后要多注意有无异常,有些幼兔会有异常的情况出现的,需要多注意。

④注意卫生。幼兔的卫生分两点,一个是母兔方面的,一个是自身方面的,前者比后者重要很多。幼兔本身是比较干净的,所以搞卫生的重点要放在母兔身上。

⑤肉兔育肥。分成年兔育肥和仔兔育肥两种。成年兔育肥是指淘汰的种用兔的催肥,要依其发育状况,有相当肥度的就早期屠宰,一般育肥期不超过 30~40 天。仔兔育肥是指仔兔断奶后开始催肥,育肥开始时可采用合群放牧,使幼兔有充分运动的机会,达到增进健康和促进骨骼、肌肉生长的目的。10~15 天后即可采用笼养法育肥,时间为 30~35天,体重达 2~2.5 千克时即可屠宰。

⑥充分发挥肉兔的阶段生长优势。肉兔 2~4 月龄是生长高峰期,商品肉兔要充分利用早期生长发育快的特点,加强营养,快速育肥。

⑦分群管理。把断奶期相近或生长发育较类似的仔兔组成一群,便于饲养管理,提高出栏的整齐度。

⑧限制运动。在供给充足饲料(草)的同时,应限制肉兔运动,笼舍不宜过大,光线应稍暗。

⑨育肥公兔要去势。公兔去势后其生理机能发生明显变化,性情温和,利于囤肥,这是提高商品肉兔经济效益的措施之一。

⑩注意育肥兔的食欲。育肥兔增重与食欲关系较大,为保证其旺盛的消化功能,可在饲料中加喂干酵母、土霉素片,每周 1~2 次,每只每次一片。或在饲料中加喂食盐、木炭粉等,提高食欲。

24. 种公兔在饲养管理上应注意什么?

种公兔种用价值,首先取决于精液的数量和质量。而精液的数量和质量与营养,尤其是蛋白质、维生素和微量元素密切相关。日粮中蛋白质过低或过高，都会使活精子数减少，导致受胎率和产活仔数下降。如果缺乏钙和维生素 A、D、E，公兔不仅会表现出四肢无力，性欲减退，还会导致精子发育不全，活力下降，数量减少，畸形精子增加，使母兔屡配不孕。

与仔兔、幼兔、母兔相比，公兔挑食性明显。所以喂公兔的饲料，要求体积小，适口性要好，花样多、消化性良好。少用质量低劣的青、粗饲料，以增进公兔食欲，保证营养，避免公兔肚腹过大，影响配种。

种公兔笼位要宽大、位置适中，以方便配种操作，不宜与母兔笼位相邻，注意光线充足。

使用公兔要科学，如果在配种季节过度使用公兔，或公兔数量过多致使部分公兔在较长时间闲置不用，不是造成配种效果不好，导致公兔早衰，就是引起公兔发胖，性欲下降，甚至失去种用价值。科学使用公兔，首先要求兔群的公、母搭配比例合理，种兔生产场公、母搭配比例应为 1:5，商品兔生产场公、母搭配比例以 1:8~1:10 为宜；其次是合理安排公兔的配种：青、老年兔 1 天只能配一次，用 1 天须休息一天，壮年公兔，1天内可交配两次，用两天休息一天。请注意，在繁殖季节，公兔在 1 周内至少应该使用1 次并应实行重复配才能保证配种效果。此外，还应防止青年公兔过早偷配，不使用外生殖器有炎症的公兔配种。配种时，应将母兔捉入公兔笼内，否则可能引起公兔拒绝配种。

25. 春季家兔科学管理措施是什么？

①兔舍消毒。兔舍消毒最好每周进行一次，消毒前应彻底清除剩余的饲料、垫草等，用清水洗刷干净，待干燥后进行消毒，消毒药可用常规消毒剂和 2% 火碱等，还可以用喷灯或柴草燃烧的火焰消毒，对杀死虫卵及寄生虫效果最好。

②食具消毒。每天喂料前清洗料盆或料槽，每周消毒一次，洗刷干净后进行煮沸或开水烫洗。每隔一定时间，应将食具、垫板等放在阳光下晒 2~3 小时杀灭细菌，也可以用 3% 的来苏尔消毒水消毒食具。

③密度适宜。兔饲养密度过大会造成生长不平衡，空气中有害气体增多，导致家兔容易感染大肠杆菌病、球虫病等，所以要控制家兔的饲养密度，以每平方米兔笼不超过8~10 只为宜。

④温湿度调节。养殖户要注意调节兔舍温度和湿度，并做好通风换气。普通兔舍的温度保持在 15~25℃，湿度保持在 50%~60%。在 3~6 月的产仔季节，兔病发病率相对升高，易引起流产、早产、死胎等，所以应尽可能调节兔舍温湿度，经常通风换气，减少不利因素的影响。

26. 夏季养兔要注意什么?

①及时搭凉棚。要给兔舍遮阴,避免阳光直晒兔体,保持兔舍通风,同时用30%石灰乳将兔舍墙体一律刷白,外界温度超30℃时在兔体表喷雾状冷水降温。

②加强环境卫生。兔舍室内要天天清扫,清除粪尿、污秽,室外3~6天清扫一次,并冲净尿沟。对饮水、食具设施应每周一洗,半月洗刷一次笼底、产箱,风干或晒干后使用。

③小兔窝内的垫草宜薄。垫草以1~2厘米为宜,箱上用防蚊纱窗布覆盖,以防蚊子叮咬而引起仔兔脓毒败血症而死,10天以后仔兔毛长至0.5厘米左右,则无需覆盖。

④热证用寒方。保持饮水自由并在饮水或饲料中加入清热泻火药品,如人丹、上清丸、十滴水、金灵丹、藿香正气水等(任选一种)。饲草中添加茵陈蒿、薄荷、紫苏及夏枯草等。完全喂草粉颗粒料的兔场,颗粒料中含臭蒿干草粉不少于15%为最优。

⑤补足营养。气候炎热会使兔群食欲减退、营养摄入不足而消瘦,影响母兔孕、产、哺乳和仔、幼兔生长。因此,白天给兔喂些鲜嫩青草,而夜间在21时左右加足青料和精料,夜间喂料量约占全天日粮的1/2,让兔在后半夜退凉时吃足,获得足够营养。

⑥群养商品小兔要分笼。群养的商品小兔在0.6平方米兔笼内,56天以内仔兔以8只为宜,56天以后必须分成2笼,确保稀疏,以防蒸窝而死。

⑦种公兔养在通风处。高热的夏季对公兔生殖力影响大,持续高温会使公兔睾丸变硬、变小,从而失去生育力。因此,必须把种公兔养在通风处,温度以不超过28℃为最好。

27. 仔兔断奶需要注意什么?

(1) 断奶时间

一般情况下种兔、长毛兔以及獭兔,以30~40日龄断奶为宜,而商品肉兔可以在28~35日龄断奶,如果采用频密繁殖法,凡是进行血配的,仔兔要在28日龄前必须断奶,否则就会影响到母兔正常分娩和下一胎的仔兔生长发育。对于小型品种兔达500~600克,大型品种兔达1000~1200克,日龄达40天左右,能独立生活时,即可断奶。对于仔兔生长健壮,可以在35日龄时断奶,反之则要适当延长断奶时间。

(2) 断奶方法

仔兔生产中有两种断奶方法,即一次性断奶和分批断奶,要根据全窝仔兔体质强弱而定。如果全窝仔兔生长发育均匀,体质强健,那么可以采用一次性断奶法,即在一天内将母兔和仔兔分开饲养,断奶母兔在断奶2~3天只喂给青粗饲料,停喂精饲料,使其断奶。而全窝仔兔发育不均匀,则可以采用分批断奶法,可以先将身体强壮的仔兔断奶,而瘦弱的仔兔可以先留下，让其多吃几天母乳后再断奶。

（3）仔兔断奶后管理

仔兔断奶后不宜立即离开原兔舍，实行饲料、环境、管理三不变的原则，经过实践证明，在仔兔断奶后，继续在原兔笼舍饲养几天后再放到幼兔笼舍，其成活率会高些。因为仔兔断奶后如果环境突变，会表现出不安、胆小怕惊，导致应激反应多，引起食欲不振、活力下降等。而在原舍过渡几天后再转移到新环境中，可以通过仔兔的适应力，减少死亡率。在仔兔断奶后要进行编号，将公母分开饲养，一般2只一窝，避免它们孤单。断奶第一天不喂饲料，清理胃肠，以免引起饲料应激，可以在饮水中加药，预防肠胃疾病；第二天加料，喂一顿；第三天三顿，喂半饱；直至第五天达到正常量。断奶后的仔兔不要急于注射疫苗，待适应新环境后再进行疫苗接种，以免引起疫苗应激而死亡。

28. 怎样注意饲料卫生？

饲料、草中若混有霉烂和其他异物要挑出。妊娠后期母兔，遇到叼草时，少投或不投草料。

不喂被雨水淋湿的饲草，不喂发霉变质饲料，不喂带泥土饲料，不喂有毒植物，不喂被农药、脏物污染的草料。

29. 不用青饲料能否喂好兔？

可以喂好，关键是一定要根据兔的生理需要将营养配全，发达的养兔国家及中国一些规模兔场，几乎一年四季都用全价颗粒饲料喂兔，同样可获高额收益。

30. 幼兔可以洗澡吗？

幼兔和生病的兔子绝对不能洗澡，六个月以上的成兔如果要洗澡也要做好万全准备，尽量不要洗澡。洗澡容易发生应激反应致死，容易得皮肤病。耳朵进水容易引发中耳炎造成歪头。

31. 两只以上的兔子要分笼养吗？

兔子是独居动物，同性打架，异性繁殖。如果你养两只或者两只以上兔子，必须分笼饲养。

32. 兔子要放风吗？

兔子是需要放风的，整天关在笼子里是不行的，必须给它个空间，让它跑跑。建议每天放风时间1~4小时，长时间放风要准备水和草。放风的地方一定要铺垫子，兔子不能直接在硬地板上跑，否则以后关节容易出毛病。

33. 什么是兔子的应激反应？

兔子每到一个新环境的时候，身体机能会产生一些变化，这些变化可能会导致兔子免疫力下降或者食欲减退。免疫力下降，就可能会诱发一些比较急性的疾病，比如球虫病的爆发等。

34. 兔子脱毛的原因有哪些?

（1）非病理性脱毛

母兔在临产前，拔自身毛为产崽做窝。因此，在母兔临产前，应铺垫稻草等柔软物品，以减少兔毛的损失。个别兔有拔（吃）自身毛的恶癖而导致脱毛，可通过隔离、多喂青料方式加以矫正。春季 3~4 月份，秋季 9~10 月份，兔开始季节性的生理性换毛，笼具及饲料盒的摩擦而发生脱毛。平时要经常检查笼具，注意笼具的光滑度，减少兔毛不必要的损失。营养不良性脱毛，饲料中含纤维素不足，有的因缺乏微量元素钙、磷，尤其是镁等矿物质，或缺乏 A 和 B 族维生素以及缺乏含硫氨基酸等导致兔掉毛或吃毛，应根据饲料配比，适当添加某种元素或营养物质。

（2）病理性脱毛

体表寄生虫引起脱毛。疥癣病引起全身各部位的脱毛较多，以冬春季发病率较高。常见兔患部有炎性渗出液，色淡黄，若被细菌感染会出现脓性痂皮，出现断毛、脱毛、毛长短不一，并往往发生瘙痒。细菌性疾病引起的脱毛。如坏死杆菌可引起外伤性传染病，当兔的不同部位发生坏死性炎症时，患部皮肤发生脱毛。此外，肉兔受到绿脓杆菌、败血性巴氏杆菌、金黄色葡萄球菌、链球菌感染时，都可引起皮肤发炎导致脱毛。对于细菌引起的皮炎，一般采用 1%~3%的双氧水或 0.1%的高锰酸钾溶液洗涤患部，并配合抗敏感药物给予全身治疗。细菌引起皮炎所致脱毛，炎区面积大，愈后患部很少长毛，若配合患部揉搓，能收到一定疗效。

五、兔常见病防治

35. 养兔常用药物有哪些?

常用药主要是用来防治细菌性传染病、寄生虫病及其他常见多发疾病，主要有以下几类。

①抗菌素类药物。主要包括青霉素、硫酸庆大霉素、硫酸链霉素、氯霉素、土霉素、硫酸卡那霉素、红霉素等。

②磺胺类药物。主要包括磺胺嘧啶、复方新诺明、磺胺咪、磺胺二甲氧嘧啶等。

③呋喃类药物。主要包括呋喃唑酮（痢特灵）、呋喃西林等。

④抗寄生虫药物。主要包括氯苯胍、莫能菌素、敌百虫、左旋咪唑等。

⑤维生素及其他药物。主要包括鱼肝油、维生素 B、维生素 C、干酵母片、鞣酸蛋

白、次硝酸铋、蓖麻油、复方氨基比林等。

⑥消毒防腐药物。主要包括甲醛、火碱、石灰、漂白粉、过氧乙酸、来苏尔（煤酚皂溶液）、新洁尔灭、草木灰水等。

36. 兔子拉稀都是大肠杆菌引起的吗？

不一定，兔子拉稀是由包括病毒性、细菌性、寄生虫等多种原因引起的，需要鉴别诊断。如是一般性腹泻可用金钻或者肠痢速治，每千克体重 0.2 毫升，每日 1 次，连用 2~3 天即可，由于病毒性引起的可选用穿心莲注射液，每千克体重 0.2 毫升，每日 1 次，连用 2~3 天即可。

37. 怎样给兔子驱虫？

兔子买回来后要把兔子的粪便带到宠物医院便检，给狗狗看病的宠物医院就能看，便检是看他们有没有得球虫病，有球虫就喂药。现在比较好的药物有生物疫苗、百虫必清，打一针药效可以维持 50 天左右。

38. 怎样选取高质量兔疫苗？

兔病毒性出血症、多杀性巴氏杆菌病、产气荚膜梭菌病、波氏杆菌病、球虫病等一些严重的传染病仍是养兔业的巨大威胁。虽然对兔病毒性出血症、多杀性巴氏杆菌病、产气荚膜梭菌病、波氏杆菌病已有免疫保护率较高的疫苗可供使用，但使用疫苗后仍时常发生一些疾病，给生产带来严重的经济损失。因此，家兔免疫预防是否成功，疫苗质量及其保存很重要。

疫苗的质量直接关系到兔群免疫效果，而市场上却有许多非法生产的疫苗，这种非法产品的质量可想而知，为一些地方和养殖场埋下了疫病流行的隐患。因此，要从正规渠道采购高质量兔疫苗。

目前兔用疫苗都是灭活疫苗，长期保存温度是 2~8℃，适合于存放在冰箱的冷藏室中。在 2~8℃条件下，兔瘟疫苗保存期为 1 年半，其他疫苗为 1 年，在保存期内，只要保存条件好，使用是有质量保证的。没有好的保存条件，购买疫苗时不要一次买很多，以免使用效果下降。兔用灭活疫苗保存更应注意的是不能冷冻，结冰后免疫佐剂效果下降，导致疫苗的免疫效力下降，因此结冰后的兔用灭活疫苗最好不要使用。此外，超过保质期的疫苗不要使用，以免发生免疫失败。

39. 目前主要的兔疫苗有哪些？

①兔瘟疫苗。用于预防兔瘟病。目前多为组织灭活苗，是一种均匀的混悬液。1 月龄以上的断奶兔皮下注射 1 毫升，7 天产生免疫力，免疫期为 6 个月。成年种兔每年需接种 2 次。该疫苗保存温度不能过高，也不能冷冻，否则失效，如疫苗出现明显分层，

则不能再用。

②兔黏液瘤疫苗。用于预防兔黏液瘤病，是一种兔肾细胞弱毒疫苗。按瓶签说明，用生理盐水稀释，对断乳以后兔皮下或肌肉注射 1 毫升，注射后 4 天产生免疫力，免疫期为 1 年。

③兔巴氏杆菌灭活苗。用于预防兔巴氏杆菌病。对 1 月龄以上的断奶兔皮下注射 1 毫升，7 天产生免疫力，免疫期为 6 个月。种兔每年接种 2 次。

④兔支气管败血波氏杆菌灭活苗。用于预防兔支气管败血波氏杆菌病。对产前 2~3 周的孕兔和配种时的青年兔或成年兔及断奶前 1 周的仔兔，皮下或肌肉注射 1 毫升，7 天产生免疫力，免疫期为 6 个月。

⑤兔魏氏梭菌灭活苗。用于预防兔魏氏梭菌肠炎。对 1 月龄以上的兔，皮下注射 1 毫升，7 天产生免疫力，免疫期为 4~6 个月。种兔每年接种 2 次。

⑥兔伪结核灭活苗。用于预防兔伪结核耶新氏杆菌病。对断奶前 1 周的仔兔及青年兔、成年兔皮下或肌肉注射 1 毫升，7 天产生免疫力，免疫期为 6 个月。种兔每年接种 2 次。

⑦兔沙门氏杆菌灭活苗。用于预防兔沙门氏杆菌病。对断乳前 1 周的仔兔、怀孕初期的母兔，以及青年兔、成年兔一律皮下或肌肉注射 1 毫升。7 天产生免疫力，免疫期为 6 个月，种兔每年接种 2 次。

⑧兔大肠杆菌灭活苗。用于预防兔大肠杆菌病。对 20~30 日龄的仔兔，肌肉注射 1 毫升，7 天产生免疫力，免疫期为 4 个月。

⑨联苗。注射一次可预防两种及两种以上的疾病。如魏巴二联苗，同时预防魏氏梭菌病和巴氏杆菌病。巴瘟二联苗，同时预防巴氏杆菌病和兔瘟。魏瘟二联苗，同时预防魏氏梭菌病和兔瘟。

40. 如何确保兔的免疫效果？

①免疫程序要合理。幼兔第一次接种疫苗产生的抗体水平比较低，通常维持不到一个月。幼兔首次免疫应该在其断奶后 7 天内，这样免疫效果最好，而给其首次接种后 15~20 天应加强免疫。

②遵循免疫间隔时间。一般兔瘟疫苗的免疫期为 6 个月，但因为种种原因通常只能维持 3~5 个月。因此，为了稳妥起见，兔子每年应接种 3~4 次兔瘟疫苗。如条件允许的话，饲主最好就是带兔子检测其抗体水平，根据其抗体水平来确定免疫时间。

③提高母兔抗体能力。为了保证幼兔获得更好的母源抗体就要让母兔保持较高的抗体水平。根据具体情况，可在母兔怀孕前给它接种一次疫苗，但请不要在母兔怀孕后期

还给它注射疫苗，以防流产。

④单苗效果最好。给兔子接种兔瘟疫苗最好选用单苗，经实践显示，单苗的免疫效果才是最好，尽量少用联苗。

⑤分开使用针头。为防止交叉感染，做到一兔一针头。

⑥疫苗的用量。免疫剂量可比说明书量多10%~20%，以防由于疫苗瓶和注射器壁上残存导致免疫剂量不足。

⑦操作要正规。兔瘟疫苗可皮下或肌内注射，严格按规程操作，以确保免疫效果。不可穿透组织注射到体腔内或体外，也不能有针头堵卡等不良现象的发生。

41. 怎样防治兔瘟?

（1）病原特征

兔瘟是由病毒引起的一种急性、热性、败血性的传染病。一年四季均可发生，各种家兔均易感。3月龄以上的青年兔和成年兔发病率和死亡率最高（可高达95%以上），断奶幼兔有一定的抵抗力，哺乳期仔兔基本不发病。可通过呼吸道、消化道、皮肤等多种途径传染，潜伏期48~72小时。

（2）临床症状

可分为3种类型。

①最急性型。无任何明显症状即突然死亡。死前多有短暂兴奋，如尖叫、挣扎、抽搐、狂奔等。有些患兔死前鼻孔流出泡沫状的血液。这种类型病例常发生在流行初期。

②急性型。精神不振，被毛粗乱，迅速消瘦。体温升高至41℃以上，食欲减退或废绝，饮欲增加。死前突然兴奋，尖叫几声便倒地死亡。以上2种类型多发生于青年兔和成年兔，患兔死前肛门松弛，流出少量淡黄色的黏性稀便。

③慢性型。多见于流行后期或断奶后的幼兔。体温升高，精神不振，不爱吃食，爱喝凉水，消瘦。病程2天以上，多数可恢复，但仍为带毒者而感染其他家兔。

（3）病理变化

病死兔出现全身败血症变化，各脏器都有不同程度的出血、充血和水肿。肺高度水肿，有大小不等的出血斑点，切面流出多量红色泡沫状液体。喉头、气管黏膜淤血或弥漫性出血，以气管环最明显；肝脏肿胀变性，呈土黄色，或淤血呈紫红色，有出血斑；肾肿大呈紫红色，常与淡色变性区相杂而呈花斑状，有的见有针尖状出血；脑和脑膜血管淤血，脑下垂体和松果体有血凝块；胸腺出血。

（4）预防措施

预防接种是防止兔瘟的最佳途径。一旦发生兔瘟，立即封锁兔场，隔离病兔，死兔深埋（离地表面 100 厘米就可以），笼具、兔舍及环境彻底消毒；必要时，对未感染兔紧急预防注射，每只注射 2~3 毫升。兔场不可在发病期向外售兔，也不可从疫区引种。

42. 怎样防治兔大肠杆菌病？

（1）病原特征

本病是由致病性大肠杆菌及其毒素引起的一种爆发性、死亡率很高的仔兔肠道疾病。以水样或胶冻样粪便和严重脱水为特征，又称黏液性肠炎。大肠杆菌为革兰氏阴性卵圆形杆菌，存在于兔的肠道内，正常情况不引起发病。当饲养条件差，管理不当，气候环境突变及其他应激因素，或患某些疾病造成机体抵抗力下降时，引起发病。主要侵害 1~4 月龄的仔兔，特别是断奶前后易发生，成年兔很少发生，本病一年四季均可发生，一旦流行，死亡率很高。

（2）临床症状

本病潜伏期 4~6 天。最急性病兔无任何症状即突然死亡。急性者 1~2 天内死亡，慢性者经 7~8 天，由于下痢消瘦衰竭而死亡。病兔体温不高，精神沉郁，食欲不振，腹部由于充满气体和液体而膨胀，剧烈腹泻，肛门、后肢、腹部及足部的被毛被黏液及黄色水样稀便玷污，常带有大量胶冻状黏液和一些两头尖的粪便。病兔四肢发冷，磨牙，流涎，眼眶下陷，迅速消瘦。

（3）病理变化

主要在消化道，胃膨大，充满大量液体和气体，胃黏膜上有出血、十二指肠充满气体和染有胆汁的黏液。回肠、空肠和结肠充满半透明胶冻样黏液，将细长、两头尖的粪便包埋其中，并伴有气泡。肠道黏膜充血、出血、水肿。胆囊扩张，黏膜水肿。肝脏、心脏局部有点状坏死病灶。

（4）治疗措施

本病有很多药物治疗有效，但大肠杆菌易产生耐药菌株，最好先从病死兔分离细菌做药敏试验，选出特效的药物进行治疗。可用抗生素、磺胺类药物治疗。如：链霉素，每千克体重 0.5~1 万单位，每天 2 次肌肉注射，连用 3~5 天。氯霉素，每只兔 50~100 毫克，每天 2 次肌肉注射，连用 3~5 天。痢特灵粉，每千克体重 15 毫克口服，每天 3 次，连用 3~5 天。磺胺咪，每千克体重 0.1~0.2 克口服，每天 3 次，连用 3~5 天。还可用大蒜酊每兔每次口服 2~3 毫升，每天 2 次，连用 3 天。要实行对症疗法，静脉滴注或皮下注射葡萄糖生理盐水，或口服补液盐及收敛药物，防止脱水，保护肠黏膜，促进治愈。

（5）预防措施

预防要靠加强饲养管理，搞好兔舍卫生，定期消毒，减少应激因素，特别在断奶前后饲料品种、品质要稳定。可在断奶前后用药物预防本病发生，用万分之二氯霉素或痢特灵粉拌料，连用 5 天。

43. 怎样防治兔出血性败血症?

(1) 病原特征

家兔出血性败血症是由巴氏杆菌所引起的一种传染病，家兔中较常发生，一般无季节性，以冷热交替、气温骤变，闷热、潮湿多雨季节发生较多。流行于冬春季，特别是春季。

(2) 临床症状

病兔症状急性表现为精神极差，不吃，呼吸急促，体温在 41℃以上，鼻孔流涕，有时腹泻，临死前体温下降，有发抖、痉挛、瘫痪等现象，12~48 小时内死亡。慢性病初鼻孔内有水样分泌物，偶或打喷嚏，以后分泌物变稠，逐渐在鼻孔周围形成硬壳。这时病兔呼吸困难，有时并发脓性眼结膜炎、皮下脓肿、中耳炎或乳腺炎等，最后消瘦而死。

(3) 剖检变化

主要表现在全身性出血、充血和坏死。鼻黏膜充血，出血，并附有黏稠的分泌物；肺严重充血、出血、水肿；有的有纤维素性胸膜炎变化；心内膜有出血斑点；有的有纤维素附着，肝肿大、淤血、变性，并常有许多坏死小点；肠黏膜充血、出血；胸腹腔有较多淡黄色液体。

(4) 防治措施

多采用抗生素和磺胺类药物治疗，链霉素每只兔 5 万~10 万单位、青霉素 2 万~5 万单位，混合一次肌肉注射，每天 2 次，连用 3~4 天；庆大霉素每兔 4 万单位，一次肌肉注射、每天 2 次，连用 3 天；磺胺二甲基嘧啶内服，每千克体重 0.1 克，每天 1 次，肌肉注射量每千克体重 0.07 克，每天 2 次，连用 4 天。

44. 怎样防治兔螨病?

兔螨病又叫疥癣病，是由于兔子感染螨虫而引起的一种以剧痒不安和消瘦死亡为特征的高度接触性传染病，分为痒螨病和疥螨病两大类，多数病兔早期治疗会取得良好的效果。详细检查所有病兔，找出所有患部，全面治疗，以免遗漏，为使药物和虫体充分接触，将患部及其周围 3~4 厘米处的被毛剪去，用温肥皂水彻底刷洗，除掉硬痂和污物，最好用 20%来苏尔刷洗 1 次，擦干后涂药。

也可用下列药物进行治疗：依佛菌素杀虫丁，皮下注射效果理想。三氯杀螨醇与植物油按 5%~10%的比例混匀后涂于患部 1 次即愈。同时可用 500~1000 倍稀释的三氯杀螨醇水溶液喷洒圈舍、笼具，可以杀死虫卵、幼虫及成虫，对兔无不良反应。鲜百部 100~

150 克，切碎加 75% 酒精或烧酒 100 毫升浸泡 1 周，去渣后涂擦患部，因兔子不耐药浴，故治疗兔螨病时不宜用药浴。将林丹加适量乳剂和溶液配成含 1% 林丹的浮油，耳部经消毒处理后用棉球蘸林丹浮油涂于患部，隔日用药 1 次，连用 2~3 次。搞好兔舍卫生，经常保持兔舍清洁、干燥通风。在引进兔时，要仔细检查，并用 2% 敌百虫溶液擦洗几次，隔离观察一段时间，确认无螨病时再合群。

45. 怎样防治兔球虫病？

（1）病原特征

兔球虫病是由艾美耳科艾美耳属的多种球虫引起的、发生在兔身上的一种病害。兔球虫病是家兔的一种常发病，在世界范围内广泛分布。尤其是 3 月龄以内的幼兔多发，往往造成大批死亡，给养兔业带来巨大的损失。

（2）临床症状

按球虫的种类和寄生部位的不同，可将兔球虫病的症状分为肠型、肝型和混合型，但临床所见则多为混合型。其典型症状是被毛粗乱，食欲减退或废绝、精神沉郁，动作迟缓，伏卧不动，眼、鼻分泌物增多，口腔周围被毛潮湿，腹泻或腹泻与便秘交替。病兔虚弱消瘦，结膜苍白，可视黏膜轻度黄染；在病后期，幼兔常出现神经症状，四肢痉挛、麻痹，多因极度衰弱而死亡。

（3）病理变化

兔球虫病中肝球虫病的病变主要在肝脏，肝实质和肝表面有许多白色或淡黄色结节，呈圆形，如粟粒大至豌豆大，沿小胆管分布。取结节压片检查，可以看到不同发育阶段的球虫。陈旧病灶中的内容物变浓、钙化。在慢性肝球虫病，胆管周围和小叶间部分结缔组织增生，使肝细胞萎缩，肝脏体积缩小。胆管黏膜有卡他性炎，胆汁浓稠，内含许多崩解的上皮细胞。

肠球虫病的病变主要在肠道，肠壁血管充血，十二指肠扩张、肥厚、黏膜发生卡他性炎症，小肠内充满气体和大量黏液，黏膜有时充血，有时有溢血点。在慢性病程，肠黏膜呈淡灰色，有许多小的白色硬结和化脓灶、坏死灶等，小硬结中有球虫。

（4）预防措施

经常打扫兔舍卫生，定期消毒，保持兔舍清洁干燥是预防球虫病的根本。有计划地使用球虫药是预防球虫病的关键，选用适宜兔场的有效抗球虫药，按说明加一定剂量拌料和饮水。幼兔每 15 天喂药料和饮药水 5~7 天，后备兔和成年兔每 30 天喂药料和饮药水 5~7 天。

（5）治疗措施

兔场一旦确诊爆发球虫病，应采取综合治疗措施。地克珠利配伍抗菌药按比例饮水，结合加强饲养管理，能很好地控制球虫病。磺胺二甲氧嘧啶具有较强的抗球虫作用，常用于治疗爆发性球虫病，按 0.1% 浓度混饲，连用 5 天为 1 个疗程，停 10 天后再用 1 个疗程。

46. 怎样防治兔葡萄球菌病？

（1）病原特征

兔葡萄球菌病是由溶血性金黄色葡萄球菌引起的兔的一种常见传染病。其特征是致死性败血症，或各器官部位的化脓性炎症。皮肤黏膜伤口、呼吸道、消化道、乳头孔等各种途径都可感染病菌而发病。

（2）临床症状

兔葡萄球菌病有多种病型，幼兔多发生败血症，成兔多发生局部皮肤炎性脓肿。败血症型个别病兔不显症状突然死亡。一般病兔体温升高，食欲废绝，精神沉郁。有的仔兔生后 2~3 天，在皮肤上尤其是腹、胸、颈、颌下和腿内侧的皮肤，出现炎症及白色化脓疱，脓疱由粟粒大至蚕豆大，多数病例 2~5 天内呈败血病死亡。有的仔兔吃了患乳房炎母兔的乳后引起急性肠炎，死亡率很高。

（3）病理变化

多处局部皮肤炎性脓肿可发生于成年兔的任何器官和部位。在头、颈背、腿等部位的皮肤下或肌肉，开始红肿、硬结，后来变成波动的脓肿。脓肿自行破溃，久治不愈。如果流出的脓液流到别处皮肤或内脏器官，会形成脓肿（转移性脓毒败血症）；也有发生于兔脚皮肤，形成溃疡出血（脚皮炎）；也有乳房呈紫红或蓝紫色，体温稍升高，形成急性乳房炎；乳房局部先发硬、增大，随后化脓，旧的脓肿结痂治愈，又出现新的脓肿，成为慢性乳房炎。这些局部性脓肿都可能转为败血症，迅速死亡。

（4）预防措施

定期消毒，保持兔笼、运动场的清洁卫生。避免引起家兔外伤，笼内不要太挤，性暴好斗的兔要分开饲养。产箱要柔软、光滑、干燥，铁丝笼底换成板条笼底，或笼内放置脚踏板。产前和断奶前酌情减少母兔的精料和多汁饲料，以防产后乳汁过浓过多和断奶后发生乳房炎。

（5）治疗措施

对病兔要及时隔离治疗。患病兔场的健康兔可采用金黄色葡萄球菌灭活疫苗，皮下注射 1 毫升，也可采用药物预防。庆大霉素、青霉素、四环素、长效磺胺等都可应用。

但要注意，金色葡萄球菌可产生抗药性；有条件时可做抑菌试验，以确定最敏感药物。局部脓肿按一般外科彻底处理。

47. 如何防治兔沙门氏菌病？

（1）病原特征

兔沙门氏菌病是由鼠伤寒沙门氏菌和肠炎沙门氏菌引起的，以败血症和急性死亡并伴有下痢和流产为特征的人畜共患传染病。断奶幼兔和怀孕 25 天后的母兔最易发病，多数病例有腹泻症状。主要经消化道感染和内源性感染，当健康兔食入被病菌污染的饲料、饮水时感染。或由其他因素使兔体抵抗力降低，体内病原菌的繁殖和毒力增强时，亦可引起发病。幼兔可经子宫和脐带感染。

（2）临床症状

本病潜伏期为 3~5 天。少数病兔无明显症状而突然死亡，多数病兔腹泻并排出有泡沫的黏液性粪便，体温升高，精神沉郁，食欲废绝，渴欲增加，消瘦。母兔从阴道排出黏液或脓性分泌物，阴道潮红、水肿，流产胎儿皮下水肿，很快死亡。孕兔常于流产后死亡，康复兔不能再怀孕产仔。流产胎儿体弱、皮下水肿，很快死亡。

（3）预防措施

加强饲养管理，增强母兔抵抗力，消除引发该病的应激因素，及时淘汰重病兔，对症状较轻的病兔，可用抗生素或抗菌药物进行治疗。搞好环境卫生，严防怀孕母兔与传染源接触。

定期应用鼠伤寒沙门氏菌诊断抗原普查兔群，对阳性兔进行隔离治疗，兔舍、兔笼和用具等彻底定期消毒，消灭老鼠和苍蝇。兔群发病要迅速确诊，隔离治疗，兔场进行全面消毒。对怀孕前和怀孕初期的母兔可用鼠伤寒沙门氏菌灭活疫苗，每只兔颈部皮下注射 1 毫升，疫区养兔场兔群可全部注射灭活疫苗，每年每兔注射 2 次。

（4）治疗方法

一是链霉素肌肉注射，按每千克体重 3~5 万单位，每天 2 次，连用 3 天。二是磺胺二甲嘧啶口服，按每千克体重 100~200 毫克，每天 1 次，连用 3~5 天。三是大群用药可用诺氟沙星饮水，每千克水含 40 毫克。四是四环素（粉针剂）肌内注射，每千克体重 20~40 毫克，每天 1 次；口服（片剂）每千克体重 100~200 毫克，每天 2 次。五是庆大霉素肌内注射，每千克体重 2 万单位，每天 1~2 次。六是环丙沙星或恩诺沙星饮水，每千克水 50 毫克；或拌料按每千克饲料 100 毫克混饲。七是土霉素每千克体重 5~10 毫克，静脉注射，每天 2 次，连用 3 天；口服，每只兔 100~200 毫克，分 2 次内服，连用 3 天。

六、养兔场的建设

48. 养兔场场址如何选择?

根据自己想养兔子的数量多少选择宽敞的养兔场地。养兔场要选择在地势较高、向阳背风、地面干燥、具有良好排水的地段。要远离其他动物饲养场、畜禽屠宰场、病死动物无害化处理场、农贸市场、动物隔离场、居民区、交通线等场所。

49. 兔舍如何搭建?

养兔就要搭建兔舍。兔舍的形式和布局要根据养殖地区的环境和地理天气条件来决定。选用的材质要保证防暑降温或防潮防雨等功能。根据饲养兔子的数量选择空间大小,留足必要的饲养人员通道。由于石棉瓦材质比较薄,冬季不能保温御寒,夏季不能防暑降温,不可使用石棉瓦当作兔舍房顶。

50. 发酵床如何设置?

发酵床养兔也是一种比较实用的方法。一般根据地势和风向分为地面式和半地下式两种设施。养殖者可根据具体情况选择使用。

51. 兔笼及其附属设施有哪些?

选择一个优质的兔笼子,不仅可以让兔子健康生长,而且还可以大大降低养殖成本。兔笼通常有笼体、笼门、踏网、踏板、底板、两侧网、后窗、笼顶网、承粪板等部分组成。

52. 兔笼的尺寸如何设置?

要按照兔子的生物学特性科学设计兔笼子。兔笼子的规格,要按照兔子的品系类型和性别、年龄等确定。实践中大多以种兔体长为参考,兔笼的长度约为体长的 1.8 倍左右,兔笼的宽度约为体长的 1.4 倍左右,兔笼的高度约为体长的 1 倍左右。兔笼实际大小既要保证兔子能在笼子内活动不受限制,又要保证饲养人员操作方便。

53. 兔笼的脚垫如何选择?

现在的兔笼一般由金属网组成,兔子直接长时间站在上面一是容易卡脚,二是容易诱发脚部皮炎,因此兔笼最好都要添加脚垫,减少疾病发生概率。脚垫可选择环保无毒、隔热透气的高韧性 PVC 产品,根据兔笼的大小随意拼接使用。

54. 兔笼的水壶如何配置?

市售兔子的水壶种类比较多,大多数水壶由 PP 材质、橡胶壶塞和环保无毒的 304 不锈钢壶嘴构成。大多数的兔笼架一侧配有专门放置水壶的位置。兔子饮水要保持干净卫生,一般认为滚珠水壶比较实用。

55. 兔笼的厕所如何设置?

兔子的厕所大多是塑料制品,有三角形、两侧围边型、三侧围边型等形状,养殖者可根据需要选择。厕所有卡扣可固定在兔笼里面方便使用。兔子经过训练能够学会使用厕所。

56. 怎样配置兔子食盆和磨牙棒?

兔子食盆由塑料或金属材质制成,有卡扣固定在兔笼上,便于添加饲料,有的食盆设置有防扒料挡板,可以防止兔子扒料以免造成浪费。兔子的牙齿生长较快,除了添加具有磨牙效果的饲料外,还需要放置磨牙石、磨牙棒、磨牙木等物品。

第二篇
粮改饲实用技术

第九章　粮改饲政策汇总

一、粮改饲政策

(一)

深入推进农业结构调整。科学确定主要农产品自给水平，合理安排农业产业发展优先序。启动实施油料、糖料、天然橡胶生产能力建设规划。加快发展草牧业，支持青贮玉米和苜蓿等饲草料种植，开展粮改饲和种养结合模式试点，促进粮食、经济作物、饲草料三元种植结构协调发展。立足各地资源优势，大力培育特色农业。推进农业综合开发布局调整。支持粮食主产区发展畜牧业和粮食加工业，继续实施农产品产地初加工补助政策，发展农产品精深加工。继续开展园艺作物标准园创建，实施园艺产品提质增效工程。加大对生猪、奶牛、肉牛、肉羊标准化规模养殖场（小区）建设支持力度，实施畜禽良种工程，加快推进规模化、集约化、标准化畜禽养殖，增强畜牧业竞争力。完善动物疫病防控政策。推进水产健康养殖，加大标准池塘改造力度，继续支持远洋渔船更新改造，加强渔政渔港等渔业基础设施建设。

《中共中央　国务院关于加大改革创新力度加快农业现代化建设的若干意见》（2015 年）

(二)

优化农业生产结构和区域布局。树立大食物观，面向整个国土资源，全方位、多途径开发食物资源，满足日益多元化的食物消费需求。在确保谷物基本自给、口粮绝对安全的前提下，基本形成与市场需求相适应、与资源禀赋相匹配的现代农业生产结构和区域布局，提高农业综合效益。启动实施种植业结构调整规划，稳定水稻和小麦生产，适当调减非优势区玉米种植。支持粮食主产区建设粮食生产核心区。扩大粮改饲试点，加快建设现代饲草料产业体系。合理调整粮食统计口径。制定划定粮食生产功能区和大豆、棉花、油料、糖料蔗等重要农产品生产保护区的指导意见。积极推进马铃薯主食开发。加快现代畜牧业建设，根据环境容量调整区域养殖布局，优化畜禽养殖结构，发展草食畜牧业，形成规模化生产、集约化经营为主导的产业发展格局。启动实施种养结合循环农业示范工程，推动种养结合、农牧循环发展。加强渔政渔港建设。大力发展旱作农业、热作农业、优质特色杂粮、特色经济林、木本油料、竹藤花卉、林下经济。

《中共中央 国务院关于落实发展新理念加快农业现代化
实现全面小康目标的若干意见》（2016 年）

（三）

统筹调整粮经饲种植结构。按照稳粮、优经、扩饲的要求，加快构建粮经饲协调发展的三元种植结构。粮食作物要稳定水稻、小麦生产，确保口粮绝对安全，重点发展优质稻米和强筋弱筋小麦，继续调减非优势区籽粒玉米，增加优质食用大豆、薯类、杂粮杂豆等。经济作物要优化品种品质和区域布局，巩固主产区棉花、油料、糖料生产，促进园艺作物增值增效。饲料作物要扩大种植面积，发展青贮玉米、苜蓿等优质牧草，大力培育现代饲草料产业体系。加快北方农牧交错带结构调整，形成以养带种、牧林农复合、草果菜结合的种植结构。继续开展粮改饲、粮改豆补贴试点。

《中共中央 国务院关于深入推进农业供给侧结构性改革加快
培育农业农村发展新动能的若干意见》（2017 年）

（四）

调整优化农业结构。大力发展紧缺和绿色优质农产品生产，推进农业由增产导向转向提质导向。深入推进优质粮食工程。实施大豆振兴计划，多途径扩大种植面积。支持长江流域油菜生产，推进新品种新技术示范推广和全程机械化。积极发展木本油料。实施奶业振兴行动，加强优质奶源基地建设，升级改造中小奶牛养殖场，实施婴幼儿配方奶粉提升行动。合理调整粮经饲结构，发展青贮玉米、苜蓿等优质饲草料生产。合理确定内陆水域养殖规模，压减近海、湖库过密网箱养殖，推进海洋牧场建设，规范有序发展远洋渔业。降低江河湖泊和近海渔业捕捞强度，全面实施长江水生生物保护区禁捕。实施农产品质量安全保障工程，健全监管体系、监测体系、追溯体系。加大非洲猪瘟等动物疫情监测防控力度，严格落实防控举措，确保产业安全。

《中共中央 国务院关于坚持农业农村优先发展做好"三农"工作的若干意见》
（2019 年）

（五）

稳定粮食生产。确保粮食安全始终是治国理政的头等大事。粮食生产要稳字当头，稳政策、稳面积、稳产量。强化粮食安全省长责任制考核，各省（自治区、直辖市）2020 年粮食播种面积和产量要保持基本稳定。进一步完善农业补贴政策。调整完善稻谷、小麦最低收购价政策，稳定农民基本收益。推进稻谷、小麦、玉米完全成本保险和收入保险试点。加大对大豆高产品种和玉米、大豆间作新农艺推广的支持力度。抓好草地贪夜蛾等重大病虫害防控，推广统防统治、代耕代种、土地托管等服务模式。加大对产粮大县的奖励力度，优先安排农产品加工用地指标。支持产粮大县开展高标准农田建设新增耕地指标跨省域调剂使用，调剂收益按规定用于建设高标准农田。深入实施优质粮食工程。以北方农牧交错带为重点扩大粮改饲规模，推广种养结合模式。完善新疆棉花目标价格政策。拓展多元化进口渠道，增加适应国内需求的农产品进口。扩大优势农产品出口。深入开展农产品反走私综合治理专项行动。

《中共中央 国务院关于抓好"三农"领域重点工作确保如期实现全面小康的意见》

(2020 年)

(六)

提升粮食和重要农产品供给保障能力。地方各级党委和政府要切实扛起粮食安全政治责任，实行粮食安全党政同责。深入实施重要农产品保障战略，完善粮食安全省长责任制和"菜篮子"市长负责制，确保粮、棉、油、糖、肉等供给安全。"十四五"时期各省（自治区、直辖市）要稳定粮食播种面积、提高单产水平。加强粮食生产功能区和重要农产品生产保护区建设。建设国家粮食安全产业带。稳定种粮农民补贴，让种粮有合理收益。坚持并完善稻谷、小麦最低收购价政策，完善玉米、大豆生产者补贴政策。深入推进农业结构调整，推动品种培优、品质提升、品牌打造和标准化生产。鼓励发展青贮玉米等优质饲草饲料，稳定大豆生产，多措并举发展油菜、花生等油料作物。健全产粮大县支持政策体系。扩大稻谷、小麦、玉米三大粮食作物完全成本保险和收入保险试点范围，支持有条件的省份降低产粮大县三大粮食作物农业保险保费县级补贴比例。深入推进优质粮食工程。加快构建现代养殖体系，保护生猪基础产能，健全生猪产业平稳有序发展长效机制，积极发展牛羊产业，继续实施奶业振兴行动，推进水产绿色健康养殖。推进渔港建设和管理改革。促进木本粮油和林下经济发展。优化农产品贸易布局，实施农产品进口多元化战略，支持企业融入全球农产品供应链。保持打击重点农产品走私高压态势。加强口岸检疫和外来入侵物种防控。开展粮食节约行动，减少生产、流通、加工、存储、消费环节粮食损耗浪费。

《中共中央 国务院关于全面推进乡村振兴加快农业农村现代化的意见》（2021 年）

(七)

加大支农投入力度。建立健全国家农业投入增长机制，政府固定资产投资继续向农业倾斜，优化投入结构，实施一批打基础、管长远、影响全局的重大工程，加快改变农业基础设施薄弱状况。建立以绿色生态为导向的农业补贴制度，提高农业补贴政策的指向性和精准性。落实和完善对农民直接补贴制度。完善粮食主产区利益补偿机制。继续支持粮改饲、粮豆轮作和畜禽水产标准化健康养殖，改革完善渔业油价补贴政策。完善农机购置补贴政策，鼓励对绿色农业发展机具、高性能机具以及保证粮食等主要农产品生产机具实行敞开补贴。

中共中央 国务院印发《乡村振兴战略规划（2018—2022 年)》（2018 年）

（八）

健全饲草料供应体系。因地制宜推行粮改饲，增加青贮玉米种植，提高苜蓿、燕麦草等紧缺饲草自给率，开发利用杂交构树、饲料桑等新饲草资源。推进饲草料专业化生产，加强饲草料加工、流通、配送体系建设。促进秸秆等非粮饲料资源高效利用。建立健全饲料原料营养价值数据库，全面推广饲料精准配方和精细加工技术。加快生物饲料开发应用，研发推广新型安全高效饲料添加剂。调整优化饲料配方结构，促进玉米、豆粕减量替代。

《国务院办公厅关于促进畜牧业高质量发展的意见　国办发〔2020〕31 号》（2020 年）

（九）

推进"镰刀弯"地区玉米结构调整是提高农业综合效益的重要途径。近些年来，"镰刀弯"地区玉米发展过快，种植结构单一，种养不衔接，产业融合度较低，影响种植效益和农民收入。要加快调整玉米结构，构建合理的轮作体系，实现用地养地结合。推进种养结合，实施"粮改饲"，就地过腹转化增值，实现效益最大化。推进一二三产业融合发展，延伸产业链、打通供应链、形成全产业链，促进农业增值和农民增收。

《农业部关于"镰刀弯"地区玉米结构调整的指导意见》（2015 年）

（十）

以控水稻、增大豆、粮改饲为重点推进种植业结构调整。巩固玉米调减成果，继续推动"镰刀弯"等非优势产区玉米调减。适当调减水稻面积，在东北地区以黑龙江寒地井灌稻为重点调减粳稻生产，在长江流域双季稻产区以湖南重金属污染区为重点压减籼稻生产。继续扩大粮豆轮作试点，增加大豆、杂粮杂豆、优质饲草料等品种，粮改饲面积扩大到 1200 万亩。重点发展优质稻米、强筋弱筋小麦、优质蛋白大豆、双低油菜、高产高糖甘蔗等大宗优质农产品。

《农业部关于大力实施乡村振兴战略加快推进农业转型升级的意见》（2018 年）

（十一）

大力发展优质饲草业。推进农区种养结合，探索牧区半放牧、半舍饲模式，研究推进农牧交错带种草养牛，将粮改饲政策实施范围扩大到所有奶牛养殖大县，大力推广全株玉米青贮。（农业农村部牵头）研究完善振兴奶业苜蓿发展行动方案，支持内蒙古、甘肃、宁夏等优势产区大规模种植苜蓿，鼓励科研创新，提高国产苜蓿产量和质量。（农业农村部、财政部分工负责）总结一批降低饲草料成本、就地保障供应的典型案例予以推广。

（《农业农村部 发展改革委 科技部 工业和信息化部 财政部 商务部 卫生健康委 市场监管总局银保监会关于进一步促进奶业振兴的若干意见》（2018 年）

（十二）

奶业振兴行动。重点支持制约奶业发展的优质饲草种植、家庭牧场和奶业合作社发展。加快发展草牧业，积极推进粮改饲，大力发展苜蓿、青贮玉米、燕麦草等优质饲草料生产，促进鲜奶产量增加、品质提升。将奶农发展家庭牧场、奶业合作社等纳入新型经营主体培育工程进行优先重点支持，支持建设优质奶源基地。承担任务的相关省份从中央财政下达预算中统筹安排予以支持。

农业农村部 财政部发布《2019 年重点强农惠农政策》（2019 年）

（十三）

调整优化农业结构。推进农业供给侧结构性改革往深里做、往细里做，增加紧缺和绿色优质农产品供给。巩固非优势产区玉米结构调整成果，适当调减低质低效区水稻、小麦种植。研究制定加强油料生产保障供给的意见，组织实施大豆振兴计划，推进大豆良种增产增效行动，完善大豆生产者补贴政策，扩大东北、黄淮海地区大豆面积。大力发展长江流域油菜生产，推进新品种新技术示范推广和全程机械化。继续推进粮改饲，大力发展青贮玉米、苜蓿等优质饲草料生产，促进草食畜牧业发展。

《中央农村工作领导小组办公室 农业农村部关于做好 2019 年农业农村工作的实施意见》（2019 年）

（十四）

推动奶业振兴和畜牧业转型升级。一是实施奶业振兴行动。建设优质苜蓿生产基地，降低奶牛养殖饲喂成本，提高生鲜乳质量水平。二是积极推进实施粮改饲。以北方农牧交错带为重点，支持牛羊养殖场（户）和饲草专业化服务组织收储青贮玉米、苜蓿、燕麦草等优质饲草，通过以养带种的方式加快推动种植结构调整和现代饲草产业发展。

《农业农村部 财政部关于做好 2020 年农业生产发展等项目实施工作的通知》（2020 年）

（十五）

优化种养业结构。立足水土资源匹配性，进一步调整优化农业区域布局。在长江流域和黄淮海地区发展大豆、油菜及花生等油料作物，促进地力培肥和种养循环发展。巩固东北冷凉、西北风沙干旱等非优势区玉米结构调整成果。加强优质牧草生产基地建设，以北方农牧交错带为重点实施粮改饲面积 1200 万亩以上，建设高产优质苜蓿基地 100 万亩。

农业农村部办公厅关于印发《2020 年农业农村绿色发展工作要点》的通知（2020 年）

（十六）

积极推进种养结构调整。以北方农牧交错带为重点，继续实施粮改饲，大力发展全株青贮玉米、苜蓿、燕麦草等优质饲草生产，力争全年完成 1500 万亩以上。培育筛选优质草种，推广高效豆禾混播混储饲草生产模式。培育发展优质饲草收储专业化服务组织，示范推广优质饲草料的规模化生产、机械化收割、标准化加工和商品化销售模式，加快推动现代饲草产业发展。积极引导家禽企业健康发展，支持发展肉牛肉羊生产，落实好牧区畜牧良种补贴政策。因地制宜发展特色畜牧业，加快促进马产业发展，实施蜂业质量提升行动。落实好农牧民补助奖励政策，加强政策培训和指导服务。

农业农村部办公厅关于印发《2020 年畜牧兽医工作要点》的通知（2020 年）

（十七）

统筹抓好棉油糖奶生产。完善新疆棉花目标价格政策，创新内地棉花扶持政策。在长江流域和黄淮海地区扩大大豆及油菜、花生等油料作物面积。支持推广糖料蔗脱毒种苗和机收作业等良种良法。实施奶业提质增效行动，提升改造中小牧场，鼓励有条件的奶农发展乳制品加工。加强优质饲草生产基地建设，以北方农牧交错带为重点扩大粮改饲面积达到 1500 万亩。

《农业农村部关于落实党中央、国务院 2020 年农业农村重点工作部署的实施意见》（2020 年）

（十八）

提升粮食和重要农产品供给保障能力。地方各级党委和政府要切实扛起粮食安全政治责任，实行粮食安全党政同责。深入实施重要农产品保障战略，完善粮食安全省长责任制和"菜篮子"市长负责制，确保粮、棉、油、糖、肉等供给安全。"十四五"时期各省（自治区、直辖市）要稳定粮食播种面积、提高单产水平。加强粮食生产功能区和重要农产品生产保护区建设。建设国家粮食安全产业带。稳定种粮农民补贴，让种粮有合理收益。坚持并完善稻谷、小麦最低收购价政策，完善玉米、大豆生产者补贴政策。深入推进农业结构调整，推动品种培优、品质提升、品牌打造和标准化生产。鼓励发展青贮玉米等优质饲草饲料，稳定大豆生产，多措并举发展油菜、花生等油料作物。健全产粮大县支持政策体系。扩大稻谷、小麦、玉米三大粮食作物完全成本保险和收入保险试点范围，支持有条件的省份降低产粮大县三大粮食作物农业保险保费县级补贴比例。

深入推进优质粮食工程。加快构建现代养殖体系，保护生猪基础产能，健全生猪产业平稳有序发展长效机制，积极发展牛羊产业，继续实施奶业振兴行动，推进水产绿色健康养殖。推进渔港建设和管理改革。促进木本粮油和林下经济发展。优化农产品贸易布局，实施农产品进口多元化战略，支持企业融入全球农产品供应链。保持打击重点农产品走私高压态势。加强口岸检疫和外来入侵物种防控。开展粮食节约行动，减少生产、流通、加工、存储、消费环节粮食损耗浪费。

《中共中央 国务院关于全面推进乡村振兴加快农业农村现代化的意见》（2021 年）

二、粮改饲试点项目简述

粮改饲是党中央、国务院从深入推进农业供给侧结构性改革全局出发作出的重大部署。自 2015 年中央 1 号文件确定开展粮改饲试点以来，在《国民经济和社会发展第十三个五年规划纲要》《关于推进奶业振兴保障乳品质量安全的意见》中明确提出推广粮改饲和种养结合模式。农业农村部将"积极推进粮改饲"列入《2019 年畜牧兽医工作要点》，推动种植结构向粮经饲统筹方向转变。主要引导种植全株青贮玉米，同时也因地制宜，在适合种优质牧草的地区推广牧草，将单纯的粮仓变为"粮仓 + 奶罐 + 肉库"，将粮食、经济作物的二元结构调整为粮食、经济、饲料作物的三元结构。

2015 年粮改饲实施以来，中央财政累计投入资金 100 多亿元，支持牛羊养殖场户和专业服务组织，收贮利用青贮玉米等优质饲草，大力发展草食畜牧业，实现种养双赢。

优质青贮饲料应用是实现牛羊养殖节本增效的有效措施。推广青贮玉米等种植和养殖高效利用是粮改饲的核心。项目实施以来，粮改饲在"镰刀湾"（"镰刀弯"）地区，包括东北冷凉区、北方农牧交错区、西北风沙干旱区、太行山沿线区及西南石漠化区，在地形版图中呈现由东北向华北、西南、西北镰刀弯状分布，是玉米结构调整的重点地区。涉及黑龙江、吉林、辽宁、广西、云南、贵州、内蒙古、山西、河北、甘肃、宁夏等省（区）及黄淮海等地区有序推进，截至 2019 年，实施范围从最初的 10 省（区）30 个县扩大到 2019 年的 17 个省（区）629 个县；完成面积从 286 万亩扩大到 1500 万亩；收贮量从 995 万吨提高到 4165 万吨。2019 年粮改饲项目覆盖奶牛 286 万头、肉牛 425 万头、肉羊 776 万只。

中国青贮饲料质量稳步提升，为全面掌握粮改饲实施区域全株玉米青贮质量状况，全国畜牧总站和中国农业科学院北京畜牧兽医研究所组织实施了粮改饲优质青贮行动计划（GEAF），从种植、调制、评价和利用四个环节推广关键技术，并对全国全株玉米青贮质量安全状况进行综合评价，形成了《中国全株玉米青贮质量安全报告》，旨在为全国粮改饲项目管理提供参考，帮助各粮改饲试点省区了解全株玉米青贮质量和安全现状，更好地推进粮改饲政策落地落实，推动畜牧业高质量发展。

从《质量安全报告》结果看，中国粮改饲试点省区全株玉米青贮85%以上达到良好水平（9%达到优级水平），基本与美国平均水平相当。但是在不同区域、不同畜种、不同养殖规模全株玉米青贮质量之间仍存在一定差距，黄淮海地区青贮质量状况最好，长江中下游和西北地区青贮质量状况较好，且明显高于东北、西南和华南地区；奶牛场全株玉米青贮质量高于肉牛场和羊场，养殖规模越大，全株玉米青贮质量越好。

甘肃省从最初的甘州、肃州、凉州3个地区扩大到2020年的48个县（区），2021年扩大到60个县（区），全年粮改饲项目实施主体完成收贮任务255.1万亩，贮量861.63万吨，其中：中央粮改饲项目实施主体完成收贮任务174.17万亩，贮量589.12万吨；省级财政衔接推进乡村振兴补助资金粮改饲项目实施主体完成收贮任务80.93万亩，贮量272.51万吨。带动全省粮改饲达到483.77万亩，收贮1659万吨。全省粮经饲比例基本趋于5:3:2，种植业结构调整效果初步显现；同时基本实现了奶牛规模养殖场全株青贮玉米全覆盖，进一步优化了肉牛和肉羊规模养殖场饲草料结构。

从甘肃省粮改饲试点情况看，粮改饲有力拉动了种植业结构调整和畜牧业节本提质增效，实现了种养双赢。一是促进了玉米去库存和种植增收；二是促进了牛羊养殖增产增收；三是促进了种养结合循环发展。试点表明，粮改饲在种植和养殖两个环节都体现出了明显的优势，对提高土地资源利用效率、提升粮食安全保障能力、减轻粮食收储压力等方面具有重要作用，是一项符合农业现代化发展方向、顺应市场规律、受到农民普遍欢迎的好政策。

据有关资料报道，饲喂青贮玉米后，年产7吨的奶牛日均产奶量可增加3千克，乳蛋白、乳脂肪等质量指标也明显提高，生产1吨牛奶节约饲料成本300多元，肉牛出栏时间缩短30天以上，饲料成本降低900元左右；肉羊出栏时间缩短15天以上，饲料成本只均降低40元左右。

三、粮改饲优质青贮行动计划（GEAF计划）

（一）目的

为解决玉米青贮种、收、贮、用等技术环节存在的实际问题，全国畜牧总站和中国农业科学院北京畜牧兽医研究所联合组织实施粮改饲优质青贮行动计划（GEAF计划），旨在提升玉米青贮品质，确保粮改饲实施效果，促进畜牧业高质量发展。

（二）组织管理

粮改饲优质青贮行动计划（GEAF 计划）在农业农村部畜牧兽医局指导下，由全国畜牧总站和中国农业科学院北京畜牧兽医研究所具体组织实施，粮改饲试点省区各级畜牧行政主管部门和技术推广单位与生产企业配合。技术推广协调办公室设在全国畜牧总站饲料行业指导处，人员由全国畜牧总站饲料行业指导处和中国农业科学院北京畜牧兽医研究所反刍动物营养创新团队相关人员共同组成。

（三）实施内容

1. 技术推广服务团队

由畜牧技术推广单位、科研院所、高校、牧场及企业等专业技术人员组成优质青贮技术推广服务团队，各省区委派 1 名联络员。技术推广服务团队以示范基地为中心，开展 GEAF 技术集成、技术服务、技术指导和技术培训等。

2. 优质青贮行动计划示范基地

在粮改饲 17 个省区筛选 52 个示范点，建立优质青贮行动计划示范基地。筛选原则如下。

①每个粮改饲试点省区（包括黑龙江农垦）推荐 2~4 个示范基地。示范基地必须是粮改饲补贴主体。

②示范基地涵盖不同规模养殖主体和专业收贮主体。奶牛存栏不低于 1000 头，单产不低于 9 吨；肉牛存栏不低于 300 头；羊出栏不低于 1000 只；专业收贮主体收贮量不低于 3 万吨。

3. 优质青贮行动计划技术规范体系

根据不同地区、不同积温带的特点，从种植、调制、评价、利用各个环节建立适宜的优质青贮 GEAF 规范体系，指导青贮饲料生产和推广应用。

种植（growing）：绿色高效青贮种植关键技术，包括青贮品种筛选、田间种植技术、田间管理技术。

调制（ensiling）：优质青贮饲料调制关键技术，包括收获时间判断、收刈技术、青贮运输、青贮发酵技术、压实、封窖技术。

评价（assessment）：优质青贮饲料质量评价体系，包括青贮感官指标、营养指标、发酵指标、卫生指标、有氧稳定性、籽粒破碎指数评价等。

利用（feeding）：优质青贮饲料高效利用技术，包括青贮取料技术、淀粉利用率评价、TMR 日粮配制技术。

4. 示范推广

以示范基地为中心，开展青贮玉米种植关键技术、调制关键技术、质量评价体系和高效利用技术标准的示范观摩，并在粮改饲试点县推广优质青贮 GEAF 规范体系，提高青贮饲料品质，确保粮改饲实施效果。

四、甘肃省粮改饲工作总体要求

(一) 指导思想

以农业供给侧结构性改革为主线，以推进种植业结构调整和畜牧业转型升级为主攻方向，以养定种、种养结合草畜配套、草企结合，充分发挥财政资金引导作用，调动市场主体收贮使用全株青贮玉米、苜蓿、燕麦等优质饲草的积极性，拉动种植结构向粮经饲统筹方向转变，构建粮草兼顾、良性互动、优势互补的新型农牧业结构，促进草食畜牧业快速发展和农牧民增产增收。

(二) 基本原则

政府主导，合力推进。坚持"有为政府、有效市场"理念，按照"政府主导、部门主推、统筹协调、合力推进"的原则，政府市场两手并用，整合多方力量，强化政策和资金保障，继续走"家家粮改饲、户户养牛羊"小群体、大规模发展绿色种养循环农业的路子。

产业发展，农户受益。适度扩大项目实施主体类型，完善各类收贮主体和全株青贮玉米种植农户的利益联结机制，吸纳更多农户主动参与粮改饲，努力形成企业、合作社和农户在产业链上优势互补、分工合作的格局，让农户更多分享产业收益。

注重质量，提升效益。坚持数量质量并重，在促使项目真正落地保证粮改饲面积和收贮任务完成的同时，更加注重收贮的质量，让粮改饲参与者特别是全株玉米青贮饲料使用者真正受益，提升项目实施成效。

需求导向，产销对接。综合考虑草食畜牧业发展现状和潜力，向玉米种植大县和牛羊养殖大县倾斜，以畜定需、以养定种，合理确定粮改饲种植面积，确保生产的饲草销得出、用得掉、效益好。

因地制宜，分类指导。充分考虑各地资源条件，尊重种养双方意愿，集成品种选择、田间管理、收贮加工、饲喂使用等技术，发展具有本地特色的饲草品种。

种养结合，规模适度。把养殖场、专业化青贮饲草生产企业流转土地自种、订单生产等种养紧密结合的生产组织方式作为优先支持方向，协调推进适度规模种养，同步提升饲草品质和种养效益。

（三）目标任务

大力推进粮改饲项目县种植结构调整，扩大全株青贮玉米等优质饲草种植面积、增加收贮量，全面提升种、收、贮、用综合能力和社会化服务水平，推动饲草品种专用化、生产规模化、销售商品化，全面提升种植收益、草食家畜生产效率和养殖效益。2021 年全省发展全株青贮玉米等优质牧草面积 215.85 万亩，其中：2021 年中央农业生产发展资金安排粮改饲任务 137.3 万亩，2021 年省级财政衔接推进乡村振兴资金安排粮改饲任务 78.55 万亩，带动全省粮改饲种植面积达到 300 万亩。

五、甘肃省粮改饲工作绩效评价办法

为了有效落实粮改饲试点项目，科学、公平、公正进行绩效评价，按照农业农村部粮改饲工作绩效评价办法，结合甘肃省实际，制定本办法。

（一）评价对象和内容

①评价对象。粮改饲试点市州、县市区农业农村（畜牧兽医）主管部门。

②评价内容。目标任务完成情况、为完成目标任务制定的制度和采取的措施、目标任务实现程度和促进产业振兴增加农民收入情况、资金投入和使用情况、违规违纪情况。

（二）评价目的

掌握试点市州、县市区任务和资金落实情况及取得的绩效，为下年度粮改饲项目及其他畜牧业生产项目计划编制提供决策依据。

（三）评价组织与管理

绩效评价以目标任务为导向，按照突出重点、注重实效、客观公平的原则，采取定量评价与定性评价结合，市州、县市区自评与省畜牧兽医局抽查考核评价相结合的方式进行。省畜牧兽医局、市州、县市区根据各自职责和监管机制，成立绩效评价工作小组，负责绩效评价。小组成员由项目管理人员、财务人员和技术人员等三人以上组成。具体评价程序如下。

①县级自我评价。项目实施县市区农业农村（畜牧兽医）部门按照评价指标内容和评分标准，全面开展自查和自评打分，按时向市州农业农村（畜牧兽医）部门提交《粮改饲工作绩效评价指标表》、证明材料和自评报告，并在农业农村部粮改饲试点项目管理系统填报完成情况。县市区农业农村（畜牧兽医）部门对提供材料和数据的真实性、准确性负责。

②市级全覆盖绩效评价。市州农业农村（畜牧兽医）部门在县市区自评基础上开展全覆盖项目绩效评价，并将绩效评价结果与县市区自评报告一并上报省畜牧兽医局。

③省级抽查。省畜牧兽医局抽查部分项目实施县市区开展绩效评价。

（四）绩效评价指标体系

省畜牧兽医局根据试点工作和任务的相关性、重要性、可比性、系统性及经济性原则，就试点工作决策、项目管理、项目绩效（产出、效果）等方面全面设定指标体系。具体绩效评价内容包括组织、管理、产出、效果和违纪违规五个方面。具体评分标准见章末附表 A。

1. 投入和过程

（1）组织领导

①领导机制。是否建立粮改饲工作领导协调机制，职责是否清晰，任务是否明确。

自评依据需提供的材料：成立领导小组及职责分工文件；市州、县市区签订承诺书、相关协调工作会议纪要；其他相关文件和资料。

②重视程度。地方政府是否重视并将粮改饲列入农牧业结构调整重要措施，并列入年度工作安排。

自评依据需提供的材料：粮改饲纳入地方政府和部门规划年度重点工作的有关文件；项目县市区地方政府出台支持粮改饲相关政策和扶持资金有关文件；召开工作落实相关会议文件和记录；跟踪督查文件和报告；粮改饲实施区域建设平面图；其他相关文件和资料。

（2）资金管理

①资金使用。资金管理制度是否健全，资金使用是否符合有关要求。

自评依据需提供的材料：资金管理制度文件（包括资金管理、补助对象、补助标准、资金拨付和发放等）；其他相关文件和资料。

②资金到位。中央补助资金是否全部核算发放到位。

自评依据需提供的材料：资金拨付时间有关证明文件；补助发放清单和建档立卡有关文件；其他相关文件和资料。

（3）项目管理

①实施方案。县市区根据国家和省畜牧兽医局方案是否制定具体实施方案，并按时报送省畜牧兽医局备案，方案是否符合粮改饲总体思路和原则、可操作性强。

自评依据需提供的材料：县市区制定的项目实施方案；方案上报时间记录。

②监督管理。是否制定监督管理制度，制度是否全面完善，是否按计划组织项目监督检查和绩效评价，工作开展是否细致到位，是否按要求及时、准确、完整报送统计数据和工作进度信息。

自评依据需提供的材料：监督管理制度文件；按月监督检查以及绩效评价文件和报告；信息报送进度时间表记录；其他相关文件和资料。

③培训推广。是否组织开展技术推广服务和培训，是否组织有关单位深入一线指导生产作业、开展技术培训。

自评依据需提供的材料：组织开展技术推广服务和培训文件、参加人员记录、图片和影像资料；深入生产一线指导生产和培训记录、图片和影像资料；其他相关文件和资料。

（4）宣传总结

①宣传报道。是否重视宣传工作，并积极组织媒体进行报道。

自评依据需提供的材料：有关领导对宣传报道批示、农业农村（畜牧兽医）部门宣传工作安排文件；市州级、县市区级组织媒体报道情况文字、影像资料；省级媒体正面报道有关文字、影像资料；中央媒体正面报道有关文字、影像资料。

②经验总结。是否及时总结成功模式，挖掘亮点，树立典型，按要求及时报送绩效自评报告和工作总结。

自评依据需提供的材料：总结成功模式案例1~3个；绩效自评报告、工作总结；典型经验在国家、省级层面推广的介绍资料证明；工作成效得到市州级领导批示文件；工作成效得到省部级领导批示文件；党和国家领导人肯定批示文件；其他相关文件和资料。

（5）机制创新

①政策联动。是否在财政、金融支持及有关项目统筹等政策联动上有新突破。

自评依据需提供的材料：地方财政配套资金支持粮改饲文件；整合其他项目资金情况；采用信贷担保、贴息等方式引导和撬动金融资本支持粮改饲的做法；其他相关文件和资料。

②激发积极性。是否在激发收贮主体参与积极性上有新方式。

自评依据需提供的材料：激发收贮主体参与积极性措施；其他相关文件和资料。

③协调发展。是否在促进一二三产业融合、种养两端绿色协调发展上有新手段。

自评依据需提供的材料：以"做强一产、做优二产、做活三产"为途径，调整优化产业结构的做法；种养结合典型模式1~3例；其他相关文件和资料。

④其他创新。是否在粮改饲工作方法、制度机制等方面有其他创新，创新效果好、有实例、可复制。

自评依据需提供的材料：比如在发展理念上、在发展方式上，在发展机制上、在发展路径上、在发展目标上的一些做法；其他相关文件和资料。

2. 产出

（1）数量指标

① 完成饲草料收贮量任务。

自评依据需提供的材料：粮改饲试点项目管理系统录入信息纸质文件，其他相关文件和资料。

②完成粮改饲面积任务。

自评依据需提供的材料：粮改饲试点项目管理系统录入信息纸质文件，其他相关文件和资料。

（2）质量指标

①全株玉米青贮质量情况。是否组织参加全国全株青贮玉米质量评鉴活动，评鉴取得的等次；是否组织参加全省全株青贮玉米质量评鉴活动，评鉴取得的等次；是否组织本地全株青贮玉米质量评鉴活动，活动的成效。

自评依据需提供的材料：参加全国和省上全株青贮玉米质量评鉴活动的送样单、结果通知单、获奖证书；组织本地全株青贮玉米质量评鉴活动的通知、总结。

②养殖规模化发展水平。项目县市区规模化养殖场（肉羊年出栏 100 只以上、肉牛年出栏 50 头以上、奶牛年存栏 100 头以上）和专业收贮主体收贮量占收贮总量比例超过 50% 以上。

自评依据需提供的材料：按畜种区分养殖规模和收贮主体统计表格，其他相关文件和资料。

③收贮专业化发展水平。专业收贮主体收贮量较上年度提高比例提高 10% 以上。

自评依据需提供的材料：专业收贮主体收贮量本年度和上年度统计数据表格，其他相关文件和资料。

④种养结合紧密度。收贮主体通过流转土地自种、与种植户签订订单等方式收贮量占总收贮量比例 60% 以上。

自评依据需提供的材料：收贮主体流转土地证明、订单合同及收贮统计表格；其他相关文件和资料。

3. 效果

（1）经济效益指标

①种植效益。种植优质青贮饲草料，亩均纯收入较种植籽粒玉米提高比例 10% 以上。

②养殖效益。使用优质青贮饲草料，与使用前或与同地区未使用的相比，综合饲料

成本下降比例 5% 以上。

③带动农户参与产业振兴。收贮主体带动农户的数量和增收效果。

自评依据需提供的材料：项目县市区测算依据，分别提供种植效益、养殖效益和带动农户参与产业振兴典型案例 3~5 个；其他相关文件和资料。

(2) 服务对象满意度

① 相关收贮主体对粮改饲政策的满意程度。

② 相关种植户和养殖户对粮改饲政策的满意程度。

自评依据需提供的材料：反映相关收贮主体、种植户和养殖户对粮改饲政策的满意程度的问卷调查表（问卷调查表不得少于受益场户总数的 5%）；其他相关文件和资料。

4. 违规违纪

项目实施过程中是否存在违规违纪行为。

自评依据需提供的材料：项目实施过程中，被监察、审计、财政监督等机构查出存在违规违纪行为的相关文件；其他相关文件和资料。

(五) 绩效评价报告要求

1. 绩效评价报告内容完整

绩效评价报告应当全面、完整，主要内容包括项目的基本情况（项目的背景、项目实施情况、资金来源和使用情况、绩效目标及实现程度）；绩效评价的组织实施情况（包括绩效评价目的、绩效评价实施过程、绩效评价人员构成、数据收集方法）；绩效评价指标体系、评价标准和评价方法；绩效分析及绩效评价结论（包括项目决策、管理、绩效）；主要经验及做法；存在问题及原因分析；相关政策建议及相关附件（包括评价打分、实地调研和座谈会相关资料、调查问卷及汇总信息、支持评价结论的相关资料）。

2. 绩效评价报告客观公正

绩效评价报告所引用的数据应当来源可靠，所作出的判断和结论要符合客观事实、公平、公正。

(六) 有关要求

各市州农业农村（畜牧兽医）部门要在省畜牧兽医局绩效评价方案基础上，完善项目县市区评价方案，认真组织自查自评，压实项目县市区责任，确保政策落实到位。市州、县市区自评报告等材料和项目工作总结逐级于 11 月初报送省畜牧兽医局。12 月省畜牧兽医局对项目市州、县市区工作进行绩效考核。甘肃省粮改饲项目绩效评价考核表见章末附表 A。

六、养殖场青贮饲料生产技术指导意见

青贮饲料是牛羊特别是奶牛养殖的必备饲料。2021 年我国部分地区受罕见秋汛影响，一些奶牛养殖场青贮玉米收储量不足，青贮饲料储备供应出现一定缺口。为便于牛羊养殖场合理选择青贮饲料作物品种，科学组织种植收储，确保青贮饲料储备充足、均衡供应，农业农村部畜牧兽医局会同全国畜牧总站、中国农业科学院北京畜牧兽医研究所和国家牧草产业技术体系、奶牛产业技术体系，制定本技术导则。

（一）基本原则

按照种养结合、以需定产、高效利用的总体思路，优先利用配套饲草料地种植，统筹实施订单生产收储方式，在确保粮食安全的基础上，充分挖掘利用各种可耕作土地资源，鼓励实施粮草轮作复种，提高土地利用率和产出率。根据气候、水土等自然条件，因地制宜选用高产高效的青贮饲料作物品种，避免使用口粮小麦等品种，科学抓好田间管理和收储加工，提高青贮饲料产量和质量，充分满足牛羊养殖场青贮饲料的正常需求，保障奶类和牛羊肉供给。

（二）优选青贮饲料作物品种

根据不同青贮饲料作物品种的生产性能和营养价值特点，综合考虑生物产量和干物质、淀粉、中性洗涤纤维、蛋白质等营养成分指标，优先选用以下作物品种：青贮玉米、苜蓿、饲用燕麦、饲用黑麦、饲用大麦、饲用高粱、杂交狼尾草、黑麦草和饲用小麦等，各种主要青贮饲料相对营养价值情况见章末附表 B。

（三）生产技术要点

1. 青贮玉米

①主要品种。国内审定品种主要有：京九青贮 16、沃玉 3 号、郑单 958、岭青贮 377、铁研 53、兴农一号、京科 968、吉农大 5、桂单 162、红单 10 号等。此外，可选择干物质、淀粉等含量较高的粮饲兼用品种。

②适宜种植区域。在中国海拔 3000 米以下且水热条件较好的东北、华北、西北和西南地区。

③种植田间管理。一般采用春播或夏播，南方地区春播 在 2~4 月份，北方地区在 3~5 月份；夏播一般在油菜、小麦收获后的 5~6 月份。播种采用穴播，行距 50 厘米，株距 20 厘米；种植密度一般为每亩 4000~6000 株。底肥每亩施 35~40 千克复合肥，追肥每亩施 15~20 千克尿素。根据降雨量和土壤墒情，适时灌溉。

④收获与青贮。适宜收获期为蜡熟期。留茬高度不低于 20 厘米，适宜切碎长度为

1~2 厘米，玉米破碎籽实度达 95%，其中 70% 籽粒小于 1/3 完整籽粒。压实密度宜在每立方米 650 千克以上，可按每吨 1~3 克的添加量使用乳酸菌类青贮添加剂。常用青贮方式有窖贮、堆贮、裹包青贮和袋贮等。

2. 苜蓿

①主要品种。国内审定品种主要有：中苜 5 号、龙牧 809、公农 5 号、草原 4 号、中草 3 号、甘农 9 号和新牧 4 号等。

②适宜种植区域。中国华北、东北、西北的大部分地区。

③种植田间管理。一般采用春播或秋播，春播在 4~5 月份，秋播在 8 月份。播种多采用条播，播种量每亩 1.5 千克左右，行距 15~30 厘米，播种深度 2 厘米左右，覆土 1 厘米左右，播后及时镇压。底肥每亩施有机肥 3000~5000 千克或过磷酸钙 50~100 千克；每次收割后，每亩追施尿素 5~10 千克；在开春或秋后每亩追施磷钾复合肥 10~15 千克。根据降雨量和土壤墒情，适时灌溉，冬灌时应按照"夜冻日消，灌足灌透"的原则进行。

④收获与青贮。一般在苜蓿现蕾期至初花期收割，北方地区年收割 3~5 茬，南方地区 6~8 茬。留茬高度为 5~8 厘米，入冬前最后一次收割留茬高度在 10 厘米以上；适宜切碎长度为 2~4 厘米。压实密度宜在每立方米 650 千克以上，按每吨 3 克左右的添加量使用乳酸菌类青贮添加剂。常用青贮方式为裹包青贮、窖贮、袋贮和堆贮等。

3. 饲用燕麦

①主要品种。国内品种主要有：青海 444、青海甜燕麦、青燕 1 号、青引系列、陇燕系列、定燕 2 号、蒙燕 1 号、草莜 1 号、坝燕系列、冀张燕 2 号、白燕 7 号等。国外引进品种主要有：牧乐思、贝勒 II、牧王、加燕 2 号、林纳、燕王、黑玫克、爱沃等。

②适宜种植区域。河北、山西、内蒙古、辽宁、吉林、黑龙江、四川、贵州、云南、西藏、陕西、甘肃、青海、宁夏和新疆等冷凉地区。

③种植田间管理。一般采用春播或夏播，春播在 3~4 月份，夏播在 5~7 月份。播种采用条播，播种量每亩 10~15 千克，行距 15~20 厘米，播种深度 3~5 厘米，播后及时镇压。底肥每亩施有机肥 2000~3000 千克；在拔节期、抽穗期追肥，每亩施尿素 10~15 千克。在分蘖期、拔节期和抽穗期各灌溉 1 次。

④收获与青贮。一般在灌浆至乳熟期收割，留茬高度 5~8 厘米；适宜切碎长度为 2~4 厘米。压实密度宜在 500 千克每立方米。常用青贮方式为窖贮、堆贮或裹包青贮等。

4. 饲用黑麦

①主要品种。国内黑麦品种主要有：冬牧 70、中饲 507、甘农 1 号和奥克隆等。此外，国内常见的还有黑麦与小麦杂交育成的饲用小黑麦品种，性状与饲用黑麦基本一致，国内小黑麦品种主要有：冀饲 3 号、冀饲 4 号、甘农 2 号、甘农 3 号、牧乐 3000 及中饲 1877 等。

②适宜种植区域。黄淮海及长江中下游地区和内蒙古、四川、贵州、云南、甘肃、青海、宁夏和新疆等地区。

③种植田间管理。一般采用冬播，播期在 10~11 月份。播种采用小麦播种机播种，播种量每亩 7~15 千克，播种深度 3~5 厘米，行距 18~20 厘米。底肥每亩施复合肥 25 千克，结合灌溉每亩追施尿素 15 千克。春季干旱年份返青期至拔节期灌溉 1 次，每亩灌水量 40~50 立方米。

④收获与青贮。在越年 5 月份前后收割，留茬高度 10 厘米左右；适宜切碎长度为 2~3 厘米。压实密度宜在每立方米 650 千克以上。常用青贮方式为窖贮、裹包青贮等。

5. 饲用大麦

①主要品种。国内主要品种有：西大麦系列、华大麦系列、12PJ 系列、蒙啤麦系列、垦啤系列、甘啤系列等。

②适宜种植区域。东北、西北、华北、南方的大部分冷凉地区。

③种植田间管理。一般采用春播或夏播，春播在 3~4 月份，夏播在 7 月份；黄淮以南地区可采用秋播，播期在 8~10 月份。播种采用条播，春播的播种量每亩 17.5~22.5 千克，夏播、秋播每亩 20~25 千克，行距 12~25 厘米。底肥每亩施复合肥 25 千克，苗期、拔节期每亩追施尿素 10~15 千克。在苗期、抽穗期分别灌溉 1 次。

④收获与青贮。一般在乳熟期收割，留茬高度 5~10 厘米；适宜切碎长度为 2~3 厘米。压实密度宜在每立方米 700 千克以上。常用青贮方式为窖贮、堆贮和裹包青贮等。

6. 饲用高粱

①主要品种。国内主要品种有：辽饲杂系列、科甜系列、沈农系列、大力士等。

②适宜种植区域。海拔 2700 米以下的大部分地区。

③种植田间管理。一般采用春播或夏播，南方地区可采用秋播，春播在 3~5 月份，夏播在 5~6 月份，秋播在 7~8 月份。播种主要采用条播，播种量每亩为 0.75~1 千克，行距 40~50 厘米，株距 25~35 厘米。底肥每亩施有机肥 3000~4000 千克、复合肥 40~50 千克；在拔节期结合灌溉每亩追施尿素 7~10 千克或硫铵 20~25 千克。在播种前灌溉 1 次，拔节后灌溉 1~2 次。

④收获与青贮。一般在乳熟末期至蜡熟期收割，秋播可在早霜来临之前收割，留茬高度 15~20 厘米；适宜切碎长度为 1~2 厘米，揉丝处理长度为 2~3 厘米。压实密度宜在每立方米 700 千克以上。常用青贮方式为窖贮、堆贮和裹包青贮等。

7. 杂交狼尾草

①主要品种。杂交狼尾草种类繁多，生产中常见的菌草、王草、象草等均属于杂交狼尾草。国内主要品种有：绿洲系列、热研 4 号、桂牧 1 号等。

②适宜种植区域。长江流域及长江以南、年降雨量大于 900 毫米的湿热地区。

③种植田间管理。一般在 3 月底至 4 月上旬、气温稳定回升至 12℃ 以上时，进行栽种茎节；在雨水较好季节可不经过育苗，将茎节直接定植大田。一般以行播为主，选用成熟且无病害的带芽种茎，倾斜 45° 插入土中并覆土，及时浇水及压实，种植密度每亩为 800~1200 株，株距 60~80 厘米，行距 80~100 厘米。底肥每亩施有机肥 1500~2000 千克，每次收割后追肥 1 次，每亩施用尿素 15~20 千克。

④收获与青贮。一般在 5~11 月期间、株高在 2.5~3 米时均可收割，留茬高度 15~30 厘米。适宜切碎长度为 1~2 厘米。压实密度宜在每立方米 750 千克以上，含水量应控制在 70% 左右，按每吨 1~3 克的添加量使用乳酸菌类青贮添加剂。常用青贮方式为窖贮、堆贮和裹包青贮等。

8. 黑麦草

①主要品种。黑麦草包括多年生黑麦草和一年生多花黑麦草两类。国内主要品种有：杰威、安第斯、特高、邦德、长江 2 号、川农 1 号等。

②适宜种植区域。中国长江流域及长江以南的大部分地区，北方农牧交错带有灌溉条件的地区。

③种植田间管理。在南方地区适宜秋播，播期在 9 月中旬至 11 月中下旬；在北方地区适宜春播，播期在 4~5 月。播种采用条播，每亩播种量 1.5~2 千克，行距 20~30 厘米，播种后覆土厚度 1~2 厘米并适当镇压。底肥每亩施有机肥 1500~2000 千克或氮磷钾复合肥 40 千克，在苗期每亩追施尿素 5~10 千克，每次收割后 2~3 天每亩追施尿素 10 千克。在分蘖期、拔节期、抽穗期各灌溉 1 次。

④收获与青贮。一般在株高 50 厘米或孕穗期收割，每年收割 3~4 茬，留茬高度 5~10 厘米。适宜切碎长度为 2~3 厘米。压实密度宜在每立方米 750 千克以上，按 2% 比例适当添加糖蜜，并使用乳酸菌类青贮添加剂；鲜草含水量过高时可与切碎饲用燕麦等干草搅拌均匀后混贮，或每吨添加玉米粉 50 千克。常用青贮方式为袋贮、裹包青贮和窖贮等。

（四）储备饲喂要点

①储备。养殖场青贮饲料按每年每头成年奶牛 6~8 吨、每头后备奶牛 3~4 吨、每头肉牛 4~6 吨的规模储备。

②启封。青贮饲料制作完成的时间视当地气温而定，大部分地区在 60 天后即可启封饲喂。

③取用。青贮饲料取用时应每天按实际饲喂量取料，切勿全面打开或掏洞取用。青贮袋取料后要扎实密封。首次启封时，应进行感官品质评价，优质青贮饲料应呈绿或黄绿色，有光泽，芳香味重，湿润松柔、不黏手，茎、叶、花或籽粒能分辨清楚。

④饲喂。青贮饲料含有大量有机酸，有倾泻作用。单独饲喂对牛羊健康不利，应与蛋白质、碳水化合物含量丰富的饲料和干草搭配使用。

附表 A

甘肃省粮改饲项目绩效评价考核表

序号	一级指标	二级指标	三级指标	分值	指标解释	评价标准	评价依据	得分
		考核指标						
1	投入和过程	组织领导	领导机制	3	是否建立粮改饲工作领导协调机制，职责是否清晰，任务是否明确	建立粮改饲工作领导协调机制得1分，职责清晰得1分，任务明确得1分，否则不得分。	查看相关文件	
2			重视程度	3	地方政府是否重视并将粮改饲列入农业农村（畜牧兽医）部门年度重点工作	列入农业农村（畜牧兽医）部门重点工作得3分，否则不得分。	查看相关文件	
3		资金管理	资金使用	4	资金管理制度是否健全，资金使用是否符合有关要求	资金管理制度健全得1分，资金使用符合有关要求得3分，存在问题的每发现一处扣1分，扣完为止。	查看制度文本和资金帐目	
4			资金到位	2	中央财政补助资金是否全部核算发放到位	核发到位得2分，否则不得分	查看资金分配通知，走访种养收贮主体	
5		项目管理	实施方案	5	是否制定实施方案并按时报送省畜牧兽医局备案，实施方案是否符合粮改饲总体思路和原则，可操作性强	制定实施方案并按时报送备案得1分，否则不得分；实施方案符合粮改饲总体思路和原则，可操作性强得4分，存在问题的每发现一处扣1分，扣完为止。	查看相关文件报送时间节点和文件内容	
6			监督管理	7	是否制定监督管理制度，制度是否全面完善，是否按计划组织项目督导检查和绩效评价，工作开展是否细致到位，是否按要求及时报送粮改饲进度信息	制定监督管理制度得1分，否则不得分；制度全面完善得1分，存在问题的每发现一处扣0.2分，扣完为止；按计划组织督导检查和绩效评价，工作开展细致到位得3分，存在问题的每发现一处扣1分，扣完为止；按要求及时报送工作进度信息得2分，否则不得分。	查看相关制度，查看信息报送时间节点	

续表

序号	考核指标			分值	指标解释	评价标准	评价依据	得分
	一级指标	二级指标	三级指标					
7	投入和过程	项目管理	培训推广	3	是否组织开展技术推广服务和培训，是否组织有关单位深入一线指导生产，开展技术培训作业，开展技术培训	组织开展技术推广服务和培训得1分，否则不得分；组织有关单位深入一线指导生产作业，得2分，否则酌情扣分。	查看技术推广单位工作记录，走访种养及收贮主体	
8		宣传总结	宣传报道	4（+2）	是否重视宣传工作并积极组织媒体进行报道	组织媒体进行报道得2分，否则不得分；有关工作被市州、省级媒体正面报道得2分；有关工作被中央媒体正面宣传报道加2分。	查看相关媒体报道文字、影像资料	
9			经验总结	4（+4）	是否及时总结成功模式，挖掘亮点，树立典型，是否按要求报送绩效自评报告和工作总结	能够及时总结成功模式，树立典型得1分，挖掘亮点、报送效益评报告得1分，报送工作总结得1分，工作总结质量较高得1分，否则不得分。本项指标设加分项4分：粮改饲典型经验被国家层面介绍推广介绍加2分；工作成效得到省级党和国家领导人肯定批示加2分，得到党和国家领导人肯定批示加4分，批示加分不累加，最高4分。	查看在国家、省级层面推广的介绍资料证明领导批示文件	
10		机制创新	政策联动	2	是否在财政支持、产业扶贫等政策联动上有创新突破	有创新得2分，否则不得分。		
11			激发积极性	2	是否在激发收贮主体参与积极性上有新方式	有创新得2分，否则不得分。		
12			协调发展	2	是否在促进一二三产业融合、种养两端绿色协调发展上有新手段	有创新得2分，否则不得分。		

续表

序号	考核指标 一级指标	二级指标	三级指标	分值	指标解释	评价标准	评价依据	得分
13	投入和过程	机制创新	其他创新	4	是否在粮改饲工作方法、制度机制等方面有其他创新	有创新并取得一定效果,有实例,可复制得4分,否则不得分。		
14	产出	数量指标	饲草料收贮	10	是否完成饲草料收贮任务	完成收贮目标任务量得10分;完成数量较收贮目标任务量每少3%扣1分,扣完为止。(注:每少3%扣1分指较目标少3%(含)以内扣1分,少3%~6%扣2分,以此类推,下同。)	查看粮改饲管理信息系统录入信息纸质文件	
15			粮改饲面积	10(+2)	是否完成粮改饲面积任务	完成粮改饲面积目标任务得10分;完成数量每少3%扣1分,扣完为止。本项工作设加分项:超额完成面积目标5%(含)至10%(含)加1分,超过10%(含)以上加2分。	查看粮改饲管理信息系统录入信息纸质文件	
16		质量指标	养殖规模化发展水平	5	项目实施地区规模化养殖场户(肉羊年出栏100只以上,肉牛年出栏50只以上,奶牛存栏100头以上)和专业收贮主体收贮量占收贮总量的比例	超过50%(含)得5分;达不到50%的,每少5%扣0.5分	查看按畜种区分养殖规模主体和收储主体统计表	
17			收贮专业化发展水平	3	专业收贮主体收贮量较上年度提高比例	提高10%(含)以上得3分,提高5%(含)至10%得1分,否则不得分	查看专业收贮主体收贮本年度和上年度统计数据表	
18			种养紧密结合度	5	收贮主体通过流转土地自种,与种植户签订订单等方式收贮量占总收贮量比例	超过50%(含)以上得5分;达不到50%的,每少5%扣0.5分	查看收储主体流转土地证明、订单合同及收储统计表格	

续表

序号	考核指标			分值	指标解释	评价标准	评价依据	得分
	一级指标	二级指标	三级指标					
19	效果	经济效益指标	种植效益	6	种植优质青贮饲草料，亩均纯收入较种植籽粒玉米提高比例	提高 10%（含）以上得 6 分，低于 10% 的，按提高比例乘以 10% 乘以 6 分计分，未提高不得分。	查看种植效益典型案例	
20			养殖效益	6	使用优质青贮饲草料，较使用前或与同地区未使用的相比，综合饲料成本下降比例	下降 5%（含）以上得 6 分；低于 5% 的，按下降比例除以 5% 乘以 6 分计分，未下降不得分。	查看养殖效益典型案例	
21		服务对象满意度指标	相关收贮主体对粮改饲政策的满意程度	5	反映相关收贮主体对粮改饲政策的满意程度，用百分比来衡量，数据通过问卷调查形式获得	得分=调查问卷满意度×5 分	查看问卷调查表（问卷调查表不得少于受益收储主体户总数的 5%）	
22			相关种植户和养殖户对粮改饲政策的满意程度	5	反映相关种植户和养殖户对粮改饲政策的满意程度，用百分比来衡量，数据以问卷调查方式获得。	得分=调查问卷满意度×5 分	查看问卷调查表（问卷调查表不得少于受益场户总数的 5%）	
23	扣分项	违规违纪	违规违纪	—	项目实施过程中是否存在违规违纪行为	被监察、审计、财政等机构查出存在违规违纪行为的，一次性扣 15~30 分，造成严重负面影响的，评分为 0。	查看项目实施过程中，被监察、审计、财政监督等机构查出存在违规违纪行为的相关文件	
						合计		

注：请将相关证明材料随本表一起报送省畜牧兽医局，相关证明材料包括出台的通知、办法、制度以及其他能够证明工作成效的文件。

附表 B

主要青贮饲料相对营养价值情况表

主要指标		青贮玉米	苜蓿	饲用燕麦	饲用黑麦	饲用大麦	饲用高粱	杂交狼尾草	黑麦草
全株青贮饲料产量（吨/亩）		2.5~5.0	1.6~2.5	1.2~1.8	1.3~1.9	1.2~1.6	4.0~8.0	5.0~8.0	3.5~6.0
干物质质量（%）		30.6	40.3	35.8	34.9	33.6	28.9	15.0	36.8
主要营养成分含量（%）	粗蛋白	8.8	19.6	12.9	14.4	12.1	9.0	8.7	14.6
	淀粉	29.3	1.9	3.2	1.5	9.2	9.8	/	1.6
	可消化中性洗涤纤维	22.9	20.6	31.1	35.9	28.5	33.8	28.7	35.7
综合能值分级指数		74	66	52	53	66	58	26	46
相对营养价值（与青贮玉米相比，%）		100	129	70	72	89	78	35	62

第十章　优质饲草栽培技术

一、苜蓿优质高产栽培技术

（一）播前土壤准备

1. 选好地块

苜蓿的适应性很广，对土壤的要求不十分严格。大面积种植苜蓿要求在地势干燥、平整、土层深厚疏松、排水条件好、中性或微碱性壤土或砂壤土、盐碱化程度低、交通便利和管理利用方便的地区种植，这样才能建成高产、优质的苜蓿田。选地时应注意以下几点：

①以商品草为目的苜蓿建植地，为了便于机械化作业，所选地块的坡度不能超过 15°。

②土壤的 pH 在 6.5~7.5 最好，在酸性土壤上种植紫花苜蓿要施石灰。

③苜蓿是一种耐旱不耐积水的植物，苜蓿田一定要选择在排水良好的地段上，而不宜在低洼易积水的地块上种植。

④苜蓿种子小，幼苗期生长缓慢，应选择杂草较少的地块种植，如选择种植玉米、根菜类等中耕作物、麦类作物茬种植紫花苜蓿较好。

⑤苜蓿也不宜重茬，最好间隔 2~3 年或更长年限为宜。

2. 耕前土壤处理

选择种植苜蓿的田块，在土壤耕翻前一定要彻底清理地表的石块、塑料袋等各类垃圾和其他杂物，以确保耕翻和整地质量。对那些杂草滋生的生荒地，在耕翻前可以先用灭生性除草剂处理一次，这样会对以后苜蓿田杂草的防除十分有效。可在夏季杂草旺长到结实以前的一段时间内，用草甘膦或环嗪酮喷施处理，一周后即可翻地，但应间隔 40 天后才能播种苜蓿，否则会对苜蓿造成伤害。在有条件的地区，对原有植被进行焚烧也是一个比较好的方法，这不仅有利于防除杂草，而且也可以有效地防止一些病虫害的发生。

3. 土壤耕作措施

苜蓿种子小，耕地和整地质量的好坏，直接影响出苗率和整齐度，这是苜蓿播种能否成功的首要条件。土壤耕作大致可以分成耕翻和整地两大类。

耕翻按使用工具和耕作效果，可分为深翻、浅耕灭茬、旋耕等三种。耕地适宜的土壤水分是黏壤土为18%~20%，砂壤土为20%~30%。整地时间最好在夏季，便于蓄水保墒，消灭杂草。耕地深度应在20厘米以上，有利于紫花苜蓿根系的生长、发育和扎根。低洼盐碱地要挖好灌溉渠道及排水沟，以利灌溉洗盐及排除多余的水分。

整地是在土壤耕翻的基础上，通过耙地、耱地、镇压以及其他地面处理措施，使耕作的土壤达到上虚下实、土粒细碎、地面平整、播层干净的待播状态，为苜蓿的生长发育创造良好的土壤条件。

上述几种土壤整地的方法，应根据具体情况灵活应用。当土壤水分有限时，播前镇压有利于建立更为优良的草地；当土壤水分充足时，如在春季湿润的地区，就无须镇压，以免土壤过度坚实。夏播苜蓿时，以湿润而又相当紧实的苗床为好。在多数禾谷类作物后茬播种紫花苜蓿，可以满足平整土地的要求，不必进行翻耕，只需圆盘耙耙地或平耙，可降低成本。春播时，需在上一年作物成熟收获后浅耕灭茬，然后深翻以消灭发芽的杂草，春季来临时再耙地、耱地后早播。秋播时，应在作物收获后，深耕、耙平、耱碎，采用条播法播种。

（二）播前苜蓿种子处理

1. 种子净度和发芽试验的测定

播种量的大小和种子纯净度、发芽率有直接的关系，纯净度和发芽率越高，单位面积上种子的用量就越少。在播前种子要经过清选，去掉杂质、秕子等。国家标准规定，一级苜蓿种子中，杂质种子不高于1000粒每千克，发芽率不低于90%，生产上一般要求种子的纯净度和发芽率至少要达到85%以上。

2. 降低种子硬实率

苜蓿种子有硬实性，通常硬实种子出苗晚，生长竞争力弱，冬季受冻害易死亡。新收的种子硬实率可达25%~65%。如硬实率达到30%以上，则需要对种子进行处理，具体措施有：

①低温处理。1~4℃湿沙埋藏30~60天。

②高温处理。110℃高温干燥4分钟。

③变温处理。8~10℃低温处理16~17小时，再用30~32℃的高温处理7~8小时。

④温水浸种。50~60℃温水浸种15~50分钟，然后捞出日晒夜冷2~3天。

⑤机械性破损。种子与沙子按1:2的比例混合揉搓种皮。

⑥化学处理。浓硫酸拌种处理3分钟，然后用0.03%的钼酸铵或硼酸溶液浸种。

3. 接种根瘤菌

苜蓿播前进行根瘤菌接种产草量可提高 20% 以上，而且增产效果能持续两年左右，特别是对未种过苜蓿的田地效果更明显。苜蓿根瘤菌接种的方法主要有以下几种。

①干瘤法。在已建植的苜蓿田里，在开花盛期选择健壮的植株，将其根部轻轻挖起，用水洗净，再把植株地上茎叶切掉，然后将根部放于避风、避光、凉爽的地方，使其慢慢阴干。在新建苜蓿地播种前，将上述干根捣碎，进行拌种。每公顷苜蓿用种可用 40~80 株干根即可。也可用干根重 1.5~3 倍的清水，在 20~35℃ 的条件下，经常搅拌，使其繁殖，经 10~15 天后便可用来处理种子。

②鲜瘤法。用 250 克晒干的菜园土或河塘泥，加一酒杯草木灰，拌匀后盛入大碗中盖好，然后蒸 30~60 分钟，待其冷却。再将选好的根瘤 30 个或干根 30 株捣碎，用少量冷开水或米汤拌成菌液，与蒸过的土壤拌匀。如土壤太黏，可用少量细沙调节松散度。然后置于 20~25℃ 的室温中保持 3~5 天，每天略加水翻拌，即可制成菌剂。拌种时每公顷用 750 克即可。

③粉施法。粉施法是最简便的方法，它是取紫花苜蓿或草木樨地里的湿土三份混入紫花苜蓿种子两份，均匀混合后播种，或将粉状菌剂不加水直接放入播种箱，与种子一起搅拌均匀后播施。

④泥浆法。泥浆法是取紫花苜蓿的根瘤捣碎加水稀释拌种，以湿透种子为标准，在早晨或傍晚播种。传统的做法是把根瘤菌商品制剂与泥炭混合，加水成泥浆包于种子周围，然后播种。泥炭含有糖、树胶和多种矿质元素，可提高营养，并起到黏着和保护作用。通常 1 千克种子用 1~4 克接种剂。

⑤颗粒吸附法。颗粒吸附法是用紫花苜蓿根瘤菌剂一份溶于九份水中与紫花苜蓿种子拌湿播种，水量以浸湿种子为宜。

⑥种子预接法。种子预接法是苜蓿种子的生产厂家在种子出售前，已将有效的紫花苜蓿根瘤菌接种在种子上，称为接种种子。

⑦种子包衣法。种子包衣法是指在种子外面包裹一层或数层含有根瘤菌、杀虫剂、杀菌剂、多种肥料、缓释剂、黏结剂、保水剂等附着物，增强苜蓿种子的发芽率和保苗率，特别是在一些特殊的时期和环境条件下，其增产优势特别明显。已成为越来越多苜蓿种植者的一种选择，仅仅增加种子成本 1%~2%，这是一项防止土壤中缺乏有效根瘤菌的廉价而保险的措施。

接种根瘤菌时，还要注意下面事项：一是苜蓿根瘤菌具有专一性，所以接种时一定要用苜蓿同族根瘤菌；二是苜蓿根瘤菌最适合生长温度为 25℃，因此，保存菌剂和接种时温度不要过高，并避免阳光直射；三是在播种时最好避免与化肥和农药直接接触，并保证土壤有较好的湿度。

（三）严把播种质量关

1. 播种期

紫花苜蓿播种期，要以当地的气候条件、土壤条件和苜蓿栽培用途而定。温度和水分是主要的限制因素。一般地温稳定在 5℃以上时就可以播种，适宜苜蓿种子发芽和幼苗生长的土壤温度为 10~25℃。土壤中要有足够的水分，为田间持水量的 75%~85%，并要求土壤疏松通气。苜蓿播种一般分春播、夏播和秋播 3 个时期。

（1）春播

春播多在春季墒情较好、风沙危害不大的地区采用，一般适于中国一年一熟地区，如新疆、甘肃河西走廊、陕西北部及内蒙古等地区。这些地区气候较寒冷、干旱、生长期短，可以利用早春解冻后的土壤水分，在地温达到发芽温度时，立即抢墒播种，出苗则较好。这些地区多在 3 月中旬到 4 月下旬播种。若播期过晚，水分蒸发过多，则苜蓿出苗缓慢，春季杂草多且生长快，往往对幼苗生长影响较大。因此春播要特别注意防治杂草。

（2）夏播

夏播常在春季土壤干旱、晚霜较迟或春季风沙过多的地区采用。一般在 6~7 月份，此期雨热同期、土壤水分多、温度高，优点是苜蓿播种后出苗快。但夏播杂草多，病虫害也多，影响幼苗生长，常常造成大量缺苗，使播种失败。有时在出苗后降大雨，又遇烈日暴晒，使贴在地面的子叶受灼伤而死亡，同样造成播种失败。在高寒地区，因春季干旱等原因，不得不夏播的情况下，应抓紧时间，趁雨抢种。

（3）秋播

秋播适宜于中国北方一年两熟或三年两熟地区，此时正值雨季，土壤墒情好，温度适宜，有利于发芽出苗和根系发育，而且随着气温逐渐降低，杂草和病虫害减少，是北方地区苜蓿播种的最佳时期。一般在 8 月下旬到 9 月上旬，最晚应在当地初霜前 30~40 天进行。否则，不利于苜蓿安全越冬。

在无灌溉条件的盐碱地上播种苜蓿时，最好在夏末秋初进行。此时正值雨季之后，土壤经过大量雨水淋洗，盐分降低，而且土壤中蓄有较多水分，温度比较适宜，种后能很快出苗，保苗率也较高。

西北大部分地区，春、夏、秋三个季节均可播种，但以秋播为最好。不论春播、夏播或秋播，均应结合下雨或灌溉进行。苜蓿播种以雨后最好，雨后趁墒播种，此时水分充足，土壤疏松而不板结，最易获得全苗。播后灌水易造成土壤板结、干裂，不能获全苗。

2. 播种量

苜蓿播种量的大小直接影响到幼苗的长势、草丛的密度以及苜蓿的产量和品质。适宜的播种量是重要的，增加播种量可以增加第一年的产量，但不能提高以后年份的产量。因为苜蓿成株后，单位面积上的茎数和产量受环境和自身发育的影响，而不受播种量的直接影响。因此，在播种时必须计算好播种量，做到合理密植。

苜蓿的播种量与当地的自然条件、土壤条件、播种方式和利用目的有关。一般来说，以生产苜蓿干草为目的的播种量为每公顷 12~15 千克，收种用苜蓿播种量为每公顷 4.5~7.5 千克。在贫瘠土壤中，苜蓿分蘖较少，播种量宜大。干旱地区水分不足时不要过密，密度过大使幼苗发育不良，降低产量；湿润地区播种量可适当加大。此外，种子播种量大小还应考虑种子的质量、整地质量以及播种方法。种子质量高、整地质量好、条播、机播时，播种量可适当降低；反之，种子质量差、整地质量低、人工撒播时播种量可适当加大。

苜蓿可与禾本科牧草混种，温暖湿润地区宜与苇状羊茅、鸡脚草（鸭茅）等混种，干旱地区宜与无芒雀麦、冰草等混播。混播时每公顷播种量：苜蓿 12 千克加苇状羊茅或鸡脚草 7.5 千克，或苜蓿 12 千克加无芒雀麦或冰草 7.5 千克。

3. 播种方式

苜蓿单播主要有条播及撒播两种，也有的用穴播。种子田多用宽行距条播或穴播，人工放牧和割草地则多采用条播。苜蓿混播有间作和混种两种。

（1）条播

条播成苗率较高，生长期内能满足苜蓿对通风透光的要求，也便于中耕除草和施肥灌溉，因而有利于提高产草量。大面积栽培苜蓿都采用播种机条播。条播行距一般 30 厘米左右，种子田行距应加大到 40~50 厘米，并且土壤质地和水肥条件要好。若做生态建设用，可在梁地和坡地上采用等高窄行条播，行距 15~20 厘米，使苜蓿很快覆盖地面，能有效抑制杂草，并能充分利用降水，产草量比穴播提高 72.2%。

（2）撒播

撒播多用于草地补播和水土保持种植，也是小块地或坡地上常采取的一种简便播种方法。一般将种子撒在地面后，用耙搂一遍，浅覆土，在雨水多的条件下出苗良好。但撒播的缺点是覆土深浅不一致，出苗不整齐，而且无行距，难以中耕锄草和管理。

（3）间作

间作也叫保护播种，是指春季或夏季将苜蓿种子与胡麻、荞麦、玉米、高粱等种子隔行种植，或秋季将苜蓿间作于冬小麦、冬油菜田中的种植方式。苜蓿与其他作物间作好处，一是一年生作物生长较快可以抑制杂草，当其收获后苜蓿可迅速生长起来，显著缩短了苜蓿单独占地时间，提高土地利用率；二是二年生作物可以防止大雨侵袭和烈日暴晒，在寒冷干旱地区，对苜蓿起到防风、防寒、保护幼苗生长作用；三是苜蓿播种当年虽然产量较低，但为苜蓿来年的良好生长创造了条件，而且有一年生作物的收获，足以补偿当年农民的预期收入，因此，也具有良好的经济效果。

（4）混种

苜蓿也常与禾本科牧草混种。一般地，生产商品草的苜蓿地多用单播，而作为牧场放牧时多用混播。混播能更充分利用土地、空间和光照，以提高产量和改善饲草质量。苜蓿混播草耐践踏，而且还能避免纯苜蓿地放牧牛羊时，因采食苜蓿过多发生膨胀病。混播牧草对改良土壤结构及培肥地力效果都很明显。

据试验，苜蓿与无芒雀麦混播，其产量比单播苜蓿高10%以上。苜蓿与苇状羊茅、鸡脚草混播，其产量均高于单播苜蓿，增产幅度为6%~52%，0~30厘米的根量比单播多70%。豆科与禾本科牧草混播成苗后，植株比例以1:1较为合适。用于放牧混播时，苜蓿与禾本科牧草比例一般为3:7或2:8。苜蓿也可和三叶草、红豆草等其他豆科牧草混播，可使苜蓿占2/3，其他豆科牧草占1/3，其混播产量比苜蓿单播产量提高20%~80%，而且干草品质不下降。

4. 播种深度

苜蓿种子很小，千粒重仅为2~2.5克，幼苗顶土力差。因此，播种宜浅不宜深，通常要求2~3厘米即可。当土壤墒情差，质地为沙土或砂壤土时，应深开沟浅覆土，播深应为1.5~3.5厘米；而土壤墒情好、土壤质地黏细时一般为0.5~1.5厘米。秋播和春播可稍浅于夏播。无论采用哪一种方法，都要求下种均匀，除墒情充足时不需镇压外，一般墒情播后都要求镇压，有利于种子很快吸水萌发和出苗。

（四）抓好田间管理关

1. 建植当年抓好全苗

苜蓿在播种当年，不论春播、夏播还是秋播，其建植当年的管理尤为重要。苜蓿种子小，幼苗期生长特别缓慢，易受杂草危害，因此，建植当年管理的中心任务是清除杂草、保证全苗，其主要措施有：

（1）破除板结

在播种之后到出苗之前这段时间里如遇到大雨，造成土壤板结时，已萌发的种子无力顶开板结的表土，幼苗会在土壤中死下，对此必须用短齿耙或具有短齿的圆形镇压器滚压表土，破除板结，使幼苗顺利出土。若因各种原因造成严重缺苗断垄，其缺苗率达到 10% 以上时应及时补种。

（2）防除杂草

防除杂草是苜蓿建植当年能否成功的关键。杂草对苜蓿的危害期是在幼苗期，特别是春季和夏季播种的苜蓿；另一个是在夏季收割后，这个时期北方地区正是水热同季，杂草生长迅速，影响苜蓿的正常生长。一般来说，种植第二年以后的苜蓿田杂草危害程度有所降低，但也应根据具体情况做好防除工作。

苜蓿建植当年的杂草防除以栽培措施最好，其次是化学措施和生物措施。夏播和秋播，特别进行保护播种均能有效地控制杂草的滋生，也可在每年早春返青、刈割后或休眠季节，进行中耕除草、耙地灭草。另外，在建植当年和第二年的秋季，采用低茬刈割也能够很好地控制杂草。

大面积种植时，可以考虑使用化学除草剂。除草剂的种类很多，一般除草剂有土壤处理剂和茎叶处理剂两类。土壤处理剂可在苜蓿播前和杂草萌发前施用，但要注意，在使用氟乐灵时用药的时间与播种时间应间隔 1 周以上，喷施草甘膦应在 1 周后播种，而喷施环嗪酮应间隔 40 天后才能播种苜蓿，否则苜蓿会受到药害。茎叶处理除草剂是将药剂喷洒在茎叶上以杀死杂草。通常是在杂草抗药性最差（禾本科杂草一般在 1.5~3 叶期，阔叶性杂草一般在 4~5 周）、杂草多数已萌发、发生显著危害之前、苜蓿抗药性最强的时候施用。可根据药剂说明加水配成药液，均匀喷施于杂草的茎叶上。

无论选用哪一类除草剂，都应注意事先确定正确的使用剂量。正常情况下，苜蓿幼苗长到三个叶以后使用除草剂较为安全，此时灭草的效果也比较理想。每次收割苜蓿后也是最佳的用药时间。

（3）其他措施

春季播种的苜蓿，一些地下害虫，如蛴螬等对苜蓿幼苗的危害相当严重，而苜蓿幼苗的根非常嫩小，很容易被害虫咬断，致使整个植株死亡。夏季播种的苜蓿，由于雨热同期，苗期病害危害也较重，因此，苜蓿苗期的病虫害防治也应受到足够的重视。同时，由于苜蓿幼苗抗旱性较差，所以苗期灌水必须做到及时、适量。此外，在西北地区等寒冷地区，对秋播苜蓿还应注意保苗越冬，如培土防冻、覆盖作物等。

2. 合理施肥

（1）施肥原理

苜蓿作为一种高产栽培牧草和饲料作物，对土壤养分的利用率很高，可摄取其他作物不能利用的养分。苜蓿从土壤中吸收养分的数量也比禾谷类作物和其他牧草高，例如与小麦相比，苜蓿吸收的氮、磷均多1倍，钾多2倍，钙多10倍。一般每生产苜蓿干草1000千克，需氮14~18千克、磷2.0~2.6千克、钾10~15千克、钙15~20千克。所需氮40%~63%来自共生的根瘤菌从空气中固定的氮素，其余的氮则从土壤中吸取，所需的磷、钾全部来自土壤。

一般来讲，适时施氮肥有利于苜蓿产量提高，但苗期不宜过多，以免影响根瘤的形成和固氮，特别是苜蓿与禾本科混播时更应该谨慎，因为施氮肥能增加混播牧草中禾本科牧草比例和优势，从而降低混播干草中蛋白质的含量。施磷不但有利于增加苜蓿草产量和种子产量，而且有利于根瘤的生长、根系的发育和苜蓿品质的改善。施钾肥可以延长苜蓿寿命，增加刈割次数，提高产草量和苜蓿品质。

（2）合理施肥

合理施肥，必须根据苜蓿的生育时期、生育状况、土壤养分水分状况、肥料种类以及收获目的来进行，以提高产量和品质，延长利用年限。一般来说，苗期施肥量要少，现蕾期后施肥量要多；土壤干旱少施肥或不施肥，要结合降雨或灌溉来施肥；苜蓿主要以收获茎叶为主时，苗期适量施用氮肥有利于鲜草产量提高，以收获籽粒为主时，现蕾期多施用磷钾肥，有利于种子饱满和产量的提高。下面以肥料种类为例，说明施肥的一般原则。

氮肥。土壤肥力较高的地块和多年生的苜蓿田，一般情况下不主张施用氮肥，但在有机质含量较低的瘠薄地，或第一年种植的苜蓿地，应该在播前施入一定的有机肥做底肥，或在苗期根瘤菌形成之前施入少量的化学氮肥追肥，这很有必要，尤其对高产田，其增产效果十分显著。

磷肥。施用磷肥增产效果十分显著，特别是对干草产量和种子产量，增产往往达3~4倍。但磷肥利用率低，只有10%~20%。因此，苜蓿地施磷肥量要大，不但应在播前施入足量的底肥，而且应该每年春季要追施，一般适宜在春季或秋季进行施肥。做基肥时，一般每平方千米混合施入1.5万~37.5万千克的优质有机肥、300~375千克的钙镁磷肥，或150~300千克的过磷酸钙。追肥时，每平方千米用150~300千克过磷酸钙，可分1~2次施入。

钾肥。北方一般干旱，土壤中钾的含量较丰富，但苜蓿高产田应该配合磷肥一并施入钾肥。南方酸性土壤含钾量不足，更应施用钾肥。在苜蓿和禾本科牧草混播时，追施钾肥对于维持苜蓿在草层中的适当比例，提高混播草地的牧草质量具有重要意义。钾肥除配合磷肥做基肥或追肥外，还可以用0.5%~1%草木灰或过磷酸钙水溶液浸种或叶面喷施。

微量元素肥料。钙可促进苜蓿根系的发育，是形成根瘤和固氮所必需的，硼可促进苜蓿授粉过程花粉管伸长，有利于受精结实；土壤中缺硫时苜蓿蛋白质的合成会受阻，上部的叶片变为浅黄。其他的一些微量元素如镁、铜、锰等也是苜蓿生长不可缺少的重要营养元素，缺乏这些元素会对苜蓿的正常生长有一定的影响。因此，各地要根据土壤和苜蓿成分的分析结果，有针对性地追施少量微量元素肥料。施用的方法以叶面喷施效果最佳。

3. 合理灌溉

(1) 灌水原理

苜蓿既是耐旱作物，又是需水较多的怕涝作物。苜蓿为直根系植物，根系较发达，主根入土深度可达到 2 米以上，能利用浅层和深层土壤水分，具有强大生命力，因此具有一定的耐旱性。

苜蓿每年又可刈割 2~4 次，需要消耗大量的水分，因此它是一种需水较多的作物，其耗水系数达到 800，同时苜蓿草的产量和水分供应呈正比。旱地栽培的苜蓿干草产量一般为每公顷 6000~9000 千克，而在有水灌溉的情况下，苜蓿的产量可以提高 50%~150%，甚至更高。因此，灌溉是苜蓿获得高产的最主要措施之一，尤其在西北干旱少雨的地区。

苜蓿的生长发育需要大量的水分，但水分过多特别是后期降雨过多，会造成苜蓿根系长期浸泡腐烂、茎叶倒伏发病，严重时整株死亡，因此苜蓿也是一个怕涝作物。

苜蓿在不同时期对水分的要求不同。一般春季返青时，需水不明显；随着新枝条的形成和发育，需水量逐渐增大，至现蕾开花期，苜蓿的需水达到最高，一般要求土壤含水量 60%~80%，以后，随着牧草的成熟，需水量开始下降。

(2) 合理灌溉

灌水时间和灌水量是苜蓿生产中的重要环节。灌水时间主要考虑灌水的有效性、土壤含水量和苜蓿生长的需求量。一般土壤的有效含水量在 35%~85% 之间，苜蓿可以正常生长，叶片颜色通常为淡绿色，可望获得较高产量。当土壤有效含水量在 50% 时，土壤水分就开始缺乏，就应该进行灌溉。此外，也可从苜蓿的生长状况来决定应该灌溉时间，如果苜蓿明显变为暗绿色或叶片开始萎蔫时应及时灌水，否则生长会受到抑制，严重影响苜蓿的产量和品质。同时，还要考虑当地气象预报，是否有降水。

现代苜蓿生产中，特别是北方地区进行苜蓿生产时，由于春季干旱少雨、冬季积雪覆盖少，一般要求春秋两次灌水，以利牧草安全越冬和返青。同时，一般应在苜蓿现蕾开花期进行灌溉，每次刈割后特别是第一茬刈割也要求一定的水分补充。因此，在有条件的地方如能灌水 2~3 次，则会使苜蓿的产量得到大幅度的提高。

苜蓿田灌水的方法有漫灌、喷灌、滴灌等。大水漫灌对土地的平整性要求很高，对水的浪费也比较严重，而且存在着灌水不均匀的问题。目前最有效的灌溉方法是喷灌和滴灌，这两种方法可以控制用水量的大小，能有效地节约水资源，但这两种方法在灌溉设备上的投资比较大。在生产上有一个值得注意的问题，就是在收获前的 2~4 天内不宜灌水，这样可以保证收获期间地面不太潮湿，便于机械作业，同时也有利于鲜草的干燥。

（五）科学防治病虫害

1. 苜蓿主要病害

苜蓿病害种类繁多，全世界已发现 70 余种，中国记录的病害有 30 余种。从目前国内各地病害发生情况看，苜蓿锈病、霜霉病、褐斑病、白粉病等是中国紫花苜蓿的主要病害，甘肃省陇东地区以白粉病和褐斑病为最重要的病害，霜霉病在个别年份严重流行，苜蓿锈病、苜蓿黄萎病等也是苜蓿常见病害。

（1）苜蓿霜霉病

分布：霜霉病是由苜蓿霜霉病菌引起，广泛发生于冷湿季节或地区，中国各地均有发现。

危害：霜霉病发病株多数不能开花结实或落花落荚较多，严重时枝叶坏死腐烂，甚至全株死亡，导致产草量和产种量大幅下降，在甘肃武威，则减产 35.5%~57.5%。

病症：苜蓿霜霉病主要危害叶片，发病时，叶片局部出现不规则的褪绿斑，边缘不明显。病斑可以逐渐扩大至整个叶面。严重时，叶片卷缩，节间缩短、扭曲，以嫩枝、嫩叶症状明显。叶片的背面和嫩枝的褪色斑上出现灰白色霉层，后呈淡紫色。病株上产生大量孢子囊，在花瓣、花萼、花梗上均有大量卵孢子、孢子囊梗和孢子囊，是田间主要的初侵染源。

防治：选用抗病品种，例如中兰 1 号；第一茬草尽早刈割，病株及时拔除；合理灌溉，防止湿度过高；发病初期，每隔 7 天喷施一次甲霜灵、杀毒矾或乙膦铝等。

（2）苜蓿褐斑病

分布：褐斑病是苜蓿最常见和破坏性很大的病害之一，遍布世界所有苜蓿种植区。中国南北各地等省区均有发生。

危害：褐斑病发病严重时，可使苜蓿草及种子减产 40%~60%。值得注意的是苜蓿感染褐斑病后，香豆醇类毒物含量剧增，雌性家畜食入后，对其排卵、怀孕等生殖生理有很大影响，繁殖力显著下降。

病症：褐斑病主要是叶部病害。感病叶片出现褐色圆形小点状的病斑，边缘光滑或呈细齿状，直径 0.5~2 毫米，互相多不汇合。后期病斑上出现浅褐色盘状突起物，直径约 1 毫米。病原菌的子座和子囊盘多生于叶上面的病斑中。茎上病斑长形，黑褐色，边缘整齐。病斑多半先发生于下部叶片和茎上，感病叶片很快变黄、脱落。

防治：选用抗病品种，如新牧 1 号、新牧 2 号、新疆大叶苜蓿、润布勒苜蓿、阿尔冈金等；发病初期提前刈割，焚烧病株残体；发病期每隔 7~10 天喷施一次百菌清、多菌灵、代森锰锌等杀菌剂。

（3）苜蓿锈病

分布：锈病是世界上苜蓿种植区普遍发生的病害。在中国各地均有发生，但以内蒙古、山西、陕西、宁夏、甘肃和江苏等省区发生严重。在温暖潮湿条件下严重发生，干旱地区危害较轻。

危害：苜蓿发生锈病后，由于孢子堆破裂而破坏了植物表皮，使水分蒸腾强度显著上升，干热时容易萎蔫，叶片皱缩，提前干枯脱落。病害严重时干草减产 60%，种子减产 50%，瘪籽率高达 50%~70%。病株可溶性糖类含量下降，总氮量减少 30%。有报道，感染锈病的苜蓿植株含有毒素，影响适口性，易使家畜中毒。

病症：发病时，苜蓿植株整个地上部分均可受害，以叶片为主。苜蓿染病后，可在叶片的两面产生小型褪绿疱斑，叶背面较多，疱斑近圆形，最初为灰绿色，以后表皮破裂，露出粉末状孢子堆。夏孢子堆为肉桂色，冬孢子堆为黑褐色，孢子堆的直径多数小于 1 毫米。

防治：选用抗病品种；合理灌溉，防止倒伏；增施磷钾肥，少施氮肥；及时刈割，冬季焚烧；喷施粉锈宁、代森锰锌、甲基托布津等药剂进行化学防治。

（4）苜蓿白粉病

分布：白粉病是干旱地区苜蓿的常见病害，在干旱而又温暖的地区发病尤其严重。在中国，由内丝白粉菌引起的白粉病主要分布在新疆、甘肃、内蒙古和陕西，而由豌豆白粉菌引起的苜蓿白粉病则分布在甘肃、河北、山西、贵州、四川和新疆等地。

危害：白粉病可使苜蓿生长不良，但一般不会直接导致苜蓿的死亡，可使其草产量减产 30%~40%，种子减产 40%~50%。同时病草还有某种毒性，影响家畜采食、消化能力及健康。

病症：典型特征是植株叶片、叶柄、茎、荚果等均可受到侵染，出现白色粉霉斑和霉层。在叶片上，背面霉斑明显多于正面，病斑初为圆形、絮状，然后病斑扩大汇合，几乎占据全部叶面，絮状斑变为较厚的毡状白色霉层。病株生长缓慢，后期病叶大量脱落，严重时叶片卷缩，节间缩短、扭曲。以嫩枝、嫩叶症状明显，茎变短、变粗、扭曲畸形，全株矮化褪绿，以致茎叶枯死，花序不能形成。

防治：选用抗病品种；及时刈割，科学施肥，合理灌溉，防止倒伏，冬季焚烧；喷施粉锈宁、甲基托布津、灭菌丹等进行化学防治。

（5）苜蓿黄萎病

分布：黄萎病是苜蓿的一种毁灭性病害，也是国际上对苜蓿进行重点检疫的病害之一，它广泛分布于欧洲、美洲、新西兰。中国本无此病，2001 年在新疆发现疫情。在人工灌溉不当或雨水过多的苜蓿田病害发生最严重，不灌溉的旱地苜蓿不易发病。

危害：在欧洲，严重发病地到第二年可减产 50%，植株生活年限大大缩短，常使一些感病苜蓿草地到第三年失去利用价值。种子带菌是黄萎病菌远距离传播，特别是传入无病地区的主要途径。

病症：发病时，病株基部的叶片首先萎蔫、发黄并干枯，最终呈黄白色。根冠有时仍可发生新枝，但很快萎蔫并死去。田间受害植株矮化而发黄，叶梢干枯，叶死后茎秆常保持绿色，但内部的维管束组织变成淡褐色至暗褐色。在潮湿的条件下，死亡的茎基部大量产生分生孢子梗和分生孢子，使茎表覆盖浅灰色霉层。

防治：严格执行种子检疫制度；合理灌溉，及时排水；及时拔除病株并焚烧；在发病初期喷施 200 倍波尔多液或 75% 的代森锰锌 500~750 倍液；发病盛期用 12.5% 粉锈宁 2000 倍液等进行化学防治。

2. 苜蓿主要害虫

苜蓿地上害虫以刺吸口器吸取汁液，受害植株叶片卷缩变黄、花脱落，严重时整株枯死。主要有蚜虫、斑螟、小夜蛾、黏虫、红蜘蛛、象甲、潜叶蝇等 10 余种。

（1）蚜虫类（油汗、腻虫）

苜蓿上常见的蚜虫有豌豆蚜、斑点苜蓿蚜和蓝苜蓿蚜等。蚜虫因能大量排泄蜜露而常被称为油汗或腻虫。

发生危害：苜蓿蚜虫一年发生数代，以卵在苜蓿或其他豆科植物根基处越冬，为害的高峰期在春秋两季。幼虫和成虫都可为害，多聚集在苜蓿的嫩茎、叶、幼芽和花蕾上，用细长的口针刺入茎和叶内，吸取汁液。受蚜虫危害后，叶子卷缩，花蕾和花变黄脱落，严重时植株成片枯死，引起显著的减产。高温和大雨不利于蚜虫的繁殖和危害。

识别要点：蚜虫身体微小，柔软，成蚜体长 1.5~2 毫米，有光泽，身体上有很多明显的毛丛生成为斑纹。无翅胎生蚜和有翅胎生蚜均淡绿色或黑绿色，口器刺吸式。触角长有 6 节，第 3 节较长，上有 8~10 个次生感觉孔。若虫体小，黄褐色或灰紫色。卵长椭圆形，初为淡黄色，最后呈黑色。

防治方法：苜蓿田间蚜虫的天敌种类和数量均较多，各类天敌在 50 种以上，其中瓢虫、草蛉、食虫蝇和蜘蛛等捕食性天敌在 5~7 月每平方米可达 12.2~34.53 只，在田间蚜虫发生量最大时，天敌与蚜虫数量之比为 1:8.95。在蚜虫发生的中后期，天敌对控制蚜虫的危害有一定的作用，因此虽然蚜虫密度有时会很高，但一般不出现明显为害状。

对蚜虫的防治应及早进行，在栽培措施上通过早春耕地或冬季灌水均能杀死大量蚜虫，采用苜蓿与禾本科或苜蓿与农作物轮作，及时清除田间杂草等措施，都能降低虫口密度，有效减少蚜虫的危害。在防治上最好采用生物防治，利用蚜虫天敌消灭蚜虫。蚜虫危害严重，天敌与害虫数量比为 1:12 以上时就要进行化学防治，可采用 10%吡虫啉可湿粉或 2.5%溴氰菊酯乳油 3000~5000 倍液喷洒。

（2）蓟马类

蓟马类是苜蓿生产上的主要害虫之一，危害苜蓿的蓟马主要有苜蓿蓟马、花蓟马、烟蓟马和牛角花齿蓟马等。

发生危害：蓟马是一种小型昆虫，一年发生多代，产卵于植株的花器和叶上，气候适宜时，可在 2 周左右由卵发育为成虫。蓟马以幼虫和成虫为害苜蓿，发生数量随苜蓿不同生育时期而有显著差异，在苜蓿返青以后数量剧增，开花期达最高峰，结荚期数量急剧下降，成熟期数量更少。在中温、高湿条件下发生数量较多。

蓟马主要危害幼嫩组织，如叶片、花器、嫩荚果，被害部位卷曲、皱缩以至枯死。以刺吸式口针穿刺花器并吸取汁液，破坏柱头，造成落花。荚果被害后形成瘪荚及落荚，严重影响苜蓿种子产量。蓟马还可传播病毒病，危害严重时，苜蓿鲜草产量损失可达50%以上。

识别要点：苜蓿蓟马成虫体长 1.3 毫米，体黑色。触角暗褐色，第二、三节均黄色，前翅有两条暗色带纹。烟蓟马成虫体长 1.0~1.3 毫米，淡黄色。触角 7 节，第一节色淡，第二、六、七节灰褐色，第三至五节淡黄色。若虫体淡黄色，触角 6 节，淡灰色。

防治方法：利用天敌，如蜘蛛和捕食性蓟马以防治蓟马；选育、选用抗虫品种；蓟马为害初期每亩用 10%吡虫啉可湿性粉剂 20~30 克、70%艾美乐水分散粒剂 2 克；在若虫期用除虫净 1000~2000 倍液，1.8%害极灭乳油 4000 倍液或 1%灭虫灵乳油 3000 倍液喷洒，均能获得良好的防效。喷药时应在田边周围的杂草上同时喷到，虫害严重时应尽早收获，以减少损失，一般在苜蓿开花达 10%时刈割可减少危害。

（3）盲蝽类

发生危害：盲蝽一年发生 2~4 代，发生的适宜温度为 20~30℃，喜湿。苜蓿盲蝽以卵或成虫在苜蓿等作物的根部、枯枝落叶、田边杂草中越冬，春季孵出第一代若虫。危害苜蓿的盲蝽，其成虫和幼虫均以刺吸口器吸食苜蓿嫩茎、叶、花蕾、子房，造成种子瘪小，受害植株变黄，花脱落，影响苜蓿种子和青草的产量。

识别要点：苜蓿盲蝽成虫体长 7.5 毫米，触角与身体等长，黄褐色，前胸背板后缘有二黑色圆点，小盾片中央有 n 形黑纹。卵长约 1.3 毫米，卵盖平坦，黄褐色，边上有一个指状突起。幼虫初孵时，全体绿色，5 龄时体黄绿色，眼紫色，翅芽超过腹部第三节，腺囊口为八字形。

防治方法：齐地刈割、焚烧残茬可大量消灭植株基部虫卵，减少田间虫量或越冬虫口基数。播种前半月采用 80% 可湿性福美双粉剂拌种，生长期常用 1.8% 害极灭乳油 4000 倍液或 1% 灭虫灵乳油 3000 倍液喷洒。

（4）叶蝉类

叶蝉类主要有大青蝉、二点叶蝉、黑尾叶蝉。

发生危害：叶蝉类在全国各省区均有发生，以甘肃、宁夏、内蒙古、新疆、河南、河北、山东、山西、江苏等地区发生量较大，危害较严重，一般一年发生 2~3 代。叶蝉均以成虫、若虫群集叶背及茎秆上，刺吸其汁液，使苜蓿生长发育不良，叶片受害后，多褪色呈畸形卷缩，甚至全叶枯死。

识别要点：大青叶蝉成虫体长 7~10 毫米，青绿色。二点叶蝉成虫体长 3.5~4 毫米，淡黄绿色，略带灰色，头顶有 2 个明显小圆黑点。黑尾叶蝉成虫雄虫体长 4.5 毫米，雌虫 5.5 毫米，黄绿色。叶蝉类成虫有趋光性，若虫孵化多在早晨进行，中午气温高时最为活跃，晨昏气温低时成、若虫多潜伏不动。

防治方法：在冬、春季清除田间杂草，消灭越冬虫卵；利用其趋光性，在 6~8 月份成虫盛发期用黑光灯诱杀；在若虫盛发期可喷施 1.8% 害极灭乳油 3000 倍液、1% 灭虫灵乳油 2000 倍液、50% 叶蝉散乳油 1000~5000 倍液进行防治。

（5）苜蓿夜蛾类

苜蓿夜蛾在世界上分布较广，国内普遍分布于东北、西北、华北及华中各省区。

发生危害：苜蓿夜蛾食性很杂，据报道被害作物有 70 种之多，主要为害区是北方地区。1、2 龄幼虫多在叶面取食叶肉，2 龄以后常自叶片边缘向内取食，常常会在叶片上留下形状不规则的缺刻，危害所造成的伤口易引起叶斑病的发生，对苜蓿产量和品质影响较大。其幼虫也常常喜欢钻蛀植物的花蕾、果实和种子。成虫多于白天在植株间飞翔，吸食花蜜，对糖蜜和光均有趋性，老熟幼虫具有假死性。苜蓿夜蛾危害期在 6~11 月，其中危害最重的月份为 7~10 月。

识别要点：成虫体长 13~14 毫米，翅展 30~38 毫米。头、胸灰褐带暗绿色。老熟幼虫体长 40 毫米左右，头部黄褐色，上有黑斑。蛹淡褐色，体长 15~20 毫米，宽 4~5 毫米。

防治方法：农业防治，根据苜蓿夜蛾各代幼虫均在地下化蛹的特性，进行深耕、中耕；物理防治，根据苜蓿夜蛾对糖蜜和光均有趋性的特点，可采用糖醋液、黑光灯诱蛾；药剂防治，根据夜蛾的生活习性，常在早晨和傍晚喷药，用除虫尽 33.5~50 毫升稀释 1000~2000 倍液、50% 双硫磷乳油稀释 1000 倍液喷施，防治效果较好。

（6）苜蓿叶象甲

叶象甲属鞘翅目象甲科，以幼虫取食苜蓿叶子而得名，在中国主要分布在新疆、内蒙古和甘肃等地区。

发生危害：苜蓿叶象甲成虫主要危害叶片，幼虫主要危害小叶、生长点和叶肉，以幼虫危害第一茬苜蓿最为严重，常常在几天之内能将苜蓿叶子吃光。1 龄幼虫主要在茎内蛀食为害；2 龄幼虫在叶面、茎秆顶端取食；3 龄以上幼虫便在叶上取食，食去叶肉，仅剩叶脉，状如网络，造成叶片干枯、花蕾脱落、植株枯萎，使苜蓿田呈现出白色的景象，严重影响苜蓿干草和种子的产量。

识别要点：成虫体长 4.5~6.5 毫米，全身被覆黄褐色鳞片，头部黑色，喙细长且甚弯曲。卵长 0.5~0.6 毫米、宽 0.25 毫米，椭圆形，黄色而有光泽。幼虫头部黑色，初孵幼虫体乳白色，取食后，由草绿最后变为绿色，老熟幼虫体长 8~9 毫米。蛹为裸蛹，初为黄色，后变为绿色。蛹具茧，茧近乎椭球形，白色而具有丝质光泽，编织疏松呈网状而富于弹性，茧长 5.5~8 毫米、宽约 5.5 毫米。

防治方法：一是利用天敌，如苜蓿姬蜂、姬小蜂、七星瓢虫等；二是利用 50% 马拉硫磷 1200~2000 倍液喷雾，每亩用 80% 西维因可湿粉剂 100 克喷雾。

（7）金龟子类

金龟子是分布较广的地下害虫，危害苜蓿的金龟子主要有黑绒金龟子、黄褐丽金龟子和华北大黑鳃金龟子等。

发生危害：金龟子主要是在其幼虫（也称为蛴螬）阶段对苜蓿产生危害。蛴螬栖息在土壤中，主要危害苜蓿的根，也取食萌发的种子，在幼苗期危害尤为严重，造成缺苗断垄。金龟子的成虫也可取食苜蓿的茎和叶。

防治方法：在蛴螬发生严重地区，苜蓿的利用年限应以 2~3 年为宜，换茬的苜蓿地要及时翻耕，可减少虫量。每亩用 5% 西维因粉剂 1.5 千克加细土 1.5~2 千克混合撒施，播前翻入土中。每亩也可用 3% 甲基异硫磷颗粒剂 1.5~2 千克，随种子撒播，或加土 25 千克沟施。苜蓿春耙前，每亩用 50% 辛硫磷 1~1.5 千克加水 2~2.5 千克，拌土 50 千克撒入田中随后耙地，均能收到良好的防治效果。

（8）金针虫

金针虫是鞘翅目叩头虫科幼虫的总称，是一类重要的地下害虫，主要有沟金针虫、细胸金针虫、宽背金针虫、褐纹金针虫等。

发生危害：金针虫在中国从南至北分布广、危害大。其成虫叩头虫在地上部分活动的时间不长，以食叶为主，并无严重的危害。幼虫长期生活于土壤中，主要危害苜蓿种子、根、茎的地下部分，导致植株枯死。金针虫的生活史很长，常需 3~5 年才能完成一代，以各龄幼虫或成虫在地下越冬，在整个生活史中，以幼虫期最长。

防治方法：根据金针虫生活习性，应在春季幼虫暴食前重点采用土壤药物处理方法进行防治。生长期每亩用 40% 甲基异硫磷 120 毫升、2% 甲基异硫磷粉剂 50 克或 50% 辛硫磷 150 毫升，将药剂加水后拌土撒施。播种期防治用 50% 辛硫磷乳油或 40% 甲基异硫磷乳油，以 0.1%~0.2% 有效剂量拌种。

（9）蝼蛄

蝼蛄属直翅目，蝼蛄科，在中国危害苜蓿的有华北蝼蛄、非洲蝼蛄、普通蝼蛄。

发生危害：蝼蛄的成虫和若虫在土壤中咬食苜蓿种子、幼根和嫩茎秆，常造成幼苗的枯萎死亡。蝼蛄在土表层来回穿行，形成很多隧道，常使苜蓿幼苗干枯而死。蝼蛄均为昼伏夜出，活动取食高峰在晚上 9~11 时。初孵化的若虫怕光、怕水、怕风，有群居性，具有强烈的趋光性，对马粪等未腐烂的有机物质也有趋性。蝼蛄喜欢在潮湿的土壤中生活，一般地表 10~20 厘米处土壤湿度在 20% 左右时活动危害最盛，低于 15% 时活动减弱。

防治方法：适时翻耕，改造低洼易涝地，改变发生环境；清除杂草，消灭成虫的产卵场所，减少幼虫的早期食物来源；增施腐熟有机肥料，增强苜蓿抗虫能力；药剂拌种，50% 辛硫磷乳油或 40% 甲基异硫磷乳油，以 0.1%~0.2% 有效剂量拌种；40% 乐果乳油 500 毫升加水 20~30 升拌种；毒饵、毒谷诱杀，可用蝼蛄喜食的多汁鲜菜、块根块茎、炒香的麦麸豆饼等食料拌上药剂制成毒饵或毒谷，投放田间。

（10）小地老虎

小地老虎俗称地蚕、土蚕、切根虫，是世界性害虫，分布广、危害最重，也是苜蓿重要的地下害虫之一。

发生危害：小地老虎属为多食性地下害虫，多以第一代幼虫危害苜蓿幼苗，常切断幼苗近地面的茎部，使整株死亡，造成缺苗断垄，甚至毁种。幼虫一般为 6 龄，1~2 龄幼虫躲在植物心叶处取食为害，将心叶咬成针孔状，展叶后呈排孔。3 龄以后开始扩散，白天潜伏在作物根部附近，夜晚出来为害，咬断嫩茎或将被害苗拖入洞中食用。幼虫性暴，有假死性。土壤湿度大、耕作管理粗放、杂草丛生的田块受害严重。越冬代成虫气温在 16~20℃时活动最盛，对糖醋及黑光灯有较强的趋性。卵多散产，成虫有追踪小苗地产卵的习性。

防治方法：可利用寄生螨、寄生蜂、病毒和细菌等天敌进行防治；消灭杂草可减少成虫产卵场所，减少幼虫早期食物来源；在地老虎发生后及时灌水，可取得一定的防治效果；用 50%辛硫磷乳油 1000 倍液施在幼苗根际处，或每亩用 50%辛硫磷乳油 50 毫升拌油渣 5 千克，制成毒饵投放田间均具有较好的防治效果。

（六）适时收割保证质量

1. 刈割时间

苜蓿的刈割时期是影响干草产量和饲用价值的重要因素。从品质方面来看，苜蓿在孕蕾期收割其干草蛋白质含量可达 22%，初花期和盛花期分别为 20%和 18%，结实期则只有 12%。从产量方面看，盛花期的干物质产量要比孕蕾期高出十几个百分点，但此时的营养价值却不是最高。因此，苜蓿刈割时期应兼顾其营养价值和产量两方面因素综合考虑。

国内外诸多研究表明，苜蓿最适宜的刈割时期是在孕蕾期和始花期（即 10%左右开花的时期），最晚不超过盛花期。否则，虽然可以收获较高的产草量，但由于茎秆比例增多，饲草的营养价值和消化率下降，同时还会影响下一茬的再生性。

苜蓿最佳刈割期还因利用方式不同而略有差异。晒制干草时可在始花期刈割，如果青刈饲喂可略早一些，特别是喂猪、禽等，应在现蕾前刈割，以防茎秆老化，影响其消化吸收。为防止早收割造成总产量降低太多，也可先进行间行收割。同时，入冬前的最后一次刈割，则必须保证苜蓿根部积累一定的营养物质，以维持苜蓿较好的越冬性和次年返青。一般最后一次刈割时间应控制在苜蓿停止生长或霜冻来临前有 30~40 天的生长时间。

2. 刈割次数

苜蓿一年中的刈割次数除主要取决于当地的自然气候条件、生产条件及苜蓿品种的生物学特性外，同时还要考虑生长状况和用途。一般来说，气候湿润、无霜期较长、水肥条件好、管理水平高的地区可以适当多割几次；相反，气候恶劣、水热条件较差、无霜期短、管理粗放的地区刈割次数则少。中国一年两熟的地区，如河北、河南、山东等地，每年苜蓿可以刈割 3~4 次；华北平原等管理水平高的情况下，每年可以刈割 4~5 次；一年一熟的地区，如内蒙古、甘肃、陕西、山西、新疆等地区每年可以刈割 2~3 次，个别地区仅能刈割 1 次。

3. 留茬高度

苜蓿刈割时留茬高度因收割方式、用途不同而异，一般有下面几种。

（1）齐地收割

不留茬或留茬很低，这种收割方式能够刺激根茎多发枝条，再生草高低均一，残茬少、草质好，下茬易收割，病虫害少。例如甘肃陇东地区和陕西关中地区的齐地面收割，不但其再生草茎叶生长高度一致，残茬少，而且下次收割容易，病虫害也少，但大面积机械收割时不适宜，否则会损坏机械，且冬前齐地收割不利于越冬。留茬过低（小于 5 厘米），虽然可以在当年或当茬获得较高的产草量，但连续低茬刈割会引起苜蓿持久性下降。

（2）大型机械收割

为便于操作，留茬高度可控制在 5~10 厘米，地块不平应上调到 10~15 厘米。冬前最后一茬留茬 7~8 厘米，甚至 10 厘米以上。同时，留茬高度还受风力和风向的影响。顺风时留茬要高，风力达到 5 级时，应停止割草；逆风割草，留茬要低些。

（3）人工或小型机械收割

留茬高度以 4~5 厘米为宜，低于此高度会伤及根茎，影响其再生；高于此高度会影响饲草产量，造成不必要的浪费，但最后一次收割时留茬高度应上调到 7~10 厘米。

二、紫花苜蓿生产技术规程

随着畜牧业的发展及退耕还林还草政策的实施，中国的草业发展取得了长足的进步。紫花苜蓿作为一种多年生豆科牧草，具有适应性强、营养价值高、适口性优良、产量高及便于贮藏加工等特点，得到大面积普及推广。

（一）生产环境条件

1. 气候条件

紫花苜蓿种植地域要求年平均气温 5 ℃以上，10 ℃以上的年积温超过 1700 ℃，极端最低温-30 ℃，最高温 35 ℃。紫花苜蓿适合生长在年降水量 400~800 毫米的地区，不足 400 毫米的地区需要灌溉，如果降雨量超过 1000 毫米则要配置排水设施。

2. 土壤条件

播种紫花苜蓿的地块要求土层深厚，质地砂黏比例适宜，土壤松散，通气透水，保水保肥，以壤土和黏壤土为宜。另外，要求排灌方便，地下水位在 1.5 米以下。土壤 pH 在 6.5~8.0 之间，可溶性盐分在 0.3% 以下。

（二）播种技术

1. 播前准备

（1）品种选择

选择高产、优质、抗病性好、抗倒伏的品种；选择播种秋眠级为 2~5 的品种；外引品种至少要在当地经过了 3 年以上的适应性试验才可大面积种植。

（2）种子质量

种子符合国家种子分级标准，纯度和净度不低于 95%，发芽率不低于 90%，种子不得携带检疫对象。

（3）播种量

根据自然条件、土壤条件、播种方式、利用目的及种子本身的纯净度和发芽率的高低略有差异。土壤不肥沃，紫花苜蓿分枝较少，可以多播一些；干旱地区水分不足，要适当增加播量；条播少些，撒播则多些；盐碱地应适当增加播种量。紫花苜蓿收草田播种量为 10~15 千克每公顷，撒播增加 20%播量。简便地计算播种量的公式为：

$$实际播种量=种子用价为 100\%的播量÷种子用价$$

$$种子用价=种子发芽率（\%）×种子净度（\%）$$

（4）根瘤菌拌种

从未种过紫花苜蓿的田地应接种根瘤菌。按每千克种子拌 8~10 克根瘤菌剂拌种。经根瘤菌拌种的种子应避免阳光直射；避免与农药、化肥等接触；已接的种子不能与生石灰接触；接种后的种子如不马上播种，3 个月后应重新接种。

（5）整地

紫花苜蓿种子小，幼苗顶土力弱。播种前必须将地块整平整细，使土壤颗粒细匀，孔隙度适宜。紫花苜蓿是深根型植物，适宜深翻，深翻深度为 25~30 厘米，在翻地基础上，采用圆盘耙、钉齿耙耙碎土块，平整地面。

2. 播种

（1）播种期

根据当地的气候条件、土壤水分状况及栽培用途确定适宜播种期。

①春播。春季 4 月中旬至 5 月末，利用早春解冻时土壤中的返浆水分抢墒播种。春播的前提是必须有质量良好的秋耕地。春季幼苗生长缓慢，而杂草生长快，春播一定要注意杂草防除。

②夏播。夏季（6~7 月）播种，播前先施用灭生性除草剂消灭杂草，然后播种。要尽可能避开播后遇暴雨和暴晒。

③秋播。秋播对紫花苜蓿种子发芽及幼苗生长有利，出苗齐，保苗率高，杂草危害轻。秋播在 8 月下旬以前进行，以使冬前紫花苜蓿株高可达 5 厘米以上，具备一定的抗寒能力，使幼苗安全越冬。

（2）播种方式

①条播。产草田行距为 15~30 厘米。

②撒播。用人工或机械将种子均匀地撒在土壤表面，然后轻耙覆土镇压。这种方法适于人少地多、杂草不多的情况。山区坡地及果树行间可采用撒播。

（3）底肥

底肥可以用农家肥和化肥。播前结合整地每亩施入农家肥 3000~5000 千克，施过磷酸钙 50 千克做底肥。

（4）播种深度

播种深度以 1~2 厘米为宜。既要保证种子接触到潮湿土壤，又要保证子叶能破土出苗。沙质土壤宜深，黏土宜浅；土壤墒情差的宜深，墒情好的宜浅；春季宜深，夏、秋季宜浅。干旱地区可以采取深开沟、浅覆土的办法。

（5）镇压

播后及时镇压，确保种子与土壤充分接触。湿润地区根据气候和土壤水分状况决定镇压与否。

（三）田间管理

1. 除草

紫花苜蓿播种当年应除草 1~2 次。杂草少的地块用人工拔除，杂草多的地块可选用化学除草剂。播后苗前可选用都尔、乙草胺（禾耐斯）、普施特等苗前除草剂，用量及用法参照厂家说明。苗后除草剂可选用豆施乐或精禾草克等。除草剂宜在紫花苜蓿出苗后 15~20 天，杂草 3~5 叶期施用，用法及用量参照厂家说明，产出的青干草杂草率应控制在 5%以内。

2. 施肥

追肥在第一茬草收获后进行，以磷、钾肥为主，氮肥为辅，氮磷钾比例为 1:5:5。

3. 灌水

每年第 1 次刈割后视土壤墒情灌水 1 次。

4. 松土

早春土壤解冻后，紫花苜蓿未萌发之前进行浅耙松土，以提高地温，促进发育，这样做将有利于返青。

（四）病虫害防治

1. 病害防治

（1）苜蓿褐斑病

①农业措施。选用抗病品种；在病害没有蔓延时尽快刈割；与禾本科牧草混播；合理施肥，施肥量不宜过多；清除田间的病株残体和杂草，控制翌年的初侵染源。

②化学防治。在病害发生初期，喷施75%百菌清可湿性粉剂500~600倍液，或50%苯菌灵可湿性粉剂1500~2000倍液，或70%代森锰锌可湿性粉剂600倍液，或70%甲基托布津可湿性粉剂1000倍液，或50%福美双可湿性粉剂500~700倍液。

（2）苜蓿锈病

①农业措施。选用抗病品种；增施磷、钾肥和钙肥，少施氮肥；合理排灌，田间不应有积水，勿使草层湿度过大；发病严重的草地尽快刈割，不宜留种。

②化学防治。在锈病发生前喷施70%代森锰锌可湿性粉剂600倍液，或波尔多液（硫酸铜:生石灰:水=1:1:200）喷雾。发病初期至中期喷施20%粉锈宁乳油1000~1500倍液，或75%百菌清可湿性粉剂每用100~120克，加水70升，均匀喷雾。

（3）苜蓿霜霉病

①农业措施。选用抗病品种；合理排溉，草地积水时，应及时排涝，防止草层湿度过大；增施磷肥、钾肥和含硼、锰、锌、铁、铜、钼等微量元素的微肥。铲除田间杂草及已经受害的苜蓿单株。

②化学防治。用0.5:1:100波尔多液，或45%代森铵水剂1000倍液，或65%代森锌可湿性粉剂400~600倍液，或70%代森锰可湿性粉剂600~800倍液，或40%乙磷铝可湿性粉剂400倍液，或70%百菌清可湿性粉剂按每亩面积采用150~250克加水75升搅均匀喷洒。上述药液需7~10天喷施1次，视病情连续喷施2~3次。

（4）苜蓿白粉病

①农业措施。选用抗病品种；牧草收获后，在入冬前清除田间枯枝落叶，以减少翌年的初侵染源；发病普遍的草地提前刈割，减少菌源，减轻下茬草的发病；少施氮肥，适当增施磷、钾肥、含硼、锰、锌、铁、铜、钼等微量元素的微肥，以提高抗病性。

②化学防治。70%甲基托布津1000倍液，或40%灭菌丹800~1000倍液，或50%苯菌灵可湿性粉剂1500~2000倍液，或20%粉锈宁乳油3000~5000倍液喷雾。

（5）苜蓿黄萎病

①农业措施。选用抗病品种；实行轮作倒茬或与禾本科牧草混播；清除草地中的枯枝落叶及病株残体，减少翌年的初侵染源。

②化学防治。播前用多菌灵、福美双或甲基托布津等药物进行种子处理；在病害发生前用 50%福美双可湿性粉剂 500~700 倍液喷雾；病害发生后可用 50%多菌灵可湿性粉剂 700~1000 倍液喷雾。

（6）苜蓿根腐病

①农业措施。选用抗病品种；实行轮作或与禾本科牧草混播；及时排水和搞好田间卫生。

②化学防治。播前用 50%苯菌灵可湿性粉剂 1500~2000 倍液，或 70%代森锰锌可湿性粉剂 600 倍液，或 70%甲基托布津可湿性粉剂 1000 倍液喷雾。

2. 虫害防治

（1）苜蓿蚜虫

①天敌防治。利用苜蓿田间蚜虫的天敌（如瓢虫、草蛉、食虫蝽、食蚜蝇和蚜茧蜂等）进行生物防治。

②农业措施。虫害将要大发生时，尽快提前收割；选用抗蚜苜蓿品种。

③化学防治。50%抗蚜威可湿性粉剂按每亩面积采用 10~18 克加水 30~50 升，或 4.5%高效氯氰菊酯乳油按每亩面积采用 30 毫升，或 5%凯速达乳油按每亩面积采用 30 毫升喷雾。

（2）蓟马

①天敌防治。利用天敌（如蜘蛛和捕食性蓟马）防治蓟马。

②农业措施。返青前烧茬；虫害大量发生前，尽快收割。

③化学防治。4.5%高效氯氰菊酯乳油 1000 倍液，或 50%甲萘威可湿性粉剂 800~1200 倍液，或 10%吡虫啉可湿性粉剂按每亩面积采用 20~30 克兑水；70%艾美乐水分散粒剂按每亩面积采用 2 克兑水喷雾。

（3）小地老虎

①天敌防治。利用天敌（如寄生螨、寄生蜂等）防治小地老虎。

②农业措施。消灭杂草；在小地老虎发生后，及时灌水，可取得一定的防治效果。

③化学防治。施用毒土和毒沙：用 50%辛硫磷乳油按每亩面积采用 50 毫升加水适量，与 125~175 千克细土混拌后顺垄撒于幼苗基部。喷施药液：用 50%辛硫磷乳油 1000 倍液施在幼苗根际处，防效良好。利用毒饵：用 50%辛硫磷乳油按每亩面积采用 50 毫升拌棉籽饼 5 千克，制成毒饵散放于田埂或垄沟。

（4）华北蝼蛄

①农业措施。利用栽培技术措施改变蝼蛄的生存环境；及时灌水灭虫。

②化学防治。用 50%辛硫磷乳油，以 0.1%~0.2% 有效剂量拌种；用 50%辛硫磷乳油与蝼蛄喜食的多汁的鲜菜、块根、块茎或用炒香的麦麸、豆饼等混拌制成毒饵或毒谷。

（五）越冬防寒

1. 中耕培土

在紫花苜蓿越冬困难的地区，可采用大垅条播，垅沟播种，秋末中耕培土，厚度 3~5 厘米，以减轻早春冻融变化对紫花苜蓿根颈的伤害。

2. 冬前灌水

在霜冻前后灌水 1 次（大水漫灌），以提高紫花苜蓿越冬率。

（六）收获

1. 刈割时间

现蕾末期至初花期收割。收割前根据气象预测，须 5 日内无降雨，以避免雨淋霉烂损失。

2. 收获方法

采用人工收获或专用牧草压扁收割机收获。割下的紫花苜蓿在田间晾晒使含水量降至 18%以下方可打捆贮藏。

3. 留茬高度

紫花苜蓿留茬高度在 5~7 厘米，秋季最后 1 茬留茬高度可适当高些，一般在 7~9 厘米。

4. 收获制度

甘肃地区 1 年可收 2~4 茬。秋季最后 1 次刈割距初霜期 30~45 天。若最后 1 茬不能保证收获后至越冬期有足够生长期，则可推迟到入冬后紫花苜蓿已停止养分回流之后再收割。

三、燕麦栽培技术

（一）耕作技术

1. 选地

燕麦是人们公认的绿色食品、保健食品，所以种植地的选择至少要达到无公害农产品对产地的环境要求标准，即：无公害农产品的生产要求选择生态环境良好、周围无环境污染源、符合无公害农业生产条件的地块。距离高速公路、国道≥900 米，地方主干道≥500 米，医院、生活污染源≥2000 米，工矿企业≥1000 米。产地空气应符合 GB 3095-1996 的规定。产地土壤环境质量应符合 GB 15618 的规定。农田灌溉水质应符合

GB 5084 的规定。

燕麦种植地除选择符合无公害生产标准的区域外，最好选择空气清新、水质纯净、土壤未受污染、土质肥沃、阳光充足（≥10℃的有效积温 1800~2200℃，无霜期 100~110天），排灌便利的边远山区，以达到有机农产品生产的标准。首选通过有机认证及有机认证转换期的地块；次之选择经过三年以上（包括三年）休闲后允许复耕地块或经批准的新开荒地块。土质以选择肥沃、有机质含量高（在 1%以上）、pH 为 6.8~7.8，孔隙度适宜、保水保肥性强的壤土为宜。

另外，由于燕麦具有耐贫瘠、耐盐碱的特性，在贫瘠的沙地和盐分含量高的盐碱地也可以种植，这些区域的种植主要体现了燕麦种植的生态效益，在超高产栽培和燕麦安全生产中，一般不选择这些区域种植。

2. 整地

计划种植燕麦的上年，早秋深翻 20 厘米以上，翻后及时耙耱保墒。严冬采用石磙镇压保墒，翌春顶凌镇压提墒。土壤质地以壤土为宜，地面平整、活土层厚（土层 40 厘米以上）、通透性好、好耕作，土壤肥沃、有机质含量高、保肥蓄水能力强、有良好排灌条件的中性土壤地块，以利于播种、早出苗和出齐苗。

有灌溉条件的地区，应结合秋耕深耕进行秋冬灌溉，一般以秋灌为好，可提高土壤的持水量。如秋灌有困难时，应进行春季灌溉。春灌时间宜早不宜晚，一般在土壤解冻时立即进行，灌溉过晚会影响适期播种。如春耕，则应耕后灌溉，并及时耙耱整地。

（二）播种

1. 种子处理

（1）种子来源

燕麦种植所使用的种子原则上来源于无公害农业体系。有机燕麦生产所使用的种子来源于有机农业体系。有机农业初始阶段，在有足够的证据证明当地没有所需的有机燕麦种子时，可以使用未经有机农业生产禁用物质处理的传统农业生产的种子，但禁止使用转基因的燕麦品种。

（2）品种选择

根据当地的自然条件，选择生育期适中、抗逆性强、丰产性好的燕麦品种。水肥条件好的地块以耐密和半耐密型品种为主。

（3）种子处理

①去杂。去除土块、石子及疵粒、小粒、病粒、破粒，选用新鲜、成熟度一致、饱满的籽粒作为种子。燕麦种子在去杂的方法上，一般有风选、筛选、机选、盐水选、粒

选等，一般用风选和筛选即可达到去杂标准。

②种子检验。去杂后播种前 15 天进行种子检验，燕麦种子的检验方法按 GB 3543-83《农作物种子检验规程》进行。应符合标准：所选良种纯度≥96%、净度≥98%、发芽率≥85%、水分≤13%。

③晒种。播种前 3~5 天选无风晴天把燕麦种子摊开，厚约 3~5 厘米，在干燥向阳处晒 2~3 天，以达到杀菌、提高发芽率的目的。

④拌种。晒种后选择无公害生产允许使用的药剂，如多菌灵、甲基托布津以燕麦种子量 0.3% 的药量拌种。起到杀菌防病的作用，尤其对燕麦坚黑穗病有防治效果。

若进行有机燕麦生产，则禁止使用任何化学物质或有机农业生产中禁用物质处理的种子。

2. 播种时期

一般燕麦在 2~4℃时即可发芽，而幼苗的耐低温能力更强，可耐零下 3~4℃低温，燕麦不耐高温，超过 35℃即受害。根据燕麦的这一特性，以早播为宜。

在土壤含水量达 10% 以上，地温在 5℃以上时播种，播期根据气候、地理条件及种植目的等进行确定，在以收获籽粒为种植目的时，在海拔 900~1000 米的平原地带，适宜播期为 3 月下旬至 4 月中旬；在海拔大于 1500 米的地带，适宜播期为 5 月中、下旬。一般情况下，在 6 月份播种，选择早熟和中熟品种（如白燕 8 号等），可以完全成熟，但产量会受到影响；对于晚熟品种不能正常成熟。

如果是夏播燕麦，最晚在 7 月底以前进行播种，此时播种在类似内蒙古自治区土默川平原和河套平原，可以获得一定的经济效益。若以收获饲草为目的，播种时间可以灵活掌握，一般可采用倒推的方法确定，从燕麦播种到孕穗期，约需 2 个月的时间，因为孕穗期营养价值较高，是刈割的较佳时期。

3. 播种方法

燕麦种植，除在小面积或不适宜机械操作的地块，一般均采用机械播种。播种机用 2BF-9 型、2BF-11 型、2BF-13 型等种肥分层播种机，不同型号的播种机只是在行数上有区别，可根据地块大小等情况进行选择。

（1）种植密度

燕麦的种植密度可根据土壤肥力、水分条件确定。裸燕麦一般每公顷播量在 120~150 千克，即 600~675 万粒每公顷，基本苗 400~500 万株每公顷；皮燕麦在 180 千克左右，饲草用燕麦可适当增加播量到 240~260 千克每公顷。不同水分、肥力条件燕麦播量不同，在盐碱土壤上，播量应加大到正常播量的 3 倍以上。

燕麦在种植过程中，行距一般采用 25 厘米左右，为了在燕麦生育期进行田间作业，可以增加到 30 厘米。

（2）播种深度

燕麦种植中，使用种肥分层播种机播种，播种深度为 3~5 厘米，土壤含水量在 16% 以上时，播种深度为 3 厘米，土壤含水量在 10%~16% 时，播种深度应为 5 厘米。要求播种时种子均匀，不漏播，不断垄，深浅一致，播种后必须镇压以利出苗。

（三）田间管理

1. 施肥

在农业生产中，有机肥与无机肥配合施用，可以使土壤具有良好的理化性质，使作物生长健壮。燕麦根系发达，对养分的需求量较少。在有机燕麦生产过程中，农家肥原则上来源于本生态圈内的厩肥、绿肥、秸秆等堆腐而成的经无害化处理的有机肥。

（1）基肥

在燕麦主产区，由于多年来一直认为燕麦是耐贫瘠、低产作物，不注重有机肥的施用。今后需广辟肥源，发展绿肥及其他堆肥和厩肥，以便施足底肥，不断提高土壤肥力的同时，使燕麦达到高产、优质。燕麦在种植过程中，基肥的施用一般以农家肥为主，根据土壤肥力确定施肥量。以优质农家肥（如羊粪）每公顷施 30000~45000 千克为宜。

（2）种肥

种肥是指播种或定植时，施于种子或秧苗附近供给植物苗期营养的肥料。燕麦在用种肥分层播种机进行播种时，种肥通过播种机播种时施入，就目前的生产而言，燕麦普遍用有机肥做种肥比较困难，这就需要在合理轮作的基础上，配合无机肥。

种肥的施用分几种情况：

据报道，在内蒙古自治区武川县及类似地区，如果有机肥作为基肥，一般每公顷种肥施用纯氮和 P_2O_5 分别为 60 千克和 22.5 千克，氮磷比约为 3:1；如果条件不具备或其他原因未施基肥，一般每公顷施用 N、P_2O_5、K_2O 分别为 60 千克、22.5~45 千克、75 千克。而在河北省张家口市的坝上地区，在施足有机肥的基础上，氮磷比约为 3:1。

因此，不同的地区可在田间试验的基础上，进行科学施肥。对于有机燕麦的生产，不允许施用无机肥。用种肥分层播种机进行播种时，种肥通过播种机播种时施入，种肥的施用分两种情况：如果秋翻中有机肥已施足，可不施种肥；如果未施有机肥做基肥，则结合播种每公顷施优质农家肥 12000~14000 千克作种肥。

（3）追肥

在分蘖或拔节期，是燕麦需肥的关键时期，基肥和种肥已无法满足燕麦生长发育所需要的养分，因此需要追肥，追肥原则为前促后控，结合灌溉或降雨前施用，分几种情况：

①在基肥和种肥均施足的情况下，可不追肥，因为肥水条件较好，追肥易造成燕麦倒伏。

②在未施基肥，只施种肥的情况下，土壤质地为壤土或黏壤土时，也可不追肥；土壤质地为保水保肥性差的砂壤土时，在内蒙古自治区的燕麦主产区每公顷追施 N 和 K_2O 分别为 60 千克和 75 千克；在河北省的燕麦主产区则为每公顷追施 N 50~70 千克。

③有机燕麦生产基地不允许追施无机肥。由于追肥一般选择速效肥，而有机肥的供肥特点是"供肥时间长、肥效慢、养分含量低"，所以在有机燕麦生产过程中一般不追肥。

2. 灌溉与排水

燕麦是耐旱性较强的作物，在有灌溉条件的地区，通过适时补充水分，可实现燕麦超高产栽培。灌溉水应符合 GB 5084 要求，不能用污染的水源。雨涝时一定要注意排水，燕麦地不能有积水，配套排水渠或采取人工挖沟的方法排水。

①在燕麦 3~4 叶时，进行第一次灌水，这一时期正是燕麦开始分蘖、小穗分化时期，此时灌水对燕麦产量影响较大。

②在燕麦拔节至抽穗期，进行第二次灌水。赵宝平等研究燕麦在灌底水+拔节期和抽穗期两次灌水可获得较高的饲草产量和籽粒产量。这一时期是燕麦营养生长和生殖生长并重时期，是需水肥最大效率期。灌水可达到穗大、穗多、粒重的目的，进而实现燕麦丰产。

③在燕麦开花至灌浆期，进行第三次灌水，这一时期正处于高温时期，及时灌水，既可满足燕麦因高温对水分的迫切需要，又可创造良好的田间小气候，起到降温的作用。如果此期缺水，严重影响燕麦籽粒的饱满程度，导致产量和品质下降。

3. 杂草防除

轮作倒茬是有效防治田间杂草的一个重要途径。据研究，燕麦田的杂草种类繁多，尤其是在连年种植禾本科作物的情况下发生较重。以内蒙古武川地区为例，燕麦田杂草共 11 科 20 属 24 种，主要杂草有藜、地肤、猪毛菜、狗尾草、苦菜、狗舌草等。阔叶杂草种类较多，禾本科杂草发生非常严重。在进行杂草防除时，一般有两种方法，即中耕除草和化学防除。

（1）中耕除草

在燕麦 4~5 叶期进行第一次中耕除草，这一时期应浅中耕，因为深耕会伤害燕麦根系。此期杂草苗龄较小，除草的关键作用在于清除杂草，增加地温，以利于燕麦生长，如果杂草较少，或土壤状况不理想可推迟中耕。

在燕麦拔节期，根据燕麦长势，进行深耕（3~5 厘米），此期中耕可消除田间杂草，同时可起到提高地温、减少土壤水分蒸发、促进壮秆以防倒伏等作用。

在抽穗初期至灌浆期，人工拔除田间野荞麦、野燕麦和其他杂草。

（2）化学防除

燕麦对除草剂反应较其他禾谷类作物敏感，使用不当会造成产量下降，直接影响经济效益。可根据具体情况酌情使用化学除草剂。

在有机燕麦生产过程中，严格禁止使用化学除草剂除草；禁止使用基因工程产品防除杂草。

（四）病虫害防治

随着燕麦种植年限的增加和种植面积的扩大，燕麦的病虫害有加重的趋势。目前的主要病害有黑穗病、锈病和红叶病。虫害与其他禾谷类作物相同，有黏虫、蚜虫、蓟马、金针虫、蛴螬等。

1. 防治原则

贯彻"预防为主，综合防治"的植保方针，以农业防治为基础，提倡生物防治，以保护、利用燕麦田有益生物为重点，协调运用生物、农业、人工、物理措施，按照病虫害发生的规律，以高效、低残留的化学农药进行防治。以达到最大限度降低农药使用量，避免燕麦农药污染。农药喷施必须在无风无雨的天气进行，而且农药使用应符合 GB 4285 和 GB/T 8321 的规定。

在化学防治中，提倡药剂的轮换使用和合理混用。根据以上防治原则，首先应选用抗病良种；其次是实行轮作；最后是药剂防治。

在有机燕麦生产过程中，严格禁止使用化学药剂和基因工程产品防治病虫害。

2. 防治对象

（1）虫害防治

①黏虫。黏虫一般潜伏在秸草堆、土块下或草丛中，晚间取食、产卵。幼虫危害严重，主要取食叶片。防治时，以消灭成虫、幼虫消灭在 3 龄以前。首先如发现成虫时，可用谷草把或糖醋毒液诱杀；发现黏虫危害时，当卵孵化率达到 80% 以上，幼虫每平方米达到 15 头时，选用 Bt 乳剂每公顷 255~510 毫升兑水 750~1125 千克；或以 5% 的抑太保乳油 2500 倍液喷雾。

②蚜虫。燕麦生产田中，蚜虫传病的危害较大，所以，一定要注意观察蚜虫的发生

情况。在内蒙古燕麦产区，蚜虫一般在5月中旬至6月中旬大发生，此时可以用800倍液的溴氰菊酯喷洒，或用50%的辟蚜雾可湿性粉剂2000~3000倍液，或吡虫啉可湿性粉剂1500倍液，用药液量600~750千克每公顷。

（2）病害防治

①燕麦黑穗病。燕麦黑穗病是目前燕麦产区的主要病害之一，发病率通常超过10%。由附在健康种子表面的厚垣孢子，随种子萌发而侵染燕麦植株。可用多菌灵、甲基托布津等可湿性农药闷种，起到预防效果；也可用多菌灵、甲基托布津等500倍液喷雾防治。

②燕麦红叶病。燕麦红叶病是一种由蚜虫传播的病毒性病害。在幼苗叶片中部自叶尖变成紫红色，即为发病，之后会沿叶脉发展，最终叶片呈现红色，植株早衰、枯死。该病的防治与蚜虫的防治相结合，在通常年份蚜虫出现前即开始进行田间调查，发现病株后，及时用多菌灵、甲基托布津等500倍液喷雾防治；播前浸种和田间杂草拔除可起到防病的作用。

③燕麦秆锈病。燕麦秆锈病是由专性寄生菌引起。在叶的背面，圆形暗红色小点，然后扩大到整个叶子，最后穿透叶肉，使组织坏死。消除田间杂草或拌种有防秆锈病的作用；在发现病株时，可用多菌灵、甲基托布津等500倍液喷雾防治。

（五）收获

1. 籽粒的收获

当燕麦穗由绿变黄，上、中部籽粒变硬，表现出籽粒正常的大小和色泽，进入蜡熟期时进行收获。收获要及时，避免因恶劣气候（如冰雹等）造成减收降效。收获时可用稻麦联合收割机直接脱粒，也可用小型割晒机收获。

收获时间可根据不同的气候及地理条件进行确定：在海拔900~1000米的平原地带，一般在7月下旬至8月上旬收获；在海拔大于1500米的地带，一般在9月下旬收获。

燕麦在脱粒后及时进行晾晒，避免因晾晒不及时而造成发霉等变质现象发生。直到含水量在12.5%以下，即可将干燥的种子装袋贮藏到仓库中。燕麦籽粒营养丰富，极易遭鼠害，因此在贮藏过程中一定要注意防范。

2. 饲草的收获

燕麦作为饲草利用具有草产量高，营养价值高和适口性好的特点。在中国西北等高寒地区主要将燕麦作为饲草利用。不同的环境条件对燕麦草产量和品质影响较大，柴继宽等（2010）研究表明气候冷凉的环境燕麦草产量和粗蛋白产量最高，适宜进行燕麦饲草生产，且灌浆期至乳熟期是收获高产优质干草的最佳时期。赵世锋等（2005）研究草用燕麦在乳熟末期蜡熟初收获干物质量最高。

四、饲用高粱栽培技术

（一）饲用高粱简介

高粱又名蜀黍、芦粟、秫秫，是世界五大谷类作物之一，也是中国最早栽培的禾谷类作物之一，是 C4 作物，具有光合效率高、生物产量高、糖分含量高、适应性强、抗旱、耐涝、耐盐碱等特点，可在边际土地上种植。由于受能源危机、干旱的威胁，以及干旱半干旱区发展畜牧业的需求影响，高粱产业向粮用（粒用）、饲用、能用三个方向发展。

饲用高粱包括饲料用高粱和饲草用高粱，都是按高粱作为饲用用途所划分的高粱类型，高粱饲用是高粱产业的一个重要发展方向，受到全世界的重视和应用。高粱本身也是高效节水型作物，饲用高粱与饲用玉米相比，用水量仅为其 70%。在干旱、缺水、高热的边际土壤条件下，产草量高、草的品质与玉米相近。甘肃省 70% 的耕地为干旱或半干旱地，是一个极为缺水的省份，又有沿沙漠的大量边际土地，所以，饲用高粱有广阔的发展前景。

1. 饲用高粱

饲用高粱，作为一种优质、能量型、新型饲草，是一种仅次于饲用玉米的优质饲料作物，不仅具有多年生牧草的可再生性，还具有高产、优质及抗旱、耐涝、耐盐碱等优点，在畜牧、水产养殖以及生态保护领域表现出广阔的应用前景，其能够弥补饲用玉米 1 次播种 1 次收获且不耐干旱等缺点，同时可延长干旱和半干旱地区反刍动物青绿粗饲料的供应时限。近年来由于生态条件和环境发生变化，干旱和盐碱地逐年增加，因此高粱将成为种植的优选饲草作物。

饲用高粱分为籽粒型高粱、饲草高粱和甜高粱等不同类型。

甜高粱属禾本科高粱属饲用作物，因茎秆中富含糖分而得名。不仅产量高，而且有高能作物之称，它适应性广，抗逆性强，具有抗旱、耐涝、耐贫瘠、耐盐碱等特性，从而享有作物中的"骆驼"之美誉。对土壤和肥力的要求也不高，生长迅速，适口性好，干物质量也比其他作物高的多，是以糖、能、粮、饲为一体的再生能源作物之一。

高丹草是高粱与苏丹草杂交的一种新型一年生禾本科饲料作物，具有分蘖力强、再生性强、营养价值高、产量高、适口性好、抗旱节水等特点，在畜牧领域有着广阔的开发利用前景。

苏丹草是禾本科高粱属的一年生优良牧草。它性喜温暖，具有抗旱、耐贫瘠、适应范围广、产量高、再生力强、营养价值较高等特点，可以用于放牧、刈割青饲、调制青干草或青贮饲料等。

2. 饲用高粱的优点

①生物产量高。一般旱作条件下每亩鲜草产量可达 4~8 吨。

②抗旱性强。一般在年降雨量 300~600 毫米地区可种植或灌水不足的地区种植；另外，还具有抗涝性，抗盐碱、抗病性强的特性。

③可多次刈割利用。特别是苏丹草和高丹草，再生能力强，分蘖能力强，适宜多次刈割，在陇东地区等小规模养殖中已形成了"边割边长，即割即用"的青饲利用方式，符合甘肃省各地农户饲养牛羊的传统饲喂方法。

④播种时期灵活。饲用高粱和玉米一样，为暖季型一年生饲料作物，不耐霜冻，只要地温在 15℃以上，均可播种，25℃以上时开始快速生长，因此是冬作物收割后复种的首选高效牧草。冬小麦（冬油菜）收获后播种，雨热同步，能快速生长。

⑤种植方式和利用途径多。可间作套种，如与大豆间作，可改善青贮品质。可作为干草、青贮、青饲利用，甚至用作放牧草；即使 10 月收获，高粱草仍是深绿色，它与黄贮玉米共同青贮，使水分和营养得到调节，提高玉米秸秆的利用率。

⑥技术扩展能力强，适宜发展旱作草畜牧业。应用晚熟或超晚熟高丹草品种，采用全膜覆盖（双垄沟或平膜），进行半机械穴播高产栽培，将甘肃省创造的旱作栽培技术集成创新用于甜高粱等高粱饲草生产，明显提升了干旱半干旱地区生产牧草的能力，促进旱作草牧业提质增量的空间。

⑦有效解决季节性饲草匮乏问题。以甜高粱为代表的饲用高粱，4 月种植，7 月就能收割第一茬，一直可青饲利用到 10 月，可收割 2~3 茬，可青饲 4 个月。这是玉米等牧草无法实现的。而且用于青饲时，一般都在 1~1.2 米时刈割，营养价值较高，可单独饲喂。特别是和麦后复种结合起来，可起到良好的补充作用。还可通过调整播种期和刈割时间，有效延长鲜草供饲时间。即使青贮，7 月中下旬就可青贮，8 月下旬到 9 月上旬就可利用，青贮利用时间可提前两个月，仍有重要的应用价值。

⑧改变当地耕作制度，优化"粮–经–饲"的比例。有利于种植业结构调整，特别是复种，相当于增加一季作物的产量。同时，有利于草地农业的发展，在实现粮改饲的战略中有重要作用。

⑨饲用高粱是节水饲草。一般而言，饲用高粱是暖季型饲草，前期抗旱后期抗涝，高温下生产速度快，生长量大。其快速生长期与甘肃省各地全年集中降雨在 7、8、9 三个月的特点吻合相配，有利于提高水分利用率，获取大量牧草。因此，是适宜于干旱区种植的高效高产牧草。据美国试验研究表明，生产同样干物质，高粱用水仅为玉米的 2/

3，水分利用率是玉米的 2.5 倍。高粱是抗旱、能高效利用水分的作物。如果利用一些种植 55~60 天就可收获利用的品种，不仅可扩大种植的地域空间范围，而且还可扩大种植的时间范围。

⑩可提高饲养劳动生产效率。可作为应急作物，对中小农户养殖而言，在养殖场附近种植，可就近、就地、就快解决牛羊当日饲草问题，能节约劳动时间，提高劳动效率，提升生产效益。如前期遭受干旱或其他自然灾害的影响，5 月或 6 月之后，种植饲用高粱，可利用 7~9 月降水生产急需的牧草。

3. 饲用高粱的缺点

饲用高粱具有上述优点，但同时还有三个缺点，在种植饲用过程中需要注意。

①需要注意潜在的中毒问题。一是要注意氢氰酸中毒。饲用高粱幼苗阶段含有较高的氢氰酸，如饲用过量，可导致家畜中毒死亡，但随着植株高度增长，其毒性降低到安全剂量。养殖人员必须注意掌握安全的饲用方法。在饲用高粱中，按植株干物质计算，氢氰酸潜在含量在 100~800 毫克每千克。在反刍动物中，其致死剂量为 2 毫克每千克体重，饲喂牲畜氢氰酸的安全限度是 80 毫克每千克。作为青饲和放牧时，强调坚守两个"70"原则，即播种后 70 天才能利用、植株高度达 70 厘米以上才能利用。秋末收割茬后，若低于 70 厘米的植株，只能干制，收割后 15 天才能利用（霜冻后 15 天干制利用）。青饲时强调坚持即切即用，切忌久放再喂或过夜再喂。严禁用间苗时拔出的幼苗饲喂家畜，严禁在刈割后有再生苗的地块放牧。一旦发生氢氰酸中毒，可饲喂硫磺解毒。二是要注意硝酸盐中毒。分别注意青贮饲料饲喂安全和青贮窖使用时的安全两个方面。一般来讲，相对根吸收的硝酸盐，任何抑制或破坏叶片生长的情况都会使硝酸盐含量增加。在干旱情况下，氮肥施用过量会增加高粱毒性。一般情况下，当青贮中硝酸盐含量超过 0.1% DM 时，则应该控制饲喂量。在干旱或霜冻等极端天气后四天到一周收割或粉碎青贮，能够避免硝酸盐含量过高。不使用青贮添加剂的干旱或应激的青贮，在充分发酵三周后可以直接饲喂动物。若使用优质的青贮添加剂，硝酸盐会在短短的几天内下降 40%~50%。在植株体内，硝酸盐占干物质的量在 0.5%~1% DM 对反刍动物有潜在毒性。高于 1%DM 认为是危险的。硝酸盐在茎中含量最高。若青贮高粱草硝酸盐浓度过高，会使筒仓内产生致命的气体。氧化亚氮分解成水和气体，包括氮氧化物（无色）、二氧化氮（红棕色）、四氧化二氮（黄色），这种混合气体对人类和牲畜伤害都是致命的。出于安全考虑，在打开青贮窖时，要注意窖内过高的硝酸盐产生的有毒气体。同时，若饲料硝酸盐的含量过高，则应限制其在日粮中的添加量，且饲喂前检查硝酸盐的浓度。

②大面积种植，需要机械配套，人力收割困难。饲草高粱植株高大，收获时比较费

力，所以尽可能有相关机械或机械服务的合作社，充分利用机械开展收获。特别在行距方面，与收割机械相配套，以利于保持其再生性能。目前，一些玉米青贮收割机械完全可以利用，但要选对品种和适宜的收割时间。

③栽培技术因品种而异，种养技术高度结合，掌握好有难度。高粱草或甜高粱品种多样，变异广泛，适应性各异。如从播种到收割，生长周期从55天到180天的各种品种都有，多数品种春季播种抓苗困难，幼苗生长期长，各品种涉及不同条件下种植技术和饲喂利用技术，种养技术高度结合，应用技术很难归类通用，常需要按具体品种来决定其合理的种植和利用技术方法。养殖户要参考品种指南，合理选择利用。

4. 种植饲用高粱的意义

随着草食畜牧业的发展，特别是集约化、规模化的舍饲养殖业发展，饲草料缺口将进一步加大，利用传统农田，以种植粮食作物的精细方式种植饲草，即"把草当粮来种"，扩大饲草作物种植面积，才能从根本上解决草牧业发展的需求，是解决粗饲料短缺问题的重要或唯一有效途径。中国黄土高原跨山西、甘肃、青海、陕西省北部和宁夏回族自治区等省区，其沟壑纵横的山旱区占绝大部分，塬区和川区所占比例较少。这一区域的农业也正经历着由旱作农业为主导，向以草食畜牧业为主导的方向发展，加之该区域地形特殊，交通运输不便，扩大优质饲草作物种植面积，选择优质高产的饲草作物在该地区种植，可就近就地解决饲草需求，对发展舍饲草食畜牧业意义重大。

甘肃省干旱少雨，水资源紧缺，是以旱作农业为主的省份，旱作农业区主要分布在陇东、中部黄土高原区，全省现有耕地5200多万亩，其中旱地面积约3600万亩，占全省耕地面积的70%，种植饲用甜高粱，大力发展旱作农业，有利于调整农业产业结构，促进草食畜牧业稳步发展。

（二）适合甘肃省种植的主要饲用高粱品种

1. 陇甜粱1号

陇甜粱1号属一年生禾本科牧草，是甜高粱常规品种，平均生育期145天左右，株高3.5~4米、茎粗2~2.5厘米、分蘖数2~4个、全株叶片数11~18枚。芽鞘色绿色、幼苗绿色，叶脉蜡质，壳色红色、粒色白色，棒形中散穗，穗长25~30厘米，千粒重18~23克，茎秆多汁，糖锤度16%~20%，茎秆出汁率35%~45%。

特征特性：该品系属晚熟非光敏型甜高粱。具有适应性强、饲草产量高、饲用品质优、含糖量高、适口性好、持绿性好等特点，适合青贮利用、能源加工、甜秆食用及制糖等途径进行利用。酸性洗涤纤维和中性洗涤纤维含量较低，在成熟期淀粉可达20.50%以上、总可消化养分（TDN）达67.90%以上，相对饲草品质（RFQ）达126以上。可单独青贮，也可与其他饲草混合青贮。

产量表现：平均鲜草产量 5000~7000 千克每亩。

栽培要点：一般在 4 月下旬播种，9 月上中旬（蜡熟中期）收割青贮。不耐密植，种植密度不宜超过 6000 株每亩，密度过大易引起倒伏。

适宜区域及推广前景：适宜在庆阳、平凉、兰州、临夏、定西、武威、张掖等活动积温达到 2300℃的地区或海拔高度在 2300 米以下高粱产区春播或夏收后种播。

2. 陇甜粱 2 号

陇甜粱 2 号属一年生禾本科牧草，是甜高粱常规品种，平均生育期 142 天左右，株高 3~3.5 米、茎粗 2.2~2.7 厘米、全株叶片数 12~18 枚、分蘖数 2~4 个。芽鞘色绿色、幼苗绿色，叶脉蜡质，壳色红色、粒色红褐色，纺锤形（近直桶形）中散穗，穗长 22~28 厘米，千粒重 15~18 克，茎秆多汁，糖锤度 16%~22%，出汁率 40%~45%。

特征特性：该品系属晚熟非光敏型甜高粱。具有适应性强、饲草产量高、饲用品质优、含糖量高、适口性好、持绿性好等特点，适合青贮利用、能源加工、甜秆食用及制糖等途径进行利用。酸性洗涤纤维和中性洗涤纤维含量较低，在成熟期淀粉可达 22.3%以上、总可消化养分（TDN）达 70.9%以上、相对饲草品质（RFQ）达 128 以上。可单独青贮，也可与其他饲草混合青贮。

产量表现：平均鲜草产量 5000~8000 千克每亩。

栽培要点：一般 4 月下旬播种，9 月上中旬（蜡熟中期）收割青贮。不耐密植，种植密度不宜超过 6000 株每亩，密度过大易引起倒伏。

适宜区域及推广前景：适宜在庆阳、平凉、兰州、临夏、定西、武威、张掖等活动积温达到 2300℃的地区或海拔高度在 2300 米以下高粱产区春播或夏收后种播。

3. 海牛

该品种为多叶晚熟高产品种，适宜于青饲及青贮利用。属光敏型高丹草类型的饲用甜高粱，其叶长、叶大，具有良好的再生性和恢复性。开花期推迟，日光照时数达 12 小时 20 分时，仍能保持营养生长，宽泛的收割期有利于生产更多的高品质饲草；在甘肃省种植基本不能完全成熟。再生速度快，播种后 60 天就可刈割鲜草，之后 30~40 天可再次刈割，一个生长季可刈割 2~3 次，如充分生长株高可达 3.5~4.5 米。在水肥光热条件好的地区种植，能获得更好的效益。

产量表现：平均鲜草产量 5000~8000 千克每亩。

栽培要点：青饲时一般在达 1.2 米以上时刈割，青贮时一般在乳熟前期刈割或春播后 120~130 天之间收割。干旱地区推荐全膜覆盖穴播种植方式。

4. 大卡

该品种为晚熟饲用高粱品种，是饲用高粱育种史上真正的一个突破，将褐色中脉（BMR）和光周期敏感（PPS）的特性结合在同一品种上，因而大卡几乎是一个近乎完美的饲用高粱品种。最适宜于青饲和青贮利用。适口性特别好，以至于放牧时牛一直啃食到茎秆接近地面的部位。对光周期敏感，只有在日照长度达到12小时20分以下时才抽穗，整个生长季可生产40甚至更多的叶片。在甘肃省各地种植基本不能抽穗。由于有BMR基因，木质素含量较其他品种更低，现已在甘肃等地大面积推广应用。

产量表现：平均鲜草产量6000~8000千克每亩。

栽培要点：适合春播或夏播，夏播不宜太晚，以免影响产量；水肥充足的情况下才能获得高产。多茬刈割利用时，留茬高度应为10~15厘米，太低会影响再生。建议冬麦后复种收割一茬利用、春播可一茬或2~3茬收割利用。

适宜区域及推广前景　南方和北方热量较好的地区均能种植。

（三）饲用高粱高产栽培技术

在与当地自然气候条件和栽培习惯合理结合的情况下，合理而正确的栽培管理是取得高产、高效益的前提与保证。

1. 地块选择与土壤处理

选择地势平坦、土层深厚、土质疏松、肥力中上，土壤理化性状良好、保水保肥能力强、坡度在15°以下的川地、塬地、梯田、沟坝地等平整土地，以豆类、麦类、油菜、胡麻等茬口较佳，马铃薯、玉米等茬口次之。前茬作物收获后及时深耕灭茬，耕深达到25~30厘米，耕后及时耙糖，做到地面平整，无根茬、无坷垃，耕层上虚下实，为覆膜、播种创造良好的土壤条件。用40%辛硫磷乳油500克每亩加细沙土30千克每亩拌成毒土撒施，或兑水50千克每亩喷施土壤，以防治地下害虫。

2. 整地与施肥

高粱对土壤的适应性很强，但以富含有机质、土层深厚的壤土为最好。高粱幼苗顶土能力较差，播前应深耕细整，以促进土壤熟化和改善土壤结构，为种子发芽和出苗创造适宜的土壤环境，保证耕地土块细碎，无大坷垃。结合整地每亩施腐熟有机肥2000~3000千克、尿素15~20千克、普通过磷酸钙50~70千克、硫酸钾5~8千克。

3. 铺膜与播种

铺膜依据土壤墒情而定，铺膜时，膜面要求平整，使地膜紧贴地面，同时在膜上覆一层薄土，覆土厚度可视当地气象条件而定。当土壤耕层5厘米平均地温稳定在12℃以上时即可播种，在甘肃省一般为4月下旬至5月上旬，采用起垄或平作穴播，播深2~3

厘米。

4. 种植密度

植株密度是影响茎秆产量、汁液锤度、含糖量的决定性因子，因此合理密度是增产增效的重要栽培技术。适合的行距为 40~50 厘米，株距 20~25 厘米，每亩保苗 6000~8000 株。

5. 田间管理

地膜高粱采用穴播，如有穴苗错位膜下压苗，应及时放苗封口。覆膜后有少量杂草钻出地膜，需人工除草。及时检查苗情，当幼苗长出 5 片叶时若还缺苗断行，在植株较密的地方挑选健壮的植株，可进行坐水带土移苗补栽。补苗后对其偏施肥水，促其迅速赶上正常苗。出苗后展开 3~4 片叶时进行间苗，5~6 片叶时按密度要求留健壮大苗。及时间苗、定苗，可以减少水分、养分消耗，促进幼苗稳健生长。防止后期脱肥，在高粱拔节以后，一般每亩追施尿素 15 千克左右，这样有利于促进支持根的生长，增强吸收能力，防止倒伏。

6. 化学除草

种植面积大时可采用化学除草，苗前除草推荐采用 25% 异丙甲草胺+25% 莠去津，一般在播种前或播种后及时用药；苗后除草推荐采用 23% 莠去津+14% 二氯喹啉酸，苗后除草剂一般在 3~5 叶时使用，高粱超过 8 叶使用时，药物不能喷到高粱芯内，以免对高粱造成伤害。特别需要注意的是高粱对除草剂比较敏感，只能使用高粱专用除草剂。

7. 适时收割

甘肃省大部分地区收获时期一般在 9 月中旬至 10 月初，若青贮全株利用，一般在植株处乳熟期收割，此时全株饲用品质最佳，生物产量也较高；若收获籽粒，一般在下部籽粒胚与胚乳间形成生理黑层时收割，此时植株干物质产量最高，含糖量也达到峰值。

第十一章　青干草加工技术

一、概述

青干草是将牧草、细茎作物及其他植物在量质兼优时期刈割，经自然或人工干燥后，能够长期贮存的青绿饲草，由于它保持一定的青绿颜色，故称之为青干草。青干草可以常年保存并供给家畜饲用。优良青干草颜色青绿，气味芳香，适口性好，还有丰富的养分，消化利用率高，是草食家畜冬春季节不可缺少的饲草。加工青干草的主要目的是使牧草容易贮藏。科学的青干草调制加工方法可以减少牧草的养分损失，实现牧草常年均衡供应，保证畜禽对营养物质的需要。

（一）优质青干草的特点

①具有较多的叶片。由于叶片中含有丰富的营养成分，且消化率高，因此，优质青干草应当最大限度地保留叶片，并且有较多的花絮和嫩枝。

②具有青绿的色泽和芳香气味。青干草中胡萝卜素含量与其叶片的颜色有关，干草色泽越绿，胡萝卜素含量越高，干草品质越好。加工得当、保存良好的青干草具有芳香气味。

③质地柔软。牧草的收割时期对青干草的质地影响很大，豆科牧草在现蕾至初花期，禾本科牧草在抽穗至开花期收割，只要调制加工方法得当，就能获得质地柔软的优质青干草。

（二）青干草的营养价值

青干草的营养价值因牧草种类、刈割时期、干燥过程中的外界条件及贮藏方式等不同而有差异。一般粗蛋白含量为10%~20%，比秸秆高1~2倍以上；粗纤维含量22%~23%，比秸秆低1倍左右；无氮浸出物含量为40%~54%，矿物质含量较丰富，特别是豆科青干草含钙、磷丰富。此外，优质青干草还含有胡萝卜素、维生素 E、K、B 等，晒制青干草也含有丰富的维生素 D。因此，青干草是草食家畜冬春季节的基础饲草。

二、青干草加工

（一）适时刈割

牧草生长过程中，营养物质不断变化，不同生育期的牧草及饲料作物，养分含量差异较大。因此，加工青干草要根据牧草及饲料作物的产量及重要养分含量，适时刈割。

1. 禾本科牧草刈割期（见表 11–1 和表 11–2）

一般认为，禾本科牧草单位面积的干物质和可消化营养物质总收获量以抽穗–开花期为最高。多在抽穗–初花期刈割。但还要根据不同种类区别对待。粗糙高大的禾本科牧草，如芨芨草、拂子茅等，应不迟于抽穗期，芦苇应在孕穗以前刈割。

表 11–1　几种主要禾本科牧草的适时刈割期

种　类	适时刈割期	备　注
羊　草	开花期	花期一般在 6 月至 7 月底
老芒麦	抽穗期	
无芒雀麦	孕穗—抽穗期	
披碱草	孕穗—抽穗期	
冰　草	抽穗—出花期	
黑麦草	抽穗—出花期	
鸭　茅	抽穗—出花期	
芦　苇	孕穗期	
针　茅	抽穗—出花期	芒针形成以前

表 11–2　几种一年生禾草及谷类作物的刈割期

种　类	适时刈割期	备　注
扁穗雀麦	孕穗—抽穗期	第一次刈割可适当提前
青刈燕麦	乳熟—蜡熟期	
青刈谷子	孕穗—开花期	
青刈大麦	孕穗期	

2. 豆科牧草刈割期（见表 11–3）

①苜蓿。苜蓿一年中前几次刈割，在现蕾–始花期，最后一次刈割，应在开花期或霜前一个半月。实际生产中，可根据需要，灵活掌握，如生产维生素干草，可在现蕾

期刈割。

②沙大旺。生长第二年以上的沙大旺以返青后 100~110 天，株高 50 厘米以上刈割为宜。一般每年刈割 2 次。第一次在 6 月下旬到 7 月上旬，第二次在 8 月下旬至 9 月上旬，北方干旱低温地区，沙大旺一年只刈割一次，在 8~9 月进行。

③红豆草。一年中前几次刈割，在现蕾—始花期，最后一次刈割，应在开花期或霜前一个半月。

④草木樨。应在现蕾前到现蕾期刈割。春播草木樨当年可刈割 2 次，第一次株高 50~60 厘米时进行，留茬 10 厘米左右，经过 20~30 天的生长，再进行第二次刈割，留茬 20 厘米左右，以利于安全越冬。二年生草木樨，5 月下旬至 6 月上旬，株高 50 厘米以上即可刈割，留茬 10~15 厘米，第二次可低茬刈割。

表 11-3　几种豆科牧草的刈割期

种　类	刈割时期	备　注
红豆草	现蕾—开花期	
三叶草	现蕾—始花期	
扁蓿豆	现蕾—始花期	最后一次刈割在霜前 1 个月
山野豌豆	开花期	
毛苕子	盛花—结荚初期	
普通野豌豆	盛花—结荚初期	
山黧豆	初花期	麦茬复种时在霜冻来临时刈割
青刈大豆	开花—结荚初期	
豌　豆	开花—结荚期	

（二）牧草干燥方法

牧草刈割后，最重要的是迅速脱水，促进植物细胞及早死亡，以减少饥饿代谢的营养消耗，并尽快将参与分解营养物质的酶钝化，降低养分损失。牧草干燥时间的长短，直接影响青干草的品质，干燥时间越短，营养损失越少。因此，自然干燥时，要采取各种加快干燥的措施，同时尽可能不损失叶片。如压裂牧草茎秆，促进牧草周围的空气流通，调节牧草周围空气的温度和湿度等。只有牧草体内水分迅速散失，才能加速干燥和干燥均匀。以下是几种加快牧草脱水的方法。

1. 压裂牧草茎秆

牧草的干燥取决于茎秆的干燥，加快干燥茎秆的速度，就能缩短牧草的干燥时间。

压裂茎秆是加快秸秆干燥的方法之一。

①机械压裂茎秆法。用茎秆压裂机压裂茎秆，常用的茎秆压裂机有圆筒型和波齿型。一般认为圆筒型压扁机压裂的牧草，干燥速度较快。

②豆科牧草与农作物秸秆分层压裂法。又称秸秆碾青。把麦秸或稻草铺在场面上（最好是水泥地面），厚约 10 厘米左右，中间铺一层约 10 厘米厚的鲜豆科牧草，上面再加一层秸秆，然后用镇压器进行碾压，碾压后豆科牧草渗出部分汁液由秸秆吸收，压裂的豆科牧草与秸秆同时晾晒，加快了干燥速度，减少了叶片损失。此法调制的苜蓿干草既保存了豆科牧草营养成分，又提高了秸秆的适口性和营养价值。

2. 翻晒通风干燥法

牧草刈割后，应摊晒均匀，并及时翻晒通风 1~2 次或多次，以加快干燥速度。豆科牧草应在含水量为 40%~50%，叶片不易折断时进行最后一次翻晒。

生产中常采用双草垄干燥法，是将牧草刈割后稍加晾晒，然后用侧向搂草机的一组搂耙，或用 2 个左右侧搂耙联挂，搂成双行草垄，经过一定程度干燥后，用左右 2 组联挂的侧向搂草机，把 2 行草垄合为一行，这样不仅使牧草在草垄中呈疏松状，促进空气流通，把牧草中聚集的湿空气交换出来，又可防止阳光暴晒减少胡萝卜素的损失。此法适宜产草量中等（2000~3000 千克每公顷）的割草地上应用。

3. 草架干燥法

就地取材搭成简易草棚架，先把牧草在地面上干燥 0.5~1 天，使含水量降至 40%~50%，然后在草架上自下而上逐渐堆放，或捆成直径 20 厘米左右的小捆，顶端朝里码放。

4. 草堆内或草棚内阴干

当牧草水分降到 35%~40%，应及时集堆、打捆进行阴干。有条件最好在草棚内阴干，打捆干草堆垛时，必须留有通风道以便加快干燥。

5. 牧草常温鼓风干燥

将刈割后的牧草在田间晾晒到含水量为 50% 左右时，置于设有通风道的草棚中，用普通鼓风机或电风扇等吹风干燥。

6. 使用化学制剂加速干燥

应用较多的有碳酸钾、碳酸钾+长链脂肪酸的混合液、长链脂肪酸甲基脂的乳化液等制剂喷洒植物。以上物质能破坏植物体表面的蜡质层结构，促使植物体内的水分蒸发，加速了干燥速度。

7. 低温冻干调制青干草

青海、甘肃、内蒙古等地，常将燕麦或毛苕子等作物夏播或复种（如播在小麦或其他早熟作物之后），当霜冻来临之前，这些作物正处于抽穗（或现蕾）、开花时期，经霜冻后，收割晾晒冻干，即可获得优质青干草。冻干草质量高、适口性好，色绿、味正，叶片、嫩枝等很少脱落。

冻干草的调制方法：调节牧草或饲料作物播种期，使其在霜冻来临时，达到抽穗（或现蕾）至开花期。霜后1~2周内进行刈割。此时植物茎秆经霜冻后，变脆易割，生产效益较高。刈割后的草垄铺在地面冻干脱水，不需翻动，直到含水量降到20%以下时，即可堆垛贮藏。

（三）牧草脱水过程中含水量的估测

调制青干草时，应随意掌握牧草含水量变化，以便及时采取措施，减少养分损失。

1. 含水量在50%以上的牧草

禾本科牧草经晾晒后，茎叶由鲜绿色变成深绿色，叶片卷成筒状，基部茎秆尚保持新鲜，取一束草用力拧挤，挤不出水分，而成绳状，此时含水量为40%~50%；豆科牧草晾晒至叶片卷缩，由鲜绿色变成深绿色，叶柄易折断，茎秆下半部叶片开始脱落，茎秆颜色基本未变，压迫茎时，能挤出水分，茎的表皮可用指甲刮下，这时的含水量为50%左右。

2. 含水量在25%以上的牧草

禾本科干草的特征是紧握干草束或揉搓时，没有沙沙声，草束很容易拧成紧实而柔软的草辫，经多次搓拧或弯曲而不折断；豆科干草特征是，手摇草束，叶片有沙沙声，易脱落。

3. 含水量18%左右的干草

禾本科牧草，紧握草束或揉搓时，只有沙沙声，而无干裂声，放手时草束散开缓慢，但不能完全散开。叶卷曲，弯曲茎时不易折断；豆科牧草，叶片、嫩枝及花序稍触动易折断，弯曲茎易断裂，不易用指甲刮下表皮。

4. 含水量15%左右的干草

禾本科牧草，紧握或揉搓草束时，有沙沙声和破裂声（茎细叶多的干草听不到破裂声），茎秆易断，拧成的草辫松开手后，几乎完全断开；豆科牧草叶片大部分脱落且易破碎，弯曲茎秆极易折断，有清脆的断裂声。

（四）青干草的贮藏

干燥适度的青干草，应及时合理贮藏，不然会降低品质，甚至引起火灾。

青干草的水分降到15%~18%时即可进行堆藏。若采用常温鼓风干燥，牧草水分在50%以下，可堆藏于草棚或草库内，进行吹风干燥。

晒制好的干草要合理贮藏，最好是用搭棚堆藏，也可以露天堆垛。搭棚时注意加防潮底垫，露天时注意务必使中间高、四周低。

1. 堆垛

散干草堆垛的形式有长方形、圆形等。堆垛时应遵守下列规则。

①垛时中间要尽力踏实，边缘要整齐，中央比四周高。

②水量较高的青干草，应当堆在草垛的上部，过湿或结成团的干草应挑出。

③湿润地区应从草垛高度的 1/2 处开始，干旱地区从 2/3 处开始。从垛底到收顶应逐渐放宽 1 米左右（每侧加宽 0.5 米）。

④连续作业。一个草垛不能拖延或中断几天，最好当天完成。

2. 草棚堆藏

气候湿润或条件较好的牧场应建造简易干草棚。草棚贮藏干草时，应使棚顶与干草保持一定距离，通风散热。

（五）半干草的贮藏

在湿润地区或雨季，为了适时刈割和调制优质青干草，可在牧草半干时加入氨水或防腐剂后贮藏。这样既可缩短牧草的干燥期，减少营养物质的损失，又可预防青干草发霉变质。贮藏用防腐剂应对家畜无毒，价格低，并有轻微的挥发性，以便在干草中均匀散布。

1. 氨水处理

牧草适时刈割后，在田间短期晾晒到含水量为 35%~40% 时，即可打捆，然后并逐捆注入浓度为 25% 的氨水堆垛，用塑料膜覆盖密封。氨水用量是青干草重量的 1%~3%，根据温度制定处理时间，一般在 25℃ 左右时，处理 21 天以上。氨具有较强的杀菌作用和挥发性，对半干草有较好的防腐效果。

用氨水处理半干豆科牧草，可减少营养物质的损失，与强通风干燥相比，粗蛋白质含量提高 8%~10%，胡萝卜素提高 30%，干草的消化率提高约 10%。

2. 有机酸防腐剂处理

有机酸能有效地防止高水分（30%左右）青干草发霉变质，并可减少贮存过程中的营养损失。生产中常用于打捆干草。豆科干草含水量 20%~25% 时，用 0.5% 的丙酸；含水量 25%~30% 的青干草用 1% 的丙酸喷洒效果较好。

此外，用丙酸铵、二丙酸铵、异丁酸铵等，也能有效地防止产生热变和保存高水分干草的品质。这些化合物中所含的非蛋白氮，不仅有杀菌作用，而且可以提高青干草粗蛋白质的含量。

（六）青干草品质鉴定

青干草的品质影响着家畜的采食量及生产性能。一般认为青干草的品质由消化率及营养成分含量决定，其中粗蛋白质、胡萝卜素、粗纤维、酸性洗涤纤维及中性洗涤纤维是干草品质的重要指标。

1. 感官

收割期：收割适时的青干草颜色较青绿，气味芳香，叶量多，秸秆质地较柔软，消化率较高。

颜色：优质青干草颜色较绿，一般绿色越深，品质越好。

植物学组成：对天然草地干草，如果禾本科和豆科干草所占比例高于60%时，表示植物组成优良。有毒有害植物含量不应超过干草总重量的1%。

含水量：青干草含水量一般为15%~18%。

叶量：取草一束，首先观察叶量的多少，叶子越多越好，而且禾本科干草叶片不易脱落，优良豆科干草的叶重量应占干草总重量的30%~40%。

气味：优良青干草都具有较浓郁的芳香味。

病虫害的感染：抓一把干草，检查穗上是否有黄色或黑色的斑纹及小穗上是否有煤烟状的黑色粉末，有时有腥味，若有上述特征，则不宜饲喂家畜。

2. 青干草养分含量质量分级标准

禾本科和豆科牧草青干草养分含量质量分级见表11-4和表11-5。

表 11-4　禾本科牧草干草质量分级

质量指标	等　级			
粗蛋白质(%)≥	特级	一级	二级	三级
	11	9	7	5
	14	14	14	14

注：粗蛋白质含量以绝干物质为基础。

表 11-5　豆科牧草干草质量的化学指标及分级

质量指标	等级			
	特级	一级	二级	三级
粗蛋白质(%)>	19	17	14	11
中性洗剂纤维(%)<	40	46	53	60

续表

质量指标	等级			
	特级	一级	二级	三级
酸性洗剂纤维(%)<	31	35	40	42
粗灰分(%)<	12.5	12.5	12.5	12.5
胡萝卜素,毫克/千克≥	100	80	50	50

注：各种理化指标均以86%干物质为基础。

三、草捆加工

散干草体积大、贮运不方便，压捆后，密度大，体积小，便于运输和贮存。因此，生产中常把散干草压制成草捆贮藏运输。加工干草捆也便于草产品的商品化生产。

（一）打捆时间

打捆作业的最佳含水量。一般禾本科牧草在30%以下，豆科牧草在25%以下。含水量过高，草捆容易发热霉变；含水量过低，叶片损失多。而且草捆越大，要求打捆时的含水量越低。如要在仓库储存，打捆时含水量应尽可能低。为减少打捆时叶片损失，最好在18:00后（温度相对较低、湿度相对较高、地面有潮气）进行打捆作业。

（二）打捆作业

一般用捡拾压捆机生产干草草捆。捡拾作业幅宽一般1.2~1.9米，每小时生产5~15吨。一般要求草垄平均每平方米重量应在1.2~2.5千克。如在捡拾压捆机后面安装了草捆抛掷器，压捆后可将草捆直接抛掷到后边的拖车里。

（三）草捆装卸

小方捆装卸可采取机械或人工方式进行。大规模生产中，可用抓草机装卸。小型抓草机装卸高度一般在2.5米左右，使用成本低，还可用于草捆码垛。大圆捆体积和重量均较大，故需要装载机完成装卸作业。装载机由波压装置操作，以草叉托起草捆装到汽车或拖车上。

（四）草捆贮存

不同贮存方法及时间会影响草捆的干物质量。贮存良好的青干草颜色青绿，营养物质损失少。贮存的草捆垛应紧实、整齐，短期贮存可用简易草棚，长期贮存宜用仓库，草垛顶部应与草棚、仓库屋顶保持不小于1米的距离，以便通风散热；露天存放时，草垛底部应采取防潮措施，在主风向的一边可用防雨布遮盖。

（五）二次压捆

低密度方草捆可经二次压捆提高密度。二次压捆后如苜蓿草捆密度由原来的 100~250 千克每立方米，提高到 250~480 千克每立方米，乃至 600 千克每立方米以上；草捆体积也可减少到原来的一半，减少了装载和贮存空间，降低运输成本。在国际贸易中，二次压捆后的草捆尺寸更适宜集装箱装填。一般将 2~3 个低密度方草捆二次压缩成一个高密度草捆，重量在 25~35 千克，长、宽、高多在 40~50 厘米，每小时可生产 40~100 捆。二次压捆后的草捆长度、密度可在一定范围内调整。

第十二章　青贮制作技术

一、全株玉米青贮制作与质量评价概述

全株玉米青贮饲料是将蜡熟期带穗的整株玉米切碎后，在密闭无氧环境下，通过微生物厌氧发酵和化学作用，制成的一种适口性好、消化率高、营养丰富的饲料。它是保证常年均衡供应反刍动物饲料的有效措施。全株玉米青贮不仅能够很好地保持饲料原料的青绿多汁特性，而且具有特殊的酸香气味，质地柔软，营养价值高。

（一）青贮饲料发展简史

青贮饲料是将新鲜的青绿饲料经过适当的加工处理后，在厌氧条件下经过微生物发酵作用而调制保存的多汁饲料，整个发酵过程称为青贮（ensilage）。常见的青贮方式有窖式青贮、塔式青贮和地面青贮等。用窖式容器储藏牧草或粮食的方法已经有几个世纪的历史。青贮窖一词最早来源于希腊语 siros，意思是指用于贮藏玉米的地窖或者凹洞。青贮饲料在世界各地有着悠久发展历史。据考证，青贮饲料起源于古埃及文化鼎盛时期，后传到地中海沿岸。约 2000 年前日耳曼人在田地里储藏青绿饲料，并用厩肥覆盖；在意大利，将枯萎的牧草青贮至少有 700 年的历史；瑞典及前苏联波罗的海沿岸一些地区，自 18 世纪开始就使用青贮牧草；德国北部 19 世纪也有将甜菜根和甜菜叶混合青贮的记载。

据史料记载，中国远在南北朝时期（距今约 1500 年）就具有很完备的粗饲料的调制和贮存技术。元代的《王祯农书》和清代的《豳风广义》中记载的有关苜蓿和马齿苋等青饲料发酵方法，其实就是青贮原理的应用。中国最早关于青贮饲料的试验研究论文是 1944 年发表在《西北农林》的"玉米窖贮藏青贮料调制试验"。1943 年西北农学院首次进行全株玉米窖藏青贮研究，并向陕西及其他省区推广。此后，在 20 世纪 50 年代初期，中国开展了大量的关于青贮饲料的研究和推广工作。

中国玉米青贮的制作与应用推广工作主要开始于新中国成立以后，一些大型牛场和种畜场广泛采用青贮饲料饲喂奶牛、役牛和羊。在广大农村主要推广收获玉米籽实后的秸秆进行青贮，在解决牲畜饲草不足和改善冬春饲养条件方面，曾经发挥了重要作用。

改革开放后，随着粮食生产形势的根本好转，玉米青贮逐渐在玉米产区扩大种植，面积达到 300 万公顷左右。主要的优势区位于黑龙江、内蒙古、河北、宁夏、山西、北京、天津等地。其中，在内蒙古、黑龙江等部分地区，由于积温不能满足玉米籽粒发育要求，以无穗或者弱穗全株青贮为主。吉林省玉米青贮推广工作始于 20 世纪 50 年代初期。一些国营种畜场从国外引进一些种马、种牛、种羊，按照饲料配方，玉米青贮是不可缺少的重要饲料，从而扩大面积进行种植。农民种植青贮玉米，主要是在 1990 年以后，随着粮食丰收和畜禽饲养水平提高，一些牛羊饲养专业户开始种植青贮玉米。目前青贮玉米播种面积已接近 50 万公顷，且仍在不断增加。

青贮过程使用添加剂工作始于 20 世纪 60 年代，至今世界上有 65% 的青贮饲料使用添加剂。早在 1930 年，芬兰化学家 A L Virtantn 教授开始尝试把硫酸和盐酸作为青贮饲料添加剂。现在无机酸作为饲料添加剂已不多见，但有机酸仍在广泛使用，如甲酸、乙酸在青贮料中添加 3%，可以提高青贮发酵乳酸的含量，减少丁酸产生，提高消化率，使家畜食欲增加。这类添加剂在英国、法国、日本等国家都在推广使用。虽然甲酸、乙酸应用较多，效果也比较好，但其使用仍有争议。苏联学者研究认为，甲酸、乙酸、甲醛等只能使青贮发酵的氨态氮、pH 稍有降低，而没有其他有利的作用。在中国，比较普遍采用的青贮添加剂是非蛋白氮（尿素等）和微生物类，前者使用的不利方面是成本高，饲喂不当容易造成氨中毒，而且同农业争化肥，而后者存在添加效果不稳定、对动物产生的直接效果不明显等问题。

（二）青贮饲料特点

全株玉米青贮饲料的发酵主要依靠乳酸菌作用，迅速将原料中的可溶性碳水化合物转化为有机酸（主要是乳酸），使青贮饲料 pH 迅速下降，抑制其他好氧微生物对青贮玉米营养成分的降解作用，从而使饲料营养成分得以保存。其特点如下。

1. 营养物质损失少

按照常规全株玉米青贮饲料的加工调制方法调制，如果物料的干物质含量和淀粉含量均在 30% 以上，其发酵后的营养物质损失量不会超过 8%。经过发酵的全株玉米青贮饲料中还会含有微生物发酵产生的生物活性物质，从而增加饲料的附加值。

全株玉米青贮的营养物质含量丰富，以鲜样计，每千克含粗蛋白质 20 克，粗脂肪 8 克，粗纤维 59 克，无氮浸出物 141 克，粗灰分 15 克。更为可贵的是，全株玉米青贮中维生素和微量元素含量较高。与其他青贮饲料原料相比，全株玉米植株生长速度快，茎叶茂盛，生物产量高，一般生物产量不低于 60 吨每公顷，即 4 吨每亩，干物质含量 200 克每千克以上。

2. 青贮保存时间长

一旦全株玉米青贮完成青贮发酵过程，保持良好的厌氧环境（密封严密、不开封、不透气），全株玉米青贮饲料就可以长期保存，时间可以达到数年或数十年。

通过青贮方式制作全株玉米青贮饲料，可解决冬春季节反刍动物饲草料缺乏的问题。如果全株玉米青贮饲料的管理恰当，可保持其水分、维生素、颜色青绿和营养丰富等优点，可以保证一年四季为反刍动物供给优质的粗饲料。

3. 营养丰富采食高

经过青贮发酵过程，全株玉米青贮饲料营养丰富，特别是能量、蛋白质和维生素含量丰富，而且质地柔软，具有特殊的酸香味，可增进动物的食欲和采食量，是反刍动物的良好粗饲料来源。

4. 作物病虫害减少

很多危害玉米的虫害和病害的虫卵或病原菌多寄生在秸秆上越冬，而把这些植株切碎制作成全株玉米青贮，通过青贮过程中的厌氧发酵酸度提高，可以将这些幼虫或虫卵以及病原微生物杀死。同时一些杂草种子经过青贮调制后也会失去发芽能力，因此青贮调制还有一定除杂草的作用。

5. 秸秆焚烧逐渐减少

全株玉米青贮方式是将玉米整个植株进行收割后青贮，将占玉米籽粒 1.2~1.5 倍的秸秆制成反刍动物可以利用的饲料，既减少了秸秆焚烧带来的环境污染问题，有利于生态环境保护，又解决了反刍动物饲料供应问题，可谓一举两得。

（三）中国玉米青贮存在问题及发展趋势

发达国家的玉米青贮技术已经达到成熟阶段，从种植到收获利用都有一套完整的配套体系，而中国在全株玉米青贮的研究与生产应用方面，还有很多尚待完善的地方。随着中国牛羊等反刍动物养殖业的快速发展和畜牧业规模化养殖方式的转变，全株玉米青贮在促进反刍动物养殖业的发展方面，将发挥越来越重要的作用。

1. 存在问题

中国全株玉米青贮从种植到制作和利用的全过程，尚处于初级阶段，与发达国家相比，还有很多亟待解决的问题。

（1）青贮专用玉米品种过少

由于受传统粮食观念和饲养方式等因素的影响，中国长期以来一直以籽实高产作为品种选育推广的主要目标。20 世纪 80 年代之前，中国还没有专门化的青贮玉米品种。20 世纪 60 年代中国开始了饲料玉米的育种研究工作，直到 1985 年才通过审定第一个青贮玉米专用品种"京多 1 号"。进入 21 世纪以来，虽然中国青贮玉米生产和加工利用产业发展较快，但是与玉米主产区条件相适应的青贮玉米专用品种还不多。

（2）栽培种植技术缺乏

普遍的观念认为，只有玉米种子播量大才能保证高产，而实际上由于种植密度大，导致幼苗之间对营养、水分需求的竞争而不能满足生长需要，因而直接影响植株的高度和粗壮度，实际上植株的产量不但没有上升反而下降。再者，由于近几年家畜饲养数量的减少，造成做底肥的家畜粪便施量不足，再加上田间管理跟不上，丛生的杂草与青贮玉米竞争水肥等问题，也成为导致玉米低产的一个重要原因。

（3）青贮制作方式陈旧

在一些养牛户中多数是青贮壕、青贮窖等，虽然能达到不透气的要求，但是由于多数都不是砖和水泥的结构，在青贮过程中，靠近窖壁处青贮料质量较差，或由于透水造成青贮全部腐烂，发出难闻的臭味。这样的青贮不但感官品质差，营养成分损失也很多，有毒有害物质反而增加，家畜不愿采食，青贮利用率显著降低。

（4）青贮收贮设备价格高

自走式青贮收获机虽然生产率高，但售价高，农民难以承受。另外，自走式收获机一年只能作业 1~2 个月，最多 3 个月，大部分时间闲置，其功能不能充分利用。牵引或侧悬式青贮收获机售价虽然比自走式的低，但与当前农民收入水平相比还偏高。另外这些机型要求配套的拖拉机功率大，一般需要 40~60 千瓦或更大。而当前农户拥有的大多是 10~20 千瓦小四轮拖拉机，无法满足青贮机的配套要求。此外还存在农户青贮玉米种植地块小且分散，影响机具生产率的发挥，以及技术培训跟不上，影响新机具的使用等问题。

（5）青贮技术水平滞后

中国是农业大国，与欧美发达国家相比，中国畜牧业发展相对落后，尤其青贮专用玉米技术水平研究整体滞后。青贮专用玉米品种少，种植规模小，收贮运设备以及相应的配套技术还很缺乏，青贮品质控制、饲喂和评价方法不完善，青贮玉米标准还难以满足生产的需要等，我们尚有很长的发展道路要走。

2. 发展趋势

（1）青贮玉米品种专门化

优良青贮玉米品种，必须兼顾产量与营养成分两个方面，最理想的品种必须具有"生物产量高、采食量高、消化率高、营养物质含量高以及保绿性强、抗性强"的"四高二强"特点。在育种技术路线与育种方法上，要充分利用各种资源，通过常规育种与先进实验室分析技术相结合的方式，选育出适合各个地区生长的专门化青贮玉米品种。

（2）青贮收贮过程专业化

针对中国青贮收贮机械技术基础差、生产效率低、机械成本高、配套动力不足等一些问题，要通过政府主导、企业投资，科研院所与企业紧密合作，开发出拥有自主知识产权，适合中国国情的青贮玉米收贮机械产品。另外，要加强青贮收获机关键零部件基础性技术研究工作，主要包括切割喂入装置、切碎动定刀等，使得全株青贮玉米收贮过程向规模化、快速化方向发展。

（3）配套饲喂技术科学化

由于青贮玉米具有营养价值高、非结构性碳水化合物含量高、木质素含量低、单位面积产量高等优点，青贮玉米将成为中国最重要的栽培饲草之一，并得到大面积的推广。如何充分利用这些青贮饲料，应该制定一套科学化的饲喂技术，以防止在饲喂过程中出现二次发酵、霉变以及动物厌食和酸中毒等问题。

（4）青贮制作技术普及化

中国畜牧业发展要借鉴发达国家的成功经验，大力发展牛羊等反刍动物生产，走"节粮型"畜牧业发展道路。目前，中国每年需种植166.7万公顷的青贮玉米才能满足草食家畜的需要。预计今后十年内，中国每年对青贮玉米的需求将达到400万公顷。随着中国经济的快速发展，人民收入和生活水平日益提高。为满足人们对高营养、高品质、多样化的需求，养殖业将实现规模化、现代化的生产模式，所有这些都需要将青贮制作技术普及到千家万户。

二、全株青贮精准管理技术方案

破坏青贮质量的后期因素主要是青贮二次发酵，青贮二次发酵的影响不仅仅限于青贮干物质损失，影响干物质采食量，还会给牧场造成巨大的产奶经济损失。

如何降低青贮后期的损失，保证产奶量稳定，需要牧场特别重视以下三个方面：精准控制内环境稳定、精准取料管理、精准把控新旧窖青贮过渡时间。

1. 精准控制内环境稳定

①前期收获时控制干物质保持在30%~35%。

②足够的压窖密度，建议控制压窖密度达到每立方米750千克以上。

③使用壁膜、隔氧膜实现青贮内环境的密闭，防止外部空气影响青贮发酵。使用隔氧膜可有效降低青贮pH、提升乳酸含量，提升青贮发酵品质。

④使用专用青贮黑白膜，隔热吸热。

⑤使用青贮添加剂，实现青贮中乳酸菌快速繁殖，缩短青贮达到厌氧环境的时间，减少有害菌滋生。

⑥使用轮胎密集压窖，减少青贮表面与空气接触的空间。

2. 精准取料管理

①尽量储藏时间长一些，至少储藏 6 个月，此时青贮消化率达到最大，发酵品质最好。

②发霉变质出现毒素超标的青贮饲料及时清理，禁止饲喂任何牛群。

③保证取料截面的平整直立，减少取料截面与空气的接触面积，防止二次发酵。

④没有铲车作业空间的窖体建议使用取料机作业。

⑤保证每天都能推进取料，取料推进至少 30 厘米。

⑥中间位置的青贮质量相对墙体处的青贮质量好，建议饲喂新、高产牛，其他部位青贮饲喂低产、后备牛群。

⑦雨天使用青贮时由于青贮含水量大，添加同样重量的青贮时，会导致 TMR 干物质采食量不足，易发生奶量波动的问题，建议下雨天额外增加一定的青贮用量，平衡加水量与青贮用量的关系。

⑧建议使用精准饲喂系统，减少投料误差。

3. 精准把控新旧窖青贮过渡时间

①计算好新旧青贮过渡的时期，提前 15 天过渡。

②窖头、窖尾青贮由于发酵品质差，养分损失多，青贮质量不稳定，泌乳牛采食后会产生奶量波动及影响泌乳牛奶牛健康。建议没有霉变、品质相对较好的情况下可以饲喂后备牛群。

③新青贮品质检测。旧青贮剩余 15 天用量时，需对新青贮开窖并送检，根据检测结果及时调整配方青贮用量，检测指标主要包括营养指标（干物质、淀粉、粗蛋白、中洗、酸洗、灰分）和发酵指标（pH、乳酸、乙酸、丙酸、丁酸）。

④青贮要尽可能多储备，过渡期至少使用到夏天热应激之后。

三、全株玉米（苜蓿）青贮饲料采样程序

（一）采样工具准备

采样器、采样桶、真空袋、真空机、记号笔、乳胶手套、口罩、冰袋/干冰、泡沫箱、胶带等。

（二）采样步骤

1. 采样准备

采样人员在通过牧场消毒间后着防护服、口罩、橡胶靴和手套，并将所有工具搬运至青贮窖旁，整理清洁所有采样工具。

2. 编号

标记采样省（区）、牧场名称、时间。

3. 采样距离

采样应在距截面至少 2 倍截面高度的距离内进行（如果青贮截面高 4.5 米，则距离截面至少 9 米）。为避免出现塌方危险，请勿在青贮窖截面直接采样。

4. 采样

根据情况选择以下采样方法。

①取料机和混合搅拌车采集青贮样品。使用青贮取料机将截面青贮饲料放入搅拌车中混合均匀后倒出，从倒出青贮饲料中随机抓 10~15 把青贮饲料（手掌朝上，从下往上抓取）。尤其注意，如果从青贮窖中取出的青贮饲料，未直接放入混合搅拌车中，而是堆在地面，则用搅拌车（尽量使用干净的搅拌车）将其混合均匀后倒出。围绕料堆直径及上下方向选择 4~5 个取样位置，使用铁锹挖入堆内取样。

②铲车采集青贮样品。使用铲车从截面采取青贮饲料，从中随机采集 5 把青贮饲料（手掌朝上，从下往上抓取）。重复上述步骤至少 2~3 次。

5. 四分法缩样

将采取的所有青贮样品，均匀混合在一起。用四分法进行缩样至 3.5 千克，分装 2 大袋（每袋约 1.5 千克）和 1 小袋（约 0.5 千克），使用真空包装机密封。

6. 样品装箱密封

将已经准备好的冰袋平铺在泡沫箱一层，之后将青贮样品放入泡沫箱内一层，之后再铺一层冰袋，最后将泡沫箱封盖，用胶带密封。

7. 运输和储存

若 3 天内预计可送达，泡沫冷藏箱中加冰块（样品重和冰块重>1:1）。若运输时间长于 3 天，泡沫冷藏箱中加干冰（样品重和干冰重比为 1:0.5~1:1）冷冻贮存。

8. 裹包青贮饲料采样

随机选取 4 个裹包，每个裹包在其横表面划十字，在十字的四条线中心点采样，深度为裹包的 25~45 厘米处。

四、全株玉米青贮制作规程

（一）青贮前的准备

1. 人员分工

青贮前 15 天成立青贮工作领导小组，由牛羊养殖企业（场）或合作社负责人牵头，统一协调部署青贮工作，并对人员进行培训及分工。

2. 电力与照明

在制作青贮前一周检修场内的电路，并在现场有充足照明。

3. 设备准备

压实设备有专用压窖机、轮式装载机、链轨式推土机、挖掘机、四轮拖拉机等，根据设备自重与青贮原料每日到场量提前准备压实设备。

根据收割期、收割量和质量标准准备青贮收割设备。准备微波炉或恒温烘干箱用以检测干物质。

4. 青贮发酵剂

青贮如用青贮发酵剂，可提前半个月订购微生物青贮发酵剂；同时准备喷菌设备（发酵剂喷洒机、50~200 升全新塑料桶 3 个）。

（二）原料

1. 原料来源

全株青贮玉米的来源主要有三种途径，分别是自种、定购和代购。

（1）自种

根据年度青贮计划量，流转土地自行种植青贮玉米。

（2）定购

与种植大户或农户签订订购合同。

（3）代购

与青贮经纪人签订合同，由经纪人组织货源。

2. 品种的选择

青贮玉米的选种要干物质产量高、单位干物质内的能量高，粗纤维含量低、牛羊适口性好、适合当地播种的品种。

3. 收割期

青贮玉米最佳收割期应在蜡熟中期，即乳线 1/3~2/3 时，此时干物质含量在 26%~35%。青贮玉米收获过早，籽粒发育不好、水分含量多、淀粉含量低、饲料能量低，在制作青贮时营养损失严重，易造成青贮丁酸发酵，失去利用价值。青贮玉米收获过晚，粗纤维含量过高，青贮消化率降低；同时装窖时不易压实，保留大量空气，霉菌、腐败菌大量繁殖，腐烂变质。

玉米籽实乳线是从上向下看，乳线达到 1/3 时干物质含量约为 26%~29%；乳线达到 1/2 时干物质含量约为 29%~33%，是最佳收割期；乳线超过 3/4 特别是到黑线期时，青贮玉米纤维木质化过高，不适合制作青贮，停止收割。

正确区分青贮玉米乳线与浆线，以确定最佳收割期。乳线现于蜡熟中期，达到 1/2 时，玉米籽实出现凹陷，并指掐不动；浆线现于乳熟中期，达到 1/2 时，玉米籽实未出现凹陷，指掐出浆。

4. 水分检测

（1）手工检测

抓一把青贮，用力握紧 1 分钟左右，如水从手缝间滴出，干物质小于 20%；如指缝有渗液，手松开后，青贮玉米仍成球状，干物质约在 20%~26%；当手松开后球慢慢膨胀散开，手上无湿印，干物质约在 26%~35%；当手松开后草球快速膨胀散开，干物质在 35% 以上。

（2）微波炉检测

称量容器重量，记录重量，称 100~200 克样品，放置在容器内，样品越多，测定越准确；在微波炉内，用玻璃杯另放置 200 毫升水，用于吸收额外的能量以避免样品着火；微波炉调到最大档的 80%~90%，设置 5 分钟，再次称重，记录重量；重复第四步，直到两次之间的重量相差在 5 克以内；把微波炉调到最大档的 30%~40%，设置 1 分钟，再次称重记录重量；重复第六步，直到两次之间的重量相差 0.1 克以内，是干物质重量。

用如下公式计算干物质：

干物质（%）＝［（干物质重量–容器重量）÷（样品重量–容器重量）］×100

（3）烘干箱检测

取样品 100 克，记录重量；设定温度 103℃，置于烘干箱中烘 6 小时，取出称重；再放到烘干箱中烘 60 分钟，取出称重；第三次放到烘干箱中烘 30 分钟后称重，一直烘到恒重，取出放置在干燥器中冷却至室温。两次称重相差不超过 0.1 克。

干物质（%）＝烘干后的重量÷原样重×100%。

5. 留茬高度

留茬高度应大于 15 厘米，最佳留茬高度在 30 厘米以上。留茬过低会增加青贮玉米木质素与粗灰分含量，造成青贮玉米消化率降低；并导致青贮玉米根部的泥土带入青贮中，造成梭菌发酵产生丁酸，且会增加青贮中硝酸盐含量。

6. 青贮玉米切割长度与籽粒破碎

青贮切割与籽粒破碎的目的有三个，一是正确的切割长度能达到压实的目的，获得最好的发酵效果；二是保证青贮玉米的有效纤维含量；三是降低剩料率，提高牛羊的淀粉消化利用率。

（1）切割长度

青贮玉米最佳切割长度为 0.95~1.9 厘米，根据青贮玉米的干物质含量来确定切割长度，干物质含量低时，应适当增加切割长度，干物质含量高时，可缩短切割长度（见表 12-1）。青贮玉米的切割长度为 0.4 厘米，会引起动物无法反刍，造成瘤胃内 pH 下降，引起瘤胃酸中毒。

表 12-1 青贮玉米切割及籽粒破碎推荐标准

干物质含量(%)	切割长度(毫米)	籽粒破碎(毫米)	宾州筛上层比例(%)
<27	17	–	17
28~31	11	2	15
32~35	9	1	10
>36	5	1	8

（2）籽粒破碎

破碎的玉米籽实更易发酵，利于吸收利用，未破碎的玉米籽实消化率低。经过籽粒破碎的青贮玉米淀粉消化率可达到 95% 以上。

目前大型青贮玉米收割机均具有籽粒破碎功能。

（三）青贮制作

全株玉米青贮制作主要有四种方式，分别是窖贮、堆贮、裹包和罐装青贮。

1. 窖贮

青贮窖分为地上、地下、半地上式，这里主要介绍地上青贮窖的青贮技术。

（1）青贮窖的管理

制作青贮前 1 周清理青贮窖，青贮前 3 天清扫并消毒，可选用 2% 漂白粉溶液进行消毒。对消毒后的青贮窖在窖壁铺一层透明膜。

（2）卸料方法

第一车卸料地点为距离窖头约 2 倍窖高处，直接向窖头推料，层层推料压实形成 30°

坡面。

（3）装窖方式

①分段装窖。原料切碎后直接送入青贮窖内，避免暴晒。装入青贮窖时，装填的速度要快，从切碎到进窖一般不超过4小时。最合理的装窖方式是分段装窖。根据每日青贮装窖量，计算每日装料所需青贮窖的长度，每天分段封窖。分段封窖可以最大限度减少青贮原料与空气接触时间。

②平铺装窖。2~3天之内能完成封窖的，可采用平铺装窖方式，如果不能完成封窖，绝不能使用平铺装窖。

（4）压窖

①压窖设备。压窖设备数量要与装窖青贮数量匹配，计算公式：

需要压实设备数量=当日青贮到货量÷（设备自重×当日工作时间×1.75）

养殖场可根据每日青贮装窖量准备充足的压实设备，以免出现堆料的情况延迟装窖时间，造成青贮发热品质下降。一般情况下，中小型养殖场准备小型链轨式挖掘机或小型四轮拖拉机，就可以满足压实青贮的需要。

②卸料速度。窖内卸料速度需要与设备的压实能力匹配，卸料速度与压窖设备数量、重量、青贮窖大小、青贮干物质含量相关。

③压窖方式。青贮压实应采用坡面压实方式。坡面的最佳角度为30°，目的是保证压实设备有效爬坡工作、快速推料，减少青贮接触空气时间，提高青贮品质。每层铺料厚度以15厘米为佳，在推料时，压窖设备的推铲设定高度为15厘米。

④压窖密度和压实温度。压窖密度直接影响青贮发酵品质、干物质损失率；密度越大残留空气越少，干物质损失越少（见表12-2、表12-3）。

表 12-2　压实密度与干物质损失的关系表

压实密度(千克/米³)	干物质损失(%)
566	20
840	16
1000	10

表 12-3 青贮玉米压窖密度速查表

干物质(%)	鲜重密度(千克/米³)	干物质密度(千克/米³)
27	778	210
28	768	215
29	759	220
30	750	225
31	742	230
32	734	235
33	727	240
34	721	245
35	714	250
36	708	255
37	703	260
38	697	265
39	692	270
40	688	275

注:青贮玉米压窖氧气含量<1.2 升/米³。

正确压实的青贮，内部温度不超过 30℃。如超过 30℃，说明不完全是乳酸发酵，此时应加喷青贮添加剂，并加快卸料与压窖速度，提高压窖密度，否则会导致青贮品质下降，造成青贮失败。

⑤窖壁压实管理。大型设备很难压实距离窖壁 20 厘米内的青贮。窖壁压实可采用小型压实设备或用人工踩踏压实。窖壁边的青贮可喷洒青贮添加剂。

⑥窖顶压实管理。窖顶一般采用弧线压。窖顶不要过度碾压，以免破坏原料细胞壁造成青贮腐烂。禁止用挖掘机以挖洞的方式找平青贮窖顶部，可以用人工找平窖顶，便于机器压实。青贮窖中的原料装满压实以后，窖顶成鱼背型，即中间高于两边。

(5) 青贮发酵剂喷洒管理

如有使用青贮发酵剂的，在卸料、推压后和封窖前三个阶段喷洒青贮添加剂。

(6) 封窖

封窖前先对窖头坡面压实，将覆盖两侧窖壁的塑料膜向内折回，用胶带黏合，形成封闭环境，上层覆盖黑白膜并用土或轮胎压实。

（7）青贮结冰预防

在第一层塑料膜上，覆盖草帘或毛毡，其上再加层塑料膜，可预防冰冻。

（8）封窖后的管理

青贮封窖后的一周内会有 10% 左右的下沉，如果下沉幅度过大，说明压实密度不够。要派专人管理青贮窖，发现透气等情况需要及时处理。要做好青贮窖的排水，特别是地下青贮窖防止雨水灌入。

2. 堆贮

堆贮因地制宜、节约建造成本，是近年来国外及国内大型养殖场较提倡的方式。消毒方式与青贮窖相同。

（1）堆贮压窖

四周用压窖设备坡面压实，呈弧形，坡面角度不超过 30°，两边及上下来回压，高：底边为 1:5~1:6。从侧面看，前面链轨车来回碾压，后面装载机不停往上送料；从平面看，两边设备来回碾压。

（2）堆贮封窖

封窖时，下边铺一层透明膜，两边各延伸 50 厘米，上面覆上黑白膜，两边各延伸 1 米，最后压上轮胎，黑白膜长度要大于透明膜。

3. 裹包青贮玉米

裹包青贮是一种利用机械设备完成饲料青贮的方法。是在传统青贮的基础上开发的一种新型青贮技术。裹包青贮技术是指将青饲料收割粉碎后，用裹包机进行高密度压实打捆，并通过裹包机用拉伸膜裹包起来，从而创造一个厌氧的发酵环境，最终完成发酵过程。

（1）裹包青贮玉米的制作

裹包青贮常见的有圆形裹包和方形裹包两种。通常情况下，圆形裹包青贮需要使用麻绳或网兜加强青贮的裹包密度，所以裹包青贮的粉碎长度一般不小于 3 厘米，这样的粉碎长度不利于提高消化吸收利用率。方形裹包青贮主要使用液压达到压实的要求，压实密度要达到 600 千克每立方米以上。

（2）裹包青贮的保存和利用

裹包青贮应在避光的条件下保存。裹包青贮暴露在阳光下，包内的温度会升高，形成二次发酵和水分流失，特别是圆形裹包青贮会塌陷透气。通常情况下裹包青贮有专业饲草公司制作销售给养殖场或者农户。如果养殖场没有条件自己制作青贮，可委托专业化饲草公司签订委托加工合同，确定质量标准。

（四）青贮的取用

1. 开窖时的步骤

先在开口端清除封窖时的盖土和镇压物等，并将其及时运走，以免翻盖取料时污染青贮饲料；然后掀开覆盖薄膜以及腐烂的草层部分，直至露出好的青贮饲料。

2. 开窖时注意事项

①避免恶劣天气。开窖时间根据需要而定，尽可能避开高温或严寒季节。因为高温容易使青贮料二次发酵或干硬变质，严寒易使青贮料结冰。青贮料一般在气温较低而又缺草的季节饲喂家畜，所以此季节开窖最为适宜。

②分层取料。取料时，要从窖的一端开始，按一定的厚度，从表面一层一层往里取，使青贮料始终保持一个平面，不能由一处挖洞掏取，并且避免泥土、杂物等混入青贮料中。

③弃掉霉变饲料。如因天气太热或其他原因保存不当，表层的青贮饲料会变质或发霉，应及时将其取出并丢抛。如果用发霉的饲料饲喂家畜，易引起家畜出现意外疾病。

④每次取料数量应以能够饲喂一天为宜，不要一次取料长期饲喂，应现取现喂，以免引起饲料腐烂变质。

⑤每次青贮界面的取用深度不低于30厘米。使用青贮取料机取料，青贮截面整齐，可以减少空气进入青贮内，减少二次发酵。

⑥及时封口。取出青贮料后，如果中途停喂，且时间间隔较长，必须按原来封窖方法将青贮窖盖好封严，使其不透气、不漏水。

3. 青贮截面管理

从上向下取料，杜绝从下向上和挖洞取料，这样非常容易造成青贮料松动，空气进入青贮内部。在窖宽20米以上时，可以采用铲车横切取料，优点是取料速度快，截面齐整。当环境温度超过10℃时，青贮取料面不能覆盖塑料膜。青贮取料面覆盖塑料膜容易导致取料面温度升高，造成二次发酵。在下雨时，将取料面用塑料布覆盖，雨后需立刻取下。

4. 品质检测

（1）检测时间

首次检测应在开窖一周后进行，然后根据季节的情况进行检测，炎热的季节建议每周检测一次。如果采用的是分段装窖、分段封窖的方式进行的青贮制作，可以按封窖节点检测。

（2）取样办法

以青贮料开窖截面中心点为基准点，向上下左右直线延伸，再取延伸线上的中间点，总计为九点，每个点取样深度大于15厘米，小于25厘米。

（3）检测项目

①压实密度。专用取样器测定压实密度。取电动取样器打洞取样，测量洞的深度。

压实密度=取料重量/（取样器横截面积×洞的深度）。

②有氧稳定性。通过热成像照相机或30厘米探针式温度计检测青贮温度。超过35℃有氧稳定性差，低于此温度说明青贮有氧稳定性较好。

③感官指标。见表12-4。

表 12-4　感官判断标准

标准	优	中	差	劣
颜色	接近本色	黄绿色	深绿色、黄色或棕色	棕褐色、黑色
气味	无明显味道或轻微果香味	轻微丁酸或氨气味	强烈的丁酸、氨气、霉味	烟叶燃烧味
质地	柔软且纤维不易搓落	柔软、纤维易搓落	黏滑、纤维分散	干硬、揉搓易碎

④营养指标。营养指标主要指检测干物质（DM）、粗蛋白（CP）、淀粉（starch）、中性洗剂纤维（NDF）、酸性洗剂纤维（ADF）、中性洗剂纤维消化率（NDFD）、泌乳净能（NEL）等指标（见表12-5）。

表 12-5　青贮玉米推荐理化指标

干物质（%）	粗蛋白（%DM）	淀粉（%DM）	中性洗涤纤维（%DM）	酸性洗涤纤维（%DM）	中性洗涤纤维消化率（%DM）	泌乳净能（兆卡/千克DM）
30~35	7~10	>28	<45	<30	>50	>1.5

⑤生物安全指标检测。生物安全指标霉菌总数、黄曲霉毒素和玉米赤霉烯酮指标，从源头保证动物健康与食品安全（见表12-6）。

表 12-6　青贮玉米中霉菌毒素的限量

霉菌毒素种类	限量值(微克/千克)
黄曲霉毒素	<20
玉米赤霉烯酮	<300
呕吐毒素	<6

⑥发酵指标。通过乳酸与丁酸含量判定发酵类型，通过乳酸与乙酸的对比值判定青贮的有氧稳定性，通过相关指标可追溯青贮制作的规范性（见表 12-7）。

表 12-7　青贮发酵指标检测

项目	等级		
	优	中	差
含水量低于 65%青贮玉米的 pH	<4.5	<5.0	>5.0
含水量高于 65%青贮玉米的 pH	<4.2	<4.5	>4.5
乳酸含量(%DM)	3~14	易变的	易变的
丁酸含量(%DM)	0	0~0.3	>0.3
占有机酸总量的比例(%)			
乳酸	>60	40~60	<40
乙酸	<20	20~40	>40
丁酸	0	0~5	>5
氨态氮(总氮百分比)	<5	5~15	>15
酸性洗剂不溶氮(总氮百分比)	<15	15~30	>30

五、苜蓿青贮制作规程

（一）概述

我们说的苜蓿，目前在国内和国外主要指紫花苜蓿。蔷薇目、豆科、苜蓿属多年生草本，深入土层，根茎发达，花期 5~7 月，果期 6~8 月。

（二）原料的控制

1. 收割期的选择

制作苜蓿青贮最好选择在现蕾期至初花期收割。当苜蓿 80%以上的枝条出现花蕾时，这个时期称为现蕾期；当约有 20%的小花开花时，这个时期就是苜蓿的初花期（见表12-8）。

2. 留茬高度

留茬最佳高度控制在 8~15 厘米，留茬太低容易伤及根部新萌发的枝丫，影响苜蓿的再生，且在搂草过程中容易带入泥土，影响青贮苜蓿的品质，也会造成苜蓿青贮的灰分过高。制作苜蓿青贮时，适量地提高留茬高度，可以有效减少苜蓿中灰分，降低梭菌含量，提高发酵的品质。

3. 选择收割设备

收割苜蓿最好选择具有压扁功能的收割机，可一边收割一边压扁茎枝，使叶片和茎枝同步快速干燥、植株完整，营养全面，因而提高了苜蓿的价值。且苜蓿茎秆中空，在压窖过程中不宜压实，经过压扁后可以有效提高青贮苜蓿的压窖密度。

4. 晾晒萎蔫

将压扁收割后的整株苜蓿进行晾晒，晾晒时草幅尽量要宽，至少占割幅的70%左右，以便于快速脱水，根据日照、风速、气温等， 一般田间晾晒2~6小时即可，如遇阴天可适当延长晾晒时间，遇到雨天要停止收割。

5. 水分控制

现蕾期至初花期的苜蓿含水量一般在70%~80%，不宜制作青贮，需将水分晾晒萎蔫后控制在45%~65%，水分控制在55%~60%时最佳，即折断茎秆时感觉无水但不宜折断。

表 12-8　苜蓿不同生长时期的营养成分变化

净能单位:兆卡 / 千克 DM

生育期成分	开花前 （现蕾期）	初花期 （20%开花）	开花期 （50%开花）	盛花期 （80%开花）
粗蛋白%	21	19	16	14
ADF%	30	33	38	46
NDF%	41	42	53	60
消化率%	63	62	55	53
TDN%	63	59	55	51
维持净能	1.37	1.34	1.21	1.17
增重净能	0.73	0.62	0.55	0.46
产奶净能	1.54	1.41	1.25	1.15

6. 捡拾切碎

当苜蓿青贮原料含水量达到55%~65%时，采用捡拾切碎机进行原料的捡拾切碎，切割长度控制在2~3厘米。将切碎后的苜蓿拉运到青贮制作点，准备制作青贮。

（三）苜蓿青贮的形式与制作

1. 青贮窖苜蓿青贮

（1）青贮窖的消毒

在制作苜蓿青贮前要先对青贮窖进行消毒，消毒可使用5%的碘伏溶液或2%的漂白粉溶液消毒。

（2）装窖

制作苜蓿青贮尽量选择地上青贮窖，第一车卸车在距离窖头位置在 X 处。X 处的具体计算公式如下：

$$X=（窖高×窖宽×0.02+窖高）×1.6（链轨式推土机）$$

$$X=（窖高×窖宽×0.02+窖高）×1.8（轮式装载机）$$

制作一个窖最好在 5 天内完成，最长不超过一周。

（3）压窖

苜蓿青贮的压窖方法与制作玉米青贮相同，使用 U 型压窖法。粉碎后的青贮苜蓿连挂性较高，推料时注意摊平再进行压实，避免压窖后的青贮苜蓿内部留有空洞。

苜蓿的含糖量低，缓冲度高，需要更好的压实效果，减少青贮中残留的氧气，得到高品质的青贮饲料，建议压实后苜蓿青贮每立方米中氧气含量不超过 1 升，推荐压窖密度（见表 12-9）。

表 12-9　青贮苜蓿压窖密度速查表

干物质(%)	鲜重密度(千克/米³)	干物质密度(千克/米³)
37	770	285
38	763	290
39	756	295
40	750	300
41	744	305
42	738	310
43	733	315
44	728	320
45	724	325
46	720	330
47	717	340
48	714	345
49	712	350
50	710	355

（4）封窖

推荐使用双层膜封窖的办法，即下层使用 8 丝的透明膜，上层使用 12~15 丝的青贮黑白膜封窖，封窖后在顶层压轮胎。

$$高出窖沿部分=窖高×窖宽×0.02$$

2. 平地堆贮

短时间制作较大规模苜蓿青贮时，如一周 5000 吨或更大的量，平地堆贮具有装填快，且更方便压实的优势。

（1）堆贮台消毒

消毒方法与青贮窖相同，使用 2% 的漂白粉溶液或 5% 的碘伏溶液，如在夏季炎热天气，日光充足，可提前清扫后太阳暴晒 3 天也可达到消毒效果。

（2）青贮装填

堆贮台装填青贮可从一端先开始，第一车卸车位置，在计划青贮堆高度的 2 倍距离台边处。第一车卸车后逐层填料压实即可，压实密度与窖贮相同。

（3）青贮压窖

青贮堆没有两边窖墙，压窖要注意两边的压实情况，需要在两边增加压窖设备。

（4）压窖密度

制作堆贮压窖密度与青贮窖相同。

（5）青贮封窖

制作苜蓿青贮的堆贮，推荐使用双层膜封窖，下层使用 10 丝的透明膜，上层使用 15 丝的青贮黑白膜，堆贮使用的膜较窖贮略厚一点。

3. 裹包青贮

裹包青贮是一种利用机械设备完成饲料青贮的方法，是在传统青贮的基础上开发的一种新型青贮技术。

裹包青贮技术是指将牧草收割后，用打捆机进行高密度压实打捆，然后通过裹包机用拉伸膜裹包，从而创造一个厌氧的发酵环境，最终完成乳酸发酵过程。这种青贮方式已被欧州各国、美国和日本等世界发达国家广泛认可和使用，在中国很多地区使用这种青贮方式。

（1）裹包青贮的特点

拉伸膜裹包青贮与窖贮、堆贮等传统的青贮方式相比具有以下优缺点。

①浪费极少。可减少青贮霉变损失、汁液损失和饲喂损失，裹包青贮密封性好，没有汁液外流现象，不会污染环境。

②保存期长。压实密封性好，不受季节、日晒、降雨和地下水位影响，可在露天堆放 1~2 年；包装适当，体积小，易于运输和商品化，保证了奶牛场、肉牛场、羊场、养殖小区等现代化畜牧场青贮饲料的均衡供应和常年使用。

③制作成本高。裹包青贮需要人工投料压成捆，再将捆缠膜裹包，人工投入和物料投入大。

④容易破损。裹包青贮的膜会在搬运、制作、码放、保存等过程中受到破损，破损又很难及时发现，破损处长时间进入空气会整包变质。

（2）裹包青贮制作流程

将晾晒捡拾后的苜蓿拉运到裹包制作点，随用随拉，切记不可在制作点堆放过多。建议拉运到裹包青贮地点的苜蓿 4 小时内裹包完毕。也可使用捡拾裹包一体机进行裹包，裹包后的青贮拉运到集中存放点。

（四）青贮添加剂

苜蓿的饲料缓冲度较高，而最低需含糖量不足，所以必须要使用青贮添加剂，否则很难制作成功。饲料制作青贮的最低含糖量是根据饲料的缓冲度决定的。

$$原料最低含糖量（\%）=饲料缓冲度×1.7$$

苜蓿的缓冲度是 5.58%，最低含糖量需要 5.58%×1.7=9.5%，而苜蓿的含糖量为 3.72%，所以制作苜蓿青贮相对比较困难。原料缓冲度（也称缓冲能）是指中和每 100 克原料中的碱性元素，并使 pH 降低到 4.2 时所需的乳酸量，又因青贮发酵消耗的葡萄糖只有 60% 转化为乳酸，所以 100÷60≈1.7 的系数，即形成 1 克乳酸需要 1.7 克葡萄糖。

（五）保存与开窖

对封窖或裹包后青贮要经常检查有无漏气、漏水等现象。使用青贮添加剂的苜蓿青贮封窖 40~50 天后基本可以开窖，但推荐 60 天后再开窖使用；取料最好采用专用取料机，沿横断面垂直方向逐层取用，保证切面整齐。

六、青贮机械化收获技术要求

（一）适时收获

适时收获能够能使青贮饲料获得较高的收获量和最好的营养价值，同时适时收获的农时要求也在一定程度上决定着所采用的机械化收获工艺及装备（见表 12–10）。

表 12-10　青贮作物适时收获期

青贮作物	收获时期
专用青贮玉米	多为蜡熟末期（乳线高度在 1/3~2/3 处）
粮饲兼用玉米	多为籽实成熟期
禾本科牧草	多为抽穗期
豆科牧草	多为始花期

（二）恰当调节秸秆切断长度

材料切段长度均匀适宜，有利于青贮料压实、乳酸菌发酵和保证饲料品质，便于取用饲喂。例如，对牛、羊等反刍类动物，一般把禾本科和豆科牧草切成 2~3 厘米，玉米和向日葵等粗茎作物以 0.5~2 厘米为宜；对猪、禽来说，切段长度越短越好。为此，在选用粉碎加工设备时，要求其切段长度均匀可调节。

（三）合理控制割茬高度

割茬高度影响到收获青贮饲料的产量和品质。留茬过高，虽可在一定程度上保证质量但却使产量下降；留茬过低也易造成泥土、地膜污染饲料。而且不同牧草对留茬的要求也不尽相同，因此要求收获机械割茬在一定范围内可调，保证作业适应性。青贮玉米留茬高度 10~15 厘米。

（四）把握好收获贮存饲料的含水率

高水分青贮：原料含水率 ≥75%；

中水分青贮：75% > 原料含水率 ≥ 65%；

低水分青贮：原料含水率 < 65%。

含水率的高低直接影响青贮饲料收获和贮存品质。青贮玉米适宜含水率 65%~70%，豆科单独青贮适宜 45%~55%（加添加剂 65%~75%）。

（五）损失率

主要包括超茬损失率、重割损失率、漏割损失率、捡拾损失率、成捆损失率等，单一环节损失率不应大于 3%。

（六）保证机械收获的适应性

机械收获时应充分适应平作和垄作、宽行和窄行等农艺和地貌情况，地势应相对平整，机耕道相对完善，适合大中型机械作业。

（七）减少污染

作业过程中应防止泥土、地膜、金属异物进入饲料中，造成污染，影响饲喂。

第十三章 全株玉米青贮质量安全报告

一、甘肃省全株玉米青贮质量评价报告

粮改饲政策将单纯的粮仓变为"粮仓+奶罐+肉库"，将粮食、经济作物的二元结构调整为粮食、经济作物、饲料作物的三元结构，是农业供给侧结构性改革的标志性工作之一。甘肃省因草食畜养殖基础好、全株玉米青贮等饲草料使用潜力大被列入全国试点省区之一，2018年以来，更是在脱贫攻坚政策的有力支持下，探索出了"粮饲兼顾、草畜配套、以种促养、以养带种、良性互动、增收脱贫"的发展模式，通过种养加结合，让"粮变肉""草变乳"，走上了"草多—畜多—肥多—粮多—钱多"的种养双赢生态循环新路子。粮改饲的"牛面包"肥了牛羊富了百姓，全省通过大力推动"粮改饲"和畜牧养殖业的发展，越来越多的贫困户走上了脱贫致富路。

全株玉米青贮是指在玉米籽粒成熟前，利用田间收获的整株带穗玉米为新鲜原料，经过铡短、切碎等加工处理后立即进行装填压实，经过一段时间厌氧发酵而制成的一种便于长期保存的饲料，具有颜色黄绿、气味酸香、柔软多汁、适口性好、营养丰富等特性，是奶牛、肉牛、肉羊等草食畜的重要纤维性饲料原料，对其质量进行跟踪评价，对合理指导生产和利用具有重要意义。随着甘肃省畜牧业规模化发展和精细化饲养水平的不断提高，对全株玉米青贮的数量需求越来越大、质量要求越来越高。本文对甘肃省河西、陇中、陇东南三个片区的13个享受粮改饲补贴的规模化养殖场、合作社及牧草生产企业制作的全株玉米青贮进行了质量评价，旨在全面了解不同片区全株玉米青贮质量差异，为进一步建立科学的优质青贮生产规范体系，提升全株玉米青贮品质，促进畜牧业高质量可持续发展提供数据参考。

（一）材料与方法

1. 检测材料

选取离青贮窖（墙）、青贮堆边缘、青贮取料面等边界2米以上的位置取样，在清理后的采样点表面，使用采样刀以采样点为顶点，割出边长为15厘米的两条直角边，利用圆筒式青贮采样器采集30~60厘米处青贮，装入干净的样品真空袋，抽干空气密封，置

于泡沫箱，样品上下各放置一层冰袋，寄往样品检测机构。采集全株玉米窖贮青贮样品 13 份、裹包青贮样品 1 份，每份 3 个重复样品。

2. 检测方法

利用近红外法、湿化学法对采集样品的营养、发酵、矿物质及能值共计 21 项指标进行检测评定。

3. 数据统计分析

检测结果统计整理后，通过 SPSS 方差分析软件进行差异显著性检验，结果以平均值±标准差表示。

（二）结果与分析

1. 不同片区窖贮全株玉米青贮质量分析

（1）河西片区青贮质量评价结果

结果见表 13-1。河西片区四个县（区）的青贮品质差异较大，DM、NDF、30h NDFD、ADF、淀粉、Ash、pH、氨态氮/总氮、乳酸、K 等 10 项指标含量均存在极显著差异。青贮营养含量甘州>凉州>高台>永昌，发酵品质甘州>高台>凉州>永昌，综合评价青贮质量甘州相对最佳，凉州和高台次之，永昌稍差。

表 13-1　河西片区青贮质量评价结果

项目	指标	检测结果			
		永昌	甘州	高台	凉州
营养（%DM）	DM(%)	25.38±0.01[a]	35.40±0.00[c]	27.05±0.02[e]	28.49±0.00[g]
	CP	9.44±0.01[a]	7.95±0.02[c]	8.53±0.01[f]	7.98±0.01[d]
	NDF	52.42±0.01[a]	43.14±0.02[c]	53.53±0.00[e]	48.27±0.00[g]
	30h NDFD	55.54±0.02[a]	58.82±0.02[c]	58.38±0.01[e]	56.42±0.00[g]
	ADF	33.66±0.01[a]	26.28±0.01[c]	61.63±0.02[e]	29.09±0.00[g]
	木质素	3.74±0.04[a]	2.90±0.00[c]	3.75±0.00[a]	3.41±0.01[e]
	淀粉	19.57±0.02[a]	33.33±0.02[c]	23.52±0.00[e]	29.63±0.00[g]
	EE	3.90±0.01[a]	3.91±0.00[a]	3.03±0.02[c]	3.83±0.01[e]
	Ash	8.68±0.00[a]	6.27±0.03[c]	8.38±0.00[e]	6.08±0.00[g]
发酵（%DM）	pH	4.03±0.00[a]	4.01±0.01[c]	4.57±0.00[e]	4.19±0.00[g]
	氨态氮/总氮（%）	11.25±0.00[a]	8.59±0.01[c]	3.56±0.02[e]	10.68±0.00[g]
	乳酸	5.04±0.02[a]	5.40±0.00[c]	2.56±0.00[e]	3.84±0.01[g]
	乙酸	3.71±0.01[a]	1.44±0.02[c]	1.40±0.02[d]	1.54±0.00[f]
	丙酸	0.82±0.02[a]	0.49±0.00[c]	0.58±0.00[e]	0.59±0.01[e]

续表

项目	指标	检测结果			
		永昌	甘州	高台	凉州
矿物质(%DM)	Ca	0.28±0.00[a]	0.20±0.00[d]	0.29±0.01[b]	0.18±0.00[f]
	P	0.24±0.00[a]	0.22±0.02[ab]	0.21±0.01[b]	0.21±0.02[b]
	Mg	0.09±0.00[a]	0.10±0.00[b]	0.15±0.00[d]	0.07±0.01[f]
	K	1.84±0.00[a]	1.50±0.01[c]	1.54±0.01[e]	1.45±0.00[g]
能值(兆卡/千克)	泌乳净能	1.38±0.01[a]	1.55±0.00[c]	1.38±0.00[a]	1.48±0.01[e]
	维持净能	1.50±0.02[a]	1.69±0.00[c]	1.51±0.01[a]	1.60±0.01[e]
	增重净能	0.91±0.00[a]	1.08±0.01[c]	0.91±0.02[a]	1.00±0.00[e]

注：同行数据标有相同字母或不标字母，差异不显著（P>0.05）；相邻字母，差异显著（P<0.05）；相间字母，差异极显著（P<0.01）。下同。

（2）陇中片区青贮质量评价结果

结果见表 13–2。陇中片区六个县（区）的青贮品质差异较大，DM、CP、NDF、30h NDFD、ADF、木质素、淀粉、EE、氨态氮/总氮、乙酸等 10 项指标含量均存在极显著差异。青贮营养含量广河>永登>会宁>榆中>安定>通渭，发酵品质广河>榆中>安定>会宁>永登>通渭，综合评价青贮质量广河相对最佳，通渭稍差。

表 13–2　陇中片区青贮质量评价结果

项目	指标	检测结果					
		永登	广河	安定	通渭	榆中	会宁
营养（%DM）	DM(%)	26.58±0.01[a]	32.11±0.01[c]	27.94±0.01[e]	25.09±0.01[g]	26.88±0.00[i]	31.30±0.03[k]
	CP	8.33±0.01[a]	7.24±0.00[c]	7.89±0.01[e]	9.49±0.02[g]	7.81±0.01[i]	8.06±0.02[k]
	NDF	42.70±0.01[a]	42.08±0.01[c]	53.07±0.02[e]	56.06±0.03[g]	46.54±0.01[i]	47.78±0.01[k]
	30h NDFD	60.10±0.02[a]	61.15±0.01[c]	56.39±0.02[e]	55.15±0.03[g]	56.59±0.02[i]	55.95±0.00[k]
	ADF	26.53±0.00[a]	24.98±0.02[c]	33.19±0.00[e]	34.30±0.02[g]	28.86±0.03[i]	30.78±0.01[k]
	木质素	2.77±0.00[a]	2.72±0.01[c]	3.68±0.02[e]	4.46±0.00[g]	3.37±0.01[i]	3.46±0.00[k]
	淀粉	31.35±0.01[a]	34.66±0.00[c]	21.60±0.02[e]	18.21±0.01[g]	25.19±0.00[i]	29.26±0.03[k]
	EE	4.17±0.00[a]	3.65±0.01[c]	3.34±0.01[e]	2.77±0.00[g]	3.43±0.01[i]	3.73±0.02[k]
	Ash	6.82±0.02[a]	5.48±0.00[c]	7.29±0.03[e]	8.83±0.02[g]	7.27±0.00[e]	6.57±0.00[i]

续表

项目	指标	检测结果					
		永登	广河	安定	通渭	榆中	会宁
发酵 (%DM)	pH	3.88±0.01ᵃ	4.07±0.00ᶜ	4.07±0.01ᶜ	4.74±0.00ᵉ	4.05±0.03ᶜ	3.97±0.01ᵍ
	氨态氮/总氮(%)	12.36±0.00ᵃ	7.44±0.00ᶜ	8.47±0.00ᵉ	4.58±0.01ᵍ	9.59±0.02ⁱ	12.67±0.00ᵏ
	乳酸	4.94±0.04ᵃ	4.00±0.01ᶜ	5.36±0.02ᵉ	2.76±0.01ᵍ	4.91±0.01ᵃ	5.06±0.01ⁱ
	乙酸	2.83±0.00ᵃ	0.91±0.01ᶜ	2.05±0.01ᵉ	1.66±0.00ᵍ	1.37±0.00ⁱ	2.27±0.04ᵏ
	丙酸	0.60±0.01ᵃ	0.41±0.00ᵉ	0.58±0.00ᵇ	0.56±0.01ᵉ	0.48±0.01ᵍ	0.63±0.02ⁱ
矿物质 (%DM)	Ca	0.17±0.00ᵃ	0.14±0.01ᶜ	0.24±0.01ᵉ	0.34±0.01ᵍ	0.23±0.00ᵉ	0.20±0.01ⁱ
	P	0.24±0.01ᵃ	0.21±0.00ᶜ	0.21±0.01ᶜ	0.22±0.01ᶜ	0.22±0.00ᶜ	0.22±0.00ᶜ
	Mg	0.04±0.00ᵃ	0.05±0.01ᵃᵇ	0.09±0.00ᵈᵉ	0.18±0.01ʰ	0.12±0.03ᶠ	0.08±0.00ᵉᵈ
	K	1.60±0.01ᵃ	1.36±0.02ᵈ	1.63±0.02ᵇ	1.76±0.01ᶠ	1.49±0.01ʰ	1.37±0.02ᵈ
能值 （兆卡/千克）	泌乳净能	1.58±0.02ᵃ	1.61±0.01ᵃ	1.37±0.01ᶜ	1.28±0.03ᵉ	1.46±0.01ᵍ	1.49±0.01ᵍ
	维持净能	1.74±0.01ᵃ	1.76±0.02ᵃ	1.47±0.02ᶜ	1.37±0.03ᵉ	1.58±0.01ᵍ	1.61±0.02ᵍ
	增重净能	1.12±0.03ᵃ	1.14±0.01ᵃ	0.88±0.01ᶜ	0.79±0.00ᵉ	0.98±0.01ᵍ	1.01±0.00ʰ

（3）陇东南片区青贮质量评价结果

结果见表 13-3。陇东南片区三个县（区）的青贮品质差异较大，DM、CP、NDF、30h NDFD、ADF、淀粉、EE、Ash、乳酸、乙酸等 10 项指标含量均存在极显著差异。青贮营养含量麦积>环县>泾川，发酵品质环县>泾川>麦积，综合评价青贮质量环县相对最佳，泾川和麦积稍差。

表 13-3 陇东南片区青贮质量评价结果

项目	指标	检测结果		
		麦积	泾川	环县
营养 （%DM）	DM(%)	27.76±0.01ᵃ	28.88±0.00ᶜ	24.96±0.03ᵉ
	CP	8.48±0.01ᵃ	8.76±0.01ᶜ	9.05±0.03ᵉ
	NDF	43.70±0.02ᵃ	52.80±0.02ᶜ	50.23±0.03ᵉ

续表

项目	指标	检测结果		
		麦积	泾川	环县
营养 （%DM）	30h NDFD	58.50±0.03[a]	57.92±0.02[c]	54.97±0.05[e]
	ADF	27.33±0.02[a]	33.32±0.01[c]	30.65±0.00[e]
	木质素	2.94±0.00[a]	3.67±0.04[c]	3.75±0.04[d]
	淀粉	30.61±0.01[a]	20.85±0.03[c]	22.88±0.00[e]
	EE	3.96±0.02[a]	3.71±0.01[c]	3.60±0.03[e]
	Ash	6.44±0.01[a]	7.44±0.02[c]	7.50±0.01[e]
发酵 （%DM）	pH	3.98±0.00[a]	4.06±0.03[bc]	4.07±0.04[c]
	氨态氮/总氮（%）	11.47±0.03[a]	11.47±0.05[a]	9.44±0.01[c]
	乳酸	5.93±0.02[a]	5.69±0.03[c]	6.35±0.03[e]
	乙酸	1.94±0.02[a]	1.54±0.02[c]	1.04±0.01[e]
	丙酸	0.53±0.02[a]	0.61±0.01[c]	0.52±0.00[a]
矿物质 （%DM）	Ca	0.19±0.01[a]	0.26±0.03[c]	0.27±0.01[c]
	P	0.22±0.01	0.22±0.02	0.21±0.01
	Mg	0.07±0.00[a]	0.12±0.01[c]	0.14±0.02[c]
	K	1.56±0.02[a]	1.71±0.01[c]	1.74±0.01[d]
能值 （兆卡/千克）	泌乳净能	1.53±0.01[a]	1.38±0.00[c]	1.39±0.00[c]
	维持净能	1.67±0.01[a]	1.50±0.03[c]	1.50±0.02[c]
	增重净能	1.06±0.00[a]	0.91±0.00[c]	0.91±0.01[c]

2. 三个片区窖贮全株玉米青贮质量比较

结果见表 13-4。三个片区指标含量均值基本接近，DM、NDF、30h NDFD、木质素、淀粉、EE、Ash、pH、氨态氮/总氮、乙酸、Ca、P、Mg、泌乳净能、维持净能、增重净能等 16 项指标含量相互间均差异不显著。总体青贮质量良好，发酵效果陇东南最好、陇中次之、河西稍差，但营养含量陇中最高、河西次之、陇东南稍差。综合分析陇中片区全株玉米青贮质量最佳，保持全株玉米营养价值的同时，获得了较好的发酵品质。

表 13-4 三个片区青贮质量比较

项目	指标	检测结果均值		
		河西	陇中	陇东南
营养 （%DM）	DM(%)	29.08±3.98	28.32±2.62	27.20±1.75
	CP	8.48±0.63[ab]	8.14±0.71[a]	8.76±0.25[b]
	NDF	49.34±4.26	48.04±5.25	48.91±4.06
	30h NDFD	57.29±1.42	57.56±2.30	57.13±1.64
	ADF	37.67±14.71[a]	29.77±3.45[b]	30.43±2.60[ab]
	木质素	3.45±0.36	3.41±0.60	3.45±0.39
	淀粉	26.51±5.56	26.71±5.82	24.78±4.46
	EE	3.67±0.39	3.52±0.44	3.76±0.16
	Ash	7.35±1.24	7.04±1.03	7.13±0.51
发酵 （%DM）	pH	4.20±0.23	4.13±0.29	4.04±0.05
	氨态氮/总氮(%)	8.52±3.16	9.19±2.88	10.79±1.02
	乳酸	4.21±1.16[a]	4.51±0.91[a]	5.99±0.29[c]
	乙酸	2.02±1.02	1.85±0.64	1.51±0.39
	丙酸	0.62±0.13[a]	0.54±0.08[b]	0.55±0.04[ab]
矿物质 （%DM）	Ca	0.24±0.05	0.22±0.07	0.24±0.04
	P	0.22±0.02	0.22±0.01	0.22±0.01
	Mg	0.10±0.03	0.09±0.05	0.11±0.03
	K	1.58±0.16[ab]	1.54±0.15[a]	1.67±0.08[b]
能值 （兆卡/千克）	泌乳净能	1.45±0.08	1.47±0.12	1.43±0.07
	维持净能	1.58±0.08	1.59±0.14	1.56±0.09
	增重净能	0.98±0.07	0.99±0.13	0.96±0.08

3. 甘肃与全国窖贮全株玉米青贮质量比较

结果见表 13-5。甘肃全株玉米青贮质量基本接近全国平均水平，各项评价指标间均差异不显著。相较优质青贮推荐标准，DM、淀粉、乳酸含量偏低，NDF、ADF、pH、乙酸含量偏高。营养价值低于全国，DM、NDF 和淀粉含量分别相差-1.11%、0.94%、-1.90%，但 CP 含量提高 0.28%，达到优质青贮推荐标准。发酵品质优于全国，氨态氮/总氮、乳酸、乙酸含量分别提高-0.55%、0.56%、-0.38%。

表 13-5　甘肃与全国青贮质量比较

项目	指标	甘肃	全国	GEAF 计划优质青贮推荐标准
营养 （%DM）	DM（%）	28.29±2.96	29.4±3.3	30.0~35.0
	CP	8.38±0.65	8.1±0.8	≥7.0
	NDF	48.64±4.63	47.7±6.7	≤45.0
	30h NDFD	57.38±1.88	56.1±3.2	≥55.0
	ADF	32.35±9.07	29.6±4.4	≤25.0
	木质素	3.43±0.48		
	淀粉	26.20±5.38	28.1±8.3	≥30.0
	EE	3.62±0.38		
	Ash	7.16±1.00	6.8±1.2	≤6.0
发酵 （%DM）	pH	4.13±0.24	4.1±0.3	≤4.0
	氨态氮/总氮（%）	9.35±2.75	9.9±2.2	≤10.0
	乳酸	4.76±1.12	4.2±1.3	≥4.8
	乙酸	1.82±0.74	2.2±0.8	≤1.6
	丙酸	0.57±0.10		
矿物质 （%DM）	Ca	0.23±0.06		
	P	0.22±0.01		
	Mg	0.10±0.04		
	K	1.58±0.15		
能值 （兆卡/千克）	泌乳净能	1.45±0.10	1.5±0.1	
	维持净能	1.58±0.11	1.6±0.2	
	增重净能	0.98±0.10	1.0±0.1	

4. 窖贮全株玉米青贮和裹包全株玉米青贮质量比较

窖贮青贮和裹包青贮测定样品来自同一家牧草生产企业，结果见表 13-6。青贮储藏方式不同，青贮质量差异较大，DM、CP、30h NDFD、ADF、木质素、淀粉、EE、Ash、pH、氨态氮/总氮、乳酸、乙酸、K 等 13 项指标含量间存在极显著差异，维持净能、增重净能含量间存在显著差异。总体来看，裹包青贮营养价值相对较高，DM、CP、淀粉含量分别较窖贮青贮提高 0.75%、0.14%、0.11%，发酵品质稍佳，乳酸含量提高 0.50%、乙酸含量降低 0.21%，但氨态氮/总氮含量提高 0.88%，说明相较于窖贮青贮，裹包青贮在发酵过程中能基本保持全株玉米营养成分，获得良好的发酵品质，但蛋白质降解较多。

表 13-6　窖贮青贮和裹包青贮质量比较

项目	指标	检测结果	
		窖贮青贮	裹包青贮
营养 （%DM）	DM（%）	27.94±0.01[a]	28.69±0.02[c]
	CP	7.89±0.01[a]	8.03±0.02[c]
	NDF	53.07±0.02	53.11±0.05
	30h NDFD	56.39±0.02[a]	59.00±0.02[c]
	ADF	33.19±0.00[a]	32.48±0.01[c]
	木质素	3.68±0.02[a]	3.38±0.01[c]
	淀粉	21.60±0.02[a]	21.71±0.01[c]
	EE	3.34±0.01[a]	3.54±0.01[c]
	Ash	7.29±0.03[a]	7.18±0.02[c]
发酵 （%DM）	pH	4.07±0.01[a]	4.16±0.01[c]
	氨态氮/总氮（%）	8.47±0.00[a]	9.35±0.01[c]
	乳酸	5.36±0.02[a]	5.86±0.02[c]
	乙酸	2.05±0.01[a]	1.84±0.02[c]
	丙酸	0.58±0.00	0.59±0.01
矿物质 （%DM）	Ca	0.24±0.01	0.22±0.02
	P	0.21±0.01	0.21±0.01
	Mg	0.09±0.00	0.09±0.01
	K	1.63±0.02[a]	1.71±0.01[c]
能值 （兆卡/千克）	泌乳净能	1.37±0.01	1.39±0.01
	维持净能	1.47±0.02[a]	1.52±0.02[b]
	增重净能	0.88±0.01[a]	0.93±0.02[b]

（三）讨论

青贮发酵品质的优劣直接影响牧草营养价值的保存及家畜的生产性能，品质评定一般有感官评价和理化评价两类。感官评价简单快速，但易受评价者主观影响，理化评价相对客观精准。测定的指标包括干物质、淀粉、纤维、粗蛋白、有机酸（乙酸、丙酸、丁酸和乳酸）总量和构成比例等，用以判断发酵状态，氨态氮和总氮及其比例评估蛋白质分解状况。

在青贮饲料的各个阶段，可控和不可控因素都会影响青贮饲料的品质，主要取决于原料的营养价值和加工调制条件的好坏，前者是优质青贮饲料生产的前提，后者是影响青贮品质优劣的关键。原料的营养成分随成熟度而变化，一般来说青贮玉米要在产量高、营养较为丰富的时期收获，收获过早，含水量高、干物质少、养分含量低；收获过晚，组织木质化程度高，NDF、ADF 含量高，可消化养分含量降低。然而，目前的气候对青贮饲料的 DM 产量和品质也有较大的影响，甚至在某些情况下，这些影响可能超过收获时成熟度对青贮过程的影响，可能是因为温度升高加快了植物的生长速度，提高了木质素合成酶的活性，导致 DM 向木质化组织分化增加。这与本文测定结果一致，全省玉米青贮在 NDF 和 ADF 含量偏高的同时，DM 含量偏低。Keeling 等报道，30℃以上的温度不可逆地灭活淀粉合酶，阻止淀粉在内核中沉积，即较高的温度影响淀粉合成，导致玉米青贮中淀粉含量降低，本文中测定的各片区玉米青贮淀粉含量具有一定的差异，可能是由于收割期不同导致，陇中片区和河西片区收割期较晚，温度相对降低，淀粉含量略高。除此之外，玉米青贮质量还跟青贮玉米品种、栽培技术、留茬高度、青贮调制技术、青贮加工处理方式、机械化程度、贮藏管理等多方面因素有关。甘肃省青贮条件有限，青贮饲料耕作、收割、加工的机械化程度不高，95%以上均为国产中小型机械，导致收割时间长、籽粒破碎差、压实密度低、封窖不及时，且青贮制作主体种、收、贮等各个环节操作不规范，导致本次测定样品间质量差异较大，特别是中小型养殖场质量偏差。同时，全株玉米青贮饲料在存期营养品质呈下降趋势，样品营养价值和青贮质量由于贮存时间过久发生养分消耗和流失。

（四）结论

综上，甘肃省全株玉米青贮质量处于全国平均水平，从全省不同区域看，陇中片区全株玉米青贮质量较好；从不同储藏方式看，裹包青贮质量较优。根据 GEAF 优质青贮推荐标准，甘肃省全株玉米青贮质量 DM、淀粉、乳酸含量偏低，NDF、ADF、pH、乙酸含量偏高。建议分区域加强技术指导和培训，建立健全全株玉米青贮质量标准体系和种、收、贮、用技术规范体系，既重视数量，更重视质量，科学引导种植、调制、评价和利用优质全株玉米青贮。

二、2018 年中国全株玉米青贮质量安全报告

为深入做好粮改饲试点工作，农业农村部畜牧兽医局委托全国畜牧总站和中国农业

科学院北京畜牧兽医研究所组织实施了粮改饲优质青贮行动计划（GEAF）。2018 年，我们对全国 17 个粮改饲试点省区的 271 个试点县享受粮改饲补贴的收贮主体，进行了全株玉米青贮质量跟踪评价，以期对粮改饲试点地区的全株玉米青贮质量有一个整体了解。共采集 294 个样品，检测 34 项质量安全指标，并结合 GEAF 评价的 1000 个样品分析结果，形成了《中国全株玉米青贮质量安全报告（2018）》。

（一）评价结果

从总体结果看，和美国相比，中国全株玉米青贮质量处于中等水平；从全国玉米种植区域看，全株玉米青贮质量由高到低顺序依次为黄淮海地区、东北地区、长江中下游地区、西北地区、西南地区和华南地区；从不同省区看，山东省和河北省全株玉米青贮质量整体好于其他省区；从不同养殖畜种看，奶牛场全株玉米青贮质量好于肉牛场和羊场；从不同饲养规模看，大型规模奶牛场全株玉米青贮质量最好。

1. 中国全株玉米青贮质量处于美国中等水平

中国全株玉米青贮中干物质（DM）含量、淀粉含量、30 小时中性洗涤纤维消化率（30h NDFD）平均值分别为 29.4%、28.1% 和 56.1%，比美国分别低 20.1%、20.6% 和 0.5%；中性洗涤纤维（NDF）、灰分（Ash）含量平均值分别为 47.7%、6.8%，比美国分别高 23.9% 和 38.8%；pH、乳酸含量、乙酸含量平均值为 4.1、4.2%、2.2%，比美国分别高 5.1%、27.3% 和 83.3%。从营养和发酵指标看，中国全株玉米青贮未达到优质青贮等级标准，还有很大提升空间（见表 13-7）。

表 13-7　中国全株玉米青贮质量与美国对比结果

指标	中国	美国	与美国对比(%)	中国样品量(个)	美国样品量(个)
干物质 DM(%)	29.4	36.8	−20.1	294	55287
中性洗涤纤维 NDF(%DM)	47.7	38.5	+23.9	294	53090
中性洗涤纤维 30 小时消化率 30h NDFD(%DM)	56.1	56.4	−0.5	294	42163
淀粉 Starch(%DM)	28.1	35.4	−20.6	294	52704
灰分 Ash(%DM)	6.8	4.9	+38.8	294	46896
pH	4.1	3.9	+5.1	294	32663
乳酸 Lactic acid(%DM)	4.2	3.3	+27.3	294	32666
乙酸 Acetic acid(%DM)	2.2	1.2	+83.3	294	32666

注：数据来源于 2018 年美国 Dairyland 牧草分析实验室。

2. 不同地域、不同养殖规模全株玉米青贮质量存在差异

由于物候和土壤等条件差异，黄淮海地区全株玉米青贮质量好于东北地区、长江中下游地区、西北地区、西南地区和华南地区（见表 13-8）；由于产业成熟度和社会化服务程度不同，奶牛养殖场全株玉米青贮质量普遍比肉牛和羊养殖场好，大型规模奶牛场优于中小型规模奶牛场（见表 13-9）。

表 13-8　不同区域全株玉米青贮质量对比结果

指标	黄淮海地区①	东北地区②	长江中下游地区③	西北地区④	西南地区⑤	华南地区⑥
干物质 DM(%)	31.2	28.9	28.8	28.9	28.0	28.4
淀粉 Starch(%DM)	32.5	27.3	27.1	26.1	25.7	21.2
中性洗涤纤维 NDF（%DM）	43.8	48.7	47.8	49.6	50.0	51.6
中性洗涤纤维 30 小时消化率 30h NDFD（%DM）	56.9	55.7	53.0	56.5	54.8	51.9
灰分 Ash(%DM)	6.6	6.6	7.5	7.1	6.7	8.4
pH	4.0	4.0	4.1	4.1	4.2	4.0
乳酸 Lactic acid（%DM）	5.1	5.1	4.5	4.4	4.1	4.8
乙酸 Acetic acid（%DM）	2.0	2.0	3.1	2.3	2.3	2.8
每吨干物质产奶当量（千克）	1468.7	1381.2	1346.3	1345.5	1341.4	1222.4

注：①黄淮海地区：山东、河北、河南；
②东北地区：黑龙江、吉林、辽宁、内蒙古东部；
③长江中下游地区：安徽；
④西北地区：陕西、山西、青海、新疆、宁夏、内蒙古西部；
⑤西南地区：云南、贵州；
⑥华南地区：广西。
下同。

表 13-9 不同规模奶牛场全株玉米青贮质量对比结果

指标	5000头以上	3000~5000头	1000~3000头	100~1000头	100头以下
干物质 DM(%)	31.1	30.0	30.0	29.9	27.0
淀粉 Starch(%DM)	32.7	29.4	30.1	29.5	20.2
中性洗涤纤维 NDF(%DM)	43.5	47.0	45.9	46.3	53.5
中性洗涤纤维30小时消化率 30h NDFD(%DM)	57.7	56.4	56.8	56.6	55.0
灰分 Ash(%DM)	6.4	6.4	6.6	6.7	7.8
pH	4.0	4.0	4.0	4.0	4.2
乳酸 Lactic acid (%DM)	5.0	4.9	4.9	4.9	4.0
乙酸 Acetic acid (%DM)	2.0	2.2	2.1	2.4	2.4
每吨干物质产奶当量(千克)	1489.9	1429.3	1441.2	1423.7	1248.7

3. 亚硝酸盐、黄曲霉毒素、铬含量存在超标现象

全国全株玉米青贮中亚硝酸盐、霉菌毒素、农药残留、重金属等指标平均值均低于国家标准限量值,但部分养殖专业合作社和养殖小区的亚硝酸盐、黄曲霉毒素 B_1 和铬含量均有超标现象,存在潜在的风险。

(二) 主要问题

跟踪粮改饲试点县全株玉米青贮收贮主体的质量状况表明,全株玉米青贮在种、收、贮、用等各环节存在一些问题。

一是种、收、贮、用各环节联系不够紧密。目前大型规模奶牛场在制作全株玉米青贮时,各环节兼顾得比较好,产品质量比较稳定。其他收贮主体很难兼顾到各个环节,很多都是种植户不管收贮,收贮又不使用。这是导致产品质量不稳定的主要原因之一。

二是缺乏全株玉米青贮技术规范。缺乏根据地域和气候条件筛选适宜品种、青贮收割时间与留茬高度、调制过程和动物饲喂环节的规范性技术标准。特别是西南等经济欠发达地区这一问题尤为突出。

三是缺乏技术推广示范专业技术人员。目前各地技术培训不够系统,碎片化现象比

较严重，玉米青贮收贮时间比较集中，严重缺乏能提供现场指导的技术人员。

（三）建议

进一步加大优质青贮行动计划（GEAF）的实施力度，在各个环节上要精准发力，近一段时间特别是在以下几个方面要有所突破。

一是大力宣传推广"以养定种、以畜定贮、种养结合"的观念，避免重视收贮"量"而轻"质量"的误区。

二是构建全株玉米青贮种、收、贮、用的技术规范体系和全株玉米青贮质量标准体系。组织专家根据不同养殖畜种、青贮种类和养殖规模，分区域制定技术指导措施，针对性解决实际存在的问题。

三是扩大跟踪评价全株玉米青贮质量范围，发挥示范基地引领和辐射带动作用，加大科普宣传和技术培训力度，以点带面逐步展开，科学引导种植、调制、评价和利用优质全株玉米青贮。

（全国畜牧总站　中国农业科学院北京畜牧兽医研究所）

三、2019 年中国全株玉米青贮质量安全报告

为全面掌握粮改饲试点省区全株玉米青贮饲料质量状况，确保粮改饲实施效果，农业农村部畜牧兽医局委托全国畜牧总站和中国农业科学院北京畜牧兽医研究所组织实施了粮改饲优质青贮行动计划（GEAF 计划），从种植、调制、评价和利用四个关键环节推广关键技术，全面提升青贮饲料品质，推动畜牧业高质量发展。2019 年，根据工作计划，对全国 17 个粮改饲试点省区 550 个县粮改饲收贮主体的全株玉米青贮饲料进行质量跟踪评价，共采集有效样品 466 个，每个样品检测 18 项质量安全指标，同时结合相关单位委托检测评价的 340 个玉米青贮样品数据，共检测样品 806 个，分析指标 14508 个，在此基础上研究提出了全株玉米青贮质量分级评分指数（CSQS），形成了 2019 年度中国全株玉米青贮质量安全报告。

（一）评价结果

以全株玉米青贮 4 个营养指标（粗蛋白含量、淀粉含量、粗脂肪含量、30 小时中性洗涤纤维消化率）和 2 个发酵指标（氨和乳酸含量）为核心构建的全株玉米青贮质量分级评分指数（CSQS）能全面反映全株玉米青贮的营养和发酵品质。从 CSQS 评价结果看，2019 年中国粮改饲试点省区全株玉米青贮质量 85% 以上达到良好水平，同比提高 6.1%（见表 13-10），基本与美国平均水平相当。但是在不同地域、不同畜种、不同养殖规模全株玉米青贮质量之间仍存在一定差距，黄淮海地区全株玉米青贮质量评分比华南地区

和西南地区分别高 18.6% 和 20.6%，奶牛养殖企业全株玉米青贮质量评分比肉牛和肉羊养殖企业分别高 9.5% 和 13.8%。

表 13-10　2018-2019 年中国全株玉米青贮质量状况

项目	2018 年	2019 年	SEM[①]	P 值[②]
评价指标				
干物质(%)	29.4	29.8	0.20	0.23
粗蛋白(%DM)	8.1	8.3	0.04	<0.01
淀粉(%DM)	28.1	28.0	0.43	0.96
粗脂肪(%DM)	3.8	3.9	0.03	<0.01
30h 中性洗涤纤维消化率（%DM）	56.1	57.5	0.17	<0.01
氨(%DM)	0.8	0.7	0.01	<0.01
乳酸(%DM)	4.2	4.5	0.06	0.01
全株玉米青贮质量分级评分指数(CSQS)	57.5	61.0	0.62	<0.01

注：①SEM 标准误差：标准误用来衡量抽样误差。标准误越小，表明样本统计量与总体参数的值越接近，样本对总体越有代表性，用样本统计量推断总体参数的可靠性越大。因此，标准误是统计推断可靠性的指标下同。

②P 值：$P<0.05$ 表示差异显著，$P<0.01$ 表示差异极显著，$P>0.05$ 表示差异不显著，下同。

1. 全株玉米青贮饲料质量达到良好水平

随着 GEAF 计划的实施，养殖者对青贮饲料的认知程度有了很大提高，青贮饲料调制技术不断改进，制作青贮饲料工作效率明显提高，全株玉米青贮营养和发酵品质有了很大提升。2019 年，中国全株玉米青贮饲料质量 85% 以上达到良好水平，其中，9% 达到优级水平，CSQS 平均值为 61.0 分，同比提高 6.1%。其中，30 小时中性洗涤纤维消化率（30h NDFD）和乳酸含量平均值比 2018 年分别提高了 2.5% 和 7.1%，氨含量降低了 12.5%，表明中国全株玉米青贮在田间收获、调制和贮存管理等环节均得到改善。

2. 奶业主产区的全株玉米青贮质量整体高于其他地区

从不同种植区域看，受气候地理环境、土地种植条件和收获加工生产技术成熟度等条件制约，黄淮海地区、西北地区、东北地区等奶业主产区全株玉米青贮质量明显高于华南和西南地区（见表 13-11）。从不同畜种看，奶牛养殖企业全株玉米青贮饲料质量评分 CSQS 为 63.7 分，明显高于肉牛（58.2 分）和肉羊（56.0 分）养殖企业（见表 13-12）。

对于规模化奶牛场，养殖规模越大，全株玉米青贮质量越高（见表 13-13），这与产业成熟度和养殖规模化程度对全株玉米青贮饲料的认知和需求匹配度有关。

表 13-11 不同种植区域全株玉米青贮质量比较

项目	黄淮海地区	西北地区	东北地区	西南地区	华南地区	SEM	P 值
干物质(%)	31.6ᵃ	29.4ᵃᵇ	29.3ᵃᵇ	26.9ᵇᶜ	25.1ᶜ	0.74	<0.01
粗蛋白质(%DM)	8.5ᶜ	8.0ᶜ	8.3ᵇᶜ	8.7ᵇ	9.3ᵃ	0.14	<0.01
30h 中性洗涤纤维消化率(%DM)	58.9ᵃ	58.9ᵃ	56.9ᵃᵇ	59.3ᶜ	55.4ᵇ	0.61	<0.01
淀粉(%DM)	30.9ᵃ	27.6ᵃᵇ	25.1ᵇ	23.2ᵇᶜ	20.5ᶜ	1.35	<0.01
粗脂肪(%DM)	4.0ᵃ	3.8ᵃᵇ	3.8ᵇᶜ	3.7ᵇᶜ	3.5ᶜ	0.07	<0.01
氨(%DM)	0.8ᵃ	0.7ᵇ	0.7ᵇ	0.8ᵃ	0.8ᵃ	0.03	<0.01
乳酸(%DM)	4.5ᵃ	4.6ᵃ	4.6ᵃ	3.9ᵃᵇ	3.7ᵇ	0.18	<0.01
全株玉米青贮质量级指数 CSQS(分)							
2018 年	64.3ᵃ	56.1ᵇ	53.5ᵇᶜ	53.0ᵇᶜ	45.4ᶜ	2.32	<0.01
2019 年	65.0ᵃ	62.3ᵃᵇ	56.6ᵇᶜ	53.9ᶜ	54.8ᶜ	1.62	<0.01

注：同行相同字母表示差异不显著，不同字母表示差异显著，下同。

表 13-12 不同养殖畜种全株玉米青贮质量比较

项目	奶牛	肉牛	肉羊	SEM	P 值
干物质(%)	31.0ᵃ	28.2ᵇ	27.3ᵇ	0.46	<0.01
粗蛋白质(%DM)	8.3ᵃ	8.4ᵃ	8.5ᵃ	0.10	0.35
30h 中性洗涤纤维消化率(%DM)	57.5ᵃ	57.7ᵃ	57.8ᵃ	0.41	0.79
淀粉(%DM)	29.7ᵃ	25.9ᵇ	24.2ᵇ	0.81	<0.01
粗脂肪(%DM)	4.0ᵃ	3.7ᵇ	3.65ᵇ	0.05	<0.01
氨(%DM)	0.8ᵃ	0.7ᵇ	0.7ᵇ	0.02	<0.01
乳酸(%DM)	4.6ᵃ	4.3ᵇ	4.5ᵃᵇ	0.11	0.02
全株玉米青贮质量分级指数 CSQS(分)					
2018 年	61.4ᵃ	50.1ᵇ	49.1ᵇ	2.40	<0.01
2019 年	63.7ᵃ	58.2ᵇ	56.0ᵇ	1.03	<0.01

表 13-13　不同规模奶牛场全株玉米青贮质量比较

项目	500 头以下	500~1000 头	1000~3000 头	3000~5000 头	5000 头以上	SMZ	P 值
评价指标							
干物质(%)	28.7[b]	31.8[a]	31.5[a]	30.5[a]	31.4[a]	0.53	<0.01
粗蛋白(%DM)	8.4[a]	8.5[a]	8.2[a]	8.3[a]	8.2[a]	0.11	0.12
淀粉(%DM)	28.2[a]	29.5[a]	30.0[a]	29.6[a]	30.0[a]	0.94	0.61
粗脂肪(%DM)	3.9[b]	4.1[a]	4.0[a]	4.1[a]	4.2[a]	0.06	<0.01
30h 中性洗涤纤维消化率(%DM)	57.7[a]	57.0[a]	57.2[a]	58.7[a]	58.1[a]	0.41	0.05
氨(MO%)	0.7[b]	0.8[a]	0.8[a]	0.8[a]	0.9[a]	0.02	0.01
乳酸(%DM)	4.5[b]	4.7[ab]	4.7[ab]	4.7[ab]	5.0[a]	0.36	<0.01
全株玉米青贮质量分级评分指数(CSQS)							
2018 年	55.7[C]	62.8[ab]	61.8[ab]	58.3[bc]	65.9[a]	1.91	0.01
2019 年	61.4[a]	64.0[a]	63.1[a]	64.9[a]	66.4[a]	1.43	0.22

3. 霉菌毒素虽未出现超标现象但存在潜在安全风险

全株玉米青贮饲料中霉菌毒素未出现超标现象，检出值均低于国家标准限量值，但霉菌毒素检出率明显升高，存在潜在安全风险。跟踪评价样品中，黄曲霉毒素 B_1、玉米赤霉烯酮、呕吐毒素最大值分别为 4.6 微克每千克、715.2 微克每千克和 4110.0 微克每千克（表 13-14），检出率分别为 39.5%、71.5% 和 36.5%，比 2018 年分别提高了 12.8%、20.1% 和 7.8%。主要原因：一是田间收获青贮饲料霉菌毒素污染；二是青贮加工调制过程因收获期不宜（过早或过晚）、调制不规范（压窖或封窖不严）等造成霉菌滋生；三是青贮窖（裹包）贮存管理不当，雨水渗入或后期青贮饲料取用不规范造成二次发酵等。

表 13-14　2019 年全株玉米青贮霉菌毒素检测情况

项目	平均值（微克/千克）	最大值（微克/千克）	最小值（微克/千克）	检测限（微克/千克）	国家限量标准（微克/千克）	超标率（%）
黄曲霉毒素 B_1	1.1	4.6	0	2.3	30.0	0
玉米赤霉烯酮	86.0	715.2	0	59.1	1000.0	0
呕吐毒素	500.0	4110.0	0	740.0	5000.0	0

注：国家限量标准参照 GB 13078—2017 饲料卫生标准。

（二）主要问题

随着优质青贮行动计划实施，粮改饲试点省区全株玉米青贮质量有了很大的提升，但也存在以下问题。

1. 缺乏有效的青贮饲料质量分级评价标准和"以质定价"体系

养殖企业与专业种植公司（合作社）之间种养结合不紧密的矛盾长期存在，由于缺乏科学有效的全株玉米青贮饲料质量分级评价标准，很难做到以质论价、优质优价，容易出现"鱼龙混杂""以次充好"现象，青贮饲料的品质价值没有得到充分体现，品质和价格之间有利益博弈，青贮饲料质量很难保证。

2. 高效收贮设施设备配套不足

青贮饲料收贮具有季节性强、集中度高的特点。目前国产收贮机械大多效率低，收割速度慢，玉米籽实破碎率低，揉搓破壁效果差，影响收贮进度和玉米青贮品质。大型进口收贮机械效率高、质量好，但价格较高，购买数量少。在青贮集中收获时节，由于青贮配套设备不足，导致青贮不能及时收获，错过了最佳收获期，影响青贮品质。

3. 青贮饲料技术支撑能力与服务不足

目前全国大中型规模化牧场特别是规模化奶牛场，青贮饲料调制技术比较高，能系统掌握青贮制作要点，青贮品质比较稳定；小规模牧场及养殖户（尤其是肉牛、肉羊养殖场）缺乏专业青贮技术人员，无法准确把握青贮收获时期和标准化制作流程、要点，青贮质量一般。南方高热高湿地区和东北寒冷地区存在青贮品种成熟期与季节之间的矛盾，对收获时机把握不准，同时还存在切割长度和留茬高度不合理，压实密度和青贮发酵不充分等问题，青贮质量难以保证。

（三）建议

1. 实施全株玉米青贮饲料质量分级体系

加快将全株玉米青贮饲料质量分级评分指数（CSQS）纳入行业标准并推广应用。CSQS是以粗蛋白、淀粉、粗脂肪、30h中性洗涤纤维消化率4个营养指标和氨与乳酸含量2个发酵指标为核心，兼顾青贮饲料营养价值和动物营养需要，通过数学模型构建而成，不仅能够全面反映全株玉米青贮饲料营养和发酵品质，而且生产中操作便捷。该体系推广应用对于带动青贮饲料质量提升具有重要的指导意义。

2. 提升青贮设备机械运转服务能力

一是加大青贮机械的专项补贴力度，将进口青贮加工设备纳入农机购置补贴范围，同时提高农机补贴比例，提升青贮收贮企业（合作社）大型收获机械自有率，提高收贮效率，保障青贮品质。二是大力扶持专业化青贮收贮组织，鼓励各类金融机构增加对专业收贮企业的信贷支持，提高青贮设备使用效率，提高生产加工水平，满足优质青贮制作需求，实现全株玉米青贮专业化收贮、标准化生产。

3. 搭建全国青贮饲料科技创新联盟平台

在加大实施 GEAF 计划的基础上，建立由科研院校、推广机构、技术服务和生产单位一体化的青贮饲料科技创新联盟，实现由生产企业及时反馈实际问题，科研院校及时组织技术攻关、创新与集成，推广部门组织技术力量抓紧推广的有效工作方式，打通青贮饲料在种、收、贮、用环节技术推广服务"最后一公里"的环节。

（全国畜牧总站　中国农业科学院北京畜牧兽医研究所）

四、2020 年中国全株玉米青贮质量安全报告

为深入做好粮改饲工作，进一步掌握粮改饲试点地区全株玉米青贮质量状况，农业农村部畜牧兽医局委托全国畜牧总站和中国农业科学院北京畜牧兽医研究所开展粮改饲一优质青贮行动计划（GEAF 计划），从种植、调制、评价和利用 4 个关键环节推广关键技术，全面提升青贮饲料品质，推动畜牧业高质量发展。2020 年，根据计划，对全国 17 个粮改饲试点省区 629 个县粮改饲收贮主体的全株玉米青贮进行质量跟踪评价，共采集有效样品 737 个，每个样品检测 21 项质量安全指标，同时结合相关单位委托检测评价的 533 个玉米青贮样品数据，共检测样品 1270 个，分析指标 26670 个，按照全株玉米青贮质量分级评分指数，形成了《中国全株玉米青贮质量安全报告（2020）》。

（一）评价结果

按照全株玉米青贮质量分级指数评价，2020 年中国粮改饲试点地区全株玉米青贮质量 90% 以上达到良好水平，同比提高 6.2%。但在不同地域、养殖规模和草食动物畜种之间青贮质量仍存在一定差距，黄淮海和长江中下游地区全株玉米青贮质量分级指数比华南地区分别高 39.0% 和 35.0%，奶牛养殖企业全株玉米青贮质量分级指数比肉牛和肉羊养殖企业分别高 13.7% 和 12.8%。以全株玉米青贮营养指标（干物质、粗蛋白质、淀粉、粗脂肪、30h 中性洗涤纤维消化率）和发酵指标（氨和乳酸）为核心构建的全株玉米青贮质量分级评分指数能全面反映全株玉米青贮的营养和发酵品质，计算公式如下：

$$CSQS_{(0-100)} = (CSQI-0.09) \div 0.84 \times 100$$

$$CSQI = \sum_{i=1}^{n} (W_i \times S_i)$$

其中，CSQI 为全株玉米青贮质量指数，S_i 表示以营养指标（干物质、粗蛋白质、淀粉、粗脂肪、30h 中性洗涤纤维消化率）和发酵指标（氨和乳酸）的测定含量，W_i 为各个指标的权重。

1. 90%以上全株玉米青贮质量达到良好水平

随着粮改饲 GEAF 计划持续推进，不断加快青贮饲料调制技术规范化和标准化进程，制作青贮饲料工作效率明显提高，全株玉米青贮营养和发酵品质有了很大提升。2020年，中国全株玉米青贮质量 90%以上达到良好水平，比 2019 年上升 5 个百分点，其中 17.5%达到优秀水平，CSQS 平均值为 64.9 分，同比提高 6.2%。其中，30 小时中性洗涤纤维消化率（30h NDFD）、淀粉含量和乳酸含量平均值比 2019 年分别提高了 6.1%、1.8%和 2.2%，表明中国全株玉米青贮在收割、调制和贮后管理等技术环节得到改善。

2. 全株玉米青贮质量持续提升

从 CSQS 评价结果看，不同种植区域、不同养殖规模、不同养殖畜种之间，全株玉米青贮质量持续提升。奶业主产区的全株玉米青贮质量整体水平仍高于其他区域，包括黄淮海地区（CSQS 为 68.4 分）、长江中下游地区（CSQS 为 66.4 分）、西北地区（CSQS 为 64.1 分）、东北地区（CSQS 为 61.9 分）、西南地区（CSQS 为 58.2 分）和华南地区（CSQS 为 49.2 分）（见表 13-15），其中，黄淮海、长江中下游、西北、东北和西南地区较 2019 年分别提升 5.2%、4.9%、2.9%、9.4%、8.0%，华南地区较 2019 年下降 10.2%。规模化养殖场全株玉米青贮的质量稳步提升，养殖规模越大，青贮质量越高（见表 13-16）；由于产业成熟度和养殖规模程度差异，奶牛养殖企业全株玉米青贮质量普遍高于肉牛和肉羊养殖企业（见表 13-17），奶牛、肉牛、肉羊养殖企业的青贮质量较 2019 年分别上升 8.2%、4.1%、9.1%。

表 13-15 不同种植区域全株玉米青贮质量比较

项目	黄淮海地区	长江中下游地区	西北地区	东北地区	西南地区	华南地区	SEM	P 值
干物质(%)	30.4^b	34.2^a	28.4^{bc}	28.9^{bc}	27.1^c	25.1^d	0.16	<0.01
粗蛋白质(%DM)	8.6^{bc}	8.5^c	8.7^{bc}	8.4^c	9.0^a	10.2^a	0.02	<0.01
30h 中性洗涤纤维消化率(%DM)	62.1^a	57.0^c	61.6^{ab}	59.2^{bc}	60.8^{ab}	53.9^d	0.17	<0.01
淀粉(%DM)	31.1^a	35.9^{ab}	26.3^{bc}	28.8^b	21.7^{cd}	16.9^d	0.31	<0.01
粗脂肪(%DM)	4.3^a	3.8^{bc}	4.0^{ab}	4.0^{ab}	3.9^{bc}	3.6^c	0.02	<0.01
氨(%DM)	1.0^a	0.8^b	0.9^{ab}	0.8^b	0.9^{ab}	0.9^{ab}	0.01	<0.01
乳酸(%DM)	4.5^b	4.6^{ab}	4.8^a	4.7^a	4.5^b	4.4^b	0.04	0.02
全株玉米青贮质量级指数 CSQS(分)								
2019 年	65.0^a	63.3^{ab}	62.3^{ab}	56.6^{bc}	53.9^c	54.8^c	0.52	<0.01
2020 年	68.4^a	66.4^{ab}	64.1^{abc}	61.9^{bc}	58.2^c	49.2^d	0.38	<0.01

表 13-16 不同规模奶牛场全株玉米青贮质量比较

项 目	500头以下	500~1000头	1000~3000头	3000~5000头	5000头以上	SEM	P 值
干物质(%)	30.1	30.5	30.9	30	31.5	0.18	0.17
粗蛋白(%DM)	8.6	8.5	8.4	8.5	8.5	0.02	0.18
淀粉(%DM)	28.4	29.0	30.4	29.4	31.0	0.34	0.11
粗脂肪(%DM)	4.2	4.2	4.3	4.3	4.3	0.02	0.76
30h 中性洗涤纤维消化率(%DM)	61.1	61.3	60.7	61.5	60.9	0.20	0.15
氨(MO%)	1.0	1.0	1.0	1.0	1.0	0.01	0.94
乳酸(%DM)	4.5[b]	4.7[b]	4.8[b]	4.8[b]	5.2[a]	0.05	< 0.01
全株玉米青贮质量分级评分指数(CSQS)							
2019 年	61.4[a]	63.1[a]	64.0[a]	64.9[a]	66.4[a]	0.63	0.22
2020 年	66.8[b]	68.0[b]	69.3[ab]	70.3[ab]	72.2[a]	0.45	0.01

表 13-17 不同养殖畜种全株玉米青贮质量比较

项目	奶牛	肉牛	肉羊	SEM	P 值
干物质(%)	30.7[a]	17.8[b]	28.3[b]	0.17	< 0.01
粗蛋白(%DM)	8.6[b]	9.0[b]	9.0[b]	0.03	< 0.01
淀粉(%DM)	31.6[a]	25.2[b]	25.8[b]	0.33	< 0.01
30h 中性洗涤纤维消化率(%DM)	61.3	60.6	61.1	0.18	0.15
粗脂肪(%DM)	4.2[a]	4.0[b]	3.9[b]	0.02	< 0.01
氨(MO%)	1.0[a]	0.9[b]	0.9[b]	0.01	< 0.01
乳酸(%DM)	4.7	4.6	4.5	0.04	0.08
全株玉米青贮质量分级评分指数(CSQS)					
2019 年	63.7[a]	58.2[b]	56.0[b]	0.52	< 0.01
2020 年	68.9[a]	60.6[a]	61.1[b]	1.44	< 0.01

3. 霉菌毒素检出率降低，未出现超标现象

全株玉米青贮中霉菌毒素未出现超标现象，检出值均低于国家标准限量值。跟踪评价样品中，赭曲霉毒素 A、T-2 毒素未检出，而黄曲霉毒素 B_1、玉米赤霉烯酮、呕吐毒

素、伏马毒素 B₁ 最大值分别为 3.8 微克每千克、600.1 微克每千克、2545.3 微克每千克、397.2 微克每千克，检出率分别为 5.0%、64.0%、33.5%、53.0%（见表 13-19），其中黄曲霉毒素 B₁，玉米赤霉烯酮、呕吐毒素检出率比 2019 年分别降低了 34.5 个百分点、7.5 个百分点和 3.0 个百分点。

表 13-19　2020 年全株玉米青贮霉菌毒素检测情况

项目	平均值 (微克/千克)	最大值 (微克/千克)	最小值 (微克/千克)	检测限 (微克/千克)	检出率 (%)	国家限量标准 (微克/千克)	超标率 (%)
黄曲霉毒素 B₁	0.13	3.8	0	2.3	5.0	30.0	0
玉米赤霉烯酮	82.8	600.1	0	59.1	64.0	1000.0	0
呕吐毒素	636.8	2545.3	0	740.0	33.5	5000.0	0
伏马毒素（B₁+B₂）	101.7	379.2	0	100.0	53.0	60000.0	0
赭曲霉毒素 A	0	0	0	5.0	0	100.0	0
T-2 毒素	0	0	0	5.0	0	500.0	0

　　注：国家限量标准：参照 GB 13078—2017 饲料卫生标准；表中平均值、最大值、最小值数据为 0 表示未检出。

　　（二）主要问题

　　随着优质青贮行动计划实施，粮改饲试点地区全株玉米青贮质量有了很大提升，但仍存在一定的问题。

　　1. 种植户和养殖户仍存在脱节现象

　　缺乏科学有效的全株玉米青贮质量分级标准，种植户重视收贮"量"而轻"质量"，养殖户难以做到青贮饲料优质优价，青贮原料质量参差不齐，青贮饲料的品质价值无法得到充分体现。

　　2. 高效率作业机械设备不足

　　青贮饲草料收贮量大、作业时间集中，机械化要求高。国产中小型机械效率低、揉搓破壁效果差，影响收获进度和青贮品质；进口大型收获机械籽实破碎度好，收割效率高，但价格高、补贴少，部分产品未列入农机购置补贴名录。云南、贵州、广西和青海等省区丘陵山区田块细碎、高低不平，机耕道路缺乏，收贮机械"下田难"和"作业难"，加之青贮饲料破碎度要求高，收贮季节易出现"无机可用"现象。

3. 人员技能水平仍存在较大差异

目前大中型规模化牧场在青贮制作过程中技术水平较高，青贮制作人员能够系统掌握青贮制作要点，兼顾各个制作环节，且青贮品质比较稳定。小规模牧场及养殖户青贮制作缺乏专业技术人员，无法准确把握收获时期，青贮制作不规范，青贮质量也难以保证。

（三）建议

1. 全面实施全株玉米青贮质量分级体系

加快实施全株玉米青贮质量分级标准，促进养殖企业与专业种植公司（合作社）形成优质优价为基础的种养一体化融合，提升青贮饲料质量水平和饲用效率。

2. 加大技术培训力度

针对不同规模、不同水平牧场的实际问题，开展针对性培训，重点围绕收获时期把握、加工调制、质量评价、贮后管理等技术环节，提高一线技术人员的技术能力。同时，摸索出适宜当地的青贮生产模式，提升区域全株玉米青贮质量水平。

3. 加强国产青贮设备自主研发

针对不同区域、不同生产环节的需求，加强青贮饲料收贮设备自主研发与推广，提高中国青贮产业总体的机械化生产水平。重点开展适宜中国丘陵山区优质饲草收获、加工机械的研发和推广应用，满足优质青贮饲料标准化生产需求，并快速提升这些区域优质饲草生产的轻简化水平。

4. 搭建全国青贮饲料科技创新中心

组建一支涵盖种植、调制、评价、利用等环节产学研用一体化的青贮饲料科技创新中心，联合攻克青贮关键技术难题，制定优质青贮饲料标准化调制技术规范，培训实用化技术人才，普及青贮饲料应用知识，实现种、收、贮、用的有机衔接。

（全国畜牧总站　中国农业科学院北京畜牧兽医研究所）

五、2021 年中国全株玉米青贮质量安全报告

为深入做好粮改饲工作，进一步掌握粮改饲区域全株玉米青贮饲料质量状况，农业农村部畜牧兽医局委托全国畜牧总站和中国农业科学院北京畜牧兽医研究所组织实施了粮改饲—优质青贮行动计划（GEAF 计划），从种植、调制、评价和利用四个关键环节推广关键技术，全面提升青贮饲料品质，推动畜牧业高质量发展。2021 年，根据工作计划，对全国 17 个粮改饲区域的 808 个县粮改饲收贮主体的全株玉米青贮饲料进行质量跟踪评价，共采集有效样品 950 个，每个样品检测 21 项营养、发酵和安全指标，同时结合

相关单位委托检测评价的 929 个玉米青贮样品数据，共检测样品 1879 个，结合全株玉米青贮质量分级指数（CSQS），形成了《中国全株玉米青贮质量安全报告（2021）》。

（一）评价结果

按照全株玉米青贮质量分级指数评价，2021 年全国粮改饲区域全株玉米青贮质量 91.3% 达到良好及以上水平，CSQS 同比提高 1.4%。但是全株玉米青贮质量在不同地域和草食动物畜种之间仍存在明显差距，黄淮海地区全株玉米青贮质量分级指数比西南地区和华南地区分别高 20.3% 和 31.2%，奶牛养殖企业全株玉米青贮质量分级指数比肉牛和肉羊养殖企业分别高 13.0% 和 12.4%。

1. 全株玉米青贮质量稳步提升

随着粮改饲 GEAF 计划有序推进，加快了青贮饲料调制技术规范化和标准化进程，全株玉米青贮质量稳步提升。2021 年，中国粮改饲区域全株玉米青贮质量达到良好及以上水平的牧场占 91.3%，其中优级水平达 22.4%，同比提高 4.9 个百分点，CSQS 平均值为 65.8 分，同比提高 1.4%。其中，粗蛋白质（CP）含量提高了 3.5%；氨含量降低了 3.2%（见表 13-20），表明全株玉米青贮在收割、调制和贮后管理等技术环节得到改善。

表 13-20　2020—2021 年全株玉米青贮质量变化情况

项目	2020 年	2021 年	SEM	P 值
干物质(%)	29.3	29.0	0.11	0.34
粗蛋白质(%DM)	8.6	8.9	0.02	<0.01
30h 中性洗涤纤维消化率(%DM)	61.0	60.3	0.09	<0.01
淀粉(%DM)	28.6	27.0	0.15	<0.01
粗脂肪(%DM)	4.08	4.12	0.01	<0.01
氨(%DM)	0.94	0.91	0.01	<0.01
乳酸(%DM)	4.6	4.5	0.03	<0.01
全株玉米青贮质量分级指数 CSQS(分)	64.9	65.8	0.25	0.35

2. 不同区域、不同畜种全株玉米青贮质量差异明显

从 CSQS 评价结果看，不同区域、不同养殖畜种之间，全株玉米青贮饲料质量持续提升。黄淮海地区（69.4 分）、西北地区（65.5 分）、东北地区（62.7 分）显著高于西南地区（57.7 分）和华南地区（52.9 分）（见表 13-21），奶业主产区的全株玉米青贮质量整体水平仍高于其他区域。由于产业成熟度和养殖规模程度差异，奶牛养殖企业全株玉

米青贮质量整体好于肉牛和肉羊养殖企业（见表 13-22），奶牛、肉牛和肉羊养殖企业较 2020 年分别提高 1.0%、1.7% 和 1.3%。奶牛养殖规模越大，青贮质量越高（见表 13-23），产生了良好的带动辐射作用。

表 13-21　不同种植区域全株玉米青贮质量比较

项目	黄淮海地区	西北地区	东北地区	西南地区	华南地区	SEM	P 值
干物质(%)	30.6[a]	28.1[c]	29.5[ab]	25.9[d]	27.2[cd]	0.15	<0.01
粗蛋白质(%DM)	8.8[b]	8.9[b]	8.7[b]	9.4[a]	9.6[a]	0.02	<0.01
30h 中性洗涤纤维消化率(%DM)	60.7[ab]	60.2[abc]	59.8[bc]	59.3[c]	61.0[a]	0.08	<0.01
淀粉(%DM)	29.3[a]	26.5[a]	26.6[a]	21.7[b]	15.0[c]	0.24	<0.01
粗脂肪(%DM)	4.2[a]	4.1[ab]	4.0[bc]	3.8[c]	3.5[d]	0.01	<0.01
氨(%DM)	0.94[a]	0.89[ab]	0.86[b]	0.92[ab]	0.89[ab]	0.01	<0.01
乳酸(%DM)	4.6[a]	4.5[a]	4.3[ab]	4.1[b]	3.6[c]	0.03	<0.01
全株玉米青贮质量级指数 CSQS(分)							
2020 年	68.4[a]	64.1[abc]	61.9[bc]	58.2[c]	49.2[d]	0.38	<0.01
2021 年	69.4[a]	65.5[ab]	62.7[b]	57.7[c]	52.9[d]	0.34	<0.01

注：同行相同字母表示差异不显著，不同字母表示差异显著，下同。

表 13-22　不同养殖畜种全株玉米青贮质量比较

项目	奶牛	肉牛	肉羊	SEM	P 值
干物质(%)	30.6[a]	27.0[b]	27.2[b]	0.15	<0.01
粗蛋白质(%DM)	8.8[b]	9.0[a]	9.2[a]	0.03	<0.01
30h 中性洗涤纤维消化率（%DM）	60.6[a]	59.8[b]	60.2[ab]	0.08	<0.01
淀粉(%DM)	29.5[a]	24.1[b]	24.6[b]	0.25	<0.01
粗脂肪(%DM)	4.2[a]	3.9[b]	3.8[c]	0.01	<0.01
氨(%DM)	0.9[a]	0.9[a]	0.8[b]	0.01	<0.01
乳酸(%DM)	4.6[a]	4.4[b]	4.2[b]	0.03	<0.01
全株玉米青贮质量分级指数 CSQS(分)					
2020 年	68.9[a]	60.6[b]	61.1[b]	1.44	<0.01
2021 年	69.6[a]	61.6[b]	61.9[b]	0.36	<0.01

表 13-23　不同规模奶牛场全株玉米青贮质量比较

项目	500头以下	500~1000头	1000~3000头	3000~5000头	5000头以上	SMZ	P 值
评价指标							
干物质(%)	28.8[b]	31.1[a]	31.0[a]	30.7[a]	31.0[a]	0.17	<0.01
粗蛋白(%DM)	8.9[a]	8.8[ab]	8.7[ab]	8.9[a]	8.6[b]	0.03	0.02
淀粉(%DM)	27.7[b]	29.8[a]	29.7[a]	29.9[a]	30.7[a]	0.25	<0.01
粗脂肪(%DM)	4.1[c]	4.2[bc]	4.3[a]	4.3	4.2[b]	0.02	<0.01
30h 中性洗涤纤维消化率(%DM)	60.1	60.7	60.5	60.9	60.6	0.10	0.14
氨(MO%)	0.9	0.9	1.0	1.0	1.0	0.01	0.49
乳酸(%DM)	4.5[b]	4.5[b]	4.7[b]	4.5[b]	5.0[a]	0.04	<0.01
全株玉米青贮质量分级评分指数(CSQS)							
2020 年	66.8[a]	68.0[b]	69.3[ab]	70.3[ab]	72.2[ab]	0.45	0.01
2021 年	66.6[a]	69.9[b]	69.7[b]	71.1[b]	71.6[b]	0.41	<0.01

3. 呕吐毒素存在超标现象，但处于可控范围

2021 年，全株玉米青贮中黄曲霉毒素 B_1、玉米赤霉烯酮、伏马毒素（B_1+B_2）、赭曲霉毒素 A 和 T-2 毒素均低于国家限量标准，但部分养殖户呕吐毒素出现超标现象，存在潜在的风险，但处于可控范围。跟踪评价样品中，黄曲霉毒素 B_1、赭曲霉毒素 A 和 T-2 毒素未检出，而玉米赤霉烯酮、呕吐毒素、伏马毒素（B_1+B_2）含量平均值分别为 131.4 微克每千克、923.9 微克每千克、452.4 微克每千克（表 13-24），比 2020 年分别升高 58.7%、45.1% 和 344.8%。主要原因：一是田间收获前受到了霉菌毒素污染；二是青贮加工过程中，原料收获过早或延迟、装填过程缓慢、压实度或密封不足等因素为霉菌毒素产生创造有利条件；三是青贮取用管理过程中，青贮窖（裹包）因覆膜被破坏导致雨水、氧气渗入以及取用不规范造成霉菌毒素滋生。

表 13-24　2021 年全株玉米青贮霉菌毒素检测情况

项目	平均值（微克/千克）	最大值（微克/千克）	最小值（微克/千克）	检测限（微克/千克）	检出率(%)	国家限量标准（微克/千克）	超标率(%)
黄曲霉毒素 B_1	0	0	0	2.3	0	30.0	0
玉米赤霉烯酮	131.4	2964.9	0	59.1	65.5	1000.0	0
呕吐毒素	923.9	13957.2	0	740.0	33.5	5000.0	2.0

续表

项目	平均值 (微克/千克)	最大值 (微克/千克)	最小值 (微克/千克)	检测限 (微克/千克)	检出率(%)	国家限量标准 (微克/千克)	超标率(%)
伏马毒素(B_1+B_2)	452.4	13207.5	0	100.0	57.0	60000.0	0
赭曲霉毒素 A	0	0	0	5.0	0	100.0	0
T-2 毒素	0	0	0	5.0	0	500.0	0

注：国家限量标准参照 GB 13078—2017 饲料卫生标准；表中平均值、最大值、最小值数据为 0 表示未检出。

（二）主要问题

随着粮改饲 GEAF 计划实施，粮改饲区域全株玉米青贮质量有了很大的提升，但仍存在如下问题。

1. 缺乏青贮饲料质量定价体系

缺乏规范的青贮饲料质量定价体系，出现了种植户重视收贮"量"而轻"质量"，养殖户难以做到青贮饲料优质优价的现象，青贮饲料品质很难保证。

2. 青贮制作仍不规范

很多牧场在种、收、贮、用等技术环节仍存在很多问题，如品种选择不合理、收获时机把握不准、切割长度和留茬高度不合理、压实密度不充分等，造成质量参差不齐，利用效率不高，特别是肉牛场、羊场这一问题尤为突出。

3. 技术支撑服务仍旧不足

目前大中型规模化牧场在青贮制作过程中技术水平较高，能够系统掌握青贮制作要点，兼顾各个制作环节，且青贮品质比较稳定。小规模牧场及养殖户青贮制作缺乏专业技术人员，无法准确把握收获时期，青贮制作不规范，青贮质量也难以保证。

（三）建议

1. 构建青贮质量定价体系

构建以 CSQS 为基础的质量定价体系，既解决青贮饲料"鱼龙混杂""以次充好"的问题，又能做到以质论价、优质优价，保证养殖企业与专业种植公司（合作社）之间的合理利益分配，实现种养结合健康发展。

2. 加大推广粮改饲 GEAF 计划技术规范

粮改饲项目技术服务团队与各省区技术推广单位和相关技术企业通力合作，开展区域性技术指导、技术培训、技术服务。一是继续在各省区建立示范基地，开展青贮技术培训、技术示范及推广，以点带面，辐射推广；二是举办 GEAF 大赛及区域性评鉴活动，推动青贮品质升级。

3. 加强针对性技术培训

针对不同规模、不同水平、不同区域牧场的实际问题，开展针对性培训，重点围绕收获时期把握、加工调制、质量评价、贮后管理等技术环节，提高一线技术人员技术能力。同时，摸索出适宜当地的青贮生产模式，提升区域全株玉米青贮质量水平。

4. 成立粗饲料专业委员会

为促进青贮饲料的规范化管理，推进青贮饲料专业化生产，充分发挥生产、管理、科研、教学、推广等方面专家的作用，加强各方面交流与合作，成立粗饲料专业委员会，推动青贮饲料品种、添加剂、收贮加工设备等相关产业高质量发展。

（全国畜牧总站　中国农业科学院北京畜牧兽医研究所）

第三篇
畜禽粪污处理
与资源化利用技术

第十四章　畜禽粪污基础知识

第一节　畜禽粪污的特性

一、畜禽粪污的成分

畜禽废弃物是指畜禽养殖过程中产生的废弃物，包括粪、尿、垫料、冲洗水、动物尸体、饲料残渣和臭气等。由于动物尸体通常是单独收集和处理，臭气产生后即挥发。本书定义的粪污主要包括畜禽粪、尿、饲料残渣、冲洗水形成的混合物，其中固体粪便称为干粪，液体粪便称为粪水或污水。

（一）干粪的成分

1. 含水量

干粪中的含水量随动物种类、年龄不同而不同。正常成年动物干粪的含水量分别为：猪粪81.5%、牛粪83.3%、羊粪65.5%、鸡粪50.5%。

2. 含氮量

粪中氮的来源有两方面，一是未消化的饲料蛋白，即外源性氮；二是机体代谢氮，即内源性氮。畜禽干粪中的粗蛋白包括蛋白质和非蛋白含氮物两部分。粪中的蛋白质包括多种菌体蛋白、消化道脱落的上皮细胞、消化酶以及存在于饲料残渣中的各种未消化蛋白；非蛋白含氮物包括游离氨基酸、尿素、尿酸、氨、胺、含氮脂类、核酸及其降解产物等。干粪中的氮主要是有机氮，有机氮含量占粪中总氮量的80%以上。有机氮只有被矿化后才能被植物吸收，而干粪中的无机氮（氨氮）能被植物直接吸收利用。

畜禽干粪中的粗蛋白平均含量以鸡粪最高，其次是猪粪，草食动物干粪相对较低。在鸡粪中粗蛋白含量又以笼养肉鸡粪最高，依次是笼养蛋鸡粪、肉鸡垫料粪、蛋鸡垫料粪和后备鸡垫料粪。

粪中氮的存在形式也具有畜禽差异，猪粪中纯蛋白含量较高，一般占粗蛋白总量的60%以上；牛粪中的粗蛋白主要是氨氮和尿素，纯蛋白含量较少；鸡粪中的粗蛋白以纯蛋白为主，其次是尿酸和氨氮，尿素和其他含氮物很少。当然干粪在降解过程中各种氮的含量也会发生变化。

粪中氮占粪尿总氮量的比因畜禽种类不同而异：奶牛为60%、肉牛和绵羊均为50%、猪为33%、鸡为25%。同种畜禽由于受饲料性质等多种因素的影响，粪尿氮之比常可发生一定的变化。

3. 矿物质含量

干粪中的矿物质来源分两部分，一部分是日粮中未被动物吸收的外源性矿物质，另一部分是由机体代谢经消化道或消化腺等器官分泌出来的内源性矿物质。由于不同矿物元素在饲料中的含量不同以及不同动物对各种矿物质元素的吸收、代谢和排泄状况不同，畜禽干粪中的矿物质含量差异很大。

磷，反刍动物磷吸收率平均为55%，非反刍动物磷吸收率为50%~85%，而植酸磷消化吸收率低，一般为30%~40%。猪粪中的内源性磷大多由小肠分泌，40%随干粪排泄，60%随尿排出；草食动物内源性磷主要由瘤胃分泌，大部分随干粪排出，小部分随尿排出，泌乳家畜从乳中也可排出一定量的磷。干粪中部分磷以有机形式存在，必须经过分解矿化后才能被植物吸收。

钾，饲料中的绝大部分钾可被吸收，而吸收的钾有80%~85%随尿排出，10%随粪排出，其余随汗排出。畜禽干粪中钾通常为无机养分，几乎完全为有效钾，能直接被植物利用。

铜，饲料中铜的吸收率一般只有5%~10%，被吸收的铜大部分（80%以上）随胆汁排出，少量通过肾脏（约5%）和肠壁（约10%）排出；未被吸收的铜随干粪排出。反刍动物随胆汁排出的铜低于单胃动物，但随尿排出的铜高于单胃动物。

锌，反刍动物对锌的吸收能力为20%~40%，成年单胃动物为7%~15%。粪中的锌大部分是日粮中未被吸收的锌，小部分是由消化道所分泌的内源性锌。随尿排出的内源性锌量很少。

4. 病原微生物

畜禽干粪中常含有病原微生物。青霉菌、黄曲霉菌和黑曲霉菌是畜禽干粪中常见的病原霉菌。畜禽干粪中都能检出沙门氏菌属、志贺氏菌属、埃希氏菌属及各种曲霉属的致病菌型。

鸡粪中常见的病原微生物有：丹毒杆菌、李氏杆菌、禽结核杆菌、白色链球菌、梭菌、棒状杆菌、金黄色葡萄球菌、沙门氏菌、烟曲霉、鸡新城疫病毒、鹦鹉病毒等。

猪粪中常见的病原微生物有：猪霍乱沙门氏菌、猪伤寒沙门氏菌、猪巴氏杆菌、绿脓杆菌、李氏杆菌、猪丹毒杆菌、化脓棒状杆菌、猪链球菌、猪瘟病毒、猪水泡病毒等。

牛粪中常见的病原微生物有魏氏梭菌、牛流产布氏杆菌、绿脓杆菌、坏死杆菌、化脓棒状杆菌、副结核分枝杆菌、金黄色葡萄球菌、无乳链球菌、牛疱疹病毒、牛放线菌等。

羊粪中常见的病原微生物有羊布氏杆菌、炭疽杆菌、破伤风梭菌、沙门氏菌、腐败梭菌、绵羊棒状杆菌、羊链球菌、肠球菌、魏氏梭菌、口蹄疫病毒、羊痘病毒等。

寄生于畜禽消化道或与消化道相连脏器（如肝、胰等）中的寄生虫及其虫卵、幼虫或虫体片段通常与粪一同排出，部分呼吸道寄生虫的虫卵或幼虫也可能出现在干粪中，泌尿生殖器官内的寄生虫卵或幼虫可在鸡粪中出现。

（二）尿的成分

1. 水含量

一般情况下，畜禽尿中的水分占95%~97%，固体物占3%~5%。但不同畜禽尿含量差异很大，猪尿含水量最高，其次是牛尿和马尿，羊尿较少。

2. 有机物

尿中的含氮物质全为非蛋白氮，主要包括尿素、尿囊酸、尿酸、肌酐、嘌呤碱、嘧啶碱、氨基酸和氨等，这些是蛋白质和核酸在体内代谢产生的终产物或中间产物。

3. 无机物

尿中的无机物主要有钾、钠、钙、镁和氨的各种盐。氨在尿中主要以氯化铵和硫酸铵等形式存在。另外，尿中还有少量的硫，它以硫酸盐及其复合酯的形式存在。

4. 病原微生物

对于健康畜禽，存在于膀胱中的尿是无菌的。但尿在排出过程中极易受到泌尿生殖道内存在的各种微生物如葡萄球菌、链球菌、大肠杆菌、乳酸杆菌等的污染而带菌，所以，新鲜尿中能检测到这些菌的存在，病畜禽尿中还可检测到有关的病原生物。

寄生于畜禽消化道或与消化道相连脏器中的部分寄生虫卵或幼虫可随尿排出，泌尿生殖器官内的寄生虫卵或幼虫一般随尿排出。

（三）冲洗水

冲洗水是畜禽养殖过程中清洁地面粪便和尿液而使用的水，冲洗水与被冲洗的粪便和尿液形成混合物进入粪污处理系统。

冲洗水的使用量与畜禽粪污的清理方式有关，目前主要清理方式有干清粪、水冲清粪和水泡粪。

干清粪是采用人工或机械方式从畜禽舍地面收集全部或大部分的固体粪便，地面残余粪尿用少量水冲洗，冲洗水量相对较少。

水冲清粪是从粪沟一端用高压喷头放水清理粪沟中粪尿的清粪方式。水冲清粪可使畜舍内环境清洁、劳动强度小，但耗水量大且污染物浓度高，一个万头猪场每天耗水量在 200~250 立方米，粪污化学需氧量（COD）在 15 000~25 000 毫克每升，悬浮固体（SS）在 17 000~20 000 毫克每升。

水泡粪主要用于生猪养殖，是在猪舍内的排粪沟中注入一定量的水，粪尿、冲洗和饲养管理用水一并排放缝隙地板下的粪沟中，储存一定时间后，打开出口的闸门，将沟中粪水排出。水泡粪比水冲粪工艺用水更节省，但是由于粪污长时间在猪舍中停留，形成厌氧发酵，产生大量的有害气体，如 H_2S（硫化氢），CH_4（甲烷）等，恶化舍内空气环境，危及动物和饲养人员的健康，粪污的有机物浓度更高，后期处理也更加困难。

二、产粪量及影响因素

（一）不同畜种粪便排泄量

畜禽品种不同，粪便排泄量不同，具体见表 14-1。

表 14-1　畜禽场粪便排泄量估算

序号	类别	日排粪量（千克/头、只）	序号	类别	日排粪量（千克/头、只）
1	公猪	2.0~3.0	11	产蛋鸡	0.125~0.135
2	空怀母猪	2.0~2.5	12	肉仔鸡	0.105
3	哺乳母猪	2.5~4.2	13	泌乳奶牛（28 月龄以上）	30~50
4	断奶仔猪	0.7	14	青年奶牛（9~28 月龄）	20~35
5	后备猪	2.1~2.8	15	育成奶牛（7~18 月龄）	10~20
6	生长猪	1.3	16	犊牛（0~6 月龄）	3~7
7	育肥猪	2.2	17	24 月龄以上肉牛	20~25
8	羊	2	18	24 月龄以下肉牛	15~20
9	兔	0.15	19	驴、马、骡子	10
10	后备鸡（0~140 日龄）	0.072			

（二）影响粪污产量的因素

畜禽粪便由干粪、尿液以及冲洗水等组成，任何影响干粪、尿液和冲洗水量的因素也会影响粪便的产生量。

1. 影响干粪量的因素

由于干粪由未被消化的饲料残渣、机体代谢产物和微生物等组成，因此，凡是影响动物消化、消化道结构及其机能和饲料性质的因素，都会影响干粪量。

①畜禽种类、年龄和个体差异。不同种类的畜禽，由于消化道的结构、功能、长度和容积不同，因而对饲料的消化能力不一样。畜禽从幼年到成年，消化器官和机能发育的完善程度不同，对饲料养分的消化率也不一样。同一品种、相同年龄的不同个体，因培育条件、体况、用途等不同，对同一种饲料养分的消化率也有差异。畜禽处于空怀、妊娠、哺乳、疾病等不同的生理状态，对饲料养分的消化率也有影响。

②饲料种类及其成分。不同种类和来源的饲料因养分含量及性质不同，可消化性也不同。

③饲料的加工调制和饲养水平。饲料加工调制方法对饲料养分消化率均有不同程度的影响。适度磨碎有利于单胃动物对饲料干物质、能量和氮的消化。适宜的加热和膨化可提高饲料中蛋白质等有机物质的消化率。粗饲料用酸碱处理有利于反刍动物对纤维性物质的消化。凡有利于瘤胃发酵和微生物繁殖的因素，皆能提高反刍动物对饲料养分的消化率。

④饲养水平过高或过低均不利于饲料的转化。饲养水平过高，超过机体对营养物质的需要，过剩的物质不能被机体吸收利用。相反，饲养水平过低，则不能满足机体需要而影响其生长和发育。

2. 影响尿量的因素

畜禽的排尿量受品种、年龄、生产类型、饲料、使役状况、季节和外界温度等因素的影响，任何因素变化都会使动物的排尿量发生变化。

（1）动物种类

不同种类的动物，营养物质特别是蛋白质代谢产物不同，排尿量存在差异。猪、牛、马等哺乳动物，蛋白质代谢终产物主要是尿素，这些物质停留在体内对动物有一定的毒害作用，需要大量的水分稀释，并使其适时排出体外，因而产生的尿量较多；禽类体内蛋白质代谢终产物主要是尿酸或胺，排泄这类产物需要的水很少，尿量较少。

（2）饲料

就同个体而言，尿量的多少主要取决于动物所摄入的水量及由其他途径所排出的水量。在适宜环境条件下，饲料干物质采食量与饮水量相关，食入水分十分丰富的牧草时动物可不饮水，尿量较少；食入含粗蛋白水平高的饲粮，动物需水量增加，以利于尿素的生成和排泄，尿量较多。刚出生的哺乳动物以奶为生，奶中高蛋白含量的代谢和排泄使尿量增加。饲料中粗纤维含量增加，因纤维膨胀、酵解及未消化残渣的排泄，使需水量增加，继而尿量增加。另外，当日粮中蛋白质或盐类含量高时，饮水量加大，同时尿量增多。有的盐类还会引起动物腹泻。

（3）环境因素

高温是造成畜禽需水量增加的主要因素，最终影响排尿量。一般当气温高于 30℃，动物饮水量明显增加，低于 10℃时，需水量明显减少。气温在 10℃以上，采食 1 千克干物质需供给 2.1 千克水；当气温升高到 30℃以上时，采食 1 千克干物质需供给 2.8~5.1 千克水。产蛋母鸡当气温从 10℃以下升高到 30℃以上时，饮水量几乎增加两倍。高温时动物体表或呼吸道蒸发散热增加，尿量也会发生一定的变化。外界温度高、活动量大的情况下，由肺或皮肤排出的水量增多，导致尿量减少。

3. 影响冲洗水量因素

冲洗水量主要取决于畜禽舍的清粪方式。

（1）清粪方式

不同清粪方式的冲洗用水量差别很大。对于猪场，如果采用发酵床养猪生产工艺，生产过程中的冲洗用水量很少、甚至不用水冲洗；但是如果采用水冲清粪工艺，畜禽排泄的粪尿全部依靠水冲洗进行收集，冲洗用水量很大。对于鸡场，采用刮粪板或清粪带清粪，只在鸡出栏后集中清洗消毒，冲洗水量也很少。

（2）降温用水

虽然降温用水与冲洗并无关联，但不少养殖场在夏季通过喷雾或冲洗动物体实现降温，形成的废水也将成为粪便的一部分，这也是一些猪场夏季粪水量显著增加的一个重要原因。

第二节　粪污对环境的污染

一、畜禽粪污对环境的污染

中国是世界第一畜禽养殖大国，全国每年产生畜禽粪污总量达到近 40 亿吨，畜禽养殖业排放物化学需氧量达到 1268 万吨。2019 年全国第二次污染源普查结果显示，2017 年畜禽养殖业水污染物排放量：化学需氧量 1000.53 万吨，氨氮 11.09 万吨，总氮 59.63 万吨，总磷 11.97 万吨。其中，畜禽规模养殖场水污染物排放量：化学需氧量 604.83 万吨，氨氮 7.50 万吨，总氮 37.00 万吨，总磷 8.04 万吨。

（一）对空气的污染

畜禽粪便对空气的污染主要是粪便有机物厌氧分解所产生的恶臭、有害气体以及携带病原微生物的粉尘。恶臭和有害气体主要包括氨气（NH_3），甲烷（CH_4），硫化氢（H_2S），硫化铵〔$(NH_4)_2S$〕和粪臭素等。

研究表明，家禽粪便中20%~30%的氮为铵态氮，易挥发损失。氨气的挥发提高了雨水的 pH 值，使更多的二氧化硫溶于雨水，形成硫酸铵，在土壤中被氧化，释放硝酸和硫酸，使酸沉降量增加了 2.5 倍。病原微生物主要是细菌和病毒，空气中大量的病原微生物易造成一些疫病流行，严重影响生产和经济效益，同时危害周围居民的健康。

（二）对水体的污染

畜禽废弃物对水体的污染也越来越严重，主要表现为有机污染、N 和 P 污染。养殖场废水主要是尿液与冲洗污水，是高浓度的有机废水，污染负荷大，排放集中，且净化处理难，对农业生态环境和水体环境的影响在畜牧业中起主导作用。实践表明，未经处理的粪污含有大量的 N 和 P 等营养物质，流入河流和池塘，可造成水体的富营养化，使水中藻类大量繁殖，溶解氧含量降低，导致鱼类死亡。另外，畜禽粪便中还含有大量的病原微生物，这些微生物进入水体，会影响水质，引起水生生物发病，危害人体健康。

（三）对土壤的污染

据测定，在畜禽的粪便中包含铝、钡、钙、铬、锡、铜、铁、钾、镁、铂、钠、镍、氯、磷、铅、硫、钒和锌等 21 种微量元素。这些物质进入土壤，超过环境容量时，就会产生环境污染。对土壤理化性质的影响，主要是畜禽粪便施入田地后有机质的累积和阳离子交换量的增加，使无机盐积累，土壤中不易移动的磷酸在土壤下层富集，引起土壤板结。

二、畜禽废弃物进入环境产生污染的主要途径

一是废弃物在储存和运输堆积过程中，由于雨水的冲刷和淋洗作用导致的流失。二是畜禽废弃物堆放和处置过程中不稳定物质的挥发。三是畜禽生产加工过程中废水、废气或固体废弃物（粪便、死尸和绒毛等）的直接排放，会对水源、土壤和空气等产生不同程度的影响。

第三节　基本概念

1. 大型规模养殖场

根据 2017 年农业部直联直报系统中规定：按设计规模，生猪年出栏 ≥ 2000 头，奶牛存栏 ≥1000 头，肉牛年出栏≥200 头，肉羊年出栏≥500 只，蛋鸡存栏≥10000 只，肉鸡年出栏≥40 000 只的养殖场为大型规模养殖场。

2. 规模养殖场

《甘肃省畜禽养殖场养殖小区建设规范暨备案管理办法》中规定规模养殖场养殖规模应为：养猪场，饲养基础母猪 100 头以上或年出栏生猪 500 头以上；奶牛养殖场，存栏奶牛 100 头以上；肉牛养殖场，饲养繁殖母牛 100 头以上或年出栏肉牛 200 头以上；肉羊养殖场，饲养繁殖母羊 200 只以上或年出栏肉羊 500 只以上；家禽养殖场，年存栏蛋鸡 5000 只以上或年出栏肉鸡 10000 只以上；家兔养殖场，饲养家兔 1000 只以上。

3. 非规模养殖户

在甘肃省内，饲养规模小于规模养殖场的养殖场、户，称为非规模养殖户。

4. 畜禽粪污

畜禽粪污指畜禽养殖场产生的液体粪污和固体粪污的总称。

5. 液体粪污

液体粪污指畜禽养殖场产生的液体废弃物，其中包括畜禽尿液、残余粪便、生产过程中产生的废水等总称。

6. 固体粪污

固体粪污指畜禽养殖场产生的固体废弃物，其中包括粪便、饲料残渣等。

7. 干清粪工艺

干清粪工艺指通过机械或人工收集、清除畜禽粪便，尿液、残余粪便及冲洗水则由排污道排出的清粪方式。

8. 水冲粪工艺

水冲粪工艺指畜禽排出的粪、尿和污水混合进入粪沟，每天数次放水冲洗，粪水顺粪沟流入主干沟后排出的清粪工艺。

9. 水泡粪工艺

水泡粪工艺指畜禽舍内的排粪沟中注入一定量的水，将粪、尿、冲洗和饲养管理用水一并排放至漏缝地板下的粪沟中，贮存一定时间（一般为 1~2 个月）、待粪沟填满后，打开出口闸门，沟中的粪水顺粪沟流入粪便主干沟后排出的清粪工艺。

10. 堆肥

堆肥指将畜禽粪便等有机固体废弃物集中堆放并在微生物作用下使有机物发生生物降解，形成腐殖质土壤的过程。

11. 恶臭污染物

恶臭污染物指一切刺激嗅觉器官，引起人们不适及损害生活环境的气体物质。

12. 臭气浓度

臭气浓度指恶臭气体（包括异味）用无臭空气进行稀释，稀释到刚好无臭时所需的稀释倍数。

13. 无害化处理

无害化处理指利用高温、好氧或厌氧等工艺杀灭畜禽粪便中病原菌、寄生虫和杂草种子的过程。

14. 畜禽粪便处理场

畜禽粪便处理场为专业从事畜禽粪便处理、加工的企业和专业户。

15. 最高允许排水量

最高允许排水量指在畜禽养殖过程中直接用于生产的水的最高允许排放量。

16. 畜禽粪污资源化利用

畜禽粪污资源化利用指在畜禽粪污处理过程中，通过生产沼气、堆肥、沤肥、沼肥、肥水、商品有机肥、垫料、基质、微生物消纳等方式进行合理利用。

17. 畜禽粪污土地承载力

畜禽粪污土地承载力指在土地生态系统可持续运行的条件下，一定区域内耕地、林地、园地和草地等所能承载的最大畜禽粪污量（按处理和利用方式进行折算）。

18. 化学需氧量

化学需氧量（chemical oxygen demand，COD）表示用化学氧化剂氧化污水中的还原性物质，所消耗氧气的量。在实验中，这个值是唯一变量，用以间接衡量水中还原性污染物（包括有机和无机）的含量。COD 的单位为浓度或毫克每升，其值越小，说明水质污染程度越轻。

19. 生化需氧量

生化需氧量（biochemical oxygen demand，BOD）表示用好氧微生物氧化污水中的还原性物质，所消耗的氧气量，用以间接衡量水中有机污染物的含量。BOD 单位以浓度或毫克每升表示，其值越高，说明水中有机污染物质越多，污染也就越严重。

20. 5天生化需氧量(BOD₅)

天生化需氧量指因微生物氧化过程极其缓慢，在实验室中，测定生化需氧量规定5天消耗的氧气量，作为衡量标准。

21. SS

SS 为悬浮物含量。

22. TSS

TSS 为总悬浮物含量。

23. 氨氮

氨氮是指水中以游离氨（NH_3）和铵离子（NH_4^+）形式存在的氮。动物性有机物的含氮量一般较植物性有机物为高。同时，人畜粪便中含氮有机物很不稳定，容易分解成氨。因此，水中氨氮含量增高时指以氨或铵离子形式存在的化合氮。

24. 总氮

总氮是水中各种形态无机和有机氮的总量。包括硝酸盐氮、亚硝酸盐氮、氨氮。NO_3^-、NO_2^- 和 NH_4^+ 等无机氮和蛋白质、氨基酸和有机胺等有机氮，以每升水含氮毫克数计算。常被用来表示水体受营养物质污染的程度。氮对植物来说是一种生死攸关的养分，植株常以硝酸盐和铵离子或尿素形态吸收氮元素，在湿润、温暖、通气良好的土壤中，氮元素一旦进入植株，就利用光合作用提供的能量还原为 NH_4^+–N。植物通常含有其干物质 1%~5%的氮素。

25. 总磷

总磷指水体中磷元素的总含量，一般包括正磷酸盐、缩合磷酸盐、焦磷酸盐、偏磷酸盐、亚磷酸盐和有机团结合的磷酸盐等。

第四节 畜禽粪污治理利用思路

粪污中含有的多种成分未经过处理而直接排放，将对环境造成污染。但是如果经过无害化处理后，粪污中的多种成分能转变成植物生长需要的养分，成为有用的资源。粪便和污水中氮、磷等含量与饲料养分代谢有关，污水量受生产管理环节因素的影响，因此，畜禽粪污处理利用应综合考虑粪污的来源、影响因素、利用价值以及处理成本等，基于"因地制宜、源头减量、过程控制、末端治理、循环利用"的思路选择适当的处理利用方法，见图 14-1。

图 14-1　畜禽养殖污染治理思路图

一、因地制宜　选择措施

畜禽养殖场根据养殖规模建设必要的粪污处理与资源化利用设施，采用适合的处理技术，做好粪污无害化处理。由于甘肃省各地气候差别大，养殖场周围的自然条件各不相同，养殖场的规模也大小不一，养殖场所在地的环境也有所差别，无论哪种养殖场粪污处理和利用技术都无法满足所有养殖场的技术需求。因此，应综合考虑甘肃省各地区社会经济发展水平、资源环境条件以及环境保护具体目标，根据规模化畜禽养殖场的实际需要，采取不同的污染治理工程措施，切实解决养殖场的污染治理问题。

对于畜牧大县和畜禽规模养殖场，坚持重点突破，重点指导旧场改造升级，对新场严格规范管理，鼓励养殖密集区进行集中处理，推进种养结合、农牧循环发展。对于地处农村地区，周围农田面积充足的规模化养殖场，建议选择种养结合的农田利用方法，对养殖粪污进行适当的处理（如沼气工程处理）后进行农田利用，将畜禽粪污（沼渣和沼液）作为有机肥料用于大田作物、蔬菜、水果或林木的种植。

对于地处城市郊区，周围农田面积有限的规模化养殖场，建议对养殖粪便进行堆肥无害化处理后生产有机肥，养殖污水进行净化处理后回用或达标排放。尤其是使用自来水的规模化养殖场，由于用水成本高，处理出水消毒回用，不仅可减少养殖场冲洗用水的消耗，也可大大降低养殖生产成本；对于排放的处理出水，由于不同地区执行的标准不相同，处理污水应满足当地环保要求。

对于农作物秸秆丰富地区的小规模养殖场，可采用发酵床养殖生产方式，将当地农作物秸秆用于畜禽养殖，作为垫料吸收畜禽粪尿，减少养殖污水产生和排放。总之，畜禽养殖场的粪污处理，高新技术并非生产应用之首选，采用适宜技术最为重要。

二、源头减量　合理摄入

动物摄食的日粮养分中，只有部分能被动物吸收，用于其生长和繁殖，其余的养分则随排泄物进入环境。由于生产需要，动物日粮中添加有铜、锌、硒、镉、砷、铁和镁等金属成分，但动物所摄取的金属成分中，只有5%~15%能被吸收，大部分被排泄到环境中。因此，解决畜禽养殖废弃物污染问题首先应从动物日粮入手，通过科学的日粮配制技术和生物技术在饲料中的应用，提高饲料中营养物质利用率。近年来，动物营养学领域通过降低日粮中营养物质（主要是氮和磷）的浓度、提高日粮中营养物质的消化利用、减少或禁止使用有害添加物以及科学合理的饲养管理措施，减少畜禽排泄物中氮、磷养分及重金属的含量。例如，目前多数饲料的蛋白质含量都大大超过猪的需要量，将日粮蛋白质含量从18%降到16%，将使育肥猪的氮排泄量减少15%，荷兰商品化的微生物植酸酶添加后，可使猪对磷的消化率提高23%~30%。在各国的饲养标准中铜仅为3~8毫克每千克，但饲料中添加125~250毫克每千克的铜对猪有很好的促生长作用。由于目前主要是以无机形式作为铜源，它在消化道内吸收率低。一般成年动物对日粮铜的吸收率不高于5%~10%，幼龄动物不高于15%~30%，高剂量时的吸收率更低。为了减少高铜添加剂的使用，目前可以考虑使用有机微量元素产品，如蛋氨酸锌和赖氨酸铜等，按照相应需要量的一半配制日粮，猪的生长性能并不降低，且粪铜、锌排泄量可减少30%左右，或使用卵黄抗体添加剂、益生素、寡糖、酸化剂等替代添加剂。推广使用微生物制剂、酶制剂等饲料添加剂和低氮低磷低矿物质饲料配方，提高饲料转化效率，推广兽药抗生素和铜、锌饲料添加剂减量使用技术。引导生猪、奶牛规模养殖场改人工干清粪为漏缝地板下自动化干清粪，改无限用水为控制用水，改明沟排污为暗道排污，实行雨污分离、固液分离等有效措施，从源头控制液体粪污产生量。

饲料源头减排技术的优点在于既能减少部分饲料养分投入，节约饲料资源，也能减少环境污染。但养殖废弃物的饲料源头减排不应以牺牲动物的生产性能为代价，而应平衡生产效益与环境效益之间的关系。

三、过程控制　减少排放

对于畜禽粪污，养殖污水的处理较固体粪便的处理难度大，而养殖污水量与生产中的多个环节有关，因此，应综合考虑养殖生产工艺、清粪方式、生产管理等因素，确定适当的养殖污水的处理技术。

养殖场应根据生产工艺、清粪方式确定适宜的污水处理方式，也可根据既定的污水处理方式，选择适当的生产工艺或清粪方式，但不可将生产或清粪方式与后续的污水处理方式完全割裂开来。例如，对于采用水泡粪清粪工艺的规模化猪场，其粪污处理宜采用沼气工程技术，如果选择达标排放处理技术，将增加后期处理难度。对于干清粪养殖场，养殖污水中的固体物含量较少，如果采用延续搅拌反应器（CSTR）对养殖污水进行厌氧处理，为了确保反应器的工作效率，则往往需要向污水中添加固体粪便，将清理出来的固体粪便再加到污水中，显然，该场粪污管理的前后环节不配套，粪污管理过程不合理。对于垫料养殖的畜禽场，由于养殖场的污水量很小甚至为零，就不必建设污水处理设施。

正因为畜禽生产工艺、清粪方式对养殖污水的有机物含量和污水量都有很大的影响，在养殖污水处理技术选择时，应充分考虑影响养殖污水产生的各个环节，确定最佳的污水处理技术方式。

四、末端治理　循环利用

坚持农牧结合、种养平衡，保证畜禽粪污最大限度的循环利用，畜禽粪污无害化处理后，应以生态消纳为主，处理后回用或达标排放为辅。畜禽粪污中富含农作物生长所需要的氮、磷等养分，因此，不应将其视为废弃物，如果利用得当，是很好的农业资源。畜禽粪污经过适当的处理后，固体部分可通过堆肥好氧发酵生产有机肥，液体部分可作为液体肥料，不仅能改良土壤和为农作物生长提供养分，而且能大大降低粪污的处理成本，缓解环保压力。因此，优先选择对养殖废弃物进行循环利用，发展有机农业，通过种植业和养殖业的有机结合，实现农村生态效益、社会效益、经济效益的协调发展。虽然我国有机食品的发展落后于西方发达国家，但近年来保持了较好的发展态势，据专家预测，未来十年我国有机农业生产面积以及产品生产年均较快增长，在农产品生产面积中占有 1.0%~1.5% 的份额，有机农产品生产对以畜禽粪便为原料的有机肥将有很大的市场需求。

需要注意的是，基于养殖污水的液体肥料，由于运输比较困难，成本较高，提倡就近利用，因此，要求养殖场周围具有足够的消纳农田面积，同时，由于农业生产中的肥料使用具有季节性，应有足够的设施对非施肥季节的液体肥料进行贮存。对液体肥料的农业利用，要制订合理的规划并选择适当的施用技术和方法，既要避免施用不足导致农作物减产，也要避免施用过量而给地表水、地下水和土壤环境带来污染，实现养殖粪污资源化与环保效益双赢。

第十五章　畜禽粪污处理关键技术点

第一节　规模养殖场的粪污处理环节

随着养殖业生产方式逐步转向规模化、集约化饲养，粪污也相对集中在规模化养殖区域，如果不采取有效的治理，不仅造成了土地、水体的严重污染，而且污染空气、滋生蚊蝇，影响人体健康，因此养殖场粪污的治理和科学利用是减少环境污染，改善生产、生活和工作环境，保障人民身体健康、提高养殖场生产力的必然选择。

一、大型规模养殖场粪污处理工程规划

粪污处理工程设施是大型规模养殖场建设必不可少的项目，从建场开始就要统筹考虑，其规划设计依据是粪污处理与综合利用工艺设计。粪污处理工程设施因处理工艺、投资、环境要求的不同而差异较大，实际工作中应根据环境要求、投资额度、地理与气候条件等因素先进行工艺设计。一般其主要的规划内容应包括：粪污收集（即清粪）、粪污运输（管道和车辆）、粪污处理场的选址及其占地规模的确定、处理场的平面布局、粪污处理设备选型与配套、粪污处理工程构筑物（池、坑、塘、井、泵站等）的形式与建设规模。规划原则是：首先考虑其作为农田肥料的原料；充分考虑劳动力资源情况，不一味追求全部机械化；选址时避免对周围环境的污染。还要充分考虑养殖场所处的地理与气候条件，高寒地区的堆粪时间长，场地要较大，收集、贮存、输送设施要防冻。

二、养殖场粪污处理关键环节

规模养殖场粪污的治理和利用是一项系统工程，它不仅仅是对粪污如何处理的问题，而是涉及到养殖业产前、产中、产后各个环节，必须综合考虑、系统治理，做到产前防控、产中调控、产后利用。

（一）产前防控

首先要对养殖场的建设进行合理规划，养殖场生产规模要适度，同时选址应远离城

镇、居民居住区、水源区和河流上游等；其次设计建设养殖场时，应根据环境条件充分考虑雨污分离，净道与污道分离、粪污集中堆放和植树绿化等问题。

（二）产中调控

尽量不用水冲洗圈舍的方法，以免形成大量液态粪，同时投放饲料要适量勤喂，以免残余浪费，增加粪污处理负荷；采用漏缝地板的圈舍，应及时清除承粪池中的积粪，堆放于贮粪场。在饲料中添加生物菌剂，可降低排污物中氮的含量及其臭味，减少对空气的污染。

（三）产后治理

畜禽粪污既是污染源，也是资源。治理与利用是相辅相成的，治理只有落实到利用上才能解决根本问题，通常有以下途径：一是对粪污进行无害化处理；二是以沼气建设为主进行综合利用；三是通过处理后用作肥料。

第二节　畜禽粪污收集和预处理技术

畜禽养殖场的排水系统应实施雨污分流。畜禽粪污应根据清粪工艺及时清理，主要有干清粪、水泡粪、水冲粪等清粪工艺，其中干清粪污染最低。现有采用水泡粪、水冲粪清粪工艺的养殖场条件允许下，应逐步改为干清粪工艺。

一、雨污分流

雨污分流是指畜禽养殖企业在新建（改造）养殖场时要设置两条排液沟，一条作雨水沟，用于收集雨水，通常为明沟。一条作污水沟并加盖，用于收集粪水，粪水进入猪场污水处理系统中的收集设施，从而最大限度地减少后端处理压力（见图15-1）。具体主要做到"二改"。

图 15-1　雨水收集系统图

（一）改无限用水为控制用水

推广碗式、碟式自动饮水器等节水养殖技术，改进畜禽养殖饮水系统，增加防漏设施设备，最大限度地减少畜禽养殖企业在养殖过程中的用水量。变水冲清粪为干式清粪，减少粪水产生量。

改变畜禽养殖企业原来的露天运动场为封闭式运动场，改用水泥浅排污沟，减少冲洗地面用水；采用风机–水帘等降温方式来代替直接对畜体喷淋降温。改常压冲栏为高压水泵冲洗栏舍，以减少用水量。

（二）改明沟排粪污为暗沟排粪污

畜禽栏舍内的缝漏沟一般沟宽 40 厘米，沟深 20 厘米，排粪水沟的坡降控制在 5°左右，上面选择铺设水泥漏缝地板、铸铁漏缝地板或者塑料漏缝地板等构件。

在畜禽栏舍新建（改建）设计时，将排污沟改为暗沟，根据畜禽养殖规模、畜种、饲养方式的不同使用大小不等的 PVC 塑料管埋入地面 50 厘米以下，防止雨水混入，减少粪水排放（见图 15–2）。

污水管应遵循就近直线的原则，尽可能不要让粪水在场区内绕圈，以便粪水能够迅速进入粪水收集池或收集塘，同时还要根据区间排污管长度设置一定数量检查井，以防堵塞。

埋设专门的排粪污管道，畜禽养殖粪水经专门的排粪污管道进入粪水收集池或收集塘，再进入后端处理系统。

图 15–2　污水收集系统

二、干清粪模式

养殖场干式清粪工艺又称干清粪工艺，是一种简单又行之有效的清粪工艺。这种工艺能够尽量防止养殖场固体粪便与粪水混合，最大程度地减少粪水产生量，以简化粪便处理工艺和设备，可大幅度降低工程投资和运行费用，为制作优质有机肥、提高经济效益打下良好的基础。

（一）水冲粪与干清粪排粪污量比较

据有关试验分析测算，一个年出栏 0.1 万头商品猪的规模猪场采取干清粪、水冲清粪和水泡清粪等不同的清粪方式每天排粪水量有很大差别，干清粪排粪水量最少，水冲清粪排粪水量最大，是干清粪的几倍（表 15-1）。

表 15-1　不同清粪方式排污水量

清粪方式	排粪水量（米³/天）
干清粪	5~6
水冲清粪	15~20
水泡清粪	10~12

（二）不同清粪方式废水中污染物浓度（表 15-2）

表 15-2　不同清粪方式污染物浓度差异

单位：毫克/升

清粪方式	pH	COD_{Cr}	NH_4^+-N	TP	TN
水冲粪	6.30~7.50	15 600~46 800	127~1780	32.1~293	141~1970
干清粪	6.30~7.50	2510~2770	234~288	34.7~52.4	317~423

（三）干清粪设施与排污系统

干清粪栏舍内主要有漏缝地板、污水沟、清粪沟、清粪道、出粪口和舍外集粪池等。干清粪漏缝地板的功能不同于传统的缝隙地板，后者是尽量使粪水都落入污水沟，前者则要求尿、水迅速流入污水沟，而干粪尽可能多地留在地板上，以实现在源头上就做到固液分离。为此，漏缝地板通常在栏舍沿墙或格栅栏一侧设有饮水装置，设 0.3 米左右宽即可。

为了确保粪有足够的堆积发酵存放时间，舍外集粪池至少应该设置 1 个以上堆粪场，每个堆粪场大小要根据养殖规模来定。干清粪排污系统工艺的设施构件主要有污水沟、舍内沉淀池、排出管、舍间排污支管、排污干管等；同时，还要根据区间排污管长度设置一定数量检查井，以防堵塞；最后排至粪水收集池，进入粪水净化处理系统。整个工艺排污系统要实现暗管排放，防止与明沟的雨污混流和对场区空气的污染，确保粪水减量化和粪水处理设施的正常运行。管理要求：应训练猪尽量在排粪区定点排粪尿。同时，做到饲养员清粪不出舍、清粪工不进舍、运粪车不进场，分三段阻断饲养员与粪场的疫病传播途径，也可避免粪场孳生蚊蝇、恶臭污染大气和随降水流失传染疫病、污染水源和土壤。

三、水泡粪模式

(一) 工艺原理

猪场的水（尿）泡粪工艺是由原水冲粪工艺基础上改良而来，可有效地清除畜舍内的粪便、尿液。水（尿）泡粪工艺机械化程度高，能够节约大量的人工费用。

其工艺原理是在猪舍内的贮粪沟中注入一定量的水，粪尿、冲洗和饲养管理用水一并排入缝隙地板下的粪沟中贮存。经过一段时间贮存后，排污系统每隔 14~45 天，拉起排污塞子，利用虹吸原理形成自然真空，使粪便顺粪沟流入粪便主干沟，迅速排放到地下贮粪池或用泵抽吸到地面贮粪池。水（尿）泡粪系统是在猪场新建时设计和施工的。该工艺的缺点主要是由于粪便长时间在猪舍中停留，形成厌氧发酵，产生大量的有害气体（比如硫化氢、甲烷等），相关污染物浓度较高，污水产生量大，给后续处理增加了很大的困难。

(二) 漏缝地板

漏缝地板是水（尿）泡粪系统中的重要构件，好的漏缝地板能够给家畜创造舒适的躺卧，方便清洁，对畜群的健康起到非常重要的作用，目前通常使用的漏缝地板有水泥隔缝地板和钢网漏缝地板。

(三) 贮粪池

规范的贮粪池地面应保持水平、无坡度，这样排粪时才能有很好的虹吸作用，粪水流出所产生的漩涡能够不断地搅动粪池底沉积的粪渣，达到快速、干净排放粪水的目的。池底设计要做到钢混现浇，池壁或者隔墙采用砌砖，外部抹防渗砂浆，使得整个池子的整体防渗透能力强，隔断为现浇墙体。

(四) 排污管

排污管道将猪舍漏缝地板下的粪池分成几个区段，每个区段粪池下安装一个接头，粪池接头处配备一个排粪塞，以保证粪水能存留在粪池中（见图 15-3）。不同直径型号的排污管件有其最适合的排污面积限制，如果超出其排污面积，则需在圈舍粪沟下增设隔墙来重新划分排污区域。设计管路要保持平直，不能拐直角弯。舍内每条排污管路的首末两端均需设置排气阀，如果不安装排气阀，粪水排放过程中空气会被迫从其他粪池单元的排污塞子排出，造成粪便溢流出来。

图 15-3 安装排污管

第三节 畜禽粪污资源化利用与处置技术

一、固体粪污资源化利用

（一）堆肥利用

还田的固体粪污、堆肥以及以其为原料制成的商品有机肥、生物有机肥、有机复合肥，蛔虫卵死亡率为 95%~100%，粪大肠菌值（无量纲）为 10^{-1}~10^{-2}，堆肥中及堆肥周围没有活的蛆、蛹或新孵化的成蝇。

还田的固体粪污、堆肥以及以其为原料制成的商品有机肥、生物有机肥、有机复合肥，以烘干基计，总砷≤15 毫克每千克，总汞≤2 毫克每千克，总铅≤50 毫克每千克，总镉≤3 毫克每千克，总铬≤150 毫克每千克。

（二）沼渣利用

沼渣应及时运至固体粪污堆肥场或其他无害化场所进行妥善处理。

沼渣蛔虫卵沉降率≥95%，粪大肠菌值为（无量纲）10^{-1}~10^{-2}，在使用的沼渣中不应有活的血吸虫卵和钩虫卵。

（三）其他资源化利用

鼓励畜禽养殖场根据不同区域、不同畜种、不同规模，采用其他固体粪污资源化利用方式，如养殖蝇蛆、蚯蚓等，提高资源转化利用效率。

二、液体粪污（沼液）资源化利用

（一）沼液贮存

沼液贮存池相关建设要求根据 NY/T 1220 执行，沼液贮存池容积根据《畜禽规模养殖场粪污资源化利用设施建设规范（试行）》（农办牧〔2018〕2 号）确定。

（二）消纳地选择

沼液可作为农田、牧草地、林地、大棚蔬菜田、苗木基地、茶园、果园等的有机肥料，水分含量 96%~99%，pH 为 6.8~8.0，鲜基样的总养分含量≥0.2%，沼液重金属允许范围指标应符合国家规定的要求。

对于周边有充足消纳地的畜禽场，可通过管道形式将处理后沼液输送至消纳地，进行资源化利用，并根据 NY/T 3877—2021《畜禽粪便土地承载力测算办法》确定沼液施用量，避免二次污染。

对于周边没有足够消纳土地的畜禽场，可根据当地实际情况，通过车载或管道形式将沼液输送至消纳土地，加强管理，严格控制沼液输送沿途的弃、撒和跑冒滴漏。

（三）作物选择

沼液消纳土地选择种植对水分和养分需求量适合的果蔬草等作物，按照需求消纳沼液。

（四）施用方式

沼液施用时一般采用普通喷灌、滴灌等方式，避免传统地面灌溉耗水量大、利用率低以及沼液溢出等问题。推荐采用注入式灌溉，或软管浇施技术，提高节水性能和节水利用率，减少灌溉过程中的臭气排放，保证施肥均匀。条件允许的情况下，可采用水肥一体化技术。按土壤养分含量和作物种类的需肥规律和特点，将沼液与灌溉水混合，相融后进行灌溉。

（五）配套设施

在坡耕地区域，可建设生物拦截带、集水池、导流渠等径流拦截与再利用设施。在平原水网区域，建设生态沟渠或多塘系统。

根据消纳地具体位置和当地条件，在附近设置相应的沼液贮存池，以解决在非利用期间的沼液贮存问题。沼液贮存池总容积一般不得少于 60 天的沼液产生量，并进行防渗设计。

三、沼气利用

厌氧处理产生的沼气经净化处理后通过输配气系统可用于居民生活用气、锅炉燃烧、沼气发电等。沼气净化系统应包括气水分离器、砂滤、脱硫装置。经净化后的沼气，甲烷含量≥55%，硫化氢含量<20毫克每立方米。

沼气贮存系统包括贮气柜、流量计等。一般采用低压湿式贮气柜、低压干式贮气柜和高压贮气罐，应根据具体情况作经济分析后确定。

四、液体粪污处置

液体粪污处理后作为农田灌溉用水的，按照国标《农田灌溉水质标准》（GB 5085—2021）实施。处理后回用的，应进行消毒处理，不得产生二次污染。处理后达标排放的，畜禽液体粪污不得排入敏感水域和有特殊功能的水域，排放去向应符合国家和地方的有关规定。养殖液体粪污处理设施应设置标准的废水排放口和检查井。

第十六章　猪场粪污处理技术

第一节　猪场粪污设施设备

一、设施

（一）雨污分流设施

对猪场已有的户外粪水排放明沟，对其进行封闭改造，防止雨水进入其中，实现雨污分离。对新建猪场，在猪舍屋檐雨水侧，修建雨水明渠，雨水明渠的基本尺寸为 0.3 米×0.3 米；在猪舍的粪污排放口或集粪池排放口，铺设污水输送管道，管道直径在 200 毫米以上，粪污通过管道直接输送至粪污处理系统，对于重力流输送的粪污管道，管底坡度不低于 2%，雨污分流，可以减少进入猪场粪污处理系统的污水量。

（二）化粪池

化粪池用于处理粪便污水，兼有污水沉淀和污泥发酵双重作用。粪便污水经化粪池沉淀和厌氧分解。缺点是反应时间相当长，效率低，对含悬物多的养殖废水沉积物过多，难于清理。很少用于对养殖废水的处理。

（三）堆粪场

畜禽规模养殖场应及时对粪污进行收集、贮存，粪污暂存场应满足防渗、防雨、防溢流等要求。

固体粪便暂存场的设计按照《畜禽粪便贮存设施设计要求》（GB/T 27622—2011）执行。宜采用地上带有雨棚的堆粪场，地面为混凝土结构，坡度 1%，做防渗处理，坡底设有排水沟和污水池相连；墙高≤1.5 米，砖混并水泥抹面或混凝土结构；雨棚下玄与设施地面净高≥3.5 米（见图 16-1）。

图 16-1 堆粪场

（四）污水池

污水暂存池的设计按照《畜禽养殖污水贮存设施设计要求》（GB/T 26624-2011）执行。畜禽养殖污水贮存池设施设计要求，分地下式、地上式两种，形式为方形、长方形、圆形；池体具有抗压防震、防开裂、防跌落等功能，内壁、底面做防渗处理，池深≤6米，有溢流管道或雨水导流渠，应建设防臭设施；应设置明显的警告警示、禁止烟火等标志和围栏等防护设施（见图 16-2）。

图 16-2 污水池

二、设备

猪场粪污处理设备主要有：吸污车、沼液运输车、干湿分离机、铲粪车、粪污发酵设备等（见图 16-3 至图 16-7）。

图 16-3　吸污车

图 16-4　沼液运输车

图 16-5　干湿分离机

图 16-6　铲粪车

图 16-7　发酵设备

第二节　猪场粪污清理技术

规模猪场粪污主要是生猪产生的粪便、尿液及冲栏污水。目前规模养猪场主要的清粪方式有：干清粪（机动铲式清粪、刮板清粪）、水冲粪、水泡粪、发酵床养殖等。

一、不同清粪方式的特点

①干清粪。先由人工清理，再用水冲洗，具有投资低、用水少、劳动强度高等特点。

②水冲粪。直接用水将粪尿冲洗，具有耗水量大等特点。污水浓度高。

③水泡粪（尿泡粪）。具有耗水小，劳动强度小等特点，但是污水化学需氧量和氨氮等浓度非常高，达标处理难度非常高。

④生态养殖法。无排水，适合小猪场。发酵料投资较大。

二、水泡粪

在畜禽养殖舍内的排水沟中注入一定量的水，粪尿、冲洗和饲养管理用水全部排放到缝隙地板的粪沟中贮存一定时间（一般为 1~2 个月），待粪沟装满后，打开出口的闸门，将沟中的粪水排除，使粪水流入粪便主干沟，进入地下粪池或用泵抽吸到地面贮粪池。水泡粪的优点是节约人力，操作简单，不受气候影响。缺点是用水量大，粪污长时间在猪舍停留，产生厌氧反应、产生大量的臭气，影响养殖环境，粪水混合物的污染浓度高，后续处理难度大、成本高。

三、干清粪

猪场清粪方式，可从养殖生产工艺改进入手，本着减量化的原则，采用多途径的"清污分流、粪尿分离、干湿分离"等手段减少污染物的产生和数量；采用干清粪工艺，减少粪污的产生量和排放总量，降低污水中的污染物浓度，从而降低处理难度及处理成本，同时也可使固体粪污的肥效得以最大限度的保存。干清粪方式是减少和降低养猪生产给环境造成污染的重要措施之一，是目前粪污处理的最佳方法。

干清粪工艺的主要方法是，粪便一经产生就将粪、尿和污水分离，并分别清除，干粪由机械或人工收集、清扫、运至堆粪场，尿及冲洗污水则从下水道流进污水池贮存，分别进行处理。

为了便于粪便与尿污分离，排粪区地面要有坡度，尿液、污水顺坡流入粪尿沟，粪尿沟上设铁篦子，防止猪粪落入。粪尿沟内每隔一定距离设一沉淀池，尿和污水由地下排出管排出舍外。

第三节　猪场粪污贮存技术

猪场粪便要及时进行无害化处理和资源化利用，应建造专门的畜禽粪便贮存设施，贮存是粪污管理过程中的关键环节之一。粪便污水贮存设施应远离湖泊、小溪、水井等水源地，以免对地下和地表水源造成污染，与周围各种构筑物和建筑物之间的距离应不小于400米。由于粪便污水贮存过程中会产生臭味，因此，粪便污水贮存设施应建造在猪场生产区及生活管理区的下风向或侧风向，并尽量远离风景区以及住宅区，粪便污水贮存设施不能建在坡度较低、水灾较多的地方，以免在雨量较大或洪水暴发时，池内污水溢出而污染环境。

粪污贮存设施要有防渗措施和较高的抗腐蚀性能，以防止粪便污水贮存过程渗漏对地下水体造成污染。若在黏土层上建造，可在设施内铺垫不渗水的塑胶膜；若在沙土上建造，可对设施底部和四壁进行硬化处理，建设完成后对设施进行渗水性测试，以保证防渗性要求。贮存场地面应高于周围地面30厘米，有些粪便污水贮存设施容积较大，在清理底部淤泥等物质时可能要借助机械设备，此时需要在设施底部设置保护材料，以防止振动等因素对设施造成损坏。粪便污水贮存设施的容积应按照日收集粪便污水量、降水情况和贮存期来确定。

第四节　猪场沼气工程技术

一、沼气工程技术概况

随着我国畜禽养殖业的持续发展和规模化程度的不断增加，全社会对畜禽养殖污染防治关注度也日益提高。为促进畜禽粪污处理，减少养殖污染，国家将大中型沼气工程建设项目列入畜禽养殖污染治理和畜禽规模养殖标准化建设的重要内容，加强沼气工程财政支持力，沼气工程建设规模及数量有了较大的提高。目前，随着沼气处理技术的不断完善和发展，厌氧发酵（沼气）技术成为我国大中型畜禽养殖场粪污处理的主要方式之一。

养猪场的沼气工程技术包括预处理、厌氧发酵和后处理等几个部分。预处理是通过固液分离、沉砂等技术去除污水中猪毛、塑料等杂质；厌氧发酵则是将预处理后的污水进行发酵处理，对养殖污水中有机物质进行生物降解；后处理主要是对发酵后的剩余物进行进一步处理和利用，三者密不可分，互为统一。

二、沼气厌氧发酵技术的主要形式

沼气厌氧发酵技术是沼气工程的关键技术，包括常规和高效发酵工艺技术，如上流式厌氧污泥床（UASB）、升流式厌氧固体反应器（USR）、全混式厌氧反应器（CSTR）等。

（一）上流式厌氧污泥床（UASB）

上流式厌氧污泥床是目前世界上发展最快、应用最多的厌氧反应器，由于消化器结构简单，运行费用低，处理效率高而被广泛使用。该反应器适用于固体悬浮物量较低的污水处理。UASB 反应器内分为 3 个区，从下至上为污泥床、污泥层和气液固三相分离器。反应器的底部是浓度很高并具有良好沉淀性能和凝聚性能的絮状或颗粒状污泥形成的污泥床。

污水从底部经布水管进入污泥床，向上穿流并与污泥床内的污泥混合，污泥中的微生物分解污水中的有机物，将其转化为沼气。沼气以微小的气泡形式不断释放，并在上升过程中不断合并成大气泡。在上升的气泡和水流的搅动下，反应器上部的污泥处于悬浮状态，形成一个浓度较低的污泥悬浮层。反应器的上端设有气、液、固三相分离器。在反应器内生成的沼气气泡受反射板的阻挡进入三相分离器下面的气室内，再由管道经水封而排出。固、液混合液经分离器的窄缝进入沉淀区，在沉淀区内由于污泥不再受到上升气流的冲击，在重力的作用下而沉淀。沉淀至斜壁上的污泥沿着斜壁滑回污泥层内，使反应器内积累大量的污泥。分离后的液体，从沉淀区上表面进入溢流槽而流出。

（二）升流式厌氧固体反应器（USR）

升流式厌氧固体反应器（见图 16-8）。是一种结构简单，适用于高浓度悬浮固体原料的反应器。原料从底部进入反应器内，与消化器里的活性污泥接触，使原料得到快速消化。未消化的生物质固体颗粒和沼气发酵微生物，靠自然沉降滞留于反应器内，上清液从反应器上部排出，这样就可以得到比水力停留时间（HRT）长得多的固体滞留期（SRT）和微生物滞留期（MRT），从而提高了固体有机物的分解率和消化器的效率。

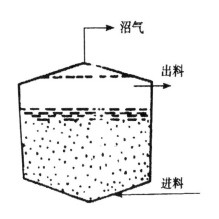

图 16-8　USR 原理图

(三) 全混式厌氧反应器 (CSTR)

全混式厌氧反应器是在常规反应器内安装了搅拌装置 (见图 16-9),使发酵原料和微生物处于完全混合状态,与常规反应器相比,活性区遍布整个反应器,其效率比常规反应器有明显提高,故名高速消化器,内部结构见下图。该反应器采用连续恒温、连续投料或半连续投料运行,适用于高浓度及含有大量悬浮固体原料的处理。在该反应器内,新进入的原料由于搅拌作用很快与全部发酵液混合,使发酵底物浓度始终保持相对较低状态,而其排出的料液又与发酵液的底物浓度相等,并且在出料时微生物也一起排出,所以,出料浓度一般较高。该反应器的 HRT、SRT 和 MRT 完全相等,为了使生长缓慢的产甲烷菌的增殖和冲出的速度保持平衡,所以,要求 HRT 在 10~15 天或更长。

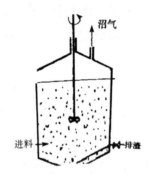

图 16-9　CSTR原理图

(四) 厌氧折流反应器 (ABR)

厌氧折流反应器因具有结构简单、污泥截留能力强、稳定性高、对高浓度有机废水特殊作用,因而引起了人们的关注 (见图 16-10)。

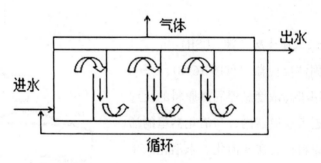

图 16-10　ABR原理图

第五节 化粪池建造技术

（一）化粪池施工方案

1. 基坑开挖

根据场地地质条件，基坑开挖采用常规方法施工，多采用反护挖掘机开挖，配以人工修整基坑边坡及底部。严禁切除坡脚，机械开槽时，边坡坡度应适当减缓，堆土坡脚距坑边 2 米以外，堆土高度不宜超过 2 米，土方堆放在基坑侧，如遇满水层，于基坑一端设置集水坑一处，并于基坑四周设置集水道，拟挖至距槽底 20 厘米后由人工清底，以保护基础不被扰动。基坑开挖完成后要对基坑进行支护，支护方法视现场情况，可采取方木支撑。

2. 绑扎钢筋

钢筋相互间应绑扎牢固，以防浇捣混凝土时因碰撞、振动使绑扣松散、钢筋位移，造成露筋。绑扎钢筋时，应按设计规定留足保护层，不得有误差。留设保护层，应以相同配合比的细石混凝土或水泥砂浆制成垫块钢筋垫起，严禁以钢筋垫钢筋，或将钢筋用铁钉、铁丝直接固定在模板上。钢筋及铁丝均不得接触模板，若用铁马凳应加焊止水环，防止水沿铁马凳渗入混凝土结构。当钢筋排列稠密，以至影响混凝土正常浇筑时，可同设计人员协商，采取措施，以保证混凝土的浇筑质量。

3. 混凝土施工

混凝土在运输过程中要防止产生离析现象及坍落度和含气量的损失，同时要防止漏浆，拌好的混凝土要及时浇筑，常温下应 1.5 小时内运至现场，于初凝前浇筑完毕。运送距离较远或气温较高时，掺入缓凝型减水剂。浇筑前发生显著泌水离析现象时，应加入适量的原水灰比的水泥浆复拌均匀，方可浇筑。

浇筑前，应清除模板内的积水、木屑、铁丝、铁钉等杂物，并以水湿润模板。使用钢模应保持其表面清洁无浮浆。浇筑混凝土的自落高度不得超过 1.5 米，否则应使用串筒、溜槽或溜管等工具进行浇筑、以防产生石子堆积，影响质量。

混凝土浇筑应分层，每层厚度不宜超过 40 厘米，相邻两层浇筑时间间隔不应超过 30 分钟。防水混凝土应采用机械振捣（插入式振动棒），机械振捣能产生振幅不大、频率较高的振动。机械振捣应按现行《混凝土结构工程施工及验收规范》的有关规定依次振捣。

混凝土的养护对其抗渗性能影响极大，特别是早期湿润养护更为重要，一般在混凝土进入终凝（浇筑后 4~6 小时）即应覆盖，混凝土必须保持湿润养护，混凝土浇筑后，可按下列时间开始浇水养护：气温在 5~20℃时，18 小时开始浇水；气温在 20~25℃时，10 小时后开始浇水；气温在 25℃以上时，6 小时后开始浇水。

（二）化粪池原理及作用

化粪池是一种利用沉淀和厌氧发酵的原理，去除粪污中悬浮性有机物的处理设施，属于初级的过渡性生活生产处理构筑物。养殖粪污中含有大量粪便、纸屑、病原虫悬浮物固体。污水进入化粪池经过 12~24 小时的沉淀，可去除 50%~60% 的悬浮物。沉淀下来的污泥经过 3 个月以上的厌氧发酵分解，使污泥中的有机物分解成稳定的无机物，易腐败的生污泥转化为稳定的熟污泥，改变了污泥的结构，降低了污泥的含水率。定期将污泥清掏外运，填埋或用作肥料。

化粪池是基本的污泥处理设施，同时也是粪污的预处理设施，它的作用表现在：

①保障养殖区的环境卫生，避免养殖粪污及污染物在养殖环境的扩散。

②在化粪池厌氧腐化的工作环境中，杀灭蚊蝇虫卵。

③临时性贮存污泥，有机污泥进行厌氧腐化，熟化的有机污泥可作为农用肥料。

④养殖粪污的预处理（一级处理），沉淀杂质，并使大分子有机物水解，成为酸、醇等小分子有机物，改善后续的污水处理。

（三）三格式化粪池技术原理

三格式化粪池由三个相互连通的密封粪池组成，粪便由进粪管进入第一池依次顺流至第三池。各池的原理为：

第一池：主要截留含虫卵较多的粪便，粪便经发酵分解，松散的粪块因发酵膨胀而浮升，比重会下沉，因而形成上浮的粪皮、中层的粪液和下沉的粪渣。利用寄生虫的比重大于粪尿混合液的原理使其自然沉降于化粪池底部。利用粪液的浸泡和翻动化解粪块使其液化并截留粪渣于池底。厌氧发酵，化粪池的密闭厌氧环境，可以分解蛋白性有机物，并产生氨等物质，这些物质具有杀灭寄生虫卵及病菌的作用。

第二池：起进一步发酵、沉淀作用，与第一池相比，第二池的粪皮和粪渣的数量减少，因此发酵分解的程度较低，由于没有新粪便的进入，粪液处于比较静止状态，这有利于漂浮在粪池中的虫卵继续下沉。

第三池：主要起贮存粪液的作用。经前二格处理的粪液进入第三池，基本上已经不含寄生虫卵和病原微生物，达到了粪便无害化要求，可以供农田直接施肥。

（四）三格式化粪池技术要点

三格式化粪池结构主要由过粪管和贮粪池组成。贮粪池由二根过粪管连通的三个格室的密封池组成。根据其主要功能依次可命名为截留沉淀与发酵池、再次发酵池和贮粪池。三池之间由过粪管连接，有斜插管及倒 U 形、倒 L 形管等，但以斜插管为首选。过粪管采用内径为 100~150 毫米 PVC 塑料管为宜，也可以用水泥预制或陶管等其他材料，要求内壁光滑。为防止堵塞，考虑粪池的大小与流量，可适当增加过粪管的数量。

1. 池结构分布

计算要求：第一池和第二池的容积不同，对寄生虫卵沉淀的效果有一定影响。如果第一池的容积过小，粪便贮留的时间短，达不到粪便分解和沉淀的目的，粪便和虫卵可能进入第二池，不仅增加了第二池的负担，而且容易造成过粪管堵塞。如果第二池容积相对较小，粪便在第二池停留的时间短，则粪便无害化处理效果就差。三个池的比例一般应为 2:1:3，第一池贮存 20 天，第二池贮存 10 天，第三池贮存 30 天。

2. 过粪管位置

过粪管安装的位置关系到粪便流动方向，流程长短，是否有利于厌氧和能否有效阻流粪皮、粪渣，以及保持一、二池的有效容积。新鲜粪便进入粪池后，多集中在上层形成粪皮，然后逐渐疏松崩解，比重较大的下沉形成粪渣，粪皮与粪渣之间为稀粪液。寄生虫卵一般都集中在粪皮和粪渣中，因此，过粪管位置要放在寄生虫卵较少的中层粪液。过粪管位置较好的设置应分别斜插安装在两堵隔墙上；其中第一池到第二池过粪管下端位置在第一池的下 1/3 处，第二池到第三池过粪管下端位置在第二池的下端 1/3 或中部 1/2 处。

（五）化粪池清掏排出技术措施方案

化粪池的清掏周期与粪便污水温度、气温、建筑物性质及排水水质、水量有关。设计清掏周期过短，则化粪池粪液浓度过高，与实际清掏周期差距过大，影响正常发酵和污水处理效果，甚至造成粪液漫溢，影响环境卫生。设计清掏周期过长，则化粪池容积过大，会增加造价。《建筑给水排水设计规范》（GB 50015—2003）要求清掏周期为 3~12 个月，实际设计中多取 3~9 个月，而酸性发酵阶段的酸性发酵期为 3 个月，酸性减退期为 5 个月左右。实践证明：清掏周期的取定，应兼顾污水处理效果、建设造价、管理三个方面因素，清掏周期一般不宜少于 12 个月。

化粪池清掏周期应按养殖场规模、污水量标准、每天产生的污泥量以及进入化粪池新鲜污泥含水率等指标进行计算化粪池清掏周期。

粪污清掏作业程序如下：

①用铁钩打开化粪池的盖板，再用长竹竿（8米）搅散化粪池内杂物结块层。

②把吸粪车开到工作现场，套好吸粪胶管（5米长，备3条）放入化粪池内。

③启动吸粪车的开关，吸出粪便直至化粪池内的化粪结块物吸完为止，防止弄脏工作现场和过往行人的衣物。

④盖好化粪池井盖，用清水冲洗工作现场和所有工具。

⑤每年清理一次，一级池清运90%，二级池清运75%，三级池硬的表面全部清运。

⑥化粪池清理后，目视井内无积物浮于上面，出入口畅通，保持污水不溢出地面。

⑦在化粪池井盖打开后10~15分钟，人不能站在池边，禁止在池边点火或吸烟，以防沼气着火烧伤人。

⑧人员勿下池工作，防止人员中毒或陷入水中。

⑨化粪池井盖打开后工作人员不能离开现场，清洁完毕后，随手盖好井盖，以防行人掉入井内发生意外。

第十七章 牛场粪污处理技术

规模牛场粪污主要包括牛饲养过程中产生的粪便、尿液、冲洗牛舍产生的污水以及挤奶厅冲洗废水。规模牛场粪污处理技术主要包括粪污的清理、存贮、无害化处理、垫料床技术、生物利用技术等方面（见图17-1）。

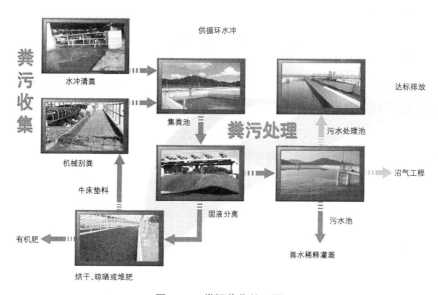

图 17-1　粪污收集处理图

第一节　规模牛场粪污清理技术

规模牛场的舍内多为水泥及其他硬化地面，为使干粪与尿液及污水分离，通常在牛舍一侧或两侧设有排尿沟，且牛舍的地面稍向排尿沟倾斜。固体粪便通过人工清粪或半机械清粪、刮粪板清粪等方式清出舍外、运至堆粪场；尿液和污水经排尿沟进入污水贮存池。部分牛场使用水冲或软床等方式清粪，规模牛场的清粪方式主要有人工清粪、半机械清粪、刮粪板清粪、水冲清粪和"软床饲养"等几种。

一、人工清粪

人工清粪，即人工利用铁锹、铲板、笤帚等将粪便收集成堆，人力装车运至堆粪场，是小规模牛场普遍采用的清粪方式。当粪便与垫料混合或舍内有排尿沟对粪尿进行分离时，粪便呈半干状态，此时多采用人工清粪。由工作人员定期对舍内水泥地面上的牛粪进行清理，尿液和冲洗污水则通过牛舍两侧的排尿沟排入贮存池。奶牛场人工清粪一般在奶牛挤奶或休息时进行，每天2~3次。

人工清粪设备投资少、简单灵活；但工人工作强度大、环境差、工作效率低。随着人工成本不断增加，这种清粪方式逐渐被机械清粪方式取代。

二、半机械清粪

半机械清粪将铲车、拖拉机改装成清粪铲车，或者购买专用清粪车辆、小型装载机进行清粪。目前，铲车清粪工艺运用较多，是从全人工清粪到机械清粪的过渡方式。清粪铲车由小型装载机改装而成，推粪部分利用了废旧轮胎制成一个刮粪斗，更换方便，小巧灵活。驾驶员开车把清粪通道中的粪刮到牛舍一端的积粪池中，然后通过吸粪车把粪集中运走。采用这种方式清粪，操作灵活、方便，提高了工作效率，降低了人工成本；但是运行成本高，且只能在牛群去挤奶的时候清粪，工作次数有限，否则工作噪音大，易对牛造成伤害和惊吓。

三、刮粪板清粪

目前，部分新建的规模牛场多使用刮粪板清粪，该系统主要由刮粪板和动力装置组成。清粪时，动力装置通过链条带动刮粪板沿着牛床地面前行，刮粪板将地面牛粪推至集粪沟中。这种设备初期的投资较大，当牛舍长度在100~120米和200~240米时，设备的利用效率最高；设备的耗电量不超过18千瓦时每天，仅需对转角轮进行润滑维护（间隔2~3周）。该清粪方式能随时清粪，机械操作简便，工作安全可靠，刮板高度及运行速度适中，基本没有噪音，对牛群的行走、饲喂、休息不造成任何影响。

四、水冲清粪

水冲清粪多在水源充足，气温较高的南方地区使用。采用水冲清粪方式的牛场一般设有冲洗阀、水冲泵、污水排出系统、贮粪池、搅拌机、固液分离机等设施。用水冲泵将牛舍粪污由舍内冲至牛舍边端部的排尿沟，再由排污沟输送至贮存池，搅拌均匀后进行固液分离，固体粪便送至堆粪场经堆积发酵制作有机肥或农家肥，也可晾晒发酵后作为牛床垫料使用；液体进行多级净化或者沼气发酵，也可用作冲洗水塔的循环水源。

污水排出系统，一般由排尿沟、降口、地下排出管及粪水池组成。排尿沟一般设在畜栏的后端，通至舍外贮存池。排尿沟的截面形式一般为方形或半圆形。降口，通称水漏，是排尿沟与地下排出管的衔接部分。为了防止粪草落入堵塞，上面应装铁篦子，在降口中可设水封，以阻止粪水池中的臭气经由地下排出管进入舍内。地下排出管，与排尿管垂直，用于将由降口流下来的尿及污水导向牛舍外的粪水池。在寒冷地区，需对地下排出管的舍外部分采取防冻措施，以免管中污液结冰。如果地下排出管较长时，应在墙外设检查井，以便在管道堵塞时进行疏通。

水冲方式清粪对牛舍地面有一定的要求，牛舍地面必须有一定的坡度、宽度和深度，牛舍温度必须在0℃以上。在寒冷的气候下，如果不能保证牛舍0℃以上的温度，系统很难正常运行，因此，更适合在南方地区使用。水冲清粪也可在地面铺设漏缝地板的牛舍使用，地面下设粪沟，尿液从地板的缝隙流入下面的粪沟，固体粪便被家畜踩入沟内，少量残粪通过人工冲洗清理，粪便和污水通过粪沟排入粪水池。牛舍漏缝地板多采用混凝土材质，经久耐用，便于清洗消毒。

水冲清粪方式需要的人力少、劳动强度小、劳动效率高，能保证牛舍的清洁卫生。缺点是：冲洗用水量大、产生的污水量也大；粪水贮存、管理、处理工艺复杂；北方地区冬季易出现污水冰冻的情况。

五、软床饲养

所谓软床，就是在牛舍地面上铺设稻草或是锯末做成的垫料，垫料中添加生物制剂。当牛排出的粪尿混合到垫料上后，生物酵素能迅速将其分解，大大降低臭味、氨气等对周围空气的污染。清理出来的牛粪则直接送往牧场中的粪便加工厂，进行无害化处理，生产有机肥料。一般来说，夏天和冬天，一个月清理一次；春秋两季，两个月清理一次。清理后的地面需要喷上消毒剂，防止病菌滋生。

第二节　牛场粪污贮存技术

粪便贮存方式因粪便的含水量而异。固态和半固态粪便可直接运至堆粪场，液态和半液态粪便一般要先在贮粪池中沉淀，进行固液分离后，固态部分送至堆粪场，液体部分送至污水池或沼气池进行处理。贮存设施应远离各类功能地表水体，距离不小于2000

米。贮存设施应采取有效的防渗处理，防止污染地下水，建造顶盖防止雨水进入。

一、堆粪场

堆粪场多建在地上，地面用水泥、砖等修建而成，且具有防渗功能，墙面用水泥或其他防水材料修建，顶部为彩钢或其他材料的遮雨棚，防止雨水进入。地面向墙方向稍稍倾斜，墙角设有排水沟，半固态粪便的液体和雨水通过排水沟排入设在场外的污水池。堆粪场适用于干清方式清粪或固液分离处理后的固态粪便的贮存。一般建造在牛场的下风向，远离牛舍。堆粪场的大小根据牛场规模和牛粪的贮存时间而定，用作肥料还田的牛场，应综合考虑用肥的季节性变化，以用肥淡季和高温季节为基础，设计和建造足够容量的堆粪场（见图 17-2）。

图 17-2　堆粪场

二、贮粪池

贮粪池一般在地下，用水泥预制板封顶，用来贮存固液混合的粪便和污水。水冲方式清粪的牛场一般建造贮粪池，牛舍冲洗产生的粪尿污水混合物通过地下管道送至贮粪池。部分建有沼气工程的牛场也建有贮粪池。

三、污水池

污水池用来贮存从牛舍排尿沟排出的尿液和冲洗污水，堆粪场排水沟的污水也通过管道送至污水池。污水池一般设在舍外地势较低的地方，且在运动场相反的一侧。底面和墙体表面做好防水。

污水池的容积及数量根据饲养数量、饲养周期、清粪方式及粪水贮存时间来确定。污水池分地下式、地上式（半地上式）两种形式。在地势较低的地区，适合建造地下污水池，地下污水池是一个敞开的结构，侧边坡度为 1:2~1:3，地面和墙体用混凝土砌成，池底在地下水位的 60 厘米以上。在地势平坦的场区，适合建设地上污水池，可用砖砌，用水泥抹面防渗。

通常在污水池旁建造贮粪池，牛舍排出的粪液由管道输送到贮粪池，进行简单沉淀后，液体部分由排污泵抽入污水池。

第三节　牛场污水的处理技术

牛场污水的处理和利用方法主要有物理处理法、化学处理法和生物处理法。

一、物理处理法

物理处理是利用格栅、化粪池或滤网等设施进行简单的处理方法。经物理处理的污水，可除去 40%~65% 的悬浮物，并使 BOD_5（生化需氧量）下降 25%~35%。

污水流入化粪池，经 12~24 小时后，使 BOD_5（降低 30% 左右，其中的杂质下沉为污泥，流出的污水则排入下水道。污泥在化粪池内应存放 3~6 个月，进行厌氧发酵。如果没有进一步的处理设施，还需进行药物消毒。

二、化学处理法

化学处理法是根据污水中所含主要污染物的化学性质，用化学药品除去污水中的溶解物质或胶体物质的方法。

1. 混凝沉淀

混凝沉淀法是指用三氯化铁、硫酸铝、硫酸亚铁等混凝剂，使污水中的悬浮物和胶体物质沉淀而达到净化目的方法。

2. 氯化消毒

氯化消毒是指用氯或氯制剂对污水进行消毒的一种方法。消毒的方法很多，以用氯化消毒法最为方便有效，经济实用。

三、生物处理法

生物处理法是利用污水中微生物的代谢作用分解其中的有机物，对污水进行处理的方法。

(一) 活性污泥法 (又称生物曝气法)

活性污泥法是在污水中加入活性污泥并通入空气进行曝气，使其中的有机物被活性污泥吸附、氧化和分解，达到净化的目的的一种方法。活性污泥由细菌、原生动物及一些无机物和尚未完全分解的有机物所组成，当通入空气后，好气微生物大量繁殖，其中以细菌含量最多，许多细菌及其分泌物的胶体物质和悬浮物黏附在一起，形成具有很强吸附和氧化分解能力的絮状菌胶团。所以，在污水中投入活性污泥，即可使污水净化。

活性污泥法的一般流程：污水进入曝气池，与回流污泥混合，靠设在池中的叶轮旋转、翻动，使空气中的氧进入水中，进行曝气，有机物即被活性污泥吸附和氧化分解。从曝气池流出的污水与活性污泥的混合液，再进入沉淀池，在此进行泥水分离，排出被净化的水，而沉淀下来的活性污泥一部分回流入曝气池，剩余的部分则再进行脱水、浓缩、消化等无害化处理或厌气处理后利用（原理与生产沼气同）。

(二) 生物过滤法 (又称生物膜法)

生物过滤法是使污水通过一层表面充满生物膜的滤料，依靠生物膜上大量微生物的作用，并在氧气充足的条件下，氧化污水中的有机物。

1. 普通生物滤池

生物滤池内设有碎石、炉渣、焦炭或轻质塑料板、蜂窝纸等构造和滤料层，污水由上方进入，被滤料截留其中的悬浮物和胶体物质，使微生物大量繁殖，逐渐形成由菌胶团、真菌菌丝和部分原生动物组成的生物膜。生物膜大量吸附污水中的有机物，并在通气良好的条件下进行氧化分解，达到净化的目的。

2. 生物滤塔

滤塔分层设置有滤料的格栅，污水在滤料表面形成生物膜，因塔身高，使污水与生物膜接触的时间增长，更有利于生物膜对有机物质的氧化分解。

3. 生物转盘

生物转盘由装在水平轴上的许多圆盘和氧化池（沟）组成，圆盘一半浸没在污水中，微生物即在盘表面形成生物膜，当圆盘缓慢转动时（0.8~3.0转每分钟），生物膜交替接触空气和污水，于是污水中的有机物不断被微生物氧化分解。据试验，生物转盘可使

BOD$_5$ 除去率达 90%。经处理后的污水，还需要进行消毒，杀灭水中的病原微生物，才能安全利用。

第四节　堆粪场建造技术

（一）堆粪场硬化

养殖场新建简易堆粪场地面采用水泥硬化，主要工程做法如下：用 20 厘米厚 C$_2$O 混凝土进行场区硬化，铺筑 100 毫米厚砂砾垫层，基层素土夯实。

（二）围墙工程

每座堆粪场围墙均为三面围墙，一面留有车辆进出口，堆粪场围墙设计高度 1 米，厚度 24 厘米。

1. 水泥围墙

优点：与砌体相比，水泥围墙整体性好，不容易发生相对位移；强度高，能承很大重量；耐疲劳，耐冲击振动，不容易产生裂缝。

缺点：水泥墙施工范围内地基土承载力不宜大于 150 千帕。水泥有初凝时间和终凝时间。一般初凝时间不得早于 45 分钟，因此，施工较为麻烦。

2. 砖墙

优点：多孔砖易吸水，既有一定的强度和耐久性，又因其多孔而具有一定的保温绝热、隔音作用，用砖块跟混凝土砌筑的墙，具有较好的承重、保温、隔热、隔声、防火、耐久等性能，为低层和多层房屋所广泛采用。砖墙可作承重墙、外围护墙和内分隔墙。

砖墙砖砌体的强度随着砖和砂浆的标号提高而增大，砖砌体的强度约为所用砖块强度的 20%~35%，在砌缝中设置钢筋网片能够提高砌体的强度，如每隔两层砖放置直径 4~6 毫米钢筋网的砌体，其容许应力可提高 1.5~2 倍。缺点是抗震性能差。

（三）堆粪场彩钢顶棚

堆粪彩钢顶棚起到对堆粪场地遮雨、遮盖作用。建筑物耐火等级不低于国家二级标准，建筑物设施按功能定位合理规划。简易钢结构堆粪场，彩钢棚为单层彩钢，一般棚顶建筑工程安全等级为二级，为丙类建筑物，建筑物耐火等级为二级，屋面防水等级为三级，抗震设防烈度为 8 度，建筑场地为二类场地。堆粪场彩钢棚安装简单的电力照明，电源从场区配电室引入，并按国家要求采取避雷设施。基本风压为 0.55 千牛每平方米，基本雪压为 0.20 千牛每平方米，地面粗糙度为 B 类，最大冻深 1.45 米。

第五节 牛粪的资源化利用

牛粪的无害化处理主要包括：牛粪沼气发酵、堆肥、蚯蚓堆肥化、催化氧化处理、牛粪制备汽油、牛粪制备生物质型煤、水产养殖等多种形式。沼气发酵是牛粪污最常用的处理技术之一。

牛粪含有机质 14.5%，氮 0.30%~0.45%，磷 0.15%~0.25%，钾 0.10%~0.15%，是一种能被种植业用作土壤肥料来源的有价值资源。牛粪的有机质和养分含量在各种家畜中最低，质地细密、含水较多、分解慢、发热量低，属迟效性肥料。

一、生产沼气

发酵生产沼气是牛粪污最常用的处理技术之一。由于牛粪污有机质浓度和难降解的纤维素含量高，作为原料进行沼气发酵时，普遍存在调试启动慢、运行不稳定、易出现酸化、不产气或产气率低等问题，这在一定程度上制约了沼气发酵在牛粪处理中的应用。

沼气是有机物经微生物厌氧消化而产生的可燃性气体，它是多种气体的混合物，一般含甲烷 50%~70%，其余为二氧化碳和少量的氮、氢和硫化氢等。其特性与天然气相似。沼气除直接燃烧用于炊事、烘干农副产品、供暖、照明和气焊等外，还可作内燃机的燃料以及生产甲醇、福尔马林、四氯化碳等的化工原料，经沼气装置发酵后排出的料液和沉渣含有较丰富的营养物质，可用作肥料和饲料。

二、堆肥

堆肥技术是牛粪无害化处理和资源化利用的重要途径。包括牛粪堆肥化以及其他资源的配合发酵、发酵菌剂的优选、发酵条件的控制、发酵后的产物特性等方面的技术。

三、养殖蚯蚓

利用蚯蚓处理畜禽废弃物是一项古老而新生的生物技术（见图 17-3），自 20 世纪 80 年代末，国内外很多学者致力于利用蚯蚓处理垃圾的研究，近年来有学者将原产于日本的赤子爱胜蚓应用于牛粪处理，结果表明利用赤子爱胜蚓处理鲜牛粪时，蚯蚓生长繁殖的最佳条件是：每 250 克（湿重）鲜牛粪加 1 毫升的 10% 的乙酸溶液，含水率在 60%~70%，温度在 20~25℃，接种 8 条蚯蚓和 10% 的 EM 菌 10 毫升。蚯蚓堆肥处理产物与自然堆制的腐熟牛粪相比较，矿质氮和速效钾要高于腐熟牛粪，但速效磷无明显差异；微生物量碳氮和酶活性均明显高于自然腐熟牛粪；细菌、真菌和放线菌的数目也高于自然腐熟牛粪，但波动较大。

图 17-3　蚯蚓养殖

四、牛粪制型煤和活性炭

用成型技术将含有大量植物纤维的牛粪与煤炭混合制成生物质型煤，不但可以提升煤的燃烧性能，而且可以降低燃烧时硫的排放量。添加湿牛粪的型块强度要比烘干牛粪、晾晒牛粪较好。型块强度随着牛粪的加进有较大的变化。在加进 20%左右的牛粪时型块强度比达到了最高值，随着牛粪加进量的增加强度开始下降，但在加进量到 50%以后强度又开始增加。随着成型压力的增加，不同配料的型块的成型强度都在增加。

在我国部分地区用牛粪添加少量木屑，烧制出活性炭，成为生产电池芯、炸药的优质原料。用牛粪烧炭粉，只需极少的木材，比传统方法生产活性炭节约木材 97.5%。生产 1 吨炭，用传统方法至少需要 4 吨木材，而以牛粪为主要原料只要添加木材 0.1 吨。日产 5 吨的规模，一年可节约木材 7100 多吨。（见图 17-4）

图 17-4　牛粪制炭

第十八章 鸡场粪污处理技术

鸡场的主要废弃物是鸡粪。由于鸡的消化道短，鸡采食的饲料在消化道内停留时间比较短，鸡消化吸收能力有限，所以，鸡粪中含有大量未被消化吸收、可被其他动植物所利用的营养成分，如粗蛋白质、粗脂肪、必需氨基酸和大量维生素等。同时，鸡粪也是多种病原菌和寄生虫卵的重要载体，科学地处理和利用鸡粪，不仅可以减少疾病的传播，还可以变废为宝，产生较好的社会、生态和经济效益。

第一节 鸡场清粪技术

一、机械清粪技术

机械清粪是利用专用的机械设备替代人工清理出笼养鸡舍地面的固体粪便，机械设备直接将收集的固体粪便运输至鸡舍外，或直接运输至粪便贮存设施；地面残余粪尿同样用少量水冲洗，污水通过粪沟排入舍外贮粪池。

（一）输送带清粪

输送带清粪工艺是利用输送带作为承粪带，每层鸡笼下面安装一条输送带，利用电机驱动，传送带定向、定时向一端传动，在输送带的一端设挡粪板，粪便落入鸡舍一侧横向输送带，然后输送至禽舍外。目前，该方法在阶梯式或层叠直列式蛋鸡和肉鸡养殖场广泛应用。

输送带式清粪系统由电机和减速装置、链传动、主动辊、被动辊、承粪带等部分组成。其工作原理是：承粪带安装在每层鸡笼下面，鸡排泄的粪便自动落入鸡笼下的承粪带，并在其上累积，当系统启动时，由电机和减速器通过链条带动各层的主动辊运转，在被动辊与主动辊的挤压下产生摩擦力，带动承粪带沿鸡笼组长度方向移动，将鸡粪输送到下一端，然后由端部设置的刮粪板刮落，实现清粪。该系统间歇性运行，通常每天运行 1 次。

目前，国内输送带式清粪系统的主要结构参数为：驱动功率 1~1.5 千瓦，运行带速
10~12 米每分钟，输送带宽度 0.6~1.0 米，使用长度≤100 米。鸡场可根据鸡舍饲养鸡的
数量和鸡笼宽度等选择合适的清粪系统参数（见图 18-1）。

图 18-1 鸡粪的输送带装置

（二）刮板清粪

刮板清粪是机械清粪的一种，在笼养鸡场广泛使用（图 18-2）。刮板清粪主要分链
式刮板清粪和往复式刮板清粪，通过电力带动刮板沿纵向粪沟将粪便刮到横向粪沟，然
后排出舍外。

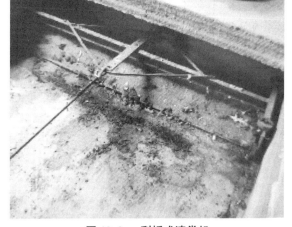

图 18-2 刮板式清粪机

刮板清粪装置由带刮粪板的滑架、驱动装置、导向轮、紧张装置和刮板等部分组成。
刮板清粪装置安装在明沟或漏缝地板下的粪沟中，清粪时，刮粪板作直线往复运动进行
刮粪。

链式刮板清粪装置由链刮板、驱动器、导向轮、紧张装置等组成，通常安装在畜舍
的明沟内，驱动器通过链条或钢丝绳带动链刮板形成一个闭合环路，在粪沟内单向移动，
将粪便带到鸡舍污道端的集粪坑内，然后由倾斜的升运器将粪便送出舍外。

刮板清粪的优点：能做到一天 24 小时清粪，时刻保持鸡舍内清洁；机械操作简便，
工作安全可靠；其刮板高度及运行速度适中，基本没有噪音，对鸡不造成负面影响；运

行和维护成本低。

刮板式清粪的缺点：链条或钢丝绳与粪尿接触容易被腐蚀而断裂。

二、人工清粪技术

人工清粪即通过人工清理出鸡舍地面的固体粪便，人工清粪只需用一些清扫工具、手推粪车等简单设备即可完成，主要用于网养鸡场。

鸡舍内大部分的固体粪便通过人工清理后，用手推车送到贮粪设施中暂时存放，地面残余粪尿用少量水冲洗，污水通过粪沟排入舍外贮粪池。该清粪方式的优点是不用电力，一次性投资少，还可做到粪尿分离；缺点是劳动量大，生产效率低。因此，这种方式通常只适用于家庭养殖和小规模养鸡场。

三、半机械清粪

对于网养鸡场，人工清粪效率低，国内又没有专门的清粪设备的情况下，我国推出了用铲车改装而成的清粪铲车，是从人工清粪到机械清粪的一种过渡清粪方式。机动铲式清粪车通常由小型装载机改装而成，推粪部分利用废旧轮胎制成一个刮粪斗，也可在小型拖拉机前悬挂刮粪铲组成，利用装载机或拖拉机的动力将粪便由粪区通道推出舍外。

铲式清粪机（见图18-3）的优点：灵活机动，一台机器可清理多栋鸡舍；结构简单，维护保养方便；清粪铲不是经常浸泡在粪尿中，受粪尿腐蚀不严重；不靠电力，尤其适用于缺少电力的养殖场。

铲式清粪机的缺点：该机器燃油，运行成本较高；不能充分发挥原装载车的功能，造成浪费；机器体积大，需要的工作空间大，工作噪音较大。

图18-3 清粪机

第二节　鸡场条垛堆肥发酵技术

条垛堆肥是将混合好的原料堆垛成行，通过机械设备进行周期性的翻动堆垛，保证各种原料的充分好氧发酵，完成堆肥生产。条垛堆肥操作简便灵活，运行成本低，被广泛应用于鸡场粪污处理（见图 18-4 和图 18-5）。

图 18-4　露天条垛堆肥

图 18-5　露天机械化条垛堆肥

一、发酵工艺流程

条垛堆肥通常由前处理、一次发酵（主处理或主发酵）、二次发酵（后熟发酵）以及后续加工、贮藏等工序组成，其工艺流程（见图 18-6）。

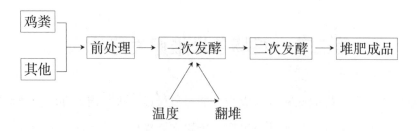

图 18-6 鸡粪条垛堆肥工艺流程

（一）前处理

将鸡粪原料水分含量调节至 60%~70%，在水泥地上或铺垫塑料膜的泥地上堆垛。条垛形状为梯形、不规则的四边形或三角形，高度不超过 1.5~2.0 米，宽度控制在 1.5~3.0 米。

（二）一次发酵

一般由温度开始上升到温度开始下降的阶段称为一次发酵阶段。将鸡粪堆成条垛，由于堆肥原料、空气和土壤中存在着大量的各种微生物，所以很快就进入发酵阶段。发酵初期有机物质的分解主要是靠中温型微生物（30~40℃）进行，该过程维持 3~4 天。随着温度的升高，最适宜生活在 45~65℃（最高温度不宜超过 75℃）的高温菌逐渐取代了中温型微生物，在此温度下各种病原菌、寄生虫卵、杂草种子等均被灭杀。为了提高无害化效果，这一阶段鸡粪发酵至少应保持 2~3 周。当堆垛容积减少 30%~33%，水分去除 10%~12%，发酵物无恶臭，不招苍蝇，蛔虫卵死亡率≥95%，大肠杆菌在规定指标内表示该过程结束。为了促进好氧性微生物活动，在堆肥一次发酵过程中通过搅拌和强制通风向堆肥内部通入氧气，每天翻堆通风一次。

（三）二次发酵

将经过一次发酵后的物料送到二次发酵场地继续处理，使一次发酵中尚未完全分解的易分解的、较难分解的有机物质继续分解，并将其逐渐转化为比较稳定和腐熟的堆肥。一般二次发酵的堆积高度可以在 1~2 米，只要有防雨、通风措施即可。在堆积过程中每 1 周要进行一次翻堆。二次发酵的时间长短视鸡粪含量和添加水分调节材料性质而定，堆肥内部温度降至 40℃以下时表现为二次发酵结束，即可以进行堆肥风干和后续加工。通常纯鸡粪堆肥二次发酵需要 1 个月左右的时间，添加秸秆等类材料二次发酵在 2~3 个月，而添加木质材料如锯末、树皮等情况下二次发酵需要 6 个月以上的时间（见图 18-7）。

图 18-7　鸡粪发酵

（四）菌剂的添加

在满足堆肥发酵所需条件下，额外加入菌剂，可以加速鸡粪原料的快速分解和腐热，添加的量及时间根据不同菌剂确定。

二、工艺参数要求

堆肥化是一个复杂的生物工程，为实现快速、高效的好氧堆肥，必须进行各种工艺条件的优化和控制。

（一）碳氮比（C/N）

堆体里面的有益微生物活性只有保持在一个适当的碳氮比例的状态下才能发挥最佳的效能。总体来说，20:1 至 30:1 比较适宜。鸡粪的碳氮比只有 3.15:1，所以在鸡粪堆肥进入发酵过程之前需要混合一定量含碳素高的填充原料，将鸡粪堆体碳氮比例调整到一个比较合适的范围。

（二）水分含量

水分含量直接影响堆肥的质量和成败，大量的研究结果表明，堆肥的起始含水率以60%左右为佳，在实际操作中，以手紧握原料能挤出水滴为适宜。

（三）供氧

在鸡粪堆肥过程中，供氧状况是通过温度和气味来反映，实际堆肥过程中要采取辅助增氧措施以满足堆肥有机物生化反应对氧气的需要，目前常用的是采用翻堆或强制通风方式。由于堆体与空气的接触面大，一般通过翻堆就能满足其供氧需要，不需要配套强制通风设备。

翻堆的频率及次数应该视鸡粪质地、填充物性质和堆温变化来确定，正常情况下只需每天翻堆一次。如采用强制通风措施，可采取间歇式方式，每天上午及下午各一次，每次 10~30 分钟，通风量为 0.05~0.2 立方米每分钟。

（四）温度

温度是堆肥系统微生物活动的反映。堆肥作为一种生物系统，对温度的要求有一定范围，温度过高或过低都会减缓反应速度。一般而言，嗜温菌最适合的温度为 30~40℃，而嗜热菌发酵的最佳温度为 45~60℃。在初期，堆层处于中温，嗜温菌活跃，大量繁殖。它们在利用有机物的过程中，一部分会转化成热量，从而促使堆层温度不断上升，1~2 天后堆层温度可达 60℃，在这样的温度下，嗜温菌大量死亡，而嗜热菌活力得到激发，嗜热菌的大量繁殖和温度的明显升高使堆层发酵直接由中温进入高温，并在高温范围内稳定一段时间。

堆肥最适合温度在 45~60℃，温度的调节通过翻堆来完成。当堆体温度在 55℃范围内稳定一段时间，一般保持 3 天以上（或 50℃以上保持 5~7 天），即能满足无害化卫生要求（见表 18-1）。

表 18-1　常见病原物致死的温度和时间

病原物	温度（℃）	时间（分钟）
沙门氏伤寒菌	55~60	30
沙门氏菌	55	60
志贺氏杆菌	55	60
内阿米巴溶组织的孢子	15	很短
绦虫	55	很短
螺旋状的毛线虫幼虫	5	很快
微球菌属化脓菌	50	10
链球菌属化脓菌	54	10
结核分枝杆菌	6	15~20
蛔虫卵	50	60
埃希氏杆菌	55	60

（五）有机质含量

有机质是微生物赖以生存和繁殖的重要因素。条垛式高温好氧堆肥的有机质含量范围为 20%~80%。鸡粪的有机质含量为 30%~40%，基本满足高温好氧堆肥对有机质含量的要求。

（六）pH

一般来说，pH 在 3~12 都可以进行堆肥。但研究表明，当堆体 pH 为 6~9 时，堆肥效果最佳。鸡粪的 pH 约为 7.84，处于合适的范围。

三、鸡粪堆肥腐熟度判断

堆肥的腐熟度是指堆肥的稳定化程度，它是评价堆肥质量的最重要参数之一。对堆肥腐熟度的评价很难用单个指标来衡量，往往需要各种指标进行综合评价与判断。这些包括外观、温度等工艺参数、化学参数和生物学参数等。

（一）外观

直观定性判断标准是堆肥不再进行激烈的分解，外观呈茶褐色或黑色，结构疏松，没有恶臭，不招致蚊蝇。

（二）工艺参数

当堆肥达到腐熟时，堆温通常低于 40℃。

（三）化学指标

堆肥有机质在达到腐熟时，可下降 15%~30%。

当堆料的 C/N 从（25~35）:1 下降至 20:1 以下时，肥堆将达到稳定。

当堆肥腐熟时，水溶性有机碳可下降 50%以上。近年来发现，水溶性有机碳与水溶性有机氮的比值是堆肥腐熟的良好化学指标，该值为 5~6 时表明堆肥已经腐熟。

（四）生物学指标

当堆肥没有达到稳定时，堆肥的水浸提液具有一定的植物毒性，会妨碍种子的萌发和根的生长。实验用的种子包括水芹、胡萝卜、芥菜、白菜、小麦、番茄等，目前国际上应用最多的是水芹种子。将堆肥鲜样按水:物料=1:2 浸提，160 转每分钟振荡 1 小时后过滤，吸取 5 毫米滤液于铺有滤纸的培养皿中，滤纸上放置 10 颗水芹种子，25℃下暗中培养 24 小时后，测定种子的根长，同时用去离子水做空白对照，按下式计算种子发芽指数。当水芹种子发芽指数达到 50%以上时，表明植物毒性已消除，堆肥基本稳定。

种子发芽指数（%）=（堆肥浸提液处理种子的发芽率×处理种子的根长）÷

（去离子水处理种子的发芽率×去离子处理水种子的根长）×100%。

四、鸡场堆肥的设备和菌剂

随着养鸡业的快速发展，鸡粪的产生量越来越大，堆肥设施、设备和菌剂应用范围更加广泛。

（一）物料处理设备

物料处理设备包括粉碎、混合、输送和分离设备。

1. 粉碎设备

粉碎设备主要有冲击磨、破碎机、槽式粉碎机、水平旋转磨和切割机，粉碎设备运行时最需要注意的是安全问题。

2. 混合设备

混合设备主要有斗式装载机、肥料撒播机、搅拌机、转鼓混合机和间歇混合机等，混合设备的作用是将鸡粪与堆肥辅料混合均匀，确保堆肥顺利进行。

3. 输送设备

输送设备包括带式输送机、刮板输送机、活动底斗式输送机、螺旋输送机、平板输送机和气动输送系统，输送设备运行时遇到的主要问题是物料压实或堵塞、溢漏和设备磨损。

4. 分离设备

分离设备主要是筛分设备，常用的有滚筒筛、振荡筛、跳筛、可伸缩带筛、圆盘筛、螺旋槽筛和旋转筛等，可根据处理性能、是否易堵塞、投资及运行费用选择筛分设备。

（二）堆肥除臭方法

有效的臭味控制是衡量堆肥工厂成功运转的一个重要标志，臭味处理系统包括化学除臭器、生物过滤器等。化学除臭器包括去除氨气的硫酸部分、氧化有机硫化物和其他特殊物质的次氯酸钠、氢氧化钠部分。实践中，常采用生物过滤器处理臭味，它的组成材料为熟化的堆肥、树皮、木片和泥炭等，负荷为80~120立方米每小时，出气温度维持在20~40℃。保持生物过滤器中过滤床一定的含水率是实现其最佳操作的关键。控制臭味的最常用综合措施是封闭堆肥设备、采用生物过滤器和进行过程控制，这种方法成本低，效果好，除臭率可达95%。

（三）微生物菌剂的使用

鸡粪堆肥通过接种微生物菌剂，可以明显提高堆肥初期的发酵温度，加快堆肥物料的水分蒸发，改变鸡粪中的微生物数量，使堆肥温度上升得快，高温维持时间长，缩短堆肥发酵周期，促进堆肥快速腐熟，同时可以增加堆肥的氮、磷、钾养分含量，改善堆肥产品质量。常用于接种的菌剂有乳酸菌、酵母菌、芽孢杆菌、黑曲霉、白腐菌、木霉、链霉菌和沼泽红假单胞菌混剂等。为了缓解鸡粪高温好氧堆肥过程中产生臭气的问题，可以对堆肥接种除臭菌株酵母菌、丝状真菌、高温放线菌。有研究结果表明，除氨复合菌系CC-E具有比较好的除氨能力，氨气去除率达60%以上。

五、实际案例

以庄浪县盛悦禽业养殖有限责任公司为例，该企业位于庄浪县朱店镇三合村，占地400公顷，总投资1600万元，存栏蛋鸡10万只，年产鸡粪4380吨。鸡舍配套自动通风、自动控温、自动饮水、自动供料、自动拣蛋、自动清粪六个自动化和电子监控设备，生产过程全部实行自动化。企业投资20万元建设3套自动清粪系统和面积60平方米、最大深度为3米的雨棚贮粪池，每天运行成本约12元，年运行成本4380元。企业周围分布大面积苹果种植户，果农将产生的鸡粪拉运至果园，堆肥发酵后用于施肥。通过这种模式，按照每吨鸡粪150元计算，每年可给企业带来65.7万元的效益。同时，果农施用发酵腐熟鸡粪，可减少化肥施用量，据测算，每亩可为果农节约化肥成本150元。

第三节　鸡场槽式好氧发酵技术

一、发酵工艺特点

槽式好氧发酵是目前处理鸡粪最有效的方法，也适合鸡粪有机肥商品化生产，有利于标准化生产。该工艺发酵时间短，一般15天就能使鸡粪完全发酵腐熟，而且易实现工厂化规模生产，不受天气季节影响，对环境造成的污染小。槽式自动搅拌机可在发酵槽沿上自动行走，对槽内发酵物进行通气、送氧，调节水分，本工艺不用大量掺入秸秆（季节性粪便稀时，才加入少量秸秆），菌种使用一年后可降低使用量，生产出的有机肥无害化程度强，成本低（见图18-8）。

图18-8　发酵槽

二、工艺参数

（一）鸡粪与辅料混合比

根据当地农业情况，可采用稻草、玉米秸秆等有机物作为辅料。根据发酵水分的要求，鸡粪与发酵辅料配比为3:1，堆肥辅料可选用碳氮比在20:1~80:1的原料。若发酵槽长50

米、宽 6 米、深 1.5 米，每个槽鸡粪用量为 150 吨，辅料用量为 50 吨，接种物料用量为 22 吨。在发酵槽内，鸡粪、辅料和接种物料需混均。

（二）机械搅拌

鸡粪堆肥发酵属于好氧性发酵，在发酵槽中，因为物料湿度在 60%~65%，黏度大，通气性极差，需要进行人工辅助通气，一般常采用机械搅拌方式。在实际生产中，发酵的温度在一定程度上会受到气温季节的影响。夏季，车间温度在 30℃以上，发酵温度能达到 60~65℃，甚至超 65℃，可间隔 1 小时搅拌一次。冬季，车间温度在 10℃以下时，发酵温度只能达到 45~55℃，由于搅拌作用会带走一部分热量，可间隔 4 小时搅拌一次。当发酵槽温度在 60℃左右时，每天搅拌 2 次，其总水分能下降 2%；当发酵槽温度在 50℃左右时，每天搅拌 2 次，其总水分能下降 1%。假设每个发酵槽每天搅拌 2 次，每个槽进 150 吨鸡粪、50 吨辅料、22 吨接种物料，经过 20 天发酵搅拌 40 次后出槽物料的水分能控制在 40%~45%，再经过晾晒或烘干可生产出 103 吨成品有机肥（水分 20%）。

（三）堆肥发酵腐熟周期

鸡粪、辅料和接种物料进槽混合后，第一次搅拌记为发酵周期开始时间，一般经过 3~4 期（冬季 7~10 天），进入高温发酵阶段。当发酵温度高于 55℃，15 天就能使物料完全发酵；而低于 50℃时，需发酵 30 天。所以，夏季发酵周期一般为 18 天，冬季发酵周期一般为 35 天。

三、主要设施和设备

（一）发酵槽

发酵槽是鸡粪发酵处理平台。一般建于彩钢棚或阳光温室棚内。根据鸡粪处理量和生产需要，发酵槽宽度一般为 3~8 米，深度 1.2~1.5 米，长度 30~100 米，或同时建造 3~5 条发酵槽（这可根据实际情况设计）。

（二）自动搅拌机

自动搅拌机又称槽式翻抛翻堆机，是目前应用最为广泛的一种发酵翻抛翻堆设备。它包括行走发酵槽体、行走轨道、取电装置、翻抛翻堆部分以及转槽装置（也叫转运车，主要是用于多槽使用的情况），翻抛翻堆工作部分采用先进的滚筒传动，有可升降式的和不能升降的两种。翻堆装置的轴承座固接于翻堆机架上，两根主轴固接于轴承座中，每根主轴上焊接有若干按一定距离且交错一定角度排布的翻堆轴，每个翻堆轴上都焊接有翻堆板。翻堆装置通过销轴与行走装置相连。行走装置的轴承座固接于行走机架上，装有行走轮的两根接轴 I 固接于轴承座中，每根接轴 I 的一端通过联轴器与接轴 II 的一端相连，减速机 II 的两输出轴分别通过联轴器与两根接轴 II 的另一端相连。起升装置的电动葫芦固接于行走机架上，钢丝绳的一端绕在电动葫芦上，另一端固定于翻堆机架上（见图 18-9）。

图 18-9　槽式机械翻抛

（三）专用造粒机

有机肥专用造粒机，可对水分在 40% 左右的发酵物进行球形造粒，颗粒的成品率在 70% 以上，坚硬适中，小规模生产可通过晾晒后装袋。设备生产的颗粒为球状；有机物含量可高达 100%，实现纯有机物造粒；造粒时不需要加黏结剂；颗粒坚实，造粒后即可筛分，降低干燥能耗；发酵后的有机物无需干燥即可进行造粒。

四、实际案例

金昌市守鹏养殖有限公司成立于 2019 年，位于双湾镇康盛村，总投资 3000 万元，占地面积 70 公顷，周围无污染企业，无噪音，地势较高，通风向阳，地理位置优越，生产条件良好。现建成标准化鸡舍 3 栋 5850 平方米，具备粪污处理设备设施。产蛋鸡存栏 9 万羽，年产值 1600 万元左右。

按照国家要求养殖场对鸡粪进行无害化处理。2019 年在选取距离鸡舍 100 米处建立鸡粪无害化处理厂。对处理厂地面进行硬化防止污水渗透污染地下水。购进鸡粪处理设备 4 台（套），研发加工设备 2 台（套）。生产鸡粪缓释技术有机肥料。年生产长效、高效有机肥 10 000 吨。

第十九章　羊场粪污处理技术

第一节　羊粪的特点

一、基本情况

甘肃省作为全国养羊大省,近年来,养羊业得到了快速发展,2021年全省羊存栏达到2439.5万只,羊出栏达到2105.4万只。甘肃省先后组织实施了一批羊产业重大项目,在规模养殖、良种繁育、设施建设和饲草料加工等方面取得了可喜的成绩,全省肉羊产业成效更加明显,呈现出许多新的特点,养羊业已成为甘肃省畜牧业中增长势头最强、发展潜力最大的优势产业之一。也是甘肃省实施"牛羊菜果薯药"六大特色优势产业和发展重点地方特色产品、助推乡村振兴的重要产业。做好羊养殖场(户)的粪污处理和资源化利用工作,对羊产业的健康绿色发展起到重要作用。

二、饲养方式

在甘肃省养羊地域可划分为牧区、半农半牧区和农区,饲养方式有半舍饲饲养和全舍饲饲养两种方式:半舍饲饲养主要在有天然草场的牧区及半农半牧区(又称农牧交错区,指农业区和牧业区的交错地带或过渡地带),该种饲养方式也称为放牧+补饲饲养方式;全舍饲饲养方式主要在农区,用于繁殖母羊和育肥羊的规模化饲养,也是甘肃省目前主要的肉羊生产饲养方式。

三、羊粪的特点

羊的粪便是颗粒状,粪污主要以固体粪便为主,污水产生量很少。

羊粪便中的氮、磷、钾及微量营养元素提供了维持作物生产所必需的营养物质,属优质粪肥,具有肥效高且持久的特点,羊粪大多用作肥料。

羊粪是一种速效、微碱性肥料,有机质多,肥效快,适于各种土壤施用。目前养羊场粪污处理利用的主要方式是用作农作物肥料，即羊粪经传统的堆积发酵处理后还田。羊粪还可与经过粉碎的秸秆、生物菌剂搅拌后，利用生物发酵技术，对羊粪进行发酵，制成有机肥。

羊粪产生量，肉羊大致的粪尿产量（见表 19-1），羊粪污处理量的估算，除了每日粪便排泄量外，还需将全场的污水排放量一并加以考虑。按照目前城镇居民污水排放量一般与用水量一致的计算方法，肉羊场污水量估算也可按此法进行。

表 19-1　肉羊粪尿排泄量（原始量）

饲养期（天）	每只日排泄量（千克）			每只饲养期排泄量（吨）		
	粪量	尿量	合计	粪量	尿量	合计
365	2.0	0.66	2.66	0.73	0.24	0.97

（四）羊粪的收集方式

甘肃地区气候较干燥，所以圈舍内的羊粪含水量较低，羊粪在羊圈或运动场堆积 20~30 厘米后集中清理，养羊场羊粪通常采用机械或人工方法清理固体粪便。在甘肃省农牧区，育肥羊场及规模化养羊户的羊舍及运动场中的羊粪大多采用羊出栏后一次性清理方式，由于育肥羊大多在冬春季节饲养，铺垫在羊舍地面的羊粪还能起到较好的保温作用。

第二节　羊场粪污收集技术

甘肃省的养羊方式主要包括农区的规模羊场、非规模养殖和散养户，以及牧区的传统放牧方式的饲养。粪污处理需要关注的重点是农区的规模羊场和非规模养羊场。

粪堆积发酵就是利用各种微生物的活动来分解粪中有机成分，有效地提高有机物质的利用率，这也是目前养羊场最常用的方法。

一、羊场粪污处理设施

由于羊的粪便是颗粒状，粪污主要以固体粪便为主，羊场粪污处理设施相对比较简单，主要包括雨污分流设施、堆粪场、污水池等。

（一）雨污分流设施

①房檐雨水引流槽。雨水经引流槽流入地面的雨水渠中（见图 19-1）。

图 19-1　雨水引流槽

②雨水沟。雨污分离，减少沼气池废物处理量。雨水沟的坡度为 1.5%，分流的雨水直接外排。

③污水管道。实行雨污分离，污水经管道流入污水池（见图 19-2）。

图 19-2　污水管道

（二）堆粪场

羊粪堆积场（见图 19-3）地为水泥地或铺有塑料膜的地面，堆放处必须防雨防渗，定期清运。堆放处地面要全部硬化，四周建浸出液收集沟，收集沟与沼气池连通。堆放处容积大小视养殖场规模而定，通常每 25 只羊粪便堆放所需容积为 1 立方米。

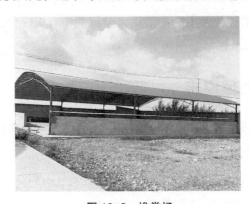

图 19-3　堆粪场

（三）污水池

建设能容纳 2 个月以上的污水、尿液产生量的污水池子（见图 19-4）。

图 19-4　污水池

二、羊粪清理与收集

由于羊粪相对于其他家畜粪便而言含水率低，养羊场的羊粪大多采用机械清粪或人工清粪方法，定期或一次性清理羊舍粪便，很少采用水冲式清粪。由于使用干清粪，其中的养分损失小。

第三节　羊粪堆积发酵技术

一、羊粪堆积发酵方法

（一）堆积体积

将羊粪堆成长条状，高度 1.5~2 米，宽 1.5~3 米，长度视场地大小和粪便多少而定（见图 19-5）。

图 19-5　条垛式堆积

（二）堆积方法

先比较疏松地堆积一层，待堆温达 60~70℃时，保持 3~5 天，或待堆温自然稍降后，将粪堆压实，而后再堆积加新鲜粪一层，如此层层堆积至 1.5~2 米为止，用泥浆或塑料膜密封。特别是在多雨季节，粪堆覆盖塑料膜可防止粪水渗入地下污染环境。在经济发达的地区，多采用堆肥舍、堆肥槽、堆肥塔、堆肥盘等设施进行堆肥，腐熟快、臭气少，可连续生产。

（三）翻堆

为保证堆肥质量，含水量超过 75%的最好中途翻堆，含水量低于 60%的建议加水（见图 19-6）。

图 19-6 翻堆

（四）堆肥时间

堆肥 2~6 个月后启用。

（五）通风措施

为促进发酵过程，可在料堆中竖插或横插适当数量的通气管。

第四节 羊粪自然发酵处理技术

一、羊粪板的形成

近年来育肥羊规模不断扩大，牧区和农区舍饲圈养的养羊场，羊粪尿排泄在羊舍和运动场中，定期或羊出栏后一次性清理，清理出的羊粪为羊粪板。由于羊粪在层层铺垫过程中经过了发酵过程，并且含水量也较低，羊粪板可直接还田或出售。

在西北地区，育肥羊场和规模化育肥户大多采用架子羊短期育肥方式，即收购架子羊进入育肥场饲养 3~4 个月出栏。在整个育肥期内，羊的粪尿排泄在羊舍及运动场地面，经羊只的踩踏和躺卧后，呈粉末状，层层叠加，形成"羊粪板"（见图 19-7）。羊粪板在圈舍内的形成过程中经过了简单发酵，且含水量较低。待育肥羊出栏后，需要采用人工翻挖方法进行清理。

图 19-7　羊粪板

二、羊粪板的利用

"羊粪板"一次性集中翻挖后，可继续堆放发酵一段时间，作为肥料进行农田利用（见图 19-8）。"羊粪板"的利用方式有以下三种：一是经堆放发酵后施用，用于农作物、人工种植牧草、大棚蔬菜、花卉、药用植物等的种植。二是被专业公司收购，经粉碎后，生产粉状有机肥出售。三是经过进一步加工，生产颗粒有机肥。

图 19-8　羊粪板堆粪

第二十章 畜禽粪污资源化利用技术模式

一、金川区牛粪有机肥生产加工模式

1. 技术模式

养殖场畜禽粪污生产有机肥料模式，是运用生物技术把畜禽粪污这一有机废弃物加工成有机肥料，变污染源为资源，化害为宝。这种方法为规模化养殖产业结构调整，养殖与种植一体化循环健康发展，提供了出路。而农业生产单纯依赖化肥、农药的弊端日益显现，为绿色农业、有机农业展现出广阔的市场前景。减少化学农业的污染，改良土壤品质的需要，使有机肥有了不断增长的需求，有机肥料生产成为生态农业和循环农业的一个关键环节。

2. 工艺流程

（1）有机肥生产工艺流程图（见图 20-1）

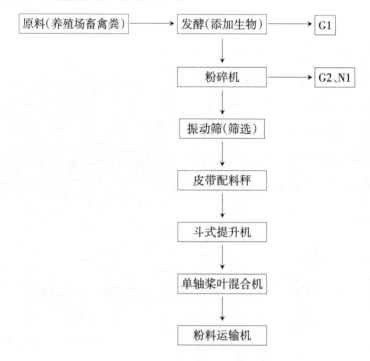

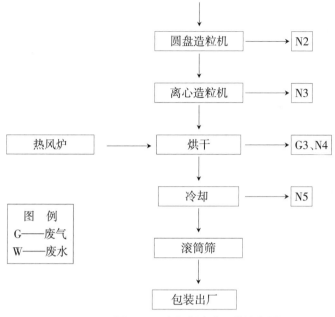

图 20-1 有机肥生产工艺流程图

（2）工艺流程

①将养殖场干清粪污物料拉运至发酵场，用铲车等机械建堆成条垛状，选择条垛式翻堆机，物料堆一般掌握在高<1.2 米、宽<3.5 米。如采用侧翻式翻堆机堆高和宽更为灵活，一般以一天的物料为单元建堆。宽度和长度不受翻堆机设备的限制。堆表添加复合微生物菌发酵剂（翻堆机喷洒），按需要添加辅料调质。

②翻堆机第一次作业，将原料一次性翻拌、破碎成 3 厘米左右的团块，堆置成蓬松富有弹性的条垛状。为激活有益菌群，切忌重复翻堆作业，也不能用不透气的帘布（如塑料膜）覆盖，为消除臭味，翻堆机在料堆表面喷洒一次液体除臭剂。

③从第二天起，根据智能发酵指标测试仪显示要求适时翻堆，控制好温度、含氧量、水分等要素，使中温和高温性微生物菌在不同阶段做功，快速消除臭气、杀灭病原菌。

④曝气发酵，此时物料近于松透，移至曝气场地，物料堆底设气室若干，根据智能仪器显示要求，适时向空气贮存室供入空气，向料堆补充水分，最大限度地加厚海绵层厚度。

⑤原料筛分，及时把那些量少，但难腐熟的物料分离出来回流，是缩短原料整体发酵周期的重要环节。

⑥大宗物料进入后熟发酵或称二次发酵，此阶段仍依赖曝气系统，可设两条线，一是后熟干燥生产粉状有机肥。二是直接应用湿法造粒技术，经曝气发酵、干燥生产颗粒状有机肥。无论粉状肥、颗粒肥都可加工成为生物有机肥、生物有机无机复混肥。

⑦抽样检验，计量包装。

⑧出售还田。通过对养殖基地的粪便处理，加工制造有机肥，出售给种植基地，再由种植基地向养殖基地提供养殖所需饲料，形成节能循环。

3. 技术要点

养殖场畜禽粪污生产有机肥料模式是根据国家对畜禽粪便减量化、无害化、资源化、产业化处理的原则，采用国内最先进的有机肥生产技术，生产的颗粒有机肥料。

（1）粪污处理

为了保持养殖场环境卫生清洁，每天对牛舍进行清理，每3天对运动场进行清粪，减少恶臭的产生，防止疾病发生。养殖场收集的大量粪便，用于集中堆肥，一般8~10堆，同时加入发酵菌剂。每天进行发酵监控，测量发酵中粪便温度，以确定是否完全腐熟。将腐熟完全的粪便集中按一定的配比加入腐殖酸，化验人员进行采集化验，各项指标合格则进行生产，不合格则按化验结果重新配比配料，直至合格。

（2）操作要点

一是按要求对各种原料认真计量，对腐殖酸有机质的检测，保证原料配方有效性。二是配定后搅拌均匀，堆成条垛状，条垛大小符合翻抛车可操作范围。三是根据规定进行发酵温度测定，粪便温度接近70℃时要及时进行翻抛，温度太低或升温不明显，也需要及时翻抛。四是发酵完成后相关质检人员对畜禽粪便有机质、养分、水分的检测，鉴定发酵合格后方可堆放至半成品库。五是半成品粉碎配料进行造粒生产，包装出厂。

（3）主要技术要点

以养殖基地畜禽粪便为主要原料，生物菌发酵方法对畜禽粪便进行处理，采用纤维分解菌、半纤维分解菌、蛋白分解菌、有机磷分解菌、氨化菌、光合细菌、酵母菌及产生抗菌素的放线菌等十几种有益微生物，在生物菌的作用下发酵而成，再利用快速分解菌降解，并通过发酵过程中产生的高温，杀死有害病原菌及蛔虫卵，把不稳定的物质转化成较稳定的腐殖质，形成可以被植物直接吸收的活性物质，同时降解化肥、农药的残留物质和溶解释放土壤中已固化的磷、钾等营养成分。

该技术不仅可以提供速效营养成分，而且具有持久性，可持续长久地供给作物各种养分。不仅可施用于小麦、玉米、水稻等大田作物，更是蔬菜、果树、花卉、烟草、茶叶等经济作物的优质肥料。该肥料不存在化学残留物，并且经过了发酵，杀死了虫卵和有害菌。施用该肥料可大大降低化学农药的用量，不会造成污染，因此在提高农作物产量的同时，也大大改善了农作物的品质。因此，利用快速分解菌群降解畜禽粪便，培肥土壤，改良土壤，使之达到作物直接吸收利用而对环境无不良影响是十分必要的。创新点包括：利用现代生物技术筛选出本地区特定功能组合的微生物菌群，针对性强；能使得快速分解菌群在降解畜禽粪便的同时扩大繁殖，进入土壤中，改善土壤微生物区系，培肥地力，改良土壤。

依靠以下含有产生酶群能力强的有益微生物群体，主要由光合菌群、乳酸菌群、酵母菌群、丝状菌群和耐热性芽孢杆菌群及解磷、解钾、固氮菌群组成。这些菌群是对人、畜没有毒害的安全菌类。这些有益微生物群体产生复合酶群：如淀粉酶、蛋白酶、脂肪酶、纤维素酶、乳糖酶、酒精分解酶、麦芽糖酶、蔗糖酶、尿酶、氧化还原酶等几十种不同类型的酶。这些有益微生物群体含有动植物所需的营养和有益物质：如多种氨基酸、腐植酸、黄腐酸、维生素、生长未知因子、糖、酒精、核酸、多种有机酸、生长调节剂等。这些有益微生物群具有好气性、厌气性、兼气性综合发酵能力，快速分解有机物，消除有害物质，快速除臭，因此，用于无害化发酵畜禽粪污，生产生态活性有机肥料具有独特性能。

微生物对畜禽粪污有机物的分解，是在适宜的团粒表面液态膜中进行，因此，通过控制堆肥系统的 C/N 比、pH 值、供气量、温度、孔隙度，优化反应体系内的物化条件。按此方法生产的有机肥，肥料具有大量活性成分，其中包括：大量的有益微生物种群、各种活性生物酶、丰富的有机质和均衡的 N、P、K 及微量元素。长期施用能改良和活化土壤，培肥地力，改善土壤的微生态和理化性质。提高土壤的有机质并促进养分平衡，增加孔隙度。有利于物质转化和根系生长，降低容重，改善土壤的团粒组成，提高土壤持水和保肥能力及改造盐碱地。抑制、杀灭致病菌，减轻作物病害，节省防治成本，调节田间小气候，改善农业生态，使农业步入良性循环。

肥料外观：褐色和黑褐色。

气味：无味或具发酵香味，无臭味和发霉味。

肥分指标：氮≥2%，磷≥2%，钾≥1%，有机质≥45%。

有益微生物指标：有益微生物≥2亿每克。

有益物质：含有多种酶和多种植物必需的营养物质，如氨基酸、粗蛋白、核酸、维生素、有机酸、生长调节剂和抗菌素等物质。

4. 适用范围

该技术模式适宜推广于肉牛、肉羊大型养殖基地；推广区域为比较干旱的西部地区，农作物种植品种主要以瓜果蔬菜、玉米、紫花苜蓿等为主；养殖类型以标准化规模养殖为主，清粪方式以干清粪为主，畜禽饲养量以 2 千头肉牛或 2 千只肉羊当量为宜。该模式的主要优点是草、畜、肥一体化，实现了资源的高效循环利用，生产基本不受季节的影响，在实际使用过程中，操作简单、管理维护费用较低，企业的附加值高，与周边种植农户紧密结合。

5. 典型案例

（1）公司简介

金昌天康养殖有限公司成立于 2010 年，注册资本 300 万元，位于金川区双湾镇金川现代循环农业示范园区，占地面积 19.7 公顷。公司主要经营：肉牛、肉羊养殖；有机肥料生产销售。公司成立后，利用两年时间相继建成了育肥牛舍 4 栋，繁育牛舍 8 栋，羊舍 4 栋，建筑面积 9750 平方米。是以千头肉牛、千只肉羊为主体进行育肥、繁育的规模养殖场。养殖场年出栏肉牛 800 头左右，肉羊 1000 只以上。公司通过引进良种扩繁生产，以饲养示范带动农村发展肉牛、肉羊产业，带动农户进行优质肉牛肉羊扩繁与生产。

该公司运用生物技术把畜禽粪污这一有机废弃物加工成有机肥料，供应市场。2012 年建设了 1 万吨有机肥生产线，同时将周边的养殖场粪便集中收购，为金川区养殖产业结构调整，节能减排，实现与周边环境，养殖与种植一体化循环发展，提供良好的社会资源和环境保护平台。自建成以来，年生产销售有机肥料 15 000 多吨。公司生产的有机肥料，保墒抗旱，有利于改良土壤，广泛应用于瓜果蔬菜、大田作物、花卉、园林绿化等各种作物种植的基肥和追肥（见图 20-2 至图 20-11）。

（2）投资情况

公司有机肥项目总投资 1200 万元，其中建设投资 800 万元，设备投资 200 万元。

（3）效益分析

①经济效益

2019 年公司生物有机肥产品销售收入 860 万元，年利润 105 万元。有机肥的生产成本包括原料、人工、管理费用、机械折旧、流动资金贷款利息等财务费用为 750 元每吨，平均售价 900 元每吨，年获利 150 万元。

②生态效益

以畜禽粪便为原料生产新型生物有机肥，可使资源得到有效利用，有效的治理了养殖场污染，破解了养殖粪污对生态环境影响的难题。本项目生产的生物有机肥以牛粪、羊粪为主要原料，经加工制成生物有机肥，不仅具有固氮、解磷、解钾的特殊功效，而且使平日废弃的资源得以再次利用。此外，生产的生物有机肥可以有效调节土壤中微生物的生态平衡，消除多年来使用化肥所造成的土壤板结、盐化、沙化等，节约了土地资源，这对人均耕地资源十分有限的中国来说是十分重要和有意义的。新型生物有机肥可以提高肥料的利用率，因而大大减少化肥的施用量，一般情况下，施用生物有机肥要比施用化学肥料少60%，这样不仅可节省大量原料、降低农民负担，而且可使土壤、地下水等宝贵资源免受污染。并为地方生态循环农业发展奠定了坚实的基础，对农村环境治理起到了重要作用。

③社会效益

通过此模式，增强了周边农户发展循环农业的意识，促进了当地绿色有机农业的发展。有机肥的生产使用有效缓解了资源浪费，提高了当地农牧业废弃物的利用率，促进了养殖、种植、加工及相关产业的发展，对当地畜禽养殖废弃物资源化利用发挥了良好的示范辐射带动作用。

图 20-2　肉牛养殖场

图 20-3　粪污原料发酵场

图 20-4　发酵场

图 20-5　发酵翻堆车

图 20-6 原料湿粉碎机

图 20-7 生产厂房

图 20-8 生产车间设备 1

图 20-9 生产车间设备 2

图 20-10 生产车间设备 3

图 20-11　产品质量检测化验室

二、高台县有机肥—有机种植生态循环模式

1. 技术模式

高台县方正节能科技服务有限公司是第五批国家发改委备案的节能服务公司，公司2015年投资 12 000 万元新建日产 20 000 立方米生物天然气及有机肥生态循环利用项目，项目采取"以点带面、点面结合、示范带动、区域推进"的方式，形成"畜—沼—田"资源化利用模式和"畜禽养殖、秸秆—有机肥—有机种植"的现代农业循环产业链。

2. 工艺流程（见图 20-12）

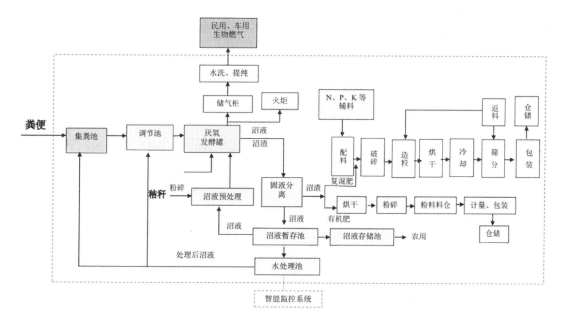

图 20-12　循环经济工艺流程图

厌氧发酵是指在厌氧条件下，通过厌氧微生物的作用，对有机物进行降解，产生甲烷和二氧化碳等的生物化学过程。采用畜禽粪便和农作物秸秆混合厌氧发酵，既同时解

决了两种固体废弃物的污染问题，同时混合物料也使发酵过程中厌氧菌所需的营养更加均衡。但是，由于秸秆不仅木质纤维素含量高、难以生物消化，而且，秸秆的密度小、体积大、不具有流动性，因此，无法连续进、出料和进行连续的厌氧发酵。针对畜禽粪便和秸秆混合后特殊的物料性质，已研究和开发出了一种带有强化搅拌的改进型全混合CSTR反应器。该反应器带有组合式搅拌系统，可实现多种搅拌组合，大大提高了混合原料的发酵传热、传质效率，显著提高产气量。

（1）工艺流程的特点

①沼液回用预处理秸秆，不仅可以提高秸秆的产气量，固态预处理的方式，较少产生或者不产生废液，环境问题较小，而且在常温下进行，处理方法简单，处理成本低。同时，还可以对沼液进行可循环利用。

②产气时间短、发酵效率高。通过沼液预处理后，秸秆的产气率明显提高，而且发酵时间明显缩短。

③原料来源多样化，采用粪便与秸秆有机固体废弃物混合发酵，原料配比不受限制，运转灵活，适应性强。

④可实现真正意义上的生态循环和高效利用。厌氧发酵生产的沼气经沼气提纯后的生物天然气，用于供应高台县周边的出租车、公交车及私家车使用。秸秆沼气产生的沼渣呈固态，全部用于有机无机复混肥和有机肥的生产；沼液最大限度地回用，剩余沼液暂时存储作为灌溉等用水，符合循环经济要求的清洁生产过程。

3. 技术要点

（1）原料的收集储运体系

畜禽粪便由公司自配的5辆运输车，专门组织人员运输至本站内。另外，公司也正在尝试在较远乡镇，用公司股东高台县洁源燃气销售经营的石油液化气兑换同等价值的畜禽粪便的运行模式（见图20-13）。

图20-13　运输

高台县方正节能科技服务有限公司积极探索以有机肥置换尾菜、秸秆模式，由甘肃沃农农村生态环保农民专业合作社联合社负责尾菜、秸秆的收集和储运。该项目涉及固体畜禽粪便 12.5 万吨、尾菜 5.2 万吨、秸秆 1.66 万吨，共计 19.36 万吨。因此，收储运体系建设在该项目中具有很关键的作用。

（2）处理技术

通过厌氧微生物的作用，对有机物进行降解，产生甲烷和二氧化碳等的生物化学过程。采用畜禽粪便和农作物秸秆混合厌氧发酵，解决了两种固体废弃物的污染问题，同时混合物料也使发酵过程中厌氧菌所需的营养更加均衡。但是，秸秆不仅木质纤维素含量高，难以生物消化；秸秆的密度小、体积大、不具有流动性，无法连续进、出料和连续的厌氧发酵。针对畜禽粪便和秸秆混合后特殊的物料性质，研究和开发出了一种带有强化搅拌的改进型全混合厌氧反应器。该反应器带有组合式搅拌系统，可实现多种搅拌组合，大大提高了混合原料的发酵传热、传质效率。

（3）处理、利用方法

依托高台县方正节能科技服务有限公司已建成的 30 000 立方米厌氧发酵装置，与甘肃沃农农村生态环保农民专业合作社联合社协作进行原料收集以及有机肥、沼液、肥水的生产销售。

①畜禽粪便。采用"沼气处理+有机肥生产+沼液利用"相结合的方式进行处理，有机肥和沼液肥水提供给种植区。

②养殖污水。经过厌氧发酵进行浓缩处理，液体生物有机肥通过肥水一体化设施输送到种植区利用。

③尾菜、秸秆。农作物秸秆主要通过破碎—打包—运输—厌氧发酵—固液分离—有机肥生产，达到肥料化利用的目的。

利用厌氧发酵模式对畜禽粪便进行厌氧发酵，发酵产生的沼渣、沼液加工生产颗粒有机肥和液体微生物有机肥，因厌氧发酵过程能有效地杀死杂菌和虫卵，因此沼渣、沼液具有有机质安全、高效的特点，避免对耕地造成的二次污染，沼渣、沼液的使用可减少化肥使用量，改善土壤结构，提高农产品品质和产量。沼液是生产无公害、绿色、高档有机蔬菜的最佳肥料，能极大地提高氮、磷、钾的吸收率，堪称"肥中之王"。产生的沼渣进行颗粒有机肥生产，以颗粒有机肥为依托生产有机无机复混肥。拟对部分沼液肥水进行深度高效处理，生产植物生长促进剂和低毒生物农药。（见图 20-14）

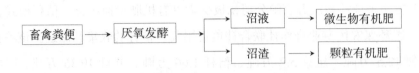

图 20-14　畜禽粪便处理工艺

4. 关键点控制

(1) 沼气生产关键点控制

①物料浓度。物料进入厌氧发酵罐前，必须保证物料浓度在当地发酵的适宜浓度范围内，浓度过低过高都会影响产气率，浓度过高还会影响后期出料的难度和可能堵塞传送设备。

②物料 pH。严格把握物料拌料的配比，保证物料拌好后料液 pH 为 6.8~7.5。配料管理不当的情况下会出现挥发酸的大量积累，pH 下降。调节措施有：稀释发酵液的挥发酸，提高 pH；加入草木灰或适量氨水来提高 pH；用石灰水调解 pH，特别是当发酵液过酸时，也可加入城市厌氧污泥提高 pH。

③温度。原料进料温度要控制在 30℃左右，沼气发酵温度在 4~65℃都能产气，随温度升高产气速率加快，但不呈线性关系。温度在 50~55℃产气速率最快，实际生产过程中一般温度控制在 35~55℃范围内就可以。

④接种物。正常沼气发酵需要一定数量和种类的微生物来完成，将含有丰富沼气微生物的污泥或沼液作为拌料进行有效地接种。

⑤厌氧环境。沼气发酵是在厌氧环境下进行的。一般还原电位 Eh 为 -300~-350 毫伏。

⑥原料的碳氮比。沼气发酵最适宜的碳氮比为 25:1，由于沼气发酵过程中原料的碳氮比可受到微生物的自动调节，因此，物料的碳氮比范围较宽，以 20:1~30:1 为宜。

(2) 生物有机肥、有机肥生产工艺关键点控制

①水分。水分过大会延长发酵堆的升温时间，反之升温加快，但降温也快，腐熟不彻底。只有正合适的水分才能使发酵物料持续保温在 50℃以上。一般发酵物料水分控制在 60% 左右（手握成团，松手可以散开）。

②搅拌。拌料时必须保证物料的碳氮比在 25:1~30:1，否则直接影响有机肥物料的发酵程度；菌与发酵物料必须充分拌匀，否则会产生发酵不匀，升温有高有低，除臭效果不理想等问题，影响有机肥的质量。

③翻抛供氧。在发酵的初期 4 天左右，要充分翻抛供氧，使生化反应顺利进行，温度在 70℃左右要及时进行翻抛降温供氧，否则这将严重影响微生物的生长繁殖，因此，

必须加大机械翻堆，增加供气量，使物料更好地进行好氧发酵，提高物料的发酵质量。

（3）复合微生物肥料生产工艺关键点控制

①厌氧消化液酸化池。将固液分离后的沼液进行预发酵，主要提升黄腐酸、氨基酸、有机酸。

②过滤。进一步去除微小颗粒，取得颗粒物粒径≤0.25毫米的料液。

③有益菌种加入与培养。

5. 适用范围

本模式宜在粪污、秸秆充足的地区推广。

6. 典型案例

目前，该模式已应用于高台县方正节能科技服务有限公司。

（1）公司简介

甘肃方正节能科技服务有限公司成立于2013年1月，注册资金3000万元，现有职工66人，其中技术人员25人，公司主要从事生物天然气、有机肥、生物质固体燃料的生产预销售；农牧固体废弃物的收购与仓储；节能改造、运营等节能服务。2016年被评为张掖市市级农业龙头企业。公司成立5年来，先后投资760万元建设了高台县骆驼城镇怡馨嘉园小区大型沼气集中供气工程，投资12 000万元日产20 000立方米生物天然气及有机肥循环利用工程。其中生物天然气及有机肥循环项目为西北较大的厌氧发酵项目。

已建成30 000立方米厌氧发酵装置和沼气提纯装置及办公区、配套公用设施等。公司始终坚持绿色、环保、循环、节能的发展理念，以"资源节约、生态循环、环境友好"为目标，积极探索农业废弃物收集、处理、配送等配套服务体系建设，进一步串联区域内养殖、种植、有机肥加工、废弃物综合利用、耕地改良等各个环节，初步形成了具有本地特色的现代生态循环农业发展体系。2017年全国农村能源工作促进会在高台县召开，来自农业部和32个省市的60多名领导和专家，对公司日产20 000立方米生物天然气及有机肥生态循环利用项目进行实地考察，与会领导和专家对该项目给予了高度评价。项目可年处理畜禽粪便12.5万吨，农作物秸秆1.66万吨。项目投入运行后有效地解决当地畜禽粪便、秸秆等废弃物的综合处理和循环利用，较好地破解了农村柴草和养殖粪便对生态环境影响的难题（见图20-15）。

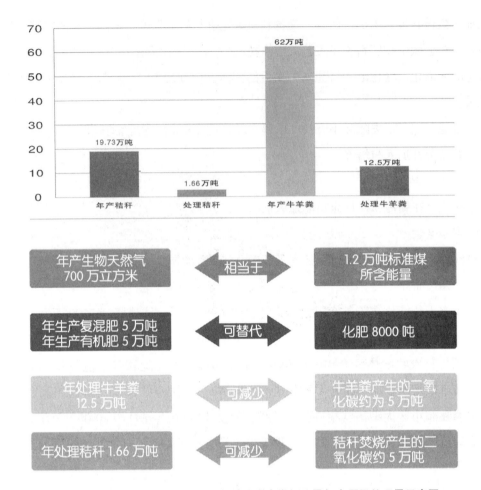

图 20-15　高台县每年产生的农作物秸秆畜禽粪便总量与本项目处理量示意图

(2) 效益分析

①生态效益。该项目利用秸秆和畜禽粪便生产有机肥料为纽带，通过秸秆及畜禽粪便进行生物转化，减轻了农作物废弃秸秆和养殖场粪尿污染，有效地破解了农村柴草和养殖粪便对生态环境影响的难题。

②社会效益。该项目运行后，新增就业岗位 310 人从事该项目的配套服务工作，实现了部分劳动力的转移，并能带动周边农户发展绿色、有机蔬菜，增加农户收入。

③经济效益。该项目运行后，年销售收入 1.5 亿元，年创税收入 400 余万元，为企业年创利润 1200 万元。

总之，该项目的建设，有利于增强周边农户发展循环农业的理念，有利于促进当地绿色有机农业的发展，为地方生态循环农业发展奠定了坚实的基础，尤其是从畜禽粪便、农作物秸秆、尾菜、厨余垃圾等废弃物到生物燃气、有机肥的转化，实现了废弃物的资源化利用，为西北地区提供了一个工业化处理废弃物及资源化循环利用的模式，该项目的实施对农村环境治理起到了重要作用，同时为国家"化肥零增长行动"提供了有力的支撑。

三、兰州市种养一体化共生大棚生态循环模式

1. 技术模式

在 640 平方米的土地面积上建设独立种养一体化设施农业大棚（专利技术：种植与牲畜养殖共生大棚）（见图 20-16），其中 320 平方米养猪、60 平方米种养通道，260 平方米种菜；使用农业废弃秸秆及树枝条等粉碎后制作环保垫料（专有技术）铺垫在养殖一侧，环保垫料处理猪养殖业粪尿污染技术（达到零污染、零排放、无恶臭、不渗漏、不冲洗）；废弃环保垫料制备有机肥料/土壤改良剂（专有技术）还田改良土壤，种植果菜茶，提升农产品品质。辅助老旧猪舍水泡粪无害化处理、尾菜无害化处理转化为有机肥（固态、液态）技术（专有技术）；辅助绿色安全动植物产品生产技术（专有技术）；采收、加工、品牌包装、场司对接（生产与城市销售终端直供）销售模式（市场包销定制模式）。生产单元设置为：一个最小的完善的项目生产群组为 10 栋种养殖一体化设施农业大棚，1 栋环保垫料生产大棚，1 栋有机肥生产大棚。本项目小可以独立成为 20 亩内群组项目生产，大可以到千亩、万亩产业园。

图 20-16 种植与牲畜养殖共生大棚外景

2. 工艺流程（见图 20-17）

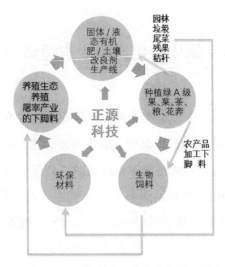

图 20-17　种养殖一体化产业循环模式

（1）有机肥单元

有机肥技术是通过微生物接种发酵生物热消毒法，杀死禽畜粪内的病原微生物和寄生虫、分解有机物、释放及小分子化各种养分、促使土壤恢复团粒结构，促进植物更好吸收所需养分的技术。有机肥在发酵过程中，微生物的生命活动可促使温度提升高达60~70℃，经生物发酵菌群完全腐熟成为国标（NY/T 525—2021）有机肥，经过生物热消毒处理后的禽畜粪便以小分子养分形态存在，其将大量的有益微生物和活性酶带入土壤，这也就给土壤微生物提供了丰富的养分和活性，有效促进土壤微生物的生长和繁殖，有效加速了有机质的分解、转化、活化了土壤的养分状况，有效提高田间保水率，根本上改善了土壤透水性等物理性状，也更有效地提高了土壤供肥能力，提高作物吸收能力，抑制土壤退化、改良土壤结构，从而结束了当前土地板结化的恶性循环。

（2）液肥单元

采用液态有机物，例如：人粪尿、屠宰场动物屠宰下脚料及废水、使用水泡粪工艺的大中小型猪场废弃物、尾菜等，经过接种菌和分解酶，好氧发酵15~23天（罗茨风机曝气），再通过400目过滤装置滤清液体中的杂质（适用于滴灌），制备成商品状液态有机肥/土壤改良剂，然后灌装为1吨、50千克、25千克、1千克包装后入库、待使用（销售）。

3. 技术要点

该项目实施主体依托乡村振兴整县推进项目建设，在种养殖过程中建立生态环保循环体系，用农牧产业化解决农村生产、生活、生态问题；项目实施过程中彻底解决污染物资源再利用与经济效益挂钩、农牧产品与经济效益挂钩、安全食品与经济效益挂钩、生态与民生挂钩的问题。所有农牧产品都在现代生态环保农牧业经济循环产业链有序生产供应销售，确实成为特色的绿色食品保供基地。

4. 适用范围

该技术主要适用于集约化、规模化、合作社等各种规模的种植业、养殖业建设，适用于农民工回乡创业、大学生创就业、退伍军人创就业，农村 55~65 岁中老年人劳动致富，产业落地之处，可辐射周边现有种养殖散户。建设地区无特殊要求，可按照当地条件因地制宜实施。

5. 甘肃正源农兴农业产业发展有限公司技术应用典型案例

案例一：岷县老兵缘农民专业合作社是以商品猪生产，秸秆树枝等农废生产环保材料解决生态环保，达到零污染、零排放、无恶臭，废弃环保材料制造有机肥，有机肥再还田改良土壤，种植蔬菜、当归，利用豆秸、油菜籽秸秆等制备生物饲料为主的生态环保循环经济型农牧企业；企业年产值 200 余万元。现有基础母猪 300 头，年出栏商品猪1200 头。基地生产共生大棚 16 栋，环保材料生产车间 1 栋，有机肥生产车间 1 栋，总面积 3.5 公顷，职工 13 人、其中技术人员 2 名，管理人员 3 名，公司有当归种植基地 7公顷，苹果、梨、花椒等经济林 1.2 公顷。该合作社采用现代生态环保农牧业经济循环产业链系列技术为核心。利用种养殖一体化，解决了种养殖业的环境污染问题，生产出了绿色安全食品，利用废弃资源生产有机肥/土壤改良剂改良土壤、减少农药、化肥用量，提高了农产品的产量和质量。每年给合作社成员发放工资和分红 60 余万元，具有良好的生态效益，社会效益和一定的经济效益。（见图 20-18）

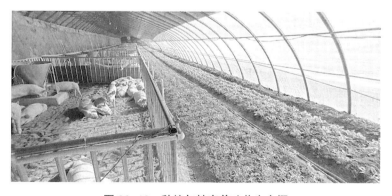

图 20-18　种植与牲畜养殖共生大棚

案例二：天水市三阳泰农业有限公司是以商品猪、基础母猪、生态种猪、蔬菜种苗生产为核心，建立了秸秆树枝等农废生产环保材料解决生态环保，达到养殖业零污染、零排放、无恶臭，废弃环保材料制造有机肥，有机肥再还田改良土壤，种植蔬菜、水果等，利用豆腐渣、玉米芯、玉米秸秆、麦皮等制备生物饲料为主的生态环保循环经济型农牧企业；企业年产值 1000 余万元。现有基础母猪 100 头，繁育仔猪 2000 头；基础种猪 120 头，繁育种猪 2000 头；年出栏商品猪 2000 头，种猪 1000 头。基地生产共生大棚 7 栋，环保材料生产车间 1 栋，有机肥生产车间 1 栋，总面积 6.7 公顷。职工 12 人，其中技术人员 4 名，管理人员 2 名。公司有果树、玉米、蔬菜种植基地 4.5 公顷。公司以现代生态环保农牧业经济循环产业链系列技术为核心，利用种养殖一体化，解决种养殖业的环境污染问题，生产生态绿色安全食品，利用废弃资源生产有机肥/土壤改良剂改良土壤、减少农药、化肥用量，提高农产品的产量和质量。每年给公司职工发放工资 80 余万元，具有良好的生态效益、社会效益和一定的经济效益。

四、甘谷县黑膜覆盖堆肥利用技术模式

为深化种养结合和农牧循环，加快推进畜禽粪污养分还田利用，进一步明确畜禽养殖污染治理路径，改善农村人居环境，提高粪污资源化利用水平，降低堆肥发酵成本，契合作物用肥和施肥时间，打通粪肥还田利用的最后一公里，甘谷县总结了一套在田间地头利用黑膜覆盖厌氧堆肥发酵的典型模式，并取得了明显成效。

1. 技术模式

黑膜覆盖堆肥利用模式，是指在 20 世纪 80 年代传统的田间地头土法堆粪模式基础上，利用地膜或黑膜覆盖，提高堆肥发酵需要的腐熟温度要求，做到防雨、防渗、防漏的环保要求，从而有效解决养殖场废物处理难的一种经济实用粪污处理模式。

2. 工艺流程

（1）前期准备工作

在田间地头选择一块比较平坦的地方，根据养殖规模、粪污产生量、主料粪污与辅料秸秆发酵比例以及发酵周期（天），开挖具长方形的储存池（长宽高可根据实际情况确定）（见图 20-19），然后在池底覆盖一层地膜（见图 20-20）。

图 20-19　挖池

图 20-20　池底铺膜

（2）粪便堆积和灭虫处理工作

将从养殖场运输来的固体粪污倒进准备好的长方形储存池中（液体粪污需拌入一定耕层土壤或农作物秸秆，控制水分在 55%~65%），在倾倒的过程中，用喷雾器喷洒除臭菌剂或灭蝇药剂，以保证粪堆表面不生虫，周围无蚊蝇（见图 20-21）。粪堆堆积高度可以高出地面 0.5 米左右，呈现圆丘状，便于覆膜后雨水外排。

（3）覆膜工作

选用黑色的地膜，将堆积好的粪污用整张地膜覆盖好，尽量用土将地膜四周压实密封，一是保证了堆肥需要的温度，二是防止雨水进入（见图 20-22）。

图 20-21　灭虫

图 20-22　覆膜

（4）堆肥时间

堆肥发酵的时间可根据天气和季节而定，春季和冬季一般需要 60~90 天时间，夏季和秋季则需要 40~60 天即可（见图 20-23）。

图 20-23　发酵

（5）堆肥的施用量

腐熟发酵好的粪污可直接施用，果园和蔬菜亩均施用量为 2~5 吨。

3. 推广范围

黑膜覆盖堆肥利用模式适用于粪污消纳土地相对较少的小型养殖场（养殖大户）散养户，该模式可以有效解决散养户无粪污处理设施、作物用肥和施肥时间不契合等实际问题。甘谷县已在六峰镇、磐安镇辖区内的 17 个种植蔬菜的村子推广了这种模式，消纳78 家小型养殖场、（养殖大户）散养户的粪污，年处理粪污 6000 余吨，受益种植面积达 140 余公顷，打通了还田利用的最后一公里，改善了农村人居环境和养殖污染带来的环保压力。

五、庄浪县种养结合两种模式

（一）庄浪县畜禽粪污资源化利用典型技术模式一：畜—果（田）模式

1. 技术模式

庄浪县"畜—果（田）"利用模式，采取养殖场粪污发酵腐熟，按照果园农田化肥使用量逐年减少，畜禽粪污用量逐年增加的原则，引导果农和种植户施用畜禽粪便作为肥料，生产有机果品。督促辖区内养殖场户按照就地就近原则，实现粪污就地施用于农田或果园。

2. 工艺流程

（1）规模养殖场及大户粪便堆积发酵还田利用模式（见图 20-24）

图 20-24　规模养殖场及大户利用工艺流程

（2）散养户粪便堆积发酵还田利用模式（见图 20-25）

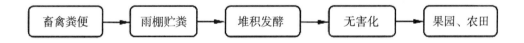

图 20-25　散养户利用工艺流程

3. 技术要点

①规模养殖场粪污全量还田模式。对养殖场产生的粪尿和污水集中收集，全部进入三级沉淀池贮存，粪尿通过好氧厌氧发酵，无害化处理，在施肥季节施入果园农田，实现资源化利用（见图 20-24）。

②养殖大户粪便堆积发酵还田利用模式。畜禽粪便经堆积发酵后还田利用；尿液用简易收集池集中贮存，及时运到果园、农田消纳。

③散养户粪便堆积发酵还田利用模式。畜禽粪便经好氧厌氧发酵，无害化处理后，就地果园、农田利用（见图 20-25）。

4. 适用范围

畜—果（田）结合模式将养殖场产生的粪便、尿和污水集中收集，运输至果园或农田用黄土覆盖，经堆肥发酵腐熟后，在施肥季节进行利用。

主要优点：粪污收集、处理、贮存成本低，处理利用费用也较低，粪便污水全量收集，养分利用率高。

主要不足：施肥期较集中，粪污长距离运输费用高，只能在一定范围内施用。

适用范围：适用于规模养殖场自动刮粪回冲工艺，需要配套与粪污量相应的果园、农田。

5. 典型案例

庄浪县盛悦禽业养殖有限责任公司，位于庄浪县朱店镇三合村，占地 4 公顷，总投资 1600 万元，存栏蛋鸡 10 万只，年产鸡粪 4380 吨。鸡舍配套自动通风、自动控温、自动饮水、自动供料、自动拣蛋、自动清粪八个自动化和电子监控设备，生产过程全部实行自动化。

企业投资 20 万元建设 3 套自动清粪系统和面积 60 平方米、最大深度为 3 米的雨棚储粪池，每天运行成本约 12 元，年运行成本 4380 元。企业周围分布大面积苹果种植户，果农将产生的鸡粪拉运至果园，堆肥发酵后用于施肥。通过这种模式，按照每吨鸡粪 150 元计算，每年可给企业带来 65.7 万元的效益。同时，果农施用发酵腐熟鸡粪，可减少化肥施用量。据测算，每亩可为果农节约化肥成本 150 元。

（二）庄浪县畜禽粪污资源化利用典型技术模式二：畜—沼—果（田）模式

1. 技术模式

庄浪县"畜—沼—果（田）"利用模式，将畜禽粪污通过厌氧发酵生产沼气。以沼气工程为纽带，采取沼气、沼液和沼渣处理利用为核心，沼渣沼液以粮、菜、林、果生产为消纳方向，形成种养结合的生态循环模式。在沼气工程集中处理畜禽粪便获取生物质能同时，实现了养殖粪污、蔬菜残余物无害化与减量化。产生的沼气用于养殖场、园艺大棚的照明、供暖、补光等，产生的沼渣、沼液用作粮、菜、林、果生产的肥料，其中沼液还可以与灌溉相结合，实现水肥一体。种植业的副产品用于畜禽饲料或垫料等，形成农牧结合的物质与能量的循环利用，实现农业资源高效利用和再生利用。

2. 工艺流程

庄浪县"畜—沼—果（田）"利用模式工艺流程（见图 20-26）。

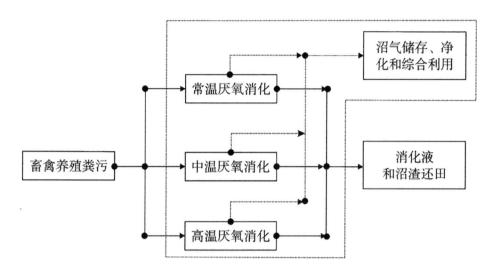

3. 技术要点

畜禽粪污经过厌氧发酵生产沼气，沼液沼渣通过固液分离、贮存、输送及过滤。沼液可以通过管道、吸粪车等方式输送至农田。产生的沼气用于燃料及发电，提供职工生活、养殖场、园艺大棚的照明、供暖、补光、通风、降温、消毒、饲料加工等。沼液生态净化回用设计的人工湿地，通过厌氧—好氧—净化—人工湿地等无动力处理工艺，使养殖场生活废水和冲洗饮用废水达到农田灌溉用水标准，中水（尾水）用作养殖场冲洗用水或直接作为农田灌溉用水，形成"畜禽—废水—沼液处理—再利用"的内循环产业链与"畜禽—废水—沼液处理—水产—种植"的外循环产业链。畜禽粪污减量配套生产技术以减少粪污产生量为核心，特别是减少污水产生量为核心，规范、改进、完善饲养管理工艺和操作规程，改水冲清粪为干清粪；改无限用水为控制用水；改常规方法冲洗为高压水冲洗；改明沟排污为暗道排污、雨污分流，实现了猪场粪污减量化。

4. 适用范围

以生产再生能源为目的，投资建设大型沼气工程的养殖企业，对养殖企业产生的粪污进行高浓度厌氧发酵，通过沼气提纯生物天然气，沼渣沼液还田循环利用。

主要优点：既解决了畜禽粪污污染，又实现了资源化利用，减少养殖企业粪污处理设施的投资，同时，粪污"变废为宝"，增加了企业效益。

主要不足：一次性投资高；能源产品利用难度大；沼液产生量大集中，处理成本较高，需配套后续处理利用工艺。

适用范围：适用于大型规模养殖场或养殖密集区，具备沼气生物天然气进入管网条件，需要地方政府配套政策予以保障。

5. 典型案例

庄浪县嘉联养猪场位于大庄镇连王村，占地 1.3 公顷，该养猪场采取与兰州正大公司合作模式，投资 800 万元，建成标准化猪舍 3 栋 2400 平方米，设计规模 2500 头，目前存栏生猪 2400 头，年出栏生猪 2400 头，为有效解决畜禽粪污污染，养殖场投资 276 万元建成 1000 立方米沼气供应工程，每年可产生沼气约 6 万立方米，沼气接入附近村庄管网，为 250 户村民提供能源。沼气入户价 2 元每立方米，养殖场每年沼气收入达 10 万元，沼渣沼液固液分离后，就近施入果园和农田。

六、武山县规模以下养猪场（户）源头节水模式

1. 典型案例

武山县规模以下养猪场（户）源头节水模式。

针对养猪场传统饮水模式水资源浪费大、产生粪污量大的现状，甘肃省武山县鑫瑞祥养殖专业合作社、武山县兴武养殖场、武山县恒鑫养殖专业合作社等猪场改进传统饮水模式和工艺，安装碗式饮水器，据估算，夏季可节约 1/3 的用水量、冬季可节约 1/2 的用水量，效果良好，值得推广。

2. 实施地点

甘肃省武山县洛门镇新观村

3. 工艺流程

碗式饮水器（见图 20-27）是由一个垂直向下的乳头饮水器外加一个不锈钢"碗"构成，猪只需要饮水时将嘴巴伸入"碗"中，触碰乳头式开关后水会流到"碗"中（见图 20-28）。碗式饮水器不仅饮水方便，且能节约用水，保持圈舍的干燥，外加不锈钢的"碗"能盛水，也可保护猪只不受水龙头的划伤（见图 20-29）。

图 20-27 碗式饮水器

图 20-28 使用碗式饮水器的猪场

图 20-29　碗式饮水器近景

4. 技术要点

养猪生产中水是一种常被忽视的营养，必须要保持良好的供水状态，这样才可促进猪群健康状况、提高养猪利润。猪场在选择水源方面要确保清洁少杂质，避免造成饮水器的水管堵塞，安装饮水器时要充分考虑猪只的情况，最大限度地让其饮水简单方便，平时多注意巡查饮水器的使用状态，发现有损坏等问题后及时修理更换，以免影响猪群的正常饮水。

饮水器的安装高度皆随猪身体大小而定，哺乳仔猪 15~25 厘米，保育猪 25~30 厘米，生长猪、肥育猪 50~60 厘米，成年猪 75~85 厘米。一般情况每 10 头猪安装一个饮水器即可，安装在料槽附近。

5. 投资概算和资金筹措

猪场常用自动饮水器有鸭嘴式、乳头式和碗式三种，鸭嘴式较为常见，易损坏、浪费水，乳头式出水难、浪费水，碗式饮水器密闭性较好、节约用水，但是碗式饮水器成本较高，一般而言，质量稍好的一个碗式饮水器价格大概在 20 元左右，而常见的鸭嘴式饮水器价格大概在 5 元左右。

6. 取得的成效

武山县鑫瑞祥养殖专业合作社目前存栏生猪 500 头，年需水量大约在 900 吨左右，武山县水价为 3.85 元每吨，一年猪场用水支出为 3465 元，而未采用碗式饮水器之前，用水成本基本是现在的 2 倍，一年猪场用水支出为 7000 元左右。同时，使用碗式饮水器之后，猪场废水量大大降低，减少了对环境的污染。

附录 1：

甘肃省畜牧技术推广总站良种场简介

甘肃省畜牧技术推广总站良种场始建于 1975 年，位于景泰县一条山镇东街，前身为甘肃省景泰川良种猪示范推广场，后更名为甘肃省畜禽良种场。2004 年 12 月，良种场并入甘肃省畜牧技术推广总站，加挂甘肃省农牧业良种场牌子，现有在职职工 41 人，离退休人员 69 人。良种场总占地面积 3081 亩，其中：耕地 1857.8 亩、园地 121.8 亩、林地 505.8 亩、交通用地 71.5 亩、水域 249.1 亩、未利用土地 168.1 亩、工矿用地 106.9 亩。作为省级农牧业高新技术试验示范基地，自建场以来，良种场先后完成了多项国家级和省部级农牧业良种的引进、繁育、试验、示范与推广项目，已具备完善的科学试验、良种繁育、良种推广、技术培训等功能，引领和推动着甘肃省农牧业的发展。

甘肃省农牧业良种场从戈壁荒漠到沙滩良田，从低矮土房到楼房林立，从单一品种到多个品种，从立足景泰到享誉全省，经历了近五十载的风雨历程，为全省农牧业的发展做出了巨大贡献，特别在农牧良种的引进、培育、选育、提高、保护、示范、推广工作方面成绩突出，得到了省委省政府以及农业层面社会各界的一致认可，为甘肃省农牧良种事业的进步做出了贡献，树立了标杆。

甘肃省农牧业良种场内设原种肉羊场、原种猪场、父母代种鸡场、奶牛场，以及小麦原种试验区、胡麻原种试验区、优质苹果试验区等 4 场 3 区。

原种肉羊场建于 2002 年，占地面积 105 亩，有标准化砖木结构羊舍 34 栋，建筑面积 26950 平方米，运动场 9260 平方米，配套建设了青贮氨化池 10 个（年贮量达 5000 立方米），钢结构贮草棚 1 栋（贮存量 2000 吨），精饲料储备库 1 栋；建设了药浴池、兽医室、消毒室、人工授精室、化验室、羊毛分析室、蓄水池等辅助设施，配备仪器设备 30 多台（套）；建设了 300 亩高标准、能灌溉的饲草料基地，有饲草加工生产线 2 条。2002 年开始陆续从澳大利亚引进无角陶赛特、特克塞尔、白头萨福克、黑头萨福克、澳洲白、白头杜泊 6 个品种种羊 600 余只，经过 20 年的精心培育，原种肉羊场存栏规模不断扩大，截至 2022 年底存栏种羊 6356 只，其中 6 个品种基础母羊 3128 只、种公羊 152 只、后备母羊 1520 只、后备公羊 96 只，代孕蒙古羊 658 只，代孕湖羊 334 只。现阶段每年可向社会提供优质肉用种羊 3500 余只，近年来累计向甘肃省及周边新疆、青海、宁夏、河北、黑龙江、吉林、贵州等省（区）提供纯种肉羊 30 000 余只。种羊场先后在全省范围内举办肉羊品种改良技术培训班 58 期，培训畜牧技术人员 3200 人（次），为甘肃省肉羊产业发展做出了积极贡献。2005 年被甘肃省农牧厅确定为"甘肃省重点种畜禽场"；2009 年被甘肃省农牧厅确定为"甘肃中部肉羊"新类群核心群选育基地；2010 年被农业部确定为首批"肉羊标准化示范场"。

原种猪场占地面积 20 亩，主体建筑为仔猪舍、分娩猪舍、种公猪舍和育成猪舍，2022 年底存栏种猪 1600 多头，其中大约克基础母猪 162 头、种公猪 8 头，杜洛克母猪 70 头、种公猪 4 头，长白基础母猪 90 头、种公猪 4 头，均符合二级以上品种等级标准。每年向社会提供杜洛克、大约克、长白仔猪 2000 多头，育肥猪 3000 多头。

父母代种鸡场占地面积 25 亩，主体建筑为孵化室、育成舍、成鸡舍，存栏蛋鸡 10 000 羽。奶牛场占地 10 亩，主体建筑为牛舍、挤奶车间、加工车间，现正在改造净化。

小麦原种试验区、胡麻原种试验区、优质苹果试验区、玉米种植区等经过多年的建设，已成为林田路成网，渠系配套，农业耕作设备齐全、土地肥沃的优质农业良种试验、示范、推广基地。甘肃省农科院是良种场长期科研合作单位，合作培育的陇亚系列胡麻品种和永良系列小麦品种受到甘肃干旱地区老百姓的青睐。农业制种区中，小麦原种试验区占地 200 亩，胡麻原种试验区占地 200 亩，优质苹果试验区占地 400 亩，玉米种植区占地 600 亩。各试验区试验用地现已改造成了景电一期工程引黄灌溉土地中最肥沃、产量最高的土地，为省内农业良种制种培育提供了土地基础。

甘肃省农牧业良种场担负着农牧业良种的引进、繁育、试验、示范、推广任务，对甘肃的农牧业发展起着一定的带动作用，带动了农民科学种田养畜的积极性，为周边省（区）的农牧业发展起到了重要的推动作用，曾先后被农业部、财政部确定为"油用胡麻产业技术体系建设基地"，被科技部确定为"青藏高原特色农业产业化技术研究与示范（亚麻产业化技术研究与示范）基地"，被农业部确定为"国家级重点原种肉羊纯种繁育基地"，被中国畜牧业协会确定为常务理事单位，被甘肃省人民政府和白银市委市政府授予"农业科技推广先进单位"称号，被白银市委市政府、景泰县委县政府授予"支持地方经济发展先进单位"称号。

甘肃省农牧业良种场近五十年来的发展取得的巨大成绩，离不开甘肃省农业农村厅历届班子的正确领导和亲切关怀以及地方政府的大力支持。甘肃省农牧业良种场正朝着更高层次迈进，将逐步建设成为"国家级农牧业高新科技示范园区""国家级肉羊繁育基地""国家级农牧良种制种培育基地""畜禽种质资源保护基地",将为巩固拓展脱贫攻坚成果同乡村振兴有效衔接工作做出更大的贡献,助力全省种质资源保护和产业振兴,为甘肃省农牧业的发展贡献力量。

附录2：

甘肃省畜牧技术推广总站
（甘肃省农牧业良种场）
肉羊品种简介

一、无角陶赛特羊

原产地及分布：无角陶塞特羊原产于澳大利亚和新西兰。该品种是 1954 年以雷兰羊和陶赛特羊为母本，考力代羊为父本，然后再用有角陶赛特公羊回交，选择所生无角后代培育而成的肉毛兼用半细毛羊类型。甘肃省于 20 世纪 90 年代从澳大利亚和新西兰引入该品种，现分布于酒泉、张掖、金昌、武威、白银、临夏、定西、陇南、平凉、庆阳等地，适合甘肃省农区和半农半牧区饲养。

外貌特征：无角陶赛特羊体型大、结构匀称、肉用体型明显；头小额宽，鼻梁为粉红色微隆起，耳较小，面部清秀，无杂色毛；颈部短粗，与胸部、肩部结合良好；体躯宽、呈圆桶形，结构紧凑；胸部宽深，背腰平直宽大，体躯丰满；四肢短粗健壮、腿间距宽，肢势端正，蹄质坚实，蹄壁白色；被毛白色，皮肤为白粉色。母羊泌乳性能和母性强。

生产性能：无角陶塞特羊具有性早熟、生长发育快、全年发情和耐热及适应干燥气候的特点，母羊初情期 6~8 月龄，初次配种适宜时间 12~14 月龄，公、母羊均无角、颈粗短、胸宽深、背腰平直、后躯丰满，公羊体重 80~110 千克，母羊体重 75~85 千克，胴体品质和产肉性能好，6 月龄公羔体重 38~44 千克，母羔体重 36~42 千克，屠宰率 52.3%，净肉率 45.7%，胴体重 26.6 千克。繁殖率 110%~130%，产羔率 130%~150%。公羊与小尾寒羊或湖羊二元杂交增重效果明显。成年羊产毛量高，毛被密度大，呈毛丛结构，毛长 7~10 厘米，细度 56~58 支，净毛率 65%，产毛量 3~4 千克。

无角陶赛特公羊

无角陶赛特母羊

二、特克塞尔羊

原产地及分布：特克塞尔羊原产于荷兰。特克塞尔羊为短毛型肉用细毛羊品种，是19世纪中叶由林肯羊、边区来斯特羊，与当地马尔盛夫羊杂交，经过长期的选择和培育而成。甘肃省于20世纪90年代末从澳大利亚引入该品种，现分布于酒泉、张掖、金昌、武威、白银、临夏、定西、平凉、庆阳等地，适合甘肃省农区和半农半牧区饲养。

外貌特征：特克塞尔羊体型大、结构匀称，肉用型特征明显，头清秀无长毛，鼻梁平直而宽，眼大有神，口方，头中等大小；肩宽深，耆甲宽平，胸拱圆，颈宽深，头、颈、肩结合良好，公、母羊均无角；背腰宽广平直，臀宽深，前躯丰满、后躯发达，腹大而紧凑，体躯肌肉附着良好；四肢健壮肢势端正，蹄质坚实；鼻镜、唇和蹄冠为褐色全身被毛为白色，毛被呈毛丛结构，光泽良好。

生产性能：该羊具有良好的肉用生产性能，经济技术指标优于其他肉用品种，具有性早熟、生长发育快、具备全年发情特点，但在干旱寒冷地区发情以春秋两季明显，初次配种适宜12月龄，成年公羊体重80~95千克，成年母羊70~75千克，羔羊生长发育快，6月龄公羔体重35~45千克，母羔体重33~43千克，屠宰率54%，净肉率48.5%，胴体重21.6千克；初产母羊产羔率115%，经产母羊产羔率130%~150%左右。公羊与小尾寒羊或湖羊二元杂交增重效果明显。被毛呈毛丛结构，光泽良好，长10.0~14.0厘米，细度48~50支，净毛率65%，产毛量3.5~4.5千克。

特克塞尔公羊

特克塞尔母羊

三、黑头萨福克羊

原产地及分布：黑头萨福克羊原产于英国东部和南部丘陵地区。该品种是南丘公羊和黑面有角诺福克母羊杂交，在后代中经严格选择和横交固定育成的优秀肉用品种，以萨福克郡命名。甘肃省于 20 世纪 90 年代末从澳大利亚和德国引入该品种，现分布于酒泉、张掖、金昌、武威、白银、临夏、定西、陇南、平凉、庆阳等地，适合甘肃省农区和半牧区饲养。

外貌特征：黑头萨福克羊体质结实，结构匀称，体格较大，骨骼坚实，肉用型特征明显；头较长、耳长、额宽，鼻梁微隆，公、母羊均无角；颈长而粗，胸宽深，背腰及臀长宽而平，肌肉丰满，发育良好；头和四肢黑色，无长毛覆盖，全身被毛白色，密度大，呈毛丛结构。初生羔羊全身被毛黑色，随着日龄的增长，3 月龄后新生被毛逐渐变为白色；皮肤为青色，躯体呈圆桶状。

生产性能：黑头萨福克羊具有性早熟、生长发育快、全年发情，以及耐热和适应干燥气候的特点，但在干旱寒冷地区以春秋两季发情较为明显，母羊初情期 4~6 月龄，初次配种适宜时间 12~14 月龄，母羊产奶量高；成年公羊体重 110~140 千克，成年母羊体重 75~95 千克，周岁公羊体重 70~90 千克，周岁母羊体重 50~70 千克；6 月龄公羔体重 35~45 千克，母羔体重 32~42 千克，屠宰率 52.5%，净肉率 42.6%，胴体重 23.76 千克；初产母羊产羔率 115% 左右，经产母羊产羔率 130%~160%。被毛白色，密度大，呈毛丛结构、毛长 7~9 厘米，细度 56~58 支，净毛率 60%，产毛量 2.5~3.5 千克。

黑头萨福克公羊

黑头萨福克母羊

四、白头萨福克羊

原产地及分布：白头萨福克羊原产于英国东部和南部丘陵地。该品种是南丘公羊和黑面有角诺福克母羊杂交，在后代中经严格选择和横交固定育成的优秀肉用品种，以萨福克郡命名。白头萨福克是在原有基础上导入白头和多产基因新培育而成的优秀肉用品种。甘肃省于 20 世纪 90 年代末从澳大利亚引入该品种，现分布于酒泉、张掖、金昌、武威、白银、临夏、定西、陇南、平凉、庆阳等地，适合甘肃省农区和半牧区饲养。

外貌特征：白头萨福克羊体质结实，结构匀称，体格较大，骨骼坚实，肉用型特征明显；头较长、耳长、额宽，鼻梁微隆，公、母羊均无角；颈长而粗，胸宽深，背腰及臀长宽而平，发育良好，头和四肢无长毛覆盖，全身被毛白色，少部分羊只头部有少量褐色斑点。皮肤为粉红色，躯体呈圆桶状，母羊泌乳性能好，被毛密度大，呈毛丛结构。

生产性能：白头萨福克羊具有性早熟、生长发育快、全年发情和耐热及适应干燥气候的特点，母羊初情期 6~8 月龄，初次配种适宜时间 12~14 月龄；成年公羊体重 110~130 千克，成年母羊体重 75~90 千克，周岁公羊体重 55~65 千克，周岁母羊体重 50~70 千克；6 月龄公羔体重 36~46 千克，母羔体重 32~42 千克，屠宰率 51.2%，净肉率 46.8%，胴体重 22.7 千克；初产母羊产羔率 110% 左右，经产母羊产羔率 130%~150%；母羊产奶量高，被毛密度大，呈毛丛结构、毛长 7~9 厘米，细度 56~58 支，净毛率 60%。产毛量 2.5~3.5 千克。

白头萨福克公羊

白头萨福克母羊

五、澳洲白羊

原产地及分布：澳洲白绵羊是澳大利亚利用现代基因测定手段培育出来的第一个品种，该品种集成了白杜泊绵羊、万瑞绵羊、无角陶赛特绵羊和特克塞尔绵羊等品种的基因，通过对多个品种羊特定肌肉生长基因和抗寄生虫基因标记的选择，培育而成的专门用于与杜泊绵羊配套的、粗毛型的中、大型肉羊品种，2009 年 10 月在澳大利亚注册。甘肃省在 2010 年以后，开始陆续从澳大利亚引入该品种，在兰州、白银、庆阳、临夏等地进行饲养观察和适应性观测。

外貌特征：头略短小，软质型，颌下、脑后、颈脂肪多，鼻宽，鼻孔大；皮肤及其附着物色素沉积（嘴唇、鼻镜、眼角无毛处、外阴、肛门、蹄甲）；体高，躯深呈长筒形、腰背平直；皮厚、被毛为粗毛；肩胛骨宽平，附着肌肉发达。肩部紧致，运动时无耸肩；臀部宽而长，后躯深，肌肉发达饱满，臀部后视呈方形。

生产性能：在放牧条件下，澳洲白羊 5~6 月龄胴体重可达到 23 千克。在舍饲条件下，6 月龄胴体重可达到 26 千克，且脂肪覆盖均匀，板皮质量俱佳。母羊 5 月龄可发情，体重约 45~50 千克，适宜的初配年龄为 8~10 月龄，体重约 60 千克，发情周期为 14~19 天，平均 17 天，发情持续时间为 29~32 小时，产羔率为 120%~150%。成年公羊体重 85~110 千克，成年母羊体重 75~85 千克。

澳洲白公羊

澳洲白母羊

六、白头杜泊羊

原产地及分布：白头杜泊羊原产于南非。白头杜泊羊是用南非土种绵羊黑头波斯母羊作为母本，引进英国的有角陶赛特羊作为父本杂交培育而成，是世界著名的肉羊品种。黑头杜泊和白头杜泊除了头部颜色和有关的色素沉着有不同，都携带相同的基因，具有相同的品种特点，是属于同一品种的两个类型。甘肃省近几年从澳大利亚陆续引入，分布在兰州、白银、庆阳、临夏、武威、酒泉等地。

外貌特征：白头杜泊羊体躯呈独特的筒形，无角，头上有短、暗、黑或白色的毛，体躯有短而稀的浅色毛（主要在前半部），腹部有明显的干死毛；体质结实，结构匀称，腿较短，骨骼坚实，肉用型特征明显；头型圆润，鼻梁微隆，公、母羊均无角；颈粗短，肩宽厚，背平直，肋骨拱圆；前胸丰满，后躯肌肉发达，背腰及臀长宽而平，发育良好，头和四肢无长毛覆盖，虽然杜泊羊个体中等，但体躯丰满，体重较大。

生产性能：白头杜泊羊不受季节限制，可常年繁殖，初情期 5~6 月龄，初产母羊产羔率 100% 左右，经产母羊产羔率在 150% 以上，母性好、产奶量多，能很好地哺乳多胎后代。杜泊羊具有早期放牧能力，生长速度快，4 月龄羔羊活重可达 36 千克，屠宰胴体约 18 千克。成年公羊和母羊的体重分别在 85~100 千克和 70~80 千克。

白头杜泊母羊

白头杜泊公羊